MONOGRAPHIEN AUS DEM GESAMTGEBIET DER PHYSIOLOGIE DER PFLANZEN UND DER TIERE

HERAUSGEGEBEN VON

M. GILDEMEISTER-LEIPZIG · **R. GOLDSCHMIDT**-BERLIN
R. KUHN-HEIDELBERG · **J. PARNAS**-LEMBERG · **W. RUHLAND**-LEIPZIG
K. THOMAS-LEIPZIG

ZWEIUNDDREISSIGSTER BAND

DIE STOFFAUSSCHEIDUNG DER HÖHEREN PFLANZEN

VON

A. FREY-WYSSLING

BERLIN
VERLAG VON JULIUS SPRINGER
1935

DIE STOFFAUSSCHEIDUNG DER HÖHEREN PFLANZEN

VON

DR. A. FREY-WYSSLING

PRIVATDOZENT AN DER EIDGENÖSSISCHEN
TECHNISCHEN HOCHSCHULE IN ZÜRICH

MIT 128 ABBILDUNGEN

BERLIN

VERLAG VON JULIUS SPRINGER

1935

ISBN-13:978-3-642-88796-3   e-ISBN-13:978-3-642-90651-0
DOI: 10.1007/978-3-642-90651-0

Es wäre eine fruchtbare Aufgabe, die verschie-
denen Stoffausscheidungen der Pflanze zusammen-
hängend zu untersuchen und ein neues Kapitel
der Pflanzenphysiologie unter dem Namen „Stoff-
ausscheidungen" zu schaffen.
KOSTYTSCHEW 1931.

Vorwort.

Die Ausscheidungstätigkeit der Pflanzen liefert eine Fülle von verschiedenen Stoffen, die alle ein besonderes Interesse beanspruchen. Die einen spielen als **Rohstoffe** (Zellulose, Kautschuk, Harze) eine wichtige Rolle, während andere wie die **mineralischen Absonderungen** und **Pflanzenhormone** theoretisch von großer Bedeutung sind. Trotzdem werden die Ausscheidungsvorgänge in den Lehrbüchern der Pflanzenphysiologie oft kaum erwähnt oder nur kurz berührt. Für die Lehre des Stoffwechsels ist es jedoch unerläßlich, tiefer in die Prozesse einzudringen, die das wichtige Gegenstück zu der Stoffaufnahme bilden; und die angewandte Pflanzenphysiologie sollte über das Wesen der Ausscheidungsvorgänge genaue Kenntnisse besitzen, um diese in den Dienst der Rohstoffproduktion zu stellen. Es besteht somit das Bedürfnis, die Erscheinungen der pflanzlichen Stoffausscheidung von einheitlichen Gesichtspunkten aus übersichtlich darzustellen. Die vorliegende Monographie stellt einen Versuch in dieser Richtung dar.

In der Pflanzenphysiologie besteht für die Ausscheidungsvorgänge zur Zeit keine einheitliche Terminologie. Die Grundbegriffe (z. B. „Exkretion", oder „Sekretion") werden von verschiedenen Autoren in ganz verschiedenem Sinne angewendet. Es ist daher vor allem notwendig, genaue Definitionen zu schaffen. Ich halte mich dabei streng an stoffwechselphysiologische Richtlinien, wobei sich von selbst enge Beziehungen zur Biochemie ergeben, während anatomische Gesichtspunkte, die bisher das Feld beherrschten, erst in zweiter Linie berücksichtigt und ökologisch-teleologische Gedankengänge bewußt vermieden werden. Es entsteht auf diese Weise für die verschiedenen Ausscheidungsvorgänge ein logisches System, das ich hiermit den Fachgenossen zur Diskussion unterbreite.

Die Gasausscheidungen der Pflanzen (Wasserdampf, Kohlensäure, Sauerstoff) werden nicht behandelt. Die Darstellung bezieht sich, neben den flüssigen oder gelösten, vor allem auf die **festen Ausscheidungsstoffe**, deren häufiges Auftreten eine besondere

Eigentümlichkeit des pflanzlichen Stoffwechsels vorstellt. Die Behandlung dieser Stoffe geht von den neueren Erkenntnissen über ihren Chemismus und ihre submikroskopische Struktur aus. Auf Grund ihrer chemischen Konstitution und ihres molekularen Aufbaues werden dann Beziehungen zur Ausscheidungsphysiologie gesucht.

Die Strukturerforschung beruht auf röntgenographischen und polarisationsoptischen Untersuchungsmethoden. Da das richtige Verständnis des Aufbaues der Zellwände und anderer Ausscheidungsprodukte nur durch die Kenntnis dieser Methoden erworben werden kann, wird theoretisch so weit auf sie eingegangen, wie dies für jemanden, der sich ein selbständiges Urteil bilden möchte, notwendig ist. Die Anwendungsgebiete der leicht zugänglichen polarisationsoptischen Methode werden besonders eingehend erläutert.

Die Physiologie muß sich gründlich mit den Gesetzmäßigkeiten der unbelebten Natur vertraut machen; denn das Leben besteht ja in der scheinbaren Durchbrechung dieser Gesetze, deren genaue Kenntnis deshalb unbedingt erforderlich ist. Aus dieser Erkenntnis heraus hat die physikalische Chemie ihren Einzug in die Physiologie gehalten und ihre erfolgreiche Tätigkeit entfaltet. Die neue Richtung hat jedoch ihr Interesse vornehmlich den echten und falschen Lösungen zugewandt, an die die Lebensprozesse gebunden sind. Das Gebiet der festen Stoffe ist dagegen vorläufig unberührt geblieben. Es ist daher die Aufgabe einer pflanzenphysiologischen Monographie, die sich mit den festen Ausscheidungsstoffen befaßt, diese Lücke auszufüllen.

Das Buch verfolgt somit den doppelten Zweck, die Gesamtheit der pflanzlichen Ausscheidungsprozesse und deren Produkte kurz zusammenzufassen und zugleich für die Ausscheidungsphysiologie wichtige Kenntnisse über die physikalische Chemie der festen Stoffe zu vermitteln (Phasenlehre, Strukturlehre).

Meinem Lehrer, Herrn Professor P. Jaccard, Leiter des Pflanzenphysiologischen Institutes der Eidgenössischen Technischen Hochschule Zürich, bin ich für zahlreiche Anregungen zu Dank verpflichtet. Ebenso danke ich meinem Vater für seine Mithilfe bei der Erledigung der Korrekturen und dem Verlag für die reiche Ausgestaltung des Werkes mit erläuternden Abbildungen.

Zürich, Weihnachten 1934.

Pflanzenphysiologisches Institut
der Eidgenössischen Technischen Hochschule.

A. Frey-Wyssling.

Inhaltsverzeichnis.

Inhaltsverzeichnis. XI

Seite

Berichtigungen.

Seite 11: Zeile 1 und 19 von unten, lies: JANCKE statt JANKE.

Seite 152: Mitte, lies: *Zebrina pendula* statt *Tradescantia discolor.*

Seite 225: Zeile 7 von unten, lies: Caryophyllaceen statt Caryophylaceen.

Seite 229 ff. und Seite 320 ff., lies: Guttation[1] statt Gutation.

---

[1] von latein. gutta = der Tropfen.

Frey-Wyßling, Stoffausscheidung.

Einleitung.

Der Stoffwechsel der Lebewesen zerfällt in vier grundlegende
Abschnitte: die Stoffaufnahme (Resorption), die Stoffangleichung (Assimilation), den Stoffabbau (Dissimilation) und
die Stoffausscheidung. Alle Stoffe, die von der lebenden
Materie aufgenommen worden sind, fallen, nachdem sie ein wechsel-
volles Schicksal durchlaufen haben, schließlich einem Ausscheidungs-
prozeß anheim. Die Ausscheidungsvorgänge bilden daher das
wichtige Endglied alles Stoffwechselgeschehens.

Ein Stoffwechsel ohne Stoffausscheidung ist nicht denkbar,
da bei fehlenden Ausscheidungsvorgängen die resorbierten Stoffe
endlos im Organismus kreisen würden, so daß bei der fortgesetzten
Aufnahmetätigkeit der Stoffumsatz schließlich riesig anschwellen
müßte. Die weitverbreitete Ansicht, der pflanzliche Stoffwechsel
unterscheide sich vom tierischen durch mangelnde oder schlecht
entwickelte Ausscheidungstätigkeit, kann deshalb nicht richtig sein.
Sie beruht auf der fälschlichen Gleichsetzung des Teilvorganges,
der Exkretion, mit der Ausscheidung als Ganzes. Die Exkretion
umfaßt aber nur eine bestimmte Art der Ausscheidungstätigkeit:
nämlich die Elimination von Dissimilationsprodukten. Bei den
tierischen Lebensvorgängen herrscht der Stoffabbau zum Zwecke
der Energiegewinnung gegenüber den assimilatorischen Prozessen
vor, indem nicht nur an die lebende Substanz angeglichene, sondern
auch resorbierte Stoffe von entsprechendem Energieinhalt (z. B.
Zucker) ohne Zwischenschaltung von Assimilationsvorgängen direkt
der Dissimilation unterworfen werden. Bei der Pflanze tritt umgekehrt der dissimilatorische Stoffwechsel gegenüber dem assimilatorischen zurück, so daß es verständlich erscheint, wenn in ihrem
Lebenshaushalte die Exkretion eine untergeordnete Rolle spielt.

Die Stoffausscheidung beschränkt sich jedoch nicht nur auf
die Entfernung von Dissimilaten aus dem Stoffwechsel, sondern
sie kann auch Assimilate ergreifen und diese, gewöhnlich nach
geeigneter Umwandlung, zur Abscheidung bringen. In der Regel
erfüllen solche Absonderungsprodukte ganz bestimmte physiologische Aufgaben, weshalb diese Art der Ausscheidungstätigkeit
unter den Begriff der Sekretion fällt. Die Sekretion unterscheidet sich also dadurch von der Exkretion, daß assimilierte

Stoffe unter Umgehung der dissimilatorischen Stoffwechselstufe zur Ausscheidung gelangen. Die wichtigsten pflanzlichen Sekrete sind die Baustoffe der Zellwände, bei deren Bildung große Mengen von Assimilaten aus dem Stoffwechsel ausscheiden.

Schließlich können vom Organismus auch Stoffe eliminiert werden, die nach ihrer Aufnahme keine eigentlichen assimilatorischen oder dissimilatorischen Prozesse durchlaufen haben. Diese Art der Ausscheidungstätigkeit soll als Rekretion (= Wiederausscheidung) bezeichnet werden. Sie spielt beim Mineralstoffwechsel der Pflanze eine wichtige Rolle, indem ein großer Teil der aufgenommenen anorganischen Ionen die Pflanze durchwandert und dann, ohne in die Moleküle der lebenden Substanz eingebaut worden zu sein, wieder ausgeschieden wird. Diese Ionen können den Stoffwechsel zwar weitgehend beeinflussen, da sie ihn beschleunigen, hemmen oder verändern, aber sie werden, soweit dies bekannt ist, nicht in die Synthese der Stoffe, an die das Leben gebunden ist, mit einbezogen.

Die Ausscheidungsvorgänge können sich also, wie im folgenden Schema angedeutet ist, an jede Stoffwechselstufe anschließen. Die vollständige Reihenfolge: Resorption-Assimilation-Dissimilation geht nur der Exkretion voraus. (Falls abbaufähige Stoffe aufgenommen werden, kann die Stufe der Assimilation übersprungen werden.) Die Exkretion bildet somit den normalen Abschluß des vollständigen Stoffkreislaufes im Organismus, während Sekretion und Rekretion das Ende von unvollständigen Stoffzyklen bilden.

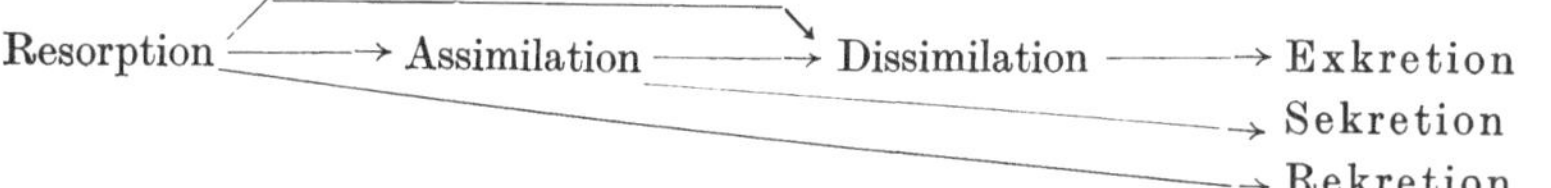

Die pflanzliche Stoffausscheidung zeichnet sich durch eine starke Betonung der Sekretions- und Rekretionsvorgänge aus. Exkretionsvorgänge im tierphysiologischen Sinne gibt es, abgesehen von der Ausscheidung der Atmungskohlensäure, nicht; trotzdem kann man unter gewissen Voraussetzungen von einer pflanzlichen Exkretion sprechen. Da die Dissimilation in erster Linie der Energiebeschaffung dient, sind die tierischen Exkrete im allgemeinen weitgehend abgebaute energiearme Verbindungen. Nun kann aber eine Dissimilation auch in dem Sinne stattfinden, daß sich Stoffe in ihrer chemischen Konstitution und in ihrem physikalisch-chemischen Verhalten so erheblich von den Eigenschaften der lebenden Substanz entfernen, daß sie als ihr „unähnlich" ausgeschieden werden, ohne daß sie dabei ihren Energieinhalt verlieren. Dies tritt z. B. bei der pflanzlichen Terpenbildung ein, wobei sehr energiereiche Stoffe als Dissimilate aus dem Stoffwechsel entfernt werden. Wenn man somit die Dissimilation nicht einseitig als Stoffabbau, sondern im Gegensatz zur „Stoffangleichung" allgemein als „Stoffentfremdung" auffaßt, sind bestimmte pflanzliche Ausscheidungsvorgänge unter den Begriff der Exkretion zu rechnen.

Zu den physiologischen Unterschieden der Ausscheidungsvorgänge im Tier- und im Pflanzenreiche gesellen sich physikalische Verschiedenheiten der Ausscheidungsstoffe. Die pflanzlichen Ausscheidungsprodukte erscheinen im Gegensatz zu den tierischen vielfach im festen Aggregatzustand. Sie sind gewöhnlich in Wasser schwer- oder unlöslich, so daß sie nicht aus der Pflanze herausgeschafft werden können, sondern im Pflanzenleibe aufgespeichert werden müssen. Außerdem ist die mangelhafte Entwicklung eines nach außen gerichteten Ausscheidungssystemes durch den weitgehenden Abschluß des Pflanzenkörpers gegenüber der atmosphärischen Umwelt — um eine Angleichung der Wasserdampfspannung der Protoplasten an diejenige der Luft zu unterbinden — bedingt.

Den festen Stoffen kommt im allgemeinen kristalline Struktur zu. Viele pflanzliche Ausscheidungen[1] treten daher in kristalliner Form als mikroskopische oder submikroskopische Kriställchen in Erscheinung und setzen sich durch ihren inneren Aufbau in scharfen Gegensatz zur Struktur des Protoplasmas, das sie hervorgebracht hat. Im Kristall bauen ihrem Wesen nach bekannte Richtungskräfte ein gesetzmäßiges Raumgitter auf, dessen Bausteine sich in straffer mathematischer Ordnung zusammenfügen.

In der lebenden Substanz dagegen herrscht scheinbar das Maximum der Unordnung. Die für Lösungen charakteristische, den Gesetzen des Zufalls gehorchende, BROWNsche Molekular-

---

[1] Um das schwerfällige Wort „Ausscheidungsstoff" nicht zu häufig anwenden zu müssen, soll der Begriff „Ausscheidung" in allen Fällen, wo eine Verwechslung mit dem Abstractum (Ausscheidung = Ausscheidungstätigkeit) ausgeschlossen erscheint, als Concretum (Ausscheidung = Ausscheidungsstoff) verwendet werden.

bewegung setzt sich mit der Protoplasmaströmung zu einem für unsere unzulänglichen Hilfsmittel unentwirrbaren Getümmel zusammen. Das ordnende Prinzip in diesem Gewühle entgeht uns völlig. Alles was wir davon ahnen können ist die Feststellung, daß es anderer Natur sein muß, als die ordnenden Kräfte in der unbelebten Welt. Denn gegen jene Richtungskräfte führt das Protoplasma einen erbitterten lebenslänglichen Kampf. Es hat Kolloidsysteme geschaffen, in denen Teilchen, die nach ihrer Molekülgröße eigentlich fest sein und kristallisieren sollten, in BROWNscher Bewegung bleiben; es hält unlösliche Verbindungen in Lösung und schützt Partikelchen, die sich gegenseitig anziehen, vor dem Zusammenballen. Obschon es möglich ist dem Protoplasma äußerlich sehr ähnliche Systeme mit völliger Unordnung der Teilchen herzustellen, gelingt es nicht in ihnen haltbare Gleichgewichte wie im Protoplasma zu schaffen. Künstliche Kolloide sind im allgemeinen labile Systeme: sie entmischen sich, koagulieren oder ihre Komponenten kristallisieren aus. Sie zeigen dieselben Erscheinungen wie Protoplasma, dem das Leben entflohen ist. Koagulations- und Kristallisationsvorgänge sind Kennzeichen des eingetretenen Todes. So stehen sich Leben und Kristallisation als unvereinbare Gegensätze gegenüber.

Bei der Entstehung kristallisierter Ausscheidungsstoffe ergibt sich daher ein Widerstreit zwischen dem kristallisationsfeindlichen Leben und der lebensfeindlichen Kristallisation. Entweder zieht sich das Leben aus den Zellen und Geweben, in denen Kristallisationsvorgänge eingesetzt haben, zurück, oder es greift formgebend in die Kristallisation ein, so daß ein Kompromiß zwischen dem molekularen Kräftespiel der unbelebten Natur und organisierter Gestaltungskraft entsteht. Damit erwächst der Physiologie eine neue Aufgabe: Sie muß sich mit Kristallisationserscheinungen befassen und die Raumgitterstrukturen der entsprechenden Stoffe kennenlernen, um die Grenze ziehen zu können zwischen dem bekannten Verlaufe physikalisch-chemischer Phänomene und deren Steuerung durch das lebende Protoplasma.

Das Studium der pflanzlichen Ausscheidungsstoffe bietet daher nicht nur stoffwechselphysiologische, sondern vor allem auch morphologische Probleme. Es ist deshalb geeignet die Untersuchungsgebiete der Physiologie und der Morphologie, die sich in der Biologie oft verständnislos gegenüberstehen, miteinander in Beziehung zu bringen.

Definition und Einteilung der pflanzlichen Ausscheidungsstoffe.

Auf Grund der einleitenden Ausführungen können die Ausscheidungsstoffe definiert werden als Stoffe, die vom lebenden Protoplasma abgeschieden und nicht wieder in den Stoffwechsel einbezogen werden. Im Gegensatz dazu werden die Reservestoffe, die ebenfalls leblose Absonderungen vorstellen, nur zeitlich aus dem Stoffwechsel eliminiert. Nach dieser Begriffsbildung gehören Gerüstsubstanzen, mineralische Ablagerungen und organische Absonderungen wie Harze und Kautschuk, die endgültig aus dem Stoffwechsel ausgeschaltet werden, zu den Ausscheidungsstoffen, während Reservestoffe wie Stärke, Aleuron, Fette und gewisse Hemizellulosen wieder mobilisiert werden können.

Ausscheidungs- und Reservestoffe können nach Chemismus und submikroskopischer Struktur weitgehend miteinander übereinstimmen, wie z. B. Gerüstzellulose und Stärke; oder sie weisen morphologisch und mikrochemisch große Ähnlichkeit auf, wie Fetttröpfchen und Kautschukkügelchen; oder sie gehören zytologisch gleicherweise zum Vakuom, wie Aleuronkörner und gewisse Kristallausscheidungen. Die beiden Stoffgruppen lassen sich daher nur physiologisch gegeneinander abgrenzen, wobei die aufgestellte Grenze allerdings keine absolute ist. Denn es gibt Fälle, wo Gerüstsubstanzen vom normalen Stoffwechsel wieder ergriffen werden; oder Kalziumoxalatablagerungen können bei Kalziumhunger von der Pflanze teilweise wieder aufgelöst und mobilisiert werden. Umgekehrt können z. B. beim Laubfall gewisse Mengen Reservestoffe wie Stärke für den Stoffwechsel endgültig verlorengehen. Man darf daher die aufgestellte Definition nicht kleinlich ausdeuten, sondern muß untersuchen, welche Stoffe im großen ganzen vom Stoffwechsel unberührt bleiben, nachdem sie vom Protoplasma ausgeschieden worden sind.

Nach dieser Abgrenzung gegenüber den Reservestoffen gilt es das Reich der pflanzlichen Ausscheidungsstoffe zweckmäßig einzuteilen. HABERLANDT (3) unterscheidet Exkrete und Sekrete, von denen die ersten in den Zellen angehäuft werden, die zweiten dagegen den Zell-Leib verlassen sollen. Solche auf anatomischen Erwägungen beruhende Umschreibungen führen jedoch zu Widersprüchen, da oft derselbe Stoff bald nach außen und bald in den

Zellen abgeschieden wird (KISSER, 2). Man muß daher die Ausscheidungsstoffe auf Grund physiologischer Überlegungen gruppieren, wie dies in der Einleitung geschehen ist; dadurch wird eine Gliederung in Produkte der Exkretion, Sekretion und Rekretion nahegelegt. Die Behandlung der pflanzlichen Ausscheidungsstoffe soll indessen nicht in dieser Reihenfolge geschehen, sondern nach der mengenmäßigen Bedeutung, die sie im Stoffwechsel einnehmen, womit jedoch nicht gesagt sein soll, daß sich Quantität und physiologische Wichtigkeit der eliminierten Stoffe decken. Da bei der Sekretion eine große Diskrepanz besteht zwischen den Stoffmengen, die bei der Zellwandbildung und bei anderen Sekretionsvorgängen ausgeschieden werden, soll die Zellwandsekretion, die die Hauptmasse der pflanzlichen Ausscheidungsstoffe liefert, vom Abschnitt über Sekretion abgetrennt und für sich als 1. Kapitel behandelt werden. An zweiter Stelle folgen die Rekretionsvorgänge, dann die Exkretion und schließlich die Sekretion, die abgesehen von der Zellwandbildung nur geringe Stoffmengen erfaßt.

Aus dieser Disposition ergibt sich folgende Einteilung der Stoffe, die bei den verschiedenen Ausscheidungsvorgängen aus dem pflanzlichen Stoffwechsel entfernt werden:

1. Gerüstsubstanzen = organische Ausscheidungsstoffe, die am Aufbau der Zellwand teilnehmen.

2. Rekrete = anorganische Ausscheidungsstoffe, die nicht assimiliert worden sind. Mineralsalze[1], Transpirations-Wasserdampf und der Sauerstoff der CO_2-Assimilation gehören hierher. In dieser Monographie soll jedoch nur von den festen (und gelösten) mineralischen Ausscheidungsstoffen die Rede sein.

3. Exkrete = Endprodukte des dissimilatorischen Stoffwechsels, wobei unter Dissimilation nicht nur der Stoffabbau, sondern die Stoffentfremdung überhaupt verstanden sei.

4. Sekrete = Ausscheidungsstoffe des assimilatorischen Stoffwechsels, denen nach ihrer Abscheidung bestimmte physiologische

---

[1] In einer früheren Arbeit (FREY-WYSSLING, 24) sind die Mineralstoffe, die den Pflanzenleib passieren und nur indirekt am Stoffwechsel teilnehmen, indem sie ihn zwar beeinflussen, aber nicht als integrierender Bestandteil in die lebende Substanz eingehen, als Defäkate bezeichnet worden. Anläßlich einer Diskussion in der zürcherischen botanischen Gesellschaft ist mir indessen von den Herren Prof. JACCARD und Prof. GÄUMANN abgeraten worden, den Begriff der Defäkation in die Pflanzenphysiologie herüberzunehmen. Es ist daher der neue Kunstausdruck Rekretion (= Wiederausscheidung) geschaffen worden.

Funktionen zukommen. Es handelt sich dabei also um Assimilate, die im Gegensatz zu den Reservestoffen nicht zeitweilig, sondern i. a. endgültig aus dem Stoffwechsel ausgeschaltet werden.

I. Die Zellwand.

A. Gerüstsubstanzen und Zellwandstruktur.

1. Die Anisotropie der Zellwände.

Die Zellwände sind Kolloide im Gelzustand, d. h. sie bestehen aus quellungsfähigen, aber unlöslichen Substanzen, die Wasser und wässerige Lösungen bis zu einem Quellungsmaximum einlagern können. Damit sind aber die Zellmembranen keineswegs erschöpfend charakterisiert, denn sie unterscheiden sich in einem wesentlichen Punkte von anderen Gelen, wie z. B. der Gelatine oder dem Protoplasma.

Denkt man sich aus der Zellwand eine mikroskopische Kugel herausgeschnitten und läßt sie quellen, schwillt sie im Gegensatz zu kongruenten Kügelchen aus Protoplasma oder Gelatine nicht zu einer größeren Kugel, sondern zu einem Ellipsoid heran. Ihr Quellungsvermögen ist also in verschiedenen Richtungen ungleich. Physikalische Eigenschaften, die, wie die Quellung, zu ihrer Präzisierung neben einem Zahlenwert die Angabe von einem Richtungssinn benötigen, nennt man vektorielle Eigenschaften.

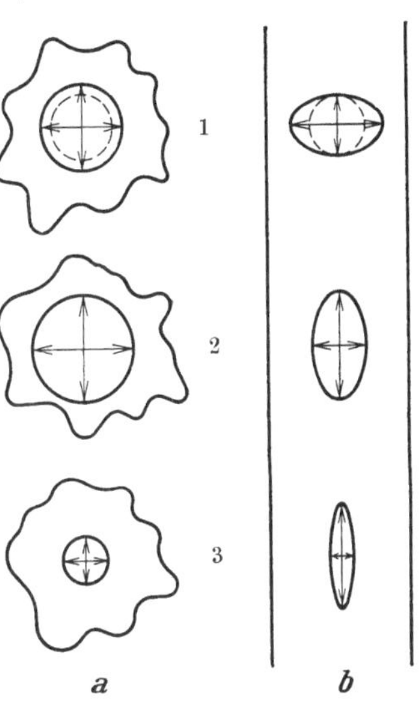

Abb. 1. Vergleich der Isotropie eines Protoplasmatröpfchens (Plasmodium) *a* mit dem anisotropen Verhalten einer Bastfaser (schematischer Längsschnitt durch die Faserwand) *b*. 1 Quellungsanisotropie; 2 optische Anisotropie (Doppelbrechung), 3 Festigkeitsanisotropie.

Sie werden graphisch durch Pfeile dargestellt, deren Länge den Zahlenwert in der eingezeichneten Richtung wiedergeben (s. Abb. 1). Zu den vektoriellen Eigenschaften gehören: thermische Ausdehnung, Quellung, Leitfähigkeit, Fortpflanzungsgeschwindigkeit von Wellenbewegungen (Licht), Kohäsion und andere mehr.

Protoplasma und gequollene Gelatine verhalten sich gegenüber vektoriellen Eigenschaften nach allen Richtungen gleich oder isotrop, die Zellwände dagegen nach Richtungen verschieden oder anisotrop.

Es soll an einigen Beispielen gezeigt werden, wie sich die Anisotropie der Zellhäute äußert. Als Testobjekt mögen zellulosische Bastfasern, z. B. Leinen- oder Ramiefasern, dienen.

Quellungsanisotropie. Läßt man trockene Flachsfasern in Wasser maximal quellen, ergibt sich eine Breitenzunahme von 20% gegenüber einer Längenzunahme von nur 0,1% (VON HÖHNEL, 2). In Abb. $1b_1$ ist die Projektion des eingangs erwähnten fiktiven Membrankügelchens punktiert eingezeichnet; die ausgezogene Ellipse ist die Projektion des Ellipsoides, zu welchem die Kugel heranquillt. Die Achsen der Ellipse sind die Richtung größter und kleinster Quellung; sie sind als Doppelpfeile (sog. Tensoren) eingetragen. Das so entstandene Bild heißt Quellungsfigur. Die Exzentrizität der Ellipse gibt den Grad der Anisotropie wieder. Die Quellungsanisotropie ist die wichtigste Ursache der mannigfaltigen hygroskopischen Bewegungen, die im Pflanzenreiche vorkommen.

Optische Anisotropie. Untersucht man das Brechungsvermögen solcher Fasern, findet man, daß der Brechungsindex n in der Längsrichtung 1,596, in der Querrichtung dagegen 1,525 beträgt, wie dies in Abb. $1b_2$ dargestellt ist. Den größeren Brechungsindex nennt man n_γ, den kleineren dagegen n_α; die Ellipse mit diesen beiden Indices als Achsen heißt die Indexellipse. Senkrecht zu deren Achsenschnittpunkt sticht ein dritter Brechungsindex n_β aus. Das räumliche Ellipsoid mit den drei Indices n_α, n_β, n_γ als Achsen heißt Indicatrix. Die Brechungsanisotropie äußert sich in der Doppelbrechung, wie sie von Kristallen bekannt ist. Sie ist numerisch gleich der Differenz $n_\gamma - n_\alpha$ und beträgt somit für Zellulosefasern 0,071, ein Betrag, der die Doppelbrechung von Quarz oder Gips (0,009) um das 8fache übertrifft.

Nicht nur das Lichtbrechungs-, sondern auch das Lichtabsorptionsvermögen ist nach Richtungen verschieden. Färbt man Fasern mit Chlorzinkjod und beobachtet das Präparat in linearpolarisiertem Licht, das parallel zur Faserachse schwingt, ergibt sich, daß es fast gänzlich absorbiert wird, so daß die Faser tiefschwarzviolett erscheint, während senkrecht zur Faserachse das Licht die Zellwand ungehindert passieren kann, und die gefärbte Faser farblos erscheinen läßt (s. Abb. 18a). Diese Erscheinung der Doppelabsorption nennt man Dichroismus, oder falls räumlich zu den zwei erwähnten Absorptionsrichtungen noch eine dritte Absorptionsachse kommt, Pleochroismus.

Anisotropie der Festigkeit. Die Bastfasern besitzen eine merkwürdig hohe Reißfestigkeit, die unter den technischen Materialien nur von Stahl übertroffen wird.

Die in Tabelle 1 enthaltenen Festigkeiten gelten indessen nur für die Längsrichtung der Fasern. In der Querrichtung beträgt die Reißfestigkeit dagegen bloß einen Zehntel des angegebenen Wertes (s. Abb. 1 c_3).

Analoge Befunde ergeben sich, wenn man die Elastizität der Zellwand oder ihre Leitfähigkeit für Wärme und Elektrizität untersucht.

Tabelle 1. Reißfestigkeit nativer Zellulosefasern, verglichen mit anderen technischen Materialien.

	kg/mm²
Federstahl, gehärtet	150—170
Flachs	bis 110
Ramie	bis 78
Kokosfasern	30
Holz (je mm² Wandsubstanz) . .	23— 28,5
Flußeisen	20— 40
Holz (je mm² Gesamtquerschnitt)	8— 14

Immer findet man eine starke Verschiedenheit der vektoriellen Eigenschaften parallel und senkrecht zur Faserachse. [Wärmeleitung von Lindenbast 5 : 3 (HERZOG, R. O., 2), thermischer Ausdehnungskoeffizient von Ramiefasern 1 : 4 (HERZOG, R. O., 3).]

Diese auffallende Zellwandanisotropie erscheint um so merkwürdiger, da das Protoplasma, welches die Zellwand hervorbringt, selbst keine solchen Richtungseffekte aufweist. Wie Abb. 1 *a* zeigt, verhält es sich, ebenso wie Gelatine, gegenüber vektoriellen Eigenschaften vollständig isotrop.

Die Isotropie von Protoplasma und Gelatine ist indessen keine unveränderliche Eigenschaft. Absolute Isotropie findet man nur bei echten Lösungen und Solen mit isodiametrischen Kolloidteilchen, die zugleich isotrop sind. Alle übrigen isotropen Körper, wie Gele, Gläser und kubische Kristalle können dagegen unter Umständen anisotrop werden. So zeigt das Protoplasma fließen der Pseudopodien von Rhizopoden während der Fließbewegung schwache Doppelbrechung und bei isotropen Gelatinewürfeln genügt ein leiser Druck, um alle Phänomene der optischen Anisotropie in Erscheinung zu rufen. Ebenso verhalten sich Gläser und kubische Kristalle unter Zug- und Druckwirkungen anisotrop. Auf solche Weise künstlich erzeugte Richtungsverschiedenheit in an sich isotropen Körpern wird akzidentelle Anisotropie genannt.

von Ebner hat versucht die Doppelbrechung der Zellwände ebenfalls als akzidentelle Anisotropie zu deuten; seine Betrachtungsweise hat sich aber als unhaltbar herausgestellt, da die optische Anisotropie der Gerüstsubstanzen nicht durch äußere Krafteinwirkungen hervorgerufen wird, sondern in der inneren Struktur ihrer Bausteine begründet ist.

2. Die Micellartheorie.

Die Anisotropie der Zellwände ist den Botanikern in Form der Doppelbrechung schon seit dreiviertel Jahrhunderten bekannt (von Mohl 1859). Die Erklärung dieser Erscheinung stieß aber auf Schwierigkeiten, da damals optische Anisotropie nur von Kristallen oder deformierten isotropen Substanzen (akzidentelle Doppelbrechung) bekannt war. Nägeli und seine Anhänger zeigten, daß die Möglichkeit von Spannungsdoppelbrechung, die von der Schule von Ebners in Betracht gezogen wurde, ausgeschlossen werden müsse. Andererseits konnten aber die Zellmembranen auch nicht als im landläufigen Sinne kristallisiert aufgefaßt werden, denn Kristalle sind definitionsgemäß nicht nur anisotrop, sondern auch homogen. Der Begriff der Homogenität verlangt, daß gleiche und gleich orientierte Teile eines Körpers keinerlei Unterschiede in physikalischer und chemischer Hinsicht aufweisen dürfen. Jede solche homogene Zustandsform der Materie bezeichnet man als Phase. Nägeli (3), der eingehende Studien über die Quellungsanisotropie angestellt hatte (1858), erkannte, daß die Zellwände nicht zugleich anisotrop und homogen sein können. Er schrieb ihnen daher eine inhomogene Struktur zu und behauptete, daß sie aufgebaut seien aus länglichen, polyedrischen, optisch anisotropen Kristalliten, zwischen die sich Wasser oder andere Substanzen einlagern könnten. Einen solchen Kristallit nannte er ein Micell[1]. Nach unseren modernen Begriffen, muß jedem Kristalliten ein homogenes Kristallgitter zukommen. Die Micelle wären daher anisotrop und homogen, die Zellwand dagegen anisotrop und inhomogen struiert. Das heißt die Zellhaut müßte im allgemeinen aus zwei oder mehreren Phasen bestehen, von denen die eine kristallinisch wäre.

---

[1] Das Micell (Mehrzahl: die Micelle) = Diminutiv von lat. mica, die Krume, das Körnchen; um Verwechslungen mit „Zelle" zu vermeiden, soll die Schreibweise mit c beibehalten werden. Die Kolloidchemiker haben dem Terminus „Micell" eine andere Bedeutung beigelegt (= elektrisch geladene Kolloidteilchen) und gebrauchen ihn fälschlicherweise als Femininum.

Die strukturelle Inhomogenität der Zellhaut hat nichts zu tun mit den mikroskopisch sichtbaren Schichten und Fibrillen, in welche die Zellwand optisch aufgelöst werden kann. Selbst die feinsten Fibrillen, deren Dicke an der Grenze des Auflösungsvermögens des Mikroskopes liegt, besitzen noch alle physikalischen und chemischen Eigenschaften der ganzen Faser. Die Inhomogenität liegt daher jenseits des mikroskopisch erkennbaren Bereiches im submikroskopischen Gebiet.

Die Micellartheorie von NÄGELI, die er auf alle anisotropen natürlichen und künstlichen Gele ausdehnte, wurde in der Folge heftig kritisiert und abgelehnt. Man sträubte sich dagegen, daß scheinbar einphasige Substanzen (FISCHER, 1), wie die Zellwände, inhomogen struiert und aus mehreren Phasen aufgebaut sein sollten. Vollends unmöglich schien aber den Kritikern NÄGELIs die Behauptung, daß die submikroskopischen Bausteine der Hydrogele aus kristallinen Micellen bestehen sollten. Die Kristallnatur der Kolloidteilchen dieser Gele konnte erst 1917 von AMBRONN (10) auf optischem Wege wahrscheinlich gemacht werden, worauf 1918 die epochemachende Bestätigung folgte, daß Pflanzenfasern im Röntgenlichte tatsächlich Kristallinterferenzen liefern (SCHERRER, HERZOG und JANKE 1, 2)[1].

3. Die Röntgenuntersuchung der Zellwände.

Wenn man zellulosische Zellwände mit monochromatischem Röntgenlicht durchleuchtet und den Strahl hinter dem Präparat auf einer photographischen Platte auffängt, erhält man Diagramme von Beugungsinterferenzen, wie sie in Abb. 2 abgebildet sind. Die Entstehung solcher Beugungsspektren ist an das Vorhandensein von gesetzmäßig mit Massenpunkten besetzten und parallel gelagerten, sog. Netzebenen gebunden, die zusammen ein räumliches Kristallgitter bilden. Mit dem Nachweis eines Raumgitters ist der Beweis für eine kristalline Phase in den Zellwänden erbracht. Mit dieser prinzipiellen Feststellung wollen wir uns aber nicht begnügen, sondern untersuchen, was für feinere Einzelheiten in den Diagrammen von Abb. 2 enthalten sind, denn es macht sich für den Biologen das Bedürfnis geltend, die Röntgendiagramme von pflanzlichen und tierischen Gerüstsubstanzen richtig verstehen und interpretieren zu können.

---

[1] Die Japaner NISHIKAWA und ONO hatten schon 1913 Röntgendiagramme von Hanffasern erhalten (s. HERZOG und JANKE, 3).

a) Deutung der Röntgendiagramme.

Die Röntgendiagramme von Abb. 2 scheinen so verschieden, daß man überrascht sein wird zu vernehmen, daß alle drei von nativer Zellulose stammen und somit Beugungsbilder ein und desselben Kristallgitters vorstellen. Das erste Beugungsspektrum stammt vom zellulosischen Tunikatenmantel (Abb. 2b), das zweite von parallel gekämmten Ramiefasern (Abb. 2c), und das dritte von Baumwollhaaren (Abb. 2d), alles Präparate, die aus möglichst

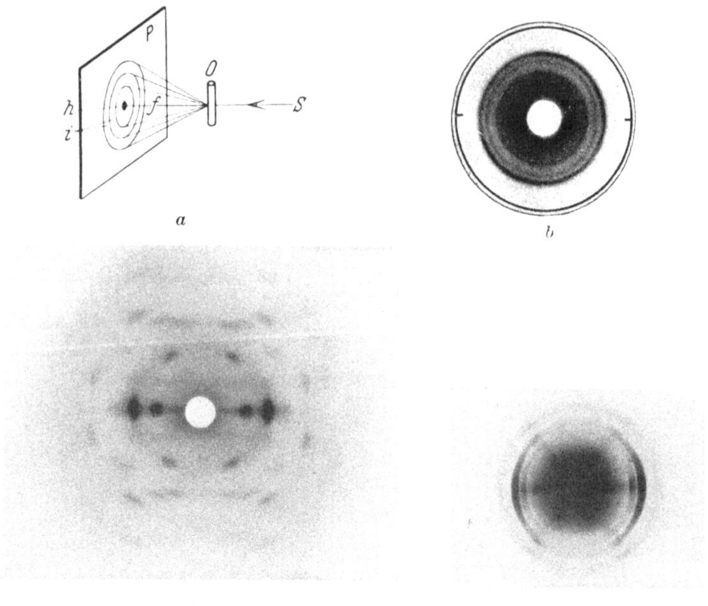

a   b
c   d

Abb. 2. Röntgendiagramme der Zellulose. a) Schema der Röntgenaufnahme. S monochromatischer Röntgenstrahl; O durchleuchtetes Objekt; P photographische Platte (oder Film); f Abstand Objekt-Platte; h Schwärzungsfleck des ungebeugten Röntgenlichtes (sog. Primärstrahl); i Interferenzkreise des abgebeugten Röntgenlichtes. b) DEBYE-SCHERRER- oder Ring-Diagramm des zellulosischen Tunikatenmantels. c) Faser- oder 4-Punkt-Diagramm der Ramiefaser. d) Sichel- oder Schraubendiagramm von Baumwollhaaren (vgl. Abb. 4c). Aufnahmen von H. MARK und vom Kaiser-Wilhelm-Institut für Faserstoffchemie.

reiner Zellulose bestehen. Man kann aber auch alle drei Diagrammtypen von Ramiefasern erhalten: Wirr zerknüllte Fasern liefern ein Kreisspektrum, wie Abb. 2b und künstlich tordierte Faserbündel ein Sicheldiagramm, wie die Baumwolle. Die individuellen Gesetzmäßigkeiten der Kristallstruktur, die für jede Kristallart wieder anders sind, äußern sich nicht in der auffallenden Form der Interferenzen als Kreise, Punktgruppen oder Sicheln, sondern sie müssen aus deren gegenseitigen Abständen berechnet werden. Die Anordnung der Interferenzen ist dagegen ein Ausdruck für die Orientierung der Micelle.

Die Interferenzkreise von Abb. 2b sagen aus, daß submikroskopische Kriställchen regellos im durchleuchteten Präparate liegen. Ein solches Interferenzbild wird nach dessen Entdeckern DEBYE-SCHERRER-Diagramm genannt.

Abb. 2c ist dagegen ein Faser- oder 4-Punkt-Diagramm (POLANYI, 1), das entsteht, wenn Kristallite parallel zu einer bestimmten Achse gerichtet sind.

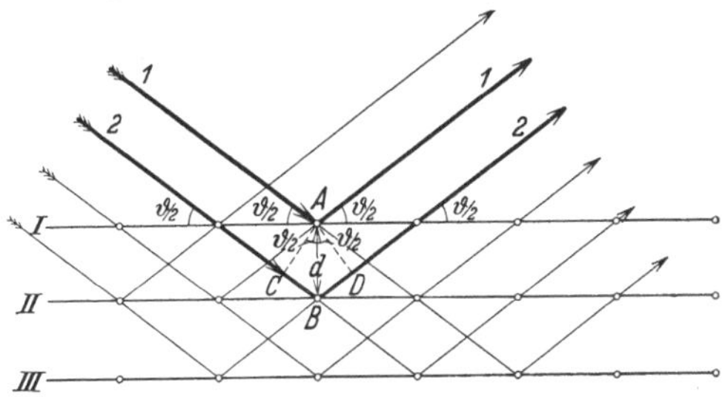

Abb. 3. Reflexion des Röntgenlichtes an einem Kristallgitter (nach BRAGG). *I, II, III* Netzebenen; *d* Netzebenenabstand; 1, 2 interferierende Röntgenstrahlen. $\vartheta/2$ Reflexions- oder Glanzwinkel (= halber Ablenkungswinkel).

Abb. 2d wird als Sicheldiagramm (WEISSENBERG) bezeichnet. Es verrät eine schraubige Anordnung der Kristallite.

Es soll nun an Hand der leicht faßlichen Darstellung von STEINBRINCK (2) gezeigt werden, wie diese verschiedenen Ausgestaltungen und Anordnungen der Interferenzflecken zustande kommen.

Paralleles Röntgenlicht, das schief auf Netzebenen fällt, wird durch deren Massenteilchen teilweise reflektiert; zum großen Teile dringt es aber zu tiefer gelegenen Netzebenen (*II, III* usw. in Abb. 3) vor, wo es ebenfalls partiell zurückgeworfen wird. Der Vorgang ist indessen nicht mit der optischen Reflexion zu vergleichen, sondern den Beugungserscheinungen zuzuzählen, da je nach dem Einfallswinkel der Strahlen Intensitätsmaxima und -minima des abgelenkten Röntgenlichtes auftreten. Die Bedingung, daß ein Schwärzungsmaximum auftritt, verlangt, daß der Gangunterschied von zwei austretenden Strahlen, von denen der eine an der Netzebene (*I*), der andere dagegen an der Ebene (*II*) reflektiert worden ist, ein ganzes Vielfaches n der Wellenlänge λ des verwendeten Röntgenlichtes betrage; denn wenn zwei solche Strahlen miteinander interferieren, werden sie sich gegenseitig verstärken, da sie sich in der gleichen Phase befinden. Aus Abb. 3 geht hervor, daß der Gangunterschied der Strahlen (1 und 2) $2\,d\sin\vartheta/2$ beträgt, wobei d den Netzebenenabstand und $\vartheta/2$ den Einfallswinkel[1] bedeuten. Die Hauptbedingung für die Beugung an Netzebenen lautet daher:

$$n\,\lambda = 2\,d\sin\frac{\vartheta}{2} \tag{1}$$

Diese Gleichung wird als BRAGGsches Reflexionsgesetz bezeichnet. Einfallswinkel, die ihr genügen, heißen Reflexions- oder „Glanzwinkel".

Als physikalische Folge der BRAGGschen Bedingung buchen wir, daß sämtliche parallel auf eine Netzebenenschar fallende Einzelstrahlen eines Röntgenbündels parallele Austrittsstrahlen gleicher Phase liefern. Ihre Gesamtwirkung ist mithin so, wie wenn der ganze eintretende Röntgenstrahl von einer einzelnen Netzebene zurückgeworfen worden wäre. Man darf daher eine Schar zusammengehöriger paralleler Netzebenen ohne einen Fehler zu begehen durch eine einzige Reflexionsebene ersetzen.

Man denkt sich nun, um einen Punkt im Innern des Objektes eine Kugel beschrieben und verlegt die reflektierende Ersatzebene jeder Netzebenenschar als Tangentialfläche an die Oberfläche dieser Kugel. Zur weiteren Vereinfachung sollen die reflektierenden Tangentialebenen durch ihre Berührungspunkte dargestellt werden, d. h. durch den Punkt, in dem die Normale der entsprechenden Netzebenenschar die Kugelfläche trifft. POLANYI hat diese Kugel die Lagenkugel genannt, weil die Radien ihrer Punkte als Normalen von Ebenenscharen die Lagen dieser Ebenen kennzeichnen.

In Abb. 4a stelle nun der Kreis O die Lagenkugel, MN die Tangentialebene in Punkt P, und SP den dort einfallenden Elementarstrahl des Röntgenlichtes mit dem Glanzwinkel $\vartheta/2$ dar. Wir wollen uns auf den einfachsten Fall beschränken, wo in der Bedingungsgleichung (1) $n = 1$ ist. Der reflektierte Strahl PR bildet rückwärts verlängert mit der Strahlenrichtung NO des eintretenden Röntgenbündels den Winkel ϑ. Läßt man nun die ganze Figur um ON als Achse rotieren, so ist leicht ersichtlich, daß geometrisch die Bedingung $\sin\vartheta/2 = \lambda/2d$ für sämtliche Punkte des Kreises PK erfüllt ist, den der Punkt P hierbei auf der Kugelfläche durchläuft. Dabei beschreibt der abgebeugte Strahl PR einen Kegelmantel mit der Spitze Q und dem halben Öffnungswinkel ϑ. Auf ihm liegen mithin sämtliche zu den Reflektionspunkten des Kreises $PJKL$ gehörigen Beugungsstrahlen des Röntgenbündels. Den Kreis $PJKL$ nennt POLANYI den zu allen Netzebenenscharen N_d mit dem gegenseitigen Abstand d gehörigen Reflexionskreis.

Die Kreisdiagramme als Abbilder der Reflexionskreise. Sind die Netzebenen N_d aller Punkte des Reflexionskreises im Objekt sämtlich vertreten, so zeichnet der ihnen entsprechende Beugungskegel auf der photographischen Platte einen der DEBYE-SCHERRER-Kreise, wie sie in Abb. 2b

---

[1] Man bezeichnet den Einfallswinkel als $\vartheta/2$, da in der Röntgenkammer sein doppelter Wert als Ablenkungswinkel ϑ zur Messung gelangt.

zu sehen sind. Für andere Netzebenenscharen N_{d_1}, N_{d_2}, ... wird der Glanzwinkel $\vartheta/2$ verändert, und damit auch die Lage des Reflexionskreises und des Beugungskegels eine andere. So erklärt sich die Mannigfaltigkeit der konzentrischen Kreise im Diagramm von Scherrer-Debye bei regelloser Verteilung der Kristallite zur Richtung des Röntgenbündels.

Aus der Braggschen Gleichung (1) folgt, daß bei wachsendem Netzebenenabstand d der Glanzwinkel $\vartheta/2$ kleiner wird. Die inneren Kreise einer Debye-Scherrer-Aufnahme gehören daher zu den Netzebenenscharen mit relativ

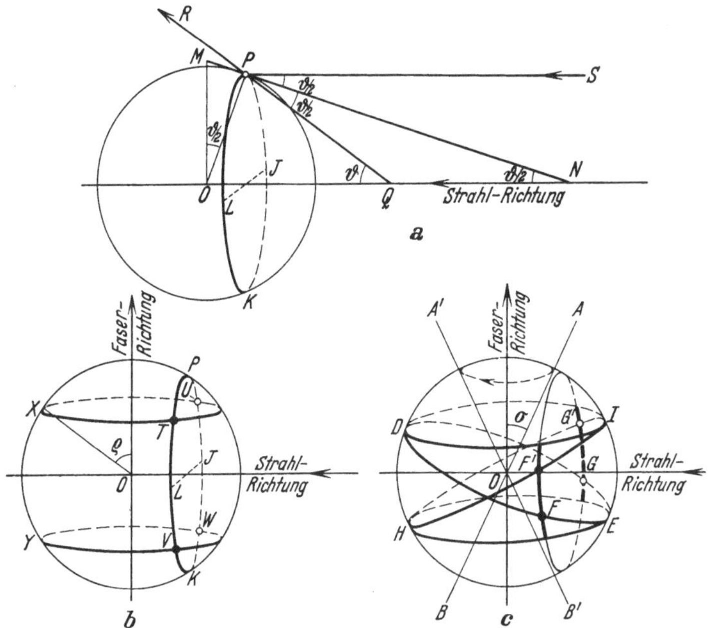

Abb. 4. Entstehung der Röntgeninterferenzen an der Oberfläche der Lagenkugel O (nach Steinbrinck). a) Debye-Scherrer- (Ring-) Diagramm; PK Reflexionskreis; NM Netzebene; SR reflektierter Röntgenstrahl; $\vartheta/2$ Reflexionswinkel; ϑ Ablenkungswinkel, der zur Messung gelangt. b) Faser- (4-Punkt-) Diagramm; T, U, V, W Reflexionspunkte; ϱ Normalenwinkel. c) Sichel- (Schrauben-) Diagramm; FF', GG' Reflexionszonen; σ Steigungswinkel.

großen Abständen. Diese Beziehung gilt ganz allgemein: immer stammen die äußeren Intereferenzen eines Röntgendiagrammes von Ebenen mit kleinerem, die innersten dagegen von Scharen mit dem größtmöglichen Netzebenenabstand im Kristallgitter.

Die Punktdiagramme als Zeugen axialer Symmetrie mit Steilstruktur. Ganz anders muß ein Diagramm ausfallen, wenn bestimmte Scharen von Netzebenengruppen im Objekt überaus stark vertreten sind oder fast ausschließlich vorkommen und die anderen gänzlich fehlen; denn dann werden die Debye-Scherrer-Diagramme auf Punkte oder Streifen reduziert.

In Abb. 4b stelle der Kreis O wieder die Lagenkugel, sein vertikaler Durchmesser die Richtung der Faserachse und der Kreis $PJKL$ den zu einer gewissen Netzebenengruppe N_d mit dem Abstande d gehörigen Reflexionskreis dar. Ist dann X ein Punkt der Lagenkugel, der einer einzelnen Netzebenenschar $N_{d\varrho}$ entspricht (das Symbol $N_{d\varrho}$ drückt aus, daß die Normale einer Schar paralleler Netzebenen vom gegenseitigen Abstand d den Winkel ϱ mit der Faserachse bildet), so müssen wegen der axialen Symmetrie, die vorausgesetzt ist, zu den andern Punkten des durch X gelegten Breitekreises XTU ebenfalls Netzebenenscharen N_d gehören. Von diesen Breitekreispunkten können aber nur diejenigen, die, wie T und U, auf dem Reflexionskreise liegen, Beugungsstrahlen aussenden. Dem Netzebenenkreise XTU entspricht auf der unteren Halbkugel ein kongruenter Kreis mit den Schnittpunkten V und W mit dem Reflexionskreise. Die Punkte T, U, V, W sind also die einzigen Stellen der Lagenkugel, an denen Netzebenen N_d Beugungsstrahlen aussenden können. Im Diagramm bilden sie sich als doppelsymmetrisches Punktsystem ab. Andere Netzebenenscharen liefern andere Netzebenen- und Reflexionskreise und damit andere 4-PunktSysteme. Nur der Äquator der Lagenkugel weist als Netzebenenkreis bloß zwei Schnittpunkte mit einem Reflexionskreis (Abb. 4b, JL) und somit im Diagramm ein einziges Punktpaar in seiner horizontalen Mittellinie auf. Die Netzebenen, die dem Äquator angehören, sind sämtlich der Faserachse parallel gerichtet. Treten also in einem Faserdiagramm die zwei Punkte der Horizontalen stark hervor, so ist dies ein Anzeichen dafür, daß die Anzahl der Kristallitflächen, die der Faserachse parallel laufen, besonders groß ist, mit anderen Worten, daß die Kristallite mit einer Hauptachse in der Richtung der Faserachse orientiert sind.

Das Sicheldiagramm als Zeuge flacher Schraubenstruktur. Bei der Baumwolle steigt die mikroskopisch sichtbare Streifung unter einem flachen Winkel an, der ungefähr 30—35° mit der Faserachse einschließt (siehe Abb. 45c). Dementsprechend zeigt das Diagramm der Baumwolle (Abb. 2d) ein verändertes Aussehen. In einer breiten Äquatorialzone treten rechts und links ungemein tief geschwärzte Sichelbogen statt des Punktpaares des vorher besprochenen Diagrammes auf. Es ist nun klarzulegen, daß sie eine Folge der flachen Schraubenstruktur sind.

In Abb. 4c gebe die Linie OA in der Lagenkugel die Richtung der Streifen- und Kristallitneigung einer engbegrenzten Stelle der Baumwollfaser an. Dann werden in diesem Wandbezirk zahlreiche Netzebenen vorhanden sein, die zu OA parallel laufen. Ihre Ersatzebenen müssen die Lagenkugel alle auf einem Hauptkreise ED berühren, dessen Ebene zu OA senkrecht steht. Wenn nun der Kreis FG wieder der zugehörige Reflexionskreis ist, so müssen von den Schnittpunkten F und G der beiden Kreise wirksame Beugungsstrahlen ausgehen.

Nun nimmt aber die Neigung der Faserkristallite nicht nur die Richtung OA ein, sondern sämtliche Raumrichtungen, die die Linie OA durchläuft, wenn man sie (unter Beibehaltung ihres Winkelabstandes σ von der Faserachse) um diese dreht. Die Linie OA beschreibt dabei einen Kegelmantel und die mit ihr festverbunden gedachte Kreislinie ED bewegt sich so, daß ED die Parallelkreise DI und EH auf der Kugelfläche aufzeichnen. Nach einer Drehung um 180° ist der Netzebenenkreis ED in die Lage HI

gekommen und hat mit dem Reflexionskreise die Schnittpunkte $F'G'$ erzeugt. Da keine Unstetigkeit vorhanden ist, müssen also bei der Rotation von OA die Schnittpunkte des zugehörigen Netzebenenkreises ED mit dem Reflexionskreise allmählich von F nach F' und von G nach G' und noch weiter rücken, und schließlich auf dem Reflexionskreise Bogenstücke bestreichen, die von Parallelkreisen DI und EH begrenzt sind. Daher werden diese Bogenstücke auch im Röntgendiagramm als äquatoriale Kreisabschnitte auftreten, wenn die von OA bei der Drehung durchlaufene Raumesrichtungen im Objekt in Wirklichkeit durch schraubig angeordnete Kristallite vertreten sind. Deswegen hat man aus dem Vorhandensein der Sicheln im Diagramm der Baumwolle auf die Existenz ihrer Schraubenstruktur zu schließen (Abb. 2d).

Wir halten als das wichtigste Ergebnis dieser Auseinandersetzungen fest, daß die Anordnung der Röntgeninterferenzen auf der photographischen Platte Auskunft gibt über die Orientierung der Kristallite oder Micelle im Objekt. Ungeordnete Micelle liefern Kreisinterferenzen, parallel der Faserachse gerichtete 4-Punkt-Diagramme und schraubig angeordnete Sicheldiagramme. Diese Beziehungen erlauben die Bestimmung von Kristallitanordnungen in mikrokristallinen Substanzen. Es hat sich daher ein besonderer Zweig der Röntgenforschung entwickelt, der sich ursprünglich vor allem mit Pflanzenfasern befaßte, in der Folge aber auch auf andere Objekte, namentlich auf Metalldrähte, ausgedehnt worden ist (POLANYI, 3).

Trotz ihrer blendenden Erfolge in der Faserforschung ist die Röntgenanalyse nicht zur Erschließung der Micellarstruktur von allen botanischen Objekten geeignet, weil zur Durchleuchtung makroskopische Objekte mit einheitlicher Anordnung der Kristallite notwendig sind. Da es noch keine genügend entwickelte Mikromethode gibt, mit der man einzelne Zellen in allen Richtungen röntgenographieren könnte, muß man sich stets mit Zellkomplexen (z. B. Faserbündel) oder ganzen Geweben behelfen. Wenn nun die Zellwände regellos in einem solchen Gewebe liegen, wird eine fehlende Ordnung der Micelle vorgetäuscht, obschon sie in jeder einzelnen Zellwand orientiert sein können. Diese Unvollkommenheit der Röntgentechnik kann, wie wir sehen werden, mit der polarisationsmikroskopischen Untersuchungsmethode überbrückt werden. Vorerst muß aber noch näher auf die Kristallstruktur der Zellulosemicelle eingetreten werden.

b) Die Faserperiode.

Wie bereits angedeutet worden ist, läßt sich aus dem Abstande der einzelnen Interferenzen vom Symmetriezentrum der Röntgen-

aufnahme der Abstand oder die sog. Identitätsperiode der Netzebenen berechnen.

Von diesen Perioden ist der Abstand der Netzebenen, die senkrecht zur Faserachse verlaufen, besonders wichtig; sie wird Faserperiode genannt. ·POLANYI hat eine einfache Methode angegeben,
wie die Identitätsperiode in der Faserrichtung aus der Röntgen-

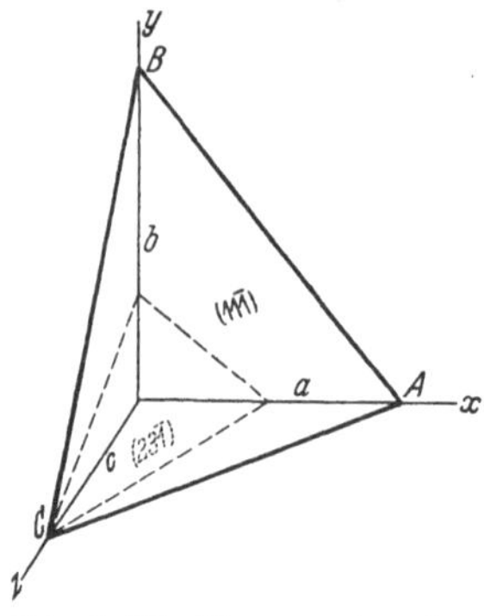

Abb. 5. Die MILLERschen Indices. x, y, z Bezugsachsen;
a, b, — c Achsenabschnitte
(b Faserperiode); (1 1 Ī) Netzebene mit den Achsenabschnitten a : b : —c; (2 3 Ī) Netzebene
mit den Achsenabschnitten
$$\frac{a}{2} : \frac{b}{3} : - c.$$

NB. In der Kristallographie
wird immer die c-Achse vertikal
und die b-Achse links-rechts
verlaufend gestellt. Da indessen
bei der Zellulosefaser die
b-Achse mit der stets aufrecht
gezeichneten Faserachse zusammenfällt, wurde diese Aufstellung mit vertikaler b-Achse
gewählt. Die Abschnitte auf der
c-Achse sind von den Zellulose-
chemikern im Gegensatz zu der
in der Mineralogie üblichen Art
im stumpfen ∢ β (nach vorn
verlaufend) negativ (− c)
gewählt worden.

aufnahme berechnet werden kann
(POLANYI, 2; POLANYI und WEISSEN-
BERG). Zum Verständnis dieses Ver-
fahrens ist die Vorkenntnis einiger
kristallographischer Grundbegriffe notwendig.

Die MILLERschen Indices. In der
Kristallographie bezieht man die Netzebenen,
die stets mögliche Kristallflächen sind, auf
ein Achsensystem mit den Achsen x, y, z und
charakterisiert jede Ebene durch die reziproken Werte ihrer Achsenabschnitte. So
bedeutet z. B. (h k l) eine Ebene, die auf der
Achse x den Abschnitt 1/h, auf y den Abschnitt 1/k und auf z den Abschnitt 1/l bildet.
Man bedient sich der reziproken Abschnitte,
die nach ihrem Propagator MILLERsche
Indices heißen, weil sich mit ihnen alle
Kristallberechnungen einfacher gestalten als
mit den Abschnitten selbst. Auf jeder der
Achsen x, y, z werden die Achsenabschnitte
in einem anderen Maßstabe gemessen, der
durch das kristallographische Achsenverhältnis gegeben ist. Dieses Achsenverhältnis ist
der makroskopische Ausdruck der Identitätsperioden auf x, y, z, d. h. der Abstände, die
gleichwertigen Punkten in diesen drei Richtungen des Raumes zukommen. Dieser Abstand betrage auf der x-Achse a, auf der
y-Achse b und auf der z-Achse c; dann sagt
man: die Netzebene, welche durch die Punkte
A B C gelegt werden kann (Abb. 5), habe

auf den Achsen x, y, z den Abschnitt 1. Ihr kommt somit das MILLERsche
Symbol (1 1 1) zu. Eine andere Netzebene soll die y-Achse im Abschnitte b/2
treffen; ihr Symbol heißt dann (1 2 1). Eine Ebene, die parallel zu y verläuft, schneidet diese Achse erst im Unendlichen, ihr reziproker Achsen-
abschnitt ist daher 0 und ihr Symbol (h 0 k), und im Spezialfalle, wo sie
durch A und B geht (1 0 1). Eine Ebene, die parallel, zu x und y steht,
heißt (0 0 k) usw. Ebenen, die eine oder mehrere der Achsen auf deren Verlängerung über den Ursprung 0 hinaus schneiden, erhalten für die betreffende
Achse negative Indices; (1 0 Ī) schneidet z. B. die z-Achse, im Abschnitt — c.

Die Schichtlinienbeziehung von POLANYI. In den Zellulosefasern fällt die y-Achse des Bezugssystems mit der Faserachse zusammen. b ist daher die Faserperiode.

Untersucht man die gegenseitige Lage der Röntgeninterferenzen des Faserdiagrammes (Abb. 2c), genauer, so findet man, daß alle Punktpaare auf wenige Hyperbeln fallen, die symmetrisch zum Äquator des Röntgenbildes verlaufen (s. Abb. 6). POLANYI nannte diese Linien Schichtlinien, und zeigte, daß die Reflexe auf der ersten Schichtlinie von Netzebenen stammen, welche die

y-Achse im Abschnitte b schneiden; die Punkte auf der zweiten, dritten und folgenden Schichtlinie sind Reflexe von Ebenen, mit dem Abschnitt $b/2$, $b/3$ usw. Wählt man statt einer ebenen photographischen Platte zur Aufnahme einen zylindrischen Film, dessen Achse mit dem Faserbündel zusammenfällt, werden die hyperbolischen Schichtlinien zu parallelen Geraden, deren Abstände genau vermessen werden können. Sie sind in Abb. 4b durch die Breitenkreise XTU und YVW dargestellt. Die

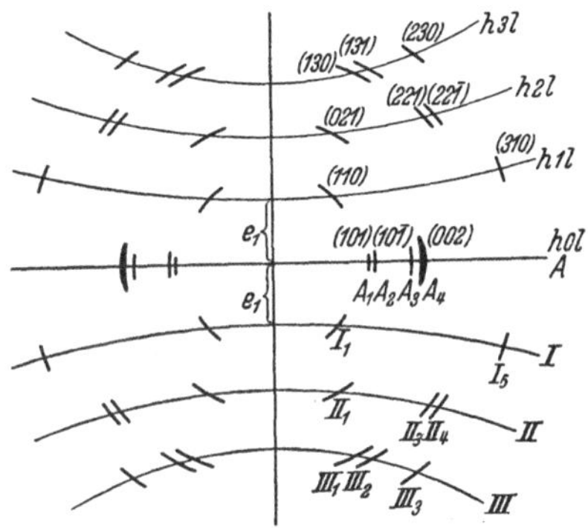

Abb. 6. Schema des Zellulosefaserdiagrammes. I, II, III Schichtlinien $(h\,1\,l)$, $(h\,2\,l)$, $(h\,3\,l)$; A Äquator $(h\,0\,l)$; e_1 Schichtlinienabstand der 1. Schichtlinie. Einzeichnung der wichtigsten Interferenzpunkte oberhalb des Äquators mit ihren MILLERschen Indices, unterhalb nach der Bezeichnungsweise von R. O. HERZOG.

Abstände dieser Schichtlinien stehen in einfacher Beziehung zur Faserperiode b. Es gilt nämlich die sog. Schichtlinienbeziehung:

$$b = \frac{k \cdot \lambda}{\sin \mu_k} \tag{2}$$

wobei λ die Wellenlänge des monochromatischen Röntgenlichtes, k die Nummer der Schichtlinie und μ den Ablenkungswinkel des abgebeugten Strahles in bezug auf die Äquatorfläche vorstellen. μ ergibt sich aus dem Verhältnis des Schichtlinienabstandes e (s. Abb. 6) zum Abstande f des Filmes vom Präparat (s. Abb. 2a).

$$tg\,\mu = \frac{e}{f}.$$

Zum Beweis der Schichtlinienbeziehung (2), drücken wir den Netzebenenabstand d in Funktion des Normalenwinkels ϱ aus (s. Abb. 4b und 7a)

$$d = b \cos \varrho$$

2*

und kombinieren diese Gleichung mit dem BRAGGschen Reflexionsgesetz (1), wobei nur die erste Ordnung berücksichtigt wird ($n = 1$). Man erhält dann

$$b = \frac{\lambda}{2 \sin \dfrac{\vartheta}{2} \cdot \cos \varrho} \tag{3}$$

Aus Abb. 7b, wo TP einen Ausschnitt aus einem Reflexionskreis, OT und OP Radien der Lagenkugel und QT, sowie QP Mantellinien der Kegelfläche QTP bedeuten (vgl. Abb. 4a und b), geht hervor, daß

$$\frac{\cos \varrho}{\cos \dfrac{\vartheta}{2}} = \frac{\sin \mu}{\sin \vartheta} \, .$$

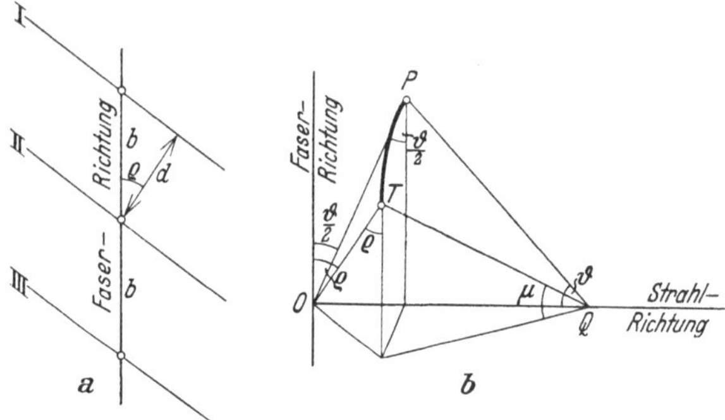

Abb. 7. Schichtlinienbeziehung. a) Beziehung zwischen Netzebenenabstand d und Faserperiode b. b) Darstellung des Schichtlinienwinkels μ; $\vartheta/2$ Reflexionswinkel, ϱ Normalenwinkel. Buchstabenbezeichnung wie in Abb. 4a und b.

Setzt man den so erhaltenen Wert für $\cos \varrho$ in (3) ein, erhält man folgende Beziehung, in der sich $\sin \vartheta$ gegen $2 \sin \vartheta/2 \cos \vartheta/2$ heraushebt.

$$b = \frac{\lambda \sin \vartheta}{\sin \mu \cdot 2 \sin \dfrac{\vartheta}{2} \cdot \cos \dfrac{\vartheta}{2}} = \frac{\lambda}{\sin \mu} \, .$$

Diese Gleichung gilt für Netzebenen, welche die Faserachse im Abstande b schneiden (1. Schichtlinie). Ebenen, die auf der y-Achse Bruchteile von b abschneiden, z. B. $b/2$ oder allgemein b/k, muß die rechte Seite der Gleichung mit k multipliziert werden, woraus sich die Schichtlinienbeziehung (2) ergibt.

Aus Formel (2) haben verschiedene Autoren (POLANYI, 2; SPONSLER und DORE; MEYER-MARK, 4; ASTBURY, 1, 2; HEYN, 4) die Faserperiode des Zellulose-4-Punkt-Diagramms berechnet zu

$$b = 10{,}3 \,\text{Å}.$$

Da im Faserdiagramm mehrere Schichtlinien auftreten, kann b mehrfach bestimmt werden, so daß dem erhaltenen Werte eine große Genauigkeit zukommt (s. Tabelle 2).

Die Schichtlinienbeziehung ist in der Kristallstrukturforschung ein sehr wertvolles Hilfsmittel geworden. Es ist daher bemerkenswert, daß POLANYI dieses Gesetz an einem pflanzlichen Objekte, nämlich der Ramiefaser, abgeleitet hat.

Tabelle 2. Berechnung der Faserperiode b des Zellulosekristallgitters nach der Schichtlinienbeziehung. (Nach MARK, 2.) Wellenlänge λ des monochromatischen Röntgenlichtes (K-Linie der Kupferstrahlung) = 1,54 Å.

Nr. der Schichtlinie	μ	sin μ	b in Å	Mittelwert von b
1	8° 40′	0,1507	10,21	
2	17° 30′	0,3007	10,23	
3	26° 50′	0,4514	10,22	10,22 ± 0,04 Å
4	37° 0′	0,6018	10,23	
5	48° 50′	0,7528	10,22	

c) Das Kristallgitter der Zellulosemicelle.

Den kleinsten Baustein eines Kristallgitters, aus dem man durch bloße Parallelverschiebung längs der drei kristallographischen Achsen das ganze Kristallgebäude aufbauen kann, nennt man den Elementarkörper oder die Basiszelle des Gitters. Diese ist stets ein Parallelepiped, also von drei Paar parallelen Flächen begrenzt, die parallel zu den Kristallachsen laufen.

Die Abstände dieser Flächen sind die Identitätsperioden a, b und c. Für die Kristallite der Zellulose haben wir den Identitätsabstand b in der Faserrichtung bereits kennengelernt. Es gilt nun auch a und c zu berechnen. Dies geschieht mit Hilfe der Interferenzen auf dem Äquator des Faserdiagrammes.

Wie ausgeführt worden ist, stammen alle Äquatorreflexe, die in Abb. 6 mit $A_1 A_2$ angedeutet sind, von Flächen, die parallel zur Faserachse, oder wie man sagt, in der Zone der Faserachse liegen. Das Faserdiagramm zeigt vier intensive Interferenzflecken auf dem Äquator. Die Intensität der Flecken ist abhängig von der Dichte, mit der die reflektierenden Netzebenen mit Massenteilchen belegt sind. Die Interferenzen A_1—A_4 müssen daher von dicht mit Masse besetzten Hauptebenen herrühren. Von diesen Flecken liegen A_1 und A_2 sehr nahe beieinander. Dies bedeutet, daß ihre Reflexionsebenen miteinander einen Winkel bilden, der nur wenig von 90° verschieden ist; würden sie völlig senkrecht aufeinanderstehen, müßten ihre Reflexe auf ein und demselben Punkt der photographischen Platte fallen. Der Punkt A_3, den man auf allen Zellulosediagrammen findet, gehört nicht zum monochromatischen Faserdiagramm. Die in der Röntgenographie verwendete Kupferstrahlung liefert nämlich nicht rein monochromatisches Röntgenlicht, sondern zwei sehr wenig voneinander verschiedene Wellenlängen, die im Spektrum das sog. K-Dublett mit den Linien α und β erzeugen. Es kann gezeigt werden, daß der Reflex A_3 die β-Interferenz der gleichen Fläche ist, welche die Schwärzung A_4 liefert, indem man die Kupferstrahlung des Röntgenlichtes von der β-Strahlung befreit, wobei allerdings empfindliche Intensitätsverluste auftreten. Da für die Berechnung der Basiszelle nur die α-Interferenzen berücksichtigt werden, scheidet A_3 für die Bestimmung des Elementarbereiches aus.

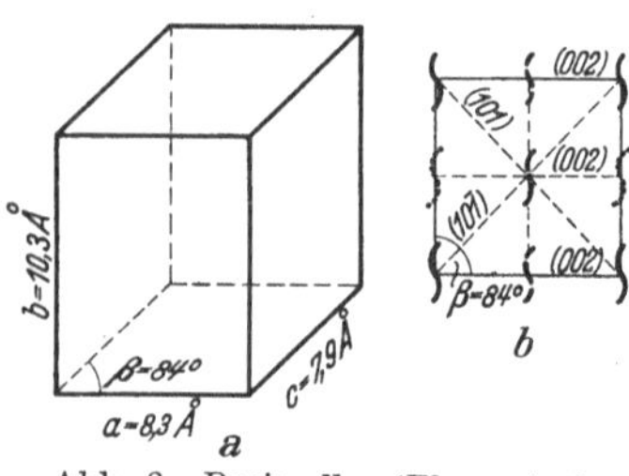

Abb. 8. Basiszelle (Elementarbereich) des Zellulose-Kristallgitters. a) Aufriß. b) Grundriß (flächenzentriert). ⌇ zweizählige Schraubenachse.

An gedehnten Filmen von Bakterienzellulose (B-Zellulose), in denen den Kristalliten ein größerer Ordnungsgrad zukommt als in den nativen Fasern, wurde herausgefunden, daß die Netzebenen der A_4-Interferenz mit denen von A_1 und A_2 Winkel von ungefähr 45^0 einschließen. Auf Grund dieser Winkelbestimmung erhalten die fraglichen Netzebenen folgende MILLERsche Indices: A_1 (1 0 1), A_2 (1 0 $\bar{1}$) und A_4 (0 0 2). Die Netzebenenschar (1 0 1) besitzt den größtmöglichen Netzebenenabstand im Zellulosegitter, da sie die innerste Interferenz liefert; der Abstand der (1 0 $\bar{1}$)-Ebenen ist nur wenig, derjenige der (0 0 2)-Schar dagegen beträchtlich kleiner (s. Abb. 8b). Da (1 0 1) und (1 0 $\bar{1}$) einen von 90^0 etwas verschiedenen Winkel einschließen, der mit β bezeichnet wird, ist die Basiszelle der Zellulose monoklin. Von diesem monoklinen Parallelepiped sind die drei Größen a, c und β unbekannt. Da indessen für jede der drei aufgeführten Ebenen eine Gleichung aufgestellt werden kann, in welche die drei Unbekannten eingehen, können a, c und β berechnet werden, und man erhält nach MEYER und MARK (4).

$$a = 8,3 \text{ Å}$$
$$c = 7,9 \text{ Å}$$
$$\beta = 84^0$$

Nachdem auf diese Weise das Achsenverhältnis der Kristallite gefunden ist, können alle Interferenzpunkte des Faserdiagrammes indiziert werden, wie dies in Abb. 6 angegeben ist.

Aus den Kantenlängen des Elementarkörpers und dem Winkel β berechnet sich sein Volumen zu $V = 670$ Å^3. Man kann nun angeben wie viele Glukosereste $C_6H_{10}O_5$ in diesem Elementarkörper Platz finden. Das Molekulargewicht von $C_6H_{10}O_5 = 162$, geteilt durch die LOSCHMIDTsche Zahl $0{,}606 \times 10^{24}$, ergibt das Gewicht g eines Glukoserestes; während das Volumen V der Basiszelle multipliziert mit der Dichte s der Zellulose[1], das Gewicht G des Elementarkörpers liefert. Durch Division erhält man die gesuchte Zahl. Sie beträgt für Zellulose 4. Es sind somit 4 Glukosereste in der Basiszelle des Zellulose-Kristallgitters untergebracht.

4. Die Zellulose.

a) Chemische Konstitution der Zellulose.

Die Aufklärung der Konstitution der Zucker hat in neuerer Zeit zur Erkenntnis geführt, daß die Glukose als heterozyklischer Sechserring mit einer Sauerstoffbrücke aufzufassen ist (HAWORTH).

Durch Zusammenlagerung von zwei solchen Ringen entsteht unter Wasseraustritt das in der Zellulose enthaltene Disaccharid Zellobiose (s. Abb. 9), die sich von der nahverwandten Maltose stereochemisch unterscheidet (s. S. 341). Durch weitere Polymerisation an den endständigen OH-Gruppen der Zellobiose entstehen hochmolekulare Ketten, deren Länge indessen nicht konstant ist. Die Zahl der Glukosereste $C_6H_{10}O_5$ beträgt je nach der angewandten Bestimmungsmethode größenordnungsmäßig 10^2 bis 10^3.

Nach der röntgenometrischen Halbwertsbreitenmethode (siehe S. 28) und anderen Verfahren ergibt sich ein Polymerisationsgrad von 150—200 (MARK, 3). Ähnliche Werte erhalten HAWORTH und HISRT auf chemischem Wege durch quantitative Bestimmung der substituierten Endgruppen von Zelluloseketten, während STAUDINGER an Hand der von ihm aufgefundenen Beziehungen zwischen Viskosität und Molekulargewicht hochpolymerer Verbindungen für die Zellulose eine höhere Polymerisationszahl n fordert; nach Viskositätsmessungen an Zelluloselösungen reinster Baumwolle in Kupferoxydammoniak schließt er auf mindestens 700 Glukosereste in einer Zellulosekette (STAUDINGER, 5, 6). STAMM findet, mit

---

[1] Für die Dichte der Zellulose werden verschiedene Werte verwendet (s. S. 71 und Tabelle 13, S. 120). MEYER und MARK benützen **1,52**, ANDRESS (1) **1,59**, YOSHIDA und TAKKI den sehr hohen Wert **1,622**.

Hilfe der von THE SVEDBERG eingeführten Methode der Ultra-
zentrifugation, an Kupferoxydammoniaklösungen für Zellulose ein
Molekulargewicht von $4 \cdot 10^4$, was unter der Voraussetzung, daß

die Lösung keine Zellulosemicelle, sondern Zellulosemoleküle enthalte, 250 Glukoseresten entsprechen würde.

In der Pauschalformel der Zellulose $(C_6H_{10}O_5)_n$ wird also n von den verschiedenen Autoren verschiedene Werte zuerteilt; aber alle sind sich darin einig, daß die von ihnen gefundenen Polymerisationszahlen Mittelwerte vorstellen, um die die Länge der Zelluloseketten schwankt. Die Ketten sind mithin homolog, aber nicht identisch untereinander. Man nennt solche hochmolekularen Stoffe, die sich nur durch ihre Kettenlänge unterscheiden, polymer homolog.

Besonders wichtig ist die Tatsache, daß die Glukosereste durch sog. Hauptvalenzen, also Valenzen im Sinne Kékulés, miteinander verkettet sind. Hierauf haben Freudenberg (1, 2) und vor allem Staudinger (1) immer und immer wieder hingewiesen (Staudinger, Johner und Signer), auch zu Zeiten, als man der Zellulose auf Grund der röntgenometrischen Bestimmung der Raumgitter-Basiszelle ein sehr kleines Molekulargewicht zuschreiben zu müssen glaubte. Staudinger nennt fadenförmige Moleküle, die durch wiederholte eindimensionale Valenzverknüpfung relativ niedermolekularer Grundkörper entstanden sind, und in einer Richtung Dimensionen von Kolloidteilchen erreichen können, Faden- oder Kolloidmoleküle, während Meyer und Mark für diesen Molekültypus die Bezeichnung Hauptvalenzketten vorgeschlagen haben.

b) Anordnung der Fadenmoleküle im Kristallgitter.

Der erste Versuch die neueren chemischen Einsichten über den Aufbau der Zellulose mit den Ergebnissen der Röntgenmethode zu kombinieren, stammt von Sponsler (Sponsler und Dore), einem Botaniker. Auf prinzipiell dem gleichen Wege haben Meyer und Mark (1) eine befriedigende Lösung des Problemes gefunden. Das Vorgehen besteht darin, in der Strukturformel die einzelnen Atome mit ihren Abständen, wie sie aus der Atomphysik bekannt sind, einzuzeichnen und zu untersuchen, ob das so entstandene Modell in den aus der Röntgenanalyse bekannten Elementarkörper $(8,3:10,3:7,9 \text{ Å})$ hineinpaßt.

Bei der Konstruktion der Molekülmodelle werden die Wasserstoffatome vernachlässigt, da sie das Röntgenlicht nicht meßbar reflektieren. Die gegenseitigen Abstände der C- und O-Atome betragen: C—C (aliphatisch) $= 1,54 \text{ Å}$ und C—O $= 1,35 \text{ Å}$.

Zeichnet man die Strukturformel der Zellobiose mit diesen Abstandsgrößen auf, erhält man Abb. 9. Es geht daraus hervor, daß die Längserstreckung der Zellobiose mit der Faserperiode $b = 10,3\ \text{Å}$ identisch ist! In Abb. 10 ist vorne links eingezeichnet, wie das Zellobiosemodell in den Elementarkörper hineinpaßt.

Es wurde gezeigt, daß in der Basiszelle vier Glukosereste enthalten sind. Es gehört also noch ein zweiter Zellobioserest in den

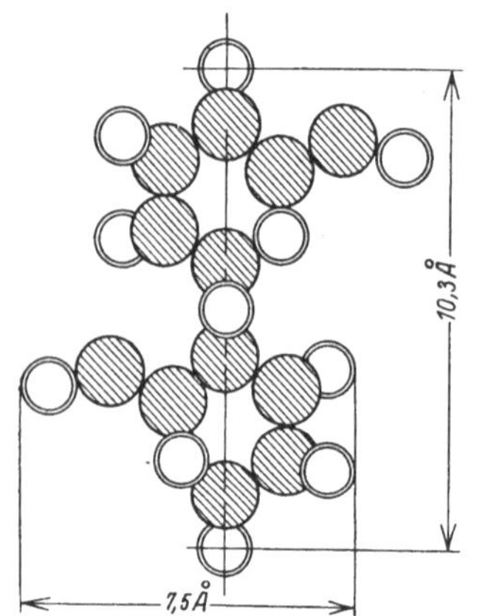

Abb. 9. Strukturmodell der Zellobiose (nach MEYER und MARK). ◍ C-Atome; ◎ O-Atome.

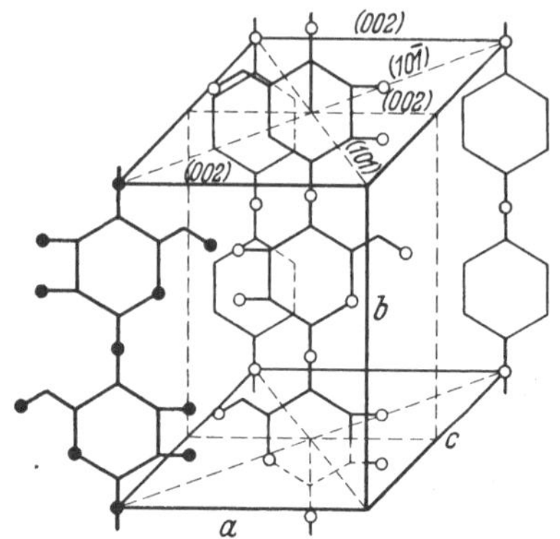

Abb. 10. Anordnung der Hauptvalenzketten im Elementarkörper der Zellulose (nach MEYER und MARK). Das Raumgitter ist flächenzentriert, da sich nicht nur in den b-Kanten der Basiszelle, sondern auch in der Schnittlinie der Diagonalebenen Hauptvalenzketten befinden. (0 0 2), (1 0 1) und (1 0 $\bar{1}$) sind die wichtigsten Netzebenen.

Elementarbereich hinein. Dieser liegt auf der Achse, welche die Schnittpunkte der Flächendiagonalen der oberen und unteren Begrenzungsebenen des Parallelepipedes verbindet. Er ist gegenüber seinem Partner um $^{1}/_{4}\ b$ verschoben. Die beiden weiteren Zellobioseketten, die in Abb. 10 eingezeichnet sind, gehören benachbarten Elementarbereichen an.

Die Anordnung der Zellobiosereste im Elementarkörper wird aus Intensitätsmessungen an den Interferenzflecken des Faserdiagrammes erschlossen. Je dichter eine Netzebene mit Atomen belegt ist, desto stärker wird das Röntgenlicht abgebeugt, und desto intensiver fallen die Schwärzungspunkte der photographischen Platte auf. Z. B. ist die Schar der (002)-Ebenen, in welche die ebenen Sechserringe des Glukoserestes fallen, von allen Netzebenen am dichtesten mit Atomen belegt (vgl. Abb. 2c und 6). Die Intensität dieser

Interferenz (A_4) ist daher am größten. Die beiden Ebenenscharen (101)
und 10$\bar{1}$) sind weniger dicht mit Masse belegt, und dementsprechend fallen
die Interferenzen A_1 und A_2 weniger intensiv aus; und zwar macht sich hier
noch eine feinere Nuancierung bemerkbar, indem A_2 etwas weniger schwarz
erscheint als A_1, da auf (101) die Atome etwas dichter beieinander liegen als
auf (10$\bar{1}$). Ähnliche Betrachtungen auf die Ebenen, die senkrecht zur Faserachse liegen, angewendet führen zum Schlusse, daß die Intensitäten der
(0 h 0) Interferenzen, die erwähnte Verschiebung des zweiten Zellobiose-
restes in der Basiszelle um $b/4$ gegenüber dem ersten Zellobioreste verlangen
(MEYER und MARK, 2; ANDRESS, 2). Eine etwas andere gegenseitige Lage
der Ketten hat ASTBURY angegeben.

Die charakteristischen Symmetrieelemente des Zellulose-Raumgitters sind
vier Scharen zweizähliger Schraubenachsen, die parallel zur Faserachse b
verlaufen (s. Abb. 8b). Die zweizähligen Schraubenachsen verlangen, daß
jedes Atom des Kristallgitters durch Drehung der Schraubenachse um 180⁰
und Verschiebung um die sog. Schraubungskomponente (im Falle der Zellulose $= b/2$) in ein identisches Atom übergeführt werde. Wie aus Abb. 9
hervorgeht, ist dieses Schraubungsprinzip bereits in der Konstitutionsformel
der Zellobiose enthalten. Die Schraubenachsen fallen daher mit den Achsen
der Zellobioreste zusammen, und es folgt daraus, daß sich die Fadenmoleküle
gesetzmäßig nach beiden Seiten über den Elementarkörper hinaus fortsetzen.
Das Zellulosemolekül ist daher keineswegs identisch mit dem Elementarbereich des Kristallgitters. Das Molekül ist ein physikalisch-chemischer, der
Elementarkörper dagegen ein struktureller Begriff. Ursprünglich glaubte
man, daß die Basiszelle gerade ein Molekül beherberge, was heftige Auseinandersetzungen über die Molekülgröße der Zellulose heraufbeschwor.
Heute ist der Streit dahin gelöst, daß die Zellulosemoleküle lange Hauptvalenzketten vorstellen, die gesetzmäßig zusammengelagert, das Zellulosemicell ausmachen, und der Elementarkörper schneidet aus zwei benachbarten
Ketten je einen Zellobioserest (also zusammen vier Glukosereste) heraus.

Die Gitterkräfte sind im Zellulosekristalliten zweierlei Art.
In der Faserrichtung sind die Glukosereste durch Hauptvalenzen,
also durch chemische Kräfte, aneinandergekettet. Wenn aber
die so entstandenen Fadenmoleküle miteinander zu einem Gitter
zusammentreten, geschieht dies durch molekulare oder VAN DER
WAALsche Kräfte. Das sind dieselben Kräfte, die bei der Ver-
dampfung oder der Sublimation von niedrigmolekularen Stoffen
überwunden werden müssen. Die Valenzkräfte sind etwa 10- bis
100mal so groß wie die VAN DER WAALschen Molekularkräfte.

c) Größe der Zellulosemicelle in der Zellwand.

Die Röntgenmethode gibt ferner ein Mittel an die Hand um die
Größe des ungestörten Gitterbereiches der Kristallite zu berechnen. Darunter ist der Kern der Micelle zu verstehen, dessen

Struktur den Anforderungen eines homogenen Diskontinuums entspricht (s. Abb. 11 a); Oberfläche und Enden der Kristalliten können aufgelockert sein, d. h. außerhalb des ungestörten Gitterbereiches eines Micells (s. Abb. 47) können sich Inhomogenitäten befinden. Je größer die Anzahl der Netzebenen ist, an denen das Röntgenlicht reflektiert wird, desto schärfer fallen die Interferenzen aus. Kleinste Gitterbereiche geben unscharfe, verbreiterte Interferenzflecken, größere dagegen deutliche Interferenzpunkte. Es besteht nun eine mathematisch faßbare Beziehung zwischen der sog. Halbwertsbreite der Interferenzen und der Dicke des Gitterbereiches senkrecht zur spiegelnden Netzebenenschar. HENGSTENBERG berechnet auf diese Weise für die Dicke senkrecht zu den (1 0 1)-Ebenen 56 Å, und senkrecht zur (0 0 2)-Ebene 53—59 Å. Diese Ebenen sind am dichtesten mit Atomen belegt und kommen als solche als Begrenzungsebenen des ungestörten Gitterbereiches der Micelle in Betracht (Abb. 11 a, b). Ihr Querschnitt soll nach MEYER und MARK die Form eines Rhombus mit etwa 60 Å Seitenlänge besitzen. In Abb. 11 b ist er mit geeigneter Eckenabstumpfung wiedergegeben. Parallel zur Faserachse findet man mit Hilfe der Ebenen (0 h 0) eine Ausdehnung des Gitters von über 600 Å.

Die Micelle sollen für die folgenden Ausführungen mit dem ungestörten Gitterbereich identifiziert werden. Sie wären also 50—60 Å breit und über 600 Å lang, d. h. sie stellen längliche Stäbchen mit dem Achsenverhältnis 1:10 dar. Jedenfalls muß man sie sich mit rundlichem Querschnitt und unregelmäßigen Umrissen vorstellen (s. Abb. 31). Die gefundenen Abmessungen wollen nur die Größenordnung treffen, da der Teilchengröße eine beträchtliche Variationsbreite zukommt. Die angegebenen Werte mögen etwa dem Maximum der Verteilungskurve, nach der sich die verschiedenen Kristallitgrößen anordnen, entsprechen. HERZOG und KRÜGER haben auf Grund von Diffusionsversuchen in

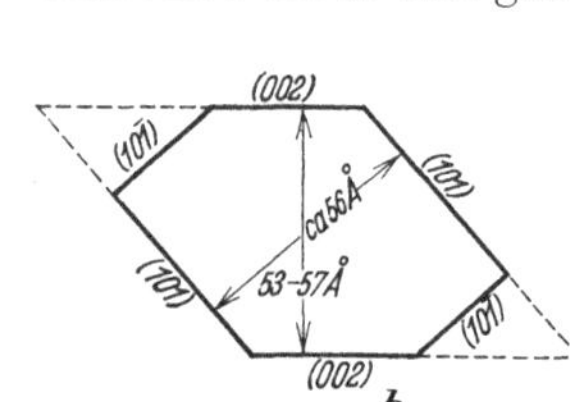

Abb. 11 a und b. Größe und Form der Zellulosemicelle. a) Ungestörter Gitterbereich eines Zellulosekristalliten (am Micell treten keine ebenen Flächen und Kanten auf; vgl. Abb. 25). b) Grundriß des Gitterbereiches, mit Angabe der aus der Halbwertsbreite der Röntgeninterferenzen gefundenen Dimensionen (den Querschnitt der Micelle muß man sich rundlich vorstellen).

Kupferoxydammoniak dieselbe Größenordnung für die Kristallitgrößen gefordert[1].

Auf den Querschnitt eines Micells entfallen etwa 100 Hauptvalenzketten, von denen jede etwa 150 Glukosereste umfaßt. Die Polymerisationszahl 150 wird von MARK (3) durch verschiedene Daten gestützt; ihr würde eine Länge der Zelluloseketten von etwa 750 Å entsprechen.

STAUDINGER (4) bezweifelt die Anwendbarkeit der Halbwertsbreitenbeziehung von Röntgeninterferenzen zur Berechnung der Größe von aus Fadenmolekülen aufgebauten Kristalliten, da nach seinen Viskositätsmessungen die Zellulosemoleküle 5—10mal länger sind als die Berechnung aus den Röntgendiagrammen ergibt. Zeichnet man die Kristallite nach dieser Längenangabe, erhält man außerordentlich schlanke Micelle. In Abb. 12 a

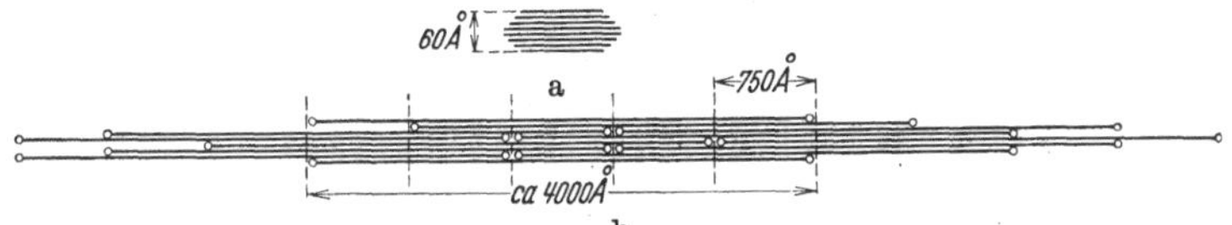

Abb. 12 a und b. a) Homogenes Kettengitter der Zellulose. Länge der Hauptvalenzketten (nach HENGSTENBERG) (5fach verkürzt). b) Inhomogenes „Makromolekülgitter" der Zellulose. Länge der Fadenmoleküle (nach STAUDINGER) (5fach verkürzt). o unbekannte Endgruppen der Ketten.

ist in 5facher Verkürzung ein Micell nach MEYER und MARK durch die Hauptvalenzketten dargestellt und mit einem Zellulosekristalliten, wie man ihn nach den Anschauungen von STAUDINGER konstruieren kann (Abb. 12 b), verglichen. Die unbekannten Endgruppen der Fadenmoleküle brauchen nach STAUDINGER nicht die Stirnfläche des Kristalliten zu bilden, sondern sie können sich irgendwo im Innern des Raumgitters befinden. Solche Kristallgitter nennt STAUDINGER Makromolekülgitter.

Als Makromolekülgitter aufgefaßt müßte ein Zellulosemicell mindestens ein Fadenmolekül (mit dem Polymeristionsgrad 700) lang sein, was einer Länge von 0,4 μ entsprechen würde. Man käme damit also bereits zu mikroskopischen Dimensionen!

STAUDINGER diskutiert die Frage nicht näher, warum die Methode der Halbwertsbreiten für die Bestimmung der Micellänge der Zellulose versagen. Aus Abb. 12b ließe sich vielleicht eine Erklärung dafür finden. Wenn nämlich die Fadenmoleküle mehr oder weniger gesetzmäßig (z. B. um $^1/_5$ Fadenlänge) gegeneinander verschoben wären, könnten bei genügender Betonung der Inhomogenitäten im Gitter kürzere Kristallite mit homogenem Raumgitter vorgetäuscht werden. Abb. 47 zeigt eine andere Möglichkeit. Es bestünde also gewissermaßen ein Analogon zu den Fehlschlüssen, die man aus der Größe der Faserperiode auf die Molekülgröße der Zellulose

---

[1] Nach STAUDINGER würde man indessen aus der Diffusion nicht auf die Micellgröße schließen dürfen, da nach seiner Ansicht nicht Micelle, sondern Fadenmoleküle in Lösung gehen.

gezogen hat. Vorläufig scheinen aber solche Spekulationen ohne große Wahrscheinlichkeit, und der Biologe wird sich gedulden müssen, bis sich die Chemiker über die Kettenlänge der Zellulosemoleküle geeinigt haben.

Für den weiteren Verlauf der Darstellung kann die Frage unentschieden bleiben, ob der Polymerisationsgrad der Zellulose 150 oder 700 betrage. Wenn trotzdem die absolute Länge der Micelle benötigt wird, soll der röntgenometrisch bestimmte Gitterbereich von etwa 750 Å berücksichtigt werden.

5. Optik zellulosischer Micellaggregate.

a) Optik der Zellulosemicelle.

Die Optik eines Kristalles ist bestimmt durch seine Indicatrix (s. S. 8), deren Achsen die Hauptbrechungsindices des Kristalls nach Größe und Richtung wiedergeben. Die Indicatrix der Zellulosemicelle kann aus dem optischen Verhalten von Micellargefügen mit bekannter Orientierung der Kristallite abgeleitet werden. Solche Objekte sind die Bastfasern, und vor allem die von SPONSLER (3) und ASTBURY untersuchte Zellwand der Meeresalge *Valonia,* deren Sproßsystem sich aus wenigen, makroskopischen (1—2 cm hohen) blasig aufgetriebenen Riesenzellen zusammensetzt.

Orientierung der Hauptbrechungsindices. Die Fasern besitzen drei verschiedene Brechungsindices, von denen der größte n_γ mit der Faserrichtung zusammenfällt, während der mittlere n_β parallel zur tangentialen und der kleinste n_α parallel zur radialen Richtung verläuft (AMBRONN, 6). Die Indicatrix der Zellulosekristallite ist somit, wie dies übrigens ihr Kristallsystem verlangt, ein dreiachsiges Indexellipsoid. Auf dem Radialschnitt durch die Faser gelangen n_γ und n_α, auf dem Tangentialschnitt n_γ und n_β, und auf dem Querschnitt n_β und n_α zur Beobachtung (s. Abb. 13). Die beiden kleineren Indices n_α und n_β sind sehr wenig verschieden voneinander, so daß der Querschnitt durch die Faser beinahe isotrop erscheint.

Wenn man die Orientierung der Micelle in der Faser kennt, kann man angeben, mit welchen kristallographischen Richtungen

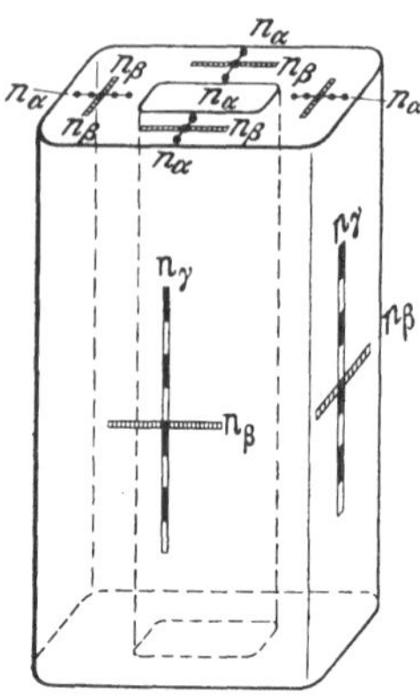

Abb. 13. Orientierung der Hauptbrechungsindices n_γ, n_β, n_α in der Ramiefaser.

n_γ,

n_β,

n_α.

des Zellulosegitters die festgestellten drei Hauptbrechungsindices n_γ, n_β und n_α zusammenfallen. Aus dem röntgenographischen Befunde wissen wir, daß die Längsachse der Micelle, die sich als die kristallographische b-Achse herausgestellt hat, annähernd parallel der Faserachse verläuft. Es folgt daraus einwandfrei, daß n_γ der morphologischen Achse der Micelle entspricht; und die monokline Symmetrie, der die Zellulosemicelle angehören, verlangt dann weiter, daß n_γ mit der b-Achse zusammenfällt. $[b]^1$ ist nämlich die Symmetrieachse des monoklinen Kristallsystems, und es gilt der Satz, daß die Richtungen von Hauptbrechungsindices mit vorhandenen Symmetrieachsen koinzidieren. Wir stellen somit fest, daß die Richtung des größten Brechungsindex n_γ mit der morphologischen Längsachsenrichtung $[b]$ der Zellulosemicelle identisch ist.

Im Gegensatze dazu werden die Richtungen von n_α und n_β durch die monokline Symmetrie nicht festgelegt. Ferner gibt die Röntgenmethode keine Auskunft darüber, ob die Micelle auf dem Faserquerschnitt um ihre b-Achse regellos gegeneinander verdreht sind oder ob sie eine gewisse tangentiale Anordnung bestimmter Netzebenen $(h\,0\,l)$ aufweisen. Wir wissen indessen, daß n_α und n_β in der Faser radial und tangential verlaufen. Es kann also senkrecht zur Faserachse keine völlige Regellosigkeit herrschen, die auf dem Querschnitt statistische Isotropie verlangen würde[2]. Wenn daher bekannt wäre, welche Fläche der Zellulosekristallite in der Zellwand tangential verläuft, könnte man die Orientierung der beiden kleineren Hauptbrechungsindices im Micell angeben.

Diese Frage ist von SPONSLER (2, 3; ASTBURY und BERNAL) entschieden worden. Seine Röntgenaufnahmen von *Valonia* senkrecht zur Zellwand weisen keine Interferenz von $(1\,0\,1)$ auf; während $(1\,0\,\bar{1})$ und $(0\,0\,2)$ Punktinterferenzen liefern. D. h. die Micelle sind alle parallel gerichtet, besitzen aber außerdem noch eine weitergehende Orientierung, indem die $(1\,0\,1)$-Ebenen vornehmlich

---

[1] In der Kristallographie werden Flächensymbole durch runde ( ), Symbole für Richtungen (sog. Zonen) dagegen durch eckige Klammern [ ] angedeutet.

[2] Es muß allerdings berücksichtigt werden, daß ein Teil der Doppelbrechung auf dem Faserquerschnitt von der schwachen Neigung der Micelle zur Faserachse herrührt. Bei einem Steigungswinkel von 5^0 beträgt dieser Anteil der Doppelbrechung auf dem Faserquerschnitt 0,002, was bei 10 μ dicken Schnitten einem Gangunterschied $\gamma\,\lambda$ von 200 Å entspricht.

tangential, die $(1\,0\,\overline{1})$-Scharen dagegen radial verlaufen. Auch in künstlich gedehnten Zellulosefilmen stellt sich $(1\,0\,1)$ parallel zur Oberfläche ein.

Kombiniert man diesen Befund mit der Erfahrung, daß in zellulosischen Zellwänden allgemein der kleinste Brechungsindex n_α radial verläuft, so kommt man zum Schlusse, daß n_α ungefähr senkrecht zur $(1\,0\,1)$-Ebene der Kristallite aussticht, während n_β annähernd parallel zu ihr verläuft (s. Abb. 14 a). Die Übereinstimmung der Richtungen kann wegen der monoklinen Symmetrie keine genaue, sondern nur eine ungefähre sein. Immerhin läßt sich nun ein angenähertes Bild der Optik eines Zellulosekristalliten entwerfen, wie dies in Abb. 14 b geschehen ist.

In dieser Abbildung ist die Begrenzung der Zellulosekristallite idealisiert; in Wirklichkeit sind die Micelle nicht durch ebene Kristallflächen begrenzt. Ferner muß darauf hingewiesen werden, daß aus Gründen der Übersichtlichkeit das Breiten-Längeverhältnis der Micelle nicht richtig wiedergegeben werden konnte (vgl. Abb. 11 a).

Messung der Hauptbrechungsindices. Die Hauptbrechungsindices der Zellulosekristallite können an Fasern bekannter Micellorientierung gemessen werden. Wenn alle Micelle parallel zur Faserachse verlaufen, dürfen die Brechungsindices rein zellulosischer Fasern unter gewissen Vorsichtsmaßregeln nicht nur qualitativ, sondern auch quantitativ mit denjenigen der Zellulosemicelle identifiziert werden.

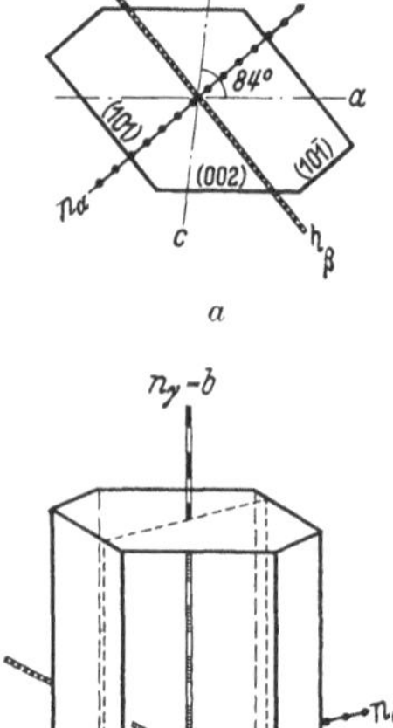

Abb. 14 a u. b. Optik der Zellulosemicelle.
a Grundriß. b Aufriß.
$$n_\gamma = 1{,}596$$
$$n_\alpha \sim n_\beta = 1{,}525$$
$$n_\gamma - n_\alpha = 0{,}071$$
$n_\gamma /\!/ b$-Achse der Micelle.
Orientierung von n_α und n_β unsicher.

Zur Messung des Faserbrechungsvermögens, sucht man, wie dies in der Mineralogie beim Immersionsverfahren üblich ist, ein Flüssigkeitsgemisch, in welchem die Konturen der Fasern im monochromatischen Natriumlicht $(\mathrm{Na}_D = 5890 \text{ Å})$ vollständig verschwinden. Dies ist der Fall, wenn sich beim Bewegen des Mikroskoptubus an der Phasengrenze Faser/Immersionsflüssigkeit keine helle Linie (sog. BECKEsche Linie) mehr zeigt. Mit einem Refraktometer (z. B. dem Refraktometer von ABBE) bestimmt man dann den Brechungsindex n_D des gefundenen Flüssigkeitsgemisches. Da das Brechungsvermögen der Faser nach Richtungen verschieden ist, muß man die Messungen über dem Polarisator in linearpolarisiertem Licht in Richtung der beiden Hauptbrechungsindices ausführen.

Die ersten Messungen größeren Stiles dieser Art sind von SCHILLER, einem Schüler WIESNERs, bei BECKE ausgeführt worden. Er kam zum Schlusse, daß alle untersuchten Fasern in ihrem optischen Verhalten voneinander abweichen, und somit wahrscheinlich aus verschiedenen Modifikationen der Zellulose aufgebaut seien. Entgegen diesem Befunde wurden auf Grund sorgfältiger Berücksichtigung aller möglichen Fehlerquellen[1] Meßergebnisse erzielt, die zeigten, daß der Zellulose konstante Brechungsindices zukommen. Dieses Ergebnis ist in der Folge angezweifelt worden (WEESE), besteht aber, wie die neuen Messungen von VAN ITERSON (3) und PRESTON (3) zeigen, zu Recht.

Der schwach doppelbrechende Faserquerschnitt verrät, wie bereits angedeutet worden ist, daß sich n_β sehr wenig von n_α unterscheidet. Dies steht im Einklang mit dem relativ geringen Unterschied, den das monokline Gitter der Zellulosemicelle, mit einem Verhältnis der beiden zur Faserachse senkrecht verlaufenden Kristallachsen von 1,05, gegenüber einem tetragonalen Gitter aufweist, wo das erwähnte Verhältnis 1,00 betragen müßte. Indexmessungen lassen sich nach der Immersionsmethode auf dem Faserquerschnitt nicht mit der gewünschten Genauigkeit ausführen, so daß die Differenz $n_\beta - n_\alpha$ vernachlässigt und in erster Annäherung $n_\beta \backsim n_\alpha$ gesetzt werden soll.

Doppelbrechende Körper mit drei verschiedenen Brechungsindices n_α, n_β und n_γ nennt man optisch zweiachsig, weil ihnen zwei verschiedene Richtungen zukommen, in denen sie isotrop erscheinen. Diese als optische Achsen bezeichneten Richtungen stehen senkrecht auf den zwei möglichen Kreisschnitten, die durch ein dreiachsiges Ellipsoid gelegt werden können (AMBRONN-FREY, 1). Besitzt ein doppelbrechender Körper dagegen nur zwei verschiedene Hauptbrechungsindices, wird seine Indicatrix zu einem Rotationsellipsoid, und es gibt dann nur eine einzige Richtung, nämlich die Rotationsachse, in welcher er isotrop erscheint; solche Körper sind daher optisch einachsig. Die Zellulosemicelle sind ihrer monoklinen Symmetrie entsprechend optisch zweiachsig; da indessen der Unterschied zwischen n_β

---

[1] Immersionsflüssigkeiten, die die Faser nicht durchdringen; zu kurze Imbibitionszeit; Schraubenbau der Fasern; inkrustierende Substanzen. FREY (6).

und n_α klein ist, können sie ebenso wie die Bastfasern mit ihrem quasi-isotropen Querschnitt als annähernd optisch einachsig aufgefaßt werden.

An einer intakten Faser ist der optische Tangentialschnitt (hohe oder tiefe Einstellung, Faseraufsicht) auf dem n_γ und n_β zur Beobachtung gelangen, vom optischen Radialschnitt (mittlere Einstellung) mit den Hauptbrechungsindices n_γ und n_α zu unterscheiden. Da das Brechungsvermögen nach der Immersionsmethode an einer Kante gemessen werden muß (BECKEsche Linie!), kommt für die Messung nur der Radialschnitt in Frage, auf welchem für n_γ und n_α die Werte von Tabelle 3 gefunden worden sind.

Tabelle 3. Brechungsvermögen nativer Zellulose.

			n_α	n_γ
Bastfasern	Moraceen	Hanf (gereinigt)[6]	1,525	1,596
	Urticaceen	Ramie[3]	1,528	1,596
		Ramie (gereinigt)[6]	1,525	1,596
		Nessel[2]	1,533	1,595
	Linaceen	Lein[1]	1,528	1,595
		Lein[3]	1,528	1,596
	Asclepiadaceen	*Callotropis*[2]	1,532	1,593
Haare	Malvaceen	Baumwolle[1]	1,533	—
		Baumwolle[2]	1,534	1,596[5]
Blasenalge	Valoniaceen	*Valonia*[4]	1,533	1,598
		Einwandfreiste Werte	**1,525**	**1,596**
		Doppelbrechung $n_\gamma - n_\alpha$	**0,071**	

Mit einigen Ausnahmen stimmen die Hauptbrechungsindices n_α und n_γ der nativen Zellulose bei allen untersuchten Zellulosemembranen innerhalb der zu erreichenden Meßgenauigkeit ($\pm 0,001$) miteinander überein. Die erhaltenen Brechungsindices dürfen daher unter Berücksichtigung, daß die untersuchten Objekte aus den verschiedensten Verwandtschaftskreisen stammen (Linaceen, Urticaceen, Asclepiadaceen, Algen) als Konstanten der Zellulose angesprochen werden.

Die Doppelbrechung der nativen Zellulose $n_\gamma - n_\alpha = 0,071$ ist wie einleitend erwähnt, 8 mal so groß wie diejenige von Quarz

---

[1] Siehe HERZOG, A.   [2] Siehe FREY (6).
[3] Siehe PRESTON (3).   [4] Siehe VAN ITERSON (3).
[5] Mittels des Steigungswinkels $\sigma = 30^0$ berechnet [s. Formel (4)].
[6] Siehe KANAMARU (1). Da die Fasern nicht absolut von nichtzellulosischen Bestandteilen gereinigt werden können, berechnet KANAMARU aus seinen Messungen unter allerlei Annahmen die Brechungsindices der Zellulosekristallite zu $n_\alpha = 1,526$, $n_\gamma = 1,602$ bis $1,603$, $n_\gamma - n_\alpha = 0,076$ bis $0,077$.

und Gips. Sie entspricht der Doppelbrechung optisch stark anisotroper Mineralien, wie z. B. Anatas. In Pflanzenschnitten kommt allerdings nicht immer die volle Doppelbrechung der nativen Zellulose zur Beobachtung, da sie durch mangelhafte Orientierung der Micelle, durch sog. inkrustierende, intermicellare Substanzen oder durch Umwandlung in Hydratzellulose (Laugenbehandlung, s. S. 95) herabgesetzt sein kann. Trotzdem weisen die Zellwände in etwa $10\,\mu$ dicker Schicht meistens lebhafte Interferenzfarben I.—II. Ordnung auf (Abb. 69), so daß solche Schnitte, wie petrographische Dünnschliffe, zur Untersuchung im Polarisationsmikroskop geeignet sind.

b) Optische Ermittlung der Micellorientierung in Zellwänden.

Das wichtigste und absolut gesicherte Ergebnis der optischen Untersuchung der Zellulosekristallite ist die Erkenntnis, daß die morphologische Längsachse der Micelle mit der Richtung des größten Brechungsindex zusammenfällt. Man braucht daher in einem Micellargefüge nur die Richtung von n_γ zu bestimmen, um den Verlauf der länglichen Zellulosestäbchen in der Zellwand festzustellen. Solche Bestimmungen der Richtung der sog. „Micellarreihen" sind in Fasern- und faserähnlichen Zellen bereits von NÄGELI und SCHWENDENER, AMBRONN (6), sowie von DIPPEL (2) ausgeführt worden, obschon damals außer morphologischen Wahrscheinlichkeitsgründen keinerlei Beweise für das Zusammenfallen von Micellachse und n_γ ins Feld geführt werden konnten.

Die optische Feststellung der Richtung des Hauptbrechungsindex n_γ leistet denselben Dienst wie die röntgenographische Ermittlung der Richtung der Faserperiode. Aber die polarisationsoptische Methode besitzt gegenüber der Röntgendurchstrahlung einen großen Vorteil: Zur Herstellung eines Röntgendiagrammes braucht man makroskopische Teile von Geweben oder Bündel von Fasern, während im Polarisationsmikroskop einzelne Zellen untersucht werden können. Zerknüllte Fasern täuschen, wie ausgeführt worden ist, mit dem Röntgenverfahren eine regellose Anordnung der Micelle vor (s. Abb. 2b), während die polarisationsoptische Untersuchung zeigt, daß in jeder einzelnen der wirr durcheinander gelagerten Fasern, keinerlei Desorientierung der Micelle stattgefunden hat.

3*

Aus dem gleichen Grunde ist es röntgenographisch unmöglich zu entscheiden, ob die Micelle in der einzelnen Faser, außer der axialen, auch noch eine radiale und tangentiale Orientierung aufweisen, da im Faserbündel die Micelle statistisch alle möglichen Lagen parallel zur Faserachse einnehmen. Nur wenn es gelänge, eine längsgespaltene Faser zu röntgenographieren, könnte diese Frage röntgenologisch aufgeklärt werden. Im Polarisationsmikroskop erkennt man dagegen auf dem Faserquerschnitt sofort, daß eine tangentiale Orientierung der Micelle vorhanden sein muß. Das Polarisationsmikroskop ist daher für spezielle histologische Untersuchungen ein viel feineres Instrument als die Röntgenkamera. Der Röntgenmethode war es vorbehalten, die prinzipiellen Fragen der Micellartheorie eindeutig aufzuklären, während die polarisationsoptische Untersuchung nun die weitere anatomische Kleinarbeit zu leisten hat.

Bestimmung der Indexachsenrichtung. Die Richtungen der Hauptbrechungsindices eines doppelbrechenden Objektes werden bestimmt, indem man die sog. Auslöschungsrichtungen ermittelt. Zu diesem Zwecke wird das Präparat zwischen gekreuzten Nikol gedreht und untersucht, in welcher Stellung die Polarisationsfarben des Objektes auslöschen (s. Abb. 15a). Wenn diese Dunkelstellung erreicht ist, verläuft die Richtung des einen Hauptbrechungsindex parallel, die andere dagegen senkrecht zur Schwingungsebene des Polarisators. Bei Gesteinsdünnschliffen bietet die Feststellung der Auslöschungsrichtungen keinerlei Schwierigkeiten, da jeder einzelne Kristall beim Drehen des Mikroskoptisches eindeutig auslöscht und wieder aufhellt. Bei Kristallitaggregaten, als welche die Zellwände aufgefaßt werden müssen, sind die Auslöschungserscheinungen jedoch nicht von so einfacher Art.

Der Querschnitt durch eine röhrenförmige oder faserähnliche Zelle ändert z. B. beim Drehen des Mikroskoptisches seine Helligkeit nicht, sondern weist stets ein dunkles Kreuz auf, dessen Arme parallel und senkrecht zur Schwingungsebene des Polarisators verlaufen (s. Abb. 15b). An den Stellen des Kreuzes liegen die Micelle orthogonal zu dieser Schwingungsebene, während sie in den vier Quadranten zwischen den Armen des Kreuzes unter einem bis auf 45° steigenden Winkel dazu verlaufen, und daher aufhellen. Dies ist dieselbe Anordnung der Kristallite, wie sie von Sphärokristallen bekannt ist. Die eine der Auslöschungsrichtungen verläuft tangential, die andere dagegen radial zur Zellwand (s. Abb. 16a).

Eine andere Schwierigkeit ergibt sich bei Zellen mit Schraubenbau. Bei solchen überkreuzen sich nämlich in der Aufsicht die Auslöschungsrichtungen der oberen und unteren Zellwand unter einem gewissen Winkel (s. Abb. 16b), was zur Folge hat, daß überhaupt keine Dunkelstellung mehr auftritt. Diesen Übelstand kann man beheben, indem man solche Zellen schief anschneidet,

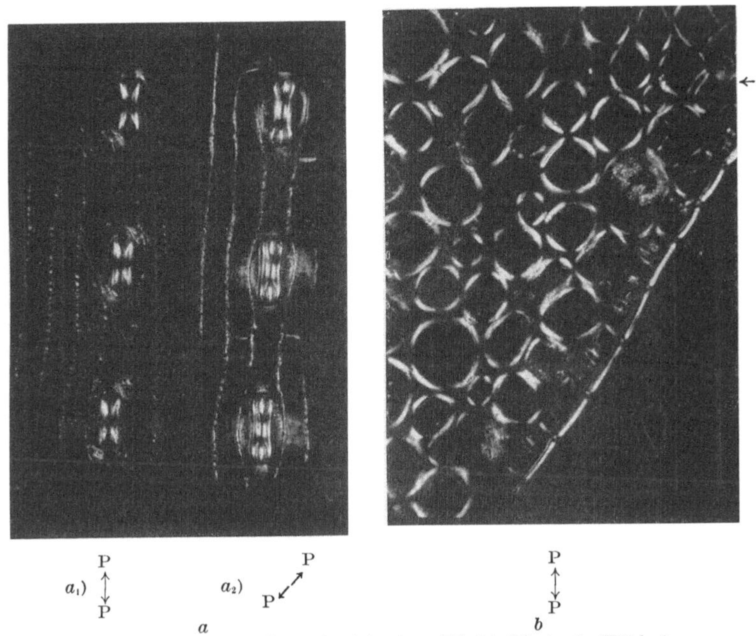

Abb. 15. Zellwände in polarisiertem Licht (Phot. A. Köhler).
a) Spaltöffnungen von *Elymus* zwischen gekreuzten Nikol, P ←→ P Schwingungsebene[1] des Polarisators. a_1 Schwingungsebenen parallel; a_2 unter 45° zur Längsachse des Spaltöffnungsapparates (vgl. Abb. 24g). b) Blattstielquerschnitt von *Aucuba japonica* zwischen gekreuzten Nikol. Bei ← erkennt man deutlich die isotrope Mittelschicht zwischen den aufleuchtenden Zellulosewänden; jede Epidermiszelle trägt eine stark doppelbrechende Kutikularplatte.

so daß dort, wo der Schnitt auskeilt, Stellen auftreten, die dünner als eine Zelldicke sind. In derartigen aufgeschnittenen Zellen muß das polarisierte Licht nur noch eine einzige Zellwand durchsetzen, und es gelingt dann leicht, deren Auslöschungsrichtung zu ermitteln.

---

[1] Unter „Schwingungsebene" wird die Ebene verstanden in welcher der elektrische Vektor der elektromagnetischen Lichttheorie schwingt; sie steht senkrecht zur „Polarisationsebene", nach welcher der magnetische Vektor schwingt.

Die erste Aufgabe der polarisationsoptischen Micellaruntersuchung besteht somit in der genauen Festlegung der Auslöschungsrichtungen auf den drei Hauptschnitten (quer, tangential, radial) durch eine Zelle. Die gefundenen Richtungen werden als Kreuze an Skizzen der verschiedenen Zelldurchschnitte eingetragen (siehe Abb. 13). Jede entspricht einer der Richtungen der drei Hauptbrechungsindices n_γ, n_β, n_α. Numerisch brauchen diese Indices jedoch nicht mit den Brechungsindices der Zellulosekristallite

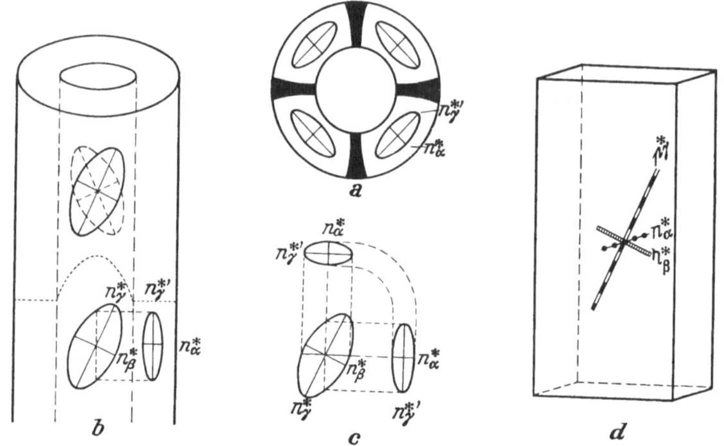

Abb. 16. Auslöschungsrichtungen und gegenseitiges Größenverhältnis der Hauptbrechungsindices n_γ^*, n_β^*, n_α^* in einer hohlzylindrischen Zellwand. a) Querschnitt. b) Tangentialaufsicht (bei schiefer Stellung der Indexellipse muß die hintere Seite des Hohlzylinders entfernt werden) und Radialschnitt. c) Indexellipsentrippel. d) Räumliche Anordnung der drei Hauptbrechungsindices.

übereinzustimmen. Streuung der Micelle (s. S. 45), sowie nichtzellulosische Membransubstanzen (KANAMARU, 1) können die Brechungsverhältnisse beeinflussen. Die Hauptbrechungsindices des Kristallaggregates „Zellwand" sollen daher mit einem * (n_γ^*, n_β^*, n_α^*) von denen der Zellulosemicelle unterschieden werden.

Es muß nun untersucht werden, in welcher Richtung der Zellwand n_γ^* liegt. Dies geschieht mit Hilfe eines vergleichenden Gipsblättchens I. Ordnung. Von diesem Blättchen muß man die Richtung des größeren Index $n_{\gamma\,\text{Gips}}$ kennen.

Man betrachtet nun das zu untersuchende Objekt zwischen gekreuzten Nikol in 45⁰-Stellung und schiebt das Gipsblättchen in den Strahlengang des Mikroskopes ein. Wenn n_γ^* der Zellwand mit $n_{\gamma\,\text{Gips}}$ zusammenfällt, steigt ihre Interferenzfarbe; in den meisten Fällen besitzt die entstehende Additionsfarbe einen blauen Ton. Verläuft n_γ^* der Zellwand dagegen senkrecht zu $n_{\gamma\,\text{Gips}}$, entsteht eine, gewöhnlich gelb getönte, Subtraktionsfarbe[1]. Auf diese einfache Weise läßt sich leicht entscheiden, in welcher Richtung der größere und in welcher der kleinere Brechungsindex des Objektes verläuft. Der Befund wird in Form von Indexellipsen in die erwähnten Skizzen der betreffenden Schnitte durch die Zellwand eingetragen.

Man erhält für jede Zelle entsprechend den drei Hauptschnitten drei Indexellipsen, die als Schnitte durch das räumliche Ellipsoid aufzufassen sind. In der Skizze von Abb. 16b zeigt dieses Ellipsoid nur auf dem Tangentialschnitt die wahre Länge seiner Achsen, während auf Radial- und Querschnitt verkürzte Durchmesser erscheinen. Auf diesen Schnitten ist daher der relativ größere Brechungsindex von n_γ^* verschieden und somit als $n_\gamma^{*\prime}$ zu bezeichnen. Falls die Indicatrix ein Rotationsellipsoid ist, wird der kleinere Brechungsindex auf Quer- und Radialschnitt in seiner wahren Größe erscheinen.

Die drei Indexellipsen (Abb. 16c) der drei Hauptschnitte sollen zusammen als Ellipsentrippel bezeichnet werden. Dieses gibt Auskunft über die Orientierung der Indicatrix der Zellwand, und da deren größte Achse n_γ^* der Längsachse der Micelle entspricht, hat man auf diese Weise die Orientierungsrichtung der Zellulosekristallite erschlossen.

Berechnung der Indexachsenrichtung. Wenn die Micelle alle parallel zueinander verlaufen und die Membran von nichtzellulosischen Nebenbestandteilen befreit worden ist, sind die Hauptbrechungsindices der Zellwand identisch mit denen der Zellulosekristallite ($n_\gamma^* = n_\gamma$ und $n_\alpha^* = n_\alpha$). Darauf beruht ja die Ermittlung der Brechungsindices der Zellulose nach der Methode von BECKE. Da das Spiel der BECKEschen Linie auf dem Radialschnitte beobachtet wird, kann die volle Größe von n_γ nur bei Fasern mit achsenparalleler Anordnung der Micelle gemessen werden. Bei Zellen mit Schraubenbau erscheint, wie Abb. 17b zeigt, statt n_γ ein kürzerer Radiusvektor n_γ'[2]. Wenn man deren

---

[1] Näheres über diese Methode s. AMBRONN und FREY (3).

[2] n_α erscheint dagegen nicht verkürzt, sondern stets in seiner vollen Größe, da es sich um ein Rotationsellipsoid handelt.

Wert kennt, kann man den sog. Steigungswinkel[1] σ von n_γ auf dem Tangentialschnitte berechnen, und so die Orientierungsrichtung der Micelle ermitteln.

Wie aus Abb. 17 b ersichtlich ist, besteht zwischen n_γ und n_γ' folgende Beziehung: n_γ' ist in der Ellipse mit n_γ und n_α als Halbachsen ein Radiusvektor, der gegen die Achse n_γ den Steigungswinkel σ einschließt. Es gilt daher nach der Ellipsengleichung für Radienvektoren die Beziehung:

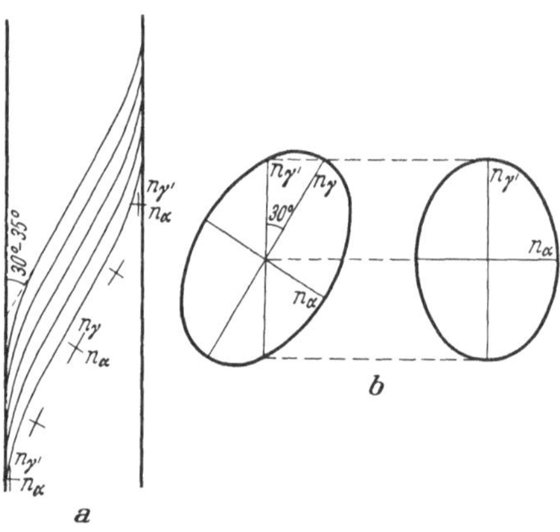

Abb. 17. Berechnung des Hauptbrechungsindex n_γ der Zellulosemicelle bei Zellulosefasern mit Schraubenstruktur (Baumwolle). a Optik der Baumwollfasern. b Indexellipse auf Tangential- und Radialschnitt.

$$\frac{1}{(n_\gamma')^2} = \frac{\sin^2 \sigma}{(n_\alpha)^2} + \frac{\cos^2 \sigma}{(n_\gamma)^2} \quad (4)$$

Kennt man drei von den Größen dieser Gleichung, läßt sich die vierte berechnen. Frey (6) hat zuerst auf die Möglichkeit, durch Messung von n_α und n_γ' über den Schraubenbau von Fasern Auskunft zu erhalten, hingewiesen und von Gleichung (4) Gebrauch gemacht, um n_γ der Baumwollhaare zu bestimmen. Nach der Immersionsmethode wurde $n_\alpha = 1{,}533$ und $n_\gamma' = 1{,}580$ ermittelt. Unter Berücksichtigung des Steigungswinkels $\sigma =$ etwa $30°$, der aus anatomischen Untersuchungen von Baumwollhaaren bekannt war, ergab sich n_γ der Baumwolle zu $1{,}596$ (siehe Tabelle 3). So wurde der Beweis für die optische Identität für Baumwoll- und Gerüstzellulose zu einer Zeit erbracht, als die chemische Identität dieser beiden Zellulosearten noch zur Diskussion standen (Karrer, 1; Hess, Messmer und Ljubitsch).

Preston (4) beschritt den umgekehrten Weg, indem er aus den gemessenen n_γ' und n_α, sowie den bekannten $n_\gamma = 1{,}596$ den Steigungswinkel σ berechnete (siehe Tabelle 4).

Tabelle 4. Optische Ermittlung des Steigungswinkels σ.

Faser von	n_α gemessen[2]	n_γ' gemessen[2]	σ berechnet[3]
Adansonia digitata	1,531	1,564	42,7°
Agave perfoliata .	1,536	1,559	46,7°
Yucca gloriosa . .	1,537	1,554	51,3°

Die von Preston erhaltenen Steigungswinkel können aber, vor allem für die Fasern von *Agave* und *Yucca*, keinen Anspruch auf besondere Genauig-

[1] Unter Steigungswinkel versteht man den Winkel, den die Orientierungsrichtung der Micelle mit der Faserachse einschließt.
[2] Siehe Frey (6).　　[3] Siehe Preston (4).

keit erheben, da ihre n_α-Werte vom theoretischen ($n_\alpha = 1{,}525$) abweichen. Sie sind wahrscheinlich infolge des Ligningehaltes dieser Fasern ($n_{\text{Lignin}} = 1{,}61$) höher als bei rein zellulosischen Fasern. Die Anwendung der Ellipsengleichung auf verholzte Fasern ist daher nicht einwandfrei und die von PRESTON berechneten Steigungswinkel können somit nur als Näherungswerte betrachtet werden.

Die angeführten Beispiele zeigen, wie durch Messung der Brechungsindices von Zellulosefasern, Aufschluß über die schraubige

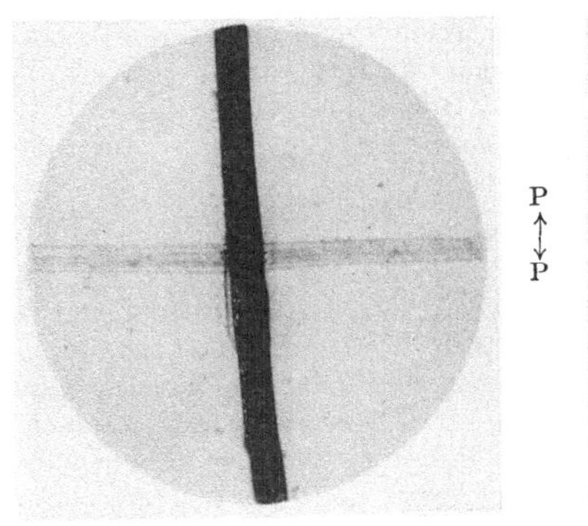 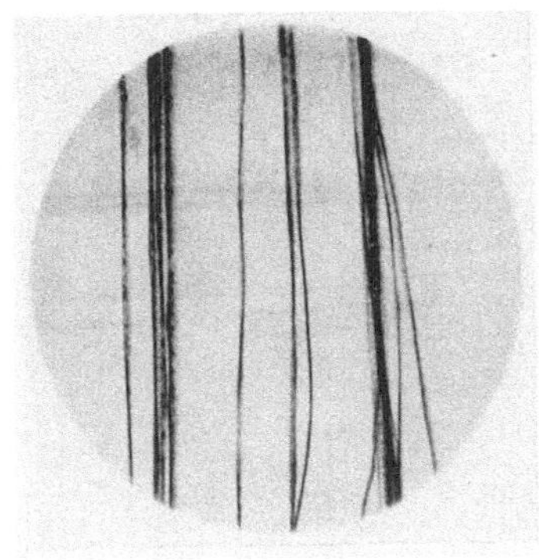

a   P   *b*

Abb. 18. Faserdichroismus. Schwingungsebene des Polarisators [1].

a Dichroismus der Chlorzinkjodfärbung von Ramiefasern. b Dichroismus der Chlorzinkjodfärbung von Zellulosefäden aus dem Schleim keimender *Cobaea*-Samen. Trotzdem diese Fäden nur 1 μ dick sind, absorbieren sie das Licht vollständig, wenn sie parallel zur Schwingungsebene des Polarisators stehen.

Anordnung der Micelle und deren Steigungswinkel erhalten werden kann.

Bestimmung der Absorptionsachsenrichtung dichroitischer Färbungen. Zellulosische Fasern färben sich mit Chlorzinkjod, Kongorot und anderen Farbstoffen dichroitisch. Die Beobachtung des Dichroismus geschieht im Polarisationsmikroskop über dem Polarisator (ohne Analysator). Falls das linearpolarisierte Licht des Polarisators parallel zur Längsachse der Micelle schwingt, erscheint die Faser tief gefärbt. Dreht man dagegen den Objekttisch um 90°, so daß das Licht senkrecht zur Orientierungsrichtung der Micelle schwingt, wird das Präparat nahezu farblos (AMBRONN, 2) (Abb. 18a und b).

Umgekehrt kann man aus den Lichtabsorptionsverhältnissen dichroitischer Färbungen auf die Micellorientierung schließen.

---

[1] Siehe Anmerkung S. 37.

Man dreht das gefärbte Objekt von unbekannter Micellarstruktur auf dem Objekttisch über dem Polarisator, bis es am stärksten gefärbt, bzw. am dunkelsten erscheint. Die Micelle sind dann parallel zur Schwingungsebene des Polarisators gerichtet. Auf diese Weise konnte z. B. die Micellarstruktur der *Equisetum*-Sporen-Elateren erschlossen werden (FREY, 4) (s. Abb. 19).

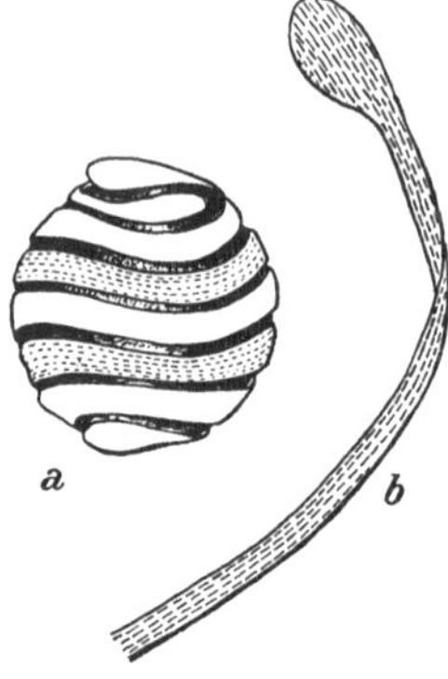

Abb. 19. Micellarstruktur der Elateren von *Equisetum*-Sporen. a Aufgerollte Elateren; b abgerollte Elatere. Die Anordnung der Micelle ist durch Strichelung angegeben.

Quantitativ wird die Absorption durch die Intensitätsabnahme von monochromatischem Licht, das ein farbiges Objekt passiert, gemessen. Der Intensitätsabfall geschieht nach einem exponentialen Gesetze:

$$I = I_0 \cdot e^{-k\frac{d}{\lambda}} \tag{5}$$

wobei I_0 die Lichtintensität vor und I nach dem Passieren einer absorbierenden Schicht von der Dicke d bedeuten. λ ist die Wellenlänge des verwendeten Lichtes und k der sog. Absorptionskoeffizient. Das Verhältnis I/I_0 kann mit einem für mikroskopische Zwecke geeigneten Spektro-Photometer gemessen werden, woraus sich k bei bekanntem d und λ berechnen läßt. Für dichroitische Objekte, die wie die Zellulosefasern in erster Annäherung optisch einachsig sind, gibt es zwei Absorptionskoeffizienten: einen größeren k_γ und einen kleineren k_α. Aus der einleitenden Betrachtung (S. 8) geht hervor, daß die Richtung von k_γ parallel zur Längsachse der Zellulosefaser verläuft. Es gilt daher für die Absorption parallel und senkrecht zur Faserachse:

$$I_{\|} = I_0 \cdot e^{-\frac{k_\gamma \cdot d}{\lambda}}$$

$$I_{\perp} = I_0 \cdot e^{-\frac{k_\alpha \cdot d}{\lambda}}$$

Trägt man die gefundenen Werte für k_γ und k_α graphisch auf, erhält man die mit der Indexellipse vergleichbare Absorptionsellipse. $k_\gamma - k_\alpha$ ist das Maß für den Dichroismus (vgl. Doppelbrechung $n_\gamma - n_\alpha$). Bei optimaler Färbung ist die Lichtabsorption parallel zur Micellrichtung, für Wellenlängen der Absorptionsbande des betreffenden Farbstoffes (für Kongorot z. B. 5000 Å), oft fast vollständig, so daß k_γ sehr groß $\backsim \infty$, während umgekehrt k_α sehr klein $\backsim 0$ wird. Die Absorptionsellipse degeneriert dann zu einer Geraden, welche die Richtung der Micellorientierung angibt.

Wenn die Micelle nicht genau parallel zur morphologischen Achse der Zelle verlaufen, wird man in der Richtung dieser Achse nicht die Extreme k_γ

und k_α messen, sondern ein relativ kleineres k_γ' und ein relativ größeres k_α'[1]. PRESTON (1) hat für die Kongorotfärbung der Ramiefasern das Verhältnis k_γ'/k_α' gemessen; es beträgt ungefähr 9. Aus diesem Quotienten kann man den Steigungswinkel σ der schwachen Neigung der Zellulosemicelle gegen die Faserachse auf Grund der Radiusvektorengleichung des Absorptionsellipsoides berechnen. Schreibt man die Ellipsenformel (4) für k_γ' und k_α', und bildet deren Quotient, erhält man:

$$\frac{(k_\gamma')^2}{(k_\alpha')^2} = \frac{\cos^2 \sigma \, k_\gamma^2 + \sin^2 \sigma \, k_\alpha^2}{\sin^2 \sigma \, k_\gamma^2 + \cos^2 \sigma \, k_\alpha^2}$$

Da k_α für die Kongorotfärbung gemessen an k_γ verschwindend klein ist, kann man die Glieder mit der Größe k_α^2 vernachlässigen; k_γ hebt sich dann heraus und es ergibt sich unter Berücksichtigung des von PRESTON gemessenen Wertes

$$\frac{k_\gamma'}{k_\alpha'} = \frac{\cos \sigma}{\sin \sigma} = \operatorname{ctg} \sigma = 9; \quad \sigma = \text{etwa } 6^0$$

Dieses Ergebnis steht im Einklang mit anderen Beobachtungstatsachen, die alle darauf hinweisen, daß Ramie- und anderen Bastfasern ein schwacher Schraubenbau zukommt (s. Tabelle 5, S. 52). So erweist sich der Dichroismus der Zellwände in gleicher Weise wie die Doppelbrechung dazu geeignet, die Orientierung der Zellulosemicelle auf messendem Wege zu ermitteln.

c) Theoretische Anordnungsmöglichkeiten der Micelle in der Zellwand.

Bei der Anordnung der Micelle in der Zellwand muß man zwei Faktoren auseinanderhalten:

1. die Orientierungsrichtung der Micelle, bezüglich der morphologischen Achse der Zelle, und

2. die Streuung der Micelle bezüglich ihrer Orientierungsrichtung.

Es soll im folgenden gezeigt werden, wie sich die Brechungsverhältnisse von Micellargefügen gestalten, wenn man Orientierung und Streuung der Micelle variieren läßt.

Orientierungsrichtung der Micelle. Als morphologische Achse der Zellen soll die Richtung ihrer Längserstreckung bezeichnet werden. Rein isodiametrische Zellen scheiden bei dieser Betrachtung aus, falls sie nicht polar gebaut sind oder sonstwie eine ausgezeichnete Richtung aufweisen. Die Micelle sollen alle genau parallel verlaufen, so daß ihre Orientierungsrichtung eindeutig gegeben ist.

---

[1] Die Messung geschieht hier auf der Tangentialaufsicht der Zelle, im Gegensatz zur Bestimmung der Brechungsindices, die auf dem optischen Radialschnitt erfolgt; es gelangt daher nicht k_α, sondern ein größerer Wert k_α' zur Messung (vgl. Abb. 17 b).

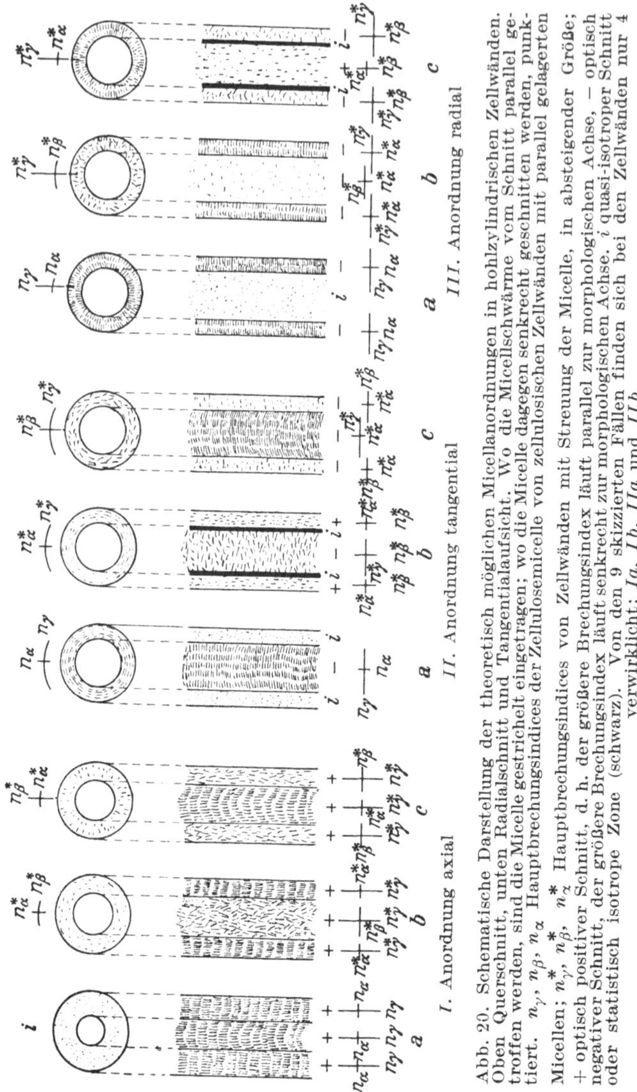

Abb. 20. Schematische Darstellung der theoretisch möglichen Micellanordnungen in hohlzylindrischen Zellwänden. Oben Querschnitt, unten Radialschnitt und Tangentialaufsicht. Wo die Micellschwärme vom Schnitt parallel getroffen werden, sind die Micelle gestrichelt eingetragen; wo die Micelle dagegen senkrecht geschnitten werden, punktiert. n_γ, n_β, n_α Hauptbrechungsindices der Zellulosemicelle von zellulosischen Zellwänden mit parallel gelagerten Micellen; n_γ^*, n_β^*, n_α^* Hauptbrechungsindices von Zellwänden mit Streuung der Micelle, in absteigender Größe; + optisch positiver Schnitt, d. h. der größere Brechungsindex läuft parallel zur morphologischen Achse, − optisch negativer Schnitt, der größere Brechungsindex läuft senkrecht zur morphologischen Achse. i quasi-isotroper Schnitt oder statistisch isotrope Zone (schwarz). Von den 9 skizzierten Fällen finden sich bei den Zellwänden nur 4 verwirklicht: Ia, Ib, IIa und IIb.

In zylindrischen Zellen sind dann bezüglich der morphologischen Achse theoretisch drei verschiedene Orientierungsrichtungen der Micelle möglich: die axiale, die tangentiale und die radiale (Abb. 20).

Bei axialer Anordnung ist, wie wir bereits gesehen haben, der Querschnitt annähernd isotrop. Bei tangentialer Anordnung erscheint dagegen der Radialschnitt, und bei radialer Anordnung der Tangentialschnitt quasi-isotrop. Auf allen anderen Schnitten beobachtet man Doppelbrechung, und zwar die volle Doppelbrechung der Zellulosemicelle, da diese parallel oder senkrecht zu den Schnittrichtungen verlaufen. In Abb. 20 sind die entsprechenden Indexkreuze für Quer-, Tangential- und Radialschnitt eingezeichnet.

Zur Charakterisierung der Doppelbrechung bezieht man diese auf die morphologische Achse der Zelle und nennt auf Radial- und Tangentialschnitt die zur Zellachse parallel verlaufende Indexachse $n_{\|}$, die senkrecht dazu verlaufende dagegen $n_{\perp}$; auf dem Querschnitt bezeichnet man dagegen die tangentiale Richtung mit $n_{\|}$ und die radiale mit $n_{\perp}$. Die Doppelbrechung des Micellargefüges wird dann stets durch die Differenz $n_{\|} - n_{\perp}$ angedeutet. Wie aus Abb. 20 ersichtlich ist, wird diese Differenz bald positiv und bald negativ ausfallen. Im ersten Falle nennt man einen Schnitt durch die Zellwand optisch positiv, im zweiten dagegen optisch negativ. Bei axialer Anordnung der Micelle ist der Tangentialschnitt z. B. optisch positiv (Abb. 20 I), während er bei tangentialer Anordnung negativ ausfällt (Abb. 20 II).

Bei schraubiger Anordnung kann man die Doppelbrechung auf dem Tangentialschnitte, wegen der auftretenden schiefen Auslöschung, nicht auf die morphologische Achse der Zellen, sondern man muß sie auf die Richtung der Schraubenlinie beziehen. Die Doppelbrechung fällt in dieser Richtung stets positiv aus.

Streuung der Micelle. Bis jetzt haben wir stets angenommen, daß alle Micelle genau gleichsinnig orientiert seien, d. h. daß sie parallel zu einer bestimmten Richtung verlaufen. Nun besteht aber die Möglichkeit, daß die Achsen der einzelnen Micelle größere oder kleinere Abweichungen von der festgestellten Orientierungsrichtung aufweisen. Der mittlere Neigungswinkel der Micelle zur Orientierungsachse soll als Streuung gezeichnet werden. Während bei idealer Parallellagerung der Micelle die Brechungsindices rein zellulosischer Micellargefüge numerisch gleich sind wie diejenigen der Zellulosekristallite, verändern sie sich sobald Streuung auftritt. Wir wollen uns dies am Beispiel der tangentialen Orientierung klarmachen (Abb. 20 II). Die Micelle sollen innerhalb der Tangentialebene von der Tangentialrichtung bis zu völliger Regellosigkeit abweichen. Die Auslöschung der Zelle bleibt dann stets gerade, aber der Brechungsindex in tangentialer Richtung wird kleiner und derjenige in axialer Richtung größer. Nun gilt nicht mehr, wie bei parallel gelagerten Micellen $n_\gamma^* = n_\gamma$ und $n_\alpha^* = n_\alpha$, sondern $n_\gamma^* < n_\gamma$ und $n_\alpha^* > n_\alpha$.

Der Radialschnitt durch diese Zellen ist nicht mehr annähernd isotrop, sondern entsprechend der Projektionen der gegen diese Ebene geneigten Indexellipsenachsen positiv doppelbrechend (Abb. 20 *IIb*). Es macht sich daher auf dem Radialschnitt ein

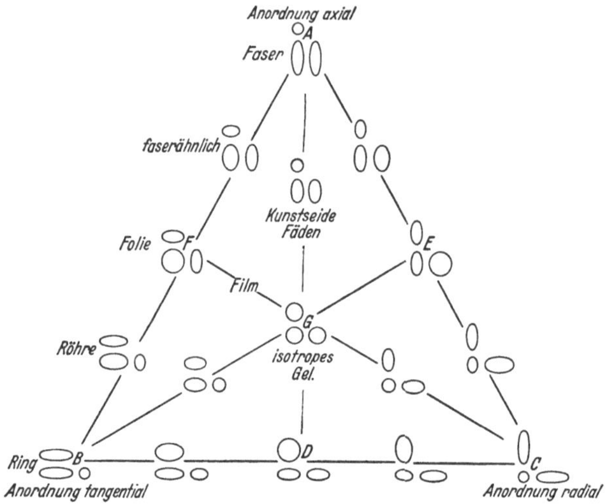

Abb. 21. Streuungsdiagramm (vgl. Abb. 20). Darstellung des optischen Verhaltens von (hohl)zylindrischen Zellulosegelen mit verschiedener Abweichung (Streuung) von den theoretisch möglichen Micellanordnungen durch Indexellipsentrippel. (Die obere der drei Ellipsen gilt für den Quer-, die linksstehende für den Tangential- und die rechtsstehende für den Radialschnitt). Keine Streuung: Micelle parallel der axialen (Punkt *A*), tangentialen (Punkt *B*), radialen (Punkt *C*) Richtung. Streuung in einer Ebene: Micelle streuen in der Tangentialebene (längs *A B*), auf dem Querschnitt (längs *B C*), in der Radialebene (längs *C A*). Streuung im Raume: a) Micelle streuen symmetrisch in bezug auf die axiale (längs *A D*), die tangentiale (längs *B E*), radiale (längs *C F*) Richtung. b) Micelle streuen asymmetrisch in bezug auf die Hauptorientierungsrichtungen (Punkte der Dreiecksfläche *A B C*). Ideale Unordnung: statistische Isotropie im Punkte *G*.

neuer Hauptbrechungsindex n_β^* geltend, der je nach der Streuung einen Wert zwischen, n_γ und n_α einnimmt. Die Streuung der Micelle bringt eine Wandlung des optisch annähernd einachsigen Micellargefüges in ein optisch zweiachsiges, mit drei deutlichen Hauptbrechungsindices, n_γ^*, n_β^* und n_α^*, mit sich.

Je größer die Streuung wird, um so stärker weichen n_γ^* und n_α^* von den ursprünglichen Werten n_γ und n_α ab, so daß die Differenz

$n_\gamma^* - n_\alpha^*$ und somit die Doppelbrechung stets kleiner wird. Die größtmögliche Streuung ist erreicht, wenn der mittlere Neigungswinkel der Micelle zur ursprünglichen Orientierungsrichtung 45^0 beträgt; die Zellwand ist dann, da die Micelle in der Tangentialebene alle möglichen Lagen einnehmen, und daher keine Ordnung mehr herrscht, statistisch isotrop; d. h. die Hauptbrechungsindices sind einander gleich geworden:

$$n_\gamma^* = n_\alpha^* = \frac{n_\gamma + n_\alpha}{2}$$

Für eine solche Zellwand ist die Indexellipse auf dem Tangentialschnitt ein Kreis, dessen Radius $(n_\gamma + n_\alpha)/2$ indessen größer ist, als derjenige (n_α) des Indexkreises annähernd isotroper Schnitte durch Micellargefüge mit parallel gerichteten Kristalliten (vgl. Abb. 21 Punkt F [Folie] mit Punkt A [Faser]).

Die Zellwände können also aus zwei verschiedenen Gründen in bestimmten Richtungen isotrop erscheinen. Im einen Falle wird eine annähernde Isotropie durch die Ähnlichkeit von n_α und n_β verursacht; ein solcher Schnitt soll quasi-isotrop genannt werden. Im anderen Falle dagegen entsteht die Isotropie durch völlige Unordnung an und für sich doppelbrechender Kristallite; dieser Zustand wird als statistisch isotrop bezeichnet.

Wir haben die Veränderungen der optischen Verhältnisse geschildert, wenn die Streuung von tangentialer Parallelrichtung ausgehend in der Tangentialebene, also axial, erfolgt. Abweichungen sind aber in zwei zur Orientierungsachse senkrechten Richtungen möglich; die Streuung kann daher auch radial erfolgen. Ebenso ist bei axialer Anordnung die Streuung in radialer und tangentialer Richtung, und bei radialer Anordnung in tangentialer und axialer Richtung möglich. In Abb. 21 sind alle diese Fälle an Hand der drei Indexellipsen auf Quer-, Tangential- und Radialschnitt wiedergegeben. Entsprechend den drei Hauptorientierungsrichtungen axial, tangential und radial, wurde eine Dreiecksdarstellung gewählt. Die Spitze des gleichseitigen Dreiecks veranschaulicht das Indexellipsentrippel bei ideal-axialer Anordnung, die linke Ecke dasjenige bei tangentialer und die rechte Ecke dasjenige bei radialer Anordnung (vgl. Abb. 20). Längs der Seiten des Dreiecks sollen die Micelle in einer bestimmten Ebene von der idealen Parallelordnung abweichen, und zwar soll die Streuung auf der linken Seite des Dreiecks in der Tangentialebene (also senkrecht zur Radialrichtung), auf der unteren Seite auf dem Querschnitt (senkrecht zur axialen Richtung) und auf der rechten Seite in der Radialebene (senkrecht zur tangentialen Richtung) erfolgen.

Geht man, wie dies oben geschehen ist, von der tangentialen Anordnung aus und läßt die Micelle streuen, bewegt man sich von der linken Ecke des Dreiecks auf der linken Seite nach rechts oben. Wenn der Streuungswinkel

45⁰ erreicht hat, ist man in der Mitte der Seite angelangt. Das Micellargefüge ist jetzt auf dem Tangentialschnitt isotrop. Wird der Streuungswinkel größer als 45⁰, nähert man sich einer axialen Orientierung, deren
Idealfall am Ende der Seite erreicht wird.

Läßt man die Streuung nicht senkrecht zur Radialrichtung (auf dem
Tangentialschnitt), sondern senkrecht zur axialen Richtung, also auf dem
Querschnitt erfolgen, bewegt man sich auf der unteren Seite des Dreiecks,
bis der Querschnitt statistisch isotrop geworden ist und man sich bei weiterer
Steigerung des Streuungswinkels der radialen Anordnung nähert.

Auf dem Umfang des Streuungsdreiecks kann man somit alle Fälle
auffinden, wo die Micelle senkrecht zu einer der drei Hauptrichtungen
streuen. Nun braucht aber die Streuung nicht unbedingt innerhalb einer
Ebene zu geschehen, sondern es ist denkbar, daß die Abweichungen nach
irgendeiner Richtung des Raumes erfolgen. Die Streuung besitzt dann
eine axiale, tangentiale und radiale Komponente. Alle möglichen Abweichungen dieser Art werden durch Punkte in der Dreiecksfläche dargestellt.
Besonders ausgezeichnet ist der Schwerpunkt des gleichseitigen Dreiecks,
denn er versinnbildlicht den Fall, wo der mittlere Streuungswinkel in bezug
auf alle drei Hauptrichtungen 30⁰ beträgt, d. h. es herrscht völlige Un-
geregeltheit im Micellargefüge, es ist nach allen Richtungen statistisch
isotrop.

Wenn wir uns nun fragen, welche von den theoretischen Anordnungsmöglichkeiten, die im Streuungsdreieck enthalten sind, in der Natur verwirklicht werden, so kommen wir, indem wir das Ergebnis des nächsten Abschnittes vorwegnehmen, zu folgendem Schlusse: Die Anordnungstypen der
Micelle in den Zellwänden befinden sich alle auf der linken Seite des Streuungsdreiecks. Es gibt in den Zellmembranen nur axiale und tangentiale Anordnungen, sowie alle möglichen Übergangsstadien
zwischen diesen beiden Extremfällen. Eine radiale Orientierung
der Micelle kommt in den Zellwänden überhaupt nicht vor. Auf Grund des
optischen Verhaltens der Zellmembranen muß diese Anordnungsmöglich-
keit ausgeschlossen werden (FREY-WYSSLING, 19, 22).

Auch bezüglich der Streuung macht sich eine Einschränkung geltend.
Es kommt nämlich keine Streuung der Micelle in radialer Richtung vor; wenigstens ist bis jetzt noch in keinem Falle ein radialer Verlauf
von n_β^*, der durch eine radiale Anordnung gefordert würde, gefunden worden.
Falls eine Streuung der Micelle auftritt, erfolgt sie ausschließlich in der Tangentialebene. Die Hauptvalenzketten können also nur
parallel zur Oberfläche des Protoplasmas, nie aber unter einem Winkel
dazu ausgeschieden werden. Dies weist darauf hin, daß die Plasmaober-
fläche für die Anordnung der Micelle richtungsbestimmend ist.

Im Gegensatz zu den Zellulosewänden kommt in künstlichen Zellulosegelen Streuung der Micelle nach allen Richtungen des Raumes vor. Den
Extremfall stellt ein Zellulosegel dar, dessen Micelle völlig ungeordnet
sind; es erscheint in allen Richtungen statistisch isotrop. In den Kunstseidefäden sind die Micelle durch das Spinnverfahren axial gerichtet, weisen
aber Streuung sowohl nach tangentialer wie auch nach radialer Richtung
auf. In einem Zellulosefilm dagegen liegen die Micelle ähnlich wie in der
Zellwand in einer Ebene, weisen aber senkrecht dazu (radiale) Streuung

auf. Die Indexellipsentrippel dieser zellulosischen Kunstprodukte können ebenfalls aus Abb. 21 ersehen werden.

Nach diesen mehr theoretischen Auseinandersetzungen sollen die verschiedenen Strukturen der Zellwände eingehend besprochen werden.

6. Die Micellarstrukturen der Zellwände.

Die axiale Anordnung der Micelle in der Zellwand soll als Faserstruktur, die tangentiale dagegen als Ringstruktur bezeichnet werden. Diese beiden Idealfälle sind durch zwei Übergangsreihen miteinander verbunden. In einem Falle ändert sich die Orientierungsrichtung unter Beibehaltung strenger Parallelordnung der Micelle; dann entsteht die Schraubenstruktur. Im anderen Falle wird durch Streuung der Kristallite die Parallelordnung aufgegeben, und schließlich kann die Regellosigkeit so groß werden, daß in der Tangentialebene alle Ordnung verlorengeht; dann sprechen wir von Folienstruktur. Sie kann durch zunehmende Streuung sowohl von der Faser- wie von der Ringstruktur aus erreicht werden (s. Abb. 21).

a) Faserstruktur.

Die Faserstruktur besitzt folgende Merkmale: anatomische Einzelheiten der Zellhäute, wie Streifung, Rinnen und Tüpfelung verlaufen parallel zur Faserachse, die Röntgenaufnahme liefert ein typisches 4-Punkt-Diagramm, es herrscht annähernd gerade Auslöschung, und der größte Brechungsindex n_γ, sowie das Absorptionsmaximum k_γ der dichroitischen Färbungen (Chlorzinkjod und Kongorot) sind axial gerichtet. Auf dem Querschnitte durch die Faser herrscht annähernde Isotropie.

Fibrillenstruktur (Abb. 24a). In idealer Weise findet man diese Eigenschaften bei den Fibrillen verwirklicht, die durch geeignete Mazerierung von Bastfasern oder Baumwollhaaren gewonnen werden können. Als Schulbeispiel für derartige eindimensionale Micellargefüge können die von AMBRONN (12) untersuchten *Cobaea*-Fäden gelten, die man von gequollenen *Cobaea*-Samen abziehen kann. Trotzdem diese Fäden nur ein halbes μ dick sind, zeigen sie alle für die Faserstruktur charakteristischen optischen Eigenschaften (s. Abb. 18b); Röntgenaufnahmen dieser Fäden bestehen noch nicht. Der Hauptunterschied der Fibrillen und Fäden gegenüber den Fasern liegt darin, daß sie massiv und nicht hohlzylindrisch gebaut sind.

Fibrillenstruktur findet sich ferner bei den spiraligen Gefäßverdickungen, die oft beim Brechen von jungen Trieben (z. B. bei *Pelargonium*) als lange Fäden aus den Gefäßen herausgezogen werden können. Ferner gehören die Verstärkungsleisten der Wasserzellen von *Sphagnum* und dem Aerenchym der *Dendrobium*-Luftwurzeln hierher.

Ideale Faserstruktur (s. Abb. 24 b). Durch genau achsenparallele Lagerung der Fibrillen würde eine ideale Faserstruktur entstehen. In der Natur ist diese aber nie ganz verwirklicht, da die Fibrillen, wenn auch unter einem noch so kleinen Winkel, stets geneigt zur Faserachse verlaufen. Dies äußert sich optisch in einer geringen schiefen Auslöschung radial halbierter Fasern und auf dem Röntgendiagramm durch andeutungsweise Verschmierung der Punktinterferenzen zu Sichelbogen. Der Faserbau von Hanf, Nessel, Ramie und Flachs nähert sich der idealen Faserstruktur; ihren Micellachsen kommen indessen, wie aus Tabelle 5 ersichtlich ist, immerhin noch Steigungswinkel von mehreren Graden zu.

Angenäherte Faserstruktur (Abb. 20 *I b*). Wenn die Micelle tangential zur Faserrichtung etwas streuen, entsteht eine angenäherte Faserstruktur. Röntgenologisch läßt sie sich nicht von leichter Schraubenstruktur unterscheiden, wohl aber optisch. Die Auslöschung bleibt g e r a d e , und es entsteht, wie bereits ausgeführt worden ist, ein optisch zweiachsiges Micellaggregat.

b) Schraubenstruktur (Abb. 24 c).

Länglich entwickelte prosenchymatische Zellen sind fast ausnahmslos s c h r a u b i g gebaut. Meistens wird dieser Bautypus als „Spiralstruktur" bezeichnet. Dieser Terminus sollte indessen vermieden werden, da die Orientierungsrichtung der Micelle nicht einer Spirale, sondern einer Schraubenlinie folgt.

Es gibt zwei verschiedene Möglichkeiten der schraubigen Anordnung, deren Schraubenlinien sich wie Bild und Spiegelbild verhalten, und infolgedessen in entgegengesetztem Sinne zueinander verlaufen. Sie werden als linke und rechte Schraubung, oder rechter und linker Windungssinn auseinandergehalten. Der Sinn der Schrauben-Anordnung wird in der Botanik in umgekehrter Weise angedeutet wie in Mathematik und Mineralogie (NÄGELI, 1; SCHMUCKER; VAN ITERSON, 2); dies rührt daher weil die Botaniker die Schraubenlinie aufsteigend (Winden der Pflanzen!), die andern Disziplinen dagegen absteigend verfolgen[1] (FREY, 15). Man könnte dieser

---

[1] Dabei kehrt sich in der Projektion auf den Grundriß der Drehungssinn um! (r e c h t s im Sinne des Uhrzeigers, l i n k s gegen den Uhrzeiger).

unliebsamen Terminologieverwirrung begegnen, wenn man in der Botanik die Ausdrücke l- oder r-„geschraubt“ vermeiden und durch r- oder l-„gewunden“, oder r- und l-„läufig“ ersetzen würde. Nach botanischem Sprachgebrauche heißt eine schraubige Anordnung links gewunden, wenn ihre Schraubenlinie von links unten nach rechts oben verläuft (als Wendeltreppe benützt, würde man beim Heraufsteige. einer solchen Schraubenlinie die linke Seite nach innen wenden, s. Abb. 22).

Die Merkmale der Schraubenstruktur sind: schiefe Anordnung von Streifung, Rinnen oder Tüpfelung, Sicheldiagramm bei der Röntgenaufnahme, schiefe Auslöschung, schiefer Verlauf von n_γ, und von k_γ der dichroitischen Jod- und Kongorotfärbung. Der Winkel, den die Tangente an die Schraubenlinie der Orientierungsrichtung mit der morphologischen Achse der Zelle bildet, ist der Steigungswinkel σ, der an Hand der Auslöschungsschiefe, sowie durch quantitative Messungen von n'_γ und n_α oder der Absorptionsverhältnisse dichroitischer Färbungen ermittelt werden kann. HERZOG und JANKE (4) haben den Steigungswinkel auf röntgenographischem Wege aus der Länge der Sicheln des Schraubendiagrammes bestimmt, die auf die Steilheit der Orientierungsrichtung schließen läßt. Der am häufigsten begangene Weg zur Ermittlung des Steigungswinkels ist indessen die mikroskopische Bestimmung der Neigung von Streifung oder Tüpfelung auf der Faser. Auf diese Weise hat REIMERS gefunden, daß in den verschiedenen Schichten der Membranen die Schraubung oft verschieden ausgebildet ist, und unterscheidet darnach drei Bastfasergruppen (s. Tabelle 5 und Abb. 23).

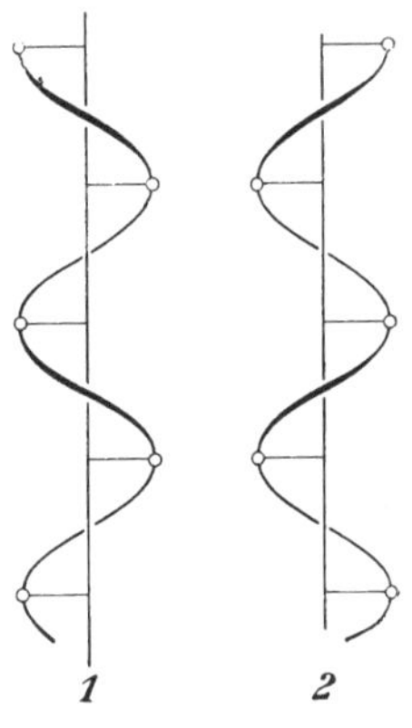

Abb. 22. Gegenläufige Schraubenlinien. 1 rechtswindend, rechtsläufig (linksschraubend); 2 linkswindend, linksläufig (rechtsschraubend).

a) Die Hanfgruppe. Die Wand der Faserzellen zerfällt in eine dünne, äußere primäre Membran, mit stark nach links geneigten Micellarreihen, und eine dickere, innere sekundäre Membran, mit steil linksläufigen Reihen. Hierher gehören die Bastfasern von *Cannabis, Morus, Salix, Sarothamnus.* Auch die Jutefaser *(Corchorus)* dreht links.

b) Die Nesselgruppe, wo nur die sekundäre Membran mächtig entwickelt ist; sie besteht aus zwei gleich starken Schichten, beide mit rechtsläufigen Reihen, von denen die innere steiler als die äußere gewunden ist. Hierher gehören die Bastfasern von *Urtica* und *Boehmeria.*

c) Die Flachsgruppe, wo wieder nur die sekundäre Membran in Betracht kommt; sie zeigt zwei mächtige Schichtenkomplexe mit gegen-

Tabelle 5. Schraubenstruktur der Fasern (l linksläufig, r rechtsläufig).

	Steigungswinkel σ ermittelt		
	morphologisch [1]	röntgenographisch [5]	optisch
Hanfgruppe			
Hanf			
Primäre Membran	28^0 l		
Sekundäre Membran	2^0 l	$1,9^0$	—
Nesselgruppe			
Nessel			
Äußere Schicht ⎫ der sekundären	8^0 r		
Zentrale „ ⎭ Membran	$3,5^0$ r	4^0	—
Ramie			
Bandartige Zellen			
Äußere Schicht ⎫ der sekundären	$12,5^0$ r		
Zentrale „ ⎭ Membran	5^0 r	11^0	
Schmale Zellen			6^0 [6]
Äußere Schicht ⎫ der sekundären	$7,5^0$ r		
Zentrale „ ⎭ Membran	$3,2^0$ r	4^0	
Flachsgruppe			
Flachs			
Äußere Schicht ⎫ der sekundären	$10,1^0$ r		
Zentrale „ ⎭ Membran	5^0 l	6^0	—
Haare			
Baumwolle	$30—35^0$ [2] 24^0 [3]	32^0	30^0 [7]
Duktile Fasern			
Kokosfaser	$30—35^0$ [4]	46^0	—
Douglas-Rotholzfasern	etwa 50^0 [4]	35^0	48^0 [8]

läufigen Richtungen der Micellarreihen, und innerste Schichten, deren Struktur sich nicht feststellen läßt. Die Rechtswindung der äußeren Schicht überwiegt, so daß sich eine Einzelfaser von Flachs, die mit einem Gewichtchen belastet wird, nach rechts aufdreht (s. Abb. 44a).

Im allgemeinen kommen also den Fasern Wandschichten mit verschieden stark geneigter Windung zu, und zwar ist der Steigungswinkel der inneren Schichten stets kleiner als derjenige der äußeren. Der Windungssinn kann wechseln, bald ist er links-, bald rechts-, oft in derselben Faser sogar gegenläufig (Abb. 23 c). Auch in den Holzfasern kommen links- und rechtsläufige Lamellen vor. Im Gegensatz dazu scheint bei den Verstärkungsleisten der Spiral-

---

[1] Siehe Reimers.　[2] Siehe Dischendorfer.　[3] Siehe Balls (3).
[4] Siehe Sonntag (2).　[5] Siehe Herzog und Janke (4).
[6] Siehe Preston (2).　[7] Siehe Preston (4).
[8] Siehe Jaccard und Frey (3). Die dort angegebenen Winkel sind die Komplemente des Steigungswinkels σ.

gefäße fast ausschließlich der rechte Windungssinn aufzutreten (SANIO).

Die Bastfasern besitzen im allgemeinen eine sehr steile Anordnung der Micelle (Steigungswinkel $\sigma \sim 0^0$). Andere technisch verwendete Fasern, wie z. B. Palmfasern *(Cocos nucifera, Arenga saccharifera)*, weisen dagegen eine starke Neigung der Micellarreihen auf (Tabelle 5).

Wenn die Schraubenlinie der Micellordnung stets flacher wird, so daß der Steigungswinkel schließlich 90⁰ erreicht, geht die

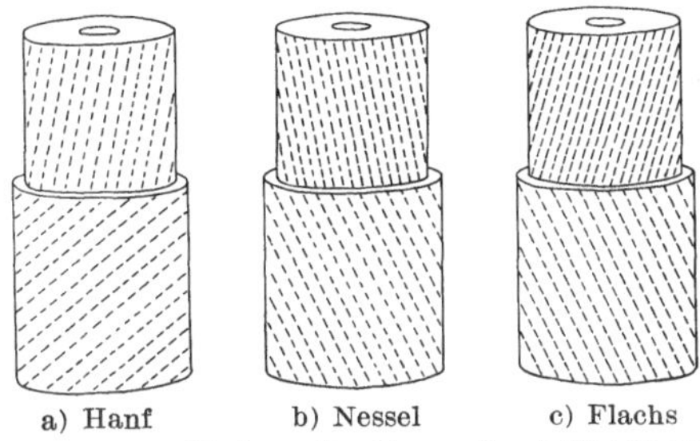

Abb. 23. Windungssinn verschiedener Bastfasern (nach REIMERS). a) Hanfgruppe: primäre und sekundäre Membran linksgewunden; b) Nesselgruppe: äußere und zentrale Schicht rechtsgewunden; c) Flachsgruppe: äußere Schicht rechts-, zentrale linksgewunden.

Schraubenstruktur in die Ringstruktur über, der wir uns jetzt zuwenden wollen.

c) Ringstrukturen.

In der Röntgenographie spricht man von „Ringfaserstruktur", wenn die einzelnen Kristallite so angeordnet sind, daß eine bestimmte kristallographische Richtung (bei der Zellulose z. B. die b-Achse) in einer Ebene senkrecht zur Faserachse, oder allgemein gesprochen, zur morphologischen Achse des Kristallitaggregates liegt. Dabei wird kein Unterschied gemacht, ob den Micellen innerhalb dieser Ebene noch eine gewisse Ordnung zukommt, oder ob ihre Streuung maximal sei. Der Begriff der Ringfaserstruktur umfaßt daher in Abb. 21 alle Anordnungsmöglichkeiten der Micelle, die auf der linken Dreieckseite zwischen den Punkten B und F liegen. Das Polarisationsmikroskop erlaubt indessen innerhalb dieses Gebietes drei verschiedene Strukturtypen zu unterscheiden. Es erweist sich daher in dieser Beziehung der Röntgentechnik überlegen. Da diese drei Bautypen für die pflanzliche

Histologie von Wichtigkeit sind, sollen sie als Ring-, Röhren- und Folienstruktur auseinandergehalten werden. Die beiden ersten gehören als Ringstrukturen im weiteren Sinne zusammen.

Ideale Ringstruktur (Abb. 24 d), bei der sämtliche Micelle tangential verlaufen, findet sich nur bei den Verstärkungen von Ring- oder Treppengefäßen. Entsprechend der Micellorientierung verlaufen die Richtungen von n_γ und k_γ genau tangential, und auf dem Querschnitt durch solche Verstärkungsleisten findet man annähernde Isotropie.

Röhrenstruktur (Abb. 24 e). Bei röhrenartigen Zellen ist im allgemeinen weder der Quer-, noch der Radialschnitt annähernd isotrop. Gewöhnlich treten drei deutliche verschiedene Hauptbrechungsindices, n_γ^*, n_β^*, n_α^*, auf. Von diesen verläuft n_γ^* tangential, n_β^* axial und n_α^* radial (s. Abb. 20 II b).

Dies hat zur Folge, daß die Tangentialaufsicht optisch negativ ist (n_γ^* steht senkrecht zur morphologischen Achse der Zelle), während der Radialschnitt durch die Zellwand optisch positiv ausfällt (n_β^* parallel zur Zellachse). Diesen Bau zeigen die meisten röhrenförmigen Zellen und Zellfusionen, wie Tracheen, Laubholztracheiden, Siebröhren (z. B. *Cucurbita*), dickwandige Milchröhren, langgestreckte Sklereiden usw.; sehr dünnwandige Siebröhren und Milchgefäße sind auf der Tangentialaufsicht häufig isotrop.

Wenn man nun mit dem Blick von der optisch negativen Mitte der Röhre nach ihrem optisch positiven Rande wandert, muß man durch eine Zone kommen, wo negativ in positiv übergeht, d. h. wo die Doppelbrechung Null wird. Eine solche statistisch isotrope Zone läßt sich bei allen Röhren in der 45°-Stellung als zwei mehr oder weniger schwarze Streifen erkennen. Über dem Gipsblättchen Rot I. Ordnung äußert sich das so, daß bei geeigneter Stellung die Mitte der Röhre gelb, die isotrope Zone rot und die Seitenwände blau aufleuchten. Besonders schön läßt sich diese Erscheinung bei den Milchröhren von *Euphorbia splendens* beobachten (FREY, 11). Oft ist jedoch die isotrope Zone so schmal, daß sie sozusagen mit der inneren Kontur der Seitenwände zusammenfällt, wie z. B. bei den Sklerenchymfasern der Zwiebelschalen von *Allium ochroleucum*, *Allium montanum*, *Allium flavum* usw., wo das gelbe Innere der Zellen scheinbar direkt an die blauen Seitenwände grenzt.

Die optischen Verhältnisse erlauben den Schluß, daß den Micellen beim Röhrentypus eine gewisse Ordnung in tangentialer

Richtung mit starker Streuung bezüglich der tangentialen Orientierung zukommt.

d) Folienstruktur (Abb. 24f).

Die Wände von Zellen, die keine ausgesprochene morphologische Achse aufweisen (Parenchymzellen), sind gewöhnlich in der Aufsicht

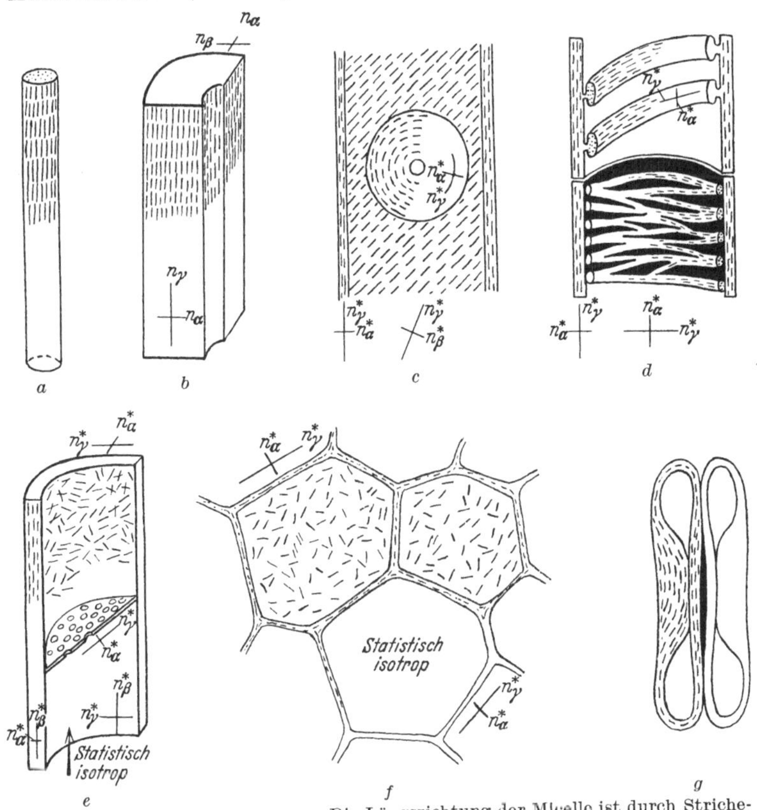

Abb. 24. **Membranstrukturen.** Die Längsrichtung der Micelle ist durch Strichelung angedeutet, schief oder quer geschnittene Micelle erscheinen als verkürzte Striche oder Punkte. a) Fibrillenstruktur: Zellulosefaden von *Cobaea*-Samen. b) Faserstruktur: sekundäre Wand der Ramiefaser. c) Schraubentüpfelstruktur: Koniferentracheide. d) Ringstruktur: Wandverstärkung von Spiral- und Netzgefäßen. e) Röhrenstruktur: Siebröhre von *Cucurbita*. f) Folienstruktur: Parenchymzelle. g) Struktur der Grammineenspaltöffnung (vgl. Abb. 15a).

statistisch isotrop, während sie auf dem Querschnitt kräftige Doppelbrechung zeigen. In solchen Zellwänden herrscht maximale Streuung der Micelle in der Tangentialebene; die Kristallite liegen also innerhalb dieser Ebene regellos, während andererseits ihre Längsachse stets genau parallel zur Oberfläche der Zelle verläuft. Diese Art der Teilchenanordnung wird am besten als **Folienstruktur** bezeichnet. Sie unterscheidet sich von der nahverwandten **Filmstruktur** durch völliges Fehlen der radialen Streuungskomponente. Eine Folie besitzt daher einen höheren Ordnungsgrad der Kristallite als ein Film (s. Abb. 21). Die Folienstruktur kommt in den Zellwänden aller primären Meristeme und in vielen parenchymatischen Dauergeweben vor.

e) Besondere Strukturen.

Tüpfelstruktur (Abb. 24e). Ein eigenartiger Fall, der zeigt, wie jedem einzelnen Zellwandbestandteile sein eigener Bauplan zukommen kann, liegt bei den Hoftüpfeln der Koniferentracheiden vor. Sie besitzen eine deutlich zirkulare Struktur, während die Tracheidenwand schraubig gebaut ist. Es sieht daher so aus, wie wenn der Hoftüpfel gar nicht organisch aus der Tracheide hervorgegangen, sondern einfach auf sie „aufgeklebt" wäre. Es ist zweifellos ein reizvolles Problem, zu untersuchen, was für Kräfte bei der Ausbildung der Koniferentracheiden nebeneinander so stark verschiedene Membranstrukturen entstehen lassen (vgl. S. 130). Auch bei unbehöften Tüpfeln kann fast immer beobachtet werden, daß um die Poren herum die Micelle zirkular verlaufen.

Verschiebungslinien. Rein zellulosische Zellen mit Faserstruktur weisen häufig quer zur Faserrichtung schiefe Stauchungen auf, wie sie in Abb. 25b nach Zeichnungen von VON HÖHNEL (1) wiedergegeben sind. SCHWENDENER (2) hat nachgewiesen, daß diese Verschiebungen durch mechanische Eingriffe, wie Hin- und Herbiegen, Knickung, Stauchung, Zerknittern, sowie beim Herstellen von Radialschnitten entstehen. Beim Brechen und Hecheln des Flachses werden sie daher in großer Menge gebildet. Oft erscheint die gestauchte Partie im Mikroskop als eine sehr schmale Zone, so daß man dann von Verschiebungslinien spricht.

AMBRONN (12) hat diese Bildungen auf Grund folgender Beobachtungen mit Gleitflächen von Kristallen verglichen: Die Verschiebungen erkennt man am besten in polarisiertem Licht, wenn man die Faser in Auslöschstellung bringt. Dann leuchtet die gestauchte Stelle hell auf. Die Micelle verlaufen also in den Verschiebungen unter einem Winkel zur Faserachse, wobei wie bei der Gleitung einspringende Winkel entstehen (Abb. 25c). Der Neigungswinkel der Verschiebungslinie ist von einer auffallenden Konstanz, wie aus den Abbildungen von VON HÖHNEL und CORRENS (1) hervorgeht.

AMBRONN fand in den von ihm untersuchten *Cobaea*-Fäden für diesen Winkel, bezogen auf die Faserrichtung, $\tau = 62^0$.

Nun ergeben sich aber bei der Auffassung der Faserverschiebungen als Kristallgleitungen Schwierigkeiten, auf die bereits AMBRONN hingewiesen hat. Weil die Fasern einen konzentrischen Bau mit radialer Anordnung einer Kristallachse besitzen, können hier keine Gleitflächen wie in einem einheitlichen Kristall auftreten. Noch schwerwiegender erscheint aber die Tatsache, daß Gitterschiebungen, die nicht parallel zur Faserachse verlaufen (s. Abb. 57b) einem Zerreißen der Zellulose-Hauptvalenzketten gleichkommt, und daß ferner die Gesetzmäßigkeiten der Gleitung bei den Faserverschiebungen gar nicht erfüllt sind. Wäre die Verschiebungslinie eine richtige

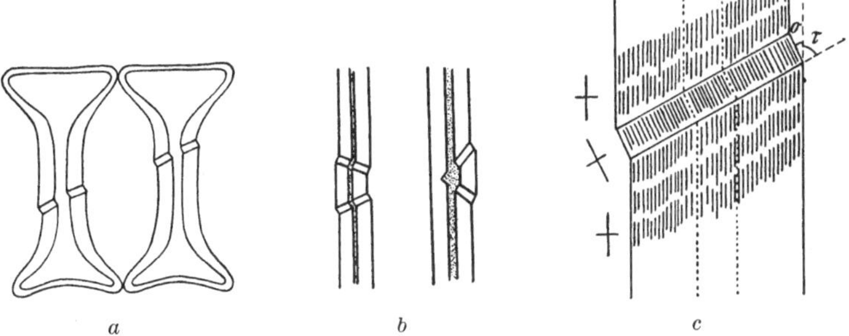

a   b   c

Abb. 25. Verschiebungslinien. a) Sanduhrzellen im Samen von *Glycine hispida* (schematisch). b) Bastfasern von *Artocarpus incisa* und *Urtica nivea* (nach VON HÖHNEL, 1). c) Orientierung der Indexellipsenachsen und daraus abgeleitete Richtung der Micelle in der Verschiebung. τ Neigungswinkel der Verschiebungsfläche; σ Steigungswinkel der Micellachsen.

Gleitfläche, müßte das verschobene Stück in Spiegelstellung zur ungestörten Faser stehen, d. h. der Steigungswinkel σ, der aus der Faserrichtung abgewichenen Micelle müßte gleich dem Supplement zum doppelten Neigungswinkel τ der Verschiebungslinie sein. Dies ist aber nicht der Fall. An regelmäßig ausgebildeten Verschiebungen der Sanduhrzellen aus der Samenschale der Sojabohne (Abb. 25a), die genaue Winkelmessungen gestatteten, wurde $\sigma = 29^0$ und $\tau = 62^0$ gefunden (FREY-WYSSLING, 31). Es folgt daraus, daß die Micelle in der verschobenen Partie ungefähr senkrecht auf der Verschiebungsfläche stehen. Man kann daher die Faserverschiebungen so auffassen: Bei der Stauchung werden die Micelle aufgelockert. Die seitliche Lockerung der Micelle hat eine lokale Querschnittsvergrößerung der Zelle zur Folge, und da Scherung und Stauchung stets in einer bestimmten Richtung erfolgen, führen sie auch eine Änderung der Querschnittsform herbei, so daß anstatt eines vergrößerten kreisförmigen ein elliptischer Querschnitt entsteht. Es ist nun aber nicht möglich, daß der runde Querschnitt bei der gestauchten Stelle plötzlich elliptisch wird, da dann eine Anzahl Randfibrillen senkrecht geknickt oder zerrissen werden müßte. Der elliptische Verschiebungsquerschnitt muß sich daher an einen kongruenten schiefen Schnitt durch die zylindrische Zelle anlegen. Die aufgelockerten Micelle stehen dann auf einem kurzen Abstand senkrecht zu diesem Schnitt, bis ein zweiter, der Auflockerung entsprechend schiefer Ellipsenschnitt wiederum in die ungestörte Faserstruktur überführt. Die Neigung der Verschiebungen ist daher vom Grade der Auflockerung abhängig, und weil dieser bei den verschiedenen mechanischen Behandlungen offenbar stets von ähnlicher Größenordnung ist, erklärt sich ungezwungen die Konstanz des Neigungswinkels der Verschiebungslinien. Da nach allen möglichen Richtungen Ellipsenschnitte vom erforderlichen Ausmaße durch eine zylindrische Zelle gelegt werden können, sind die Verschiebungslinien bald links und bald rechts geneigt (Abb. 25b).

Die hier entwickelte Auffassung der Faserverschiebungen kann eine wichtige Beobachtung von VAN ITERSON (7) erklären, die unverständlich ist, wenn man die Verschiebungen als Gleiterscheinung deuten will. Beim Verquellen von zuvor in 10%iger Schwefelsäure erhitzten Fasern mit 10%iger Lauge stellen sich die ursprünglich schief verlaufenden Verschiebungen genau quer zur Faserrichtung ein. Die Ursache dieser Erscheinung ist folgende: wenn bei der Quellung der Querschnitt der gesamten Faser so groß wie derjenige der gestauchten Stelle wird, ist offenbar die Vorbedingung für deren schiefe Stellung aufgehoben, und sie kann infolgedessen die Querlage, die sich vorher verboten hatte, einnehmen.

In Zellwänden, die mit Lignin oder anderen intermicellaren Substanzen inkrustiert sind, treten nie Verschiebungen auf. Die Kittsubstanzen verhindern offenbar die Auflockerung der Micelle bei der mechanischen Mißhandlung. Auch bei Kunstseiden kommen Verschiebungslinien nie vor, selbst wenn ihre Micelle beim Spinnprozeß so weitgehend orientiert worden sind, daß sie ähnlich wie native Fasern ein 4-Punkt-Röntgendiagramm liefern.

f) Mechanisches Prinzip der Micellarstrukturen.

Prinzip der Micellanordnung. Der innere Bau der Membranen entspricht, ähnlich dem Bau der Knochen und anderer Gerüstsubstanzen, so vollkommen allen Anforderungen der Festigkeitslehre, daß man nicht genug staunen kann, und sich unwillkürlich nach der Entwicklungsgeschichte dieser zug- und druckfesten Hautkonstruktionen fragt. In den peripher gelegenen Bastfasern, die vor allem auf Zug beansprucht werden, verlaufen die Micelle axial, in Röhren (Gefäße usw.), die im Gegensatz dazu seitlich gedrückt werden, dagegen tangential. In den zentral gelegenen Holzfasern, die das Gewicht der Pflanzen tragen, zugleich aber auch Biegungskräften ausgesetzt sind, die also gleichzeitig zug- und druckfest gebaut sein müssen, findet sich in der Schraubenstruktur ein Kompromiß zwischen Faser- und Ringbau. In kugelförmigen Zellen, die durch Wand- und Außendruck allseitig gleichmäßig beansprucht werden, und zwar so, daß die Zugkräfte tangential, die Druckkräfte dagegen radial wirken, ordnen sich die

Micelle in Tangentialflächen. Es kann daher das allgemeine Prinzip aufgestellt werden, daß die Micelle im großen ganzen parallel zu den herrschenden Zug- und senkrecht zu den wirksamen Druckrichtungen angeordnet werden.

R. O. Herzog (1) dachte nun, daß ähnlich wie beim Durch-Düsen-Pressen von Kunstseidefäden, ein mechanisches Kraftfeld, und zwar eine durch das Wachstum hervorgerufene Zugkraft, die Micelle richte. Diese Auffassung ist jedoch nicht haltbar, da z. B. im Holz von zwei genau auf dieselbe Weise aus dem Cambium hervorgegangenen Zellen, die eine zur Röhre, die andere dagegen zur Faser werden kann; und bei den hypotrophen Koniferenästen läßt sich in der Micellarstruktur von Zug- und Druckholz kein merklicher Unterschied im erwarteten Sinne nachweisen (Jaccard und Frey, 2). Es scheint daher, daß jede Zelle autonom und weitgehend unabhängig von äußeren Einflüssen die Struktur ihrer Membranen reguliert.

Besonders merkwürdig und interessant ist die Anlage von tangentialen oder spiraligen Verdickungsleisten mit Fibrillen- oder Ringstruktur in Zellen, die sich später entleeren, aber ihre Druckfestigkeit, wenn der Turgordruck des Protoplasmas verschwinden wird, doch beibehalten sollen (Ring-, Spiralgefäße; Wasserzellen bei *Sphagnum*, Velamen der Luftwurzeln von *Dendrobium* usw.). Hier arbeitet die Zelle also gewissermaßen „mit Vorbedacht", da ja, solange die Zelle turgeszent ist, keine Verstrebungen gegen den Außendruck nötig wären.

Das Prinzip der gekreuzten Fibrillenrichtung. Bei den Holzfasern der Koniferen verlaufen die Micelle der äußeren Wandschicht sehr flachschraubig, fast tangential, während sie in den tiefer gelegenen Schichten steil ansteigen (s. Abb. 26)[1]. Andeutungsweise haben wir das gleiche Prinzip von flacher gewundenen Außenschichten und steileren Innenschichten bei den Bastfasern angetroffen. Die Entstehung dieser Strukturen kann verständlich gemacht werden, wenn man annimmt, daß in der weitlumigen röhrenartigen Zelle erst eine Tendenz zur Ausbildung einer der Ringstruktur ähnlichen Schraubung vorhanden ist, während bei der Anlage der englumigen Innenschichten eine angenäherte Faserstruktur entsteht. Die Wandschichten bestehen aus zahlreichen

---

[1] Lüdtke (2) leugnet die Existenz von Fibrillen in dieser Schicht und setzt sich damit in Gegensatz zu Ritter und Chidester; Scarth, Gibbs und Spier; sowie Freudenberg und Dürr.

Lamellen, in denen die Micelle wiederum unter kleinerem oder größerem Winkel gekreuzt zueinander verlaufen können.

Das Prinzip der Lamellen mit gekreuzter Fibrillenrichtung ist im Pflanzenreiche weitverbreitet. Es tritt bereits bei den Algen auf, wo es in ausgezeichneter Weise in der Zellwand der Grünalgengattung *Valonia* gefunden worden ist (CORRENS, 2). Die *Valonia*-Zellwand besteht aus 20—40 Lamellen, deren Fibrillen sich in je zwei aufeinanderfolgenden Lamellen unter einem Winkel von 78° kreuzen (ASTBURY, MARWICK und BERNAL).

Es ist interessant, daß die Ausbildung paralleler Schichten mit gekreuzter Faserung nicht nur bei Micellarstrukturen vorkommt, sondern sich in vergrößertem Maßstabe auch in pflanzlichen Geweben wiederfindet. Zahllos sind die Fälle, wo im Festigungsgewebe die mechanischen Zellen in aufeinanderfolgenden Schichten gekreuzt verlaufen (STEINBRINCK, 1).

Bei der Quellung und Entquellung solcher Systeme entstehen Spannungen, und je nach dem speziellen Bauplan können sich diese ausgleichen (hygroskopische Bewegungen) oder gegenseitig aufheben (quellungsunempfindliche Systeme). Die Technik bedient sich des gleichen Prinzipes bei der Herstellung von Sperrholzplatten, und es ist wohl lehrreich festzustellen, daß diese menschliche Erfindung eine unbewußte Kopie pflanzlicher Gewebe- und Micellarstrukturen ist.

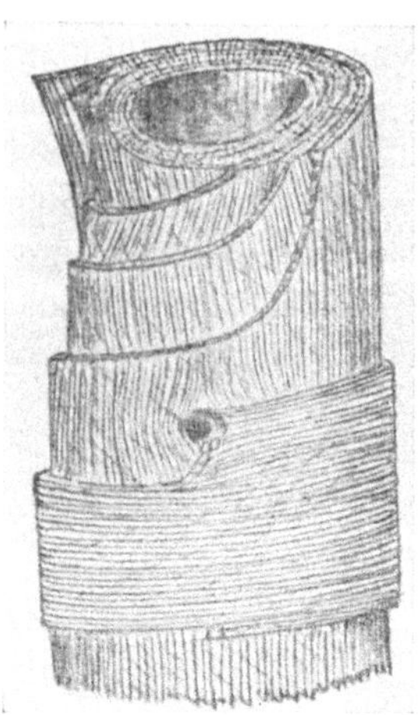

Abb. 26. Modell der Koniferenholzfasern (nach SCARTH, GIBBS und SPIER). Außenschicht mit tangential verlaufenden Fibrillen, Zentralschicht, aus zahlreichen Lamellen bestehend, mit bald links-, bald rechtsläufiger axialer Anordnung der Fibrillen.

7. Die intermicellaren Räume.

Während die behandelten Untersuchungsmethoden, die Realität der Micelle beweisen, und über ihre Eigenschaften bis in alle Einzelheiten Auskunft geben, sind wir über die intermicellaren Räume oder die „Interstitien" wie sie NÄGELI nannte, weniger gut unterrichtet. Über ihre Existenz gibt die Röntgenographie nämlich keine direkte Auskunft. Dagegen besitzen wir eine optische Methode, mit welcher diese Räume einwandfrei nachgewiesen werden können. Diese beruht auf der WIENERschen Theorie des Mischkörpers.

a) Theorie des Mischkörpers.

Ein Mischkörper besteht aus mindestens zwei Komponenten, deren Teilchen durch definierte Phasengrenzen gegeneinander abgegrenzt sein müssen. Beide Mischbestandteile können fest sein. Wichtiger ist für uns hingegen zunächst der Fall, wo der eine Bestandteil fest, der andere dagegen flüssig ist. In einer kolloiden Lösung wäre dann der feste Bestandteil die disperse Phase und die Flüssigkeit das Dispersionsmittel, oder falls die festen Teilchen ein formbeständiges Gel bilden, die Imbibitionsflüssigkeit. O. WIENER (1) hat theoretisch nachgewiesen, daß die optischen Eigenschaften eines Mischkörpers von der Form seiner Bestandteile abhängen. Besteht die disperse Phase aus Kugeln, ist der Mischkörper isotrop, in allen anderen Fällen dagegen anisotrop. Dabei ist vorausgesetzt, daß die Teilchen selbst isotrop und deren Abstände klein seien im Vergleich zu den Wellenlängen des Lichtes.

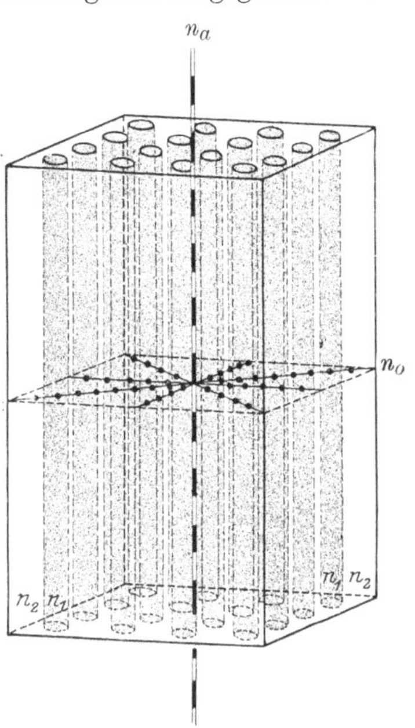

Abb. 27. Stäbchenmischkörper (nach AMBRONN und FREY, 5). n_a, n_0 Hauptbrechungsindices des Mischkörpers; n_1 Brechungsindex der (isotropen) Stäbchen; n_2 Brechungsindex der Imbibitionsflüssigkeit.

Uns interessiert im besonderen der Fall, wo der feste Bestandteil in Form von parallel gerichteten Stäbchen vorhanden ist. Für einen solchen sog. Stäbchenmischkörper bestehend aus parallel gelagerten isotropen Kreiszylindern mit dem Brechungsindex n_1 und einer Imbibitionsflüssigkeit mit dem Brechungsindex n_2 ergibt sich nach der Theorie von WIENER eine optische Anisotropie, wie diejenige eines optisch einachsigen Kristalles, wobei die optische Achse mit der Richtung der Zylinderachsen zusammenfällt. Der Brechungsindex in der Richtung der optischen Achse wird mit n_a angedeutet, und der senkrecht dazu verlaufende mit n_0. Die Doppelbrechung des Mischkörpers ist dann gleich $n_a - n_0$. Für die Differenz der Quadrate dieser beiden Größen hat WIENER folgende Beziehung abgeleitet:

$$n_a^2 - n_o^2 = \frac{\varphi_1 \varphi_2 (n_1^2 - n_2^2)^2}{(\varphi_1 + 1) n_2^2 + \varphi_2 n_1^2} \tag{6}$$

Dabei bedeuten φ_1 und φ_2 die relativen Volumina der beiden Phasen, so daß:
$$\varphi_1 + \varphi_2 = 1$$
Aus Formel (6) folgt, daß die Doppelbrechung eines Mischkörpers, die in unserem Falle als Stäbchendoppelbrechung bezeichnet werden soll, im Gegensatz zu der Doppelbrechung von Kristallen keine Materialkonstante ist, sondern eine Funktion des Brechungsvermögens n_2 der Imbibitionsflüssigkeit vorstellt. Die absolute Größe der Teilchen erscheint nicht in der Formel, so daß man weitgehend vom Dispersionsgrad des Geles unabhängig ist, so lange wenigstens die Teilchengröße klein bleibt, im Vergleich zur Wellenlänge des Lichtes. Die Brechungsindices erscheinen alle im Quadrat, weil die WIENERsche Mischformel auf Grund der Dielektrizitätskonstanten der beiden Mischbestandteile und des resultierenden Mischkörpers abgeleitet ist; nach der elektromagnetischen Lichttheorie sind aber die Dielektrizitätskonstanten gleich dem Quadrate der Brechungsindices.

Die Diskussion der Formel (6) führt zu folgendem Ergebnis: Die Differenz $n_a - n_0$ ist unabhängig davon, ob n_1 größer oder kleiner als n_2 ist, stets positiv, da die Differenz $n_1^2 - n_2^2$ auf der rechten Seite der Gleichung im Quadrat erscheint. Die Stäbchendoppelbrechung ist daher immer positiv. Wenn $n_1 = n_2$ ist, verschwindet die rechte Seite der Gleichung und der Mischkörper erscheint isotrop. Wenn man daher die Doppelbrechung eines Stäbchenmischkörpers $n_a - n_0$ in Funktion des Brechungsindex n_2 der Imbibitionsflüssigkeit aufträgt, muß man eine Kurve erhalten, wie sie in Abb. 29 dargestellt ist. Es handelt sich dabei um spitzwinklige Hyperbeln (BAAS-BECKING und GALLIHER).

AMBRONN (10) hat sich diese Beziehung zunutze gemacht, um das Auftreten von Stäbchendoppelbrechung in Gelen nachzuweisen. Er hat eine besondere Methode ausgearbeitet, indem er die Gele nacheinander mit verschiedenen brechenden Flüssigkeiten imbibiert, die Doppelbrechung ermittelt und graphisch als Ordinate über den entsprechenden Brechungsindices n_2 als Abszissen aufträgt.

Die Hauptbrechungsindices n_a und n_0 können nicht nach der S. 32 beschriebenen Methode gemessen werden, da sie mit dem Brechungsvermögen der verwendeten Flüssigkeiten variieren. Man bestimmt daher eine der Doppelbrechung proportionale Größe, nämlich den sog. Gangunterschied $\gamma \lambda$, d. h. die Wegdifferenz, welche die beiden nach n_a und n_0 schwingenden Lichtstrahlen beim Passieren des Objektes erleiden. λ ist die Wellenlänge des verwendeten Lichtes und γ die Phasendifferenz des Schwingungszustandes der beiden Wellenzüge, die sich nach dem Verlassen des anisotropen Objektes wieder zu einer einheitlichen Schwingung vereinigen. Die gegenseitige Beziehung dieser verschiedenen Größen ist durch die Grundgleichung der Doppelbrechung gegeben:

$$(n_a - n_0)\, d = \gamma\, \lambda \qquad\qquad (7)$$

d ist die Dicke der anisotropen Schicht. Falls d konstant bleibt, kann man bei der Konstruktion der Stäbchendoppelbrechungskurve $(n_a - n_0)$ durch den Gangunterschied ersetzen. Dieser wird mit Kompensatoren gemessen, die in der Spezialliteratur beschrieben sind (Kompensatoren von BABINET, SÉNARMONT, SIEDENTOPF, BEREK) (AMBRONN und FREY, 4).

Das von AMBRONN angegebene Verfahren, um zu entscheiden, ob es sich bei einem doppelbrechenden Objekt um einen Mischkörper mit einer festen und einer flüssigen Phase handelt, wird als Imbibitions- oder Durchtränkungsmethode bezeichnet. Sie unterscheidet sich von der zur Messung von Brechungsindices verwendeten Immersions- oder Umhüllungsmethode dadurch, daß die Flüssigkeit das Objekt nicht nur umspült, sondern auch durchdringt.

b) Die Stäbchendoppelbrechung der Zellwände.

Wenn die Zellwände aus distinkten Kristalliten bestehen, sollte es möglich sein, die intermicellaren Zwischenräume optisch mit Hilfe der Imbibitionsmethode nachzuweisen.

Die Stäbchendoppelbrechung nativer Zellulose. Die Stäbchendoppelbrechung der Bastfasern ist schwer nachzuweisen, da die Stäbchen, d. h. die Micelle, selbst stark doppelbrechend sind. Es ist daher eine Überlagerung der Eigendoppelbrechung der Micelle mit der postulierten Stäbchendoppelbrechung zu erwarten. MÖHRING (1) hat theoretisch nachgewiesen, daß die WIENERsche Formel der Doppelbrechung auch für den Fall gilt, daß die Stäbchen entgegen der Voraussetzung der Theorie nicht isotrop, sondern anisotrop sind. Es besteht aber ein grundlegender Unterschied im Verlaufe der Stäbchendoppelbrechungskurve; sie tangiert nämlich für den Fall, daß n_2 gleich dem einen der beiden Brechungsindices der Zellulosemicelle wird, die n_2-Achse nicht, sondern es bleibt eine kräftige Restdoppelbrechung zurück, welche die Eigendoppelbrechung der Zellulosekristallite wiedergibt (Abb. 28).

MÖHRING ist es gelungen, die Stäbchendoppelbrechung von zellulosischen Zellwänden nachzuweisen. Er benützte für seine Untersuchungen keilförmige Schnitte durch Ramiefasern, ferner Bastfasern von *Urtica dioica* und das Kollenchym von *Sambucus nigra*. Er fand, daß sich die Doppelbrechung nur bei Imbibition mit gewissen Flussigkeiten ändert, während andere nicht eindringen (wie Monobromnaphthalin), oder die Faser verquellen (wie Kalium-Quecksilberjodid). Ferner müssen die Fasern tagelang in der Flüssigkeit verweilen, um richtig durchtränkt zu werden. Er klemmte daher die Fasern in Streichhölzer ein, die von unten in die Korkstöpsel von Fläschchen der in Tabelle 6 aufgeführten Flüssigkeiten gesteckt wurden, so daß man die Fasern beliebig lange in einer großen Flüssigkeitsmenge belassen konnte.

Tabelle 6. Imbibitionsreihe zur Untersuchung der Stäbchendoppelbrechung nativer Zellulosefasern. (Nach Möhring, 1.)

	n_2		n_2
Wasser	1,33	Konzentriertes Glyzerin	1,47
Äthylalkohol	1,36	Benzylalkohol	1,54
Amylalkohol	1,40	Anilin	1,58
Glyzerin-Wassermischung	1,43		

Da die Fasern im allgemeinen keine einheitliche Interferenzfarbe zeigen, skizzierte Möhring die untersuchten Fasern, so daß

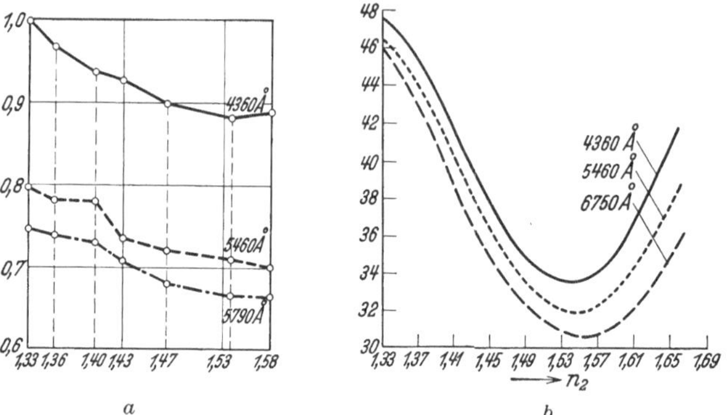

Abb. 28. Stäbchendoppelbrechungskurven a) von Ramiefasern (nach
Möhring, 1), b) eines künstlichen Zellulosegels (nach Ambronn, 11).
Abszisse: Brechungsindices n_2 der Imbibitionsflüssigkeit. Ordinate: a) Gangunterschied $\gamma \lambda$ in Wellenlängen, b) Doppelbrechung $n_a - n_o$). ———— blaues Licht
(4360 Å); - - - - - - - grünes Licht (5460 Å); —·——·—— gelbes Licht (5790 Å);
— — — — rotes Licht (6750 Å).

bestimmte Stellen leicht wieder aufzufinden waren, wenn die Fasern
die Flüssigkeitsreihe hinaufgeführt wurden. Auf diese Weise fand
Möhring für drei verschiedene Farben des Spektrums die in
Abb. 28a dargestellten Doppelbrechungskurven. Zum Vergleich
sind in Abb. 28b die von Ambronn (11) an durch Denitrifikation
aus Zelloidin hergestellten Zellulosegelen gewonnenen Stäbchendoppelbrechungskurven dargestellt.

Die von Möhring erhaltenen Kurven sind die linken absteigenden Äste von Stäbchendoppelbrechungskurven. Leider gelang es
Möhring nicht den rechten aufsteigenden Ast der vom Gesetze
der Stäbchendoppelbrechung verlangt wird, experimentell nachzuweisen, weil höher brechende Flüssigkeiten nicht in die Faser
eindringen.

Einer Schülerin von van Iterson ist es dagegen gelungen, die
Stäbchendoppelbrechungskurve nativer Zellulose über das von

Möhring gefundene Minimum hinaus zu verfolgen und den aufsteigenden Ast der Kurve aufzufinden (van Iterson, 3).

Die Stäbchendoppelbrechung des Kieselskelettes veraschter Zellwände. Einfacher läßt sich die Stäbchendoppelbrechung der Zellwände nachweisen, wenn man Aschenskelette stark verkieselter Membranen verwendet. In diesen Skeletten besitzt man gewissermaßen ein Negativ der gewöhnlichen Membranstruktur, indem an Stelle der micellaren Räume Aschensubstanz, und an Stelle der Zellulosestäbchen Hohlräume getreten sind. An solchen Kieselskeletten wurde erstmals eine vollständige Stäbchendoppelbrechungskurve der Zellwände aufgenommen[1] (Abb. 29).

Für die Herstellung von Kieselskeletten stehen zwei Wege zur Verfügung: Die organischen Stoffe der Zellwand können entweder nach der in der Mikrochemie allgemein üblichen Methode mit dem Chromsäure-Schwefelsäuregemisch zerstört werden, oder noch einfacher und schneller nach einem Verfahren, das Waldmann herausgefunden hat (Frey-Wyssling, 21). Man wirft die Objekte in durch Erhitzen verflüssigtes Kaliumchlorat;

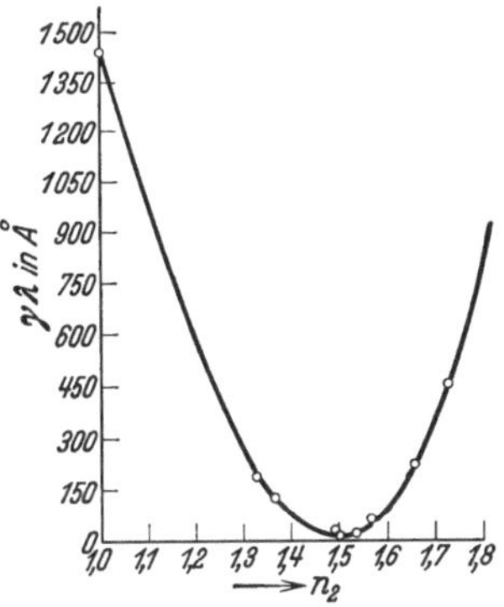

Abb. 29. Stäbchendoppelbrechungskurve vom Kieselskelett der Gerstengranne. Abszisse: Brechungsindices n_2 der Imbibitionsflüssigkeit. Ordinate: Gangunterschied $\gamma\lambda$ in Å.

alle oxydierbare Substanz wird dann sofort verbrannt, ohne daß die feinere Struktur der Membranen zerstört würde, und aus der erstarrten Schmelze können nachher die Kieselskelette mit Wasser herausgelöst werden. Als Untersuchungsobjekt eignen sich besonders gut die verkieselten Grannenhärchen der Gerste und anderer Gräser. Abb. 29 gibt die Doppelbrechungskurve solcher Grannen wieder. Ebenso läßt sich der Effekt der Stäbchendoppelbrechung an den Kieselskeletten von *Equisetum*-Spaltöffnungen und von Diatomeenschalen nachweisen.

Die Abhängigkeit der Stärke der Doppelbrechung von Diatomeenschalen (aus Kieselgur) vom Einschlußmittel wurde schon 1863 von Schultze entdeckt, aber erst Ambronn (9) konnte die richtige Erklärung dafür geben.

---

[1] (Frey, 10). Auf die Anisotropie der Kieselskelette hatte mich E. Uspensky, Moskau, aufmerksam gemacht.

Da sich diese Skelette sehr leicht durchtränken lassen, empfiehlt es sich beim Imbibitionsversuch leichtflüchtige Flüssigkeiten zu verwenden. Dasselbe Skelett kann dann für mehrere, kurz aufeinanderfolgende Durchtränkungen gebraucht und so die Untersuchungsdauer wesentlich abgekürzt werden. Es kann die folgende Flüssigkeitsreihe dafür empfohlen werden.

Tabelle 7. Imbibitionsreihe zur Untersuchung der Stäbchendoppelbrechung von Kieselskeletten.

	n_2		n_2
Luft	1,00	Xylol-Monobromnaphthalin-	
Wasser	1,33	Gemisch	1,565
Äthylalkohol	1,36	Monobromnaphthalin	1,66
Benzol	1,50	Kalium-Quecksilberjodid	1,72
Kanadabalsam	1,535		

BAAS-BECKING und GALLIHER haben in ähnlicher Weise für die Zellwände von Kalkalgen (*Corallina* und *Amphiroa*) Stäbchendoppelbrechung nachgewiesen.

Durch den Nachweis der Stäbchendoppelbrechung in den Zellwänden ist der Beweis für ihre inhomogene Struktur und somit für die Existenz von Intermicellarräumen erbracht.

c) Stäbchendichroismus und Eigendichroismus.

Es erwächst uns nun die Aufgabe, Anhaltspunkte über die Größenordnung der nachgewiesenen Intermicellarräume beizubringen. Dieses Problem kann mit Hilfe mikrochemischer Farbreaktionen der Zellwände gelöst werden, denn die Farbstoffe lagern sich intermicellar zwischen die Zellulosekristallite ein, so daß die Farbstoffteilchengröße ein Maß für den Abstand benachbarter Zellulosekristallite bildet.

Färbungen mit Schwermetallen. In dieser Beziehung müssen die von AMBRONN (7) entdeckten Zellwandfärbungen mit Gold, Silber und anderen Metallen als die aufschlußreichsten bezeichnet werden. Man stellt diese Färbungen her, indem man die Fasern in Salzlösungen der entsprechenden Metalle einlegt und nachher das aufgenommene Salz reduziert. Es lassen sich so Färbungen mit allen Elementen herstellen, die auf einfache Weise durch Reduktion aus löslichen Verbindungen gewonnen werden können (FREY, 4, 5). Bei der Färbung mit Goldchlorid oder Silbernitrat erfolgt die Reduktion schon ohne weiteres am Lichte, während in anderen Fällen, wie mit Sublimat oder Kupfersulfat, ein Reduktionsmittel

(z. B. Hydrazin-Hydrat) verwendet werden muß. Diese Metallfärbungen der Zellwände zeigen wundervollen selektiven Dichroismus über eingeschaltetem Polarisator.

Die Deutung dieser prächtigen dichroitischen Metallfärbungen
stieß auf große Schwierigkeiten, da die verwendeten Metalle
kubisch kristallisieren und daher an sich optisch isotrop sind.
Die Röntgenanalyse hat dann
den eigenartigen Sachverhalt
aufgeklärt (BERKMANN, BÖHM
und ZOCHER). Durchleuchtet
man stark mit Silber ange-
färbte Fasern, erhält man
das normale Faserdiagramm
der Zellulose, darübergelagert
aber ein zweites DEBYE-
SCHERRER - Diagramm des
kristallinen Metalles, d. h. das
Silber hat bei der Reduktion
des Silbernitrates zwischen

Tabelle 8. Dichroitische
Metallfärbungen.

Färbung mit	Stellung der Faserachse zur Schwingungsebene des Polarisators	
	$\parallel$	$\perp$
An	weinrot	spangrün
Ag	indigoblau	strohgelb
Cu	schmutzigrot	olivgrün
Hg	stahlblau	blaßgelb
Sb	dunkelbraun	farblos
Bi	schwarz	,,
Te	,,	,,
Pd, Os, Pt	,,	,,

den Zellulosemicellen kristallisiert und liegt nun ungerichtet[1]
regellos in den intermicellaren Räumen (Abb. 30). Aus der Breite
der Silberlinien auf dem Röntgendiagramm kann man die Größe
der Silberkristallite abschätzen. Sie besitzen eine Kantenlänge von
der Größenordnung 10^{-6} cm, sind also etwa doppelt so groß wie die
Durchmesser der Micelle ($5 \cdot 10^{-7}$ cm). Es ist somit nachgewiesen,
daß die intermicellaren Räume der Bastfaser von ähnlichen Ausmaßen sind wie die Dicke der Zellulosemicelle.

In Abb. 31 ist wiedergegeben, wie man sich die Silbereinlagerung
denken muß. Auf Grund dieser Vorstellung läßt sich auch die
Entstehung des Dichroismus erklären. Die kubischen und somit
isotropen Silberkriställchen können an und für sich nicht dichroitisch sein. Aber ihre Anordnung bewirkt, daß linearpolari-
siertes Licht parallel und senkrecht zur Faserachse nicht die
gleichen Absorptionsverhältnisse vorfindet. WIENER (2) hat in der
AMBRONN-Festschrift seine Theorie auf Mischkörper, von denen der
eine Bestandteil Licht absorbiert, ausgedehnt. Wendet man die
WIENERsche Formel eines Stäbchenmischkörpers auf die Silberfärbung zellulosischer Zellwände an, so findet man, daß, wenn
polarisiertes Licht parallel zur Faserachse schwingt, der gelbe,

---

[1] BION findet eine teilweise Richtung der Silberteilchen.

senkrecht dazu dagegen der blaue Bezirk des Spektrums, absorbiert wird, worauf das prächtige Farbenspiel dieser Färbung beim

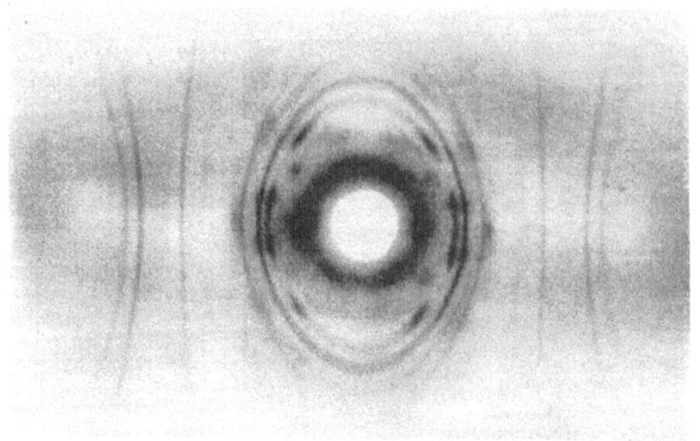

Abb. 30. Röntgendiagramm der Silberfärbung von Ramiefasern (Aufnahme von BERKMANN, BÖHM und ZOCHER). Das Faserdiagramm der Zellulose ist von einem DEBYE-SCHERRER-Diagramm des Silbers überlagert.

Drehen der Faser über dem Polarisator beruht. Es ergibt sich somit, daß die Anordnung submikroskopischer Silberkriställchen in stäbchenförmigen Hohlräumen einen kräftigen Dichroismus erzeugt. Diese Erscheinung wurde daher Stäbchendichroismus genannt (FREY, 13).

Die Chlorzinkjod - Färbung. Nachdem gezeigt worden ist, daß Gold- und Silberionen zwischen die Zellulosemicelle hineindiffundieren und da zu Kriställchen von bis 100 Å Kantenlänge heranwachsen können, erscheint es nicht merkwürdig, daß diese Räume auch für Jod und organische Farbstoffmoleküle wegbar sind.

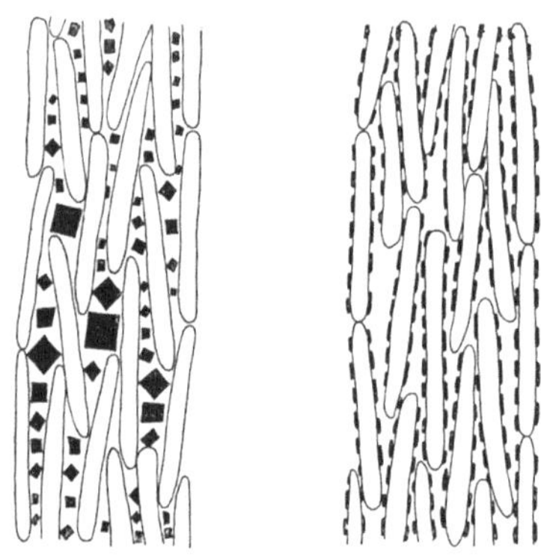

a   b

Abb. 31. Faserdichroismus. a) Schematische Darstellung der Ag-Einlagerung. b) Schematische Darstellung der J-Einlagerung. NB. Die aufgenommenen Farbstoffmengen sind sehr viel kleiner als in diesem Schema angegeben ist. Die eingelagerte Ag-Menge beträgt z. B. nur 1—4,7 Gew.-% (KOLBE).

Bei der Jodfärbung müssen die intermicellaren Räume allerdings erst durch ein kräftiges Quellungsmittel wie Chlorzinkjod geöffnet werden; dann diffundiert Jod in die Faser hinein und wird da zum Teil festgehalten.

Ein anderer Teil bleibt frei beweglich und diffundiert wieder aus der Faser heraus, in dem Maße, wie sich die umspülende Chlorzinkjodlösung durch Sublimation entfärbt. Wenn alles überschüssige Jod verschwunden ist, zeigt die Faser, wie bereits erwähnt, einen auffallenden Dichroismus schwarz-farblos (Abb. 18).

Man könnte nun vermuten, daß der Joddichroismus ebenfalls reiner Stäbchendichroismus sei. Hier liegen die Verhältnisse jedoch anders als bei den Metallfärbungen. Es läßt sich nämlich durch

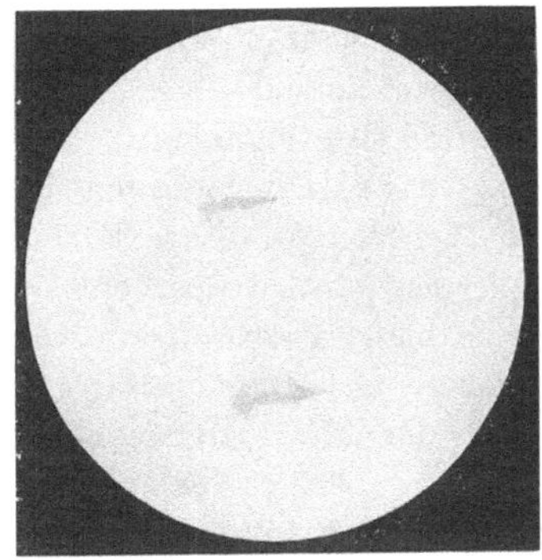

a　　　　　　　　　　　　　　b

Abb. 32. Eigendichroismus 0,5 μ dicker Jodkriställchen. a) parallel, b) senkrecht zur Schwingungsebene des Polarisators $\uparrow\downarrow$ (P).

die Röntgenographie kein kristallisiertes Jod in der Faser nachweisen (BION), und wenn man die WIENERsche Stäbchenmischformel anwendet, ergibt sich, daß die Stäbchenanisotropie nicht für einen Dichroismus schwarz-farblos ausreicht (FREY, 13).

Man muß daher den starken Eigendichroismus des kristallisierten Jodes zu Hilfe nehmen (Abb. 32). Dieser kommt zur Wirkung, wenn die Jodmoleküle gerichtet von der Micelloberfläche adsorbiert werden. Zur Ausbildung eines dreidimensionalen Gitters kommt es dabei wahrscheinlich nicht, denn sonst müßte das eingelagerte Jod Röntgeninterferenzen liefern. Vielmehr muß man sich vorstellen, daß die Micelloberflächen durch eine monomolekulare Schicht gerichteter Jodmoleküle abgesättigt sind (s. Abb. 31 b).

Die Kongorotfärbung. Ähnlich wie die Jodmoleküle dringen die Kongorotmoleküle in alkalischer Lösung in die intermicellaren

Räume ein und werden gerichtet adsorbiert, so daß ihr Eigendichroismus rot-farblos zur Beobachtung gelangt. Die Auswertung der quantitativen Absorptionsmessungen von PRESTON (1) (S. 43) zur Berechnung des Steigungswinkels σ der Micelle beruht auf der Voraussetzung gerichteter Adsorption der Farbstoffteilchen durch die Micelloberflächen.

Trotzdem die Kongorotmoleküle auf den Zellulosekristalliten fixiert sind, haben sie ihre chemische Reaktionsfähigkeit nicht verloren. Bekanntlich schlägt die Farbe einer Kongorotlösung in blau um, wenn man sie ansäuert, wobei der molekulardisperse Farbstoff kolloid- bis grobdispers wird und ausflockt. Diese Reaktion kann man bei vorsichtigem Ansäuern gefärbter Zellwände intermicellar verlaufen lassen. Man beobachtet dann, wie der Dichroismus dieser Färbung von rot-farblos über lila-farblos nach blau-farblos übergeht, d. h. während das rote Natriumsalz in die blaue Farbstoffsäure übergeht, sind die Kongorotmoleküle gerichtet adsorbiert geblieben; offenbar haben die Sulfogruppen SO_3H der Farbstoffmoleküle ihre volle Reaktionsfähigkeit beibehalten. Dieser Versuch zeigt, daß sich in den intermicellaren Räumen, wie in einer Lösung chemische Reaktionen abspielen können.

d) Das Intermicellarsystem trockener Fasern.

Was geschieht mit den intermicellaren Räumen, wenn man Fasern sorgfältig trocknet und alles Imbibitionswasser vertreibt? Es wäre naheliegend anzunehmen, daß sich dann die Micelle berühren. Dies scheint aber nicht der Fall zu sein. Denn es ergeben sich große Unterschiede zwischen dem sog. scheinbaren und dem wirklichen spezifischen Gewichte der Fasern. Die erste dieser beiden Größen wird ermittelt, indem man das Volumen der Summe aller Wände eines Faserbündels mißt (mittlere Querschnittsfläche $\times$ Länge) (CLEGG und HARLAND), die zweite dagegen, indem man das Volumen nach einem dem pyknometrischen Prinzip vergleichbaren Verfahren bestimmt, nämlich mit einem sog. „Volumenometer" (DAVIDSON). Die Fasern gelangen in einen Raum, der mit einem Gas (Helium) von bekanntem Druck gefüllt ist; darauf preßt man in diesen Raum eine weitere bekannte Menge des gleichen Gases und mißt das Ansteigen des Gasdruckes im Gasraume. Dabei wird angenommen, daß das Gas in etwa vorhandene innere Räume der Faser eindringe. Es läßt sich also daraus das wahre Volumen der Faserwandung berechnen. Auf diese Weise erhält man für Baumwollhaare folgende voneinander abweichende Werte (BALLS, 4):

<table>
<tr><td>scheinbares spezifisches
Gewicht:
1,27</td><td>wahres spezifisches
Gewicht:
1,55</td></tr>
</table>

Die Zellwand der Baumwolle würde hiernach zu 20% aus inneren gaserfüllten Räumen bestehen[1]. Nach CLEGG und HARLAND sollen diese Räume sogar 32—41% der Wandung von Bastfasern ausmachen. Auch wenn man berücksichtigt, daß die Bestimmung des scheinbaren Volumens infolge der Schwierigkeiten bei der Querschnittsmessung ungenau sind, bleibt doch ein auffallender Unterschied von scheinbarem und wahrem spezifischem Gewicht der Fasern zu Recht bestehen. Es müssen daher in getrockneten Zellwänden innere Gasräume vorkommen, und es darf wohl mit einiger Wahrscheinlichkeit angenommen werden, daß diese mit den Intermicellarräumen identisch sind.

e) Die Reaktionsweisen der Zellulose.

Die chemischen Vorgänge an der Oberfläche der Micelle, zu denen vor allem die Bindung des Quellungswassers und substantivischer Farbstoffe gehört, nennt man micellare Oberflächenreaktionen. Man erhält erst ein richtiges Bild von der Wichtigkeit dieser Vorgänge, wenn man bedenkt wie ungeheuer groß die Oberfläche der Micelle in der Zellwand ist. Je Gramm Faser geben PANETH und RADU auf Grund von Adsorptionsversuchen mit Methylenblau 10^4—10^5 cm^2 innere Oberfläche an. MEYER und MARK (3) finden durch Auswertung der Gasadsorption von SO$_2$ aus wässeriger Lösung sogar eine Micellaroberfläche von $7 \cdot 10^7$ cm^2. Nach Abb. 47 ist die Gesamtoberfläche aller Micelle nicht genau definiert, sondern sie kann je nach der Anzahl der Hauptvalenzketten mit freien Oberflächen variieren. Durch seitliches Auseinanderweichen der Micelle (= homogene Gitterbereiche) werden dann gewisse Ketten voneinander getrennt, wodurch die Oberfläche zunimmt. Dies ist vielleicht der Grund, warum man bei

---

[1] Vorläufige optische Messungen auf Grund des Doppelbrechungs-Ausfalls ergeben jedoch viel kleinere Werte von nur etwa 1,5% (FREY, 17) und KANAMARU (1) berechnet auf allerdings unbewiesenen optischen Voraussetzungen den Luftgehalt zu 1—3%.

Adsorptionen an Zellulose keine Sättigungskurven findet, wie sie von einer genau definierten Oberflächensumme verlangt würden.

Das Kriterium für eine micellare Oberflächenreaktion ist die vollständige Erhaltung des Röntgendiagrammes. Bei der Einwirkung von Chemikalien verschwindet aber vielfach das ursprüngliche Zellulosediagramm und es entstehen andere Röntgeninterferenzen, wie z. B. bei der Nitrierung und Azetylierung der Zellulose. Trotzdem bleibt, wie im Polarisationsmikroskop verfolgt werden kann, die micellare Struktur während des ganzen Umwandlungsvorganges erhalten (Hans Ambronn; Möhring, 2). Die OH-Gruppen der Hauptvalenzen werden eine nach der anderen verestert, ohne daß das Kristallgebäude auseinanderbricht. Dieses chemische Durchreagieren der Micelle wird als permutoide Reaktion bezeichnet. Für die Pflanzenphysiologie kommt dieser Reaktionstypus kaum in Frage, da er nur bei der Einwirkung konzentrierter Säuren oder Laugen auftritt.

Das Ergebnis dieses Kapitels läßt sich kurz folgendermaßen zusammenfassen:

Die intermicellaren Räume der Zellwände sind stäbchenförmig (Stäbchendichroismus). Ihre Durchmesser sind von der gleichen Größenordnung wie die Micelldicke (10^{-7}—10^{-6} cm) und variieren stark mit dem Quellungszustand der Zellwand. Sie bilden die Zugangswege zu den „inneren Oberflächen" der Zellwand, und in ihnen spielen sich die Oberflächenreaktionen ab.

8. Die intermicellaren Gerüstsubstanzen.

Im einfachsten Falle ist die Zellwand als ein Mischkörper von Zellulosemicellen und einer Imbitionsflüssigkeit aufzufassen. Im allgemeinen besteht dieser Mischkörper indessen, wie wir bereits bei den verkieselten Zellwänden gesehen haben, aus zwei festen Phasen, von denen die eine in die intermicellaren Räume eingelagert ist. Das Eindringen von Wasser, anderen Flüssigkeiten und Farbstoffen wird dadurch erschwert, aber keineswegs verhindert. Die intermicellaren Substanzen sind identisch mit den sog. inkrustierenden Substanzen, worunter vor allem Lignin, Kutin und Suberin verstanden werden. Hier soll dieser Begriff jedoch auch auf Pektin- und Mineralstoffe, die zwischen die Zellulosemicelle eingelagert sind, ausgedehnt werden.

a) Pektinstoffe.

Die Pektinstoffe treten in den Zellwänden als selbständige Wandschicht in der sog. Mittellamelle auf. Daneben kommen sie aber in ansehnlichen Mengen auch in der primären Wand-

verdickung zwischen die Zellulosemicelle eingelagert vor, so daß
sie hier bei den Intermicellarsubstanzen eingereiht werden sollen.

Chemismus der Pektinstoffe. Die Pektinstoffe lassen sich in
Araban und Kalzium-Magnesium - Pektinat aufspalten. Die sog.
Pektinsäure enthält neben anderen Konstituenten 4 Moleküle
Galakturonsäure, die nach EHRLICH als der Grundkörper der
Pektine zu betrachten ist. MEYER und MARK (7) nehmen an, daß
viele solche Grundmoleküle zu einer Polygalakturonsäurekette
verbunden seien (s. S. 92). Unter Umständen kann auch der
nahverwandte Körper Glukuronsäure als Hydrolyseprodukt
auftreten. Wie aus den folgenden Konstitutionsformeln hervorgeht, stehen die Uronsäuren den Hexosen nahe. Die früher in
der botanischen Literatur verbreitete Auffassung, daß die Grundkörper der Pektinstoffe Pentosen seien, ist damit hinfällig geworden.
Immerhin besteht eine Beziehung zu den Pentosen und es läßt
sich leicht einsehen, wie durch fermentative CO_2-Abspaltung
(SALKOWSKY und NEUBERG) aus den Uronsäuren Arabinose und
Xylose, d. h. die Bausteine der Pentosane (Araban, Xylan) entstehen können. Die chemische Besonderheit der Pektine gegenüber der Zellulose und den Hemizellulosen (Pentosane und gewisse
Hexosane) besteht in der Anwesenheit der COOH-Gruppen, die
zur Salzbildung befähigt, und außerdem durch ihre starke
Hydrophilie wahrscheinlich für das außergewöhnliche Quellungsvermögen dieser Membranstoffe verantwortlich sind.

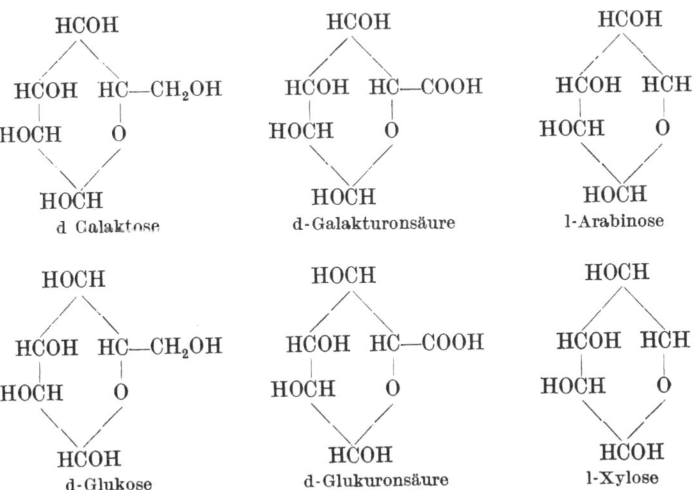

Mikrochemisch werden die Pektinstoffe durch Methylenblau und vor allem durch Rutheniumrot nachgewiesen; die Reaktionen sind indessen oft nicht eindeutig. Wichtig ist die leichte Oxydierbarkeit der Pektinstoffe, welche die Grundlage aller Mazerationsmethoden von SCHULTZEs Chromsäure-Schwefelsäuregemisch bis zur bakteriellen Flachsröste bilden. Bei der Anwendung heftiger Oxydationsmittel wird nicht nur die Mittellamelle, sondern oft auch die pektinhaltige primäre Wandschicht aufgelöst. KISSER (1) hat im

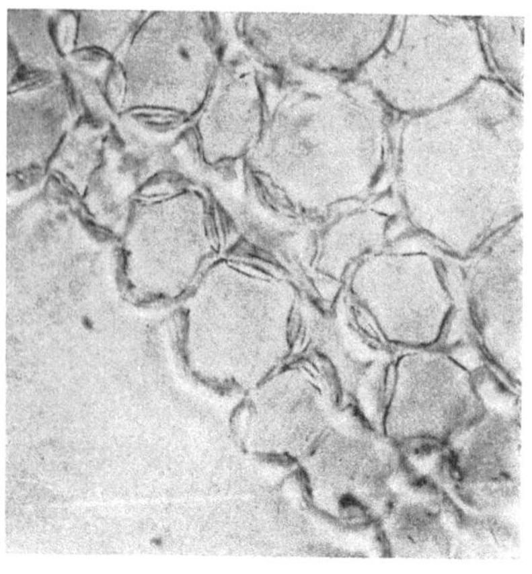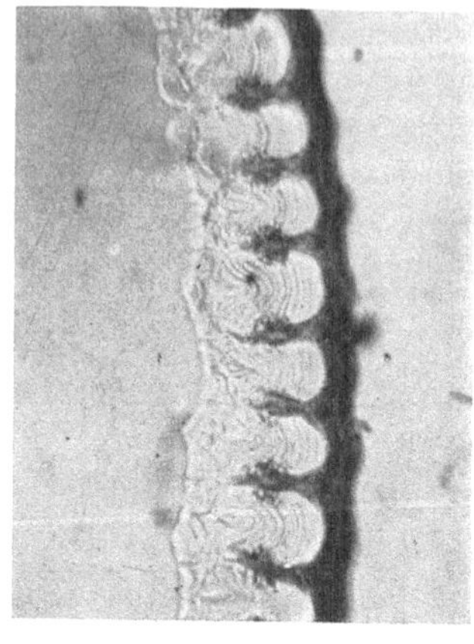

a   b

Abb. 33. Inhomogene Verteilung der Pektinstoffe in der sekundären Verdickungsschicht (Phot. ANDERSON, 1). Zelluloselamellen nach Entfernung der Pektinstoffe. a) Im Eckenkollenchym von *Solanum lycopersicum*. b) In der Zelluloseschicht der Epidermisaußenwand von *Clivia nobilis* (vgl. Abb. 39, 40).

verdünnten Wasserstoffsuperoxyd ein ausgezeichnetes, schonendes Mazerationsmittel gefunden. ANDERSON (1) hat damit nachgewiesen, daß in den pektinhaltigen sekundären Wandverdickungen des Kollenchyms feinste Zelluloseschichten mit Pektinschichten abwechseln. Hier sind also die Pektinstoffe nicht intermicellar eingelagert, sondern als mikroskopisch nachweisbare Lamellen in der Zellwand vorhanden. Sie sind die Ursache des auffallenden Quellungsvermögens der Eckenverdickungen des Kollenchyms.

Optik der Pektinstoffe. Optisch zeichnen sich die Pektinstoffe der Zellwand durch völlige Isotropie aus. Die Mittellamellen der Zellwände erscheinen zwischen gekreuzten Nikol stets schwarz, (s. Abb. 15 b). Man kann so leicht Pektinschichten in der Zellwand feststellen, wie z. B. die Grenzschicht zwischen der zellulosischen und kutinisierten Wandpartie der Epidermis von *Clivia* (s. Abb. 39 a). Es muß indessen erwähnt werden, daß technisch gewonnenes Pektin nicht amorph ist; vielmehr fand VAN ITERSON (4), daß eingetrocknete Pektingele aus optisch negativen Stäbchen aufgebaut sind. Vielleicht handelt es sich um denselben Stoff, der AMBRONN (4) in den mit soviel Sorgfalt untersuchten optisch negativen Kirschgummifäden vorlag.

Weil die Pektinteilchen selbst offenbar nicht isotrop sind, muß die Isotropie der Mittellamelle und anderer Pektinschichten der Zellwand durch völlig regellose Anordnung der Pektinteilchen zustande kommen (statistische Isotropie). Da ja die Anzahl der Galakturonsäurereste im Pektinmolekül nach EHRLICH nur 4 beträgt, ist es verständlich, daß so kurze Ketten nicht so leicht gerichtet werden wie die Zellulosefadenmoleküle.

b) Die Verholzung.

Chemismus des Lignins. Der Holzstoff oder das Lignin ist als selbständige Gerüstsubstanz unbekannt. Es tritt ausschließlich als sog. inkrustierender Stoff in ursprünglich zellulosisch angelegten Zellwänden oder Wandschichten auf. Das Lignin ist wie die Zellulose hochpolymer, unterscheidet sich aber chemisch in zwei wesentlichen Punkten von deren Konstitution: Seine Bausteine enthalten einen aromatischen (ungesättigten) Sechserring und die einzelnen Bausteine sind, wie FREUDENBERG wahrscheinlich gemacht hat, untereinander nicht identisch wie die Glukosereste der Zelluloseketten, so daß ihm keine eindeutige Grundformel zukommt. Pauschal wird für Lignin die Formel

$$C_9 H_{6\div 8} (OCH_3) (OH) (\cdot O \cdot)$$

angegeben, wobei die charakteristischen Gruppen verschiedene Stellungen einnehmen können. Das Lignin ist daher ein heteropolymerer Körper. Einer seiner Grundkörper ist nach FREUDENBERG und DÜRR das Dioxyphenylglyzerin.

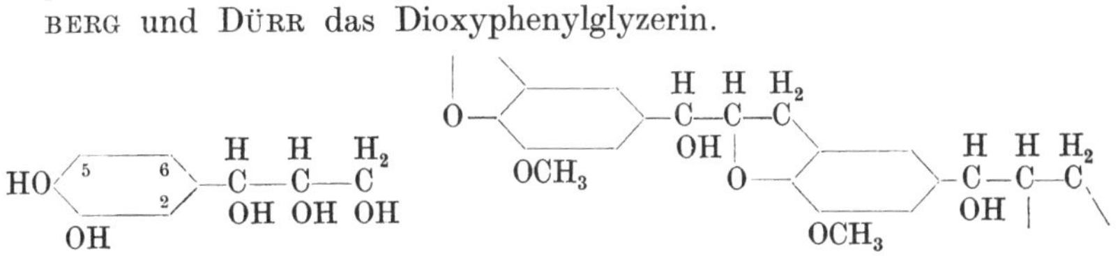

Dioxyphenylglyzerin

Polymerisationsschema

Bei der Polymerisation zu Lignin kommen drei Phasen in Betracht: 1. Die Kondensation einer aliphatischen OH-Gruppe mit einem H-Atom

(z. B. Nr. 5) des Benzolkernes (FREUDENBERG und SOLMS), 2. Ringschluß (Verätherung) einer aromatischen mit einer aliphatischen OH-Gruppe, und 3. Methylierung der restlichen Phenolhydroxyl-Gruppe. FREUDENBERG und DÜRR unterscheiden vier Ligninbausteine, die durch Selbstkondensation zwölf verschiedene Kondensationsprodukte liefern können. Diese Typen sollen im Lignin regellos vorkommen, woraus sie dessen heteropolymeren Charakter ableiten.

Die Polymerisation kann unbeschränkt weitergehen; dies geschieht vor allem, wenn man das Lignin aus der Zellwand herauslöst. Isoliertes Lignin erscheint daher viel höher polymer als genuines. Ferner erfolgt die Verkettung im Gegensatz zu den Verhältnissen bei der Zellulose nicht eindimensional (Fadenmoleküle), sondern nach allen Richtungen des Raumes, so daß dreidimensionale Riesenmoleküle entstehen, die nach allen Seiten mit Nachbarteilchen reagieren und chemisch verwachsen können.

Mikrochemisch werden verholzte Zellwände durch das Speichervermögen des Lignins für gewisse basische Farbstoffe, wie Gentianaviolett, Jodgrün und Chrysoidin, die Gelbfärbung mit Anilinsulfat und die rote Phlorogluzin-Salzsäurereaktion nachgewiesen. Keine dieser Färbungen ist indessen eindeutig. Vor allem ist auch die rote Phlorogluzinfärbung untypisch, da die verschiedensten Oxy- und Metoxyphenylderivate (Vanillinabkömmlinge) mit ungesättigten Seitenketten diese Reaktion zeigen (z. B. Conipherylalkohol). Dies muß namentlich bei der Untersuchung von Wundgeweben beachtet werden, da solche Stoffe im Wundgummi enthalten sein können, wodurch verholzte Zellwände vorgetäuscht werden.

Als besonders instruktive Färbung muß die Chlorzinkjodreaktion bezeichnet werden (FREY, 12). Verholzte Wände färben sich gelb und sind vorerst nicht dichroitisch. Dies spricht für die regellose Einlagerung der Ligninteilchen[1]. Läßt man aber das Chlorzinkjod lange genug einwirken und drückt dann auf den Schnitt, kommt die schwarzviolette Zellulosereaktion zum Vorschein; in der Stellung „farblos" dieser dichroitischen Färbung kann man jedoch die gelbe Ligninreaktion wieder auffinden und so das Lignin neben der Zellulose nachweisen. Das Auftreten der dichroitischen Schwarzfärbung weist darauf hin, daß die vorher offenbar gesperrten Oberflächen der Zellulosemicelle durch die lange Einwirkung des Zinkchlorides gegenüber dem Jod reaktionsfähig geworden sind. Mit Hilfe des Joddichroismus sind selbst Spuren von Lignin oder Kutin (z. B. in Haaren) nachweisbar, da man über dem Polarisator die

---

[1] LÜDTKE führt die Gelbfärbung auf ein „Fremdhautsystem" zurück (s. S. 99).

schwarzviolette Zellulosereaktion zum Verschwinden bringen kann. So kann die Chlorzinkjodreaktion dank ihres Dichroismus für inkrustierte Zellwände als Doppelfärbung Dienste leisten!

Die Stäbchendoppelbrechung des Ligningerüstes. FREUDENBERG und seinen Mitarbeitern (FREUDENBERG, ZOCHER und DÜRR) ist es gelungen, durch abwechselndes Behandeln von Fichtenholz-schnitten mit kochender 1%iger Schwefelsäure und Kupferoxyd-

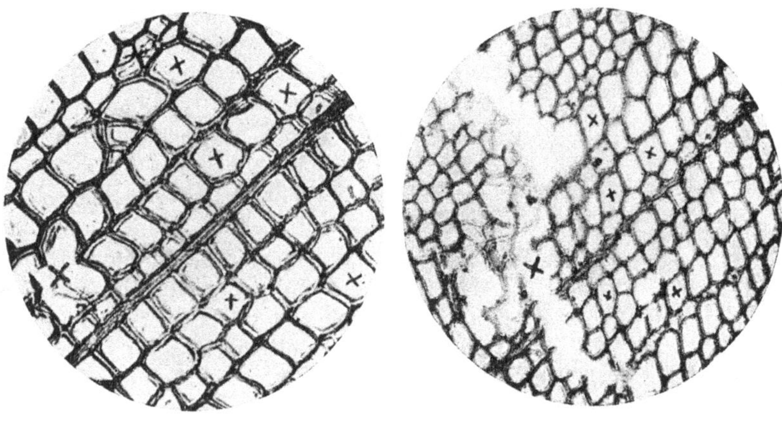

a   b

Abb. 34. Querschnitt von Fichtenholz (nach FREUDENBERG und DÜRR).
a) vor, b) nach Herauslösung der Zellulose.

ammoniak die Zellulose vollständig aus den Zellwänden herauszu-lösen. Auf diese Weise wurde, ähnlich wie bei den Kieselskeletten, ein zellulosefreies Gerüst der Zellen aus Lignin erhalten, das alle Einzelheiten der anatomischen Struktur aufweist, obschon bei der Behandlung ein Massenverlust von 75% eintritt. Die Zellwand erscheint daher etwas zusammengesintert und die Zellumina ent-sprechend verkleinert (s. Abb. 34).

Als besondere Eigenschaft dieser Ligningerüste fällt ihre Doppel-brechung auf, während sich nach anderen Beobachtungen das Lignin optisch isotrop verhält (s. S. 79). Es stellte sich dann aber heraus, daß die Anisotropie dieser Ligninpräparate reine Stäbchen-doppelbrechung ist, da sie in geeigneten Einschlußmitteln ver-schwindet. Bei der Untersuchung wurden folgende Imbibitions-flüssigkeiten benützt:

Tabelle 9. Imbibitionsreihe zur Untersuchung der Stäbchendoppelbrechung von Ligninpräparaten (s. Abb. 35).
(Nach Freudenberg, Zocher und Dürr.)

	n_2		n_2
Wasser	1,33	Benzylalkohol	1,54
Äthylalkohol	1,36	Anilin	1,58
Amylalkohol	1,40	Jodbenzol	1,62
Glyzerin	1,45	K-Hg-Jodid	1,71
Xylol	1,49	(verdünnte Lösung)	

In Abb. 35 ist das Ergebnis graphisch dargestellt. Die wieder-
gegebene Kurve stützt sich allerdings nicht auf quantitative Messungen wie Abb. 29, sondern auf Abschät-
zungen der Stärke der Doppelbrechung
während des Imbibitionsversuches. Wie
man sieht, fanden Freudenberg, Zocher
und Dürr eine ideale Stäbchendoppelbrechungskurve, deren Minimum bei
$n_2 = 1,61$ liegt. Dem Lignin kommt daher
das hohe Brechungsvermögen von 1,61 zu.

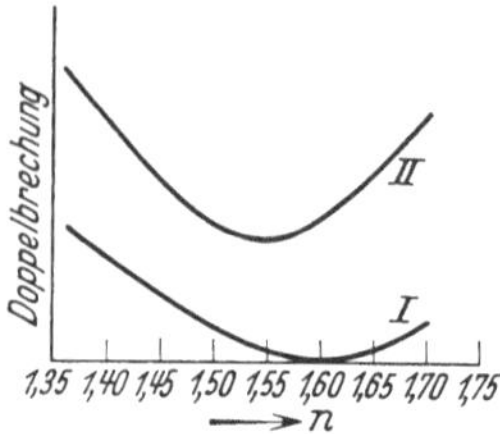

Abb. 35. Stäbchendop-
pelbrechungskurven
von Holzschnitten (nach
Freudenberg, 4). *I* Ligninskelett nach Entfernung der
Zellulose; *II* Zellulosegerüst
nach Entfernung des
Lignins.

Im Ligningerüst finden sich also stäbchenförmige Hohlräume, deren Durchmesser kleiner als die Wellenlängen des
Lichtes sind. Wir dürfen sie wohl, wie
dies bei den Kieselskeletten geschehen
ist, als räumliches Negativ der herausgelösten Zellulosestäbchen
ansprechen.

Auf dem Tracheidenquerschnitt erscheint die Stäbchendoppelbrechung der primären Wand stärker als diejenige der sekundären
Wand (vgl. Abb. 43c). Dies rührt daher, daß die Micelle nach dem
Prinzip der gekreuzten Fibrillenrichtung in der äußeren Wand
mehr tangential, in der inneren dagegen mehr axial verlaufen.
In der primären Wand trifft der Schnitt die Achse des Stäbchenmischkörpers daher unter einem relativ flachen Winkel, und erscheint daher entsprechend stärker anisotrop als in der sekundären
Wand, wo er die Stäbchen beinahe senkrecht schneidet.

Freudenberg (4) hat ein sehr instruktives Modell vom Aufbau
der verholzten Zellwand entworfen (Abb. 36). Die eingezeichneten
Stäbchen entsprechen allerdings nicht den Micellen selbst, sondern
etwa 10mal so dicken Micellverbänden von 500 Å Durchmesser. An
die isotrope, pektinische Mittelschicht schließt sich die Außenschicht
mit flach verlaufenden Micellen an. Sie besteht aus zwei Lamellen,

in denen sich die Micelle überkreuzen. Darauf folgt die mächtige Zentralschicht (s. S. 97) mit zahlreichen Lamellen und steil verlaufenden Micellreihen, die sich ebenfalls unter spitzem Winkel kreuzen können. Alle Micelle sind in eine Grundsubstanz von Lignin eingebettet. Abb. 36 gibt ein drastisches Bild, wie kompliziert die verholzte Zellwand aufgebaut ist, aber auch wie tief man bereits in ihre submikroskopische Struktur eingedrungen ist.

Mechanismus der Verholzung. Um einen Einblick in die Vorgänge, die sich bei der Verholzung zellulosischer Zellwände abspielen,

Abb. 36. Modell der Holzfaser (nach FREUDENBERG und DÜRR). Stäbe = Micellreihen, intermicellare Substanz = Lignin. *A* Mittellamelle und primäre Wand *B*. Außenschicht der sekundären Wand mit 2 Lamellen; *C* Zentralschicht der sekundären Wand mit 7 Lamellen. Durch Entfernung der Zellulose entsteht das poröse Ligningerüst, welches die Erscheinung der Stäbchendoppelbrechung zeigt.

zu gewinnen, wurde die Doppelbrechung ein und derselben Zellwand in unverholztem und verholztem Zustande untersucht. Als besonders günstiges Untersuchungsobjekt erwiesen sich dabei die Spaltöffnungen der Koniferen mit ihrer lokalen Lignineinlagerung. An Schnitten durch den Spaltöffnungsapparat von *Ginkgo biloba* konnte gezeigt werden, daß aneinanderstoßende zellulosische und verholzte Zellwandpartien die gleiche Doppelbrechung aufweisen (FREY, 18). Das Lignin besitzt somit keine Eigendoppelbrechung; es ist amorph zwischen die doppelbrechenden Zellulosemicelle eingelagert. Dieser Befund steht im Einklang mit der durch FREUDENBERG und seine Mitarbeiter aufgeklärten Ligninkonstitution. Da die Verkettung der unter sich verschiedenen Ligninbausteine regellos nach verschiedenen Richtungen erfolgt, ist es einleuchtend, daß das Lignin nicht raumgitterartig struiert sein kann. Als amorphe, hochpolymere Substanz liegt es zwischen den Zelluloseteilchen, und es ist selbst nicht ausgeschlossen, daß seine Hauptvalenzbindungen ununterbrochen um die Zelluloseteilchen herumreichen, so daß die Micelle gewissermaßen von Lignin eingesponnen sind.

Verschiedentlich ist darauf hingewiesen worden, daß die Zellulosemembranen plötzlich verholzen und dabei auf einmal stark verdickt erscheinen. Dies läßt sich deutlich in der Nähe des Kambiums beobachten (KOSTYTSCHEW, 2), ganz besonders schön

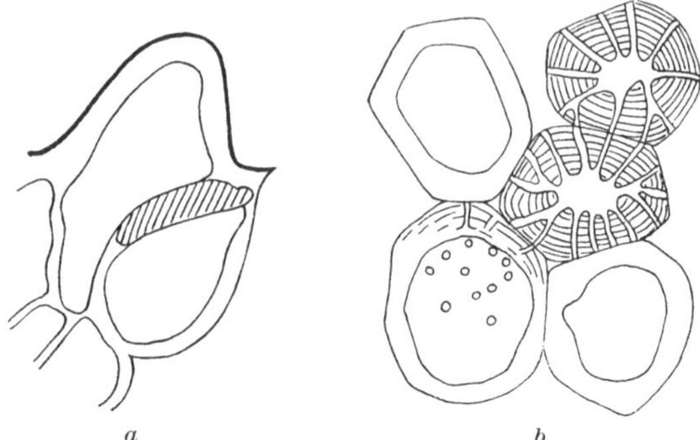

a   b

Abb. 37. a) Lignineinlagerung in den Schließzellen des Spaltöffnungsapparates von *Gingko biloba*. Die Doppelbrechung wird durch die Verholzung nicht meßbar geändert. b) Ganz und teilweise entholzte Steinzellen der Quitte *(Cydonia oblonga)* mit stark geschrumpften Wänden und Einbuße der Tüpfelkanäle (b nach ALEXANDROV und DJAPARIDZE).

aber im Diskus von jungen Früchten der Birne *(Pirus communis)*, wo neben zellulosischen Zellen, die als Anzeichen der zu erwartenden Verholzung bereits getüpfelt sind, ganz unvermittelt zwei bis viermal so dickwandige Steinzellen auftreten. Umgekehrt haben ALEXANDROW und DJAPARIDZE gefunden, daß bei der Entholzung der Steinzellen der Quitte *(Cydonia oblonga)* die Membranen die Hälfte ihrer ursprünglichen Dicke einbüßen (Abb. 37 b). Es muß daraus geschlossen werden, daß die Verholzung der Zellwände im allgemeinen mit einer starken Quellung verbunden ist.

Die optischen Verhältnisse zeigen, daß das Lignin wie das Quellungswasser amorph zwischen die Micelle in die intermicellaren Räume eingelagert wird und so die Membran zum Quellen bringt. Diese Quellung durch Lignin darf gleichsam als irreversibel bezeichnet werden. Die bis jetzt beobachteten Fälle einer Entholzung der lignifizierten Zellen (SCHILLING) sind nämlich so selten, daß sie geradezu beweisen, daß die Pflanze einmal gebildetes Lignin, obschon sie es wieder aufarbeiten könnte, im allgemeinen liegen läßt.

Die Auffassung der Lignifikation als Quellung läßt einen neuen Gesichtspunkt für die Theorie der Verholzung geltend machen: Man kann die Verholzung, d. h. die starke irreversible Quellung der Membranen, nach dem Prinzip von Le Châtelier als eine Reaktion gegen starken Druck auffassen (Frey, 17 [1]). In der Tat treten in der jungen Pflanze die ersten Verholzungserscheinungen in den Verdickungsleisten der primären Tracheiden und Gefäße auf, die durch den Turgor der Zellen des Grundgewebes einem starken seitlichen Druck ausgesetzt sind. Ferner verholzen die sekundären Xylemelemente, die einem mechanischen Druck unterliegen, viel intensiver (Druckholz) als solche, die einem mechanischen Zuge unterworfen sind (Zugholz); bei den Laubhölzern kann im Zugholze die Lignifizierung der Faser fast ganz unterbleiben (Jaccard, 1; Jaccard und Frey, 2). Es wird so auch verständlich, warum die Wasserpflanzen, in deren Organen infolge des Auftriebes so gut wie keine mechanischen Kräfte durch die Schwerkraft hervorgerufen werden, im allgemeinen unvergleichlich weniger stark verholzen als Landpflanzen.

Nachdem die „Ligninquellung" stattgefunden hat, sind die Zellulosestäbchen in eine sie allseitig umgebende Grundmasse eingebettet, ähnlich wie die Eisenstangen im armierten Beton. Dieser Vergleich ist nicht nur morphologisch, sondern auch bezüglich der Festigkeitseigenschaften der beiden Komponenten sehr treffend. Die Zellulosestäbchen sind nämlich in hohem Maße zugfest, vergleichbar der Eisenbetonarmatur, und das Lignin ist, wie der Beton, eine druckfeste Substanz. Aus diesen Verhältnissen heraus erklärt sich die von Schellenberg gemachte Feststellung, daß sich trotz der Verholzung Dehnbarkeit und Zugfestigkeit von Libriformfasern bei der Verholzung nicht verändern. So hat die Natur in der Holzfaser durch Kombination von zwei mechanisch ausgezeichneten Baustoffen ein submikroskopisches Wunderwerk von technischer Vollkommenheit geschaffen.

c) Kutinisierung und Verkorkung.

Chemismus der Kutikularstoffe. In den Geweben sind alle Zellwände durch die pektinische Mittellamelle gegeneinander abgegrenzt.

---

[1] Molisch (7) hat in seiner Aufzählung der verschiedenen Auffassungen über die Verholzung diese Arbeit außer acht gelassen.

Wo die Gewebe dagegen an die atmosphärische Luft stoßen, geht die Pektinlamelle in ein Grenzhäutchen von völlig anderem Chemismus über. Es wird Kutikula genannt und besteht hauptsächlich aus Kutin, einem nahe verwandten Körper des in der Borke vorkommenden Korkstoffes Suberin. Es gibt verschiedene Kutinstoffe, die sich in ihrer chemischen Konstitution unterscheiden, die aber sonst nicht auseinandergehalten werden können. In neuerer Zeit hat man den Membranstoff der äußerst widerstandsfähigen Kutikula von Pollenkörnern und Pilzsporen vom Kutin abgetrennt, so daß man heute drei Kutikularstoffe unterscheidet.

1. Sporopollenin.
2. Kutin.
3. Suberin.

Es sind hochpolymere, aus gesättigten und ungesättigten Fettsäuren und Oxyfettsäuren aufgebaute Verbindungen, von denen die Phellonsäure $C_{21}H_{42}(OH)COOH$ und die Korksäure $COOH(CH_2)_6COOH$ ein Oxydationsprodukt des Korkes, erwähnt werden sollen. Ihrer chemischen Zusammensetzung entsprechend unterscheiden sich die Kutikularstoffe nur graduell voneinander, und es ist unmöglich, sie mittels der in der Mikrochemie gebräuchlichen Farbreagenzien (Sudan III, Korallin, Scharlach R) auseinanderzuhalten. Einwandfreie Unterscheidungsmerkmale treten erst auf, wenn man Auflösungsreaktionen zu Hilfe nimmt (VAN WISSELINGH; ZETSCHE), von denen zwei der wichtigsten angeführt seien (Tabelle 10).

Tabelle 10. Kutikularsubstanzen.

Behandelt mit	Sporopollenin	Kutin	Suberin
Glyzerin (siedend)	geringe Depolymerisation	langsame Depolymerisation	schnelle Depolymerisation
5% NaOH oder KOH (heiß)	keine Verseifung	langsame Verseifung	schnelle Verseifung

Tabelle 10 zeigt, daß bezüglich der Auflösungsreaktionen zwischen Kutin und Suberin kein prinzipieller Unterschied besteht; sie stehen einander viel näher als dem äußerst schwer verseifbaren Sporopollenin, das seiner Unlöslichkeit in 5%igem Alkali wegen als besonderer Membranstoff dem Kutin gegenübergestellt worden ist. Das Sporopollenin ist ähnlich wie das Lignin so unverwüstlich, daß Pilzsporen und Pollenkörner nicht nur als Subfossilien, als welche der Pollen für die Moorstratigraphie von unschätzbarem Werte geworden ist (Pollenanalyse), sondern auch fossil erhalten sind.

Optik der Kutikularstoffe. Das feine Kutikularhäutchen erscheint manchmal isotrop. Anders verhält es sich dagegen mit den sog. Kutikularschichten, die in der Epidermis der Blätter von vielen Mesophyten vorkommen, namentlich aber bei Hartlaubgehölzen und Xerophyten mächtig entwickelt sein können. Es wird gewöhnlich angenommen, daß die Kutikularschichten ein Zellulosegerüst besitzen, in welches das Kutin eingelagert sei. Es ist jedoch fraglich, ob dies immer zutrifft. Die Kutikularstoffe wären dann unter Umständen nicht, wie dies hier geschieht, zu den intermicellaren, sondern zu den selbständigen Gerüstsubstanzen zu zählen. Die kutinisierten Membranen und alle verkorkten Zellwände reagieren optisch umgekehrt wie die Zellulosewände, indem ihre Indexellipse nicht parallel, sondern senkrecht zur Längserstreckung des Wandquerschnittes steht[1]. Sie sind nach unserer Terminologie optisch negativ (Abb. 38).

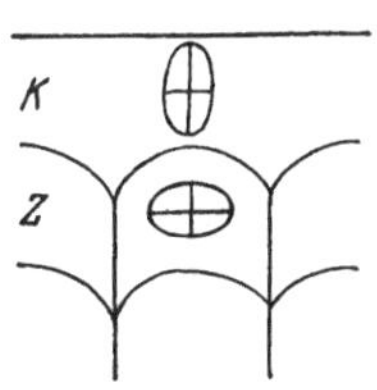

Abb. 38. Orientierung der Indexellipsen auf dem Querschnitt durch Epidermiszellen (nach AMBRONN, 6). *K* Kutinschicht; *Z* Zelluloseschicht.

Dieses Verhalten ist von AMBRONN (3) folgendermaßen gedeutet worden: Die Kutikularstoffe bestehen aus länglichen Teilchen (es soll dahingestellt bleiben, ob es kristalline Micelle oder voneinander unabhängige Fadenmoleküle seien), die infolge ihrer Gestalt gerichtet in die Zellwand eingelagert werden. Kommt diesen Teilchen eine negative Eigendoppelbrechung zu, kann diese das optische Verhalten der Wand umkehren. AMBRONN konnte zur Stütze seiner Ansicht einen lehrreichen Versuch anführen: Erhitzt man Schnitte von Flaschenkork in siedendem Glyzerin, verschwindet die negative Doppelbrechung und kehrt beim Erkalten der Schnitte wieder zurück. AMBRONN erklärte dies so, daß das Suberin in kochendem Glyzerin schmelze, beim Abkühlen dagegen wieder gerichtet auskristallisiere. Die Korklamellen der Zellwände besitzen im Gegensatz zu den Kutikularschichten nach VAN WISSELINGH kein Zellulosegerüst, so daß sich das Suberin ohne den richtenden Einfluß eines zellulosischen Micellargefüges parallel gelagert ausscheiden muß. Mit kutinisierten Membranen gelingt der Versuch weniger leicht (vgl. Tabelle 10).

---

[1] Eine optische Untersuchung des Sporopollenins steht noch aus.

Verfolgt man die Doppelbrechung kutinisierter Zellwände quantitativ (FREY, 9), so findet man im allgemeinen, daß der Gangunterschied nicht über den ganzen Querschnitt der Wand konstant ist, was hier am Beispiel von *Clivia nobilis* gezeigt werden soll. Die Epidermiszellen von *Clivia* besitzen eine mächtig entwickelte Außenwandung, deren äußere Schicht kutinisiert, die innere dagegen zellulosisch ist. In beiden Partien, die durch eine isotrope Pektinschicht voneinander getrennt sind, wächst die Doppelbrechung vom Rande gegen die Schichtmitte an und erreicht dort ein Extremum, wie dies in Abb. 40 dargestellt ist. In der zellulosischen Wandschicht ist dieses Extremum positiv, in der kutinisierten dagegen negativ, so daß die graphische

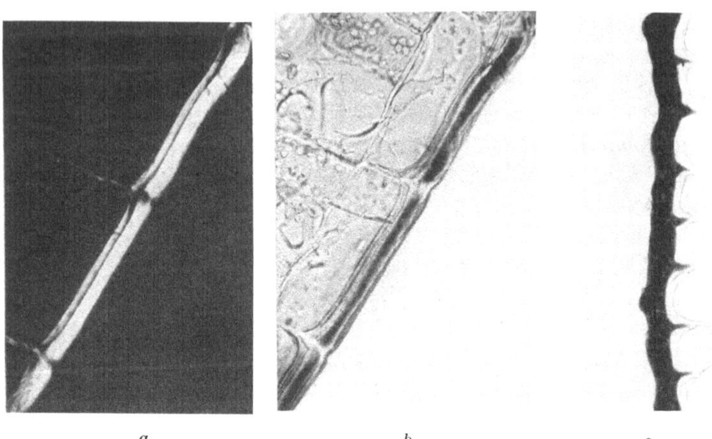

a b c

Abb. 39. Epidermis des Blattes von *Clivia nobilis*. a) Zwischen gekreuzten Nikol: man erkennt die isotrope Pektinschicht zwischen Zellulose und Kutinschicht. b) Zwischen parallelen Nikol: zeigt, daß die Zellulose und Kutinschicht nicht über den ganzen Querschnitt gleich stark doppelbrechend sind. c) Im ultravioletten Licht. Das Kutin absorbiert das ultraviolette Licht völlig, während die Zellulose vollkommen durchsichtig ist.

Darstellung der Stärke der Doppelbrechung eine Wellenlinie ergibt. ANDERSON (2) hat den wellenförmigen Verlauf dieser Kurve aufgeklärt. Er fand auf mikrochemischen Wege, daß die innere Wand, wie beim Kollenchym aus abwechselnden Lagen von Zellulose und Pektin besteht (s. Abb. 33 b). Auch in der Kutinschicht konnte er neben Zellulose und Kutin nach außen abnehmende Mengen von Pektin nachweisen. Auf Grund dieser Befunde kann das Verhalten der Doppelbrechung folgendermaßen gedeutet werden.

Für das erste Ansteigen der positiven Doppelbrechung in der zellulosischen Wandschicht macht ANDERSON (2) einen abnehmenden Wassergehalt der Zellwand wahrscheinlich, da die dem Protoplasma anliegenden Schichten wasserreicher seien. Nachher sinke die Doppelbrechung infolge des steigenden Gehaltes an isotropem Pektin, um in der Pektinschicht P Null zu werden. Danach kehrt sich das Vorzeichen der Doppelbrechung infolge des gerichtet eingelagerten Kutins um. Vorerst ist sie noch gering, da ansehnliche Mengen isotropes Pektin beigemengt sind; in dem Maße wie dieses aber abnimmt,

steigt die negative Doppelbrechung an und die Kurve erreicht dort, wo
der Pektingehalt Null wird, ihr Minimum. Nachher soll der Zellulosegehalt
rasch abnehmen, wodurch der richtende Einfluß auf das Kutin und somit
auch dessen Doppelbrechung zurückgehe, um in der Kutikula, wo keine
Zellulosemicelle mehr vorhanden sind, zum zweitenmal Null zu werden.
Die Isotropie der Kutikula käme also vermutlich dadurch zustande, daß die
Kutinteilchen zufolge des Fehlens eines Ordnungsprinzipes regellos angeordnet sind.

Die *Clivia*-Epidermis ist ein Schulbeispiel dafür, wie weitgehend man mit
Hilfe der polarisationsmikroskopischen Untersuchungsmethode in die sub-
mikroskopische Struktur kompliziert aufgebauter
Zellwände einzudringen vermag. Kutinisierte
Zellwände lassen sich nicht nur im polarisierten,
sondern auch im ultravioletten Lichte leicht
erkennen. Während Zellulose für ultraviolettes
Licht vollständig durchlässig ist, wird dieses von
Kutin auffallend stark absorbiert (s. Abb. 39c).
Ob diesem Verhalten eine gewisse biologische
Bedeutung zukommt, ist nicht näher untersucht.

d) Mineralisation der Zellwand.

Zu den Intermicellarsubstanzen sind
auch die Mineralstoffe der Zellwand zu
rechnen. Wie an Hand der Kieselskelette
gezeigt worden ist, bilden sie ein zusammenhängendes Maschwerk, aus dem die Zellulosestäbchen herausoxydiert werden können.
Aus verkalkten Zellwänden sind noch keine
Aschenskelette mit Stäbchenanisotropie gewonnen worden, doch dürfte mit Sicherheit
geschlossen werden, daß auch die Kalziumsalze intermicellar niedergelegt werden. Die
Einlagerung der Mineralstoffe erfolgt wahrscheinlich amorph (Abb. 80). Die Doppelbrechung verkieselter und verkalkter Zell-
wände zeigt, wie bei der Lignincinlagerung, augenscheinlich keinen
wesentlichen Unterschied gegenüber derjenigen der reinen Zellulosemembranen. Quantitative Messungen liegen jedoch nicht vor.

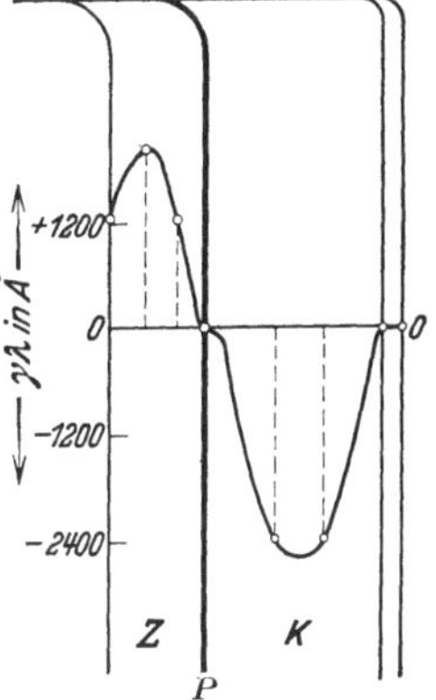

Abb. 40. Optik der
Blattepidermis von
Clivia nobilis (Längs-
schnitt). Zellulosische und
kutinisierte Wandschicht
sind durch eine isotrope
Pektinschicht getrennt
(vgl. Abb. 39a); der Kutinschicht ist eine isotrope
Kutikula aufgesetzt. Ab-
szisse: Zellwanddicke, Ordinate: Gangunterschied
γ λ in Å. Z Zellulosische
Wandschicht, P Pektin-
schicht, K kutinisierte
Wandschicht.

Die Mineralisation der peripheren Zellwände wird gewöhnlich
ökologisch als Transpirationsschutz aufgefaßt. Wahrscheinlich
sind aber diese Ausscheidungen, wie wir sehen werden, primär
eher physiologisch als Ablagerungen überflüssiger Aschenbestandteile zu deuten.

e) Übersicht über die Intermicellarsubstanzen.

Die in diesem Kapitel behandelten Membranstoffe können alle als Einlagerungen zwischen den Micellen der zellulosischen Zellwand auftreten. Dies rechtfertigt sie als intermicellare Substanzen in einer Gruppe zusammenzufügen. Diese Gruppe deckt sich ungefähr mit dem Sammelbegriff „Inkrusten“, der nach seiner ethymologischen Bedeutung bereits eine gegenseitige Durchdringung von zwei Phasen andeutet. Die Existenz von Phasengrenzen innerhalb der Zellwand konnte jedoch erst an Hand ihrer Stäbchenanisotropie bewiesen werden.

Die Einlagerungen erfolgen nicht nach einem einheitlichen Schema, sondern es ergeben sich je nach der intermicellar abgelagerten Gerüstsubstanz verschiedene Inkrustationstypen. Bei der Pektineinlagerung werden an und für sich wahrscheinlich anisotrope Teilchen regellos zwischen den Zellulosemicellen ausgeschieden, so, daß sich statistische Isotropie ergibt. Dasselbe gilt für die Anordnung der Pektinteilchen in reinen Pektinlamellen. Beim Lignin dagegen sind die Teilchen nach Freudenberg heteropolymere Riesenmoleküle, die an und für sich schon amorph sind. Bei den Kutikularstoffen handelt es sich um längliche Teilchen mit negativer Eigendoppelbrechung, die gerichtet eingelagert werden. Ob diese Teilchen Micelle sind, ist fraglich, da bis jetzt noch keine Röntgeninterferenzen von Kutikularsubstanzen erhalten worden sind. Über die Art der Einlagerung von Mineralstoffen (amorph oder in Form von ungerichteten Kristalliten) müssen weitere Untersuchungen Auskunft geben.

Der verschiedenen Einlagerungsweise parallel gehen die Schwierigkeiten, denen man beim Herauslösen der Intermicellarsubstanzen aus der Zellwand begegnet. Bei Anwendung der richtigen Hydrolysemittel können die Pektinstoffe relativ schnell aus der Zellwand entfernt werden, während die Herauslaugung der nach allen Seiten miteinander verfilzten Ligninbausteine längere Zeit in Anspruch nimmt; und das Kutin kann man schließlich nur mit den stärksten auch die Zellulose angreifenden chemischen Reagenzien (kochende Kalilauge) aus dem Micellverband, zu dem es in innige Beziehung getreten ist, herausschaffen.

Zum Schlusse soll hier eine Übersicht der typischen Reaktionen der intermicellaren Substanzen im Vergleiche zur Zellulose und den noch zu besprechenden Hemizellulosen gegeben werden.

I. Verhalten im polarisierten Licht.
1. Zellulose optisch positiv.
2. Pektinstoffe statistisch isotrop.
3. Lignin optisch isotrop, liefert jedoch Stäbchenanisotropie.
4. Kutikularstoffe, wenn gerichtet gelagert, optisch negativ.
5. Hemizellulosen zum Teil doppelbrechend.

II. Verhalten im ultravioletten Licht.
1. Zellulose durchlässig (s. Abb. 39c).
2. Pektinstoffe durchlässig.
3. Lignin schwer durchlässig.
4. Kutin undurchlässig (s. Abb. 39c).
5. Hemizellulosen durchlässig.

III. Auflösungsreaktionen.
1. Zellulose.
   a) Löslich in Kupferoxydammoniak.
   b) Hydrolyse durch konzentrierte (90%) Schwefelsäure.
   c) Unlöslich in warmen verdünnten Mineralsäuren.
2. Pektinstoffe.
   a) Unlöslich in Kupferoxydammoniak.
   b) Löslich in verdünntem (3—5%) Wasserstoffsuperoxyd nach mehreren Stunden bei einer Temperatur von 50°.
   c) Löslich in heißer verdünnter (5%) Salzsäure bei Nachbehandlung mit heißem verdünntem (5%) Ammoniak.
3. Lignin.
   a) Löslich in Kalziumbisulfit.
   b) Unlöslich in Natronlauge.
   c) Unlöslich in Kupferoxydammoniak.
4. Kutikularstoffe (Sporopollenin widerstrebt der Lösung in Alkali).
   a) Unlöslich in Kupferoxydammoniak.
   b) Unlöslich in verdünnten heißen Mineralsäuren.
   c) Unlöslich in konzentrierten Mineralsäuren.
   d) Löslich in verdünnter alkoholischer Kalilauge nach 2stündigem Kochen.
   e) Löslich in konzentrierter Kalilauge nach kurzem Erhitzen.
5. Hemizellulosen.
   a) Hydrolyse durch verdünnte (10%) Salzsäure nach 2stündigem Kochen.
   b) Löslich in Kupferoxydammoniak.
   c) Nicht merklich angegriffen durch warmes, verdünntes Wasserstoffsuperoxyd nach 2 Stunden.

IV. Färbungsreaktionen.
1. Zellulose.
   a) Dichroitische Violettfärbung mit Chlorzinkjod.
   b) Blaufärbung und Quellung mit Jodkali und Schwefelsäure.
   c) Dichroitische Färbung mit substantivischen Farbstoffen (Kongorot).
   d) Keine oder nur geringe Färbung mit verdünnten Lösungen von Rutheniumrot und Methylenblau.

2. Pektinstoffe.
   a) Intensive Rotfärbung mit Rutheniumrot.
   b) Intensive Blaufärbung mit Methylenblau.
3. Lignin.
   a) Rotfärbung mit Phlorogluzin-Salzsäure.
   b) Gelbfärbung mit Chlorzinkjod.
   c) Speichert basische Farbstoffe (Chrysoidin, Gentianaviolett, Jod-grün).
4. Kutikularstoffe.
   a) Dunkle orangerote Färbung mit Sudan III.
   b) Kräftige Rotfärbung mit Scharlach R.
5. Hemizellulosen.
   a) Keine einwandfrei spezifischen Färbungen.

9. Selbständige Gerüstsubstanzen.

An Stelle der Zellulose können auch andere Membranstoffe als Micellargerüst der Zellwand auftreten. Quellung, Einlagerung, Färbungen, Oberflächen- und permutoide Reaktionen verlaufen dann trotz einer chemisch anders konstituierten Gerüstsubstanz auffallend ähnlich wie beim zellulosischen Micellargefüge. Wohl der interessanteste Fall in dieser Beziehung, der hier wegen seiner Wichtigkeit für das richtige Verständnis für die Micellarreaktionen in der Zellwand kurz behandelt werden soll, trotzdem es sich dabei nicht um eine Ausscheidung von höheren Pflanzen handelt, bietet wohl das Pilzchitin.

a) Pilzchitin.

Chemismus und Optik des Chitins. Chitin ist ein stickstoffhaltiges Kohlenhydrat, das bei der Hydrolyse in Glukosamin und Essigsäure zerlegt wird.

Unter bestimmten Versuchsbedingungen liefert der chemische Abbau des Chitins Azetylglukosamin, „so daß man annehmen muß, daß das Azetylglukosamin in ähnlicher Weise der Baustein des Chitins ist, wie die Glukose der der Zellulose" (MEYER und MARK, 5). Es ist noch eine offene Frage, ob sich das Glukosamin stereochemisch von der Mannose oder der Glukose ableitet. Den hier gegebenen Strukturformeln ist der Bauplan der Mannose zugrunde gelegt. Die Glukosaminbausteine sind also zu Hauptvalenzketten zusammengefügt und bilden so der Zellulose vergleichbare Fadenmoleküle. Ob diese bei Arthropoden und Pilzen identisch sind, ist zur Zeit noch unbekannt. Die Röntgenaufnahmen, welche den micellaren Aufbau dieser Gerüstsubstanzen beweisen, beziehen sich

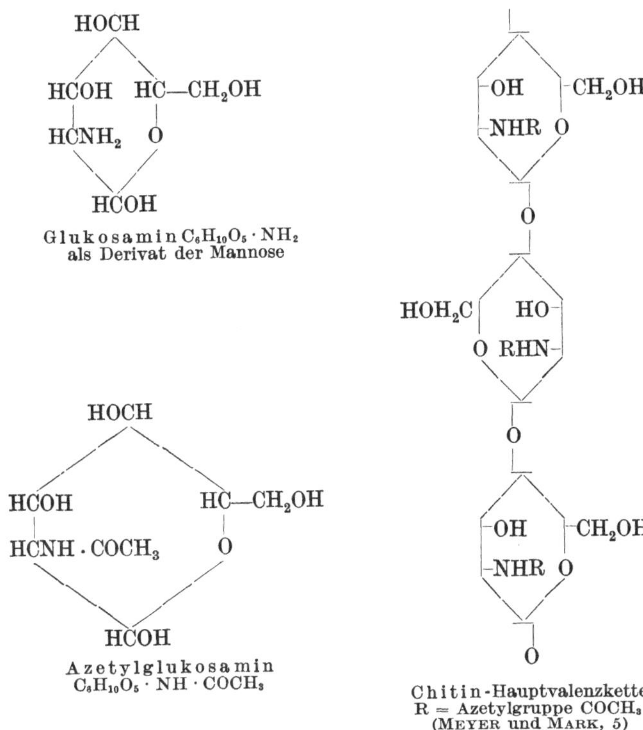

nur auf tierisches Chitin. Die erhaltenen Diagramme lassen die
Faserperiode des Chitinraumgitters berechnen. Sie beträgt 10,4 Å,
also gleichviel wie bei der Zellulose (GONELL). Auf Grund dieser
Übereinstimmung schreiben MEYER und MARK dem Chitin eine
ähnliche Micellarstruktur wie der Zellulose zu.

Aus dieser Analogie heraus kann die auffällige Ähnlichkeit der
mikrochemischen Reaktionen von Zellulose- und Chitinmembranen
ihre Erklärung finden. Löst man aus Pilzmembranen alle intermicellaren Substanzen heraus, färbt sich das Pilzchitin mit Eosin,
Kongorot und Chlorzinkjod gleich wie Zellulose (KÜHNELT), obschon es ein aminhaltiger azetylierter Körper ist. Diese Übereinstimmung zeigt deutlich, daß das mikrochemische Verhalten der
Zellulose keineswegs auf chemischen Reaktionen beruht, sondern
das Ergebnis von micellaren Oberflächenreaktionen in den intermicellaren Räumen ist. Man kann daher aus den mikrochemischen
Reaktionen in den wenigsten Fällen auf den Chemismus einer

Gerüstsubstanz schließen. Um so zuverlässiger geben gewisse dichroitische Färbungen, wie die violette Jod- und die rote Kongorotfärbung, über den micellaren Aufbau von Membransubstanzen und anderen Gelen Auskunft.

Die Doppelbrechung eines aus Chitin bestehenden Micellargefüges ist von Möhring (1, 3) im Panzer der Crustaceen in vorbildlicher Weise untersucht worden.

Er entdeckte beim Hummerpanzer den Stäbchendoppelbrechungseffekt und fand im Minimum der Stäbchendoppelbrechungskurve

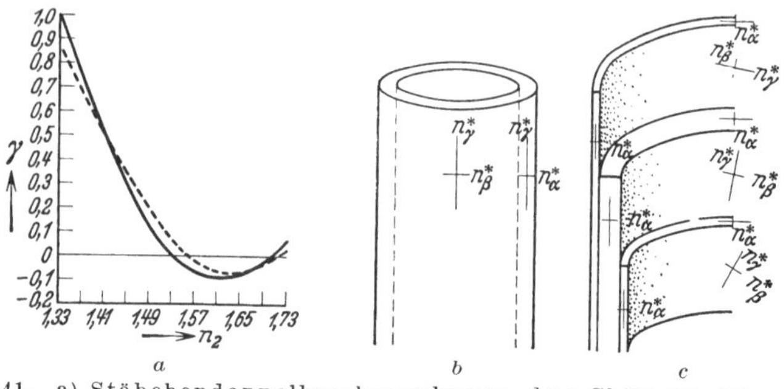

Abb. 41. a) Stäbchendoppelbrechungskurve der Chitinfibrillen des Hummerpanzers (nach Möhring, 1, 3). Abszisse: Brechungsindex n_2 der Imbibitionsflüssigkeit. Ordinaten: Gangunterschied $\gamma\lambda$ in Wellenlängen. ———— blaues Licht (λ 4350 Å); - - - - - - - - grünes Licht (λ 5460 Å). b, c. Optik von Pilzzellwänden. b) Konidiophor von *Aspergillus niger*. c) Sporangienträger von *Phycomyces Blakesleeanus* (nach Oort und Roelofson).

eine negative Restdoppelbrechung (Abb. 41a), die eine negative Eigendoppelbrechung der Chitinmicelle verrät. Das Chitinmicell des Hummerpanzers reagiert also optisch umgekehrt wie das Zellulosemicell. Es läßt sich nicht entscheiden, ob die Amin- oder die Azetylgruppe die Umkehr des optischen Charakters der Zellulosefadenmoleküle verursacht; für die letztere Möglichkeit spricht die Tatsache, daß die Micelle der Azetylzellulose (Kunstseide) ebenfalls optisch negativ sind (Möhring, 2; Kanamaru, 3).

Submikroskopische Struktur von Pilzmembranen. Da bei Imbibition mit Stoffen, deren Brechungsindex unter 1,65 liegt, die positive Stäbchendoppelbrechung die schwach negative Eigendoppelbrechung überkompensiert, erscheinen die tierischen Chitinfibrillen im natürlichen Zustande optisch positiv. Dasselbe gilt, wie Oort und Roelofson nachgewiesen haben, für das Pilzchitin von *Phycomyces* (Abb. 41 c). Der optische Charakter der Eigendoppelbrechung des Pilzchitins ist bis heute allerdings noch nicht ermittelt worden, aber jedenfalls äußert sich das Zusammenwirken von

Stäbchen- und Eigendoppelbrechung so, daß in den gebräuchlichen Einfluß-mittel n_γ^* der Chitinfibrillen, wie bei der Zellulose, mit der Längsachse der Micelle zusammenfällt. Die optische Methode zur Bestimmung der Membran-struktur von zellulosischen Zellwänden kann daher unverändert auch auf die Chitinwände der Pilze angewendet werden. So darf man aus den Angaben von OORT und ROELOFSON schließen, daß die primäre Wand des Sporangien-trägers von *Phycomyces* Röhrenstruktur, die sekundäre Verdickungswand dagegen faserähnliche Struktur besitzt. Auch bei *Aspergillus niger* (FREY, 16) weist die Sporangienträgerwand, oder falls diese aus mehreren Lagen bestehen sollte, deren mächtigste Schicht Faserstruktur mit Streuung parallel zur Längsachse auf (s. Abb. 41b).

Beziehung der Eigendoppelbrechung gerichteter Fadenmoleküle zu ihrer Konstitution. Ähnlich wie beim Chitin wird die Eigen-doppelbrechung der Zellulose negativ, wenn man ihre Hydro-xylgruppen mit Nitrogruppen verestert. Zellulosefasern können unter Erhaltung ihrer Micellarstruktur nitriert werden (permutoide Reaktion!), wobei der Grad der Nitrifikation im Polarisationsmikro-skop messend verfolgt werden kann (AMBRONN und FREY, 6). Es folgt daraus, daß der optische Charakter der Zellulosederivate von den Substituenten ihrer OH-Gruppen abhängt, und es ist daher interessant das optische Verhalten verschiedener Zelluloseabkömm-linge mit ihrer chemischen Konstitution in Beziehung zu bringen.

Aus der Zusammenstellung, S. 92, folgt, daß Veresterung der OH-Gruppen mit Nitro- und Azetylgruppen die Doppelbrechung der Zellulosefadenmoleküle umkehrt. Vielleicht darf auch die optisch negative Reaktion von Pektingallerten hierher gezählt werden; hier könnte, wie das Konstitutionsschema nach MEYER und MARK zeigt, die Veränderung des optischen Charakters durch die Ersetzung der CH_2OH-Gruppe durch die Karboxylgruppe COOH bedingt sein. Allerdings müßte man sich vorher noch davon überzeugen, ob die den Polygalakturonsäuren entsprechenden Polygalaktane wie die Zellulose (= Polyglukosan) optisch positiv sind. Überhaupt wäre es eine dankbare Aufgabe, den optischen Charakter der Fadenmoleküle bildenden, hochpolymeren organischen Stoffe systematisch zu untersuchen. Eine solche Studie wäre für die Kenntnis des optischen Verhaltens micellar struierter Gele und doppelbrechender Sole wertvoll (SIGNER; SIGNER und GROSS).

Der Vollständigkeit halber seien noch die ebenfalls optisch negativen Kutikularstoffe erwähnt. In der Zusammenstellung ist das Strukturschema einer Dikarbonsäure, wie sie als Bestandteile der Kutinstoffe auftreten können, wiedergegeben. Hier liegen die Verhältnisse indessen anders als bei den Abkömmlingen der

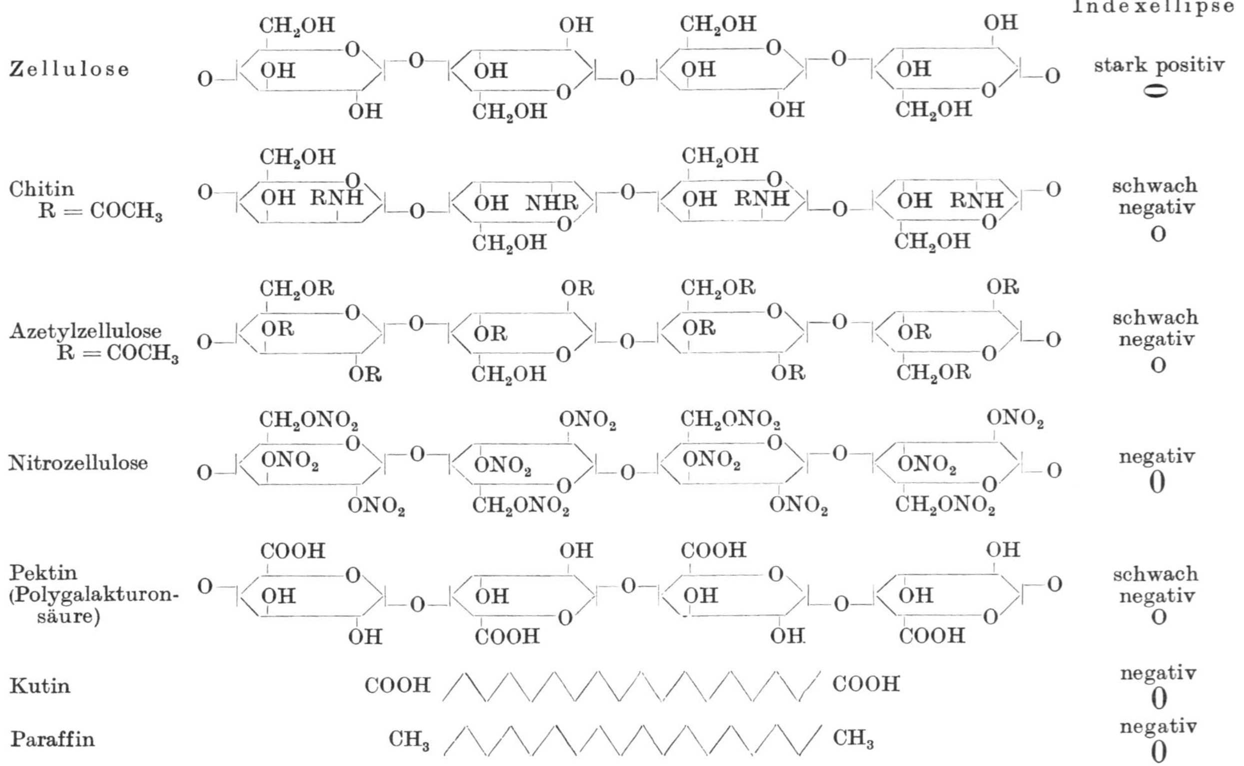

Indexellipse
Zellulose
stark positiv
Chitin
R = COCH₃
schwach negativ
Azetylzellulose
R = COCH₃
schwach negativ
Nitrozellulose
negativ
Pektin
(Polygalakturon-
säure)
schwach negativ
Kutin
negativ
Paraffin
negativ

Zellulose, da die Paraffinketten als Grundkörper selbst schon optisch negativ sind und infolgedessen keine Umkehr des optischen Charakters durch Substitution auftritt.

b) Hemizellulosen.

Die Hemizellulosen bilden eine uneinheitliche Gruppe. Ihr gemeinsames Merkmal, das sie von der Zellulose unterscheidet, ist ihre Löslichkeit in verdünnten kochenden Säuren. Dabei entstehen als Hydrolyseprodukte Pentosen (Arabinose, Xylose) oder Hexosen (Mannose, Galaktose).

Pentosane. Die Pentosen sind die Abbauprodukte von Pentosanen, die je nach ihren Hydrolysenprodukten in Arabane und Xylane eingeteilt werden. Araban kommt im Pektin an die Pektinsäure gebunden vor, während das Xylan im Holz (bis 2%), Stroh und Kleie auftritt. Die chemische Konstitution des Xylans ist nach neueren Arbeiten (HAMPTON, HAWORTH und HIRST) derjenigen der Zellulose sehr ähnlich. Es handelt sich wiederum um sehr lange Hauptvalenzketten von heterozyklischen Ringen, die sich von der Zellulose nur durch das Fehlen der außenstehenden CH_2OH-Gruppe unterscheiden (s. S. 24).

Es ist möglich, daß diese Ketten in der Membran als kristalline Micelle auftreten, denn isoliertes Xylan zeigt Röntgeninterferenzen (HERZOG und GONELL). Die Pentosane gehören eigentlich zu den intermicellaren Substanzen, da sie ins zellulosische Micellargefüge eingelagert vorkommen. Sie wurden indessen hier behandelt, weil die übrigen Hemizellulosen als selbständige Membranstoffe anzusprechen sind.

Hexosane. Vielfach werden die Kohlenhydratreserven der Pflanze nicht als Stärke, sondern als sog. Reservezellulose in der Zellwand niedergelegt. Diese unterscheiden sich von der Gerüstzellulose durch ihre leichtere Hydrolysierbarkeit. Sie kommen vor allem in Samen vor und bilden oft mächtige sekundäre Wandverdickungen, wobei das Zellumen stark reduziert wird (Abb. 42). Die bekanntesten dieser Reservezellulosen sind, die

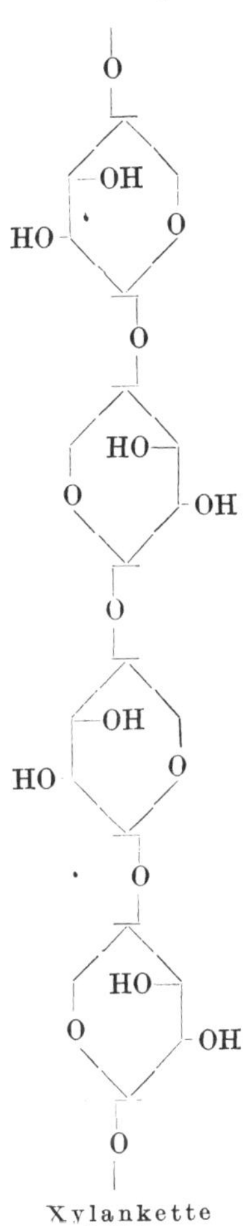

Xylankette
$(C_5H_8O_4)_n$

Mannane, aufgebaut aus Mannose (Palmsamen),
Galaktane, aufgebaut aus Galaktose (Leguminosensamen),
Lichenin, aufgebaut aus Glukose (Flechten).

Das Mannan der Steinnuß *(Phytelephas macrocarpa)* liefert Röntgeninterferenzen (HERZOG und GONELL; HESS, 1); es besteht somit aus kristallinen Micellen. Neben den beiden Modifikationen Mannan *A* und *B* enthalten die Steinnußzellwände nur 5% Zellulose. Auch das Galaktomannan des Dattelkernes *(Phoenix dactylifera)* und das Lichenin der Flechten geben Röntgendiagramme.

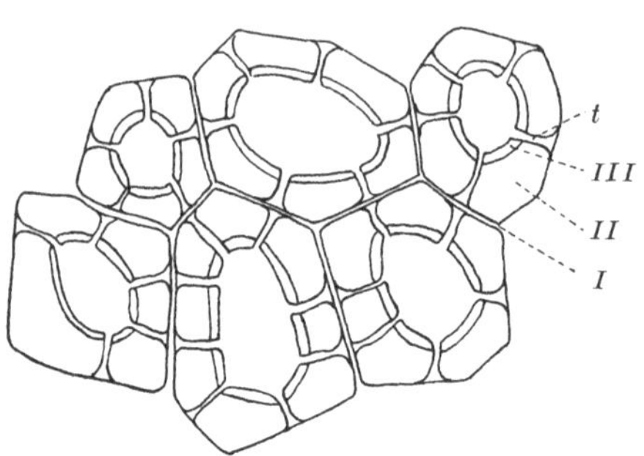

Abb. 42. **Endosperm des Dattelkernes.**
I Primäre Wand (mit unsichtbarer Mittellamelle); *II* Zentralschicht der sekundären Wand aus Hemizellulose (Mannan); *III* Innenschicht der sekundären Wand (vornehmlich zellulosisch); *t* Tüpfelkanäle.

Das Karuban des Johannisbrotes vermag dagegen das Röntgenlicht nicht zu beugen, und wird daher als amorph angesprochen (HERZOG und GONELL).

Reservezellulosen mit kristallinen Micellen besitzen Eigendoppelbrechung. ALEXANDROVICZ wies dies nach, indem er Schnitte durch das Endosperm von *Phoenix dactylifera* und *Phytelephas marcocarpa* in Glyzerin auf 300° erhitzte und dabei wohl als Folge der Hemizellulosenhydrolyse eine starke Abnahme der Doppelbrechung feststellte. Gerüstzellulose erträgt diese Behandlung ohne Änderung ihrer Doppelbrechung.

Amyloid. Die Gerüstsubstanz von Zellwänden, die sich ohne Zuhilfenahme eines Quellungsmittels ($ZnCl_2$, H_2SO_4) mit Jod direkt blau färben, wird als Amyloid bezeichnet. Dieser von den Mikrochemikern eingeführte Begriff ist jedoch chemisch nicht einheitlich definiert. Er umfaßt einerseits Reservezellulosen (Samen von *Tropaeolum, Impatiens*), die nach WINTERSTEIN reichlich Galaktoarabane enthalten; andererseits bestehen aber nach ZIEGENSPECK auch die jungen Zellulosemembranen aus „Amyloid". Da die blaue Jodfärbung eine micellare Oberflächenreaktion vorstellt, darf daraus jedoch nicht auf den Chemismus der betreffenden Kohlenhydrate geschlossen werden, sondern man erhält lediglich Auskunft über einen gegenüber ausgewachsenen Zellwänden (wahrscheinlich lockereren) micellaren Aufbau.

c) Anhang: Hydro- und Hydratzellulose.

Bei der Anwendung der polarisationsoptischen Methode in der Mikrochemie muß man den Veränderungen, welche die Zellulose durch starke

Säuren und Basen erleidet, und den damit verbundenen Änderungen der Doppelbrechung Rechnung tragen. Die entstehenden Reaktionsprodukte sind keine natürlichen Gerüstsubstanzen mehr. Trotzdem müssen sie kurz erwähnt werden, da sie mikrochemisch von Bedeutung sein können.

Beim Nachweis der Zellulose mit Jodjodkalium und konzentrierter Schwefelsäure wird die Zellulose zum Teil hydrolisiert und geht in sog. Hydrozellulose über. Die Hydrolyseprodukte geben sich im erhöhten Reduktionsvermögen gegenüber FEHLINGscher Lösung zu erkennen. Die Abbauprodukte können ausgewaschen werden, während die unveränderte Zellulose zurückbleibt (HESS, 2). Bei der Schwefelsäurequellung geht die Doppelbrechung der Zellwände stark zurück und kann schließlich ganz verschwinden. Dies rührt einerseits von der Hydrolyse der Zelluloseketten, andererseits aber auch von der mit der Quellung verbundenen Desorientierung der Kristallite her.

Bei der Alkalibehandlung der Zellwand (z. B. beim Kutinnachweis) verwandelt sich die Zellulose in Hydratzellulose. Bei dieser Umwandlung tritt keine Hydrolyse, sondern eine Änderung des Zellulosegitters ein. Wenn man ausgespannte Zellulosefasern bei 20⁰ mit 9% LiOH, 12% NaOH oder 17% KOH behandelt und nachher die Lauge auswäscht, erhält man von solchen Fasern Röntgendiagramme, aus denen sich eine Basiszelle von $a : b : c = 8,14 : 10,30 : 9,14$ Å, $\beta = 62^0$, berechnen läßt (ANDRESS, 1). Die Faserperiode bleibt unverändert, während sich alle anderen Elemente, und vor allem der Winkel β, ändern. Das Kristallgitter erleidet unter Beibehaltung der äußeren Morphologie der Fasern eine innere Umgestaltung. Bei ungespannten Fasern führt diese Gitterverschiebung zu Faserverkürzungen von etwa 60%, die seit ihrer Entdeckung durch NÄGELI im Jahre 1864 bis in die neueste Zeit unverständlich war (VAN ITERSON, 5).

Parallel mit der Umwandlung des Zellulosegitters geht eine Änderung der optischen Konstanten der Micelle. PRESTON (3) findet $n_\gamma = 1,571$ und $n_\alpha = 1,517$, $n_\gamma - n_\alpha = 0,054$, also eine wesentlich kleinere Doppelbrechung als bei nativer Zellulose (vgl. Tabelle 3, S. 34). Da umgefällte Zellulose (Viskose, Kupferseide, regenerierte Nitro- und Azetylzellulose) aus Hydratzellulose besteht, kommt diesen Werten eine praktische Bedeutung zu, denn es ist möglich, Hydratzellulose und native Zellulose an Hand der Doppelbrechung auseinanderzuhalten (s. Abb. 69).

Das Hydratzellulosegitter scheint stabiler zu sein als dasjenige der nativen Zellulose, da bei der Umwandlungsreaktion native Zellulose → Hydratzellulose ein negativer Temperaturkoeffizient auftritt und sämtliche Zelluloseregenerate stets das Hydratzellulosegitter, nie aber die Kristallstruktur der nativen Zellulose, aufweisen. Die Feststellung, daß sich das Gitter der nativen Zellulose in einem metastabilen Zustande befindet, stempelt die Gerüstzellulose zu einem typischen Produkt des lebenden Organismus, der oft seine Ausscheidungen nicht in der stabilsten Form, sondern mit einem im Vergleich zum kleinstmöglichen thermoydnamischen Potential größeren Energieinhalt versehen, aus dem Stoffwechsel entläßt (vgl. Kalziumoxalat-Trihydrat).

10. Übersicht über die Struktur der Zellwände.

a) Mikroskopische Struktur.

Schichtung. Verdickte Zellwände bestehen entwicklungsgeschichtlich aus drei verschiedenen Lagen, die als Mittellamelle, primäre Wand und sekundäre Wandverdickung auseinanderzuhalten sind[1].

Die Mittellamelle besteht stets aus Pektinstoffen, welche die einzelnen Zellen des Gewebes als Kittsubstanz zusammenhalten. In einzelnen Fällen soll sie nach Dauphiné (1, 2) kleine Mengen von Eiweißstoffen enthalten. Durch leichte Oxydationsmittel können die Pektinstoffe chemisch abgebaut und aufgelöst werden, worauf die Gewebe in die einzelnen Zellen zerfallen (Mazeration). In vielen Fällen ist die Mittellamelle besonders dünn ausgebildet und wird dann oft übersehen. Im Polarisationsmikroskop kann sie aber auch im Zweifelsfall stets als äußerst dünne isotrope Lage erkannt werden.

Die primäre Wand ist der Rest der ursprünglichen, plastischen Wand der Meristemzellen. Durch das Zellwachstum wird sie oft sehr dünn ausgezogen. Sie enthält im jugendlichen Zustande stets viel Pektinstoffe, zeichnet sich aber immer durch ein Zellulosegerüst aus. Als weitere intermicellare Substanzen können fettartige Stoffe, die erst mit alkoholischer Kalilauge entfernt werden müssen, bevor die gebräuchlichen Zellulosereaktionen auftreten (Tupper-Carey und Priestley), oder Phosphatide (Hansteen-Cranner, 2, 3; Grafe) vorkommen. Die Gegenwart von Phosphatiden ist jedoch umstritten (Steward, 1—3). Die primäre Wand ist sehr schwach doppelbrechend, so daß sie im polarisierten Lichte kaum aufleuchtet, von den übrigen Wandschichten überstrahlt wird und daher fälschlicherweise isotrop erscheint (Abb. 42c). Die primäre Wandverdickung wird von der Verholzung zuerst erfaßt und kann z. B. bei Xylemfasern des Zugholzes als einzige Schicht verholzt bleiben. Da sie stets dünn bleibt, wird sie oft als verholzte

---

[1] In der Benennung der verschiedenen Lagen der Zellwand herrscht keine Einheitlichkeit (van Iterson, 1; Seifriz, 2). Die hier vertretene Terminologie ist entwicklunggeschichtlich begründet und nach der neuesten Arbeit von Kerr und Bailey sehr gut fundiert. Sie steht im Gegensatz zu den Benennungen von Dippel (2), Ritter u. a. Autoren, die die scheinbar einheitliche Mittelschicht (Mittellamelle + primäre Wand) als „Mittellamelle" und die drei Schichten der sekundären Wandverdickung als „primäre, sekundäre und tertiäre Wand" bezeichnen.

„Mittellamelle" angesprochen; DIPPEL (2) hat jedoch durch vorsichtige Mazeration gezeigt, daß diese Schicht aus drei Lamellen besteht, von denen die mittlere die echte Mittellamelle, die beiden andern dagegen die primären Wände der aneinanderstoßenden Zellen vorstellen. In vielen Fällen kann man den Sachverhalt in einfacher Weise mit dem Polarisationsmikroskop entscheiden. LÜDTKE (2) spricht der primären Wand jede Fibrillenstruktur ab, äußert sich aber nicht über den Ursprung ihrer schwachen Doppelbrechung.

Die sekundäre Wandverdikkung oder sekundäre Wand

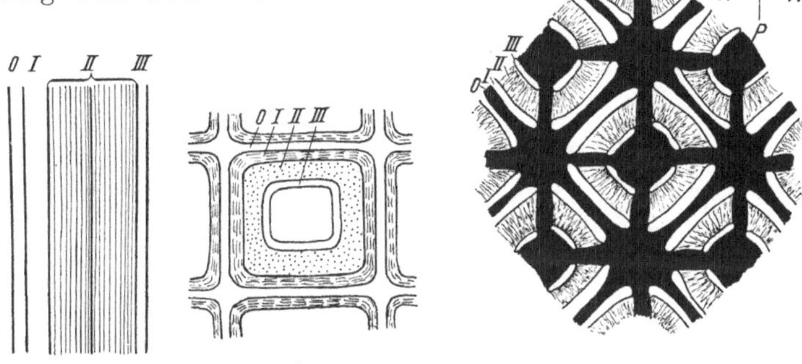

a　　　　　　b　　　　　　c

Abb. 43. Mikroskopischer Aufbau verdickter Zellwände. *0* Mittelschicht bestehend aus Mittellamelle: Pektinstoffe, oft Ca-Pektat und primärer Wand: Zellulose, Pektinstoffe, Phosphatide, kann stark verholzen; *I—III* sekundäre Wand: manchmal reine Zellulose oder Hemizellulose, oft verholzt; *I* Außenschicht, *II* Zentralschicht, *III* Innenschicht. a) Schematische Darstellung der sekundären Wandverdickung; *II* mit Schichtung (sichtbar in wässerigen Medien, z. B. Chlorzinkjodfärbung) und Lamellierung (nur sichtbar nach Mazeration oder Verquellung). b) Orientierung der Zellulosemicelle einer Holzfaser in *I* und *III* mehr tangential, in *II* mehr axial (vgl. Abb. 26). c) Doppelbrechung auf dem Querschnitte von Holzfasern; Schnitt mazeriert, so daß die Mittelschicht (= Mittellamelle + primäre Wand) *0* stark aufgeschwollen (nach DIPPEL); *0* isotrop; *I* und *III* leuchten stark, *II* dagegen schwach auf. *P—P*, *A—A* Schwingungsrichtung der Nikol (Polarisator und Analysator).

bildet, wo sie auftritt, stets die mächtigste Lage der Zellwand und besitzt daher für die technische Zellulosegewinnung das größte Interesse. Sie besteht oft zum größeren Teil aus reiner Zellulose (Bastfasern von *Linum, Urticaceen, Asclepiadaceen* u. a. m.), manchmal aber auch ausschließlich aus Hemizellulosen (Reservezellulose im Endosperm von Samen). Gewöhnlich enthält sie etwas Pektinstoffe und kann später verholzen (Holzfaser). Mit der Bildung der sekundären Wandverdickung erlischt das Wachstum der Zellen.

Die sekundäre Wand zerfällt in drei Schichten (Abb. 43, *I, II III*). Die Außenschicht erscheint auf dem Querschnitt gewöhnlich stark doppelbrechend, da hier die Micellachsen flach verlaufen.

Die Zentralschicht *II* ist stets am mächtigsten entwickelt und weniger stark doppelbrechend, da in ihr die Micelle steil aufgerichtet sind, so daß sie vom Querschnitt fast senkrecht getroffen werden (vgl. Abb. 36). Die in Abb. 24 gegebenen Micellarstrukturen beziehen sich alle auf die mächtige sekundäre Zentralschicht,

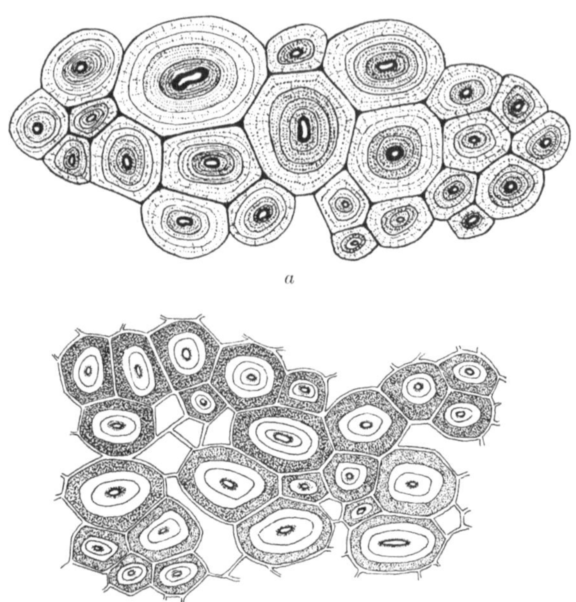

Abb. 44. Schichtung der Bastfasern nach REIMERS. a) Flachsfasern nach Behandlung mit Rutheniumrot (färbt Pektinstoffe, Mittelschicht!). b) Hanffasern nach Färbung mit Chlorzinkjod.

gegenüber welcher die Doppelbrechung der anderen Wandschichten auf dem Längsschnitt zurücktritt (vgl. Abb. 26). Sie erscheint auf dem Querschnitt oft selbst geschichtet (s. Abb. 44). Verquillt man die Zellwände mit Alkali, können diese Schichten in feinste Lamellen, die an der Grenze des Auflösungsvermögens des Mikroskopes stehen, zerfallen, so daß sich für die mikroskopische Struktur der Zellwände von Fasern folgende Hierarchie ergibt: Wandverdickung, zwei bis drei Hauptschichten der sekundären Wandverdickung, mikroskopisch sichtbare Schichten der Zentralschicht, Lamellen der mikroskopischen Schichten.

Nach BALLS (1) wären die Lamellen der Baumwollhaare als tägliche Wachstumszonen aufzufassen, da die Anzahl der Lamellen (25) mit der Zahl der Wachstumstage der Haare übereinstimmen.

Als Abschluß der Zentralschicht gegen das Zellumen tritt in vielen Fällen eine Innenschicht *III* auf, die auf dem Querschnitt wie die Außenschicht *I* stark doppelbrechend erscheint (siehe (Abb. 43c). Oft fehlt indessen diese Schicht der Zellwand ganz.

Fibrillenbau. Die erwähnten Lamellen können durch geeignete Mazerationsverfahren in Fibrillen zerlegt werden (s. Abb. 45). BALLS (2) hat nachgewiesen, daß bei der Baumwolle die Zuwachslamellen, die in Fibrillen zerfallen, in der unverquollenen Faser nur $0{,}4\,\mu$ dick sind, und daher im gewöhnlichen Mikroskop ohne vorhergehende Mazerierung verbunden mit Quellung nicht abgebildet werden können. Die Baumwollfibrillen besitzen einen annähernd quadratischen Querschnitt von $0{,}4\,\mu$. Eine Lamelle besteht ungefähr aus 100 Fibrillen. Der Querschnitt durch ein Baumwollhaar umfaßt

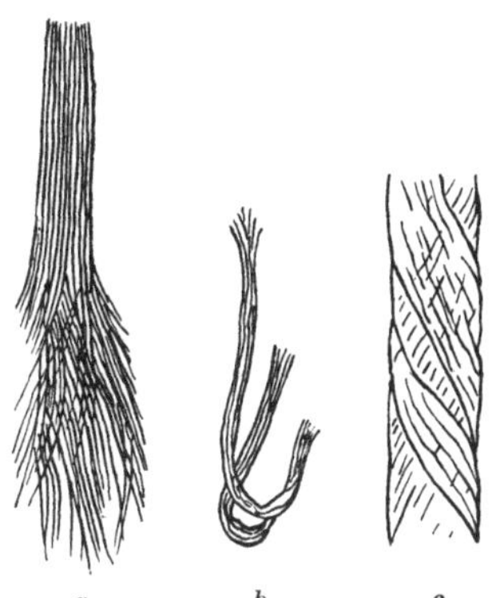

Abb. 45. Fibrillenbau der sekundären Zellwand (sichtbar nach Mazeration). a) Flachsfaser (nach A. HERZOG). b) Spiralverdickung eines Holzgefäßes (nach CRÜGER, 1). c) Baumwollhaar (nach DISCHENDORFER).

25 solcher Lamellen, insgesamt also ungefähr 2500 Fibrillen. Die Micellarstruktur der Fibrillen ist bereits eingehend besprochen worden. Die Micelle verlaufen stets streng parallel zur Fibrillenachse. Mikroskopisch läßt sich der Fibrillenbau an einer äußerst feinen Streifung (CRÜGER, 1) und an der Stellung spaltförmiger Tüpfel erkennen. Die Orientierung von $n_{\gamma'}^{*}$ stimmt mit der Richtung dieser morphologischen Zeichnung auf der Faser überein.

Das Fremdhautsystem nach LÜDTKE. LÜDTKE (1, 2) beobachtete bei der Verquellung von gereinigten Bambusfasern[1] und von Holzzellulose mit Kupferoxydammoniak eigenartige Quellungserscheinungen. Am besten lassen sich diese durch ein Schema von LÜDTKE wiedergeben (Abb. 46a, b). Die Faser zeigt lokale Anschwellungen, die durch Ringe getrennt sind. An anderen

---

[1] Bambusfasern zeichnen sich vor anderen Fasern durch ihren ausgesprochen „teleskopartigen" Aufbau aus (SCHLOTMANN).

Stellen bleibt die Faser unverändert. Einige der kugelförmigen Anschwellungen können bersten; ihr Inhalt, der zuvor deutlich BROWNsche Bewegung zeigte (HESS, 3), fließt dann aus und es zeigt sich dabei, daß ein tiefer gelegener Zylinder intakt geblieben ist, der dann seinerseits wiederum kugelförmig anschwellen kann. Ähnliche Erscheinungen sind schon lange von Baumwolle und Bastfasern bekannt, wo die Kutikula oder die primäre Wand durch ihre Unlöslichkeit in Kupferoxydammoniak diese merkwürdigen Quellungsbilder verursachen (Abb. 46c, d).

LÜDTKE nimmt zur Erklärung seiner Beobachtungen an, daß in der Faserwandung ein nicht zellulosisches Hautsystem vorkomme, daß die Lamellen der Faser voneinander trenne und jede Elementarfibrille umhülle.

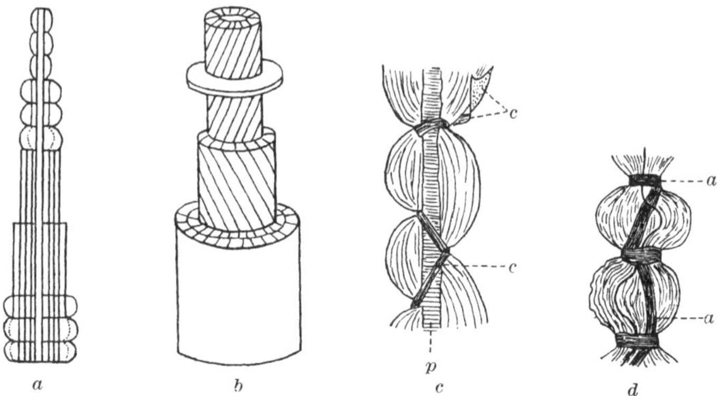

Abb. 46. Verquellung zellulosischer Pflanzenfasern. a) Quellungserscheinungen in Kupferoxydammoniak (nach LÜDTKE). b) Schematische Darstellung der von LÜDTKE geforderten Fremdhäute: Lamellen und Fibrillen sind durch Längshäute getrennt; außerdem nimmt LÜDTKE doppelte Querhäute an. c) Baumwollhaare in Kupferoxydammoniak verquollen (nach NÄGELI). c Ringe und Fetzen der Kutikula, p Protoplasmarest. d) Hanffasern in Kupferoxydammoniak verquollen (nach HÖHNEL). a Ringe und spiralförmige Reste der primären Wand.

Die äußerste Hülle, die die gesamte Faser umhäutet, wird mit der primären Wand identifiziert, mit ihr soll das gesamte Hautsystem verwachsen sein. Außerdem sollen Querwände aus dieser Fremdsubstanz vorkommen. In Abb. 46b bestehen nach LÜDTKE alle eingezeichneten Linien aus dieser fremden Hautsubstanz. Man ersieht daraus, daß die Querwände sogar aus einer Doppelwand bestehen sollen, und LÜDTKE glaubt, daß, wenn man Querschnitte von Fasern herstelle, das Messer immer zwischen einer solchen Doppelwand durchziehe, so daß die Zellulose eigentlich nie freigelegt würde. Er schließt dies aus der Tatsache, daß Faserquerschnitte mit Chlorzinkjod oft nicht reagieren, bevor man diese Schnitte zerdrückt oder ansticht. Ferner führt LÜDTKE das Auseinanderfallen der Fasern in kurze Querstücke, beim sog. Karbonisationsprozeß, auf eine Trennung zwischen solchen Querhäuten zurück. Wenn man nämlich Fasern erst in 10%iger Schwefelsäure kocht, dann abtrocknet, und auf 60—70° C erhitzt, und darauf in 10—15%ige Kalilauge bringt, zerfallen die Fasern bei Druck quer und liefern „chemisch hergestellte Querschnitte"[1] (VELANEY und SEARL; WIESNER, 1; SEARL). Technisch wird das Verfahren, ohne Laugenbehandlung, zur Entfernung von Zellulosefasern aus Wolle angewendet. Durch gewisse Eingriffe zerfallen die Fibrillen in 0,5 μ kurze Stücke, die Dermatosomen; auch diese sollen allseitig von einer Fremdhaut umgeben sein (LÜDTKE, 3). Ihre Länge entspricht derjenigen der Zellulose-Makromoleküle von STAUDINGER.

VAN ITERSON (6) nimmt mit LÜDTKE an, daß die Elementarfibrillen von dünnsten Lagen einer Fremdsubstanz eingehüllt seien, bestreitet aber das Vorkommen von Querhäuten, da die Fibrillen, die man sehr leicht isolieren kann, viel länger sind als der von LÜDTKE gefundene Abstand der hypothetischen Querunterteilung des Fremdhautsystems. Ferner krankt die Theorie der Querhäute von LÜDTKE daran, daß die außergewöhnliche Zugfestigkeit der Fasern ihren Sitz anstatt in den Zellulosemicellen im Fremdhautsystem haben müßte. Es ist daher wohl vorsichtiger, die Stellen, wo Querteilungen der Fasern eintreten, einfach als Orte geringeren chemischen Widerstandes aufzufassen, ohne besondere Querhäute vorauszusetzen.

b) Submikroskopische Struktur.

Für die Ermittlung der submikroskopischen Membranstruktur haben wir zwei Methoden kennengelernt: Die röntgenographische und die polarisationsoptische.

Das Röntgenogramm liefert viererlei Daten, die zur Auswertung folgender Größen dienen:

1. Der gegenseitige Abstand der Interferenzen erlaubt die Berechnung der Basiszelle des Kristallgitters.

2. Die Intensität der Interferenzen gibt Auskunft über die Belastung der einzelnen Netzebenen mit Atomen.

3. Die Breite der Interferenzen ist ein Maß für die Größe der Micelle.

4. Die Anordnung der Interferenzen (Faser-, DEBYE-SCHERRER-, Sicheldiagramm) gibt Aufschluß über die Orientierung der Micelle.

Die polarisationsmikroskopische Untersuchungsmethode gestattet die quantitative Auswertung verschiedener Effekte der optischen Anisotropie, von denen jeder über eine bestimmte Sphäre des submikroskopischen Feinbaues Auskunft gibt:

1. Die Stäbchendoppelbrechung der Zellwände und deren Skelette (Aschen-, Ligninskelett) beweisen die Existenz intermicellarer Räume und die anisodiametrische Gestalt der Zellulosemicelle.

---

[1] Dasselbe wird erreicht, wenn man in 1% HCl oder H_2SO_4 kocht und dann auf 96° erhitzt.

2. Der Stäbchendichroismus von mit Edelmetallen gefärbten Fasern gibt Auskunft über die Gestaltung und, in Verbindung mit der Röntgenmethode, über die Größenordnung der intermicellaren Räume.

3. Die Eigendoppelbrechung der Zellulosemicelle ermöglicht die Erschließung der Micellanordnung in den Zellwänden und Wandschichten einzelner Zellen, da n_γ^* stets parallel zur Micellachse verläuft.

4. Der Eigendichroismus gewisser Zellulosefarbstoffe (vor allem Jod und Kongorot) erlaubt Schlüsse auf den Verlauf der micellaren Oberflächenreaktion und gestattet die Ermittlung der Micellorientierung (k_γ parallel der Micellachse).

Diese Untersuchungsmethoden beweisen einwandfrei, daß die Zellwände aufgebaut sind aus länglichen Zellulosemicellen von monokliner Symmetrie und starker optischer Anisotropie. Kombiniert man dieses Ergebnis mit den Errungenschaften der Konstitutionsforschung der hochpolymeren Naturstoffe, so ergibt sich folgendes Bild von der Kristallstruktur der Micelle.

Etwa 150 [nach STAUDINGER (6) 700] Glukosereste, die nach dem Bauplane einer zweizähligen Schraubenachse durch Sauerstoffbrücken aneinandergekettet sind, bilden die sog. Hauptvalenzketten oder Fadenmoleküle der Zellulose. Rund 100 solcher Ketten lagern sich gesetzmäßig zusammen, so daß ein Raumgitter entsteht. Die Ketten, die zu einem Gitterverbande zusammentreten, brauchen nicht unbedingt gleich lang wie die Micelle zu sein. Es besteht vielmehr die Möglichkeit, daß sie über die Micellänge herausragen und sich zugleich am Aufbau benachbarter Gitterbereiche beteiligen (Abb. 47). Da sich die röntgenometrische Bestimmung der Länge des Zellulosemoleküle nur auf die Kettenlänge im ungestörten Gitterbereich bezieht, ergäbe sich so eine Erklärung für den Gegensatz, der zur Zeit gegenüber der viskosimetrisch und mittels der Strömungsdoppelbrechung (SIGNER) gemessenen Moleküllänge besteht. Die Micelle würden dann keine individuellen Kristallite vorstellen.

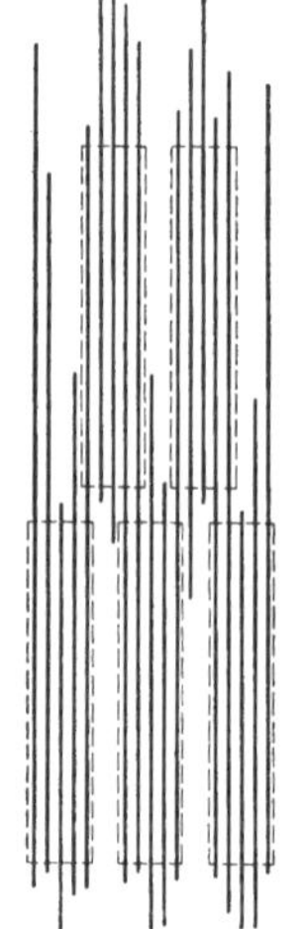

Abb. 47. Schematische Darstellung des möglichen Übergreifens von Hauptvalenzketten in andere Gitterbereiche. ——Hauptvalenzketten; - - - - - ungestörte Gitterbereiche.

Die auf die Micelle folgende nächstgrößere Ordnung von Bau-
elementen faseriger Zellwände sind die mikroskopisch sichtbaren
Dermatosomen; über eventuell vorhandene Größeneinheiten,
die sich zwischen Micell und Dermatosom einschieben, ist nichts mit
Sicherheit bekannt. FREUDENBERG (4) hat angenommen, daß im
Holze Zelluloseteilchen vorhanden seien, deren Durchmesser und
morphologische Achsen 10mal so groß seien, wie diejenige der Micelle,

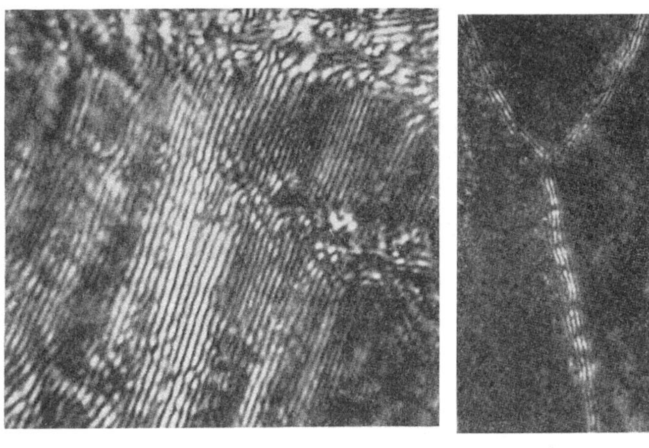

a   b

Abb. 48. Optische Auflösung der Zellwand (Parenchymzellen der *Allium*-Zwiebel)
in Streifen und Stäbchen mit Hilfe der SPIERER-Linse (nach SEIFRIZ, 1). a) Aufsicht,
b) Querschnitt.

jedoch fehlt hierfür ein bündiger Beweis. Als mögliche Zwischen-
einheiten kommen ferner die Stäbchen in Betracht, die mit der
SPIERER-Linse im Mikroskop als weiß leuchtende Punkte auf
schwarzem Grunde sichtbar gemacht werden können (Abb. 48).

Die SPIERER-Methode beruht auf einer kombinierten Dunkelfeldbeleuchtung[1]:

1. Eine Dunkelfeldbeleuchtung mit zentralem, engem Beleuchtungskegel,
der durch eine Zentralblende im Objektiv abgeblendet wird.

2. Eine Dunkelfeldbeleuchtung, die der üblichen Kardioid- oder Para-
boloid-Kondensorbeleuchtung entspricht.

3. Eine Auflichtbeleuchtung, wie sie der LIEBERKÜHNsche Spiegel liefert.

4. Eine Beleuchtung mit engem axialem Kegel, die von der unter 1
genannten Zentralblende herrührt, die nach der Objektseite zu versilbert ist.

Es ist zur Zeit noch nicht klar, was für Inhomogenitäten in der Zellwand
durch das SPIERER-Verfahren aufgedeckt worden sind. SEIFRIZ (2) spricht die

---

[1] Briefliche Mitteilung von Prof. A. KÖHLER, Jena.

aufgefundenen Stäbchen als Supermicelle von $1\,\mu$ Länge und $0{,}5\,\mu$ Breite
an. Bevor indessen die Bilder, die mit der SPIERER-Linse entstehen, optisch
einwandfrei gedeutet werden können, läßt sich nicht entscheiden, was für
eine Struktur die beobachteten Interferenzbilder erzeugt.

c) Die Größenordnung der verschiedenen Strukturelemente.

Die gesicherten Daten über die verschiedenen Zellwandeinheiten
sind in Tabelle 11 zusammengestellt. Fibrillen und Dermatosomen
treten nur bei faserigen Zellen mit Faser- oder Schraubenstruktur
auf, so daß das Schema für Parenchymzellen nicht gilt.

Als Beispiel wurde ein Baumwollhaar von linienförmigem
Lumen, $20\,\mu$ Dicke und 5 cm Stapellänge gewählt; im Gegensatz
zu den Bastfasern besteht ihre sekundäre Wandverdickung nur
aus einer einzigen Schicht. Man erkennt, welch große, beinahe
astronomische Anzahl Glukosereste und Micelle in einem Baumwollhaare enthalten sind. Es braucht wohl kaum darauf hingewiesen
zu werden, daß die gegebenen Werte mit einigen Ausnahmen nicht
absolut, sondern nur größenordnungsmäßig richtig sind. In den
meisten Rubriken muß man sich die Zahlen mit einer Variationsbreite von mindestens einer Größenordnung denken.

Die Übersicht von Tabelle 11 zeigt, wie es der Forschung in
einzigartiger Weise gelungen ist, von einem hochpolymeren Naturstoffe ein lückenloses Bild des Aufbaues von den Atomen ausgehend
über das molekulare (amikroskopische), kolloidale (submikroskopische) und mikroskopische Gebiet hinauf bis zu den makroskopischen Gebilden pflanzlicher Fasern und Gewebe zu entwickeln.

B. Physiologie der Zellwand.

1. Physiologische Bedeutung der Zellwände.

Die Zellwände sind Ausscheidungen des lebenden Protoplasmas.
Ursprünglich sind sie wohl von den einzelligen Wasserpflanzen zur
Verbesserung der Phasengrenze des Protoplasmas gegenüber dem
den Zelleib allseitig umspülenden Wasser angelegt worden. Dabei
ist eine so dauerhafte Grenzschicht entstanden, daß sie, einmal gebildet, von der Pflanze gewöhnlich nicht wieder aufgelöst
wird. Diese Regel gilt von den Einzelligen bis hinauf zu den
höchstentwickelten Phanerogamen. Die Pflanze besitzt zwar das
Vermögen Zellwände wieder zu resorbieren, aber sie macht nur in
besonderen Fällen Gebrauch hiervon. Als typisches Beispiel mag

Tabelle 11. Größenordnung der verschiedenen Strukturelemente der Zellwand.

	Makroskopisch		Mikroskopisch			Submikroskopisch		Amikroskopisch	
	Baumwollhaar $(0{,}01)^2 \pi \times$ 50 mm	Wandschicht $(0{,}01)^2 \pi \times$ 50 mm	Lamelle $0{,}4 \times 10\,\pi \times 5{,}10^4\,\mu$	Fibrille $0{,}4 \times 0{,}4 \times 100\,\mu$	Dermatosom $0{,}4 \times 0{,}4 \times 0{,}5\,\mu$	Micell $60 \times 60 \times 750$ Å	Hauptvalenzkette $7{,}5 \times 750\,*$ Å	Zellobioserest $7{,}5 \times 10{,}3$ Å	Glukoserest $7{,}5 \times 5{,}2$ Å
Zellobioserest									2
Hauptvalenzkette								etwa 75	etwa 150 *
Micell							etwa 100	$7{,}5 \cdot 10^3$	$1{,}5 \times 10^4$
Dermatosom						3×10^4	3×10^6	$2{,}2 \cdot 10^8$	$4{,}5 \times 10^8$
Fibrille					etwa 200	6×10^6	6×10^8	$4{,}4 \cdot 10^{10}$	9×10^{10}
Lamelle				4×10^4	8×10^6	$2{,}4 \times 10^{11}$	$2{,}4 \times 10^{13}$	$1{,}8 \cdot 10^{15}$	$3{,}6 \times 10^{15}$
Wandschicht			25	1×10^6	2×10^8	6×10^{12}	6×10^{14}	$4{,}5 \cdot 10^{16}$	9×10^{16}
Baumwollhaar		1	25	etwa 1 Million	etwa $^1/_{10}$ Milliarde	Größenordnung 1 Billion	Größenordnung 1 Billiarde	Größenordnung $^1/_{20}$ Trillion	Größenordnung $^1/_{10}$ Trillion

* Länge der Hauptvalenzketten im ungestörten Gitterbereich.

Die Zahlen geben an, wie oft ein kleineres Strukturelement in den größeren enthalten ist. Außer den aufgeführten Bausteinen der Zellwand muß noch die Basiszelle $8{,}35 \times 10{,}3 \times 7{,}9$ Å, deren Ausmaße am genauesten bekannt sind, erwähnt werden. Diese grundlegende Raumgittergröße läßt sich in der aufgestellten Hierarchie nicht unterbringen, da sie von zwei benachbarten Hauptvalenzketten je einen Zellobioserest herausgreift.

die Zellfusion bei der Gefäßbildung erwähnt werden, die von so großer Bedeutung für die Entwicklung der Landpflanzen geworden ist. Die besondere Stellung dieses Vorganges in der Pflanzenphylogenie zeigt deutlich, daß Zellwandresorptionen als etwas Außergewöhnliches gewertet werden müssen. Es darf daher der Satz aufgestellt werden, daß einmal angelegte Zellwände in der Regel zeitlebens der Pflanze erhalten bleiben.

Die erste und wichtigste Anwendung findet dieses Prinzip bei der Kolonienbildung der Einzelligen. Hier wäre die Zellwand als Grenzschicht gegenüber dem plasmafremden Wasser im Innern der Kolonie nicht mehr nötig und könnte verschwinden. Dies geschieht aber nicht. Die Kolonie erscheint gekammert und bleibt auch fernerhin gekammert, wenn sie zu einem einheitlichen Organismus wird. So führt das Prinzip von der Erhaltung gebildeter Zellwände zum bekannten Organisationsunterschied zwischen Pflanzen und Tieren.

Neben ihrer Eigenschaft als Grenzhaut übernimmt die Zellwand bereits bei den Einzelligen als zweite Funktion mechanische Aufgaben. Sehr oft findet man die Zellmembran als Außenskelett verdickt (viele Zygoten) oder gar gepanzert (Diatomaceen). Im Zellverbande verschiebt sich das physiologische Schwergewicht von der Funktion als Trennungsschicht auf jene der mechanischen Festigung des Pflanzenleibes. Aus dem Außengerüst der Einzelligen entsteht das Kammergerüst der Vielzelligen. Bei der Ausgestaltung dieses Gerüstes macht sich ein Antagonismus geltend zwischen dem Prinzip der Gewebeverstärkung durch Wandverdickung und dem Kommunikationsbedürfnis der Zellen untereinander. In Zellen mit stark verdickten Wänden sterben die Protoplasten ab. Durch Tüpfelbildung kann dieser Prozeß nicht aufgehoben, sondern nur herausgeschoben werden. Es wird daher eine Arbeitsteilung notwendig. Die Wände lebender Gewebe bleiben ganz oder teilweise (Kollenchym) dünnwandig, während gewisse Zellgruppen oder Gewebe ihre Wände allseitig mechanisch verstärken, sklerenchymatisch werden und absterben. Die Summe aller Sklerenchymzellen und -gewebe einer Pflanze soll als ihr Skelett bezeichnet werden.

Ohne Kammergerüst und dessen Befähigung zur Skelettbildung hätten die Pflanzen nicht vom Wasser- zum Landleben übergehen können, da sie ohne Formbeständigkeit als Thallus auf den Boden gezwungen bleiben würden. Schon bei den niedersten

Kormophyten ist es das Zellgerüst, das als Träger des Turgors den weichen Pflanzen die nötige Steifheit verleiht; aber erst die Skelettbildung erlaubte den Gefäßkryptogamen vollends die Biosphäre des Luftraumes zu erobern.

Die Doppelaufgabe der Zellwand als Grenzschicht und mechanisches Gerüst hat bei den Landpflanzen zur Schaffung von zwei neuen Membranstoffen geführt, die bei den ursprünglicheren Wasserpflanzen fehlen.

Die Grenze Protoplasma-Wasser ist zur Grenze Protoplasma-Luft geworden. Nur wenn die Dampfspannung des Protoplasmas erhalten und die Einstellung eines Gleichgewichtes mit dem Dampfdruck trockener Luft verhindert werden kann, ist Leben auf dem Lande möglich. Die hydrophile Zellulosewand, die einen Wasserdampfaustausch vermittelt, genügt daher den Anforderungen nicht. Sie muß durch eine wasserundurchlässige Schicht einer lipophilen Substanz, dem Kutin, abgedeckt werden.

In mechanischer Hinsicht sind die Zellwände aus Zellulose und Pektinstoffen den beim Landleben auftretenden Druckkräften nicht gewachsen. Das Bedürfnis nach einer besonders druckfesten Struktur machte sich ontogenetisch zuerst in den Verstärkungsleisten der, von den Landpflanzen geschaffenen Wasserleitungsbahnen geltend. Diese Zellfusionen, die ihren Turgor verlieren und vom umgebenden Meristemgewebe zusammengedrückt würden, mußten durch druckfeste Spangen vor dem Kollabieren bewahrt werden. Da trat als intermicellare Substanz zuerst das Lignin auf. Die Membranstoffe Lignin und Kutin sind somit typische Erwerbungen der Landpflanzen.

Nach der einleitend gegebenen Definition müssen die Zellwände als Sekrete angesprochen werden, da sie Ausscheidungen von Assimilaten mit bestimmter physiologischer Aufgabe vorstellen. Damit ist aber ihre stoffwechselphysiologische Bedeutung keineswegs erschöpft. In vielen Fällen werden Reservestoffe in ihr niedergelegt (Reservezellulose). In anderen dagegen wird sie so stark mineralisiert, daß sie, wie wir sehen werden, als Ablagerungsstätte von Rekreten angesprochen werden muß.

Die physiologische Bedeutung der Zellwände ist somit eine vielseitige und namentlich in den sekundär veränderten Membranen oft von Fall zu Fall verschieden. —

Zusammenfassend kann die Aufgabe der Zellwände wie folgt definiert werden: Im primären Zustande bildet die Membran eine feste Grenzschicht um das lebende Protoplasma, während sie im sekundären Zustande als Träger der mechanischen Festigkeit des Pflanzenleibes fungiert, sei es als turgorstraffes Kammergerüst oder als besonders ausgebildetes Skelettsystem. —

Die Micellarlehre ist hauptsächlich an sekundär verdickten Zellwänden entwickelt worden. Aber auch die primäre Zellwand besitzt Micellarstruktur, und es wird daher unsere Aufgabe sein, die Veränderung, welche die junge Zellwand durchmacht, vom Standpunkte der Micellartheorie aus zu beleuchten. Während noch vor einem Jahrzehnt (H. Fischer, 1, 2) für die Micellartheorie gekämpft werden mußte (Frey, 8), ist sie heute ziemlich allgemein anerkannt. Trotzdem wird in den neueren Arbeiten über Plastizität, Wachstum und Permeabilität der Zellwand noch nicht genügend auf ihren Micellenbau Rücksicht genommen. Es soll daher versucht werden, die jüngsten Ergebnisse der pflanzenphysiologischen Zellwandforschung auf Grund der Micellarstruktur der Zellmembranen zu erklären.

2. Quellung der Zellwand.

Quellungsanisotropie und Quellungsmaximum sind die wichtigsten Züge der Zellwandquellung, die schon von Nägeli mit aller Schärfe herausgearbeitet worden sind. Seither haben sich aber die Beobachtungstatsachen über die Quellung, vor allem durch die neueren Untersuchungen von Katz (2, 5), stark vermehrt.

a) Die Quellung der Zellulose in Wasser.

Nachweis der intermicellaren Quellung. Nägeli behauptete, daß sich die Micelle bei der Quellung nicht verändern. Es ist das große Verdienst von Katz diese These bewiesen zu haben. Er fand, daß die Raumgitterkonstanten der Zellulose während der Quellung in Wasser nicht wachsen, und zeigte so, daß die Micelle, unter Beibehaltung ihrer Kristallstruktur auseinanderweichen, während das Quellungswasser intermicellar zwischen sie eindringt.

Quellungswärme und Volumkontraktion. Getrocknete Zellulose nimmt unter Wärmeentwicklung begierig Wasser auf. Ihre Quellungswärme W beträgt 10 cal/g Zellulose (Rosenbohm; Katz, 1). Dieser Wert ist kleiner als bei anderen quellbaren Substanzen, wie Stärke und Eiweißkörper, die Quellungswärmen von 20—30 cal entwickeln. Entsprechend ist auch der Quellungsgrad i der Zellulose im Quellungsmaximum klein; er erreicht nur etwa 25 %, d. h. 0,25 g Wasser/g Zellulose. Das Volumen der gequollenen Zellulose ist etwas kleiner als die Summe der Volumina der getrockneten Zellulose plus das aufgenommene Wasser. Diese Volumkontraktion steht in direkter Beziehung zur Quellungswärme und besitzt die Größenordnung 10^{-4} cm³/cal.

Dampfspannung gequollener Zellulose. Gequollene Zellulose setzt sich mit der Dampfspannung des umgebenden Milieus ins Gleichgewicht. Dies ist für den Wasserhaushalt der pflanzlichen Gewebe von großer Tragweite. Es folgt daraus, daß zellulosische

Zellwände bei den Landpflanzen nicht als Grenzschicht zwischen Protoplasma und atmosphärischer Luft fungieren können.

In Funktion des Quellungsgrades i steigt die Wasserdampfspannung in Form einer S-förmigen Kurve an, wie dies in Abb. 50 dargestellt ist. Es läßt sich aus ihr ablesen, daß bei kleinsten Quellungsgraden die aufgenommenen Wassermengen relativ stärker gebunden, d. h. in ihrer Beweglichkeit verhältnismäßig stärker behindert werden als das Quellungswasser bei höheren Quellungsgraden.

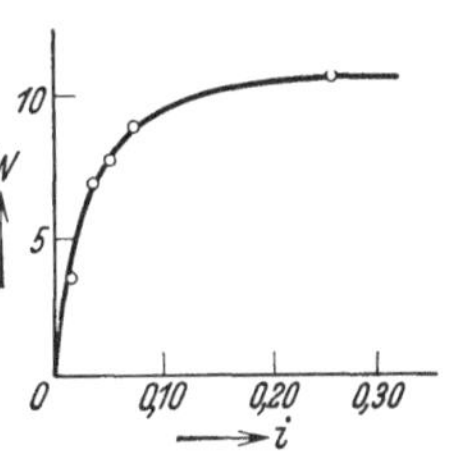

Abb. 49. Quellungswärme der Zellulose (nach KATZ, 2). Abszisse: Quellungsgrad i g H_2O in 1 g Zellulose (Filterpapier, aschenfrei). Ordinate: Wärmetönung W in cal.

Die Wasserdampfspannung eines Systems ist ein Maß seiner freien Energie. Mit der Zunahme der Dampfspannung nimmt die freie Energie ab. KATZ hat für die Quellung nachgewiesen, daß die aus der Dampfdruckveränderung berechnete Abnahme der freien Energie gleich der Quellungswärme ist. Es folgt daraus, daß die Quellung auf einer Anziehung zwischen Zellulose und Wasser beruht und nicht etwa einen bloßen Diffusionsvorgang des Wassers vorstellt; denn die Abnahme der freien Energie erfolgt bei Verdünnung auf dem Wege der Diffusion ohne Wärmetönung.

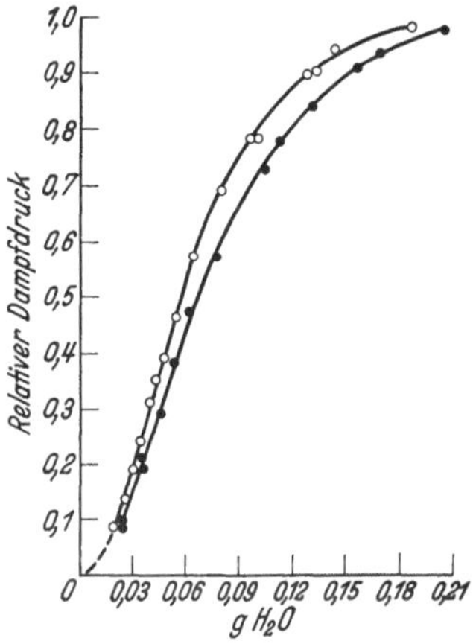

Hysterese. Läßt man bei Zellulose über Schwefelsäure von bestimmter Konzentration dieselbe Dampfspannung einerseits auf dem Wege der Quellung und andererseits durch Entquellung einstellen, findet man nicht den gleichen Quellungsgrad i, sondern es ergeben sich zwei verschiedene Dampfdruckisothermen, die man als Adsorptions- und Desorptionskurve unterscheidet. Die beiden Isothermen sind verschieden stark gekrümmte S-Kurven mit gemeinsamem Anfangs- und Endpunkt (URQUHART und WILLIAMS). Man nennt diese Erscheinung die Hysterese[1] der Quellung.

Abb. 50. Hysterese der Dampfspannung von Zellulose bei Quellung und Entquellung (nach URQUHART und WILLIAMS). O Adsorptions-, ● Desorptionskurve. Abszisse: Quellungsgrad i g H_2O in 1 g Baumwolle. Ordinate: Relativer Dampfdruck.

___
[1] hystereo (griech.) = zurückbleiben.

Vergleich zwischen Quellung und Lösung. Die Quellung besitzt große Ähnlichkeit mit der Lösung.

Die Form der Dampfspannungskurve des Quellungsvorganges gleicht auffallend der Dampfdruckisotherme von Lösungen im hochkonzentrierten Gebiet. Auch hinsichtlich Wärmetönung und Volumkontraktion verhalten sich mit Wasser in Berührung gebrachte quellungsfähige Körper wie die sog. idealen konzentrierten Lösungen. Quellungswärme und Lösungswärme sind identische Erscheinungen, die eine exotherme Wasserbindung verraten. KATZ, der diese Verhältnisse eingehend untersucht hat, stellt fest, daß Quellung und Lösung analoge Vorgänge sind, die sich thermodynamisch nur graduell unterscheiden.

b) Mechanismus der Quellung.

Hydratation. Die Analogie von Quellungsvorgang und Verdünnung einer idealen konzentrierten Lösung bildet die Grundlage für das Verständnis der Quellung. Die Übereinstimmung beruht auf einer bei beiden Vorgängen auftretenden Bindungskraft der benetzten Substanz gegenüber Wasser. Bei der Zellulose wird diese Anziehung durch die Verwandtschaft der OH-Gruppen der Zelluloseketten zu Wasser verursacht. Im Innern der Micelle sind die VAN DER WAALschen Kräfte der Hydroxylgruppen durch Kohäsion der Hauptvalenzketten im Kristallgitter abgesättigt. An der Oberfläche der Micelle dagegen liegen ihre Kohäsionskräfte teilweise frei; sie treten daher mit den ihnen wesensgleichen Wassermolekülen in Wechselbeziehung.

Die Wassermoleküle besitzen einen elektropositiven und einen elektronegativen Pol. Sie sind sog. Dipole. Die ungleiche Verteilung der elektrischen Ladungen ist durch die Anordnung der positiven H-Atome und

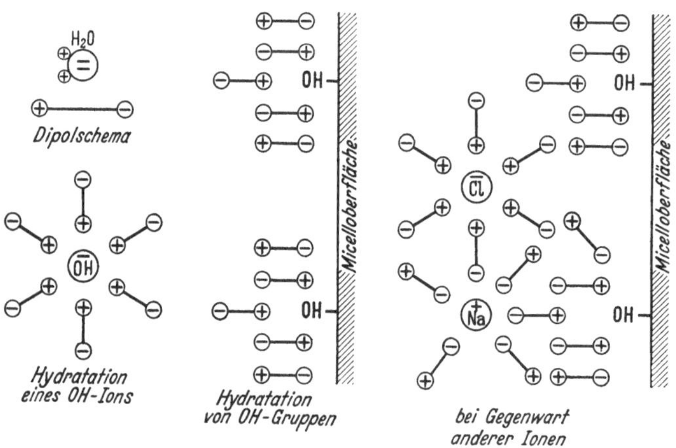

des zweifach negativen O-Atoms bedingt. Schematisch kann der Dipol-charakter durch die räumliche Trennung der beiden Ladungen dargestellt werden. Wenn sich nun im Wasser ein Hydroxylion OH mit seiner negativen Ladung befindet, wenden ihm die umliegenden Dipole aus elektrostatischen Gründen ihre positive Seite zu. Es wird daher mit einem Schwarm elektrostatisch angezogener Wassermoleküle als hydratisiertes Ion wandern.

Anders verhält es sich mit einer oberflächenständigen OH-Gruppe eines Zellulosemicells. Diese besitzt keine freie elektrische Ladung wie ein gelöstes Ion; aber es kommt ihr wie dem Wasser ein Dipolmoment zu, wobei die OH-Gruppe den negativen Pol bildet. Sie zieht daher die positive Seite der sie umgebenden Wasserdipole an. Die festgelegten Wasserdipole werden nun ihrerseits infolge ihrer verminderten Beweglichkeit ebenfalls richtend auf weitere Dipole wirken, so daß sich ein Schwarm Wassermoleküle um die OH-Gruppe legt. Dieser Schwarm ist indessen anders struiert als bei einem beweglichen Hydroxylion mit seiner freien elektrischen Ladung, die alle Wasserdipole gleichsinnig richtet. Denn bei der gegenseitigen Richtung von Dipolen lagern sich benachbarte Moleküle in wechselsinniger Orientierung aneinander, wie dies in obigem Schema angedeutet ist. Die positiven und negativen Pole erscheinen dann regelmäßig verteilt und nicht in Schichten angeordnet.

Wenn Wassermoleküle festgehalten werden, büßen sie einen Teil ihres Energieinhaltes ein. Die frei werdende Energie ist die Quellungswärme. Die Dipole lagern sich gitterähnlich um die hydratisierte OH-Gruppe; sie nehmen daher einen kleineren Raum ein als bewegliche Dipole. So erklärt sich die Erscheinung der Volumkontraktion. Zum Verständnis der Hysterese muß man annehmen, daß bei Quellung und Entquellung die Bindung und Entbindung des Hydratationswassers nicht in genau derselben Weise erfolgt.

Größere Schwierigkeiten bietet die Deutung des Quellungsmaximums. Wenn sich alle oberflächlichen OH-Gruppen der Micelle hydratisieren würden, müßte das System den Zusammenhang verlieren und in ein Sol übergehen. Es ist daher wahrscheinlich, daß die einzelnen Gitterbereiche, wie dies in Abb. 47 angedeutet ist, durch das Übergreifen der Kettenmoleküle von Micell zu Micell miteinander verbunden sind.

Bei der Berechnung der Reißfestigkeit von Zellulosefasern haben MEYER und MARK (4a) angenommen, daß alle VAN DER WAALschen Kräfte der Micelloberflächen im Dienste der intermicellaren Kohäsion stehen. Bei der Quellung findet jedoch ein Teil davon für die Hydratation Verwendung. Hieraus wird verständlich, wieso die gequollene Faser weniger reißfest ist als die trockene.

Das Quellungsmaximum besitzt sein Gegenstück in der beschränkten Löslichkeit von Äther, höheren Alkoholen und anderen organischen Verbindungen in Wasser. Je nach der Anzahl der hydrophilen Gruppen ($-$ OH, $-$ NH$_2$, $-$ COOH, $-$ COH) und deren Verwandtschaft zu Wasser kann der Hydratationsbereich die Oberfläche der Moleküle, einschließlich ihrer lipophilen Gruppen ($-$ CH$_3$, $-$ C$_6$H$_5$ usw.), völlig oder nur teilweise umfassen. Im ersten Falle ist der Körper im Wasser unbeschränkt, im letzteren dagegen nur beschränkt löslich. Bei den Micellen nativer Zellulose umfaßt der

Hydratationsbereich offenbar nicht die gesamte Oberfläche der Kettenmoleküle. Zerstört man aber das Micellargefüge mechanisch (im Holländer) oder chemisch (durch stark hydratisierende Salze, z. B. Kalziumrhodanid), werden die Zellulosemoleküle frei, können sich völlig hydratisieren und als disperse Phase eines Sols in Lösung gehen. Es handelt sich dabei also nicht um eine micellare, sondern um eine molekulare (makro- oder kolloidmolekulare, STAUDINGER, 3) Auflösung der Zellulose.

Desorientierung der Micelle. Wenn die Annahme richtig ist, daß die Kohäsion von Micell zu Micell während der Quellung geschwächt wird, muß bei der Wassereinlagerung eine Desorientierung der Kristallite stattfinden. Diese Verschiebung der Micelle ist indessen so gering, daß sie sich bei Quellungen im physiologischen Bereiche röntgenologisch nicht äußert. Im Polarisationsmikroskope kann sie dagegen messend sehr schön verfolgt werden. Wenn die Zellwand quillt, muß die Doppelbrechung $n_\gamma^* - n_\alpha^*$ bei gleichbleibendem Gangunterschied nach der Grundformel (7) (s. S. 62) zurückgehen, da die Dicke d der Wand größer wird. Der Gangunterschied $\gamma\lambda$ bleibt konstant, wenn sich Anzahl und Anordnung der anisotropen Kristallite, die das polarisierte Licht passieren muß, nicht ändern. Abb. 51 zeigt, wie die Doppelbrechung $n_\gamma^* - n_\alpha^*$ von Ramiefasern bei der

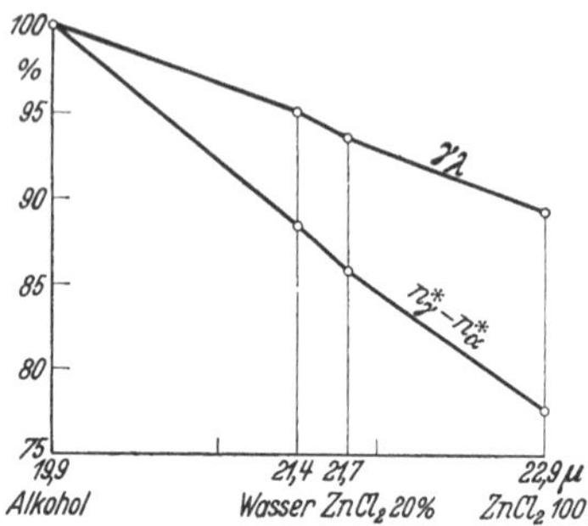

Abb. 51. Optisches Verhalten von Ramiefasern bei der Quellung. Abnahme der Doppelbrechung $n_\gamma^* - n_\alpha^*$ infolge der Dickenzunahme der Faser; Abnahme des Gangunterschiedes $\gamma\lambda$ infolge beginnender Desorientierung der Micelle. Abszisse: Quellungsgrad, Dicke der Faserwandung in μ in verschiedenen Quellungsmitteln. Ordinate: Gangunterschied $\gamma\lambda$, Doppelbrechung $n_\gamma - n_\alpha$ in Prozent der entquollenen Faser (in absolutem Alkohol).

Anwendung von Quellungsmitteln mit steigendem Quellungsvermögen stark abnimmt. Aber auch der Gangunterschied $\gamma\lambda$ weist einen deutlichen Gang auf (FREY, 17). Hieraus muß man schließen, daß die Micelle bei der Quellung etwas aus ihrer Parallellage abgewichen sind, so daß nicht mehr ihre volle Anisotropie zur Wirkung kommt.

Die Erscheinung der Orientierungsänderung der Micelle während der Quellung erklärt, warum bei scharfem Trocknen die Fasern ihr Quellungsvermögen zum Teil einbüßen, während umgekehrt in konzentrierten Salzlösungen eine Überquellung stattfindet, die nicht mehr rückgängig gemacht werden kann. Offenbar werden

die Micelle beim Trocknen optimal parallel gerichtet, und ein Teil
der Kohäsionskräfte, die vorher für die Hydratation zur Verfügung
standen, sättigen sich an benachbarten Micelloberflächen ab, so
daß nachher das Wasserabsorptionsvermögen der Zellwand ge-
schmälert erscheint. Umgekehrt werden bei der Überquellung
bestehende Kontaktstellen bei der Quellung gesprengt, wodurch
die Quellung teilweise irreversibel wird.

c) Quellung in verdünnter Lösung.

Die Quellungserscheinung der Zellulose in konzentrierten Säuren
und Laugen sind äußerst kompliziert, da tiefgreifende chemische
Veränderungen eintreten. Für physiologische Vorgänge kommen
indessen nur Quellungen in verdünnten Lösungen in Betracht,
auf die hier die Besprechung beschränkt bleiben soll. In der Nähe
des Neutralpunktes liegt das Quellungsminimum (KANAMARU, 2).

Die Zellwände quellen in Lösungen schwächer als in reinem Wasser
(BRAUNER, 3) Dies kann auf den Ionengehalt dieser Lösungen zu-
rückgeführt werden. Im Wasser wird die Zellwand solange quellen,
bis die Hydratationsschicht der Micelle eine solche Mächtigkeit
erreicht hat, daß sich an deren Oberfläche kein Einfluß des Dipol-
momentes der adsorbierenden OH-Gruppe mehr bemerkbar macht.
Mit zunehmendem Abstande von den OH-Gruppen werden die
Wassermoleküle in den intermicellaren Räumen beweglicher und
erreichen an der Oberfläche der Hydratationsschicht diejenige
Beweglichkeit, die ihnen nach Maßgabe der Dampfspannung der
die Zellwand umspülenden Lösung zukommt.

Wird die Zellwand in eine Lösung gebracht, die z. B. Natrium-
und Chlorionen enthält, wandern diese Ionen in die Zellwand und
werden von den Micelloberflächen zum Teil adsorbiert. Dadurch ver-
ringern sie das elektrische Potential der Micelle und das Wasser-
bindungsvermögen nimmt infolgedessen ab. Je stärker ein Ion
adsorbiert wird, um so größer ist die Potentialverringerung. Das
Maß der Entquellung ist daher abhängig von der lyotropen
Ionenreihe (s. S. 199):

$$\text{Li} < \text{Na} < \text{K} \backsim \text{NH}_4 < \text{Rb} < \text{Cs}$$

d) Quellung der nichtzellulosischen Gerüstsubstanzen.

Eine quantitative Behandlung der Zellwandquellung auf Grund
der Hydratationstheorie ist zur Zeit unmöglich. Schon bei der
Quellung reiner Zellulosefasern stößt man auf Schwierigkeiten. Es

ist nachgewiesen, daß bei der Verquellung von Fasern die Fibrillen weniger quellen als LÜDTKEs Fremdhautsystem (s. S. 99), so daß es sich nicht um einen homogenen Vorgang handelt, wie z. B. bei der Quellung von Gelatine. Man muß daher nicht nur die submikroskopische, sondern auch die mikroskopische Struktur der Zellwände in Betracht ziehen. Unter Berücksichtigung mikroskopischer Quellungsbeobachtungen kann über das Quellungsvermögen der verschiedenen nichtzellulosischen Gerüstsubstanzen folgendes ausgesagt werden.

Die Pektinstoffe sind außerordentlich quellungsfähig, besonders wo sie in distinkten Lamellen als selbständige Gerüstsubstanz zwischen Zelluloselamellen eingelagert sind. Bei der Entwässerung von Schnitten in der Alkoholreihe machen die Kollenchyme und auch die Mittelschicht einen ausgesprochenen Schrumpfungsprozeß durch, so daß man in Balsampräparaten oft vergeblich nach kollenchymatischen Eckenverdickungen sucht und die Mittellamelle nur mit Mühe nachweisen kann. Inwieweit die Pektinstoffe als intermicellare Substanz ähnlichen Quellungsschwankungen unterworfen sind, ist nicht genügend untersucht.

Das Lignin setzt die Quellbarkeit des zellulosischen Micellargefüges herab. Dabei muß man allerdings berücksichtigen, daß bei der Verholzung bereits eine gewaltige Anschwellung der Zellwand stattgefunden hat, die 5—10mal so groß sein kann, wie die 10—20% reversible Wasserquellung zellulosischer Membranen. Wenn aber der Lignifikationsprozeß abgeschlossen ist, wird die Zellwand gegenüber Wasser weniger quellungsempfindlich. Dies mag daher rühren, daß das eingelagerte Lignin die Dipolmomente der Zellulose-OH-Gruppen zu einem großen Teil absättigt. Entsprechend ist auch die Diffusionsgeschwindigkeit von Ionen durch verholzte Zellwände herabgemindert, so daß lignifizierte Zellen, die weiterleben sollen, besondere Tüpfelsysteme entwickeln müssen, um mit den Nachbarzellen in Kommunikation zu bleiben.

Das Kutin ist als selbständiger Wandstoff in der Kutikula hydrophob und wirkt intermicellar eingelagert quellungshemmend.

3. Die Elastizität der Zellwände.

a) Faserdehnung.

Von allen Kohäsionseigenschaften der Zellwände ist die Reißfestigkeit am gründlichsten untersucht, da ihr für die Textilindustrie eine große Bedeutung zukommt (s. Tabelle 1). Für die Physiologie der pflanzlichen Zellen spielt aber die Reißfestigkeit, wie SCHWENDENER (1) hervorgehoben hat, eine untergeordnete Rolle; denn im allgemeinen werden die Zellmembranen in der Natur nicht bis zum Bruche beansprucht. Viel wichtiger erscheint dagegen die Elastizität, d. h. die reversible Deformation der Zellhäute. Auf ihr beruhen einerseits die erstaunlichen Leistungen der mechanischen Gewebe des Pflanzenkörpers, und andererseits die durch den Turgor verursachte Formbeständigkeit mechanisch ungenügend verstärkter Organe, wie z. B. hydro- und mesophile Blätter. Es ist daher wichtig, einen Einblick in das Wesen der Zellwandelastizität zu gewinnen.

Bei der Deformation dehnbarer Substanzen unterscheidet man zwei charakteristische Punkte:

1. die Elastizitätsgrenze (Tragvermögen),
2. die Bruchgrenze (Reißfestigkeit).

Belastungen unterhalb der Elastizitätsgrenze sind völlig reversibel; darüber führen sie dagegen zu einer bleibenden Deformation, die als Fließen oder plastische Deformation bezeichnet wird. Die Belastung pro mm², die das Objekt bis zur Elastizitätsgrenze dehnt, ist das Tragvermögen oder der Tragmodul, diejenige, bei der es bricht, die Reißfestigkeit oder der Festigkeitsmodul.

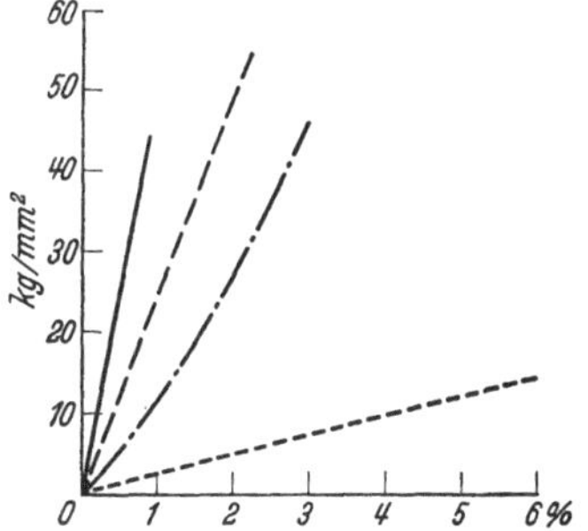

Abb. 52. Dehnungsdiagramm für Einzelfasern von Ramie bei verschiedenem Quellungsgrad (nach KARGER und SCHMID). Abszisse: Dehnung in %. Ordinate: Zugbelastung in kg/mm². ——— bei 0 %, ———— bei 50 %, —·—·— bei 70 %, -------- bei 100 % relativer Feuchtigkeit. Die Reißfestigkeit nimmt bei zunehmender Quellung ab, während die Bruchdehnung beträchtlich wächst.

SCHWENDENER machte die unerwartete Entdeckung, daß bei Bastfasern im Gegensatz zu Metalldrähten beinahe kein Unterschied zwischen Trag- und Festigkeitsmodul vorhanden ist (Schmiedeeisen: Tragmodul 13,3, Festigkeitsmodul etwa 40!) Die elastische Dehnung von Bastfasern beträgt, wie aus Abb. 52 hervorgeht, nur wenige Prozente. Mit der Elastizitätsgrenze ist zugleich auch die Bruchgrenze erreicht. Diese ist indessen keine eindeutige Größe, da sie stark vom Feuchtigkeitsgehalt der Fasern abhängt.

Im Gegensatz zu den Bastfasern lassen sich gewisse Palmfasern leicht dehnen (s. Tabelle 12). SONNTAG (1) nannte sie daher duktile Fasern. Der große Unterschied dieser beiden Fasertypen ist durch ihre Micellarstruktur bedingt. Bei den Palmfasern beschreiben die Micellarreihen flache Schraubenlinien, die bei der Dehnung wie Federn nachgeben, so daß Dehnungen bis zu 27,6% (z. B. bei der Kitulfaser) erreicht werden können (Abb. 56b). Bei den Bastfasern ist der Steigungswinkel der Micelle dagegen so klein, daß keine wesentliche Verlängerung der Zellwände durch Strekkung der steilen Schraubenlinie möglich ist.

Tabelle 12. Dehnbarkeit verschieden struierter Fasern.

		Bruch-dehnung %
Bastfasern (Faserstruktur)	Ramie	1,7
	Flachs	1,8
Duktile Fasern (Schraubenstruktur)	Kokos	16,4[1]
	Arenga	8,8[1]

Die durch äußere Kräfte erzielte lineare Wandverlängerung soll als Faserdehnung bezeichnet, und der flächenhaften Wanddehnung parenchymatischer Zellen durch den osmotisch erzeugten Turgordruck gegenübergestellt werden.

b) Turgordehnung.

Der Ausdruck Turgordehnung ist ein Sammelbegriff. Man kann darunter bei einer Zelle verstehen:

Umfangdehnung (= lineare Turgordehnung),

Oberflächenvergrößerung (= Turgordehnung s. str.),

Volumzunahme (= kubische Turgordehnung).

Man muß daher, falls man mit Turgordehnung etwas anderes als die Oberflächenzunahme einer Zelle andeuten will, stets angeben, ob es sich um lineare oder kubische Turgordehnung handelt. Unklarheiten werden vermieden, wenn man die eindeutigen Ausdrücke Umfangdehnung und Volumzunahme verwendet.

Die grundlegende Beziehung zwischen dem Wanddehnungen erzeugenden Turgordruck (T) und den übrigen osmotischen Zustandsgrößen (URSPRUNG, 1, 3; RENNER, 2, 4) einer Zelle lautet:

$$T = O - S,$$

wobei O den osmotischen Druck des Zellinhaltes und S die Saugkraft der Zellen bedeutet. Der osmotische Druck ist der theoretische Druck, den der Zellsaft in einem Osmometer im Gleichgewicht mit Wasser erzeugen könnte, während T den in der Zelle wirklich herrschenden Druck bedeutet. Die Saugkraft S ist somit das Druckdefizit ($O - T$) zwischen theoretisch erreichbarem und dem tatsächlich erreichten Drucke[2]. Sie ist das Maß für das Bestreben der Zelle weiter Wasser aufzunehmen.

[1] Siehe SONNTAG (1).

[2] Die Saugkraft besitzt die Dimension eines Druckes (Kraft/cm²) und wird daher auch wohl Saugspannung oder Saugzug genannt.

Die Bestimmung des Turgordruckes ist eine für die Pflanzenphysiologie sehr wichtige Aufgabe, die indessen mit mancherlei Schwierigkeiten verbunden ist. Seine maximale Größe entspricht dem osmotischen Drucke des Zellinhaltes bei Wassersättigung der Zellen.

Normalerweise sind die Zellen indessen nicht maximal turgeszent, und der Turgordruck muß dann indirekt durch Differenzbildung zwischen dem osmotischen Druck (der unter Berücksichtigung der Volumverminderung der Zelle aus der plasmolytischen Grenzkonzentration zu berechnen ist) und der direkt meßbaren Saugkraft ermittelt werden (URSPRUNG und BLUM, 2).

Es soll versucht werden, die durch den Turgor verursachte reversible Zellwanddehnung mit der Faserdehnung zu vergleichen. Zu diesem Zwecke setzen wir die Umfangdehnung oder lineare Turgordehnung zylindrischer Zellen mit der Faserdehnung in Parallele. Die Turgordrucke werden in Atmosphären gemessen (kg/cm²), die bei den Fasern angelegten Spannungen dagegen in kg/mm². Hieraus folgt, daß der Turgor mindestens zwei Größenordnungen kleiner sein wird als die zur Dehnung von Fasern nötigen Zugspannungen. In der Tat variieren die Turgordrucke parenchymatischer Gewebe in der Regel zwischen 1—10 Atmosphären (0,01—0,1 kg/mm²) während nach Tabelle 1 die Fasern eine Beanspruchung bis 110 kg/mm² ertragen. Man könnte erwarten, daß die Faserdehnung entsprechend der verschiedenen Belastung größer ausfallen würde als die lineare Turgordehnung. Die Erfahrung lehrt aber gerade das Gegenteil. Die Umfangdehnung turgeszenter Zellen beträgt in vielen Fällen analog der Faserdehnung 1 bis mehrere Prozent, kann aber über 10% ansteigen [Fruchtstielparenchym von *Taraxacum* (OPPENHEIMER)], und bis 25% [Milchröhren von *Hevea* (FREY-WYSSLING, 27)] erreichen. Als anschauliches Beispiel sei erwähnt, daß eine 5%ige Wanddehnung erreicht wird bei:

Faserdehnung (befeuchtete Ramiefaser, s. Abb. 52) durch 10 kg/mm²;

Umfangdehnung (Milchröhren von *Hevea*) durch 0,02 kg/mm².

Parenchymatische Zellwände können somit über 100mal elastischer sein als sklerenchymatische!

Wie Abb. 52 zeigt, ist die Faserverlängerung in Funktion der Belastung annähernd eine Gerade, d. h. die elastische Faserdehnung gehorcht ungefähr dem HOOKEschen Proportionalitätsgesetz. HÖFLER (1), sowie URSPRUNG und BLUM (2) haben daher angenommen, daß bei der Turgordehnung ebenfalls Proportionalität herrsche, und zwar zwischen Turgordruck und Zellvolumenzunahme. Auf dieser Annahme beruht das bekannte Schema, das die Veränderung der drei osmotischen Zustandsgrößen während der Turgordehnung wiedergibt (Abb. 53b).

Nun lehrt aber die Erfahrung, daß die Umfangdehnung der Zellen vielfach nicht dem HOOKEschen Gesetze folgt (LEPESCHKIN, 2). Oft verursachen kleine Turgordrucke eine relativ größere Wanddehnung als höhere Drucke, d. h. in der Nähe der plasmolytischen Grenzkonzentration erfolgen stärkere Wanddehnungen [1] als in der Nähe des Stadiums der Wassersättigung (Abb. 53c). Die Turgorkurve besitzt in diesem Falle einen exponentialen Charakter, und entsprechend muß auch die Saugkraft mit steigender Schwellung der Zelle exponential abnehmen. OPPENHEIMER hat auf Grund dieses Befundes die Saugkraftbestimmungsmethoden von URSPRUNG und BLUM kritisiert. Diese besteht darin, eine Einschlußflüssigkeit zu finden, in der die Zellen

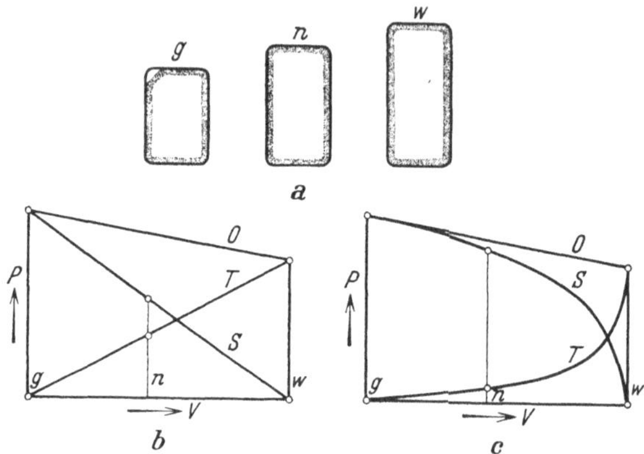

Abb. 53. Die osmotischen Zustandsgrößen. a) Zustandsänderung der Zelle bei Wasseraufnahme (nach URSPRUNG, 3). *g* Zelle bei Grenzplasmolyse; *n* Zelle im normalen Zustande; *w* Zelle bei Wassersättigung. b) Graphische Darstellung der osmotischen Zustandsgrößen bei Proportionalität von Turgordruck und Zellvolumen (nach HÖFLER, 1; URSPRUNG, 3). Abszisse: Volumenzunahme der Zelle (kubische Turgordehnung). Ordinate: Drucke P. O Osmotischer Druck (nimmt umgekehrt proportional der Volumenzunahme ab); T Turgordruck; S Saugkraft ($=$Druckdefizit). c) Gegenseitige Beziehung der osmotischen Zustandsgrößen bei fehlender Proportionalität von Turgordruck und Zellvolumen (nach Angaben von OPPENHEIMER).

keine Volumveränderungen erfahren, was durch Eingabelung mittels Konzentrationsreihen geschieht. Bei diesem Verfahren ist es gleichgültig, ob die Turgordehnung proportional oder nach einem anderen Gesetze vom Turgordrucke abhängt, so daß OPPPENHEIMERS Einwand nicht stichhaltig ist. Nur wenn sich das Volumen der Zellen über weite Konzentrationsgebiete überhaupt nicht ändern würde, wäre eine Bestimmung der Saugkraft, wie übrigens URSPRUNG und BLUM selbst angegeben haben, ausgeschlossen.

Zusammenfassend kann über die lineare Turgordehnung gesagt werden, daß sie ungefähr durch 100mal kleinere Spannungen als die Faserdehnung zustande kommt, und daß sie dem HOOKEschen Proportionalitätsgesetze nicht gehorcht. Der quantitative Unter-

---

[1] Dies gilt nicht nur für die lineare Umfangdehnung, sondern natürlich auch für die kubische Volumzunahme der Zelle.

schied zwischen linearer Turgordehnung und Faserdehnung wird durch die Zellwanddicke, die Menge von nichtzellulosischen Wandbestandteilen (die in parenchymatischen Zellen beträchtlich sein kann) und die verschiedene Micellarstruktur der entsprechenden Zellwände verursacht. Zellen mit nachweisbarer Turgordehnung besitzen Röhren- oder Folienstruktur, d. h. also einen geringeren Richtungsgrad der Micelle als die Faserstruktur.

4. Die Plastizität der Zellwände.

a) Reversibler und irreversibler Anteil der Zellwanddehnung.

Quellung und elastische Dehnung der Zellwand gelten als reversible Vorgänge, im Gegensatz zu den bleibenden Veränderungen der plastischen Verformung und des Wachstums. Bei micellar struierten Körpern, wie die Zellwände, gibt es indessen keine strenge Reversibilität. Wir haben schon bei der Quellung gesehen, daß infolge der Hysterese Quellungs- und Entquellungskurve nicht zusammenfallen. Dasselbe gilt in noch ausgesprochenerer Weise für die Belastungskurven der Zellwände, so daß die bisherigen Anschauungen

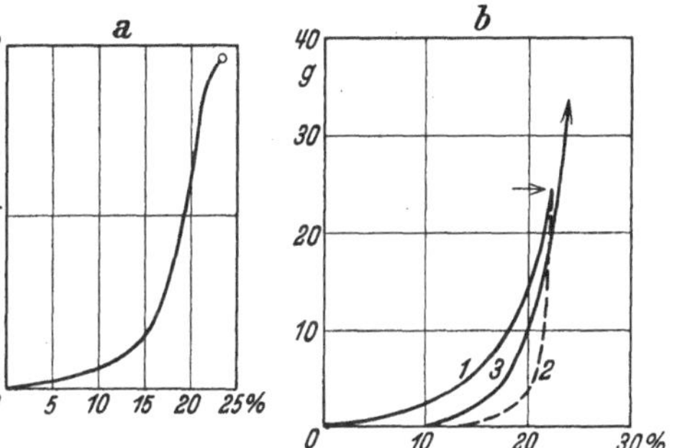

Abb. 54. Dehnungsdiagramme von *Avena*-Koleoptilen (nach HEYN, 3). a) Dehnung von in 50 % Glyzerin plasmolisierten Epidermisstreifen bis zum Bruch (o). b) Wiederholte Dehnung einer längshalbierten, plasmolysierten Koleoptile. 1 Erste Dehnung bis →; 2 Entspannungskurve, zeigt starke bleibende (plastische) Dehnung; 3 zweite Dehnung, zeigt deutliche Hysterese gegenüber der Entspannungskurve 2.

über die elastischen Eigenschaften von Pflanzenfasern nur in beschränktem Sinne richtig sind. Will man nämlich die Dehnung einer Zellwand durch Entlastung rückgängig machen, kommt man nicht mehr genau auf die vor der Belastung gemessene Ausgangslänge zurück. Immer findet man eine wenn auch noch so klein bleibende Verlängerung. Diese Erkenntnis verdankt man neueren, genauen Meßapparaten. Nur bei Dehnungen in flüssiger Luft ist die Faserdehnung völlig reversibel. Im physiologischen Temperaturbereiche dagegen sind die Zellwände nicht ideal elastisch;

jede mechanische Beanspruchung geht mit einer plastischen Veränderung des Micellargefüges gepaart, die bei trockenen Zellwänden (Textilfasern) gewöhnlich sehr klein, bei gequollenen Membranen dagegen mitunter recht beträchtlich ausfällt. Es folgt daraus, daß es keine Turgordehnung ohne bleibende Deformation der Zellwand gibt. Bei ausgewachsenen Zellen mag es erlaubt sein, die plastische Wandveränderung bei periodisch wiederkehrenden Schwell- und Welkvorgängen zu vernachlässigen, bei jungen Zellhäuten dagegen spielt die Plastizität für die Zelldehnung eine ungemein wichtige Rolle. HEYN (2, 3) fand bei künstlicher Streckung von plasmolisierten Koleoptilen, daß ungefähr die Hälfte bis ein Drittel der Gesamtdehnung nach der Entlastung als plastische Verlängerung zurückbleibt.

Der größte Teil der Arbeit, die bei der Dehnung geleistet wird, entfällt auf die plastische Deformation, während die elastische Dehnung relativ wenig Arbeit erfordert, so daß bei der Entspannung auch nur unwesentliche Energiemengen zurückgewonnen werden können (s. Tabelle 13).

Tabelle 13. Arbeitsleistung bei der Faserdehnung. (Nach MARK, 1.)

	Spez. Gew. in Toluol	Festigkeit	Bruch-dehnung	Deh-nungs-arbeit	Plastischer Anteil	Elastischer Anteil
		kg/mm²	%	kg/cm	kg/cm	kg/cm
Ramie	1,55	77,6	1,7	2,0	1,9	0,1
Flachs	1,56	36—110	1,8	6,5	6,1	0,4
Baumwolle	1,52—1,53 (in Helium 1,55)	28—36	1,4—2,0	3,3	3,1	0,2

b) Dehnungskurve micellar struierter Substanzen.

Die Dehnungskurve von Körpern mit micellarem Aufbau ist S-förmig geschweift und unterscheidet sich dadurch in charakteristischer Weise von derjenigen der Metalle. Als Beispiel seien die Dehnungskurven einer Zellophanfolie parallel und senkrecht zur Bearbeitungsrichtung angeführt (EBBINGE) (s. Abb. 55). Erst steigt die Kurve in bezug auf die Dehnungsachse gerade oder leicht konkav steil an, biegt dann um, weist einen kürzeren oder längeren mehr horizontalen Schenkel auf und wird dann konvex in bezug auf die Dehnungsachse. Wie bei Metalldrähten entspricht der erste steile

Anstieg der elastischen Deformation nach dem HOOKEschen Proportionalitätsgesetz, die Umbiegungsstelle dagegen ist die Elastizitätsgrenze, wo das Fließen beginnt; die Kurve verläuft dann bei nichtmicellaren Objekten flach bis der Draht reißt. Die Dehnungskurve eines Micellargefüges richtet sich aber im Gegensatz dazu noch einmal auf, und der Bruch erfolgt erst an einer Stelle des erneut aufsteigenden Astes.

Der erste aufsteigende Schenkel von Abb. 55 entspricht also vorwiegend dem elastischen, der horizontale dagegen hauptsächlich dem plastischen Teil der Dehnung. Dabei muß man sich aber bewußt sein, daß sich bei micellaren Körpern elastische Dehnung und plastische Deformation auf dem ganzen Gebiete der Dehnung überdecken. Merkwürdig ist der zweite aufsteigende Ast der Kurve, der eine an die plastische Verformung anschließende Verfestigung des Micellarkörpers verrät, und daher theoretisch von besonderem Interesse ist.

Bei den Zellwänden treten gewöhnlich nicht alle drei Teile der typischen Dehnungskurve auf. Bei Bastfasern ist in der Regel der horizontale Mittelschenkel unterdrückt (s. Abb. 52), wäh-

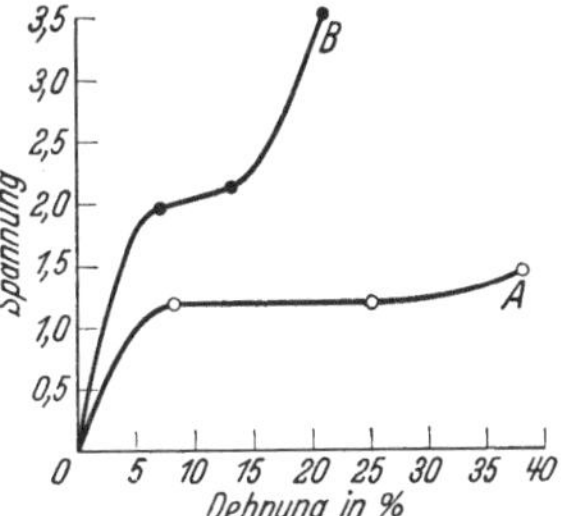

Abb. 55. Dehnungsdiagramm eines Zellophanfilmes (nach EBBINGE). Abszisse: Dehnung in %. Ordinate: Zugbelastung eines 15 mm breiten Streifens in kg. *A* Dehnung quer zur Micellrichtung; *B* Dehnung parallel zur Micellrichtung. Endpunkt der Kurven: Bruchbelastung.

rend bei meristematischen Zellhäuten von Koleoptilen die Kurve gleich mit dem Mittelschenkel beginnt (Abb. 54). Wegen der großen Plastizität der Koleoptilen gibt es kein rein elastisches, reversibles Dehnungsgebiet, wie es bei den Fasern in großer Annäherung verwirklicht ist.

Bei der Dehnung von Metalldrähten, denen ein einheitliches Kristallgitter zukommt, rührt die elastische Dehnung von einer Vergrößerung der Netzebenenabstände her, während die plastische Deformation oder das Fließen auf Gleiterscheinungen längs bestimmter Gitterebenen beruht. Beide Vorgänge lösen sich sukzedan ab, so daß man elastische und plastische Dehnung einwandfrei auseinanderhalten kann. Bei der Dehnung von Micellargefügen treten dagegen elastische und plastische Erscheinungen stets simultan auf. Die Deutung des Dehnungsdiagrammes von micellar gebauten Stoffen muß daher anders ausfallen als die Erklärung für die Dehnungskurven von Metalldrähten, wobei allerdings bis heute noch keine restlose Klarheit über alle Einzelvorgänge herrscht. HEYN (3) versucht die Form der Dehnungskurve junger Zellwände auf Grund ihrer Lamellierung zu erklären. Dieser Deutung kann aber keine allgemeine Gültigkeit zukommen, da künstliche, nicht lamellierte Micellargefüge dieselben Kurven ergeben. Vielmehr muß man darnach trachten, die beobachteten Erscheinungen aus der Micellarstruktur der Zellwände abzuleiten.

Der elastische Teil der Zellwanddehnung ist wahrscheinlich als ein reversibles Auseinanderweichen der Micelle zu deuten. Die Kräfte, die dabei längs eines bestimmten Weges überwunden werden müssen, sind die VAN DER WAALschen Kohäsionskräfte von Micell zu Micell. Dieser Vorgang spielt beim ersten steil ansteigenden Ast der Dehnungskurve die Hauptrolle, macht sich aber auch fernerhin während der ganzen Dehnung geltend. Bei der plastischen Dehnung dagegen ändert sich die gegenseitige Lage der Micelle zueinander (Fließen). Dies äußert sich im liegenden Schenkel der Dehnungskurve, dessen Länge ein Maß für die Verschiebungsmöglichkeiten der Kristallite im Micellargefüge ist.

Bei der Lageänderung der Micelle zueinander muß man zwei Fälle unterscheiden:

1. Der Richtungseffekt. Das Fließen einer micellar gebauten Substanz hat in erster Linie eine Parallelrichtung der Micelle zur Folge. Man kann diesen Vorgang, wie R. O. HERZOG (4) gezeigt hat, röntgenometrisch verfolgen, indem man Hydratzellulose mit regelloser Micellanordnung, die also ein DEBYE-SCHERRER-Diagramm gibt, auf dem Umwege über die sehr dehnbare Nitrozellulose zu Fäden auszieht und diese dann wieder denitriert. Auf solche Weise erhält man ein Faserdiagramm der Hydratzellulose, das beweist, daß sich die Kristallite während der Dehnung parallel gerichtet haben.

Der Richtungseffekt bei plastischer Dehnung erklärt eine Reihe von Beobachtungstatsachen: Zellwände mit großer Streuung der Kristallite sind plastischer als Zellen mit Faserstruktur, deren Micelle von Natur aus schon parallel gerichtet sind (Abb. 56a). Dies ist der Grund, warum Bastfasern mit Faserstruktur so wenig dehnbar sind. Eine weitergehende Richtung ihrer Micelle kann kaum stattfinden, weshalb Elastizitäts- und Belastungsgrenze beinahe zusammenfallen.

Bei plastischer Parallelrichtung werden die Micelle dichter gepackt; es ist daher eine Zunahme des spezifischen Gewichtes einer gedehnten Faser zu erwarten. Dieser Effekt ist bei Hydratzellulose nachgewiesen, deren Dichte während der Dehnung von 1,53 auf etwa 1,56 steigt (MARK, 1). Die Querschnittsabnahme eines Micellargefüges erfolgt daher bei der Dehnung nicht nur nach Maßgabe der plastischen Verlängerung, sondern sie wird entsprechend der Dichtesteigerung größer ausfallen. Die dichtere Packung der Micelle beeinflußt ihrerseits die Festigkeit des gedehnten Objektes, indem die gegenseitige Kohäsion der Micelle mit wachsender Parallelrichtung zunimmt. Dies ist die Erklärung des zweiten, konvexen Anstieges der Dehnungskurve. Es gelingt so, die merkwürdige Tatsache, daß Micellargefüge, die bereits in den

Zustand des Fließens (horizontaler Schenkel der Dehnungskurve) eingetreten sind, sich wieder verfestigen können, auf einleuchtende Weise zu verstehen.

2. Die Gleitung. Ein Richtungseffekt der Micelle wird stets möglich sein, wenn die Zellwände in einer bestimmten Richtung gedehnt werden. Bei der Turgordehnung handelt es sich indessen um eine allseitige Flächenvergrößerung. Stellt man sich eine kugelige Zelle vor, ist bei deren Dehnung durch den Tur-

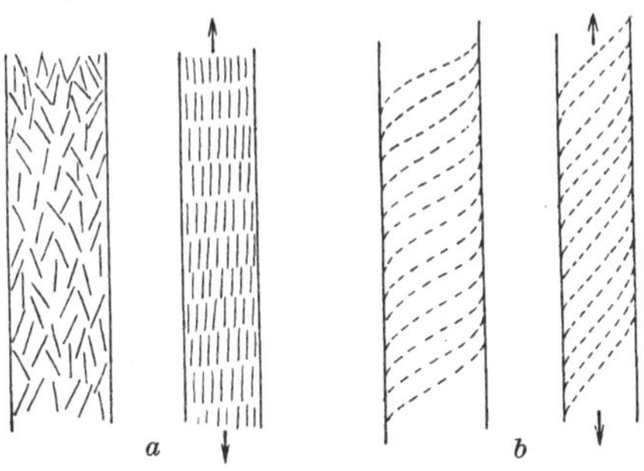

Abb. 56. Faserdehnung. a) Angenäherte Faserstruktur (mit Streuung!); die Micelle werden gerichtet (Kunstseide). b) Schraubenstruktur; die Schraubenlinien werden steiler (duktile Fasern).

gor keine Richtung ausgezeichnet, nach welcher sich die Micelle richten könnten. Wenn keine Vermehrung der Wandsubstanz stattfindet, muß daher entsprechend der Turgordehnung eine Wandverdünnung eintreten.

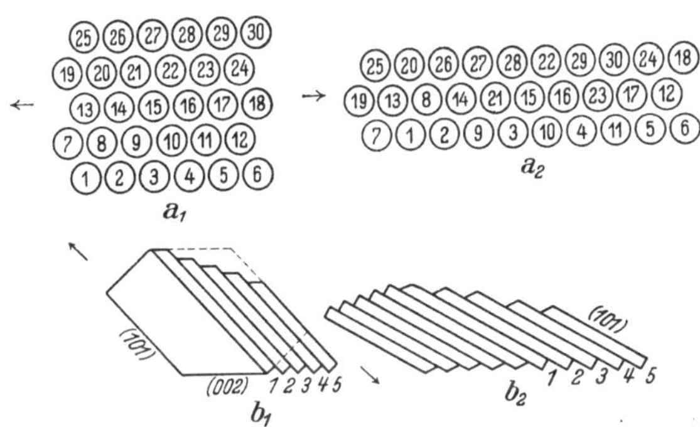

Abb. 57. Gleitung. a) Intermicellare Gleitung. a_1 Schematischer Schnitt durch ein Micellargefüge; a_2 bei der Dehnung schieben sich die Micelle zwischeneinander ein. b) Intramicellare Gleitung. b_1 Schematischer, durch Gitterebenen begrenzter Micellquerschnitt; b_2 intramicellare Gleitung nach der Ebene (1 0 1), wodurch sich (1 0 1) parallel zur Membranoberfläche einstellt.

Dies ist nur möglich, wenn die Micelle aneinander vorbeigleiten und sich zwischeneinander hineinschieben.

Das Abgleiten der Micelle geschieht in ihrer Längsrichtung nur unter großem Kräfteaufwand (Reißfestigkeit der Fasern!), da die die Micellarkohäsion aufhebende Trennungsarbeit längs einer sehr großen Oberfläche zu leisten ist. Es ist daher wahrscheinlich, daß die Micelle bei der Turgordehnung seitlich aneinander vorbeigleiten, wobei die Kohäsion nur über einen kurzen Weg überwunden werden muß. Wir wollen diese Erscheinung als intermicellare Gleitung bezeichnen.

Es ist indessen auch eine intramicellare Gleitung denkbar. Es gilt in der Kristallstrukturlehre als allgemeine Regel, daß in sog. flächenzentrierten Gittern (s. Abb. 8b), wie dasjenige der Zellulose, Gleitungen sehr leicht nach der Diagonalebene der Basiszelle erfolgen; bei der Zellulose also nach (101). Dies könnte erklären, warum sich bei künstlich gedehnten Zellulosefilmen die (101)-Ebene mehr oder weniger parallel zur Oberfläche des Filmes einstellt. Man muß es dahingestellt sein lassen, ob bei der Turgordehnung ausschließlich intermicellare Gleitung auftritt, oder ob sie gleichzeitig auch von intramicellaren Gitterverschiebungen begleitet wird.

c) Mechanismus der Zellstreckung.

HEYN (2) hat nachgewiesen, daß die primäre Veränderung in der Zellwand, welche eine Streckung der jungen Zellen einleitet, in einer Erhöhung der Wandplastizität besteht. An Hand der entwickelten Vorstellung über die Zellwanddehnung kann man sich nun ein Bild von den micellaren Vorgängen machen, die sich bei diesem für das Wachstum fundamentalen Prozeß abspielen. Wir haben gesehen, daß es praktisch keine völlig reversible Zellwanddehnung gibt. Bei jeder Beanspruchung eines micellar gebauten Körpers macht sich im physiologischen Temperaturbereiche ein Teil der Deformation als bleibende Dehnung geltend. Wenn also der Turgor die Zellwand strafft, muß stets eine gewisse Zellstreckung die Folge sein. Bei ausgewachsenen Zellen ist diese Streckung zwar so minimal, daß sie bis jetzt nicht beobachtet worden ist, während umgekehrt bei jungen Zellwänden die plastische Deformation einen sehr großen Anteil der Dehnung ausmacht, so daß jede Turgordehnung von einer Oberflächenvergrößerung der Zellwand begleitet sein muß.

URSPRUNG und BLUM (2) bestreiten, daß der Turgordruck imstande sei, bei der Zellstreckung die Zellwand zu überdehnen, denn sie fanden, daß gerade in der Wachstumszone der Turgor ein Minimum aufweist. Ihnen schließt sich RENTSCHLER an, der Wachstumskrümmungen unabhängig von Turgorveränderungen nachgewiesen hat. Nach diesen Autoren würde das Flächenwachstum ohne plastische Dehnung der Zellwand stattfinden. Gegen diese Auffassung kann man zwei Argumente geltend machen: 1. Solange eine Zelle Turgor besitzt, wird ihre Wand eine Turgordehnung aufweisen, und da alle micellar gebauten Substanzen auf eine mechanische Beanspruchung mit einer, allerdings je nach den Umständen recht verschieden großen bleibenden Deformation reagieren, kann man bei keiner wachsenden Zelle das Auftreten einer irreversiblen Turgordehnung ausschließen. Es handelt sich dabei nicht um eine besondere Überdehnung, sondern einfach um eine Begleiterscheinung der Dehnung überhaupt. 2. Wenn die Plastizität der Zellwand, wie dies die neue Wuchsstofforschung (s. S. 353) wahrscheinlich macht, von der Pflanze lokal gesteigert werden kann, muß dort der Turgor sinken, da er plastische Arbeit leistet. Die Entwicklung eines Turgors setzt elastische Zellwände voraus, die die Dehnungsarbeit speichern; in plastischen Zellwänden dagegen, die die geleistete Arbeit teilweise aufzehren, läßt sich daher nur ein entsprechend geschwächter Turgor nachweisen.

Bei der plastischen Turgordehnung müssen die Micelle aneinander vorbeigleiten, wobei die Zellwand dünner wird. Meristematischen Zellwänden scheint ein besonderes intermicellares Gleitvermögen zuzukommen. Da sie bis über 50% nichtzellulosische Membranstoffe enthalten (THIMANN und BONNER), sind die Micelle offenbar noch ungenügend untereinander verfestigt. In dem Maße wie dann der Zellulosegehalt der Zellwand zunimmt und sich die Kohäsionskräfte der Micelloberflächen gegenseitig absättigen, wird das Micellargefüge fester und die Plastizität der alternden Wand nimmt ab.

Beim Streckungswachstum und den tropistischen Krümmungen der *Avena*-Koleoptile wird die Zellwandplastizität durch die Zufuhr des in der Koleoptilspitze gebildeten Wuchsstoffes erhöht (HEYN, 2). Es ist jedoch fraglich, ob dieses Hormon direkt auf die Zellwand einwirkt. THIMANN und BONNER haben ausgerechnet, daß auf $3 \cdot 10^5$ Glukosereste, d. h. auf je 20 Micelle (s. Tabelle 11, S. 105) nur ein Wuchsstoffmolekül vorhanden ist, so daß kein unmittelbarer Einfluß auf die Kohäsion der Micelle möglich scheint. Man nimmt daher neuerdings an (SÖDING, 1), daß der Wuchsstoff das Protoplasma irgendwie anregt, wobei dann indirekt von der lebenden Substanz aus die Plastizität der meristematischen Zellwand gesteigert wird.

5. Das Wachstum der Zellwände.

a) Apposition und Intussuszeption.

Unter Wachstum der Zellwand versteht man von Substanzvermehrung begleitete irreversible Veränderungen ihres Micellargefüges. Die Veränderungen können in einer

Dickenzunahme oder in einer Oberflächenvergrößerung der Zellwand bestehen. Im ersten Falle spricht man von Apposition, im zweiten dagegen von Intussuszeption. Der alte Streit, nach welchem das gesamte Wachstum der Zellhäute entweder durch Anlagerung (KLEBS; WIESNER, 1) oder ausschließlich durch Zwischenlagerung (NÄGELI, 2; CORRENS, 3; PFEFFER, 3) von Wandsubstanz geschehen sollte, ist heute dahin entschieden, daß beide Vorgänge nebeneinander stattfinden (STRASBURGER, 2; VAN WISSELINGH).

Es gilt nun, ein Bild von diesen beiden Prozessen auf Grund der submikroskopischen Zellwandstruktur zu entwerfen. Das Appositionswachstum geschieht durch schichtenweise Anlagerung von neu entstandenen Micellen; es äußert sich mikroskopisch in der Lamellierung und Schichtung der Zellwand. Schwieriger ist die Deutung des Intussuszeptionsmechanismus, der bei meristematischen Zellen mit Oberflächenwachstum vorkommt. NÄGELI, der Begründer der Intussuszeptionstheorie, nahm an, daß die Einlagerung neuer Wandsubstanz derart geschehe, daß zwischen den bereits vorhandenen Micellen neue Kristallkeime entstünden, die dann ihrerseits zu Kristalliten heranwachsen würden. Nach den heutigen Kenntnissen ist ein solcher Vorgang indessen nicht wohl denkbar, da die kleinsten Bausteine, aus welchen ein Micell ohne direktes Zutun des Protoplasmas entstehen kann, die Zellulosefadenmoleküle oder Hauptvalenzketten sind, denen mindestens die volle Länge eines ausgewachsenen Micells zukommt. Die Diffusion solcher Moleküle in die Zellwand hinein, wo sie sich dann zu Kristalliten zusammenfinden müßten, läßt sich schwer vorstellen. Nimmt man aber an, daß alle Micelle an der Phasengrenze Protoplasma/Zellwand von lebendem Protoplasma aufgebaut werden, müßte es eine besondere Kraft geben, welche die neu entstandenen Kristallite zwischen die bereits vorhandenen hineindrängt. Denn eine Diffusion von Micellen in die geformte Zellwand hinein kommt wegen der relativen Unbeweglichkeit der Kristallite im Micellargefüge nicht in Frage. Dagegen könnte man die Intussuszeption verstehen, wenn gleichzeitig mit der Bildung neuer Micelle eine plastische Dehnung der Zellwand durch den Turgordruck stattfindet. Dann würden die Micelle seitlich aneinander vorbeigleiten, die an der Oberfläche neu entstandenen Micelle würden von der Gleitung miterfaßt, und fügten sich zwischen die vorhandenen auseinanderweichenden Kristallite ein (vgl. Abb. 57a).

Gegenüber dieser mechanistischen Auffassung der Intussuszeption wird heute ziemlich allgemein die Ansicht vertreten, daß die wachsende Zellwand von lebender Substanz durchflutet sei (SÖDING, 1). Hierfür spricht der Proteingehalt meristematischer Zellwände (THIMANN und BONNER), von denen sogar in ausgewachsenen Zellen noch Reste in der Mittellamelle vorkommen sollen (DAUPHINÉ, 2).

Tabelle 14. Übersicht der verschiedenen Gestaltsveränderungen der Zellwand.

	Massenzunahme	Form-veränderung	Bemerkungen
Dehnung:			
elastische (Turgordehnung)	—	reversibel	mit Hysterese behaftet
plastische (Zellstreckung)	—	irreversibel	Dickenabnahme der Zellwand
Schwellung:			
Quellung	intermicellare Stoffaufnahme	reversibel	mit Hysterese behaftet
Verquellung	desgl.	irreversibel	z. B. Verholzung
Wachstum:			
Apposition	Substanz-vermehrung	irreversibel	Dicken-wachstum
Intussuszeption	desgl.	irreversibel	Flächen-wachstum

Abgrenzung der Intussuszeption gegenüber der Zellstreckung. Die Zellstreckung wurde definiert als eine plastische (irreversible) Wanddehnung ohne Substanzvermehrung, bei der die Zellwand entsprechend der Oberflächenvergrößerung dünner wird (Tabelle 14). Als die dehnungsauslösende Spannung wurde der Turgordruck angesprochen.

Reine Zellstreckung kommt jedoch praktisch nicht vor. Stets geht sie mit einer Substanzvermehrung der Zellwand gepaart. Selbst wenn die Wanddicke beträchtlich abnimmt, ist die Masse der gestreckten Wand größer als im ungedehnten Zustand, wie dies OVERBECK bei der Streckung des Sporogonstieles von *Pellia* sehr schön nachweist. Es handelt sich also nicht nur um eine Streckung, sondern um ein Streckungswachstum. Die Gegner der Ansicht, daß die Zellstreckungen auf Turgordehnung zurückzuführen seien, haben also insofern recht, als sich zur Turgordehnung stets noch eine Substanzzunahme (= Wachtumsvorgang) gesellt. Heyn (2) glaubt zwar dies ausschließen zu können, da bei der Haferkoleoptile Substanzvermehrung der Zellwand die Plastizität herabsetzt; seine Versuche beziehen sich aber auf Wachstum der Zellwand bei unterdrückter Oberflächenzunahme, so daß sich die beobachteten Effekte auf den Dickenzuwachs der Zellwand zurückführen lassen. Erfolgt dagegen die Substanzvermehrung gleichzeitig mit der Wanddehnung, so daß die Wanddicke annähernd konstant bleibt, wird keine Beeinträchtigung der Plastizität zu befürchten sein. In Wirklichkeit handelt es sich bei Oberflächenvergrößerung der Zellwand also wohl immer um echtes Wachstum mit Substanzvermehrung, das kombiniert mit einer plastischen Wanddehnung das Wesen der vielumstrittenen Intussuszeption ausmacht.

Abgrenzung der Intussuszeption gegenüber der Quellung. Die Quellung gilt als eine mit Hysterese behaftete reversible Formänderung der Zellwand. Die Reversibilität beschränkt sich indessen wie bei der Dehnung auf relativ geringe Änderungen (z. B. 10—20% Dickenzunahme). Bei höheren Quellungsgraden kann die Quellung dagegen nur mehr zum Teil rückgängig gemacht werden. Dehnung und Quellung der Zellwand setzen sich somit beide aus einem reversiblen und einem irreversiblen Anteil zusammen, deren gegenseitige Größe und Abgrenzung von Fall zu Fall untersucht und festgestellt werden muß. Die bleibenden Veränderungen führen als Verstreckung (Zellstreckung) und Verquellung zu wachstumsähnlichen Vorgängen (Pseudowachstum). Die Verstreckung kann jedoch, wie gezeigt worden ist, theoretisch leicht gegenüber dem Wachstum abgegrenzt werden, da sie nicht mit Substanzvermehrung verbunden ist, und die Zellwand folglich bei der Zellstreckung dünner werden muß. Anders verhält es sich bei der Verquellung. Hier ist die Zustandsänderung im Gegensatz zu der Streckung mit einer Substanzaufnahme (z. B. Wasser) verbunden, und trotzdem wird man wohl kaum von Wachstum sprechen. Man muß daher die Definition des Zellwandwachstums, sofern es sich um Membranen mit micellarem Aufbau (Zellulose, Chitin, Reservezellulose) handelt, dahin präzisieren, daß nicht beliebige Stoffzunahme der Zellwand, sondern nur eine Substanzvermehrung ihres Micellargefüges das Wachstum der Zellhaut ausmacht. Wird nachträglich intermicellar Substanz in dieses Gefüge eingelagert, handelt es sich nicht mehr um eigentliches Wachstum, sondern eher um eine Verquellung. Dies gilt vor allem von der Verholzung. Man kann sich vorstellen, daß gewisse Radikale des Lignins, die ein Dipolmoment besitzen, ähnlich wie das Wasser mit den OH-Gruppen der Zellulosemicelle in Wechselbeziehung treten. Ein Zuwachs des Micellargefüges findet dabei nicht statt, sondern nur eine Ausweitung der intermicellaren Räume.

b) Mechanismus des Zellwandwachstums.

Die Phasengrenze Zellwand/Protoplasma. Oft ist die Frage diskutiert worden, ob das Protoplasma die Zellwand bis zu ,einem gewissen Grade durchdringe, d. h. mit anderen Worten, ob es eine definierte Grenze zwischen Wand und Protoplasma gebe. Für ausgewachsene Zellen muß dies bejaht werden; dort bildet die Zellhaut als plasmafremde Ausscheidung ein eigenes Phasensystem, das sich bei der Plasmolyse vom schrumpfenden Protoplasten trennt. Anders verhält es sich dagegen, wie bereits erwähnt worden ist, bei wachsenden Zellwänden. Da beobachtet man, daß die Protoplasten an der primären Zellwand haften, und sich bei der Plasmolyse schwer ablösen. Es herrscht da also offenbar in einer Übergangsschicht eine innige Mischung der Zellhaut und ihrer Erzeugerin, dem lebenden Protoplasma. Ob diese Schicht bis zur Mittellamelle vordringt, so daß sich die lebende Substanz benachbarter Zellen berühren würde, läßt sich schwer entscheiden.

Beim Dickenwachstum der sekundären Wandschicht ist es dagegen unwahrscheinlich, daß die lebende Substanz die gesamte Wand durchdringt; man könnte sonst deren Lamellierung kaum verstehen. Wahrscheinlich zieht sich das lebende Protoplasma aus jeder ausgebildeten Lamelle, eventuell unter Zurücklassung von leblosen Phosphatiden, zurück. Die niedergelegten Wandschichten der sekundären Wand zeigen dann keine Flächenvergrößerung durch Intussuszeption mehr. Es folgt daraus, daß ein Flächenwachstum wahrscheinlich nur im primären Zustande der Zellwand stattfindet, während die Anlage der sekundären Verdickungsschichten ausschließlich ein Dickenwachstum durch Apposition vorstellt.

Tüpfel und Plasmodesmen sind wahrscheinlich die einzigen Stellen, wo das Protoplasma wenigstens lokal mit älteren Wandschichten in Kontakt bleibt. Durch welchen Mechanismus die Tüpfel und Plasmodesmenkanäle beim Wachstum der Zellwände ausgespart werden, ist noch eine offene Frage. Am einfachsten wären diese Bildungen zu verstehen, wenn, wie dies MÜNCH (1) so

eindringlich verficht, Protoplasmafäden von Anbeginn der Zellteilung an durch die Wand von Zelle zu Zelle gespannt blieben.
Im Micellargefüge entstünden auf diese Weise Poren, in deren
Wandung die Micelle zufolge der Oberflächenspannung zirkular
verlaufen. Trotz ihrer Wichtigkeit ist die Plasmodesmenfrage
noch keineswegs abgeklärt. Namentlich ist man im ungewissen,
ob die Protoplasten meristematischer Zellen und zartwandiger
Parenchyme durch feinste submikroskopische Plasmodesmen als
„Symplast" (Münch, 1) miteinander in Verbindung seien oder nicht.

Wie baut das Protoplasma das Micellargefüge auf? Da trotz des
mechanischen Prinzipes (s. S. 58) der Micellarstrukturen keine
äußeren Richtungskräfte für die Anordnung der Kristallite in
der sekundären Wandverdickung verantwortlich gemacht werden
können, muß nach einem anderen Richtungsprinzip gesucht werden.
van Iterson (1) hat die alte Theorie von Crüger (2) und Dippel (1)
aufgegriffen, nach welcher Verdickungsleisten, spiralige Streifung
usw. durch Protoplasmaströmungen in dieser Richtung erzeugt
werden (Strasburger, 1; Denham). Diese Theorie läßt sich nun
auch auf die Anordnung der Micelle ausdehnen. Das Protoplasma
müßte dann bei der Bildung von Fasern in axialer, bei Röhren
dagegen mehr in tangentialer Richtung kreisen. Es wäre sehr
wichtig, die wenigen Beobachtungen in dieser Richtung, die von
Dippel stammen (s. Abb. 58), durch neue Untersuchungen zu
bestätigen und zu vervollständigen.

Die Plasmaströmungstheorie kann indessen nicht alle
Membranstrukturen erklären. Bei der Deutung der Entstehung
von Hoftüpfeln und ähnlichen Gebilden z. B. stößt man auf
Schwierigkeiten. Man müßte nämlich annehmen, daß das Protoplasma bei der Tüpfelbildung von seiner schraubigen Strömungsrichtung der Tracheidenwand entlang abweiche und lokal zur Anlage eines Hoftüpfels ringförmig zu kreisen beginne. Es scheint
daher wahrscheinlicher, daß die Oberflächenspannung bei der
Entstehung der Hoftüpfelstruktur eine Rolle spielt. Wenn nämlich
in der Wand eine Pore ausgespart wird, ist es möglich, daß ihre
Oberfläche die Zellulosemicelle in sich hineinzieht und so die
zirkulare Struktur veranlaßt. — Auch die Feststellung, daß Abweichungen der Micelle von der Parallelrichtung (Streuung) nur
in der Tangentialfläche, nicht aber in radialer Richtung vorkommen,
muß mit der orientierenden Kraft der Oberflächenspannung im
Zusammenhange stehen.

Ein weiteres Problem bilden die Beziehungen zwischen Protoplasmaströmung und Schraubenstruktur. Es gibt in der Natur viele organische Stoffe, die von sich aus zu schraubigen Kristallaggregaten heranwachsen (BERNAUER). Die Verdrillung tritt besonders leicht bei faseriger Verteilung der Substanzen auf und findet dann zwischen kleinsten Elementarkristallen statt, beides Vorbedingungen, die in hohem Maße bei der Zellulose erfüllt sind. Man steht daher vor der Frage: Ist die schraubige Bewegung des Protoplasmas eine besondere Lebensäußerung, oder wird sie durch die Eigenschaften des Baustoffes induziert. Die Inkonstanz

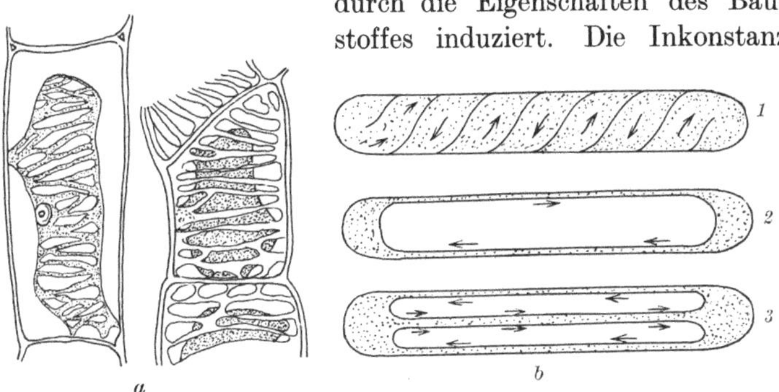

Abb. 58. Entstehung der sekundären Wandverdickung durch Protoplasmaströmung. a) Entstehung eines Netzgefäßes nach DIPPEL. Links: junges Gefäßelement plasmolysiert zeigt netzförmige Protoplasmaströmchen; rechts: ausgebildete Verdickungsleisten. b) Entstehung eines doppelten Spiralbandes (z. B. im Baumwollhaar) nach DENHAM. 1 Strömungsschema, das man sich durch Tordieren von 2 entstanden denken kann. 3 Wenn nur ein Spiralband entstehen soll, muß das Protoplasma innerhalb der Zelle zurückströmen.

des Steigungswinkels der Schraubenstrukturen spricht nicht zugunsten irgendeiner Materialkonstanten, sondern eher für eine Äußerung individueller Protoplasmaströmungen. Woher aber letzten Endes der Impuls zur schraubigen Bewegungstendenz des Protoplasmas rührt, bleibt, sofern er nicht vom Baumaterial induziert ist, nach wie vor ein Rätsel.

Die Strömungshypothese trifft aber vermutlich nur für die sekundäre Verdickungswand zu, die ja gewöhnlich den Löwenanteil der verdickten Zellmembranen ausmacht. Für die primäre Wand meristematischer Zellen kann das Strömungsprinzip dagegen kaum in Betracht kommen. Die Meristemzellen sind gewöhnlich dicht mit Protoplasma gefüllt und es läßt sich oft keine bestimmte Strömungsrichtung erkennen. Überdies weisen die Zellwände der Meristeme meistens Folienstruktur auf, d. h. die Micelle liegen parallel zur Oberfläche, sind im übrigen aber ungerichtet. Erst wenn in solchen Wänden dann eine plastische Dehnung stattfindet, werden die Micelle gerichtet, und es wird verständlich, wieso bei Elongation der Zelle eine faserähnliche Struktur und umgekehrt bei einer Durchmessererweiterung Zellen mit Röhrenstruktur entstehen müssen. Der zweite Fall ist bei der Entstehung der Gefäße im sekundären Holz, z. B. bei *Cucurbita*, *Quercus* und anderen Pflanzen mit weitlumigen Gefäßen optisch sehr schön nachzuweisen, während HEYN (4) den Richtungseffekt der Micelle in *Avena* - Koleoptilen neuerdings röntgenometrisch aufgefunden hat. Seine Diagramme von Epidermisstreifen zeigen eine deutliche Orientierung der Kristallite parallel zur Dehnungs- bzw. Wachstumsrichtung [1].

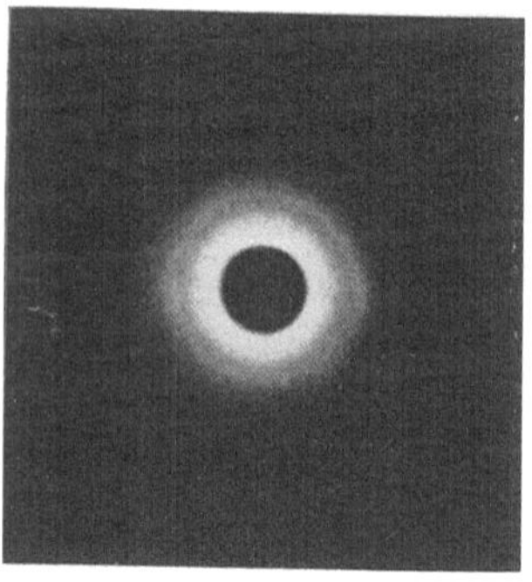

Abb. 59. Röntgendiagramm von Epidermisstreifen der *Avena*-Koleoptile (nach HEYN, 4). Man erkennt den Richtungseffekt der Micelle an der äquatorialen Verbreiterung des Interferenzkreises. (Im Gegensatz zu Abb. 2 ist hier das Positiv der Röntgenaufnahme reproduziert.)

Es bestehen somit für den Orientierungsmechanismus der Micellachsen zwei Prinzipien, einerseits der Richtungseffekt bei plastischer Dehnung, der wahrscheinlich in der meristematischen primären Wand eine Rolle spielt, und andererseits die richtende Kraft der Protoplasmaströmung, die für die Anlage der mächtigen sekundären Verdickungswand als maßgebend betrachtet wird.

Für die Art und Weise, wie die Zellulose durch das Protoplasma während der Strömung ausgeschieden wird, ergeben sich drei Möglichkeiten: Entweder entstehen die Micelle im Protoplasma und werden dann regellos oder durch die Protoplasmaströmung mehr oder weniger parallel gerichtet der Wand an- oder mit Hilfe gleichzeitiger Gleitung eingelagert. Wahrscheinlicher erscheint aber, daß sich nicht Micelle, sondern einzelne Zellulosefadenmoleküle im Protoplasma bilden; diese Hauptvalenzketten würden sich dann an der Phasengrenze Plasma/Zellwand zu Micellen zusammenfügen. Außerdem besteht aber noch die dritte Möglichkeit, daß im Protoplasma überhaupt keine Zellulose präformiert wird, sondern daß ein Glukosering oder ein Zellobiosemolekül nach dem andern in das Kristallgitter der Zellulosemicelle eingebaut werden. Als Argument für die letzte Betrachtungs-

---

[1] Die Aufnahmen von HEYN beziehen sich auf die Epidermis der Koleoptile, während SÖDING (2) im Parenchym Röhrenstruktur nachgewiesen hat.

weise kann man die Tatsache anführen, daß noch nie gelöste Zellulose im Protoplasma nachgewiesen worden ist. Auf Grund der von STAUDINGER (3) entwickelten Vorstellungen über das Wesen von Zelluloselösungen verdient wohl die zweite Möglichkeit den Vorzug.

6. Die Permeabilität der Zellwände.

Es wird gewöhnlich angenommen, daß das Protoplasmahäutchen semipermeabel, die Zellwand dagegen völlig durchlässig sei. Diese Faustregel besitzt indessen keineswegs allgemeine Gültigkeit, denn die Permeabilität der Zellmembranen schwankt in unerwartet weiten Grenzen. Der Variationsbereich ist selbst so groß, daß man die Zellwände nach ihrer Durchlässigkeit in drei Gruppen einteilen kann.

a) Poröse Zellwände.

Zellmembranen, die Kolloidteilchen von 100—5000 Å Durchmesser passieren lassen, sollen als porös bezeichnet werden. Die Durchlässigkeit beruht auf submikroskopischen Poren, deren gröbste Durchmesser an der Grenze des Auflösungsvermögens des Mikroskopes liegen. Von solcher Größenordnung sind die Plasmodesmen und die Kanälchen, die von NIEUWENHUIS - VON UEXKÜLL (2) bei extrafloranen Nektarien beschrieben worden sind. Noch gröbere Öffnungen von mikroskopischen Dimensionen, wie Siebporen oder die Löcher der Wasserzellen von *Sphagnum* sollen von der Betrachtung ausgeschlossen werden. Zu den porösen Zellwänden gehören die Tüpfelschließhäute von Gefäßen und Parenchymzellen. FRENZEL hat durch Druckfiltration nachgewiesen, daß Tuscheteilchen, sowie annähernd monodisperse Goldlösungen von 1440 Å Teilchengröße solche Schließhäute zu durchwandern vermögen. Nach dem Passieren der Wand wurden die betreffenden Sole zwar gewöhnlich ausgefällt, aber der Durchtritt der Teilchen konnte doch deutlich festgestellt werden. Es ist wahrscheinlich, daß diese Poren von Plasmodesmen herstammen. Außer diesen Ultrafilterversuchen hat FRENZEL bei *Pinus* und *Ginkgo* eine von RENNER (3) angegebene Methode zur Bestimmung des Porendurchmessers durchlässiger Zellwände angewendet. Sie besteht in der Messung des Überdruckes, der Luftbläschen durch solche Poren preßt, aus dem man dann die Porenweite berechnen kann. FRENZEL gibt für die Schließhäute des Markparenchyms von *Sambucus* als wahrscheinlichen Wert einen Durchmesser von 0,5 μ an.

b) Permeable Zellwände.

Als permeabel sollen Zellwände bezeichnet werden, die, wie dies bei Plasmolyseversuchen vorausgesetzt wird, molekulardisperse Lösungen ungehindert durchtreten lassen. Hierzu werden Räume mit Durchmessern von etwa 10—100 Å benötigt; sie sind also von der Größenordnung der intermicellaren Räume, mit denen sie wohl identifiziert werden dürfen. Permeabel sind die pektinischen, zellulosischen und verholzten Zellwände. Nach den Vorstellungen, die über das Intermicellarsystem entwickelt worden sind, läßt sich die Permeabilität durch ein zellulosisches Micellargefüge ohne weiteres verstehen. Bei den Pektinlamellen mögen die Verhältnisse ähnlich liegen. Erstaunlich ist dagegen die relativ hohe Permeabilität verholzter Membranen, da man erwarten würde, daß die intermicellaren Räume durch das eingelagerte Lignin blockiert seien. Dies ist auch in gewissem Sinne der Fall, da sich verholzte Wände mit Kongorot nicht färben. Trotzdem konnte FRENZEL zeigen, daß Wege von etwa 50 Å Durchmesser, die also an die Größenordnung der Intermicellarräume in zellulosischen Wänden heranreichen, vorhanden sein müssen. Bei seinen Filtrationsversuchen beobachtete er nämlich, daß Goldsole von 10 bis 60 Å Teilchengröße die Tracheiden von *Pinus* dichroitisch anfärben. Diese Goldteilchen müssen somit in die Zellwand eingedrungen sein. Man muß sich also die Lignineinlagerung nicht als kompakte Masse vorstellen, sondern es gibt offenbar zwischen den sparrigen Ligninbausteinen Lücken, die beinahe so groß sind, wie die intermicellaren Räume der Zellulose vor der Ligninquellung. Dagegen scheinen die Oberflächen der Zellulosemicelle vom Lignin beschlagnahmt zu sein, da die typischen micellaren Oberflächenreaktionen (Kongorot und Joddichroismus) nicht mehr auftreten.

Die Stoffwanderung durch eine permeable Wand folgt, wie die Diffusion in freier Lösung, dem FICKschen Diffusionsgesetze:

$$dm = k \cdot q \cdot \frac{dc}{ds} \cdot dt \tag{8}$$

d. h. die durchtretende Stoffmenge dm ist proportional (Proportionalitätsfaktor k) der Wandoberfläche q, dem Konzentrationsgefälle dc/ds und der Zeit dt. Es ist indessen klar, daß die Stoffwanderung in der Zellwand einen Diffusionswiderstand erleidet, so daß der Diffusionskonstanten k' für den Durchtritt durch die Zellwand ein kleinerer Wert zukommt als für die Diffusion in der Lösung. Wie stark der Proportionalitätsfaktor k' von den Diffusionskonstanten k der freien Diffusion abweicht, ist nicht näher untersucht. Bei Plasmolyseversuchen werden sie im allgemeinen identisch vorausgesetzt, indem man annimmt, daß das Plasmolytikum innerhalb und außerhalb der Zellwand die gleiche Konzentration besitze. Wenn aber die Zellwand dem Eindringen einer Lösung einen wesentlichen Widerstand entgegensetzen würde, müßte die Konzentration des Plasmolytikums im sog. „Vorraum", das ist der Raum zwischen dem sich zurückziehenden Protoplasma und der Zellwand, kleiner sein als die Konzentration der Lösung, in die man das Objekt eingelegt hat. HÖFLER (2) sowie HUBER und HÖFLER (1) haben bei ihren Untersuchungen über die Wasserpermeabilität des Protoplasmas dieser Frage ihre besondere Aufmerksamkeit gewidmet und fanden, daß das durch die Zellwand in den Vorraum hineindiffundierende Plasmolytikum kaum verdünnter ist als die Außenlösung; denn schneidet man eine weitere Zufuhr des plasmolysienden Salzes ab, indem man die Schnitte in Paraffin legt, vermag die Vorraumlösung dem Protoplasten weiterhin noch Wasser zu entziehen. Man kommt daher zum Schlusse, daß die unverdickten permeablen Zellwände dem Stoffaustausch keinen nennenswerten Widerstand entgegensetzen; die Teilchen wandern durch solche Membranen mit ähnlicher Geschwindigkeit wie bei freier Diffusion.

c) Semipermeable Zellwände.

Viele Zellwände sind so dicht gebaut, daß sie nur mehr Wasser und kleine Moleküle oder Ionen passieren lassen, während sie größeren Molekülen den Durchtritt verwehren. Zellen mit solchen semipermeablen Wänden lassen sich daran erkennen, daß sie nicht mehr plasmolysierbar sind. Falls das Molekularvolumen des Plasmolytikums eine gewisse Grenze überschreitet, kann die plasmolysierende Lösung nicht mehr durch die Wand hindurchdringen und an das Protoplasma herangelangen. Als Folge davon wird dem Protoplasten durch die Zellhaut hindurch Wasser entzogen, so daß die Zellen einknicken oder Eindellungen der dünnsten Wandpartien aufweisen.

Zu den semipermeablen Membranen gehören vor allem die kutinisierten Zellwände (Haare, Farnanulus, Moosblättchen). Die Kutineinlagerung ist indessen kein unbedingtes Erfordernis. RUHLAND und HOFFMANN fanden die wahrscheinlich aus Pektinstoffen bestehende Wand des Riesenbakteriums *Beggiatoa mirabilis* ebenso halbdurchlässig wie das Protoplasmahäutchen.

Eine hervorragende Rolle spielt die Semipermeabilität der Zellwand bei den Samenschalen. Bei Weizen läßt die kutinisierte Grenzschicht unter der Fruchtwand nicht einmal Natriumchlorid durchtreten (BROWN, SCHROEDER).

Mit wachsender Undurchlässigkeit für Ionen nimmt aber auch die Wasserundurchlässigkeit der Samenschalen ab. Man kann

daher den Samenschalen nicht ohne weiteres Semipermeabilität
zuschreiben, denn der Begriff der Halbdurchlässigkeit setzt voraus,
daß Wasser eine Membran ungehindert passiere, während gelöste
Moleküle und Ionen am Durchtritt verhindert werden. Man muß

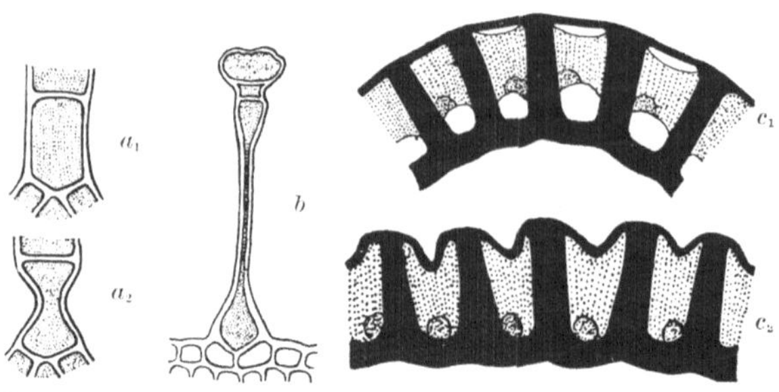

Abb. 60. Semipermeabilität kutinisierter Zellwände (nach FRENZEL).
a) Basiszelle eines Haares von *Verbascum Thapsus* in normalem Zustande (a_1)
und in Rohrzucker (a_2). b) Drüsenhaar von *Salvia Sclarea* in Rohrzucker. c) Farnanulus. c_1 Plasmolyse mit Glyzerin, c_2 Eindellen der Außenwand mit Rohrzucker,
der nicht eindringen kann.

daher unterscheiden zwischen einer für Wasser und gelöste Stoffe
allgemein eingeschränkten Permeabilität und echter Semipermeabilität.

BRAUNER (1) hat diese Verhältnisse bei den Samenschalen eingehend
untersucht und klargelegt. Als Maß für die Elektrolytdurchlässigkeit
wählt er das elektrische Leitvermögen von in molarer Kaliumchloridlösung
getränkten Membranen und für die Wasserdurchlässigkeit die Filtrations-
geschwindigkeit in μ/min bei 1 Atmosphäre Überdruck. Die Ergebnisse sind
in Tabelle 15 zusammengestellt. Die Samenschalen sind einschließlich zweier

Tabelle 15. Semipermeabilität verschiedener Samenschalen und
Filter. (Nach BRAUNER, 1).

	Elektri-sches Leit-vermögen m/1 KCl Λ (reziproke Ω)	Wasser-durch-lässigkeit v μ/min atm.	Semi-perme-abilität bezogen auf *Pisum* = 1 v/Λ
Pisum	2,6	11,0	1
Pergamentfilter	0,86	7,7	2,1
Phaseolus	0,75	3,1	1
Vicia	0,43	3,2	1,7
Aesculus	0,15	0,86	1,3
Ultrafeinfilter	0,044	0,60	3,2
Xanthium	0,015	1,02	15,5
Triticum	0,0017	0,51	65,7
(Protoplasmahäutchen von *Salvinia*)	—	0,55	—

künstlicher Membranen nach fallendem Leitvermögen angeordnet. Wenn man diese Stufenleiter aber zugleich als Reihe steigender Semipermeabilität ansprechen wollte, würde man einen Irrtum begehen, denn die Wasserdurchlässigkeit nimmt, wenn auch in bescheidenerem Maße, ebenfalls gleichsinnig ab. BRAUNER schlägt darum zur Charakterisierung der Semipermeabilität den Quotienten

$$\frac{\text{Wasserdurchlässigkeit } v}{\text{elektrische Leitfähigkeit } \Lambda}$$

vor. Die Samenschale der Erbse ist sowohl für Wasser wie für Ionen leicht durchlässig, so daß sie noch als permeabel angesprochen werden muß. BRAUNER bezieht daher die Quotienten v/Λ auf *Pisum* als Einheit, und erhält die Werte der dritten Spalte in Tabelle 15. Man ersieht daraus, daß die Semipermeabilität mit steigender Dichte der Membranen im allgemeinen zunimmt. Es besteht aber kein gesetzmäßiger Zusammenhang, wie die Ausnahme des Pergamentpapiers und der *Aesculus*-Testa zeigen. Diese Zusammenstellung lehrt, daß die Semipermeabilität ein sehr relativer Begriff ist, denn es gibt Fälle, wo trotz großer Dichtheit der Membranen ein selektives Zurückhalten der Ionen nur eben angedeutet ist, wie z. B. bei der Samenschale von *Aesculus,* deren Quotient nur wenig von der Einheit abweicht, und andere, wie die Testa von *Triticum,* die im höchsten Masse semipermeabel sind.

Der Filtrationswiderstand der *Triticum*-Samenhülle ist gleich groß wie derjenige, den HUBER und HÖFLER (2) für das Protoplasmahäutchen von *Salvinia* angeben (s. Tabelle 15). Nach diesen Autoren kommt dem Plasma oft eine auffallend kleine Wasserpermeabilität zu, die nach den gemessenen Filtrationswiderständen der Wasserundurchlässigkeit kutinisierter Zellwände ähnlich wäre.

Die von BRAUNER vorgeschlagene Messung der Semipermeabilität läßt sich begreiflicherweise nur auf Elektrolyte anwenden, da bei Nichtelektrolyten Leitfähigkeitsmessungen nicht möglich sind. Es bleibt daher die Frage noch offen, ob es größere Moleküle von Nichtelektrolyten gibt, denen der Durchtritt durch eine kutinisierte Wand absolut verwehrt ist. Nach FRENZEL scheint dies für Rohrzucker der Fall zu sein, da die erzeugten Schrumpfungseffekte (s. Abb. 60) bei Haaren bleibender Art sind, im Gegensatz zu den Verhältnissen bei der Plasmolyse, wo nach längerer Einwirkungszeit die eintretende Deplasmolyse die Permeierfähigkeit des Plasmolytikums verrät. FRENZEL schließt daraus, daß der Rohrzucker von der kutinisierten Membran wie von einem Ultrafilter abgesiebt werde, und daß daher die Diffusionswege in diesen Zellwänden weniger als 10 Å weit sein müssen. Man muß dabei allerdings berücksichtigen, daß das Kutin auf Grund seines Chemismus ein hydrophober Körper ist, so daß die Durchtrittsverwehrung nicht einzig und allein auf der Kleinheit der wegbaren Räume zu beruhen braucht.

Als wichtiges Ergebnis muß die Tatsache festgehalten werden, daß bei der Ligninquellung die intermicellaren Räume für Ionen, wasserlösliche Moleküle und Kolloidteilchen bis über 10 Å Durchmesser wegbar bleiben, während die Kutineinlagerung die Permeabilität der Zellwand weitgehend aufhebt.

d) Polare Permeabilität.

Die kutinisierten Zellwände zeichnen sich nicht nur durch eine Ultrafilterwirkung gegenüber Teilchen von der Größe der Rohrzuckermoleküle aus, sondern sie zeigen außerdem noch die merkwürdige Erscheinung der polaren Durchlässigkeit (DENNY), falls sie in Verbindung mit durchlässigeren zellulosischen Schichten sind. Am eingehendsten ist der Effekt der polaren Permeabilität von BRAUNER (2, 3) an der Testa des Roßkastaniensamens untersucht worden. Er läßt Wasser durch Scheibchen von *Aesculus*-Samenschalen filtrieren, und findet in der Richtung von außen nach innen einen bedeutend geringeren Filtrationswiderstand als umgekehrt.

	Jena	Dublin
Aesculus-Samenmaterial aus		
Filtrationsgeschwindigkeit in der Normalrichtung. .	$52,8\ \mu/h$	$37,8\ \mu/h$
Filtrationsgeschwindigkeit in der Inversrichtung . .	$31,8\ \mu/h$	$24,9\ \mu/h$

Versuchsbedingungen: 1 Atmosphäre Überdruck, 25^0 C.

Die Ursachen dieser interessanten Erscheinung, die den Wasserverlust ruhender Samen einschränken und die Wasseraufnahme vor der Keimung erleichtern, beruhen nach BRAUNER auf elektroosmotischen Vorgängen (STERN, 1). Erzeugt man eine elektrische Potentialdifferenz in einer Flüssigkeit mit elektrisch geladenen Kolloidteilchen, so beginnen diese zu wandern. Die Wanderung wird als Kataphorese bezeichnet. Denkt man sich die Teilchen fest, so wird, da die relative Bewegung zwischen Flüssigkeit und Teilchen aufrechterhalten bleibt, die Flüssigkeit wandern, und zwar in umgekehrtem Sinne wie die Teilchen; dies ist die Erscheinung der Elektroosmose. Sie kommt zustande, wenn man ein elektrisch geladenes Diaphragma in eine Flüssigkeit und zu beiden Seiten davon die Elektroden eines Gleichstromkreises taucht. Die Zellwände sind im allgemeinen gegenüber Wasser schwach negativ geladen, wahrscheinlich weil eine gewisse Anzahl H-Ionen von den OH-Gruppen der Zellulose oder der Galakturonsäure der Pektinstoffe abdissoziieren. Die Zellwände werden also im allgemeinen einen elektroosmotischen Effekt zeigen, wenn man eine Potentialdifferenz an sie anlegt. Läßt man nun, statt durch eine elektroosmotische Kraft auf andere Weise (z. B. durch die Schwerkraft) Wasser durch diese Membranen filtrieren, muß umgekehrt eine Potentialdifferenz durch die Wanderung des Wassers entstehen (sog. Strömungsstrom); die Eintrittsstelle der Filtrationsströmung lädt sich negativ, die Austrittsstelle dagegen positiv auf.

Der elektroosmotische Effekt allein genügt indessen noch nicht, um die polare Permeabilität kutinisierter Wände zu erklären. Es kommt vielmehr noch ein zweites Prinzip in Betracht, das auf der Vereinigung von zwei sich verschieden verhaltenden Schichten beruht. Es wurde erwähnt, daß sich Zellulose gegenüber Wasser schwach negativ auflädt, daß sie also schwach anionische Eigenschaften besitzt. BRAUNER hat nachgewiesen, daß dieser azidoide Charakter bei Zellwänden mit Kutineinlagerungen, offenbar infolge der Karboxylgruppen dieser intermicellaren Substanz, noch verstärkt wird. Durch die Untersuchungen von MICHAELIS und seiner Mitarbeiter ist ferner bekannt, daß in azidoiden Membranen mit zunehmender Dichte die Beweglichkeit der Anionen weit mehr gehemmt wird als diejenige der Kationen. Aus diesen Tatsachen folgt, daß beim Lösungsvorgange von in der Zellwand vorhandenen Ionen in Wasser die Kationen den Anionen vorauseilen. Bei aus kutikularen und zellulosischen Schichten bestehenden Doppelmembranen äußert sich dies so, daß sich die dichte Kutikula gegenüber den tieferen Wandschichten, wie dies allgemein beobachtet wird, positiv auflädt.

In einseitig kutinisierten Zellwänden bestehen somit zwei verschiedene Potentiale, wenn man Wasser durch sie hindurch filtrieren läßt:

1. Ein der Zellwand innewohnendes Diffusionspotential auf Grund der verschiedenen Anionenbeweglichkeit im kutinisierten und nichtkutinisierten Teil des Micellargefüges.

2. Ein durch die Filtration hervorgerufenes Strömungspotential, verursacht durch die Bewegung des gegenüber der Zellwand positiv geladenen Wassers.

Besitzen diese beiden Potentiale umgekehrte Vorzeichen, werden sie sich gegenseitig abschwächen, und die Wasserfiltration wird leichter vor sich gehen, als wenn die Wasserbewegung die bestehende Potentialdifferenz erhöht. Es folgt daraus, daß die Wasserdurchlässigkeit kutinisierter Membranen von außen nach innen größer sein muß als von innen heraus.

Der polaren Permeabilität der kutinisierten Zellwände liegt keine aktive Triebkraft zugrunde, sondern sie ist, wie BRAUNER ausführt, eine passive Ventilwirkung. Sie kann in der Tat nur auftreten, solange sich diffusible Ionen in der Membran befinden. Hebt man das Diffusionsgefälle auf, indem man statt Wasser Kaliumsulfatlösungen durchfiltrieren läßt, ist die Polarität der Durchlässigkeit verschwunden. Dasselbe ist zu erwarten, wenn man die Zellwand durch fortgesetztes Auswaschen an Ionen verarmen läßt. Die aktive Unterhaltung der polaren Permeabilität muß daher, falls deren Erhaltung ein physiologisches Erfordernis ist, vom lebenden Protoplasma aus geschehen, indem die abdiffundierenden Ionen stets ergänzt werden.

e) Die Permeabilitätstheorie vom Standpunkt der Micellarlehre aus.

Kutinisierte Zellwände zeigen als tote Membranen wie das lebende Protoplasmahäutchen die Eigenschaften der Semipermeabilität und der polaren Durchlässigkeit. Es ist daher verlockend, die verschiedenen Permeabilitätstheorien an dieser Modellmembran, deren Chemismus und submikroskopischer Bau weitgehend aufgeklärt ist, zu prüfen.

Die Ultrafiltertheorie. Wenn Wassermoleküle oder Ionen durch die Zellwand wandern, werden sie ihren Weg nicht durch das Kristallgitter der Zellulosemicelle nehmen, sondern durch die intermicellaren Räume diffundieren. In zellulosischen Zellwänden sind diese Wege von der Größenordnung 100 Å, so daß darin Wasser, gelöste Moleküle und Ionen mit Durchmessern von 2—10 Å in ihrer Beweglichkeit kaum behindert werden. Ähnliches gilt für die pektinischen Zellwände, über deren micellaren Bau man sich allerdings noch kein abgeschlossenes Bild machen kann, und für verholzte Membranen, in denen ja die eingelagerte amorphe Ligninsubstanz die intermicellaren Räume nicht kompakt ausfüllt, sondern für Wasser leicht gangbare Filtrationswege offen läßt. Noch weitergehend werden aber die zwischenmicellaren Räume durch die Kutineinlagerung eingeengt, so daß der Durchtritt von Wasser großem Widerstand begegnet; Moleküle von der Größe des Glyzerins können noch eben durchtreten (Plasmolyse von kutinisierten Haaren und Anuluszellen), Glukose kann in vielen Fällen noch eindringen, in anderen dagegen nicht, und Saccharose bleibt in allen von FRENZEL untersuchten Fällen durch die Kutikula vom Eintritt in die Zellen ausgeschlossen.

Diese Beobachtungen lassen sich am einfachsten nach der Ultrafiltertheorie deuten, deren hervorragendster Verfechter auf botanischem Gebiete RUHLAND ist. Er hat mit seinen Mitarbeitern (RUHLAND und HOFFMANN; SCHÖNFELDER; RUHLAND, HOFFMANN und YAMAHA) nachgewiesen, daß bei *Beggiatoa mirabilis* Moleküle und Ionen nach Maßgabe ihres Volumens durch die semipermeable Protoplasmahaut permeieren. Als Maß für das Volumen der Moleküle benützt man das Molvolumen (spezifisches Volumen der chemischen Verbindung mal Molekulargewicht) oder auch wohl die Molrefraktion (MR_D) (BÄRLUND, 2). Diese wird aus dem gesetzmäßigen Zusammenhang zwischen Molekülbau und Brechungsvermögen der betreffenden Substanz abgeleitet.

Das Molekularvolumen irgendeiner Verbindung läßt sich nach der KOPPschen Regel aus der Summe der Atomvolumina und bestimmten Addenden für doppelte Bindungen berechnen. In ähnlicher Weise läßt sich die Molrefraktion aus den entsprechenden Atomrefraktionen ermitteln (NERNST).

Tabelle 16. Wichtige Konstanten einiger organischer
Plasmalytika.

	Molekulargewicht	Molvolumen nach KOPP [1]	Molrefraktion MR_D	Verteilungskoeffizient Aether/ Wasser [2]	Oberflächenspannung (0,1 normal) [3]
Wasser . . .	18,0	—	3,7	—	1,0000
Methylalkohol	32,0	40,8	8,2	0,273	0,9863
Äthylalkohol	46,0	62,8	12,8	1,86	0,9687
Harnstoff . .	60,1	59,2	13,7	0,00047	1,0008 (0,5 n!)
Glyzerin . .	92,1	87,8	20,6	0,00066	0,9981
Glukose . .	180,1	183,2	37,5	< 0,00001	1,0050 (0,5 n!)
Mannit . . .	182,1	189,2	39,1	< 0,00001	1,0005
Rohrzucker .	342,2	345,6	70,4	< 0,00001	1,0009

Molekularvolumen und Molekularrefraktion sind relative Maße für die
Größe der Moleküle. In Tabelle 16 sind sie für die von FRENZEL benützten
Plasmolytika zusammengestellt. Bei einem Molvolumen von etwa 180
($MR_D \sim 40$) liegt die kritische Grenze für die Durchlässigkeit bei kutinisierten Membranen von Pflanzenhaaren. Wesentlich größere Moleküle, wie
der Rohrzucker, werden von der Kutikula wie von einem Sieb zurückgehalten. Hier handelt es sich tatsächlich um eine Filtration, während für
die Permeabilitätsvorgänge im Protoplasma die Bezeichnung Ultrafiltration
weniger geeignet ist, da es sich dort nicht um ein völliges Verhindern des
Durchtrittes, sondern lediglich um eine stark verzögerte Diffusion handelt.

Permeabilität und Hydrophobie. Zwei weitere Permeabilitätstheorien sollen hier zusammen besprochen werden, nämlich die
Lipoidtheorie von OVERTON und die Adsorptionstheorie von
TRAUBE. Nach der erst erwähnten, die auf botanischem Gebiete
in COLLANDER und seinem Mitarbeiter BÄRLUND (2), (COLLANDER
und BÄRLUND, 1, 2) ihre Verfechter gefunden hat, gehorcht die
Permeabilität durch das Protoplasmahäutchen der Lipoidlöslichkeit der permeierenden Stoffe. Als Lipoide werden im engeren
Sinne fettähnliche Stoffe bezeichnet, im weiteren dagegen alle
möglichen organischen Verbindungen, die in Wasser kaum, in
typisch organischen, mit Wasser nicht mischbaren Flüssigkeiten
dagegen leicht löslich sind. Im übertragenen Sinne betrachtet
man diese Lösungsmittel auch wohl selbst als Lipoide und spricht
dann von der Lipoidlöslichkeit eines Stoffes in solchen Flüssigkeiten. Als deren Prototypen wählt BÄRLUND für seine Versuche
Äther und Olivenöl. Als Maß für die Lipoidlöslichkeit wird der
Verteilungskoeffizient $c_{\text{Lipoid}}/c_{\text{H}_2\text{O}}$ gewählt, d. h. das Verhältnis der

---

[1] Siehe RUHLAND und HOFFMANN.
[2] Siehe COLLANDER und BÄRLUND (3). [3] Siehe BÄRLUND (2).

Konzentration des fraglichen Stoffes im gewählten Lösungsmittel zu derjenigen in Wasser, wenn man eine wässerige Lösung mit der Lipoidflüssigkeit überschichtet und ausschüttelt. Der Verteilungskoeffizient ist für nicht dissoziierende Verbindungen unabhängig von der Ausgangskonzentration in Wasser (HÖBER, 3) und daher eine Stoffkonstante (s. Tabelle 16). Chemische Verbindungen, die von lipoiden Flüssigkeiten gelöst werden, sollen nach der Lipoidtheorie leichter permeieren als wasserlösliche; und zwar soll die Permeabilität nach Maßgabe der Verteilungskoeffizienten erfolgen, da das Grenzhäutchen des Protoplasmas aus Lipoiden bestehe.

Nach der Adsorptionstheorie geht die Permeabilität gelöster Stoffe hingegen parallel mit ihrer Oberflächenaktivität, d. h. je mehr ein Stoff die Oberflächenspannung des Wassers erniedrigt, desto leichter soll er ins Protoplasma eindringen. Die Oberflächenspannung wird gewöhnlich nach der Tropfenmethode mit einem Stalagmometer[1] gemessen.

Es ist merkwürdig, daß bei der Diskussion des Permeabilitätsproblems nirgends mit mehr Nachdruck darauf hingewiesen wird, daß Lipoidlöslichkeit und Oberflächenaktivität eigentlich die Folge ein und derselben Eigenschaft eines gelösten Stoffes sind, nämlich der Ausdruck seiner Hydrophobie. Je weniger hydrophile Gruppen eine organische Verbindung besitzt, desto größer wird ihre Löslichkeit in lipoiden Lösungsmitteln, und um so mehr werden ihre Moleküle in die Wasseroberfläche gedrängt, wo sich ihre hydrophoben Gruppen dem Kontakte mit Wassermolekülen entziehen können, indem sie sich vom Wasser abwenden. Bei hydrophilen Stoffen, wie den Zuckern, mit ihren vielen OH-Gruppen, sind daher sowohl Lipoidlöslichkeit als auch Oberflächenaktivität auf ein Minimum reduziert (s. Tabelle 16).

Die Moleküle der Zellwand und die permeierenden Stoffe sind sowohl aus hydrophilen als auch aus hydrophoben Radikalen zusammengesetzt. Da sich die hydrophilen Gruppen eines wandernden Stoffes den hydrophilen Gruppen des Mediums, in dem er sich befindet, nähern können, von den hydrophoben dagegen ferngehalten werden, erhellt ohne weiteres die große Bedeutung des zahlenmäßigen gegenseitigen Verhältnisses von hydrophoben und hydrophilen Gruppen für die Permeabilität.

Die Verhältnisse sollen am Beispiel der kutinisierten Zellwand erläutert werden, wobei vorausgesetzt sei, daß diese aus

---

[1] stalagma (griech.) = der Tropfen.

einem zellulosischen Micellargerüst mit intermicellar eingelagertem Kutin aufgebaut sei.

Wenn ein Wassermolekül durch eine solche Membran wandern soll, wird dies in Wechselwirkung mit den OH-Gruppen der Zellulosemicelle und eventuell mit den COOH-Gruppen der Kutinstoffe geschehen, d. h. das Wasserteilchen wird wahrscheinlich der Oberfläche der Micelle folgen. Dagegen scheint es unmöglich, daß Wassermoleküle zwischen die zum größten Teile aus hydrophoben Radikalen bestehenden Fadenmoleküle des Kutins, die gerichtet zwischen den Zellulosemicellen liegen, eindringen. Umgekehrt wird ein hydrophobes Molekül, das sich den OH-Gruppen der Micelloberflächen nicht nähern kann, seinen Weg zwischen den Kutinmolekülen hindurch finden müssen, wenn es durch die Zellwand permeieren soll. Lipophile und lipophobe Stoffe würden also, ähnlich wie dies NATHANSOHN in seiner Mosaiktheorie ausgesprochen hat, an verschiedenen Orten durch die Zellwand wandern.

Es ist klar, daß die Wechselbeziehungen zwischen hydrophoben und hydrophilen Gruppen vor allem eine Rolle spielen, wenn die Diffusionswege von der Größenordnung der wandernden Moleküle sind. Es ist dann möglich, daß lipoidlösliche Stoffe durch Membranen mit vielen hydrophoben Gruppen (wie sie nach der Wasserundurchlässigkeit des *Salvinia*-Protoplasmas zu schließen, wahrscheinlich in vielen semipermeablen Plasmahäutchen vorliegen) ihren Weg besser finden als lipoidunlösliche Stoffe von gleichem Molekularvolumen.

Wenn dagegen die Diffusionswege so weit sind, daß bei der Teilchenwanderung keine gegenseitige Beeinflussung der verschiedenen Radikale auftritt, indem die hydrophilen Gruppen der diffundierenden Teilchen außerhalb der Wirkungsphäre der hydrophoben Membrangruppen vorbeiwandern können, wird die Permeabilität vornehmlich nach Maßgabe der Molekularvolumina erfolgen.

Es ist in dieser Hinsicht interessant, daß sowohl RUHLAND als auch COLLANDER auf Grund ihrer neuesten Arbeiten zum Schlusse kommen, daß für die Permeabilität beide Prinzipien: Ultrafiltration und Hydrophobie (bzw. Lipoidlöslichkeit) in Betracht kommen; nur möchte RUHLAND nach den Befunden bei *Beggiatoa* der Ultrafiltration und COLLANDER, der mit *Rheo* und *Chara* arbeitet, der Lipoidlöslichkeit die vorherrschende Bedeutung zuweisen. Es scheint nicht ausgeschlossen, daß die von COLLANDER und BÄRLUND untersuchten Objekte relativ dichtere Protoplasmahäutchen besitzen als *Beggiatoa*, so daß, wie dies bereits für die prinzipiellen Meinungsverschiedenheiten über das Permeabilitätsproblem geschehen ist, auch die heute noch bestehenden graduellen Auffassungsunterschiede mit der Zeit behoben werden könnten. Es wäre dazu allerdings nötig, den offenbar zu eng gefaßten Begriff der Lipoidlöslichkeit durch den weiteren der Hydrophobie zu ersetzen; denn der hydrophobe Effekt äußert sich nicht nur bei Lipoiden im engeren Sinne, sondern auch bei Eiweißstoffen. Das semipermeable Protoplasmahäutchen braucht daher nicht aus hypothetischen Lipoiden, sondern einfach aus Proteinen von bestimmter Hydrophobie zu bestehen.

Permeabilität und isoelektrischer Punkt. Als isoelektrischen Punkt bezeichnet man denjenigen Zustand eines kolloiden Systems, in welchem die disperse Phase (in unserem Falle die Zellwand) gegenüber dem Dispersionsmittel keine elektrische Ladung besitzt. Man kann den Ladungsunterschied durch Veränderung der Wasserstoffionenkonzentration des Lösungsmittels zum Verschwinden bringen. Fügt man einem gegenüber Wasser negativ geladenem Teilchen H^+-Ionen zu, oder nimmt man einem positiv geladenem Teilchen H^+-Ionen weg, kann seine Ladung neutralisiert und aufgehoben werden. Man charakterisiert daher den isoelektrischen Punkt durch den Wasserstoffionenexponent p_H ($=$ negativer Logarithmus der H-Ionenkonzentration), desjenigen Dispersionsmittels, in welchem die Kolloidteilchen im elektrischen Felde nicht wandern, oder in welchem ein unbewegliches Diaphragma keine Potentialdifferenz gegenüber der Inbibitionsflüssigkeit zeigt. Kolloidteilchen, die gleich viele H^+- wie OH^--Ionen abdissoziieren, haben einen isoelektrischen Punkt von 7; bei solchen, die überschüssige OH^--Ionen an das Dispersionsmittel abgeben, ist er > 7, und solche, bei denen H^+-Ionen frei werden < 7. Man kann sich das Wesen des isoelektrischen Punktes so vorstellen, daß durch richtige Einstellung der Wasserstoffionenkonzentration des Lösungsmittels das Diffusionspotential der H-Ionen der dispersen Phase aufgehoben wird und die Teilchen infolgedessen neutral bleiben.

Zellulose ist normalerweise gegenüber Wasser negativ geladen, sie besitzt also einen isoelektrischen Punkt < 7, d. h. es kommen ihr, wie wir bereits anläßlich der polaren Permeabilität gesehen haben, schwach azidoide Eigenschaften zu. Es wurde auch erwähnt, daß nach BRAUNER (3) der Säurecharakter bei der

Kutinisierung erheblich verstärkt wird, so daß eine kutinisierte Membran sich gegenüber einer Lösung stark anionisch verhält.

Dies bleibt nicht ohne Auswirkung auf die Permeabilitätserscheinungen. Wandernde Teilchen, die von der Größenordnung der Diffusionswege sind, werden von der Ladung der Zellwand beeinflußt werden, wie dies in auffallender Weise gegenüber Farbstoffen geschieht. Basische Farbstoffe (mit gefärbtem Kation) werden von der kutinisierten Wand aufgenommen und durchgelassen, saure (mit gefärbtem Anion) dagegen nicht; wobei, wie Tabelle 17 zeigt, die Molekülgröße eine untergeordnete Rolle spielt. Es können sogar basische Farbstoffe mit höherem Molekulargewicht als Rohrzucker (342,1) durch die kutinisierte Zellwand hindurch diffundieren.

Tabelle 17. Farbstoffe für Permeabilitätsstudien.

Basische Farbstoffe	Molekular-gewicht	Saure Farbstoffe	Molekular-gewicht
Chrysoidin	212,2	Orange G	452,3
Methylenblau	319,8	Bordeaux R	502,3
Nilblau	353,7	Eosin	691,8
Malachitgrün	364,8	Kongorot	696,5
Methylgrün	458,3	Wasserblau	799,6
Jodgrün	613,2	Berlinerblau	859,2

Der Säurecharakter der Zellulose ist so schwach ausgeprägt, daß sie trotz ihrer negativen Ladung mit sauren Farbstoffen angefärbt werden kann (Kongorotfärbung im alkalischen Bade!). Stark kutinisierte Zellwände, wie diejenige der Samenschale von *Aesculus*, sind dagegen so weitgehend azidoid, daß sie sich nicht umladen lassen.

Zusammenfassend kann man über die Permeabilitätserscheinungen bei den dichtesten bekannten Zellwänden, nämlich den kutinisierten Membranen, folgendes sagen: Die Durchlässigkeit wird in erster Linie durch das Volumen der diffundierenden Teilchen bestimmt (Ultrafilterwirkung). Ferner tritt wie beim semipermeablen Protoplasmahäutchen ein starker hydrophober Effekt auf. Als drittes Prinzip spielt die negative Ladung der kutinisierten Zellwände eine Rolle, indem sie Kationen (z. B. basischen Farbstoffen) den Durchtritt erleichtert. So zeigt ein lebloses Ausscheidungsprodukt bereits alle Komplikationen, auf die man bei der Untersuchung der Plasmapermeabilität stößt, so daß die kutinisierte Zellwand als Modellmembran für das Permeabilitätsproblem gelten kann.

II. Rekretion.

A. Die anorganischen Ausscheidungsstoffe der Pflanzen.

Die höheren Pflanzen zeichnen sich fast ausnahmslos durch feste anorganische Ausscheidungen aus, die sie in ihren Geweben anhäufen. Sie unterscheiden sich dadurch in einem wesentlichen Punkte von den Tieren, die überschüssige anorganische Stoffe, soweit sie nicht zum Aufbau des Skelettes Verwendung finden, nach außen abschieben. Es sind im wesentlichen 2 Stoffgruppen, die im Pflanzenleibe abgelagert werden: einerseits Kalksalze und andererseits Kieselsäureanhydride. In seltenen Fällen treten auch Ausscheidungen von Magnesium- *(Paniceen)* oder Aluminium-verbindungen *(Lycopodiaceen, Symplocaceen)* auf. Meist handelt es sich dabei jedoch um Ausfällungen, die erst beim Trocknen der Pflanzen entstehen (Herbarmaterial), und vielfach ist deren genaue chemische Zusammensetzung ungenügend bekannt (NETOLITZKY, 6). Von allgemeiner physiologischer Bedeutung für die höheren Pflanzen sind jedenfalls nur die Kalk- und Kieselablagerungen.

1. Die Kalziumsalze.

Die Liste der Kalziumverbindungen, die in der Pflanze in fester Form auftreten, ist ziemlich umfangreich; sie umfaßt eigentlich alle schwerlöslichen Kombinationen des Kalziumions mit in der Pflanze vorkommenden Anionen. Sie sind in Tabelle 18 mit ihrem Kristallwassergehalt nach zunehmender Löslichkeit aufgezählt. Die Löslichkeit ist in g anhydres Salz/Liter Wasser angegeben. Es ist bezeichnend, daß die so entstehende Reihenfolge, mit Ausnahme von Phosphat und Zitrat, zugleich den Häufigkeitsgrad

Tabelle 18.

Kalziumsalz		Löslichkeit g/l bei 18° C	Löslichkeitsprodukt
Oxalat-Monohydrat . .	$Ca[C_2O_4] \cdot 1\,H_2O$	0,0055	$1,8 \cdot 10^{-9}$
Oxalat-Trihydrat . .	$Ca[C_2O_4] \cdot 3\,H_2O$	$\simeq 0,0055$	$\simeq 1,8 \cdot 10^{-9}$
Karbonat (Kalzit) . .	$Ca[CO_3]$	0,013	$1,7 \cdot 10^{-8}$
Tartrat-Tetrahydrat .	$Ca[C_4O_6H_4] \cdot 4\,H_2O$	0,115	$5,2 \cdot 10^{-7}$
Phosphat	$(?)Ca[HPO_4] \cdot 2\,H_2O$	0,20	$5,6 \cdot 10^{-7}$
Zitrat-Tetrahydrat . .	$Ca_3[C_6O_7H_5]_2 \cdot 4\,H_2O$	0,85	$7,5 \cdot 10^{-12}$
Sulfat-Dihydrat (Gips)	$Ca[SO_4] \cdot 2\,H_2O$	2,0	$2,3 \cdot 10^{-4}$
Malat-Trihydrat . . .	$Ca[C_4O_5H_4) \cdot 3\,H_2O$	8,4	$2,4 \cdot 10^{-3}$

wiedergibt, mit dem die verschiedenen Kalziumsalze in den pflanzlichen Geweben auftreten.

In den meisten Fällen kristallisieren die ausgeschiedenen Kalksalze
und sind dann, da keines dem kubischen Kristallsystem angehört, stets doppelbrechend. Häufig treten wohl entwickelte Kristallformen auf, an denen die
entsprechenden Salze schneller und sicherer erkannt werden können, als auf
dem oft unbefriedigenden Wege der gewöhnlich vieldeutigen mikrochemischen
Auflösungsreaktionen. Wenn die Kristalle keine deutlichen Flächen oder
Kanten ausgebildet haben, gelingt es vielfach sie an Hand ihrer Doppelbrechung zu identifizieren. Es sollen daher zuerst die kristallographischen
und optischen Eigenschaften der Kalziumsalze in der Pflanze behandelt und
an Hand von Skizzen und Tabellen übersichtlich zusammengestellt werden.

Das Phosphat tritt nie in wohl ausgebildeten Kristallen auf, sondern
nur in Form von Globoiden (als Ca-Mg-Phosphat in den Aleuronkörnern),
Sphäriten und Konkretionen fraglicher Gesamtzusammensetzung. Gewöhnlich fällt es erst beim Einlegen der Objekte in Alkohol aus (MOLISCH, 4).
In vielen Fällen ist die Phosphatnatur dieser Sphärite bestritten. Noch
unsicherer ist das Auftreten von kristallisiertem Kalziumzitrat bei höheren
Pflanzen (WEHMER, 2); es ist bis jetzt mit Sicherheit nur in Pilzkulturen
von *Citromyces*-Arten festgestellt worden. Diese beiden Salze sollen daher
von der folgenden Besprechung ausgeschlossen werden.

a) Kristallographie und Optik der kristallisierten Kalziumsalze.

Kalziumoxalat-Monohydrat. Das Kalziumoxalat-Monohydrat
kristallisiert monoklin. Von den drei kristallographischen Achsen a,
b und c stehen a und c schief zueinander; sie bilden den Winkel β.
Das Achsenverhältnis beträgt (BROOKE):

$$a:b:c = 0{,}8696 : 1 : 1{,}3695 \qquad \beta = 107^0\,18'.$$

Die in den Pflanzen auftretenden Kristalle von Kalziumoxalat-
Monohydrat sind identisch mit dem Mineral Whewellit (HOLZNER, 1);
von den 44 verschiedenen Flächenformen des Whewellits (s. Abb. 66)
kommen aber bei den Pflanzenkristallen nur vier vor (FREY, 2),
nämlich zwei Pinakoide (Flächenpaare) und zwei Prismen mit
folgenden kristallographischen Symbolen[1]:

---

[1] Die Zahlen zwischen den Klammern sind die reziproken Achsenabschnitte oder Indices der Flächen (s. S. 18); die Buchstaben entsprechen
den in den Abbildungen eingetragenen Flächenbezeichnungen. Nach der
kristallographischen Schreibweise bedeuten Indices zwischen geschweiften
Klammern Flächenformen, z. B. beim Prisma x $\{0\,1\,1\}$ alle vier zum
Prisma gehörenden Flächen, während runde Klammern, z. B. $e\,(\bar{1}\,0\,1)$, nur
eine einzelne Fläche bezeichnen. Eckige Klammern geben Kanten an; so
ist z. B. $[x\,x_1]$ (s. Legende zu Abb. 61) die Kante zwischen den beiden
Flächen x und x_1.

$$
\begin{aligned}
\text{Pinakoid} &\ldots\ldots\ldots & e\ &\{\bar{1}\,0\,1\} \\
\text{Seitliches Pinakoid} &\ldots & b\ &\{0\,1\,0\} \\
\text{Prisma I. Stellung} &\ldots & x\ &\{0\,1\,1\} \\
\text{Prisma II. Stellung} &\ldots & m\ &\{1\,1\,0\}
\end{aligned}
$$

Zwillinge nach e $(\bar{1}\,0\,1)$

Diese vier Formen gehen bei den Pflanzenkristallen zwei typisch verschiedene Kombinationen ein: das Prisma x kombiniert sich mit dem Pinakoid (Flächenpaar) e und bildet so die bekannten isodiametrischen Kristalle (Abb. 61 a, b, e, f und Abb. 62 a), die bei idealer Ausbildung entfernt einem Rhomboeder gleichen; oder die beiden Pinakoide e und b treten zusammen auf, wobei sich die Kristalle gewöhnlich in die Länge strecken und zu Styloiden[1] auswachsen (Abb. 61 c und d). Es hängt im allgemeinen von den Ausmaßen der Kristallzellen ab, ob sich prismatisch gestreckte Styloiden oder isodiametrische Kristalle entwickeln. Das Prisma m tritt immer nur untergeordnet als kantenabstumpfende Flächenform auf (Abb. 61 e—h). In Abb. 62 a ist die in der Kristallographie übliche Aufstellung mit senkrechter c- und links-rechts verlaufender b-Achse gewählt. Für stengelige Kristalle und Zwillinge ist es dagegen geeigneter, die Zone $[e\,b]$ senkrecht zu stellen (Abb. 61 und 62 d).

Die Fläche e wird von einer Symmetrieebene halbiert; sie erscheint daher als rhombische Fläche, oft sogar in Form idealer Rauten (das Kristallsystem des Monohydrats wird deshalb in der älteren Literatur fälschlicherweise hin und wieder als rhombisch bezeichnet). Alle anderen Flächen, x, b und m, sind Parallelogramme, deren Diagonalen schief aufeinanderstehen.

Sehr häufig treten Zwillinge und hin und wieder auch Parallelverwachsungen nach der Fläche e auf (Abb. 61 d, h). Wo dem Pinakoide b Gelegenheit gegeben ist sich zu entwickeln, verzwillingen sich die Kristalle fast regelmäßig, da b für die beiden Zwillingsindividuen eine gemeinsame Fläche ist (Abb. 61 b—d); aus diesem Grunde ist immer ein großer Teil der Styloiden verzwillingt (z. B. bei *Iris*). In der Literatur findet man oft statt e $(\bar{1}\,0\,1)$ die Basis c $(0\,0\,1)$ als Zwillingsfläche der Pflanzenkristalle angegeben

---

[1] stylos (griech.) = Säule, Pfeiler.

Legende zu Abb. 61. Kalziumoxalat-Monohydrat in der Pflanze.

$$
\begin{aligned}
\text{Winkel}\ \alpha &= e : [x\,x_1] & \text{gemessen auf}\ & b\ (0\,1\,0) \\
\beta &= [x\,x_1] : [m\,m_1] & \text{,,}\qquad\text{,,}\quad & b\ (0\,1\,0) \\
\gamma &= [m\,m_1) : e & \text{,,}\qquad\text{,,}\quad & b\ (0\,1\,0) \\
\varepsilon &= [x\,e]\quad : [x_1\,e] & \text{,,}\qquad\text{,,}\quad & e\ (\bar{1}\,0\,1) \\
\xi &= [x\,e]\quad : [x\,x_1] & \text{,,}\qquad\text{,,}\quad & x\ (0\,1\,1) \\
\beta_1 &= \text{Projektion des Winkels}\ [x\,x_1] : [m\,x_1]\ \text{auf}\ (0\,1\,0) \\
\beta_2 &= \qquad\text{,,}\qquad\text{,,}\qquad\text{,,}\quad [m\,x_1] : [m\,m_1]\ \text{,,}\ (0\,1\,0)
\end{aligned}
$$

Vorkommen	Skizze	Winkel		Größe in μ		
		ge-messen	be-rechnet	Breite auf e	Breite auf b	Länge nach $[e\,b]$
Hedychium Gardnerianum im Blatt	a 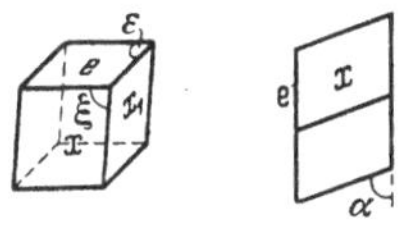	$\alpha=70^0 12'$ $\varepsilon=71^0 28'$ $\xi=74^0 30'$	$\alpha=70^0 32'$ $\varepsilon=71^0 36'$ $\xi=74^0 19'$	15	15	24
Rhamnus lycioides Palisaden des Assimilations- gewebes	b 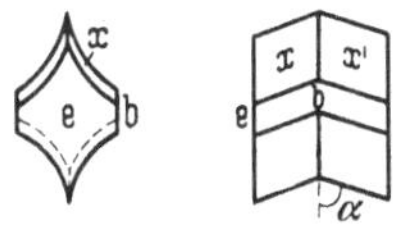	$\alpha=70^0 36'$ Kanten oft sattel- förmig vertieft Zwillinge		34	48	65
Guajacum officinale Phloem	c 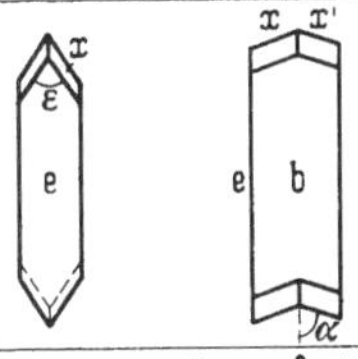	$\alpha=70^0 37'$ $\varepsilon=70^0 36'$ Zwillinge		9	13	42
Iris Pseudacorus Fruchtknoten- Wand Zwillinge	d 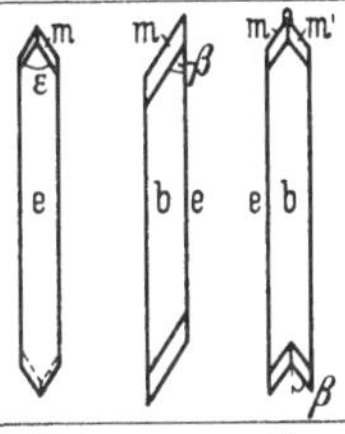	$\gamma=36^0 18'$ $\varepsilon=71^0 30'$ Zwillinge	$\gamma=36^0 46'$	16	16	144
Citrus medica Blattstiel	e 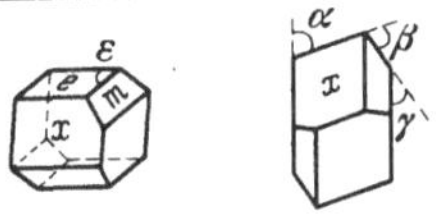	$\alpha=70^0 39'$ $\beta=72^0 12'$ $\gamma=37^0\ 6'$ $\varepsilon=71^0 42'$	$\alpha=70^0 32'$ $\beta=72^0 42'$ $\gamma=36^0 46'$ $\overline{180^0\ 0'}$	29	29	47
	f 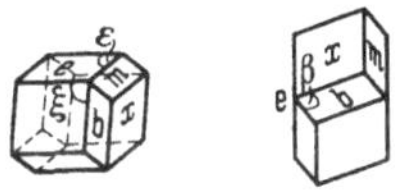	$\beta=72^0 24'$ $\varepsilon=70^0 54'$ $\xi=74^0 36'$		29	29	47
Ilex aquifolium primäre Rinde	g 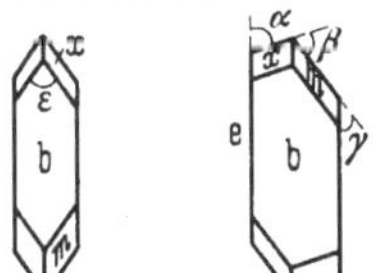	$u-70^0\ 0'$ $\beta=72^0 58'$ $\gamma=36^0 20'$ $\varepsilon=71^0 12'$		12	18	51
Aesculus Hippocastanum Phloem	h 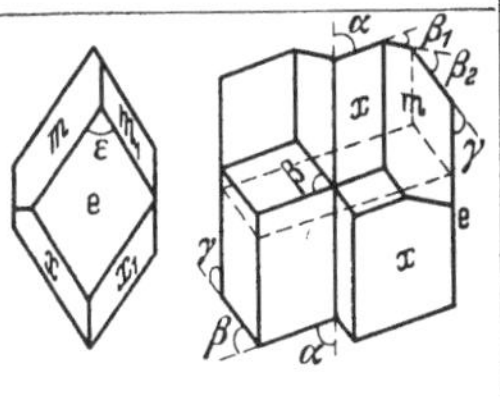	$\alpha=70^0 21'$ $\beta_1=29^0\ 6'$ $\beta_2=43^0 18'$ $\beta=72^0 24'$ $\gamma=37^0\ 0'$ $\varepsilon=71^0 18'$ Parallel- Verwach- sungen	$\beta_1=27^0\ 1'$ $\beta_2=45^0 41'$ $\beta\ \overline{72^0 42'}$	32	61	61

Abb. 61. (Legende nebenstehend.)

(Holzner, 1; Marchet); dies ist ein Irrtum, der auf die Ähnlichkeit des Zwillingswinkels $\alpha = 70^0\,32'$ mit $\beta = 72^0\,42'$ zurückzuführen ist.

Aus Abb. 61 sind Vorkommen, Kombination der Flächenformen, Winkel und Größe besonders schön entwickelter Monohydratkristalle in den Pflanzen zu ersehen.

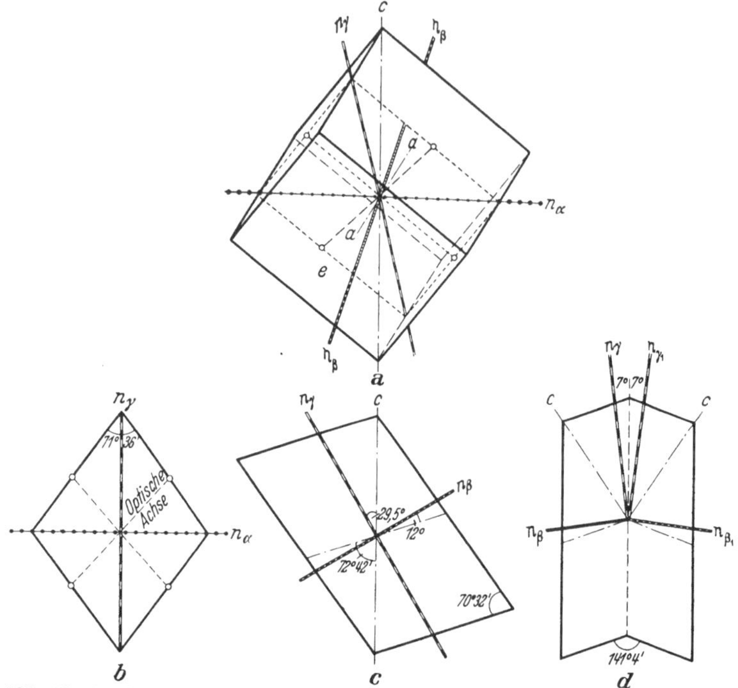

Abb. 62. Optik des Kalziumoxalat-Monohydrates. a) Optische Orientierung. b) Optik auf e ($\overline{1}01$); die optische Achsenebene, die 7^0 gegen e geneigt ist, auf e projiziert. c) Optik auf b (010). d) Zwilling nach e ($\overline{1}01$). —·—·— Kristallographische Achsen c und a; $b = n_\alpha$; •••••••••• n_α; ▬▬▬ n_β; ▭▭▭ n_γ; ○————○ optische Achse, d. h. Richtungen, in denen der Kristall isotrop erscheint.

Optik (Wherry). Das Kalziumoxalat-Monohydrat besitzt als monokliner Kristall drei Hauptbrechungsindices, n_α, n_β und n_γ, von denen der kleinste n_α mit der kristallographischen b-Achse zusammenfällt. Die Werte der Brechungsindices sind aus Tabelle 19 und die Orientierung von n_β und n_γ aus Abb. 62 ersichtlich.

Auf der Fläche e herrscht gerade Auslöschung (Abb. 62b), während auf b, dem seitlichen Pinakoid, eine Auslöschungsschiefe von 7^0 vorhanden ist. Der relativ kleine Auslöschungswinkel kann bei verzwillingten Kristallen (namentlich Styloiden), die auf b liegen, leicht gemessen werden (Abb. 62d), da in der Auslöschungsstellung des einen Zwillingsindividuums das andere, um den doppelten Auslöschungswinkel von 14° gedreht, noch ziemlich stark aufleuchtet. Kleine unverzwillingte Kristalle täuschen auf b oft gerade Auslöschung vor.

$n_\alpha = 1{,}49$ und $n_\beta = 1{,}55$ weichen nur wenig vom Brechungsindex des Kanadabalsams ($n = 1{,}54$) ab, so daß in Balsampräparaten Kristalle, deren n_α oder n_β parallel zur Schwingungsebene des Polarisators stehen, fast verschwinden; steht dagegen $n_\gamma = 1{,}65$, das mit der morphologischen Längsachse der Kristalle zusammenfällt, parallel zur Schwingungsebene, so erhält der Kristall auffallend starke Konturen. Dieser prägnante Reliefwechsel läßt sich beim Drehen des Mikroskoptisches über dem Polarisator bei allen Monohydratkristallen sehr gut beobachten.

Die Doppelbrechung beträgt auf der Fläche b (0 1 0) $n_\gamma - n_\beta = 0{,}095$, während sie auf e annähernd den maximalen Wert $n_\gamma - n_\alpha = 0{,}160$ erreicht. [Da n_γ eine Neigung von 7° gegen die Fläche e besitzt, ist die Doppelbrechung auf e etwas geringer als 0,160 (s. Tabelle 21)]. Die Doppelbrechung

$$n_\gamma - n_\alpha = 0{,}160$$

ist sehr groß und reicht an diejenige des Kalzites, eines der stärkst doppelbrechenden Mineralien, heran (s. Abb. 69).

Kalziumoxalat-Trihydrat. Das Kalziumoxalat-Trihydrat kristallisiert **tetragonal**. Alle drei kristallographischen Achsen stehen senkrecht zueinander und zwei davon sind gleichwertig ($a = b$), so daß die Kristalle auf dem Querschnitt und in der Aufsicht quadratisch erscheinen. Das Achsenverhältnis wurde an künstlichen Kristallen gemessen und beträgt (FREY, 3)

$$a : c = 1 : 0{,}4118.$$

Das Kalziumoxalat-Trihydrat kommt nicht als Mineral vor. Bis jetzt konnten nur drei Flächenformen beobachtet werden:

<pre>
(Bi)-Pyramide I. Art . . p {1 1 1}
Pyramide II. Art . . . d {3 0 1}
Prisma . . . . m {1 1 0}
         Zwillinge nach (2 0 1)
</pre>

Die häufigste Flächenform ist die Bipyramide p, die den Kristallen die bekannte „briefumschlagförmige" Tracht verleiht (Abb. 63a). Gewöhnlich kombiniert sich mit der Pyramide p

Vorkommen	Skizze	Winkel		Größe in μ	
		gemessen	berechnet	Breite auf m	Länge nach c
Begonia spec. Markparenchym des Blattstieles	*a* 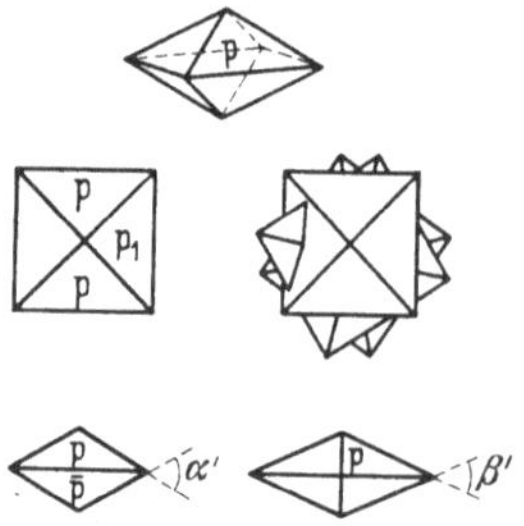	Durch-wachsung $\alpha'=60^0\,16'$ $\beta'=44^0\,51'$	$\alpha'=60^0\,26'$ $\beta'=44^0\,51'$	23	13
Allium sativum Zwiebelschale	*b* 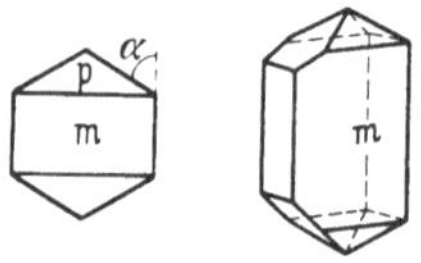	$\alpha=59^0\,49'$	$\alpha=59^0\,47'$	23 23	27 39
Allium cepa Zwiebelschale	*c* 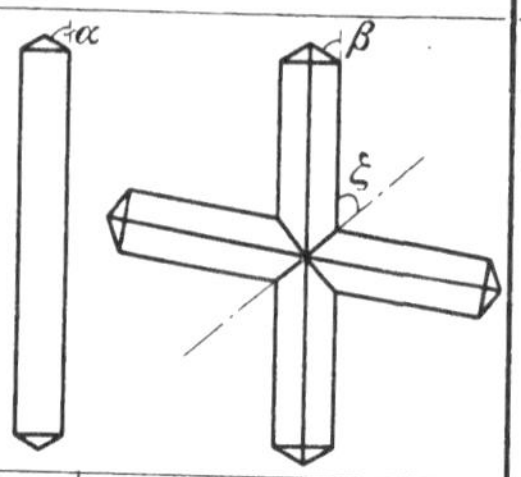	$\alpha=59^0\,53'$ $\beta=67^0\,28'$ $\zeta=50^0\,30'$ Zwilling $n\,(2\,0\,1)$	$\alpha=59^0\,47'$ $\beta=67^0\,34'$ $\zeta=50^0\,31'$	8	66
Tradescantia discolor Wassergewebe des Blattes	*d* 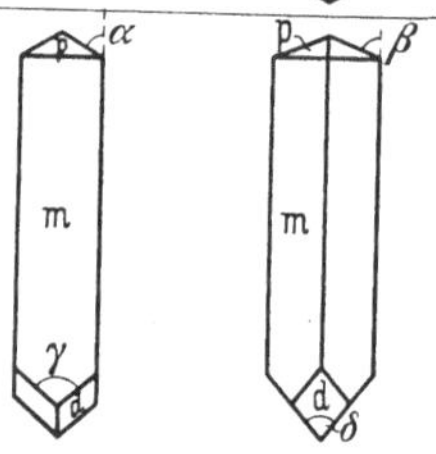	$\alpha=59^0\,40'$ $\beta=67^0\,41'$ $\gamma=74^0\,10'$ $\delta=96^0\,36'$	$\gamma=74^0\ \ 0'$ $\delta=97^0\,30'$	8	38
Allium schoenoprasum Zwiebelschale	*e* 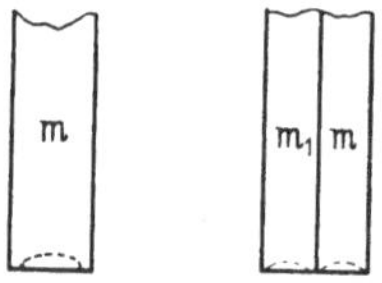	Kanten skelett-artig vor-gezogen, täuschen eine Basis vor		10	38
Allium sphaerocephalum Zwiebelschale	*f* 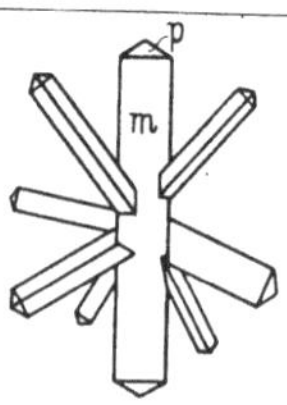	Durch-wachsung		5	32

Abb. 63. (Legende nebenstehend.)

das Prisma *m*, welches die Kristalle stengelig entwickeln läßt
(Abb. 63 b, c). Dem Längenwachstum des Prismas wird in der
Regel durch die Ausmaße der Kristallzellen eine Grenze gesetzt
(z. B. in den Zwiebelschalen von *Allium sativum* und *Allium cepa*).
Die Pyramide II. Art *d*, die um 45^0 gegen die Einheitspyramide *p*
gedreht und nur einseitig entwickelt ist, wurde bis jetzt nur in einem
einzigen Falle bei *Tradescantia discolor*
festgestellt (Abb. 63 d). Die Basis *c* {0 0 1}
konnte entgegen den Angaben von KOHL (1)
nie beobachtet werden; bei *Allium schoeno-*
prasum wird zwar eine Basis durch das
Vorauswachsen der Prismenkanten und die
Unterdrückung der Pyramide vorgetäuscht,
aber man überzeugt sich leicht, daß anstatt
einer ebenen Basisfläche eine skelettartige
Vertiefung vorliegt (Abb. 63 e).

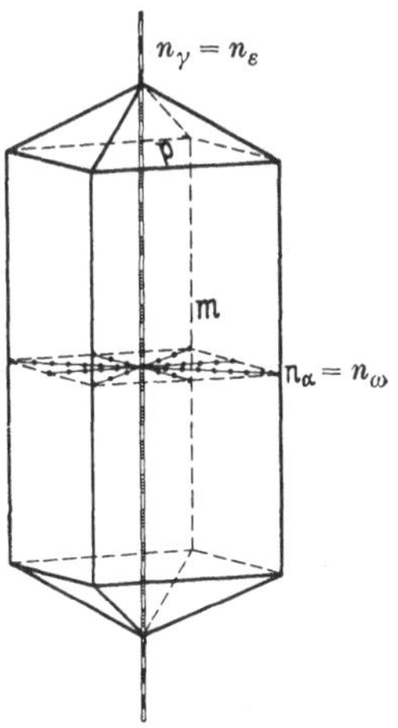

In den Zwiebelschuppen der Gattung
Allium finden sich die mannigfaltigsten
Trachten des im Vergleich zum Monohydrat
weniger variablen Trihydrates (s. Abb. 101).
Bei *Allium cepa*, *Allium fistulosum*, *Allium*
sativum und anderen finden sich schön entwickelte Zwillinge nach einer Pyramiden-
fläche, II. Stellung (2 0 1).

Abb. 64. Optik des Kalziumoxalat - Trihydrates.
n_α;
n_γ = optische
Achse.

Winkel und Kombinationen der Flächenformen vom Trihydrat sind aus Abb. 63 zu
ersehen. Das Trihydrat ist durch die Bipyramide *p* und das Fehlen
schiefer Winkel leicht vom Monohydrat zu unterscheiden.

Optik (Abb. 64). Die Indicatrix tetragonaler Kristalle ist ein
Rotationsellipsoid. Das Trihydrat besitzt daher nur zwei Haupt-
brechungsindices, n_γ und n_α. Mit der Richtung der Rotations-
achse, die als optische Achse mit n_ε bezeichnet wird, fällt der größere
Brechungsindex n_γ zusammen, während n_ω, das senkrecht zur
Achse liegt, dem kleineren Index n_α entspricht. Die Doppelbrechung

Legende zu Abb. 63. Kalziumoxalat-Trihydrat in der Pflanze.

Winkel				gemessen auf	(1 1 0)
$\alpha =$	p	:	m		(1 1 0)
$\beta =$	$[p\ p_1]$	:	$[m\ m_1]$	,, ,,	(0 1 0)
$\alpha' =$	p	:	p	$= (1\,1\,1):(1\,1\,\bar{1})$,, ,,	(1 1 0)
$\beta' =$	$[p\ p_1]$	:	$[\bar{p}\ \bar{p}_1]$	$= [1\,0\,\bar{1}]:[1\,0\,1]$,, ,,	(0 1 0)
$\gamma =$	$[d\ m]$	:	$[d_1\ m]$	,, ,,	(1 1 0)
$\delta =$	d	:	$\bar{d}$	,, ,,	(0 1 0)
$\zeta =$	$(1\,0\,0)$	:	$(2\,\bar{0}\,1)$	,, ,,	(0 1 0)

einachsiger Kristalle wird durch die Differenz $n_\varepsilon - n_\omega$ angegeben. In unserem Falle ist diese Differenz positiv und beträgt

$$n_\varepsilon - n_\omega = 0{,}031$$

Das Trihydrat ist daher optisch positiv.

Die Doppelbrechung 0,031 ist fünfmal kleiner als beim Monohydrat! Sie ist nur auf den Prismenflächen wahrzunehmen; die Doppelpyramiden erscheinen dagegen in der Aufsicht isotrop, da in der Richtung der optischen Achse beobachtet wird. Die Auslöschung der Prismenflächen ist gerade.

$n_\gamma = 1{,}58$ und $n_\alpha = 1{,}55$ (Tabelle 19) sind beide vom Brechungsindex des Kanadabalsams ($n = 1{,}54$) nur unbedeutend verschieden; es findet daher beim Drehen des Objekttisches über dem Polarisator im Gegensatze zum Monohydrat kein auffallender Reliefwechsel statt.

Vergleich zwischen Kalziumoxalat-Monohydrat und -Trihydrat. Wohl ausgebildete Mikrokristalle der beiden Hydratstufen sind an ihren Kristallformen sofort zu erkennen. Es gibt indessen

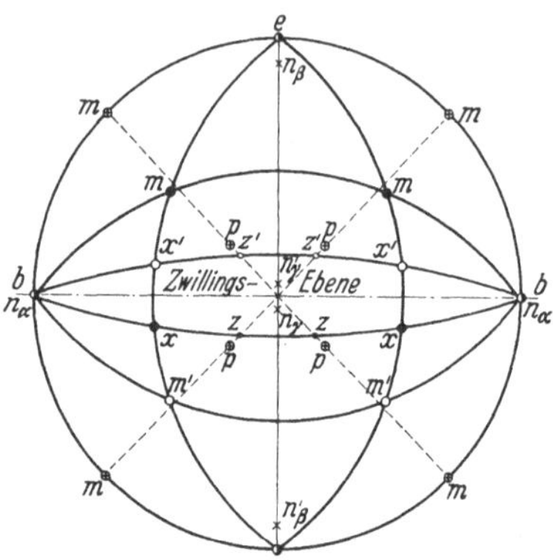

Abb. 65. Monohydratzwilling und Trihydrat in stereographischer Projektion; zeigt die pseudotetragonale Symmetrie der verzwillingten Monohydratkristalle. —— Zonen, ○ ● Flächen des Monohydratzwillings: ○ erstes, ● zweites Individuum, b (0 1 0), e ($\bar{1}$ 0 1), x (0 1 1), m (1 1 0), z (0 1 4) bei Pflanzenkristallen nicht beobachtet; × Ausstichpunkte der Indexachsen n_β und n_γ der beiden Zwillingsindividuen. — — — — Zonen, ⊕ Flächen des Trihydrates: m (1 1 0), p (1 1 1).

Fälle, wo Zweifel entstehen können. Das Trihydrat sowie das Monohydrat besitzen eine gewisse Neigung sich stengelig zu entwickeln, und wenn dann solche Monohydratkristalle verzwillingt sind, können tetragonale Säulen vorgetäuscht werden (Abb. 61 d). Abb. 65 zeigt die stereographische Projektion eines Monohydratzwillings, mit $[e\,b]$ als vertikale Achse, woraus deutlich die pseudotetragonale Symmetrie hervorgeht. Zum Vergleich ist die stereographische Projektion des Trihydrates in dasselbe Diagramm eingezeichnet.

Die stereographische Projektion kommt folgendermaßen zustande: man denkt sich vom Mittelpunkt des Kristalls aus die Lote auf alle seine Flächen gezogen und konstruiert die Durchstoßpunkte dieser Flächennormalen durch eine den Kristall umschreibende Kugeloberfläche. Für jede Kristallfläche findet man daher auf der stereographischen Projektion einen

Punkt und die Anordnung dieser Punkte besitzt dieselbe Symmetrie wie der Kristall.

Die Ähnlichkeit solcher verzwillingter Styloiden mit Trihydratprismen wird noch dadurch erhöht, daß der größere Brechungsindex n_γ ungefähr mit der morphologischen Längsachse zusammenfällt. Immerhin schließen die Richtungen von n_γ der beiden Zwillingsindividuen 14° miteinander ein, so daß sich auf der Fläche b die Doppelnatur solcher Kristalle beim Drehen zwischen gekreuzten Nikol durch die Auslöschungserscheinungen verrät. Wenn die Endflächen säuliger Kalziumoxalatkristalle gut entwickelt sind, kennt man das Trihydrat auch an seiner flachen Endpyramide, und verzwillingte Styloiden an den einseitig ausgebildeten, einspringenden Winkeln. Wenn keine Endflächen auftreten, muß man die Entscheidung auf optischem Wege treffen (s. Abb. 69).

Dasselbe gilt von Kristallaggregaten, sog. Drusen, die entweder aus Monohydrat oder aus Trihydrat bestehen können. Namentlich das Monohydrat tritt außerordentlich häufig als Drusen auf. Wenn es nicht gelingt, an Teilindividuen solcher Aggregate Kristallformen zu erkennen, muß, wie im nächsten Kapitel ausgeführt werden wird, auf die Doppelbrechung geachtet werden. Da die Doppelbrechung des Monohydrates fünfmal so groß ist wie diejenige des Trihydrates, zeigen Monohydratdrusen als Polarisationsfarbe gewöhnlich das sog. Weiß I. Ordnung oder noch höhere Farben, während Trihydratdrusen nur ein mattes Grau aufweisen.

Vergleich der Pflanzenkristalle mit dem Mineral Whewellit und künstlichen Oxalatniederschlägen. Die stengelige Entwicklung der Kalziumoxalate scheint eine Eigentümlichkeit gewisser Pflanzenkristalle zu sein. Weder das Mineral Whewellit (Abb. 66), noch die Mikrokristalle von künstlichen Kalziumoxalatniederschlägen weisen je so lange Formen auf, wie sie in Pflanzenzellen gefunden werden. Das Extrem bilden die sog. Raphiden[1] (Abb. 99), das sind Bündel von feinsten Monohydratnadeln, die für viele Pflanzenfamilien charakteristisch sind (s. S. 258). Es ist unbekannt, welche Faktoren die stengelige oder gar nadelige Entwicklung begünstigen. Bis jetzt sind alle Versuche, aus verdünnten Lösungen schlanke Trihydratprismen[2], Styloiden oder gar Raphiden künstlich herzustellen, gescheitert. Es wäre möglich, daß die längliche Form der Zellen, in denen die Kristallisation erfolgt (Kleinraumprinzip), mitbestimmend für die Ausbildung des stengeligen Habitus ist.

Wie Abb. 61 und 63 zeigen, ist indessen der säulige Habitus für die Pflanzenkristalle nicht etwa vorherrschend. Ebenso häufig trifft man isometrisch entwickelte Kristalle, und zwar vor allem in isodiametrischen Zellen.

---

[1] raphis (griech.) = Nähnadel. [2] Aus konzentrierter HCl können jedoch lange Trihydratsäulen erhalten werden (Abb. 71a).

Was für Mikrokristalle im allgemeinen gilt, trifft für die Pflanzenkristalle in besonderem Maße zu: sie sind stets sehr flächenarm. Oft besitzen sie bloß die 6 oder 8 Flächen, die zur Raumumgrenzung unumgänglich notwendig sind. Nur in seltenen Fällen kommen Kristallindividuen, gewöhnlich Zwillinge oder Parallelverwachsungen, mit einer etwas größeren Anzahl Facetten vor (Abb. 66b).

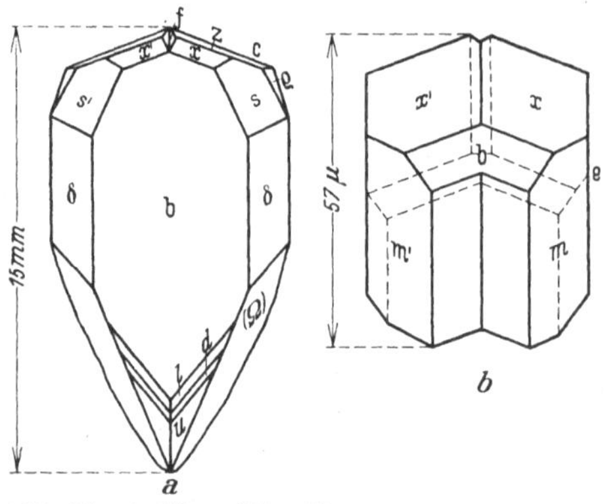

Abb. 66. a) Whewellitzwilling [KOLLBECK, GOLDSCHMIDT u. SCHRÖDER]. b) Monohydratzwilling aus dem Baste von *Aesculus Hippocastanum.* b (0 1 0), x (0 1 1), z (0 1 4), e (1̄ 0 1), m (1 1 0), δ (1 2 1), s (1̄ 3 2), ʃ (1 1 2), q (1̄ 1 2), l (1 3 0), d (2 5 0); [Ω] abgerundete Übergangsfläche im Zonenstück [e m].

In künstlichen Niederschlägen erscheinen die Kalziumoxalate stets in isometrischer Form, das Trihydrat ohne Prisma als flache Bipyramiden (wie im menschlichen Harn) und das Monohydrat als kurze Plättchen oder Stäbchen nach [e b]. Sehr oft entwickelt das Monohydrat in Niederschlägen überhaupt keine Kristallflächen (KOHLSCHÜTTER). Es gelingt jedoch leicht in verdünnter Salzsäure Mikrokristalle von Kalziumoxalat-Monohydrat zu züchten, die isometrischen Pflanzenkristallen sehr ähnlich sehen (Abb. 67).

Kalziumkarbonat (Kalzit, Kalkspat). Das Kalziumkarbonat kristallisiert als Kalzit rhomboedrisch. Seine Rhomboeder

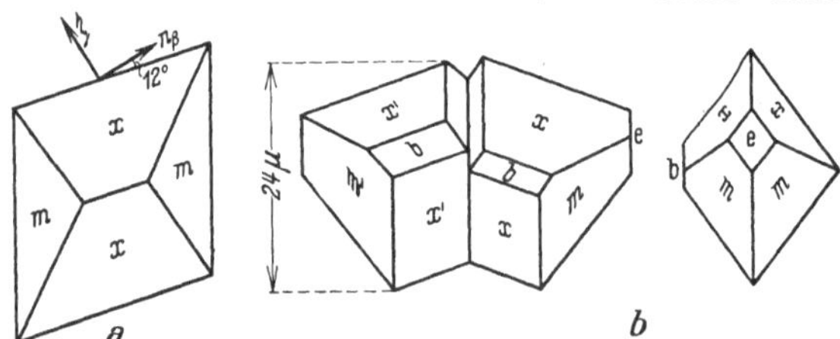

Abb. 67. Mikrokriställchen von Kalziumoxalat-Monohydrat in verdünnter HCl gezüchtet. a) Einzelkristall; b) Zwilling nach c) (1̄ 0 1).

(Abb. 68 d) verraten eine entfernte Ähnlichkeit mit Oxalat-Monohydratkristallen, bei denen die Flächenformen e und x im Gleichgewicht entwickelt sind. Solche Oxalatkristalle wurden daher, bevor man ihre chemische Natur erkannte, als Kalkspatrhomboeder ausgegeben (SCHACHT, SCHLEIDEN). Während aber bei einem Kalzitrhomboeder die Winkel auf allen Flächen dieselben sind

(78⁰), weist das Kalziumoxalat auf verschiedenen Flächen verschiedene Winkel auf: 74⁰ auf den x-Flächen und $71^1/_2$⁰ auf den e-Flächen (s. Abb. 61), Winkel, die immerhin demjenigen der Kalkspatflächen sehr nahekommen.

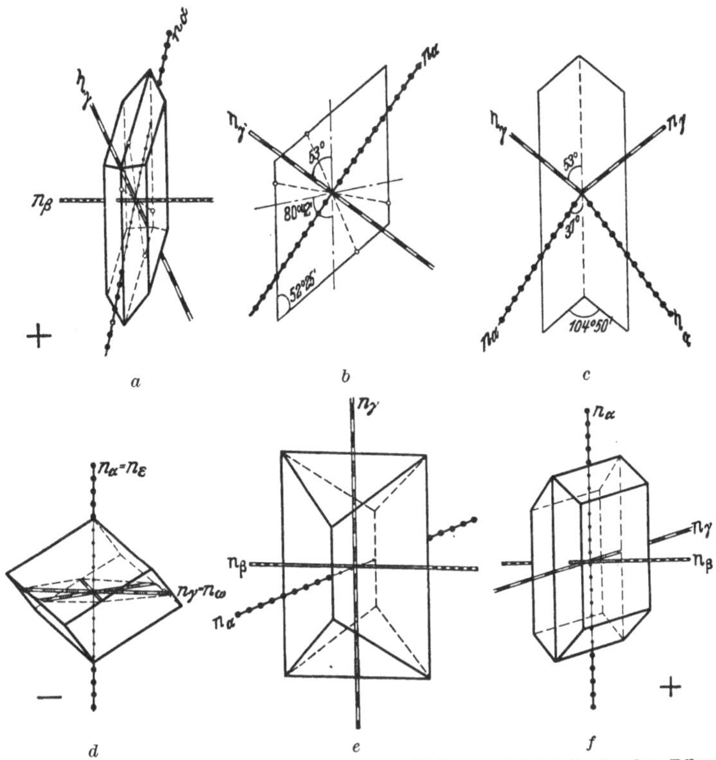

Abb. 68. Habitus und Optik der selteneren Kalziumsalzkristalle in der Pflanze (s. Tabelle 19). a)—c) Kalziumsulfat (Gips). a) Habitus und optische Orientierung. b) Optik auf dem seitlichen Pinakoid (0 1 0). c) Zwilling auf (0 1 0). d) Kalziumkarbonat. e) Kalziumtartrat-Tetrahydrat. f) Kalziummalat-Trihydrat. —·—·— Kristallographische Achsen, O — — — — O optische Achsen, d. h. Richtungen, in denen der Kristall isotrop erscheint; n_α; n_β; n_γ.

Mit der optischen Achse n_ε fällt hier im Gegensatz zum Kalziumoxalat-Trihydrat n_α zusammen. Der Charakter der Doppelbrechung ist somit negativ:

$$n_\varepsilon - n_\omega = -0,172.$$

Vorkommen. Kalziumkarbonat tritt nur in seltenen Fällen in wohl ausgebildeten Kristallen auf. Die Kalkinkrustationen der

Tabelle 19. Vergleich der in der Pflanze

Salz	Kalziumoxalat	
	Monohydrat	Trihydrat
Chemismus	$Ca\begin{bmatrix} COO \\ \vert \\ COO \end{bmatrix} \cdot 1\ H_2O$	$Ca\begin{bmatrix} COO \\ \vert \\ COO \end{bmatrix} \cdot 3\ H_2O$

Mikrochemie

in H_2SO_4 löslich	löslich unter Bildung von Gipsnadeln in verdünnten Mineralsäuren	
unlöslich	in verdünnter und konzentrierter Essig-säure	
glühen	Verwandlung in $CaCO_3$ unter Beibehaltung der Form	

Kristallographie

Kristallsystem Achsenverhältnis	monoklin a:b:c $= 0,8696:1:1,3695$ $\beta = 107^0\ 18'$	tetragonal a:c $= 1:0,4118$
Flächenformen	$e\{\bar{1}\,0\,1\}$ $x\{0\,1\,1\}$ $b\{0\,1\,0\}$ $m\{1\,1\,0\}$	$p\{1\,1\,1\}$ $d\{3\,0\,1\}$ $m\{1\,1\,0\}$
Zwillingsgesetze häufigster Zwillingswinkel	nach $(\bar{1}\,0\,1)$ $141^0\ 4'$ (s. Abb. 62d)	nach $(2\,0\,1)$ $50^0\ 31'$ (Abb. 63c)

Optik (s. Abb. 62, 64, 68)

Brechungsindices	$n_\alpha = 1,490$ $n_\beta = 1,555$ $n_\gamma = 1,650$	$n_\alpha = n_\omega = 1,552$ $n_\gamma = n_\varepsilon = 1,583$
Doppelbrechung	$n_\gamma - n_\alpha = 0,160$ positiv	$n_\varepsilon - n_\omega = 0,031$ positiv
optische Orientierung	$n_\alpha = b$ n_γ bildet mit c $29^{1}/_{2}{}^0$ im stumpfen $\sphericalangle\ \beta$	$n_\alpha = a$ $n_\gamma = c$
Auslöschung	7^0 gegen $e\ (\bar{1}\,0\,1)$	gerade

Zystolithen (Moraceen, Urticaceen, s. Abb. 79, 100) lassen keine
Kristallformen erkennen. Es läßt sich daher auch nicht entscheiden,
ob es sich dabei um Kalzit oder Aragonit, die rhombische Modifikation des polymorphen Kalziumkarbonates, handelt. Erkennbare
Kalzitrhomboeder bildet SOLEREDER (2) im Blatte von *Hanburia
mexicana* ab. Ähnliche Bildungen hat LEUTHOLD neben Kalziumkarbonatausscheidungen mit sphäritischer Struktur in den funktionslos gewordenen extrafloralen Nektarien von *Telfairia pedata*
gefunden. In beiden Fällen handelt es sich um Vertreter der Familie

kristallisiert auftretenden Kalziumsalze.

Kalziumsulfat-Dihydrat (Gips)	Kalziumkarbonat (Kalzit)	Kalziumtartrat-Tetrahydrat	Kalziummalat-Trihydrat
$Ca[SO_4] \cdot 2\,H_2O$	$Ca[CO_3]$	$Ca\begin{bmatrix} CHOH \cdot COO \\ \| \\ CHOH \cdot COO \end{bmatrix} \cdot 4\,H_2O$	$Ca\begin{bmatrix} CH_2 \cdot COO \\ \| \\ CHOH \cdot COO \end{bmatrix} \cdot 3\,H_2O$
unlöslich	löslich unter Bildung von Gipsnadeln		
in HCl, HNO_3, in H_2O wenig	in Säuren, $CO_2 \nearrow$	in KOH und verdünnter Essig-säure	in Säuren, H_2O
in Essigsäure	—	in konzentrierter Essigsäure	—
bleibt unverändert $H_2O \nearrow$	bleibt unverändert $CaCO_3 \rightarrow CaO$	in der Flamme Schwärzung	
monoklin a:b:c $=0,6899:1:0,4124$ $\beta = 80^0\,42'$ {0 1 0} {1 1 1} {1 1 0} nach (1 0 0) $104^0\,50'$ (s. Abb. 68 c)	rhomboedrisch a:c$=1:0,8543$ {1 0 $\bar{1}$ 1}	rhombisch a:b:c $=0,8449:1:0,8749$ {1 1 0} {0 1 1} {1 0 1} nach (h 0 1)	rhombisch a:b:c $=0,4735:1:1,0932$ {0 1 0} {0 1 1} {1 1 0} {1 1 2}
$n_\alpha = 1,5205$ $n_\beta = 1,5226$ $n_\gamma = 1,5296$	$n_\alpha = n_\varepsilon = 1,486$ $n_\gamma = n_\omega = 1,658$	$n_\alpha \sim 1,54$ $n_\beta > 1,54$ $n_\gamma \gg 1,54$	noch nicht gemessen
$n_\gamma - n_\alpha = 0,0091$	$n_\varepsilon - n_\omega = -0,172$		
positiv	negativ		positiv
$n_\beta = b$ n_γ bildet 53^0 mit c im stumpfen $\sphericalangle \beta$ 37^0 gegen (1 0 0)	$n_\alpha = c$ $n_\gamma = a$ gerade	$n_\alpha = a$ $n_\beta = b$ $n_\gamma = c$ gerade	$n_\alpha = c$ $n_\beta = b$ $n_\gamma = a$ gerade

der Cucurbitaceen, die somit als einzige Phanerogamenfamilie intra-zellulär mikroskopisch erkennbare Kristalle von Kalziumkarbonat aufweist. Unter den Kryptogamen kommen ideal geformte Kalkspat-rhomboeder, vor allem auf den Fruchtkörpern gewisser Myxomyceten, in großer Menge, aber oft mit sehr kleinen Dimensionen, vor.

Kalziumtartrat. Kalziumtartrat-Tetrahydrat kristallisiert r h o m-bisch. Es bildet ähnliche Zwillinge und „Briefumschlagformen" wie das Kalziumoxalat-Trihydrat, ist aber immer länglich ent-wickelt und läßt sich leicht als rhombisch erkennen (Abb. 68 e).

Die optischen Konstanten sind noch nicht bekannt; vorläufige Beobachtungen in Kanadabalsampräparaten ($n = 1,54$) haben folgende optische Orientierung ergeben:

$$n_\alpha = a \sim 1,54; \quad n_\beta = b \rangle 1,54; \quad n_\gamma = c \gg 1,54.$$

HOLZNER (2,3), der diese Kristalle in der Weinrebe zuerst beschrieben hat, hielt sie für „saures weinsaures Kali". GRAM (s. NETOLITZKY, 3) beschreibt kristallinische Ausscheidungen von Kalziumtartrat in den Samen von *Euphorbia Peplus*. Nach TSCHIRCH (s. NETOLITZKY, 3) soll in dem Samen der Muskatnuß *(Myristica)* ebenfalls ein kristallines Tartrat vorkommen, dessen Identifikation noch aussteht.

Kalziumsulfat (Gips). Gips kristallisiert monoklin wie das Kalziumoxalat-Monohydrat. In den pflanzlichen Zellen bildet er sich nicht in den charakteristischen langen Nadeln aus, wie sie aus der Mikrochemie bekannt sind, sondern in kleinen Täfelchen (Abb. 68a). Häufig kommen ähnliche Zwillinge vor wie beim Kalziumoxalat-Monohydrat, weshalb in älteren Lehrbüchern (SCHACHT, SCHLEIDEN) die „spießigen" Oxalatkristalle als Gips beschrieben sind. Der Zwillingswinkel beträgt beim Gips $104^0\ 50'$, beim Oxalat-Monohydrat dagegen $141^0\ 4'$, so daß eine Unterscheidung durch Winkelmessung leicht möglich ist. Auf dem seitlichen Pinakoid (0 1 0) zeigt der Gips als monokliner Kristall schiefe Auslöschung; der Auslöschungswinkel mißt aber 37^0 im Gegensatz zur Auslösungsschiefe von 7^0 beim Oxalat-Monohydrat (vgl. Abb. 62c und d). Die Doppelbrechung des Gipses beträgt auf dieser Fläche 0,009 und ist somit zehnmal geringer als auf der entsprechenden Fläche beim Oxalat-Monohydrat (0,095).

Vorkommen. In lebenden Zellen ist Gips bis jetzt nur bei drei Familien nachgewiesen worden: in den Vakuolen der *Desmidiaceen* (FISCHER, A.; FREY, 7; KOPETZKY-RECHTPERG), in den Parenchymen der *Tamaricaceen* (BRUNSWIK; MOLISCH, 3) und in der Epidermis der *Capparidaceen* (SOLEREDER, 1). In entwässerten Zellen (Alkoholmaterial) kann er auch bei Vertretern anderer Familien auftreten. KOPETZKY-RECHTPERG hat versucht, die Gipskristalle der *Desmidiaceen* nicht nur mikrochemisch, sondern auch optisch nach der Immersionsmethode zu identifizieren; er fand indessen für die Brechungsindices zu hohe Werte (1,60—1,61 statt 1,52—1,53) und vermutet daher, daß eventuell Mischkristalle mit dem höher lichtbrechenden Strontiumsulfat (1,62—1,63) vorliegen.

Kalziummalat. Kalziummalat-Trihydrat kristallisiert rhombisch. Es kann wegen seines typischen Habitus wohl kaum mit anderen Pflanzenkristallen verwechselt werden. Die optische Orientierung ist anders als beim Tartrat (Abb. 68f) (GROTH):

$$n_\alpha = c, \; n_\beta = b, \; n_\gamma = a.$$

Vorkommen. Kristallisiertes Kalziummalat findet sich wegen seiner Wasserlöslichkeit wohl nie in lebenden Zellen. Dagegen fand es BELZUNG reichlich in Alkoholmaterial kaktiformer *Euphobiaceen (Euphorbia Caput Meduase)* und bei *Angiopteris evecta* (BELZUNG, BELZUNG und POIRAULT).

b) Optische Bestimmungsmethode der kristallisierten Kalziumsalze in der Pflanze.

Die optische Bestimmungsmethode von Kristallen im Polarisationsmikroskop beruht auf der Grundgleichung der Doppelbrechung [Formel (7), S. 62], die aussagt, daß der Gangunterschied $\gamma \lambda$, den zwei senkrecht zueinander polarisierte Lichtwellenzüge beim Passieren des Objektes erleiden, eine Funktion der Doppelbrechung $(n_\gamma - n_\alpha)$ und der Dicke d der anisotropen Schicht ist. Den Gangunterschied $\gamma \lambda$ kann man mittels Kompensatoren messen oder nach der Polarisationsfarbe des Kristalles abschätzen. Er besitzt die Dimension einer Länge und kann aus Tabelle 20 in Å-Einheiten für die verschiedenen Polarisationsfarben entnommen werden.

Dies setzt voraus, daß man die Interferenzfarben mit genügender Sicherheit erkennen kann, was nach einiger Übung leicht gelingt. Wie aus Tabelle 20 hervorgeht, wiederholen sich ähnliche Farbentöne periodisch, weshalb die Polsarisationsfarben in Ordnungen eingeteilt werden. Man kann die ganze Farbenserie zu Vergleichszwecken stets zur Hand haben, wenn man ein Spaltblättchen von Gips keilförmig anschleift und auf einem Objektträger in Kanadabalsam eingebettet. Ein solcher Gipskeil zeigt alle Interferenzfarben in der Reihenfolge wie Tabelle 20, so daß man die Ordnung der Polarisationsfarben der untersuchten Pflanzenkristalle auf einfache Weise durch Vergleichung ermitteln kann.

Die Polarisationsfarben entstehen dadurch, daß einzelne Wellenlängen des weißen Lichtes beim Passieren des anisotropen Kristalles durch Interferenz ausgelöscht werden; daher die Bezeichnung Interferenzfarben. Die Vernichtung erfolgt, wenn für eine bestimmte Wellenlänge der Gangunterschied 1λ, 2λ, 3λ usw. beträgt, d. h. wenn die Phasendifferenz γ eine

Tabelle 20. Interferenzfarben und zugehörige Gangunterschiede $\gamma\lambda$ bei normaler Dispersion. (Nach QUINCKE; POCKELS.)

	Interferenzfarbe	$\gamma\lambda$ in Å		Interferenzfarbe	$\gamma\lambda$ in Å
I. Ordnung	schwarz	0	III. Ordnung	hellbläulichviolett	11280
	eisengrau	400		indigo	11510
	lavendelgrau	970		grünlichblau	12580
	graublau	1580		meergrün	13340
	grau	2180		glänzend grün	13760
	grünlichweiß	2340		grünlichgelb	14260
	fast reinweiß	2590		fleischfarben	14950
	gelblichweiß	2670		karminrot	15340
	blaß strohgelb	2750		matt purpur	16210
	strohgelb	2810		violettgrau = Rot III	16520
	klar gelb	3060			
	lebhaft gelb	3320	IV. Ordnung	graublau	16820
	braungelb	4300		matt meergrün	17110
	rötlichorange	5050		bläulichgrün	17440
	warm rot	5360		schön hellgrün	18110
	tiefes Rot = Rot I	5510		hellgraugrün	19270
				grau, fast weiß	20070
II. Ordnung	purpur	5650		fleischrot = Rot IV	20480
	violett	5750			
	indigo	5890	V. Ordnung		
	himmelblau	6640			
	grünlichblau	7280		matt blaugrün	23380
	grün	7470		matt fleischrot = Rot V	26680
	hellergrün	8260			
	gelblichgrün	8430			
	grünlichgelb	8660		s. Abb. 69	
	rein gelb	9100			
	organge	9480			
	rötlichorange	9980			
	dunkelviolett = Rot II	11010			

ganze Zahl ist. Da der Gangunterschied von der Dicke der doppelbrechenden Schicht abhängig ist, treten in keilförmigen Objekten für eine bestimmte Wellenlänge mit zunehmender Dicke wiederholt Auslöschungen auf und es entstehen die verschiedenen Farbenserien oder Ordnungen. Wenn z. B. das grüne Licht infolge eines Gangunterschiedes von 1 λ ausfällt, entsteht als Polarisationsfarbe das Rot I. Ordnung, bei der darauffolgenden Auslöschung mit 2 λ Gangunterschied das Rot II. Ordnung usw. Es handelt sich also bei den Interferenzfarben nicht um reine Farben, wie bei denen des Spektrums, sondern um Mischfarben; und zwar sind sie stets die Komplementärfarben der durch Interferenz vernichteten Spektralbezirke[1]. Folgende Gegenüberstellung gibt die Eigenschaften der Interferenzfarben im Vergleich zu den Spektralfarben wieder.

---

[1] Für ein eingehenderes Studium der Polarisationserscheinungen muß auf die einschlägige Literatur verwiesen werden (NIGGLI, 2; AMBRONN und FREY, 2).

Interferenzfarben:	Spektralfarben:
Polarisationsfarben, Farben dünner Blättchen	durch Dispersion im Prisma
Mischfarben	reine Farben
weißes Licht minus bestimmte Spektralbezirke	Licht einer bestimmten Wellenlänge
lassen sich spektral zerlegen	unzerlegbar
periodische Wiederholung ähnlicher Farbenserien (Ordnungen)	eine einzige bestimmte Farbenserie

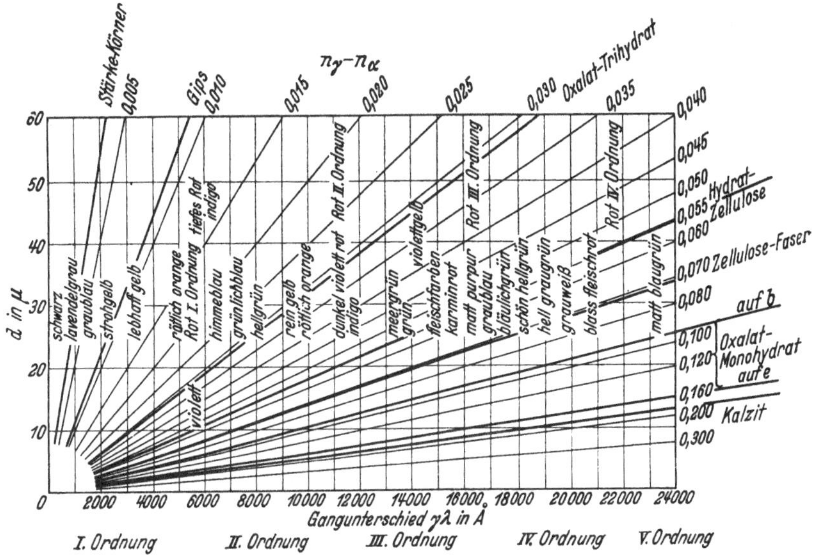

Abb. 69. Beziehungen zwischen Dicke und Interferenzfarbe doppelbrechender Objekte von pflanzlicher Herkunft. Ordinaten: Dicke der Objekte d in μ. Abszissen: Gangunterschied $\gamma\lambda$ in Å.

Aus Formel (7) folgt, daß der Gangunterschied $\gamma\lambda$, d. h. also die Interferenzfarbe eines Kristalles von bestimmter Doppelbrechung $(n_\gamma - n_\alpha)$ in linearer Weise von seiner Dicke abhängt. Der Gangunterschied läßt sich daher durch eine Gerade, deren Neigungswinkel arctg $(n_\gamma - n_\alpha)$ beträgt, darstellen. In Abb. 69 sind diese Geraden für die Pflanzenkristalle sowie für Stärke, Zellulose und Hydratzellulose eingetragen. Wenn man zwei Größen der Gleichung (7) kennt, z. B. die Interferenzfarbe und die Dicke d des Kristalles, läßt sich die Dritte $(n_\gamma - n_\alpha)$ errechnen, und da die Doppelbrechung der in Abb. 69 aufgenommenen Pflanzenkristalle deutlich voneinander abweicht, ist damit der betreffende Kristall identifiziert. Um die Bestimmung zu erleichtern, ist in Abb. 69 an die Ordinaten der verschiedenen Gangunterschiede $\gamma\lambda$ direkt die zugehörige Interferenzfarbe geschrieben, so daß für einen Kristall von bekannter Polarisationsfarbe und Dicke direkt seine Doppelbrechung und damit auch sein Chemismus abgelesen werden kann. Bei der optischen Bestimmung geht man also so vor, daß man die Dicke eines unbekannten Kristalles mißt und seine Interferenzfarbe bestimmt. Dann fährt man in Abb. 69 von der Ordinate der betreffenden Kristalldicke nach rechts, bis man auf die gefundene Polarationsfarbe stößt; die Gerade, die in jener Gegend vorbeiführt, gibt dann an, um was für einen Kristall es sich handelt.

Aus dem Diagramm Abb. 69 geht deutlich hervor, wie ein Kristall mit steigender Dicke immer höhere Interferenzfarben erhält. Z. B. erscheint das Kalziumoxalat-Trihydrat ($n_\gamma - n_\alpha = 0{,}031$) bei einer Dicke von $d = 10\,\mu$ strohgelb, bei $d = 29\,\mu$ Rot I, bei $d = 40\,\mu$ meergrün usw. Es folgt daraus, daß die Angaben, eine bestimmte Art von Pflanzenkristallen besitze diese oder jene Interferenzfarbe im Polarisationsmikroskop, denen man hin und wieder in der Literatur begegnet, wertlos sind, wenn nicht gleichzeitig die Dicke der betreffenden Kristalle angegeben wird. Beim Trihydrat ist die Dickenmessung sehr leicht, da die tetragonalen Kristalle gleich breit wie dick sind. Auch beim Kalziumoxalat-Monohydrat ist die Dicke, wie wir gesehen haben, oft annähernd gleich der Breite, wenigstens bei stengelig entwickelten Individuen; dagegen darf bei plattig entwickelten Monohydratkristallen die Breite nicht gleich der Dicke gesetzt werden.

Wichtig ist nun der Unterschied zwischen den beiden Kalziumoxalat-Hydratstufen. Wie man sieht, verläuft die Gerade des Trihydrates entsprechend dem großen Unterschied der Doppelbrechung der beiden Salze viel steiler als diejenige des Monohydrates. Für das Monohydrat sind zwei Geraden eingetragen, da die Doppelbrechung etwas verschieden ist, je nachdem die Kristalle auf der rautenförmigen Fläche e ($\bar{1}\,0\,1$) oder auf dem seitlichen Pinakoid b ($0\,1\,0$) liegen. Man kann nun aus Abb. 69 ablesen, daß Trihydratkristalle von $5\,\mu$ Dicke (diese ist eine häufig auftretende Dicke bei Pflanzenkristallen) lavendelgrau erscheinen, während Monohydratkristalle von derselben Dicke Rot I. Ordnung oder hellgrün zeigen, je nachdem sie auf e oder b liegen. Bei einiger Übung kann man die mattgrau schimmernden Trihydratkristalle auf den ersten Blick von den hell aufleuchtenden Monohydratkristallen unterscheiden.

Auf optischem Wege kann man beweisen, daß die Rhaphiden aus Monohydrat bestehen. Tabelle 21 gibt die Optik der Nadeln aus dem Rhizom von *Polygonatum multiflorum* wieder, woraus ersichtlich ist, daß die Doppelbrechung der Rhaphiden mit derjenigen des Monohydrates übereinstimmt.

Abb. 69 gibt ferner zu erkennen, wie gering die Doppelbrechung des Gipses ist (in pflanzlichen Geweben kann beim Gips nie eine höhere Farbe als Grau I. Ordnung beobachtet werden), und wie weitgehend sich die Doppelbrechung des Kalziumoxalat-Monohydrates derjenigen des stark doppelbrechenden Kalziumkarbonates nähert. Die Stärkekörner sind von allen in Abb. 69 dargestellten Objekten am schwächsten doppelbrechend.

Tabelle 21.

Optik der Raphiden aus dem Rhizom von *Polygonatum multiflorum.*

Gemessen auf	Dicke in μ	Interferenzfarben	$\gamma\ \lambda$ in Å	Doppelbrechung		
				gefunden	Mittel	theoretisch
$b\ (0\ 1\ 0)$ Auslöschung schief etwa 7^0	4,8	braungelb I	4300	0,0897		
	5,6	warmrot I	5360	0,0958		
	5,9	purpur I	5650	0,0941		
	6,2	indigo II	5890	0,0949		
	6,4	indigo II	5890	0,0921		
	6,8	himmelblau II	6640	0,0977		
	7,6	grünlichblau II	7280	0,0958	0,094 ± 0,001	0,095
$e\ (\bar{1}\ 0\ 1)$ Auslöschung gerade	4,0	himmelblau II	6640	0,166		
	4,8	grünlichblau II	7280	0,152		
	4,8	grün II	7470	0,156		
	5 4	gelblichgrün II	8430	0,156		
	5,6	orange II	9480	0,168	0,160 ± 0,003	0,158

c) Physikalische Chemie der Kalziumoxalatausscheidungen.

Um die Physiologie der Oxalatausscheidungen in der Pflanze richtig verstehen zu können, muß man erst die Vorgänge kennenlernen, die sich abspielen, wenn sich Kalzium- und Oxalationen außerhalb des Pflanzenkörpers zu einem unlöslichen Salze vereinigen. Aus den Ausfällungsbedingungen in vitro kann man dann auf die physikalisch-chemischen Verhältnisse, die bei der Ausscheidung in der pflanzlichen Zelle herrschen, Rückschlüsse ziehen. Bei der Bildung der beiden Hydratstufen von Kalziumoxalat liegen die Verhältnisse jedoch nicht einfach, da in Niederschlägen aus verdünnten Lösungen die beiden Hydrate stets nebeneinander auftreten, während sie in der Pflanze meistens getrennt vorkommen. Es ergibt sich daher die Notwendigkeit zu untersuchen, unter welchen Bedingungen die beiden verschiedenen Hydrate auskristallisieren. Dies ist eine rein physikalisch-chemische Aufgabe. Sie zerfällt in drei Teilaufgaben (NIGGLI, 1):

1. Die Bestimmung der Stabilitätsverhältnisse der beiden Hydrate. Dabei muß untersucht werden, in welchen Temperatur- und Druckgebieten das Monohydrat und das Trihydrat absolut stabil sind. Die gegenseitigen Stabilitätsbeziehungen werden auf thermodynamischem Wege an Hand der sog. Phasenregel

theoretisch ermittelt und die Stabilitätsfelder müssen dann experimentell bestimmt werden. Außerhalb ihrer Stabilitätsfelder sind die verschiedenen Phasen instabil und müssen sich in stabile Phasen umwandeln. Oft bestehen aber Reaktionswiderstände, die eine direkte Umwandlung verhindern; eine solche Phase ist dann scheinbar stabil oder metastabil.

2. Die Bestimmung des Bildungsbereiches der beiden Hydrate. Der Bildungsbereich einer Phase deckt sich nicht notwendig mit ihrem Stabilitätsbereich. Häufig kristallisieren gewisse Verbindungen außerhalb ihres eigentlichen Stabilitätsfeldes. Sie besitzen dann eine mehr oder weniger ausgesprochene Tendenz, sich in eine stabilere Form umzuwandeln. Die Bildungsbereiche müssen empirisch ermittelt werden, da sie theoretisch nicht abgeleitet werden können.

3. Die Haltbarkeitsbeziehungen. Wenn eine bestimmte Modifikation einer Substanz aus ihrem Stabilitätsfeld herausgebracht wird, kann sie sich mit verschiedener Schnelligkeit in eine stabilere Form umwandeln. Gewisse äußere oder innere Widerstände, die experimentell festgestellt werden müssen, können eine Umwandlung verhindern und bewirken, daß die Modifikation in Temperatur- und Druckgebieten, wo sie eigentlich verschwinden müßte, metastabil auftritt.

Das System Kalziumoxalat-Wasser. Wenn Kalziumoxalat durch Fällung auskristallisiert, entsteht ein heterogenes System, das aus Lösung und Niederschlag besteht.

Jeder in sich homogene, räumlich begrenzte und von den anderen Teilen durch Grenzflächen getrennte Teil eines solchen Systems ist eine Phase. Phasen sind also die physikalisch verschiedenen und mechanisch trennbaren Teile eines Gemisches.

Das Kalziumoxalat kommt daher in der Pflanze in Form seiner beiden Hydratstufen als zwei verschiedene feste Phasen vor. Als weitere Phase tritt gesättigte Kalziumoxalatlösung auf. Kalziumoxalat ist zwar praktisch unlöslich; doch bestimmten KOHLRAUSCH und andere (LANDOLT-BÖRNSTEIN) durch Leitfähigkeitsmessungen folgende Sättigungskonzentrationen bei Gegenwart von Kalziumoxalat als Bodenkörper (die Zahlen bedeuten g anhydres CaC_2O_4 in 100 cm³ H_2O):

I.				II.	
$0,46^0$	0,000402	$17,35^0$	0,000554	25^0	0,00068
$9,32^0$	0,000491	$26,3^0$	0,000621	50^0	0,00096
$16,4^0$	0,000540	$35,8^0$	0,000719	95^0	0,00140

Die Löslichkeit des Kalziumoxalates nimmt also mit der Temperatur beschleunigt zu (s. Abb. 75). Die Konzentration bei 18^0 errechnet sich zu $4{,}5 \cdot 10^{-5}$ Mol CaC_2O_4/l. Das Löslichkeitsprodukt beträgt somit unter der Voraussetzung (nach OSTWALD), daß der gelöste Teil vollständig elektrolytisch gespalten sei, bei 18^0

$$[Ca] \cdot [C_2O_4] = (4{,}3 \times 10^{-5})^2 = 1{,}8 \cdot 10^{-9}.$$

Zu den drei Phasen „Lösung-zwei feste kristalline Bodenkörper" gesellt sich noch eine Gasphase. Überall findet sich Luft in den pflanzlichen Geweben, und zwar nicht nur gelöst, sondern auch gasförmig (Atemhöhlen, Durchlüftungsgewebe, Luftbläschen in den Gefäßen). Mit diesem Gase muß sich das System ins Gleichgewicht setzen. Da es sich aber nicht um reinen Wasserdampf, sondern um ein Gemenge von O_2, N_2, CO_2 und H_2O handelt, kommt für das Gleichgewicht des Systems nur der Partialdruck des Wasserdampfes in Betracht. Das zu untersuchende System besteht somit aus vier Phasen.

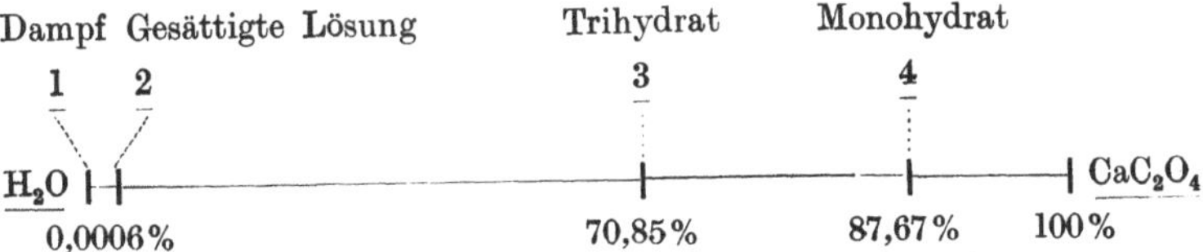

Phasen	Komponenten
Wasserdampf	$= H_2O$
Kalziumoxalatlösung	$= 1\,CaC_2O_4 + y\,H_2O$
Kalziumoxalat-Trihydrat	$= 1\,CaC_2O_4 + 3\,H_2O$
Kalziumoxalat-Monohydrat	$= 1\,CaC_2O_4 + 1\,H_2O$

Neben den verschiedenen Phasen müssen die Komponenten eines Systems bekannt sein. Als Komponenten wählt man die kleinste Anzahl von unabhängig veränderlichen Bestandteilen, durch welche die Zusammensetzung jeder Phase in Form einer chemischen Gleichung ausgedrückt werden kann. Aus der obenstehenden Zusammenstellung ist ersichtlich, daß in unserem System zwei Komponenten (Kalziumoxalat CaC_2O_4 und Wasser H_2O) auftreten; es handelt sich also um ein binäres System.

Daß alle vier Phasen aus den beiden unabhängig veränderlichen Bestandteilen H_2O und CaC_2O_4 bestehen, übersieht man am besten, wenn man längs einer Konzentrationsachse den Anteil des Wassers von 100 Gewichts-% auf 0% sinken und gleichzeitig denjenigen des Kalziumoxalates von 0 auf 100% steigen läßt:

Dampf	Gesättigte Lösung	Trihydrat	Monohydrat	
1	2	3	4	
H_2O				CaC_2O_4
0,0006%		70,85%	87,67%	100%

Wenn alle vier Phasen nebeneinander vorhanden sind, besitzt die Lösung eine bestimmte Zusammensetzung. Fehlen die beiden festen Phasen 3 und 4, kann die Lösung ungesättigt sein und in ihrer Zusammensetzung von 1—2 variieren.

Anwendung der Phasenregel. Die Phasenregel von GIBBS gibt Auskunft über die Anzahl der Phasen (P), die bei gegebener Veränderlichkeit koexistieren, also miteinander im Gleichgewicht vorhanden sein können. Unter Veränderlichkeit oder Freiheitsgrad (F) eines Systems versteht man diejenige Anzahl der variablen Faktoren Temperatur, Druck und Konzentration, die variiert werden können, ohne daß die Zahl der Phasen (P) des Systems verändert wird.

Bezeichnet man die Anzahl der Komponenten mit n, so lautet die Phasenregel

$$P + F = n + 2 \tag{8}$$

Es können also höchstens $n + 2$ Phasen miteinander im Gleichgewicht sein, nämlich, wenn $F = 0$ ist; bei dieser maximalen Phasenzahl besitzt aber das System keinen Freiheitsgrad, d. h. Temperatur, Druck und Konzentration müssen einen bestimmten unveränderlichen Wert besitzen (nonvariantes System). Die Gleichung

$$F = n + 2 - P$$

zeigt, daß im allgemeinen physiologische Systeme mit ihrer großen Komponentenzahl n und ihrer geringen Phasenzahl P (wenn man dispersoide Flüssigkeiten als einphasig anspricht) sehr variabel und unbestimmt sind, da die Zahl der Freiheitsgrade groß wird (multivariante Systeme).

Für den Fall des reinen Systems $CaC_2O_4 - H_2O$ mit seinen zwei Komponenten und den vier in Betracht fallenden Phasen erhält man ein nonvariantes System, d. h. nur bei einer bestimmten Temperatur, dem dazugehörigen Dampfdruck und der entsprechenden Konzentration der gesättigten Kalziumoxalatlösung können alle vier Phasen Monohydrat, Trihydrat, Lösung und Dampf miteinander im Gleichgewicht sein (Quadrupelpunkt, Abb. 70).

Nun existieren aber die Kalziumoxalatniederschläge in vitro und in der Pflanze bei verschiedenen Temperaturen, d. h. diesem System muß ein Freiheitsgrad zugeschrieben werden (univariant).

Wenn aber $F = 1$ ist, können nur mehr drei Phasen miteinander im Gleichgewicht sein; eine der vier beschriebenen Phasen muß also aus dem System verschwinden, wenn bei veränderlicher Temperatur alle vier zusammengebracht werden! Da eine flüssige Phase für das Pflanzenleben unumgänglich notwendig ist und immer eine Gasphase auftritt, sobald die Flüssigkeit nicht den ganzen zur Verfügung stehenden Raum ausfüllt, muß eines der beiden Hydrate verschwinden, wenn man sich beide nebeneinander in einer Pflanzenzelle denkt. Desgleichen muß in Niederschlägen aus n/200-Lösungen, die Monohydrat und Trihydrat nebeneinander aufweisen, eines der beiden Hydrate in Umwandlung begriffen sein.

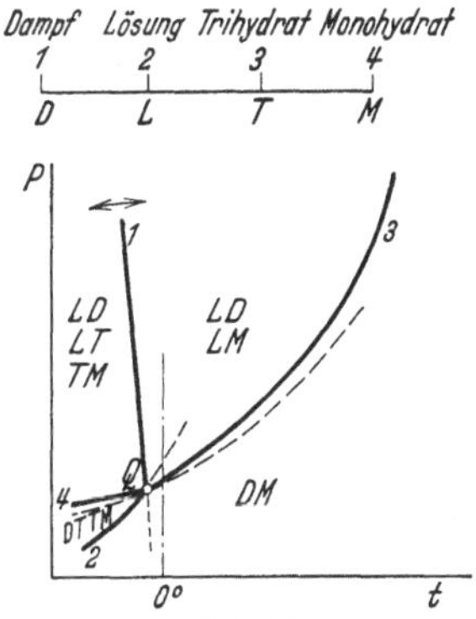

Auf diese Weise ist bereits die Streitfrage entschieden, ob im allgemeinen Monohydrat und Trihydrat in derselben pflanzlichen Zelle nebeneinander auftreten können (KOHL, 2): Im Gleichgewicht mit Zellsaft und Gasphase kann nur das eine der beiden Hydrate sein. Dies entspricht auch den Beobachtungstatsachen, indem die Zellen desselben Gewebes mit seltenen Ausnahmen immer Kristalle derselben Hydratstufe führen. Werden trotzdem hier und da beide Hydrate in derselben Zelle beobachtet (WEISS), muß eines der beiden im Begriffe sein, sich umzuwandeln (s. Abb. 73), oder doch wenigstens dem anderen gegenüber instabil sein.

Abb. 70.
Druck-Temperaturdiagramm des Systems $CaC_2O_4 - H_2O$. Ordinaten: Dampfdruck P. Abszissen: Temperatur t.

Das Druck-Temperaturdiagramm des Systems CaC_2O_4-H_2O. Die Zustände, bei welchen verschiedene Phasen miteinander koexistieren können, lassen sich durch die Temperatur und die zugehörigen Drucke, bei denen Gleichgewicht herrscht, charakterisieren. Dies geschieht, indem man in einem Koordinatensystem die Temperaturen als Abszissen und die Drucke als Ordinaten aufträgt. Je nach dem Freiheitsgrad des Systems veranschaulichen sich die Gleichgewichte dann als Punkte, Linien oder Flächen.

Das nonvariante 4-Phasen-System wird im Druck-Temperaturdiagramm (Abb. 70) durch den Quadrupelpunkt Q dargestellt. Unterdrückt man eine der vier Phasen, wird das System monovariant. Änderungen von Druck oder Temperatur sind alsdann

längs der Kurven 1—4 möglich. Die den Kurven beigegebene Zahl
bezeichnet immer diejenige Phase, die aus dem Gleichgewichte
ausgeschieden wurde. Die Kurven 1—4 stellen somit Gleich-
gewichtskurven für die vier möglichen 3-Phasen-Systeme dar. Die
vier Kurven schneiden sich im Punkte Q und folgen in einer bestimmten Reihenfolge aufeinander (GRUBENMANN und NIGGLI).
Die punktierten Verlängerungen der Kurven über Q hinaus beziehen sich auf die metastabilen Gleichgewichte der vier 3-Phasen-
Systeme.

Die Bedeutung der vier Kurven läßt sich aus folgender Zusammenstellung erkennen ($D = $ Dampf, $L = $ Lösung, $T = $ Trihydrat, $M = $ Monohydrat):

Kurve	Phasen im Gleichgewicht	Bedeutung der Kurve	Gleichgewicht
1	$L—T—M$	Umwandlungskurve im kondensierten System	$T \rightleftarrows M + L$
2	$T—M—D$	Dissoziationskurve	$T \rightleftarrows M + D$
3	$M—D—L$	Dampfdruckkurve der gesättigten M-Lösung	$L \rightleftarrows M + D$
4	$D—L—T$	Dampfdruckkurve der gesättigten T-Lösung	$L \rightleftarrows T + D$

Über den Verlauf der Kurven 1—4 kann von vornherein nur von
der Dampfspannungskurve der gesättigten Monohydratlösung (3)
etwas ausgesagt werden: Da das Monohydrat sozusagen unlöslich
ist, muß der Dampfdruck der gesättigten Lösung fast identisch
sein mit der des reinen Wassers. Berechnet man die Dampfdruck-
erniedrigung bei 25^0, wo 0,00005 Mol vollständig dissoziiert gelöst
sind (HÖBER, 1), so findet man etwa 0,00002 mm Hg, also eine zu
vernachlässigende Größe.

Der genauere Verlauf der anderen Kurven, deren Reihenfolge
und Krümmungsrichtung durch die Theorie gegeben ist (GRUBEN-
MANN und NIGGLI), und die Lage des Quadrupelpunktes sind vorläufig völlig unbekannt.

Die Buchstaben in den Feldern, die von den Kurven 1—4
begrenzt sind, geben an, welche Phasenpaare (divariante Systeme)
bei den in diesen Feldern herrschenden Drucken und Temperaturen
stabil auftreten können.

Die Stabilitätsfelder der beiden Hydrate. Unter dem Stabilitätsfeld einer Phase versteht man das Temperatur- und Druckgebiet,
in welchem aus thermodynamischen Gründen ein Verschwinden
der Phase oder eine Umwandlung in eine andere Phase absolut

ausgeschlossen ist; im erwähnten Felde, das im Druck-Temperatur-diagramm von p-t-Kurven begrenzt wird, ist diese Phase absolut stabil.

Durch das Auffinden des Quadrupelpunktes Q wird die Stabili-tätsfrage für die uns interessierenden Systeme: Lösung und Dampf mit Monohydrat (Kurve 3) oder Trihydrat (Kurve 4) gelöst. Mono-hydrat muß dann im Gleichgewicht mit Lösung und Dampf bei Temperaturen und den dazugehörigen Drucken der Kurve 3 rechts von Q, Trihydrat längs der Kurve 4 links von Q vor-kommen. Beim Passieren des Punktes Q müßte eine gegenseitige Umwandlung stattfinden.

Zur Auffindung von Q können zwei Wege eingeschlagen werden:

a) Durch Bestimmung der Dissoziationskurve des trockenen Systems $D - T - M$ (Kurve 2).
$$CaC_2O_4 \cdot 3\,H_2O \rightleftarrows CaC_2O_4 \cdot 1\,H_2O + 2\,H_2O\text{-Dampf.}$$
Bei der Temperatur, bei welcher der Dissoziationsdruck gleich dem Dampf-druck des Wassers (dem wir den Dampfdruck der gesättigten Monohydrat-lösung gleichgesetzt haben) wird, müssen sich die Kurven 2 und 3 schneiden; dort müßte sich also Q befinden. Dieser Weg führt aber nicht ans Ziel, da das Trihydrat äußerst träge Wasserdampf abgibt, so daß sich in nützlicher Frist kein Gleichgewicht einstellt.

b) Durch Bestimmung des Umwandlungspunktes. Es kann unter-sucht werden, bei welchen Temperaturen und zugehörigen Dampfdrucken der Kurve 3 sich das Trihydrat als Bodenkörper in Monohydrat verwandelt und umgekehrt. Es müßte dann durch Eingabelung eine bestimmte Tempe-ratur zu finden sein, bei der beide Hydrate nebeneinander existenzfähig sind. Diese Temperatur mit dem zugehörigen Dampfdruck wäre dann der gesuchte Quadrupelpunkt.

Versuche zeigen, daß sich das Trihydrat[1] bei Siedetemperatur in einigen Stunden, bei 40^0 in ein paar Tagen und bei 30^0 in wenigen Wochen (Abb. 71a) in Monohydrat verwandelt. Bei tieferen Temperaturen wird die Umwand-lung zusehends träger und kann bei Zimmertemperatur bei 0,5 mm großen Kristallen nicht mehr festgestellt werden. Auch konzentrierte Lösungen, wie gesättigte KCl-, NaCl-, $MgCl_2$-[2] und Rohrzuckerlösung vermögen die Ober-fläche des Trihydrates nur schwach oder gar nicht anzugreifen oder zu trüben. Erst nach monatelangem Stehen unter zeitweiligem Schütteln kann begin-nende Korrosion beobachtet werden, die aber lange nicht den Grad der Abb. 71a erreicht. Es ist also nicht nur im System $T \rightleftarrows M + D$, sondern auch für $T - L - D$ die Zersetzungsgeschwindigkeit des Trihydrates bei Zimmertemperatur verschwindend klein.

---

[1] Trihydratkristalle (bis 0,5 mm groß) können nach einem von SOUCHAY und LENSSEN angegebenen Verfahren aus heißer konzentrierter Salzsäure ohne Monohydratbeimischung gewonnen werden.

[2] VAN'T HOFF verwendete konzentrierte NaCl- und $MgCl_2$-Lösungen mit Erfolg zur Entwässerung und Dissoziationsdruckbestimmung des Gipses.

Es muß daher vermutet werden, daß sich das Trihydrat trotz seiner Reaktionslosigkeit noch nicht in seinem eigentlichen Stabilitätsfelde befindet, um so mehr, da es unter keinen Umständen gelingt, in diesem Gebiet Monohydrat in Trihydrat zu verwandeln, was theoretisch der Fall sein müßte, wenn man sich schon links vom Quadrupelpunkt befände.

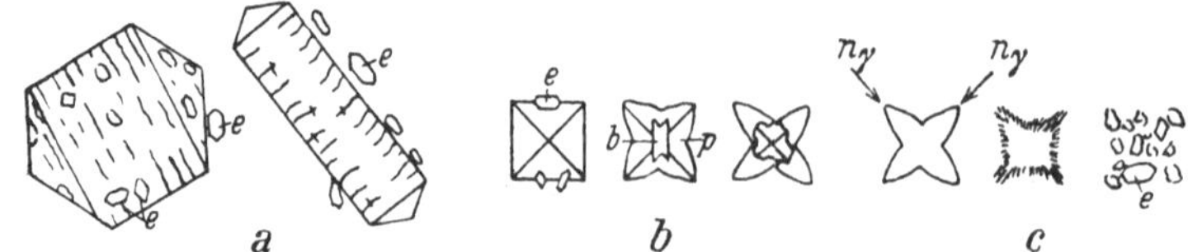

Abb. 71. Umwandlung des Trihydrates in Monohydrat.
e ($\bar{1}\,0\,1$), b ($0\,1\,0$) von Monohydratkriställchen.

Durch die Reaktionsträgheit des Trihydrates im Temperaturgebiet, das gerade für die Physiologie wichtig ist, wird die Untersuchung sehr erschwert. Die Schwierigkeiten können indessen umgangen werden, wenn man anstatt größerer Trihydratkriställchen (0,5 mm) die kleinen Trihydrat-Bipyramiden, die in frisch gefällten Kalziumoxalatniederschlägen neben Monohydrat entstehen, zur Untersuchung verwendet. Offenbar liegen hier die Umwandlungsverhältnisse besonders günstig: 1. ist das Trihydrat in winzigen Kriställchen mit nur etwa $10\,\mu$ Kantenlänge vorhanden und besitzt infolgedessen eine relativ große Oberfläche; 2. ist es frisch entstanden, und daher wohl etwas reaktionsfähiger als Trihydrat mit gealterten Kristallflächen; 3. ist die Phase, in welche die Umwandlung stattfindet (Monohydrat) in fein verteilter Form zugegen.

In frisch gefällten Kalziumoxalatniederschlägen ($n/200$ $CaCl_2$ + $n/200$ $(NH_4)_2C_2O_4$), die sorgfältig von NH_4^+- und Cl^--Ionen freigewaschen und in destilliertem Wasser bei 18^0 untersucht werden, weisen die Trihydratkriställchen in der Tat Veränderungen auf, und zwar zeigen sich folgende Auflösungsfiguren (Abb. 72):

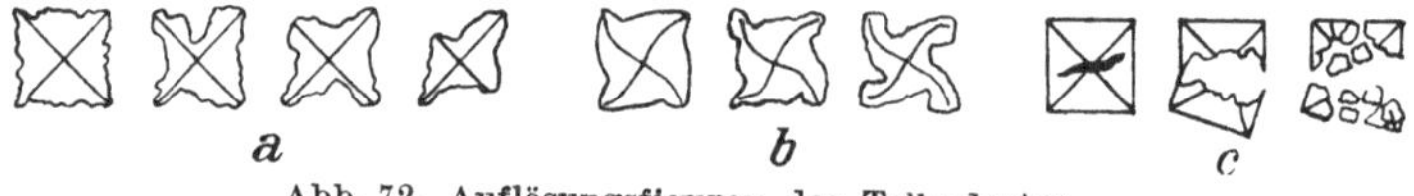

Abb. 72. Auflösungsfiguren des Trihydrates.

Eine Auflösung an und für sich ist nun aber noch kein Beweis, daß sich das Trihydrat in Monohydrat verwandelt habe. Wenn aber etwa 0,1 g Niederschlag, von dem etwa die Hälfte aus Trihydrat besteht (s. Abb. 74) in 50 cm³ Flüssigkeit aufbewahrt wird, ist es unmöglich, daß sich sämtliches Trihydrat, das schließlich

vollständig verschwindet, auflöst ohne wieder als Monohydrat aus-
zufallen. Um die Bildung von Monohydrat direkt zu beobachten,
können Proben im hängenden Tropfen auf hohlgeschliffenen Objekt-
trägern untersucht werden. In solchen Präparaten verwandelt sich
das Trihydrat viel langsamer, da nicht geschüttelt werden kann,
und oft verschwindet es trotz wochenlangem Warten nicht vollständig. Doch kann deutlich die Entstehung von Monohydrat festgestellt werden, wie aus den Umwandlungsfiguren (Abb. 71b und c)
hervorgeht. Während die Trihydrat-Bipyramiden zwischen gekreuzten Nikol in der Aufsicht schwarz erscheinen, leuchten
die Monohydratkriställchen bei geeigneter Stellung hell auf. Oft
können sogar die Kristallformen des Monohydrates erkannt werden
(Abb. 71b); sie bilden die Kombinationen e, x, b. Ähnliche Formen
wie Abb. 71c wurden schon von HAUSHOFER als „Trihydratskelette‟
abgebildet. Als Trihydratskelette dürften solche Formen entsprechend ihrer Lage das Gesichtsfeld des Polarisationsmikro-
skopes aber nicht aufhellen, doch leuchten sie stark auf wie
Monohydratkristalle, die auf e $(\bar{1}\,0\,1)$ liegen. Zerfallen die Trihydratkristalle, so kann beobachtet werden, wie die Teilstücke,
die anfangs kaum anisotrop sind, stark doppelbrechend werden.
(Die Umwandlungsfiguren der Abb. 71c sind nicht alle in reinem
Wasser, sondern zum Teil in verdünnten Lösungen beobachtet
worden.)

Bei Zimmertemperatur hat das Trihydrat also das Bestreben,
sich in Monohydrat zu verwandeln. Proben, die im Eisschrank
($0,9^0$ C) aufbewahrt werden, zeigen dieselben Erscheinungen, doch
verschwindet das Trihydrat erst nach längerer Zeit.

Es muß daher gefolgert werden, daß das Trihydrat im
Gleichgewicht mit Lösung und Wasserdampf bei keiner
Temperatur über 0^0 stabil, sondern daß es im ganzen
physiologischen Temperaturbereich metastabil ist, und
daher das Bestreben besitzt, sich in Monohydrat zu
verwandeln.

Der Quadrupelpunkt Q muß folglich irgendwo links von der
0^0-Ordinate liegen (s. Abb. 70). Da bald unter 0^0 als fünfte Phase
Eis auftritt, ist der Quadrupelpunkt des Systems $D-L-T-M$
wahrscheinlich auch metastabil. Weil jedoch Temperaturen unter
0^0 für die vorliegende physiologische Studie nicht von Interesse
sind, sollen die Betrachtungen in dieser Richtung nicht weiter
ausgedehnt werden.

Da das Trihydrat im ganzen physiologischen Temperaturbereich metastabil ist, erscheint es merkwürdig, daß in der Pflanze noch nie Umwandlungsfiguren dieses Salzes beschrieben worden sind. Durch systematisches Suchen ist es jedoch gelungen im Halmknoten von *Triticum aestivum,* sowie in den äußeren Zwiebelschalen von *Allium rotundum, Allium scorodoprasum, Allium cepa* (FREY, 3) und anderen Laucharten (JACCARD und FREY, 1) Trihydrat aufzufinden, das sich in Monohydrat umsetzt (Abb. 73).

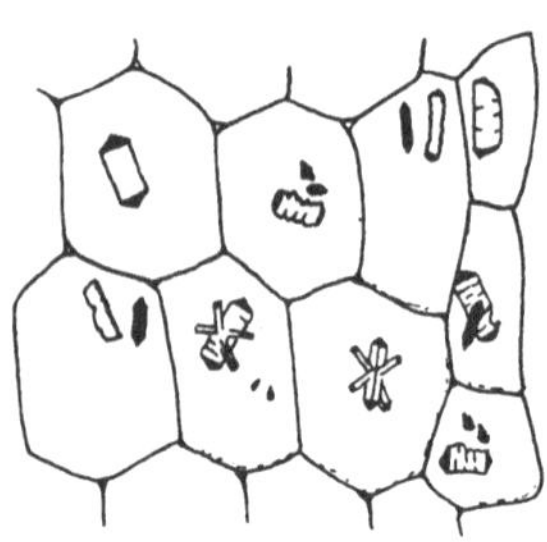

Abb. 73. Umwandlung des Trihydrates in Monohydrat (schwarz) in der Zwiebelschale von *Allium rotundum.*

Zusammenfassend ergibt sich: Das Kalziumoxalat-Trihydrat ist in der Pflanze metastabil; Umwandlungen der beiden Hydrate sind nur via Lösung und in monotropem (einseitigem) Sinne möglich:

$$CaC_2O_4 \cdot 3\,H_2O + aq \rightarrow CaC_2O_4 \cdot 1\,H_2O + aq.$$

Der Bildungsbereich des Trihydrates. Das Kalziumoxalat-Trihydrat mag im Temperaturbereich von 0—100° entstehen wo es will, immer ist es instabil und erhält sich nur, da ihm eine große Metastabilität zukommt. Es ist nun die Aufgabe zu untersuchen, unter welchen Bedingungen diese Entstehung überhaupt möglich ist.

Aus konzentrierten Lösungen fällt reines Monohydrat aus, bei Fällungen aus verdünnten Lösungen tritt dagegen Trihydrat vermischt mit Monohydrat auf. Bei genauerer Verfolgung dieser Fällungsprozesse kann festgestellt werden, daß nur aus Lösungen größere Mengen Trihydrat ausfallen, die so stark verdünnt sind, daß beim Vermischen der Kalziumsalz- und Oxalatlösung nicht sofort, sondern erst nach einiger Zeit Trübung und Niederschlagsbildung eintritt. Es wäre daher zu erwarten, daß mit steigender Verdünnung der Lösungen und wachsender Verzögerung der Kalziumoxalatbildung das Trihydrat immer mehr über das gleichzeitig ausfallende Monohydrat überwiege. Entsprechende Versuche liefern aber ein anderes Resultat. Bei Niederschlägen aus n/10-Lösungen ($CaCl_2$ + $(NH_4)_2[C_2O_4]$) zeigt das mikroskopische Bild nur Monohydrat; verdünnt man dagegen die sich gegenseitig fällenden Lösungen, ergeben sich Verhältnisse, wie sie in Abb. 74 graphisch dargestellt sind.

Offenbar gibt der aufsteigende Ast der Kurve ein Maß für die Bildungsgeschwindigkeit, der absteigende dagegen ein Maß für die Zerfallsgeschwindigkeit des Trihydrates. Bei Vermischung von n/1000-Lösungen erfolgt die Bildung von Kalziumoxalat so langsam, daß, wenn Trihydrat überhaupt entsteht, dieses sofort wieder verschwindet.

Daß in sehr verdünnten Lösungen kein Trihydrat entsteht, zeigen auch Kristallisationsversuche aus mit Kalziumoxalat gesättigtem Wasser, die kurze Monohydratnädelchen liefern. Wenn die letzten Tropfen der Lösung eintrocknen, bil-den sich zwar einige Trihydratkristalle in der ausgeschiedenen Kruste. Diese vereinzelten Trihydrat - Bipyramiden (12 μ Kantenlänge) sind gewöhnlich bedeutend größer als die Monohydrat-nädelchen (0,8 $\times$ 5 μ), wie überhaupt das Trihydrat immer größere Aus-maße erreicht, wenn es neben wohl ausgebildeten Monohydrat - Kriställ-chen entsteht. Das Trihydrat

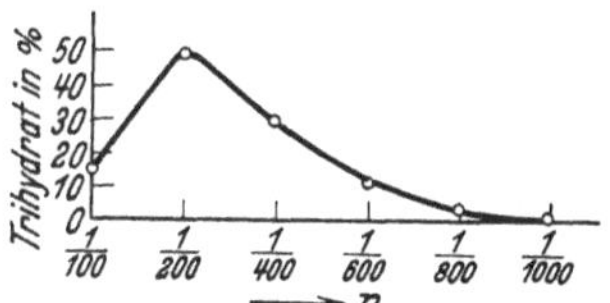

Abb. 74. Abhängigkeit der Tri-hydratbildung von der Konzen-tration der sich gegenseitig aus-fällenden Lösungen. Ordinaten: % Trihydratkriställchen im Oxa-latniederschlag. Abszisse: Nor-malität der vermengten Ca- und C_2O_4-Lösungen.

besitzt offenbar ein besseres Kristallisationsvermögen.

Sowohl im n/200-Lösungsgemenge von $CaCl_2$ und $(NH_4)_2[C_2O_4]$, das längere Zeit klar bleibt, als auch in den eindunstenden Rest-lösungen bei den Kristallisationsversuchen aus H_2O, müssen wesentliche Überschreitungen des Sättigungsgrades an Mono-hydrat erreicht werden. Ebenso sind Übersättigungszustände bei der Bildung des Trihydrates aus erkaltender HCl (s. Anm. 1, S. 170) und im menschlichen Harn wahrscheinlich, da solche in Lösungen, die sich abkühlen, besonders leicht auftreten.

Trihydrat bildet sich also, wenn eine Übersättigung an Kalziumoxalat vorausgeht.

Dieses Verhalten läßt sich leicht mit Hilfe des Konzentrations-Temperaturdiagrammes des Systems $Ca[C_2O_4]$—H_2O erklären: Aus den Daten auf S. 166 ergibt sich folgende Löslichkeitskurve für das Monohydrat (Abb. 75).

Als metastabile Verbindung muß das Trihydrat nach der Theorie etwas löslicher sein als das Monohydrat, was übrigens durch die Umwandlungserscheinungen experimentell erwiesen ist; die metastabile Löslichkeitskurve der gesättigten Trihydratlösung muß daher ein wenig über der Monohydratkurve verlaufen (umgekehrt verläuft die metastabile Dampfdruckkurve der gesättigten Trihydratlösung unterhalb derjenigen der Monohydratlösung, da die Trihydratlösung etwas konzentrierter ist; s. Abb. 70 metastabile Verlängerung der Kurve 4).

Durch das Vermischen von Kalzium- und Oxalatlösungen bei einer bestimmten Temperatur steigert sich die Konzentration c an Kalziumoxalat in der Lösung von 0 an sehr rasch (Pfeil 1). Tritt beim Schnitt mit der Monohydratkurve nicht sofort Kristallisation ein, wird leicht die metastabile Trihydratkurve erreicht und die Bildung von Trihydrat ermöglicht. Ebenso verhält es sich beim Abkühlen einer kalziumoxalathaltigen Lösung (Pfeil 2), wie z. B. beim oxalatführenden Harn. Eine nähere Erklärung der Trihydratbildung aus übersättigter Lösung soll an Hand der OSTWALDschen Stufenregel erfolgen.

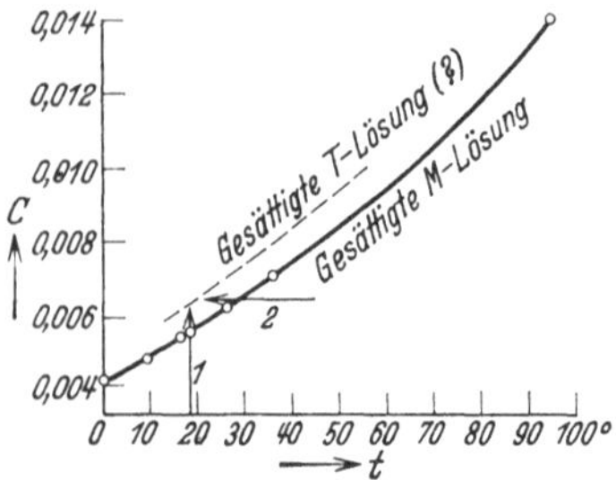

Abb. 75. Konzentrations-Temperaturdiagramm des Systems $CaC_2O_4 - H_2O$. Ordinaten: Konzentration c in g CaC_2O_4/l H_2O. Abszissen: Temperatur in ° C.

OSTWALDsche Stufenregel. Der zweite Hauptsatz der Thermodynamik lehrt, daß alle Prozesse in der Natur so verlaufen, daß die Entropie des Systems zunimmt, bzw. die Funktion des thermodynamischen Potentials abnimmt.

Dasjenige System, das bei gegebenem Druck, Temperatur und Konzentration die größte Entropie besitzt, ist absolut stabil; ihm kommt das kleinst-mögliche thermodynamische Potential zu (System I). Besteht bei genau den gleichen Bedingungen (Temperatur, Druck und Konzentration) ein anderes System (II), so kann es, wenn es aus denselben Komponenten zusammengesetzt ist, im allgemeinen nicht das gleiche thermodynamische Potential besitzen, denn sonst müßten die beiden Systeme identisch sein. Da aber das erste System (I) für die gegebenen Größen Druck, Temperatur und Konzentration das kleinst-mögliche thermodynamische Potential besitzt, muß dem zweiten (II) ein größeres thermodynamisches Potential zukommen. Es besteht somit eine Differenz der thermodynamischen Potentiale der beiden Systeme und die Tendenz, diesen Unterschied zum Verschwinden zu bringen.

Unser erstes System (I) sei das völlig stabile System „Monohydrat-Lösung-Dampf"; unser zweites (II) das metastabile System „übersättigte Lösung-Dampf". Durch das Ausfallen von Monohydrat aus der übersättigten Lösung geht das System II in I über und der thermodynamische Potentialunterschied verschwindet.

Die OSTWALDsche Stufenregel sagt nun aus, daß ein solcher Potentialsprung oft nicht auf einmal erfolgt, wenn zwischen den Potentialwerten II und I weitere Systeme mit thermodynamischen Potentialen zwischen II und I vorhanden sind; sondern, daß der Ausgleich stufenweise geschieht und so die Möglichkeit der Bildung jedes der zwischen II und I liegenden Systeme gegeben ist. Ist ein solches System total instabil, gelangt es nicht zur Beobachtung; ist es dagegen metastabil, d. h. besitzt es eine gewisse Haltbarkeit, so kann es beobachtet werden.

Ein derartiges System ist nun offenbar das metastabile System „Trihydrat-Lösung-Dampf", das sich zwischen die Systeme II und I hineinschiebt. Setzt nun die Kristallisation in der übersättigten Lösung II ein, wird sich zuerst die Zwischenstufe „Trihydrat" bilden und erst sekundär „Monohydrat".

Das Auftreten von Trihydratkristallen in Niederschlägen aus übersättigten Kalziumoxalatlösungen darf somit als ein typisches Beispiel für die OSTWALDsche Stufenregel bezeichnet werden. Tritt keine Übersättigung ein, so geht das System „Lösung-Dampf" beim Sättigungspunkt direkt in dasjenige des stabilsten Systems „Monohydrat-Lösung-Dampf" mit dem kleinst-möglichen Potential über, wodurch das Auftreten von Zwischenstufen mit höheren thermodynamischen Potentialen ausgeschlossen ist.

Es fragt sich nun, ob Trihydrat bei Übersättigung immer entsteht, oder nur in verdünnten Lösungen. Kleine Zugaben von Salzen, Zucker oder Gelatine ändern nichts Wesentliches. Aber Fällungsversuche in konzentrierten Rohrzucker-, Glukose- oder Glyzerinlösungen, die n/200 der betreffenden Salze enthalten, ergeben nur Monohydrat. Wenn also der Dampfdruck einer Lösung durch Stoffe, die sich der Kalziumoxalatfällung gegenüber indifferent verhalten, stark erniedrigt wird, unterbleibt die Bildung von Trihydrat.

Zusammenfassend kann man sagen: Trihydrat bildet sich in an Kalziumoxalat übersättigten, osmotisch aber verdünnten Lösungen.

Der scheinbare Widerspruch „übersättigt“ und „verdünnt“ ist offenbar ein Hauptgrund, warum über die Bildung des Trihydrates in der Literatur so ganz verschiedene Meinungen geäußert worden sind (s. S. 182).

Diachrone Bildung von Kalziumoxalat. Es genügt nicht, den Bildungsbereich des Trihydrates nur durch gegenseitige Fällung

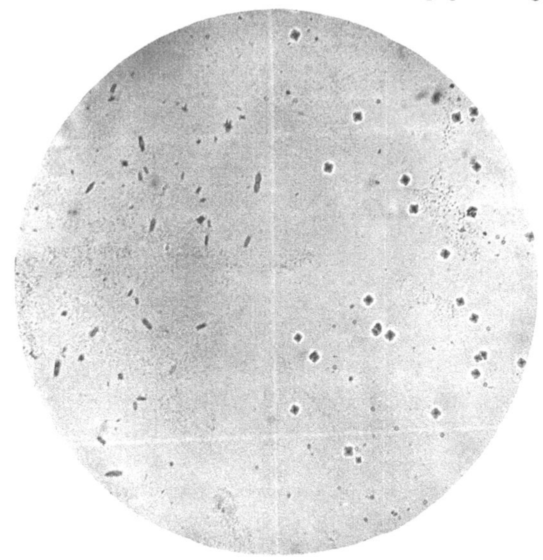

Abb. 76. Getrennte Bildung von Kalziumoxalat-Monohydrat und -Trihydrat beim Diffusionsversuch in 1,5 % Agar. Links $n/10$ $(NH_4)_2[C_2O_4]$ mit Monohydrat-zwillingen (vgl. Abb. 77); rechts $n/100$ $Ca[NO_3]_2$ mit Trihydrat-Bipyramiden (Grenze der beiden Agargallerten durch Retusche kenntlich gemacht).

von Lösungen zu studieren, denn in der Pflanze stoßen die beiden sich fällenden Ionen nicht infolge rascher Mischung, sondern durch langsame Diffusion zueinander. KOHLSCHÜTTER bezeichnet dieses langsame Zusammentreffen als diachrone Zuführung der beiden Reaktionskomponenten.

Solche Versuche sind mit $n/10$ und $n/100$ neutralen Kalzium- und Oxalatlösungen $\left((NH_4)_2[C_2O_4] + Ca(NO_3)_2\right)$ in 1,5% Agar, die gelieren, ausgeführt worden (FREY, 1). In Diffusionsröhrchen wird auf erstarrten Kalziumagar eben noch flüssiger Oxalatagar, kurz vor seiner Gelierung, gegossen, so daß die beiden Ionen nur auf dem Wege langsamer Diffusion zueinander gelangen können. Bringt man auf diese Weise $n/10$ Ca^{++} über $n/10$ $(C_2O_4)^{--}$, wandern die Kalziumionen in den Oxalatagar hinein und erzeugen dort einen Niederschlag, während der Kalziumagar klar bleibt. Die Diffusionsgeschwindigkeit des verwendeten Kalziumsalzes ist also größer als diejenige des Oxalatsalzes. [Die relativen Ionenwanderungsgeschwindigkeiten, die sich aus der Überführungszahl bei Leitfähigkeitsmessungen ergeben (HÖBER, 2), verhalten sich dagegen umgekehrt; sie betragen nämlich für $\frac{1}{2}$ Ca^{++} 51 und für $\frac{1}{2}$ [C$_2$O$_4$]$^{--}$ 63.]

Setzt man die Konzentration des Kalziumsalzes auf einen Zehntel (n/100) hinunter, erfolgt die Diffusion nach beiden Seiten hin, und zwar entstehen dann im Kalziumagar ausschließlich Trihydrat-, und im Oxalatagar ausschließlich Monohydratkristalle! (Abb. 76).

Abb. 77. Monohydratzwillinge in 1,5 % Agar.

Dies ist bis heute die einzige Methode, nach der es bei Ausfällungsversuchen gelingt Monohydrat und Trihydrat säuberlich getrennt nebeneinander entstehen zu lassen. Die Form der überkreuzten Zwillinge (Abb. 77) im Oxalatagar läßt vermuten, daß auch dort zuerst Trihydratkeime gebildet worden sind, daß aber zufolge der höheren Salzkonzentration oder der Gegenwart von Oxalationen Umwandlung in Monohydrat und Weiterkristallisation dieses stabileren Salzes stattgefunden hat. Für diese Auffassung spricht auch die gleich große Anzahl von Keimbildungen im Kalzium- und im Oxalatagar. Im Kalziummilieu unterbleibt die Umwandlung des Trihydrates. Kalziumionen begünstigen also die Bildung dieser metastabilen Verbindung und erhöhen ihre Haltbarkeit.

Die mikroskopische Untersuchung der Niederschläge in Agar Diffusionsröhren geschieht in der Weise, daß mit einer groben Glaskapillare, wie mit einem Schlammbohrer, ein das ganze Agarprofil durchziehender Bohrkern herausgestochen und sorgfältig als ausgestrecktes „Würmchen" auf einen Objektträger geblasen wird. Durch Auflegen eines Deckgläschens und leichtes Flachdrücken des Bohrkernes können die entstandenen Kristallbildungen in situ ausmikroskopiert werden.

Eine andere Methode der diachronen Reaktion, wobei nur die eine der beiden Reaktionskomponenten langsam zufließt, haben

Kohlschütter und Marti (1) ausgearbeitet. Die verdünnte Lösung der einen Ionenart wird unter ständigem Rühren tropfenweise mit der anderen Ionenart beschickt. In das Reaktionsgefäß werden Objektträger gestellt, die sukzessive herausgenommen werden können, so daß man gewissermaßen ein vollständiges „Spektrum" der Fällung von ihren ersten Anfängen an erhält.

Auf diese Weise haben Kohlschütter und Marti ein neues Kalziumoxalat-Hydrat entdeckt, das sehr instabil ist und in kürzester Zeit verschwindet. Es kristallisiert in flachen Tafeln, deren Symmetrie nach den vorliegenden Beobachtungen wahrscheinlich triklin ist. Da stets Trihydrat und Monohydrat mitfallen, konnte es nicht rein dargestellt werden, so daß sein Wassergehalt nicht mit der nötigen Sicherheit feststellbar ist. Die Analyse ergab die Zusammensetzung $2\,Ca[C_2O_4] \cdot 5\,H_2O$.

Das neue trikline Hydrat erscheint in wenigen, aber dafür um so größeren Individuen als das Trihydrat; es herrscht also zwischen diesen beiden Hydratstufen ein ähnliches Verhältnis wie zwischen Trihydrat und Monohydrat. Man kann daher nach Kohlschütter die drei Kalziumoxalate wie folgt charakterisieren:

	$2^1/_2$-Hydrat	3-Hydrat	1-Hydrat
Stabilität	instabil →	metastabil →	stabil
Löslichkeit	triklin >	tetragonal >	monoklin
Keimbildungsgeschwindigkeit	triklin <	tetragonal <	monoklin
Wachstumsgeschwindigkeit .	triklin >	tetragonal >	monoklin

Da bei der diachronen Fällung als erster Niederschlag kleinste Körnchen von Monohydrat auftreten, bezweifeln Kohlschütter und Marti (2) die Richtigkeit der These, daß vor allem Übersättigungszustände für die Bildung von Trihydrat verantwortlich seien. Sie stellen die Sache so dar, daß bei Übersättigungen, die die Löslichkeit der instabilen triklinen Form überschreiten, zuerst Monohydrat falle und dann gleichzeitig Trihydrat und $2^1/_2$-Hydrat. Dies widerspricht aber der Ostwaldschen Stufenregel. Man darf sich daher wohl vorstellen, daß die anfängliche Monohydratfällung, ähnlich wie die Monohydratbildung in sehr verdünnten Lösungen (Abb. 74), einsetzt bevor eine Sättigung an tetragonalem oder gar triklinem Salz eingetreten ist: erst wenn dann deren Sättigungsgrad überschritten wird, können auch diese Hydrate entstehen, während das Monohydrat entweder direkt oder durch Umwandlung aus den weniger stabilen Formen gleichzeitig weiter gebildet wird.

Haltbarkeit des Trihydrates. Es genügt nicht, daß ein Kristall außerhalb seines Stabilitätsfeldes entstehen kann, sondern er muß auch haltbar sein, sonst würde er sich alsbald monotrop in die Modifikation verwandeln, in deren Stabilitätsfeld er sich befindet. Erfolgt diese Umwandlung aber nicht, so ist die Ausscheidungsform, wie wir schon gesehen haben, für dieses Gebiet metastabil; je haltbarer sie ist, um so ausgesprochener metastabil muß sie bezeichnet werden. Haltbarkeits- und Bildungsbereiche decken sich im allgemeinen nicht; so bildet sich das Trihydrat bei Übersättigung in allen verdünnten Lösungen, also auch in verdünnten Säuren, doch ist es in Säuren nicht haltbar und verschwindet rasch.

Die Haltbarkeitsbeziehungen können sowenig wie die Abgrenzung des Bildungsbereiches auf Grund der Thermodynamik theoretisch ermittelt, sondern sie müssen empirisch festgelegt werden.

Wie ausgeführt worden ist, können merkliche Umsetzungen im Sinne der monotropen Reaktion Trihydrat → Monohydrat nur bei kleinsten frisch ausgefällten Trihydratkriställchen beobachtet werden. Für die Untersuchung der Haltbarkeit sind daher größere Mengen solcher Niederschläge in gekühlten n/200-Lösungen, die etwa 50% Trihydrat liefern, verwendet worden. Dazu werden die Niederschläge von den Ionen der doppelten Umsetzung rein gewaschen in den verschiedensten Lösungen aufbewahrt. Täglich werden darauf die aufgeschüttelten Suspensionen mikroskopiert und das Verschwinden des Trihydrates verfolgt.

Dabei ergeben sich folgende Resultate:

1. Beläßt man das metastabile Kalziumoxalat-Trihydrat in der Mutterlauge, aus der es gefällt worden ist, verwandelt es sich relativ rasch in Monohydrat; in destilliertem Wasser verschwindet es erst nach längerer Zeit.

2. Bei Gegenwart von C_2O_4-Ionen wird die Haltbarkeit des Trihydrates herabgesetzt, während sie durch Ca-Ionen bedeutend erhöht wird.

3. Bei Gegenwart freier H-Ionen verschwindet das Trihydrat alsbald durch Umwandlung oder Auflösung. Auch von der Essigsäure bleibt das Trihydrat nicht vollkommen unberührt, was bei mikrochemischen Reaktionen mit winzigen Oxalatkriställchen zu berücksichtigen ist.

4. Die OH-Ionen verraten keinen Einfluß auf die Haltbarkeit des Trihydrates, dagegen erhöhen sie das Kristallisationsvermögen des Monohydrates.

5. Viskositätserhöhung hat eine Erhöhung der Haltbarkeit des Trihydrates zur Folge. In Gelatinegelen bleiben die kleinen Bipyramiden sehr lange erhalten; doch zeigen Trihydratniederschläge, die jahrelang in Glyzerin-Gelatinepräparaten aufbewahrt werden, oft Umwandlungserscheinungen.

Schlußfolgerung: Die Haltbarkeit des Trihydrates wird durch Vergrößerung der Viskosität und bei Gegenwart von Ca-Ionen erhöht.

Zusammenstellung der Entstehungsbedingungen der beiden Hydrate. In Tabelle 22 sind die Bildungsbereiche, Stabilitäts- und Haltbarkeitsverhältnisse der beiden in der Pflanze auftretenden Hydrate für die Temperatur- und Druckgebiete zusammengestellt, die für die Physiologie in Betracht kommen.

Tabelle 22. Bildung, Stabilität und Haltbarkeit der beiden Hydrate.

	Monohydrat	Trihydrat
Bildungsbereich	bei Temperaturen von 0—100⁰ in Lösungen von beliebigem Dampfdruck (beliebigem osmotischem Wert)	bei Temperaturen von 0 bis etwa 30⁰ in Lösungen mit hohem Dampfdruck (niedrigem osmotischem Wert) vor allem bei Übersättigung an CaC_2O_4
Stabilitätsverhältnisse (Abb. 70)	im erwähnten Bildungsbereiche absolut stabil	im erwähnten Bildungsbereiche metastabil. Tendenz zur Umwandlung Trihydrat → Monohydrat
Haltbarkeitsbeziehungen	im Bildungsbereich absolut haltbar	in Lösungen wird die Haltbarkeit durch die Gegenwart von Ca^{++}-Ionen erhöht, durch H^+- und $C_2O_4^{--}$-Ionen vermindert.

Während die drei Bereiche für das Monohydrat identisch sind, trifft dies für das Trihydrat nicht zu, sondern jedes weist seine Eigentümlichkeiten auf, wie es für ein metastabiles Salz charakteristisch ist.

Durch die Umgrenzung der Bildungs-, Stabilitäts- und Haltbarkeitsfelder wird es nun auch möglich, all die verschiedenen Ansichten, die früher über die Trihydratbildung geäußert worden sind, zu beurteilen. Die Angaben von HAUSHOFER, der bei Gegenwart von Säure kein Trihydrat fand, und diejenige von KNY, der entdeckte, daß das tetragonale Kalziumoxalat bei einem Überschuß von Kalziumsalz in unerklärlicher Weise bevorzugt wird, basieren auf der Haltbarkeit des Trihydrates; denn bei Gegenwart von Säuren muß das Trihydrat alsbald verschwinden, während Ca-Ionen seine Umwandlungsgeschwindigkeit stark verzögern. Dagegen beziehen sich die Beobachtungen von SOUCHAY und LENSSEN und die der älteren Pflanzenanatomen, die aussagen, daß sich Trihydrat in verdünnten kalten Lösungen oder in „unverdicktem‟ Zellsaft bilde, auf den Bildungsbereich; denn, wie aus Tabelle 22 zu ersehen ist, liegt dieser Bereich im Gebiete niedriger Temperaturen und hoher Dampfdrucke. Die Angabe von CZAPEK (3), das Trihydrat entstehe bei langsamer, das Monohydrat dagegen bei rascher Ausscheidung, dürfte sich auf die Übersättigungserscheinungen beziehen, die entstehen, wenn in erst klaren Lösungen durch allmähliche Konzentrationssteigerung oder Abkühlung Kalziumoxalatniederschläge entstehen.

Man sieht also, daß die verwirrende Fülle von Beobachtungstatsachen miteinander in Zusammenhang gebracht und erklärt werden können. Die zum Teil sich widersprechenden Angaben sind dadurch entstanden, daß man nie die Bedingungen für die Bildung und die Erhaltung des Trihydrates auseinandergehalten hat. Die ganze Mannigfaltigkeit der Erscheinungen beruht darauf, daß sich das Trihydrat im Gebiete, das für die Physiologie in Betracht fällt, außerhalb seines Stabilitätsfeldes befindet, so daß sich sein scheinbar „launenhaftes‟ Verhalten letzten Endes von seiner Metastabilität herleitet.

d) Physikalische Chemie der Kalziumkarbonatausscheidungen.

Das System Kalziumkarbonat-Wasser. Wenn das System $CaCO_3$—H_2O an Karbonat übersättigt wird, können drei verschiedene Phasen als Bodenkörper entstehen:

Kalziumkarbonat-Hexahydrat	$CaCO_3 \cdot 6\ H_2O$	(monoklin)
Aragonit	$CaCO_3$	(rhombisch)
Kalzit	$CaCO_3$	(rhomboedrisch)

die hier nach zunehmender Stabilität, abnehmender Löslichkeit und zunehmender Ausscheidungsgeschwindigkeit angeordnet sind (KOHLSCHÜTTER und EGG[1]).

Das Hexahydrat (BIEDERMANN) ist an der Luft so instabil, daß bis jetzt seine optischen Elemente nicht bestimmt werden konnten. Es entsteht in Form von tafeligen Kristallen, und zwar nur in Gegenwart von verschiedenen Lösungsgenossen (das sind Fremdstoffe, welche die Kristallisation in irgendeiner Weise beeinflussen oder beeinträchtigen), von denen für die Ausscheidung in pflanzlichen Zellen vor allem Magnesiumionen und Zucker in Betracht kommen. Es ist daher nicht ausgeschlossen, daß dieses Hexahydrat transitorisch in der Pflanze erscheint.

---

[1] Als weitere Modifikationen, die weniger genau definiert sind, seien erwähnt: Vaterit, Lublinit, μ-$CaCO_3$ (JOHNSTON, MERWIN und WILLIAMSON).

Der Aragonit ist ebenfalls eine instabile Phase, deren Stabilitätsfeld bei höheren Temperaturen (über 30⁰) liegt. Sie entsteht vor allem aus kohlensäurereichem Wasser und tritt sehr oft bei gewöhnlicher Temperatur als metastabile Modifikation des $CaCO_3$ auf. In mikroskopischen Niederschlägen kommt dem Aragonit neben rosettenartigen Kristallaggregaten gewöhnlich ein langprismatischer oder spießiger Habitus zu (Abb. 78b). Er kommt nicht selten im Skelett von Tieren und Pflanzen vor. In den Kalkschalen vieler Mollusken tritt er in kristallisierter Form auf (SCHMIDT). Über seine Verbreitung bei den Algen liegen Untersuchungen von MEIGEN vor.

Die absolut stabile Form des Kalziumkarbonates ist der Kalzit, und zwar mit dem flachen Grundrhomboeder als Habitus (siehe Abb. 68d). Dies ist zugleich die einzige in den Geweben von Phanerogamen mit Sicherheit nachgewiesene feste Phase des Kalziumkarbonates.

KOHLSCHÜTTER und seine Mitarbeiter zeigen, zum Teil in Bestätigung der Ergebnisse früherer Untersucher des Systems Kalziumkarbonat-Wasser (VATER), wie mit steigender Störung der Kristallisation immer instabilere Formen entstehen. Lösungsgenossen wie KCl, NaCl und vor allem K_2SO_4 beeinflussen vorerst nur den Habitus des Kalzites; er bildet bei ihrer Anwesenheit steilere Rhomboeder aus, die weniger stabile Formen vorstellen als das Grundrhomboeder. Zweiwertige Ionen, wie vor allem Strontium, können die Bildung des metastabilen Aragonites herbeiführen, und schließlich entsteht bei Gegenwart von Zucker oder gewissen zweiwertigen Metallen (Cu, Zn, Co, Ni) das äußerst instabile Hexahydrat. Soweit daher in der Pflanze Kalzit nachgewiesen worden ist, darf man auf eine von Lösungsgenossen ungestörte Kristallisation des Kalziumkarbonates schließen.

Mit der Aufzählung der drei erwähnten kristallinen Phasen ist indessen der Formenreichtum der Kalziumkarbonatbildungen keineswegs erschöpft. Denn der Kristallisationsprozeß kann anstatt durch kristalloide Lösungsgenossen auch durch Kolloide gestört werden. Oft gelingt dabei die Bildung eines homogenen Kristallgitters nicht mehr. Entweder entstehen rundliche Kristallkeime oder Globulite, die im dispersoiden Milieu nicht weiter wachsen können, oder es bilden sich Sphärite, die wesentliche Mengen Fremdstoffe enthalten. Manchmal fallen auch sonderbar gestaltete Gebilde aus, von denen es oft unmöglich ist zu sagen, welchem Kristallsystem, d. h. welcher der kristallinen Phasen des Kalziumkarbonates, sie angehören. KOHLSCHÜTTER nennt solche Bildungen Somatoide (KOHLSCHÜTTER, EGG und BOBTELSKY). Ihre Form ist keine willkürliche, sondern durch bestimmte Begleitumstände und kolloide Beimengungen bestimmt. In vielen Fällen gelingt es den Kristallisationskräften trotz der ungünstigen Kristallisationsbedingungen ein Raumgitter aufzubauen, indem kleine Mengen des Fremdstoffes zu mikroskopischen Körperchen zusammengeballt und als Kristallisationskern benützt werden. KOHLSCHÜTTER und EGG konnten solche Formen durch Zusatz von kolloidalen Farbstoffen zur Karbonatlösung experimentell erzeugen (Abb. 78).

Die Störung der Kristallisation des Kalziumkarbonates durch kolloidale Fremdstoffe spielt in der Pflanze eine große Rolle. LEUTHOLD hat gefunden, daß die intrazellulären Kalzitausscheidungen in den Blättern von *Telfairia* gewöhnlich aus Sphärokristallen mit einem schwarzen Kern bestehen; wohlgestaltete Rhomboeder gelangen sehr selten zur Ausbildung (Abb. 78c). Bei der weitverbreiteten Einlagerung von $CaCO_3$ in die Zellwände wird schließlich die Entstehung von Kristallformen ganz unterdrückt, da die Menge Karbonat im allgemeinen zu klein ist, um irgendwie formgebend auf die Micellarstruktur der Zellwand einzuwirken. Die Inkrustation erfolgt in submikroskopisch fein verteilter Form, so daß man mit mikroskopischen Mitteln

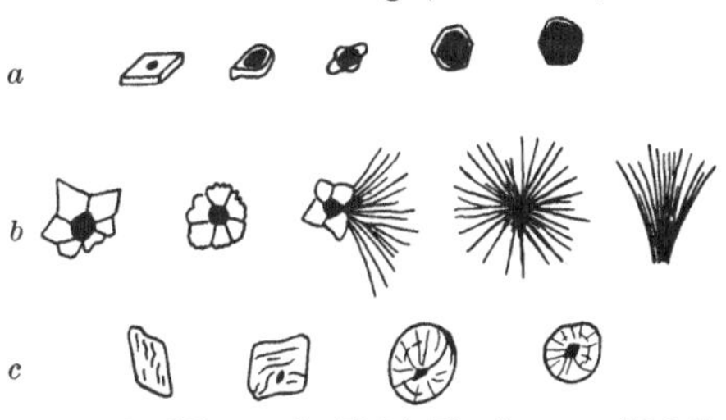

Abb. 78. Störung der Kristallisation von Kalzit durch Kolloide. a) Kalzit. Beeinflussung der Rhomboedergrundform durch steigende Mengen Kongorot (0,000007—0,00067 %). b) Aragonit. Bildung aus Kongorotlösung bei 30° C begünstigt; Nadeln und Kristallaggregate mit Farbstoffkernen entstehen nebeneinander (nach KOHLSCHÜTTER). c) Kalziumkarbonat in funktionslos gewordenen Nektarien von *Telfairia* (nach LEUTHOLD). Kalzitrhomboeder, Sphärite und Zwischenformen.

nicht entscheiden kann, ob die Einlagerungen mikrokristallin oder amorph sind.

Die Kalkablagerungen in den Zellen treten gegenüber jenen in den Zellwänden ganz zurück. Dies scheint mit den Löslichkeitsverhältnissen des Kalziumkarbonates im Zusammenhang zu stehen. Sein Löslichkeitsprodukt $1,7 \cdot 10^{-8}$ steht zwar dem des Kalziumoxalates ($1,8 \cdot 10^{-9}$) nur wenig nach, doch ist die Karbonatlöslichkeit sehr stark vom p_H und dem CO_2-Gehalte des Zellsaftes abhängig. Kalziumkarbonat als Zellinhalt ist daher stets der Wiederauflösung ausgesetzt und tritt darum nur in seltenen Fällen als definitiver Ausscheidungsstoff auf. In den intermicellaren Räumen der Zellwand ist es dagegen vor Auflösung weitgehend geschützt. Dies dürfte der Grund sein, warum das Kalziumkarbonat in der Pflanze vornehmlich als Zellwandinkrustation vorkommt.

Die Zystolithen. Das Prinzip der Zellwandinkrustation wird auch bewahrt, wenn größere Mengen von Karbonat in besonderen Idioblasten zur Ausscheidung gelangen, wie dies für gewisse

Pflanzenfamilien (s. S. 260) charakteristisch ist. Es entsteht dabei
in vorausbestimmten Zellen in eigentümlicher Weise ein keulenförmiges Zellulosegerüst, das frei im Zellumen hängt und durch
$CaCO_3$ mineralisiert wird. Das ganze Gebilde ist an einem gewöhnlich verkieselten Stiel aufgehängt, (Abb. 79a, c). Durch Herauslösung des Karbonates kann man das zellulosische Gerüst freilegen.
Es durchsetzt die ganze, als Zystolith (RENNER, 1) bezeichnete

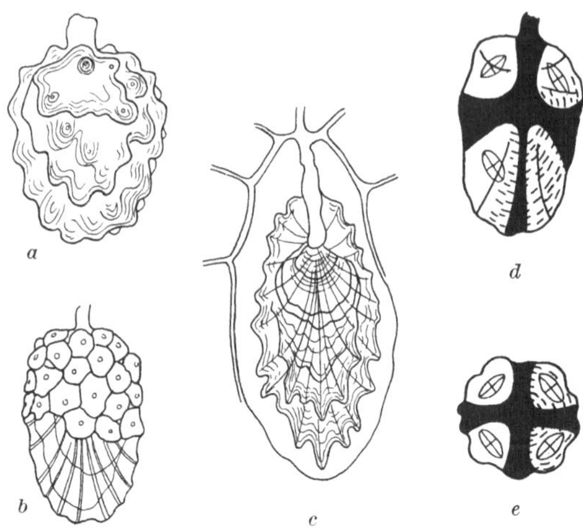

Abb. 79. Zystolithen. a) Von *Ficus leonensis.* b) Schematischer Aufbau eines
Zystolithen; zu jeder Protuberanz führen Kanälchen, die im ausgewachsenen Zustand mit Kalk gefüllt sind. c) Skelett eines Zystolithen von *Ficus elastica*: Zellulosegerüst geschichtet, Stiel verkieselt. [a)—c) nach KOHL]. d)—e) Optik und Micellarstruktur des Zellulosegerüstes der Zystolithen zwischen gekreuzten Nikol:
d) Im Längsschnitt, e) im Querschnitt; zeigt Zirkularstruktur.

Kalkkonkretion und weist eine feine tangentiale Schichtung, sowie
radial verlaufende Kanälchen auf. Vermutlich bilden diese Kanälchen tüpfelähnliche Zugangswege für die Inkrustation der inneren
Zelluloseschichten. In den ausgewachsenen Zystolithen sind sie
mit Karbonat erfüllt. Die Oberfläche der Zystolithen ist höckerig
und verleiht dem ganzen Gebilde vielfach Brombeerenform. Auf
dem Scheitel jeder Warze mündet eines der erwähnten Kanälchen.
Über den feineren Mechanismus der Inkrustation ist man noch
nicht im klaren. Das Zellulosegerüst der Zystolithen wird auch
bei Kalziumhunger ausgebildet und bleibt dann unverkalkt.

Die Untersuchung der Optik der Zystolithen hat zu widersprechenden Ergebnissen geführt (KOHL, 5). Nach SACHS (1) sollen

sie isotrop, nach STRASBURGER (1) dagegen optisch negativ doppelbrechend sein. Sicher stimmt die Angabe von KOHL nicht, daß sie wie Einkristalle beim Drehen über dem Polarisator einheitlich auslöschen. Bei den Zystolithen von *Ficus elastica* kann man sehr schön zeigen, daß tatsächlich Doppelbrechung auftritt, und zwar handelt es sich wie bei den Zellwänden um Aggregatpolarisation. Der Zystolith verhält sich wie ein kugeliger Sphärokristall mit tangentialer Anordnung der längeren Indexellipsenachse. Da man solche Sphärite optisch „negativ" nennt ist die Angabe von STRASBURGER richtig.

Wichtig ist vor allem, daß sich die Doppelbrechung der Zystolithen beim Herauslösen des kohlensauren Kalkes nicht merklich ändert. Ihre Anisotropie wird durch die Zellulosemicelle des Gerüstes verursacht und nicht durch kristalline Kalziumkarbonateinlagerungen! Die Anordnung der Micelle im Zellulosegerüst ist aus Abb. 79 d, e ersichtlich. Die Abbildung zeigt, wie aus optisch positiven Zellulosestäbchen durch tangentiale Anordnung ein optisch negativer Sphärit entstehen kann.

Der Widerspruch in der Vorzeichenangabe entsteht dadurch, daß bei Stäbchen die Doppelbrechung auf die Stäbchenachse, bei Sphärokristallen dagegen auf die radiale Richtung bezogen wird. Denkt man sich Zellulosestäbchen radial angeordnet, entsteht ein optisch positiver Sphärit. Dieselbe Substanz kann also je nach der Micellorientierung optisch negative oder optisch positive Sphärite liefern. Es ist deshalb wohl besser den optischen Charakter von Sphäriten unerwähnt zu lassen, wenn die Optik seiner submikroskopischen Bausteine bekannt ist, da sonst leicht Widersprüche und Verwirrung entstehen.

Die Zystolithen gleichen in mancher Hinsicht gewissen Aragonitabsetzungen aus kohlensäurehaltigen Quellen. Da indessen das Kalziumkarbonat der Zystolithen nicht doppelbrechend ist, läßt es sich optisch nicht identifizieren. Daraus darf man andererseits aber auch nicht schließen, daß das Kalziumkarbonat in der Zellwand amorph sei; denn es ist leicht möglich, daß submikroskopische Kristallite regellos in die Zellulose eingelagert sind und so statistische Isotropie vortäuschen. Über diese Fragen kann nur die Röntgenanalyse von Zystolithen Aufschluß geben.

2. Kieselsäureausscheidungen.

a) Morphologie der Kieselablagerungen.

Die Kieselausscheidungen haben wiederholt eine eingehende Behandlung erfahren (KOHL, 6; NETOLITZKY, 4), so daß hier nur kurz auf sie eingegangen werden soll; um so mehr, da keine neuen kristallographischen oder optischen Gesichtspunkte geltend gemacht werden können, weil die Kieselsäure in der Pflanze stets in isotroper Form abgeschieden wird. Ob diese Ausscheidungen völlig amorph, oder nur statistisch isotrop sind, müßte auf röntgenographischem Wege entschieden werden. Die Einteilung der Kieselablagerungen geschieht, wie übrigens auch diejenige der Kalziumkarbonatausscheidungen, in zusammenfassenden Darstellungen gewöhnlich nach dem Schema: Ablagerung 1. auf der Zellwand, 2. in der Zellwand, 3. im Zellinnern (MOLISCH, 5). Diese Behandlung des Stoffes besitzt wegen ihrer Einfachheit anatomisch zweifellos Vorteile. Als Grundlage der anschließenden physiologischen Betrachtungsweise ist sie aber untauglich, da dadurch analoge Bildungen, die ihrem Wesen nach zusammengehören, auseinandergerissen werden. So bilden unbestreitbar die Kieselkurzzellen der Grammineen, die Kegelzellen der Cyperaceen und die Deckzellen (Stegmata) der Orchideen, Palmen usw. (Abb. 81) physiologisch eine Einheit; aber weil in den Kegelzellen die Kieselsäure in eine zellulosische Grundsubstanz eingelagert ist, konnten diese in der sonst so vollständigen Monographie von NETOLITZKY über die Kieselkörper der Pflanzen nicht behandelt werden. Es soll daher eine geeignetere Einteilung in

> diffuse Kieselablagerungen und
> diskrete Kieselablagerungen (oder Kieselkonkretionen)

vorgeschlagen werden, die in gleicher Weise auch auf die Kalkausscheidungen angewendet werden kann. Bei der diffusen Ausscheidung wird der abgeschiedene Mineralstoff gleichmäßig über ein Gewebe verteilt in Form von Membraninkrustationen niedergelegt. Bei der diskreten Ablagerung erfolgt dagegen an gewissen Stellen eine Lokalisierung und Anhäufung des auszuscheidenden Stoffes. Es muß daher an histologisch gewöhnlich vorausbestimmten Punkten örtliche Konzentrationsarbeit geleistet werden. Hieraus erhellt der physiologisch bedeutsame Unterschied der beiden Ablagerungsarten. Dagegen ist es offenbar von untergeordneter Bedeutung, ob bei der diskreten Ausscheidung die in bestimmte Bahnen gelenkte Stoffanreicherung im Zellinnern oder in einer eigens geschaffenen zellulosischen Grundsubstanz erfolgt.

Diffuse Kieselablagerungen. Oft enthält nur die Kutikula nachweisbare Mengen Kieselsäure; oft ist aber die gesamte Außenwand der Epidermis so weitgehend verkieselt, daß ein zusammenhängendes Kieselskelett von ihr erhalten werden kann. Häufig weist die Blattoberseite intensive Verkieselung auf, während die Unterseite nur schwach oder gar nicht verkieselt. Die Schließzellen der Stomata sind meist nur an der Außenseite mineralisiert; seltener erscheinen auch die der Atemhöhle anliegenden Membranpartien verkieselt.

Bei den Kieselspeicherpflanzen: *Equisetaceen*, *Grammineen*, *Cyperaceen*, *Palmen*, vielen *Coniferen*, *Chrysobalaneen*, *Podostemonaceen*, vielen *Verbenaceen* (*Petraea*, *Tectona*) usw. werden nicht nur die Hautgewebe, sondern oft auch die Gefäßbündel mineralisiert, oder es verkieselt selbst das Mesophyll (*Phragmites*, *Bambusa*).

Der Verkieselung am stärksten ausgesetzt sind die Epidermisanhänge, vor allem die Haare (*Campanulaceen*, Brennhaare der *Urticaceen*). Bekannt sind die steinhart verkieselten blasenförmigen Trichome der *Crasulacee Rochea*, die wie spröde und zerbrechliche kleine „Glasgefäße" der Epidermis aufgesetzt sind.

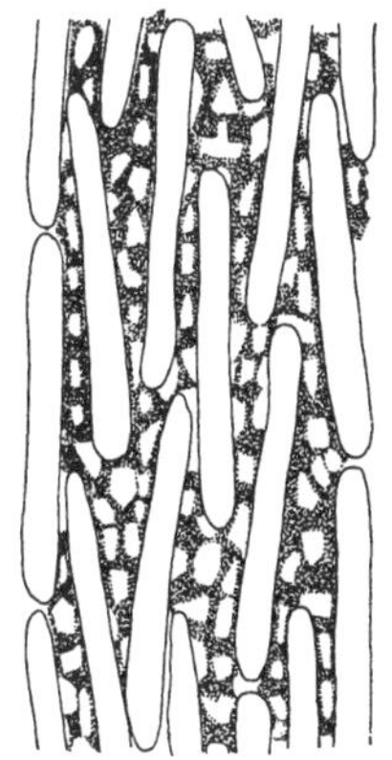

Abb. 80. Schema der Micellarstruktur verkieselter Zellwände. Zellulosmicelle: weiße Stäbe; Verkieselung: schwarze Körnchen.

Die Mineralisierung der Zellhäute erfolgt im Intermicellarsystem. Die mikrochemischen Eigenschaften der Zellmembranen werden dadurch, je nach der Intensität der Verkieselung, mehr oder weniger verändert. Stark verkieselte Zellwände weisen keine micellaren Oberflächenreaktionen mehr auf; die violette Jodfärbung unterbleibt und macht einer Gelbfärbung Platz, während Kongorot und andere Zellulosefarbstoffe ihr Tinktionsvermögen ganz oder teilweise einbüßen. Man muß sich also vorstellen, daß die Kieselsäureeinlagerungen die intermicellaren Räume teilweise erfüllen und die Oberfläche der Zellulosemicelle blockieren (Abb. 80).

Diskrete Kieselablagerungen. Während diffuse Verkieselung der Hautgewebe bei sehr vielen Pflanzen vorkommt, ist das Auftreten diskreter Kieselablagerungen auf die eigentlichen Kieselpflanzen beschränkt. Sie nehmen namentlich bei den Monokotyledonen einen interessanten Formenreichtum an.

Am einfachsten gestalten sich die Verhältnisse bei den Gräsern (GROB; FROHNMEYER). Gewisse Epidermiszellen, die oft durch ihre

Form auffallen (Kieselkurzzellen, Abb. 81a) werden mit durchsichtiger Kieselsäure völlig ausgefüllt. Ferner können auch Langzellen oder Interzellularen Kieselfüllungen erhalten. Die Ausscheidung geht folgendermaßen vor sich: An die aus Zellulose bestehende Zellwand legt sich eine Kieselschicht an, die zentripetal an Dicke zunimmt und das Plasma in der Zellmitte zusammendrängt, bis es ganz verschwindet und die Kieselmasse die gesamte

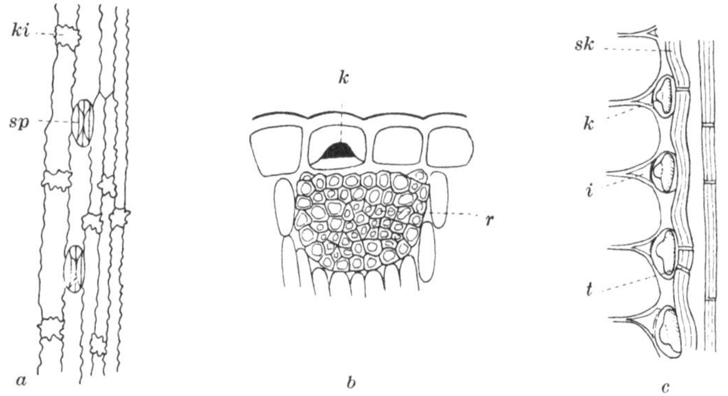

Abb. 81. Kieselkörper der Monokotyledonen. a) Kieselkurzzellen von *Eriochloa* (nach GROB). *ki* Kieselkurzzelle, *sp* Spaltöffnung. b) Kegelzellen von *Cyperus* spec. (nach RIKLI). *k* Kegelzelle, *r* subepidermale Rippe. c) Deckzellen (Stegmata) von *Stanhopea* (nach KOHL). *sk* Sklerenchymfasern, *k* Kieselhütchen, *i* Interzellularen, *t* Tüpfel.

Lichtung der Zelle vollständig ausfüllt. Oft bleiben im Kieselkörper feine Bläschen erhalten. Manchmal geht die Bildung sehr rasch vor sich, so daß keine Zwischenstadien sichtbar werden (*Saccharum*). Gewöhnlich scheidet sich der Kieselkörper dabei als körnige Masse ab und erfüllt mit einem Schlag das ganze Zellumen.

Außer diesen Zellausfüllungen kommen bei den Gräsern in der Sektion der *Andropogoneen* in die Membran eingesenkte Kieselbildungen vor, die als RASDORSKYsche Körperchen (PFEIFFER, 2) bezeichnet werden und zu den Kieselausscheidungen in den Kegelzellen der *Cyperaceen* hinüberleiten (RIKLI; PFEIFFER, 1; LINSBAUER). Die Kegelzellen sind meistens Epidermiszellen, deren Basalmembran auffallend verdickt ist. Diese trägt auf einem Wulst einen aufrechten Zapfen, der in Grenzfällen linsenförmig oder keilförmig zugespitzt ist, in der Regel aber deutliche Kegelgestalt annimmt und verkieselt (Abb. 81b). Die Kegel sind somit Membranauswüchse, die mit Kieselsäure inkrustiert sind. Das Auftreten

der Kegelzellen ist nicht immer auf die Epidermisschichten beschränkt, sondern sie finden sich auch im Innern des Blattes über
den Sklerenchymsträngen oder als Bestandteile der Scheide um die
Gefäßbündel (*Cladium, Tetraria* u. a.).

Bei den höheren Monokotyledonen *(Palmen, Orchideen* und
Scitamineen), sowie bei einigen Farnen *(Trichomanes)* treten die
Kieselausscheidungen in besonderen Zellreihen auf, die als Stegmata[1] oder Deckzellen bezeichnet werden. Der Name rührt
daher, daß sie den Gefäßbündelscheiden oder anderen Sklerenchymsträngen aufliegen und diese gewissermaßen „decken“. Es
sind kleine parenchymatische Zellen von der Form einer Kugel oder
bikonvexen Linse. Die Wand ist, soweit sie den Sklerenchymfasern
zugekehrt ist, verdickt, im übrigen aber dünn; ihr Scheitel, der
nach KOHL (6) gewöhnlich einem Interzellularraum zugekehrt ist,
erscheint am dünnsten. Die Kieselkörper der Stegmata besitzen
Kugel-, Kegel- oder Hütchen-Form (Abb. 81c). Bei *Ravenala*
werden Kristalldrusen auffallend nachgeahmt. Glatte Oberflächen
der Kiesel sind selten, meist sind irgendwelche Rauhigkeiten vorhanden, oder die einseitige Vorwölbung trägt eine kraterartige
Vertiefung *(Musa).* Die Kieselzellreihen gehen durch Teilung aus
einer Mutterzelle hervor. In ihrer Jugend sind die Deckzellen plasmareich. Bald erscheint aber ein stark lichtbrechendes Kügelchen,
das den Zellkern verdrängt und zum Kieselkörper heranwächst.

Bei den Dikotyledonen gibt es nur zwei Familien mit bedeu-
tenderen diskreten Kieselablagerungen: die *Chrysobalaneen* (KÜSTER)
und die *Podostemonaceen.* Bei den ersten treten in vielen lebenden
Parenchymzellen, oft sogar im Palisadengewebe, kleine Kiesel-
kügelchen auf, die im Gegensatz zu den zentripetalen Zellausfüllungen zentrifugal wachsen. Vielfach werden Steinzellen mit all
ihren Tüpfelkanälen ausgeformt; auch Gefäße und Interzellularen
können mit Kieselsäure ausgefüllt werden. Jede Zellart kann bei
dieser stark verkieselten Pflanzengruppe Kieselfüllungen aufweisen.
Immerhin besteht eine deutliche Beziehung zu den Gefäßbahnen,
indem sich die Kieselzellen, wie die Stegmata, den Gefäßbündeln
anlegen und im Blatte dem Nervenverlaufe folgen. Ähnliches gilt
von den *Podostemonaceen,* jener merkwürdigen tropischen Wasser-
pflanzenfamilie, deren Vorkommen nur auf Stromschnellen unterhalb Wasserfällen beschränkt ist. Auch hier finden sich Kieselkörper in den Epidermen, Hypodermen, im Fußteil der Haare und

---

[1] stege (griech.) = Bedeckung.

vor allem längs der Gefäßbündel. Oft ergreift die Verkieselung
noch lebende Zellen. Chlorophyll- und Stärkekörner werden vom
Kieselgel umschlossen und sind nachher als Einschlüsse des wasserklaren Kiesels zu erkennen; solange dieser nicht völlig erstarrt
ist, können die Stärkekörner mit Jod noch gefärbt werden! In
vielen Fällen wird die Zelle gewissermaßen durch eine Schutz-
wand in zwei Teile geschieden, von denen der eine versteinert,
während der andere am Leben bleibt.

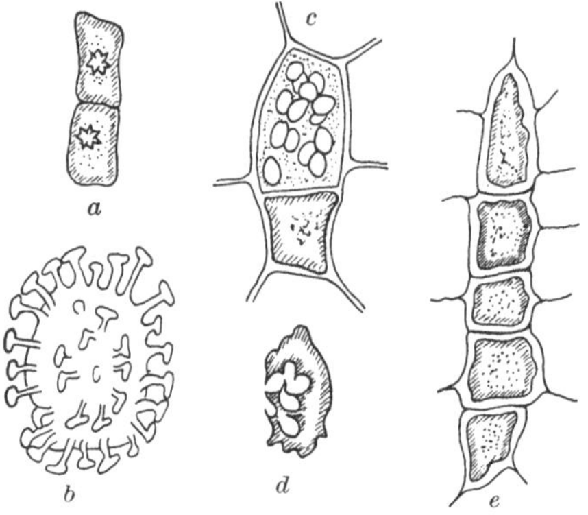

Abb. 82. Kieselkörper der Chrysobalaneen und
Podostemonaceen. a) Verkieselte Mesophyllzellen
von *Hirtella* mit Oxalateinschlüssen. b) Kiesel-
füllung einer Steinzelle mit Tüpfelkanälen von
Chrysobalanus icaco. c) Grundgewebezelle, deren
eine Tochterzelle nach vorangegangener Teilung
verkieselt. d) Kieselkörper mit Stärkeeinschlüs-
sen. e) Reihe von Kieselzellen. a), b) nach
Küster, c)—e) *Podostemon* nach Kohl.

Bei der Rutaceen-Gat-
tung *Galipea* kommen in den
Mesophyllzellen Kieselkörper
vor, die mit einem Stiele an
der Zellwand festgewachsen
sind. Diese werden gewöhnlich den Zellwandverkiese-
lungen zugezählt, da sie ein
Zellulosegerüst besitzen. Nach
unserer Definition sind sie
dagegen zu den diskreten
Kieselablagerungen zu rechnen. Diskrete Kieselkörper
kommen außerdem bei eini-
gen *Aristolochiaceen* und in
den Blattspitzen von *Loranthus* vor.

Tabaschir (Cohn).
Neben den bei lebendigem
Leibe versteinernden *Podo-
stemonaceen* bilden wohl die Kieselkonkretionen in den Höhlen der Halm-
internodien von Bambusarten die größte Merkwürdigkeit auf dem Gebiete der pflanzlichen Kieselausscheidungen. Es handelt sich um opales-
zierende, sandkorn- bis walnußgroße Kieselkugeln, die unter dem Namen
Tabaschir im Orient seit alter Zeit als wundertätiges Heilmittel hoch-
geschätzt werden. Die Kieselkörper sollen meist nach Verletzung eines
Internodiums gebildet werden, können aber wohl auch bei völlig normalem
Wachstum des Bambus in der Internodialhöhle entstehen. Sie erreichen
als solide Abgüsse der Markhöhle bis 3 cm Durchmesser, 4 cm Länge und
ein Gewicht von 15 g. Frisches Tabaschir ist kreideartig, erdig weiß und
schneidbar; durch Glühen (Kalzinieren) wird es härter und erhält eine
milchglasartige, bläulichweiße Farbe. Auch die Kieselkörper der *Chrysobalaneen* und *Podostemonaceen* zeigen nach dem Glühen hie und da schöne
Opaleszenz. Geglühtes Tabaschir ist trotz seines opaleszierenden Glasglanzes,
der an Hydrophan oder richtigen Opal[1] erinnert, infolge Luftgehaltes so
leicht, daß es auf den leichtesten Flüssigkeiten schwimmt (spez. Gew. 0,56)!

---

[1] Opal besitzt auch denselben Wassergehalt (3—13%) wie Tabaschir.

Es stellt daher sowohl nach Entstehung und Eigenschaften ein sehr eigenartiges Kieselsäure-,,Mineral" vor, und man begreift, daß ihm eine mystische Phantasie übernatürliche Kraft zugeschrieben hat.

b) Physikalische Chemie der Kieselsäureausscheidungen.

Die alte Streitfrage, ob die Kieselausscheidungen in der Pflanze aus reiner Kieselsäure, Alkalisilikaten oder gar aus organischen Siliziumverbindungen bestehen, ist dahin gelöst, daß es sich um feste Kieselgele von wechselndem Wassergehalte mit kleineren oder größeren anorganischen und organischen Beimengungen handelt. Durch Verbrennung gewonnene Kieselskelette von *Equisetum* und *Calamus* bestehen zu 95—99% aus SiO_2. Gealtertes Tabaschir enthält etwa 90% SiO_2, Spuren bis wenige Prozent CaO, MgO und K_2O, bis 6% organische Stoffe (Zucker, Schleime) und 3,5%[1] Wasser (LABORDE).

Die physikalisch-chemische Seite des Problems der Kieselsäureabscheidungen in der Pflanze beschränkt sich daher auf die Behandlung des Systems SiO_2—H_2O. Phasentheoretisch bietet dieses System kein Interesse, da nur zwei Phasen auftreten, so daß ihm zwei Freiheitsgrade zukommen; d. h. weder bei Temperatur- noch bei Druckänderungen treten in diesem System neue Phasen auf. Die beiden Phasen sind ,,Wasserdampf" und ,,Lösung", wobei es sich um eine echte Lösung, ein Sol, ein plastisches oder glasartiges Gel handeln kann. Denn all diese Lösungen, seien sie flüssig oder fest, gehen kontinuierlich ohne bestimmte Phasengrenze ineinander über; alle besitzen die Zusammensetzung $xSiO_2 \cdot yH_2O$. Mit Sicherheit sind bis jetzt noch keine bestimmten Hydrate der Kieselsäure isoliert worden, die als definierte feste Phasen des Systems SiO_2—H_2O in Betracht kämen. Die Phasenregel versagt also, wie dies übrigens bei kolloiden Systemen, deren disperse Phase nicht genau definiert werden kann, nicht anders zu erwarten ist. Die Beantwortung der Frage, wie in der Pflanze glasartige SiO_2-Gele aus SiO_2-Lösungen entstehen können, muß daher auf einem anderen Wege gesucht werden.

Frisch hergestellte Kieselsäurelösungen sind moleculardispers und gehen nur allmählich in ein Hydrosol über (ZSIGMONDY). Die Kolloidteilchen oder Mikronen solcher Sole sind aber vorerst noch diffusibel, wie Dialyseversuche zeigen, bei denen 90% der Kieselsäure durch dichte Kollodiummembranen wandern. Da solche

---

[1] Siehe Anm. S. 192.

viel undurchlässiger sind als zellulosische Zellwände, kann die Pflanze hochdisperse Kieselsäurelösungen, wie sie bei der Silikatverwitterung entstehen, aus dem Boden aufnehmen und von Zelle zu Zelle wandern lassen.

Durch Wachstum der Mikronen entstehen Sole, deren Kolloidteilchen im Ultramikroskop nachgewiesen werden können. . Sie scheinen von isometrischer Gestalt zu sein und sind elektrisch negativ geladen. Solche Lösungen, die weniger als 1 % SiO_2 enthalten, sind sehr haltbar und ziemlich elektrolytbeständig. Die Gegenwart derartiger Kieselsäuresole in der Pflanze läßt sich nicht leicht feststellen. Sie verraten ihre Gegenwart erst, wenn sie koagulieren oder gelieren. Die Gallertbildung kann auf zwei verschiedenen Wegen zustande kommen, die in der Pflanze wohl beide beschritten werden: entweder durch Konzentration des Sols oder durch Elektrolytfällung. Durch einige basische Elektrolyte wird die Kieselsäure sofort gefällt, durch andere dagegen erst nach längerem Stehen in Gallerten verwandelt. Die verschiedene Geschwindigkeit, mit der die Fällung erfolgt, ergibt eine Erklärungsmöglichkeit für die verschiedenen Beobachtungen, die bei der Verkieselung des Inhaltes pflanzlicher Zellen gemacht worden sind. Wie erwähnt geliert der Zellinhalt manchmal ganz allmählich vom Rande aus (langsame Fällung), oder die ganze Zelle erstarrt plötzlich mitsamt all ihren Bestandteilen: Kern, Chlorophyllkörper, Stärkekörner, zu einem Gel (rasche Fällung). Vorerst sind die entstandenen Gele weich und wasserhaltig. Nach und nach werden sie aber entwässert und in glasartige, spröde Kieselkörper verwandelt.

Die Entwässerung von Kieselsäuregelen ist physikalisch-chemisch genau untersucht (VAN BEMMELEN) und es lassen sich aus den Befunden in vitro einige Schlüsse auf die Verhältnisse in der Pflanze ziehen.

Bewahrt man Kieselsäurehydrogele über Schwefelsäure von verschiedener Dampfspannung auf, findet man für die Beziehungen zwischen Wassergehalt und Dampfdruck des Geles die Verhältnisse, wie sie in Abb. 83 nach VAN BEMMELEN dargestellt sind. Wird ein frisches Gel vom Wassergehalte A entwässert, indem man es sich mit der Dampfspannung immer konzentrierterer Schwefelsäure ins Gleichgewicht setzen läßt, nimmt sein Wassergehalt stetig ab, bis zum Punkte O. Dann bildet sich in der Entwässerungskurve ein Knick; denn das Gel verliert weiterhin bis zum Punkte O_1 bei fast gleichbleibendem Dampfdrucke Wasser. Darauf wird wieder eine stark zunehmende Dampfdruckverminderung des Systems notwendig, um eine weitere Wasserabgabe zu bewirken (Kurvenstück $O_1 O_0$). Die letzten Reste Wasser (bei gealterten Gelen etwa 3,5%, vgl. Tabaschir) entweichen beim Dampfdrucke Null nicht, sondern sie können nur durch Glühen ausgetrieben werden. Wässert man ein der absoluten Trockenheit ausgesetztes Gel wieder, erweist sich der Vorgang erst als reversibel. Von O_1 an steigt die Wässerungskurve aber über die Entwässerungskurve hinauf bis zum Punkte O_2, wo sie einen Knick aufweist und steil nach Z verläuft. Bei erneuter Entwässerung ergibt sich der Kurvenverlauf $Z O O_1 O_0$. Es macht sich also wie bei der Quellung der Zellulose die Erscheinung der Hysterese geltend. Das Kurvenstück $A O$, das bei der ersten Entwässerung auftritt, läßt sich nicht mehr zurückgewinnen.

Der Knickpunkt O ist an einer Trübung des Gels kenntlich und wird daher Umschlagspunkt genannt. Er liegt oft in der Nähe des Wassergehaltes, der 2 Mol Wasser entspricht (etwa 37%), während O_1 manchmal bei 1 Mol H_2O liegt (etwa 23%). Daraus könnte man schließen, daß bei diesen Punkten eine Zersetzung von Hydraten (Ortho- und Metahydrat) der Kieselsäure eintrete. Dem widerspricht aber die variable Lage dieser Punkte, die je nach dem untersuchten Gele oft um mehr als 1 Mol H_2O hin und her wechseln können[1].

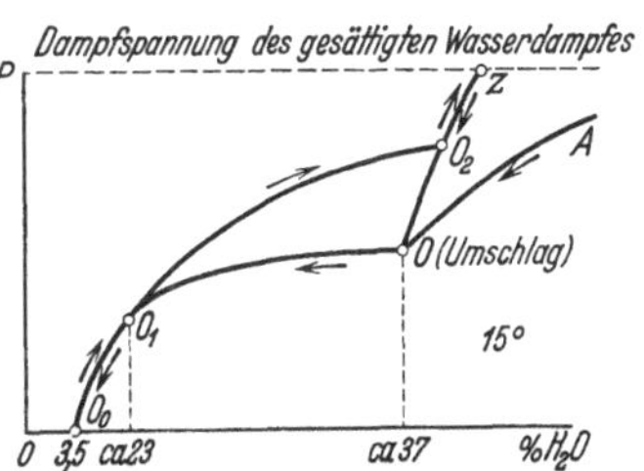

Abb. 83. Entwässerungsdiagramm des Systems SiO_2 — H_2O (nach VAN BEMMELEN). Ordinaten: relativer Dampfdruck P. Abszissen: Wassergehalt der kolloiden Kieselsäure in % H_2O.

Für die Entwässerung der Kieselsäure in der Pflanze kommt vor allem die Kurve $A O O_1 O_0$ in Betracht. Dabei ist wichtig, daß sich das Kieselsäuregel bei der Entwässerung zwischen den Punkten O und O_1 trübt, während es vorher wasserklar und durchsichtig erscheint. Die Trübung kommt nach ZSIGMONDY dadurch zustande, daß im ultramikroskopischen Kapillarensystem (etwa 80 Å Porenweite im Punkte O, und 40 Å im Punkte O_1) das kapillare Wasser zum Teil durch Luft ersetzt wird, und zwar derart, daß Inhomogenitäten von der Größenordnung der Wellenlängen des Lichtes entstehen (Luftbläschen mit Ausmaßen von etwa $1\,\mu$); bei Punkt O_1 wären alle Hohlräume von Luft erfüllt und nur noch oberflächengebundenes Wasser vorhanden, wodurch das System optisch wieder homogen und durchsichtig werden muß. Man kann daher bei Kieselkörpern in der Pflanze, die trübe erscheinen, erkennen, wieweit ihre Entwässerung gediehen ist. Bei wasserklaren Kieselausscheidungen weiß man dagegen nicht ohne weiteres, ob es sich um ein noch sehr wasserreiches, oder bereits um ein weitgehend entwässertes glasartiges Gel handelt.

---

[1] WILLSTÄTTER, KRAUT und LOBINGER treten dagegen für die Existenz stöchiometrischer Hydrate ein.

Die Genese der Kieselkörper kann schematisch so angedeutet werden:

$$\text{Kieselsäurelösung} \xrightarrow{\text{Konzentration}} \text{Sol} \xrightarrow{\text{Fällung}} \text{Gel} \xrightarrow[\substack{\text{Trübung,}\\ \text{Aufhellung}}]{\text{Entwässerung}} \text{Glaskiesel}$$

(molekulardispers) (kolloiddispers) (wasserreich) (wasserarm)

Die pflanzlichen Kieselausscheidungen sind wie die künstlichen Kieselsäuregele meistens porös. Sie lassen sich daher anfärben, und zwar vornehmlich durch basische Farbstoffe (Fuchsin, Methylviolett, Malachitgrün), die infolge der negativen Ladung der kolloiden Kieselsäure positiv adsorbiert werden. Solche Färbungen sind waschecht, im Gegensatz zu Tinktionen mit sauren Farbstoffen (Kongorot), die nicht adsorbiert werden. Die Färbbarkeit ist von der Dichte und dem Entwässerungsgrad der Kieselkörper abhängig; beim Glühen geht sie ganz oder teilweise verloren. Jod färbt die Kieselkörper wie die künstlichen Kieselgele braun.

Der geschilderte Gang der Kieselsäureausscheidung in den Zellen darf wohl auch auf die Ablagerung in den Zellwänden übertragen werden; nur spielt sich dort die Entwässerung in den intermicellaren Räumen ab. Es ist bereits erwähnt worden, daß die Kieseleinlagerungen die Oberfläche der Zellulosemicelle blockieren, so daß sich verkieselte Zellwände mit Jod braun färben. Die Zellwand bleibt also für Teilchen von der Größe der Jodmoleküle noch wegbar; aber an Stelle der intermicellaren Diffusionswege, die von der Größenordnung 100 Å gefunden worden sind, treten nun die engeren Poren eines entwässerten Kieselgels von etwa 40 Å (siehe Abb. 80). So kann die Erfahrungstatsache, daß die Durchlässigkeit der Zellwände mit zunehmender Verkieselung abnimmt, einigermaßen mit Zahlen belegt werden.

B. Physiologie der anorganischen Ausscheidungsstoffe.

1. Die Stoffaufnahme der Pflanzen.

a) Die Transpirationstheorie.

Nach der Auffassung der klassischen Pflanzenphysiologie sind die lebensnotwendigen Nährstoffe im Boden in so weitgehender Verdünnung vorhanden, daß die Pflanze zu besonderen Mitteln greifen muß, um die aufgenommene „Bodenlösung" zu konzentrieren. Die Konzentrationsarbeit würde durch die Transpiration geleistet. Die anorganischen Nährstoffe der Pflanze kämen also als sehr verdünnte Nährlösung mit dem Transpirationsstrome in die Blätter und würden dort bis zur gewünschten Konzentration „eingedickt". Diese Theorie ist zweifellos sehr anschaulich; aber sie hat die Verhältnisse aus Unkenntnis vieler Tatsachen, die durch neuere Untersuchungen aufgedeckt worden sind, zu einfach dargestellt.

Nach der Transpirationstheorie müßte der Aschengehalt der Pflanzen 1. ein Abbild der Zusammensetzung des Salzgehaltes wässeriger Bodenauszüge, und 2. eine Funktion der Transpirationsintensität sein. Beides trifft bis zu einem gewissen Grade, man könnte sagen qualitativ, zu. In der Asche findet man dieselben anorganischen Substanzen, wie sie als gelöste Ionen im Boden vorkommen (s. Tabelle 23), und die Blätter werden mit zunehmendem Alter gewöhnlich aschenreicher. Quantitativ sind aber die von der Theorie geforderten Beziehungen keineswegs verwirklicht.

Die Aschenzusammensetzung der höheren Pflanzen weist, abgesehen von einzelnen Ausnahmen, stets eine beträchtliche Anreicherung von Kalium und Phosphor auf, wie aus folgender Gegenüberstellung vom löslichen Mineralgehalt des Nährsubstratums und der Aschenanalyse darauf gewachsener Pflanzen hervorgeht (WOLFF, 3).

Tabelle 23.

Aschenzusammensetzung von Pflanzen und Bodenauszug.

% der Reinasche	K_2O	Na_2O	CaO	MgO	Fe_2O_3	P_2O_5	SO_3	SiO_2	Cl
Majanthemum bifolium	55,7	Spuren	7,9	8,4	1,2	14,7	3,2	1,9	9,0
Waldboden (HCl-Auszug)	5,2	2,2	10,0	11,8	63,3	3,7	2,8	—	—
Lemna minor	18,3	4,1	21,9	6,6	9,6	11,4	7,9	16,0	8,0
Teichwasser	5,1	7,6	45,7	16,0	0,9	3,4	10,8	4,2	5,5

Diese Verhältnisse sind bereits von der klassischen Physiologie aufgefunden, und als im Widerspruch mit der Transpirationstheorie empfunden worden. Die Verschiebungen in der Zusammensetzung des Aschengehaltes müssen von einer umfassenden Theorie der Stoffaufnahme erklärt werden können. Andererseits muß aber auch der in der Transpirationstheorie enthaltene richtige Kern Mitberücksichtigung finden, daß die Pflanze von allen löslichen Aschenbestandteilen aufnimmt, die ihr im Nährsubstrat geboten werden.

Über die Beziehungen zwischen Transpiration und Aschengehalt der Pflanze liegen neuere Untersuchungen vor, die zum Ergebnis

geführt haben, daß die Salzaufnahme weitgehend unabhängig von
der Transpirationsquote erfolgt (MÜENSCHER; PARKER und PIERER;
GRAČANIN). Gerstenpflanzen, die im feuchten Gewächshaus wachsen,
unterscheiden sich in ihrem Aschengehalt nicht wesentlich von
solchen, die sich bei starker Transpiration entwickeln. Ebenso
bleibt der Aschengehalt unverändert, wenn man die Transpiration
durch Konzentration der Nährlösung auf die Hälfte herabsetzt.
Trotzdem kann man nicht behaupten, daß die Transpiration überhaupt ohne Einfluß sei. Denn unter den extremen Bedingungen
sehr verdünnter oder hochkonzentrierter Lösungen gilt die Unab-
hängigkeit der Salzaufnahme von der Wasserbilanz nicht mehr
(KOSTYTSCHEW und WENT, 1). Die Versuche sind alle mit einjährigen
Pflanzen ausgeführt worden (Weizen, Gerste, Mais, Erbsen, Tabak).
Bevor ein abschließendes Urteil möglich sein wird, müßten auch
noch ausdauernde Pflanzen mit Laubfall untersucht werden. Ferner
ist zu berücksichtigen, daß der Aschengehalt von transpirierenden
Landpflanzen vom Nährsubstrate abhängiger ist als derjenige von
untergetauchten Wasserpflanzen (s. S. 213).

CURTIS (1—3) spricht der Transpiration nicht nur alle Bedeutung
für die Salzaufnahme ab, sondern er glaubt auch gezeigt zu haben,
daß der Transpirationsstrom am Salztransport von den Wurzeln
zu den Blättern nicht beteiligt sei, da die aufsteigende Nährstoff-
wanderung im Phloem geschehe. Diese Auffassung widerspricht
der von SABININ (KOSTYTSCHEW und WENT, 1) vertretenen Ansicht,
daß der Mineralgehalt des Blutungssaftes abgeschnittener Triebe eine
genaue Untersuchung der Salzernährung der Pflanze ermögliche.

Trotz der noch herrschenden Unklarheiten über die Beziehungen zwischen Transpiration und Mineralstoffwechsel muß doch
die Regel als feststehend betrachtet werden, daß die Salzaufnahme der Pflanzen über weite Konzentrationsbreiten
des Nährsubstrates unabhängig von der Transpiration
erfolgt.

b) Der Ionenaustausch.

Es muß daher nach einem anderen Mechanismus der Salzaufnahme gesucht werden. Am naheliegendsten scheint es, an Diffu-
sionsvorgänge zu denken.

Aber ein Verfolgen des Diffusionsproblems lohnt sich aus dem
Grunde nicht, weil nachgewiesen worden ist, daß die Pflanze,
namentlich zu Beginn ihrer Entwicklung, viel energischer Salze
aufnimmt als dem Diffusionsvermögen der Bodenlösung entspricht.

Eine neue Erklärungsweise für den Mechanismus der Ionenaufnahme durch die Wurzeln, die vielen Beobachtungstatsachen gerecht wird, ist die Theorie des Basenaustausches, oder allgemeiner, des Ionenumtausches. Sie ist namentlich in der Agrikulturchemie auf Grund von Experimenten mit Böden und dem Boden vergleichbaren künstlichen Kolloidsystemen entwickelt worden (WAY; WIEGNER, 1, 2). Den Ausgangspunkt bildet die bekannte Beobachtungstatsache, daß nach der Filtration einer NH_4Cl-Lösung durch eine Bodenschicht im Filtrat die Ammoniumionen verschwunden sind; dafür treten aber Kalziumionen auf. Die NH_4-Ionen haben also Ca-Ionen aus dem Boden verdrängt, und zwar erfolgt dieser Umtausch in äquivalenten Mengen.

Man stellt sich den Basenumtausch folgendermaßen vor. An den Tonteilchen des Bodens sind gewisse Ionen adsorbiert. Es werden aber nicht alle Ionen gleich stark festgehalten, sondern es herrscht eine ausgesprochene Beziehung zwischen Ionenradius und Adsorptionsvermögen (JENNY, 1), und zwar derart, daß Ionen mit kleinen Wanderungsgeschwindigkeiten, d. h. also solche mit größerem Volumen, schwächer festgehalten werden als solche mit kleinerem Volumen.

Die Wanderungsgeschwindigkeit der Ionen nimmt mit steigendem Atomgewicht zu, d. h. den schwereren Ionen einer homologen Reihe kommen in Lösung kleinere Volumina zu als den leichteren. Diese paradoxe Erscheinung rührt daher, daß für die Wanderungsgeschwindigkeit und für die Adsorption nicht das Volumen der vollständig isolierten Ionen (wie z. B. in einem Kristallgitter), sondern dasjenige der hydratisierten Ionen mit den elektrostatisch gerichteten Dipolen um sie herum gilt (s. S. 110). Je kleiner der Radius eines Atomes ist, um so größer ist sein elektrisches Potential nach der Formel

$$V = e/r \cdot D,$$

wobei e die elektrische Ladung bezeichnet, während r den Atomradius und D die Dielektrizitätskonstante des Wassers bedeuten. e ist für alle äquivalenten Ionen gleich groß. Ein Maß für r ergibt sich aus deren Atomabstand in Kristallgittern; er ist für die einwertigen Kationen aus Tabelle 24

Tabelle 24.

	Li	Na	K	NH$_4$	Rb	Cs
Ionenradien im Kristallgitter nach GOLDSCHMIDT	0,78	0,98	1,33	1,45	1,46	1,66 Å
Ionenradien berechnet aus dem Leitvermögen bei ∞ Verdünnung[1]	3,66	2,81	1,88	1,89	1,81	1,80 Å
Anzahl H_2O je Ion[1]	10,0	4,3	0,9	0,8	0,5	0,2

[1] Freundliche mündliche Mitteilung von Herrn Dr. H. PALLMANN.

zu ersehen. Die leichteren Ionen besitzen daher dank ihres kleineren r ein größeres elektrisches Potential als die schwereren Ionen. Infolgedessen vermag beispielsweise das Natriumion mehr Wasserdipole elektrostatisch zu binden, und das Volumen seiner Wasserhülle ist deshalb größer als beim Kalium. Es wandert langsamer und wird, weil es voluminöser ist, aus wässeriger Lösung weniger stark adsorbiert als das K-Ion. Allgemein läßt sich sagen: Je kleiner der aus dem Atomabstand abgeleitete Atomradius ist, um so stärker wird die Hydratation des Ions und um so lockerer seine Adsorptionsbindung ausfallen (PALLMANN).

Daraus folgt, daß die weniger stark hydratisierten Ionen von Adsorbentien energischer festgehalten und daher gegenüber den stärker hydratisierten bevorzugt werden; ja sie vermögen sogar diese aus einer adsorbierenden Oberfläche zu verdrängen. Auf unser Beispiel angewendet bedeutet dies, daß ein Ton- oder ein Eiweißteilchen, das Natriumionen adsorbiert hat, Kaliumionen gegen Natriumionen eintauscht. Die Kaliumionen können ihrerseits durch Rubidiumionen verdrängt werden. Es gilt daher die Regel, daß innerhalb einer homologen Ionenreihe die Adsorbierfähigkeit mit zunehmendem Atomgewicht wächst.

Das Wasserstoffatom verhält sich anormal, indem es trotz seines kleinen Atomradius scheinbar am schwächsten hydratisiert ist. Von allen Ionen wird es daher am stärksten adsorbiert und verdrängt alle anderen Kationen (s. Abb. 85).

Diese Verhältnisse spielen eine große Rolle, da die Pflanze die Ionen ähnlich wie der Boden adsorbiert. Man kann leicht zeigen, daß die Pflanze ein Adsorptionssystem vorstellt, denn die in ihr enthaltenen Ionen lassen sich durch Wasser nicht auswaschen; wenn man ihre Gewebe aber mit neutralen Salzlösungen schüttelt, lassen sich ansehnliche Ionenmengen extrahieren. Man kann daher sagen, daß die Pflanze dem adsorbierenden System des Bodens ihren eigenen Adsorptionskomplex entgegensetzt (KOSTYTSCHEW und BERG).

Es gilt nun eine Beziehung zwischen diesen beiden Adsorptionssystemen aufzufinden. JENNY (JENNY und COWAN) sieht den Vermittler in der Säureausscheidung der Wurzeln. Von der Pflanze abgegebene H-Ionen können durch ihr großes Austauschvermögen an den Tonteilchen des Bodens adsorbierte Kationen verdrängen, die dann von der Pflanze aufgenommen werden. Durch sinnreiche Kulturversuche von Sojabohnen in Suspensionen von Kalziumton konnte JENNY sogar zeigen, daß nach dem Versuch an Stelle der von der Pflanze eingetauschten Kalziumionen ungefähr äquivalente Mengen Wasserstoffionen am Ton saßen [1]. Er kommt daher zum Schluß, daß der „Mechanismus der Lostrennung

---

[1] Vgl. dagegen PIRSCHLE und MENGDEHL, die beim Ioneneintausch aus Lösungen keinen äquivalenten Ionenverlust der Pflanze finden.

adsorbierter Ionen durch die Pflanze in der Hauptsache ein Ionenumtausch ist. Die Pflanze scheidet H-Ionen aus, die durch Basenaustausch die adsorbierten Nährstoffionen der Pflanze zur Verfügung stellen".

Es folgt daraus, daß die Bodenlösung, die in der älteren Pflanzenphysiologie eine so große Rolle spielte, für die Ernährung der Pflanze nicht maßgebend ist. Wenn man über die Fruchtbarkeit eines Bodens unterrichtet sein will, muß man untersuchen, welche Mengen Ionen an den Bodenkolloiden adsorbiert sind.

Die Theorie des Baseneintausches durch Wurzelsäuren deckt sich mit der Erfahrungstatsache, daß die Bodenmüdigkeit bei intensiver Kultur vielfach in einer Versäuerung des Bodens besteht, indem die Pflanzen stetsfort Kationen gegen Wasserstoffionen aus dem Boden eintauschen. Die H-Ionen bewirken also nicht nur eine Lösung von Karbonaten und anderen säurelöslichen Bodenbestandteilen, sondern sie sind zugleich ein Tauschmittel, um unlöslich adsorbierte Ionen „einzuhandeln". Nach älteren Versuchen kann allerdings die Pflanze an Zeolithen adsorbierte K-Ionen nicht selbst mobilisieren, sondern der Basenaustausch müßte durch künstliches Zufügen von physiologisch sauren Düngemitteln eingeleitet werden (PRIANISCHNIKOW, CHIRIKOW, SMIRNOW). Aus den Versuchen von JENNY geht indessen deutlich hervor, daß die Sojabohne an Permutit [1] oder Tonteilchen adsorbierte Ca-Ionen ohne Mithilfe fremder Stoffe aufnehmen kann. Es soll daher versucht werden, diese neue Auffassung des Mechanismus der Salzaufnahme an Hand von Abb. 84 klarzulegen.

Zwischen den Adsorptionskomplexen des Bodens und der Pflanze ist die Zellwand eingeschaltet. Wenn diese bei Wurzelhaaren auch nur etwa $0{,}5\,\mu$ mächtig ist, so bedeutet dies doch eine erkleckliche Trennung des Ionen eintauschenden Protoplasmas von den Ionen liefernden Bodenteilchen. In Abb. 84 ist in richtigen Größenverhältnissen wiedergegeben, welch weiten Weg die vom Protoplasma ausgeschiedenen Wasserstoffionen zurücklegen müssen, bevor sie ein anderes Kation eintauschen können.

Der Mechanismus kann daher nur spielen, wenn die H-Ionen im Gleichgewicht mit Anionen wandern, d. h. durch die Zellwand erfolgt von innen nach außen und umgekehrt eine gegenläufige Diffusion von Ionenpaaren nach Maßgabe der verschiedenen

---

[1] Permutit = künstlicher Zeolith, aus Natron-Tonerde-Kieselsäureschmelzen hergestellt.

Konzentrationsgefälle. Da die intermicellaren Räume genügend weit sind, setzt die Zellwand dieser Wanderung keinen wesentlichen Diffusionswiderstand entgegen.

Als Säurelieferant kommt in erster Linie die Atmung in Betracht. An der Oberfläche des Protoplasmas herrscht infolge der Atmung gegenüber der Umwelt eine erhöhte H-Ionenkonzentration. Falls der Boden saurer ist als das p_H der freien Kohlensäure, müssen stärker dissoziierte organische Säuren, wie sie verschiedentlich

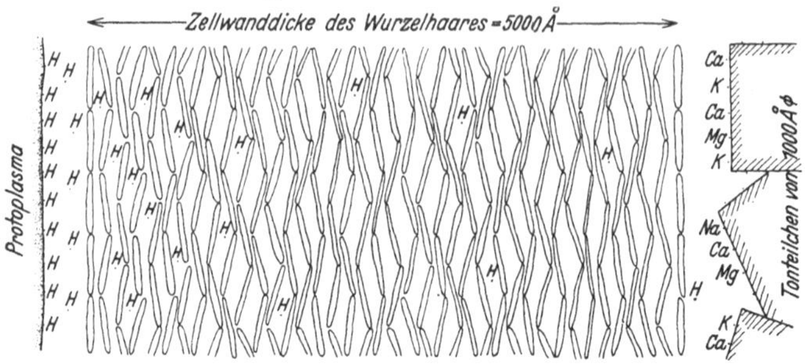

Abb. 84. Schematische Darstellung des Kationeneintausches durch die Zellwand der Wurzelhaare hindurch (Anionen vernachlässigt). Dimensionen in richtigem Verhältnis: hydratisierte Ionen etwa 4 Å, Zellulosemicelle etwa 50 Å, intermicellare Räume über 100 Å, Zellwand 5000 Å, Tonteilchen 1000 Å.

nachgewiesen worden sind (KOSTYTSCHEW und WENT, 2), ausgeschieden werden (s. S. 317). Es entsteht ein Diffusionsgefälle für H-Ionen und deren Abwanderung nach außen, wo sie an Bodenteilchen adsorbierte Kationen verdrängen. Die mit den H-Ionen im elektrostatischen Gleichgewicht herauswandernden Anionen bewirken in analoger Weise einen Anionenaustausch. Für die verdrängten Ionen besteht nun umgekehrt ein Konzentrationsgefälle zum Protoplasma, und sie wandern durch die Zellwand in die Zelle hinein. Diese Diffusionswanderung durch die Zellwand steht nicht im Widerspruch mit der Feststellung, daß die Diffusion von Bodenlösungen für die Salzbelieferung junger Pflanzen nicht ausreicht, denn die Resorptionszone[1] der Wurzeln schafft durch den

---

[1] Für die Stoffaufnahme gibt es keine einheitliche Bezeichnung; die Ionenaufnahme aus dem Boden wird gewöhnlich als Absorption (Absorptionszone, Absorptionshaare), die Aufnahme verdauter Stoffe (insektivore Pflanzen) dagegen als Resorption bezeichnet. Da jedoch der Terminus Absorption bestimmte physikalisch-chemische Begriffe in sich schließt, wird hier für die Stoffaufnahme konsequent Resorption verwendet, weil dieser Ausdruck über den Mechanismus der Aufnahme nichts präjudiziert.

Basenaustausch örtlich sehr viele steilere Diffusionsgefälle, als sie gegenüber der sog. Bodenlösung bestehen. Es wird so auch verständlich, warum die Resorptionszone der Wurzelspitze sich immer verschieben muß, denn nur so gelingt es der Pflanze, die Ionen stets in genügender Konzentration von den Bodenkolloiden abzulösen.

Nachdem nun die Ionen nach Maßgabe ihrer Austauschfähigkeit von den Tonteilchen abgelöst und durch Diffusion bis ans Protoplasmahäutchen gelangt sind, stößt man auf dasselbe Problem wie bei der Ionenaufnahme aus Nährlösungen, wobei allerdings der wesentliche Unterschied darin besteht, daß konzentrierte Nährlösungen osmotisch schädlich wirken, während adsorbierte Ionen keinen Einfluß auf die osmotischen Verhältnisse im Nährsubstrat ausüben und trotzdem stets in optimaler Konzentration nachgeliefert werden. Dies ist wohl der Grund, warum z. B. Sojabohnen auf Nährsubstraten mit höherem Kalziumgehalt bei Darbietung adsorbierter Ionen besser gedeihen als in einer äquivalenten Kalziumlösung (ALBRECHT und JENNY).

Nach Abb. 84 ist es physikalisch-chemisch kaum möglich, daß Kalziumionen an der Oberfläche des Protoplasmahäutchen adsorbiert werden, denn dort muß ja die höchste Konzentration der ausgeschiedenen Säure herrschen, und infolgedessen müßte die ganze Oberfläche mit H-Ionen besetzt sein. Falls daher nicht ein besonderer Mechanismus im Spiele ist, der hier entgegen der allgemeinen Regel adsorbierte H-Ionen gegen andere Kationen umtauscht, muß man annehmen, daß die Ionen nicht als Einzelgänger, sondern als Ionenpaare durch das Plasmahäutchen in die Zelle hineinwandern und dann erst im Zellinnern von Plasmakolloiden adsorbiert werden[1]. Wenn man der Pflanze nur adsorbierte Kationen zur Verfügung stellt, wie bei den Kalziumversuchen von JENNY und COWAN, muß man sich vorstellen, daß die Anionen im elektrostatischen Gleichgewicht mit den befreiten Kalziumionen in die Pflanze zurückwandern.

---

[1] Gewöhnlich versteht man unter „Stoffaufnahme“ die Stoffwanderung bis in die Zellvakuole; dabei gesellt sich aber zur eigentlichen Aufnahme noch ein Ausscheidungsvorgang Plasma → Zellsaft, der zur Zeit noch ganz rätselhaft ist, so daß nicht darauf eingetreten werden soll. HÖFLER (3) unterscheidet daher mit Recht zwischen „Intrabilität“ (Eintritt ins Protoplasma = Stoffaufnahme) und Permeabilität (Durchwanderung des Protoplasmas mit anschließender Ausscheidung in den Zellsaft).

Nach Lundegårdh und Burström (1—3) findet die Anionen-
aufnahme im Gegensatz zur Kationenaufnahme nicht durch Aus-
tausch statt, da sie mit einem großen Energieverbrauch verbunden
ist. Für die Aufnahme von einem Ion NO_3^- müssen 4, für Cl^- 6 und
für SO_4^{--} gar 24 O-Atome bereitgestellt werden. Die Anionen-
aufnahme ist deshalb von einer auffallenden Atmungssteigerung
begleitet.

Nachdem auf diese Weise ein Einblick in die Grundzüge der
Stoffaufnahme gewonnen worden ist, handelt es sich darum, das
Wahlvermögen der Pflanze gegenüber verschiedenen Ionen physi-
kalisch-chemisch zu erörtern.

c) Das Elektionsvermögen der Pflanzen.

Das Wesen des Wahlvermögens wird am besten durch folgendes
Beispiel von Pflanzen demonstriert, die den gleichen Lebensraum
bewohnen, aber ganz verschiedene der ihnen gebotenen Stoffe bevorzugen (Chodat):

Tabelle 25. Uferpflanzen desselben Lebensraumes.

Prozent der Reinasche	K_2O	Na_2O	CaO	SiO_2
Stratiotes aloides	**30,8**	2,7	10,7	1,1
Nymphaea alba	14,4	29,7	18,9	0,5
Chara spec.	0,2	0,1	**54,8**	5,9
Phragmites communis	1,1	0,5	0,3	**71,5**

Man kann sich zwar fragen, ob diese Pflanzen streng miteinander vergleichbar seien, da die großen Kalkmengen von *Chara* nicht durch die
Rhizoide aufgenommen werden, sondern als oberflächliche Niederschläge
auf den Blättern aufzufassen sind (Oltmanns). Trotzdem gibt Tabelle 25
ein lehrreiches Bild, wie die Aschenzusammensetzung von Pflanzen desselben
Standortes zufolge ihres Wahl- oder Elektionsvermögens in weiten Grenzen
schwanken kann.

Das Elektionsvermögen der Pflanzen gegenüber den Ionen,
die ihr als Nahrung geboten werden, wird oft als typische Lebensäußerung aufgefaßt. Diese Betrachtungsweise ist insofern richtig,
als es bis heute nicht gelingt, die Salzaufnahme durch die Wurzeln
nach irgendeinem physikalisch-chemischen Gesetze quantitativ
zu erklären. Andererseits wäre es aber ein Armutszeugnis, gerade
vor einem der interessantesten physiologischen Phänomene die
physikalisch-chemische Betrachtungsweise als unzulänglich zu verlassen, um so mehr, da verschiedene Effekte bekannt sind, die

das Wahlvermögen bis zu einem gewissen Grade verständlich machen können. Diese Erscheinungen sollen hier kurz skizziert werden, soweit sie für die Anreicherung von gewissen Ionen in der Pflanze in Betracht kommen können, wobei es allerdings dahingestellt sei, ob und inwieweit sie bei der elektiven Salzaufnahme durch die Wurzeln eine Rolle spielen.

Elektive Adsorption. Wenn die Stoffaufnahme durch Ionenadsorption an Kolloidteilchen, z. B. an Proteinen, geschieht (LUNDEGÅRDH, 1; KAHHO), ist bereits die Möglichkeit einer Elektion unter den im Boden vorhandenen Ionen gegeben. Es kommen dann nämlich die Gesetzmäßigkeiten zur Anwendung, die bei der Besprechung des Basenaustausches abgeleitet worden sind; d. h. schwächer hydratisierte Ionen wie K und NH_4 werden, gleiche Konzentration vorausgesetzt, besser adsorbiert als z. B. Na. Das Kalium würde also von den Plasmakolloiden stärker festgehalten als Natrium, und dieser Effekt kann als eine der Ursachen aufgefaßt werden, warum die Pflanze Kalium gegenüber Natrium anreichert. Ja, es besteht sogar die Möglichkeit, daß von den beiden zur Verfügung stehenden Alkaliionen des Bodens, das Kalium wegen seiner besseren Adsorbierbarkeit für die Pflanzenernährung von alleiniger Bedeutung geworden ist.

Vorläufig gelingt es aber nur qualitativ etwas über die Ionenanreicherung durch Adsorption in der Pflanze auszusagen. Besonders lehrreich sind die Verhältnisse, die in Abb. 85 nach JENNY (1) wiedergegeben sind. Schüttelt man Ammoniumpermutit, d. h. Permutit, dessen Adsorptionsvermögen durch NH_4-Ionen abgesättigt ist, mit verschiedenen Chloriden in verschiedenen Konzentrationen, wird das Ammonium nach folgenden Gesetzmäßigkeiten vom Permutit verdrängt und gegen die zugesetzten Kationen umgetauscht. Wasserstoffionen vermögen die Ammoniumionen vollständig zu ersetzen, Kaliumionen etwa bis zu 90% und Natriumionen bis 75%. Es zeigt sich hier die bereits besprochene Ionenreihe H, K, Na mit abnehmender Umtauschfähigkeit. Die zweiwertigen Ionen Ca und Mg werden schlechter adsorbiert; sie vermögen nur 70, bzw. 40% der austauschbaren NH_4-Ionen zu verdrängen, wobei sich wiederum zeigt, daß das Ion mit dem größeren Atomradius (Ca) besser adsorbiert wird. Man kann aus dieser Zusammenstellung abschätzen, welche Ionen bei der Nährstoffaufnahme durch Adsorption bevorzugt werden. Dabei muß man aber berücksichtigen, daß die angegebene Reihenfolge nur bei hohen Konzentrationen der gebotenen Ionen gilt. Bei niedrigen Konzentrationen verändern sich die Verhältnisse, da die Adsorptionskurven für ein- und zweiwertige Ionen ganz verschieden gekrümmt sind. So werden z. B. Ca und Mg bei kleinen Konzentrationen besser eingetauscht als Natrium. Noch komplizierter werden die Verhältnisse, wenn die verschiedenen Ionen in verschiedenen Konzentrationen zugegen sind. Wie aus Abb. 85 hervorgeht, können nahe beim Neutralpunkt ($c_H \backsim 0$) Kationen unbehelligt von den vorhandenen kleinen Mengen H-Ionen aufgenommen und adsorbiert werden, während die H-Ionen stark saurer Böden die Aufnahme von Nährionen beeinträchtigen oder gar verhindern. Man erkennt also, daß die elektive Adsorption in zahlreichen Fällen eine plausible Erklärung für die in der Pflanze verwirklichten Verhältnisse bei der Ionenaufnahme zu geben vermag; insbesondere ist es wichtig, daß sie für kleine Konzentrationen die in Landpflanzen beobachtete Häufigkeitsreihe K, Ca, Mg, Na der aufgenommenen Kationen liefert. Man muß sich aber bewußt bleiben, daß diese Feststellungen nur auf Analogieschlüssen beruhen, und nicht etwa für die Pflanze bewiesene Gesetze vorstellen.

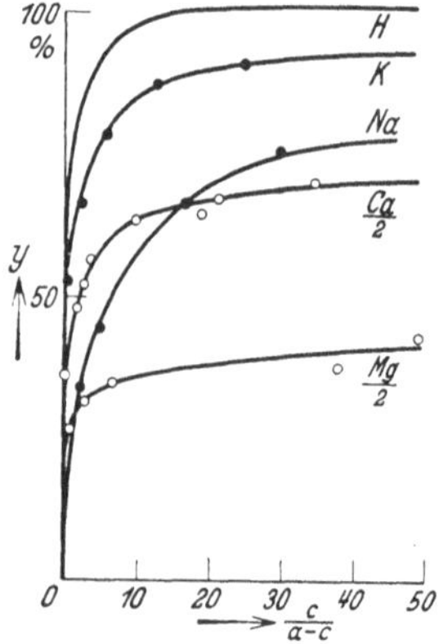

Abb. 85. Eintausch ein- und zweiwertiger Ionen durch Ammoniumpermutit (nach JENNY, 1). Ordinaten: y umgetauschte Ionen in % der austauschbaren Ionenmenge. Abszissen: Konzentration der zugesetzten Salzlösung. a Ionenkonzentration in Milliäquivalenten vor, c nach dem Umtausch; $a-c$ umgetauschte Menge.

Kationen- und Anionenpflanzen. Die Adsorption beruht auf der gegensätzlichen elektrischen Ladung von Ion und Adsorbens, d. h., negativ geladene Plasmakolloide können Kationen, positive dagegen Anionen adsorbieren. Beim amphoteren Charakter der Proteine ist es somit möglich, daß gleichzeitig Kationen und Anionen an verschiedenen Stellen des Kolloidteilchens adsorbiert werden. Dabei ist es aber unwahrscheinlich, daß beide Ionenarten in äquivalenten Mengen adsorptiv gebunden werden, sondern es können je nach den speziellen Verhältnissen bald mehr Anionen oder mehr Kationen durch Adsorption in unlösliche Form übergeführt werden.

Solche Verhältnisse vermögen vielleicht zu erklären, warum bei allen bis jetzt untersuchten Pflanzen die Summe der aufgenommenen Kationen nicht gleich der Summe der aufgenommenen Anionen ist (PANTANELLI; HOAGLAND).

Wenn man Pflanzen in künstlichen Nährlösungen von definierter Zusammensetzung heranzieht, findet man für die Ionenaufnahme fast ausnahmslos

$$\Sigma \text{ Kationen} \neq \Sigma \text{ Anionen.}$$

Dieser Befund widerspricht aber dem Gesetze der Elektroneutralität. Je nachdem die Differenz

$$\Sigma \text{ Kationen} - \Sigma \text{ Anionen}$$

positiv oder negativ ausfällt, wird man daher annehmen müssen, daß bei der Nährsalzaufnahme der Kationen- oder Anionenumtausch gegen Ionen, die, wie H oder OH und HCO_3, bei der Pflanzenanalyse nicht berücksichtigt werden, überwogen habe. PIRSCHLE und MENGDEHL sind dieser Frage bezüglich der H-Ionen nachgegangen und haben untersucht, ob die Differenz der Kationen- und Anionensummen der Wasserstoffionen-Konzentrationsverschiebung in der Nährlösung äquivalent sei; fanden dies aber nicht bestätigt (LUNDEGÅRDH, 4). Sie schlossen daraus, daß Ionen auch ohne Umtausch unabhängig von einem Partner aufgenommen werden können. Diese Folgerung kann aber aus elektrostatischen Gründen kaum richtig sein, denn es müßten auf diese Weise in der Pflanze ungekannt hohe Potentialdifferenzen gegenüber ihrer Umgebung auftreten. In einer späteren Arbeit hat PIRSCHLE (2) auch die bei der Atmung ausgeschiedenen HCO_3-Ionen berücksichtigt, ohne indessen zu einem eindeutigen Ergebnis zu gelangen. Es steht also fest, daß die Pflanze keine äquivalenten Kationen- und Anionenmengen aufnimmt; nach welchem Mechanismus dies aber geschieht, ist, sofern der einseitige Anionen- oder Kationenumtausch nicht ausreichen sollte, nicht befriedigend abgeklärt.

Je nachdem die linke oder die rechte Seite der Ionengleichung gegenüber der anderen größer ausfällt, kann man von Kationenpflanzen oder von Anionenpflanzen sprechen. Diese Termini besagen, daß bei Kationenpflanzen der Kationeneintausch, bei Anionenpflanzen dagegen der Anioneneintausch überwiegt. Dabei kann aber dieselbe Pflanze je nach den Umständen entweder als Kationen- oder Anionenpflanze auftreten. Gegenüber $(NH_4)_2SO_4$ z. B. verhalten sie sich als Kationen-, gegenüber Nitraten dagegen als Anionenzehrer, oder wenn man ihnen NH_4NO_3 bietet, kann im Verlaufe der Entwicklung eine Umstimmung eintreten, indem sie von der Kationenbevorzugung zu der Anionenbevorzugung übergeht.

Auf Grund der Adsorptionslehre könnte man sich die Verhältnisse so vorstellen, daß die amphoteren Plasmakolloide, die bei der Ionenadsorption eine Rolle spielen, einen veränderlichen isoelektrischen Punkt besitzen. Der isoelektrische Punkt ist, wie wir S. 144 gesehen haben, diejenige Wasserstoffionenkonzentration des Dispersionsmittels, bei welcher suspendierte, amphotere Kolloidteilchen elektrisch neutral sind. Bei größerem p_H als der isoelektrische Punkt sind sie negativ, bei kleinerem p_H dagegen positiv geladen. Wenn z. B. ein Eiweißstoff seinen isoelektrischen Punkt bei $p_H = 5$ hat, werden sich bei $p_H = 6$ des Dispersionsmittels die Teilchen negativ aufladen, wodurch die Adsorption von Kationen begünstigt wird. Umgekehrt würden an Ampholyt-Teilchen mit dem isoelektrischen Punkt $p_H = 7$ im selben Dispersionsmittel mehr Anionen adsorbiert. Es dürfte daher Pflanzen geben, deren Adsorptionskomplex bei der Stoffaufnahme stets positive oder stets negative Teilchen bevorzugt.

An Stelle einer Änderung des isoelektrischen Punktes der Plasmakolloide kann auch eine Veränderung der Reaktion des Nährsubstrates treten, was wohl häufiger vorkommt. Bei p_H des Dispersionsmittels < isoelektrischer Punkt werden im allgemeinen Anionen, bei p_H des Dispersionsmittels > isoelektrischer Punkt dagegen Kationen bevorzugt (sog. ROBBINS-Effekt). Die Übertragung dieser physikalisch-chemischen Regeln auf die Pflanze darf allerdings nicht als physiologische Tatsache, sondern nur als Erklärungsmöglichkeit aufgefaßt werden. Es muß sich erst weisen, inwieweit Pflanzen die Kalziumionen im Überschuß aufnehmen, als Kationenpflanzen, und solche, die überschüssige Anionen, wie Kieselsäure, speichern, als Anionenpflanzen bezeichnet werden dürfen; bei den Gräsern ergibt sich z. B. die Schwierigkeit, daß im Gegensatz zu Kieselsäure die übrigen Anionen in normalen Mengen aufgenommen werden.

Zusammenfassend kann man sagen, daß bei der elektiven Ionenaufnahme zwei physikalisch-chemische Effekte eine Rolle spielen können: 1. die elektive Adsorption, die für die Anreicherung gewisser Ionen im Protoplasma in Betracht kommt, und 2. der amphotere Charakter der Plasmakolloide, der je nach den besonderen Verhältnissen die Adsorption von Kationen oder von Anionen bevorzugt. Es ist aber fraglich, ob solche Vorgänge imstande sind, der Pflanze die nötigen Ionenmengen zu verschaffen; aller Wahrscheinlichkeit nach beteiligt sich die Pflanze außerdem noch aktiv unter Energieaufwand an der Nährsalzbeschaffung (LUNDEGÅRDH und BURSTRÖM, 1—3).

Die Elektion der Ionen geschieht nicht in einem Hub an der Grenze Boden/Wurzelhaare, sondern meistens in zwei Stufen, indem bei der Wurzelendodermis eine erneute Auswahl unter den durch die Wurzelrinde eindringenden Stoffen stattfindet. Verschiedene Forscher (DE RUFZ DE LAVISON, SCOTT und PRIESTLEY) haben gezeigt, daß gewisse Stoffe von der Endodermis zurückgehalten werden, wodurch eine zweite Konzentrationsverschiebung der aus dem Boden aufgenommenen Salzlösungen eintritt. Außerdem finden bei der Wanderung der Salze von Zelle zu Zelle kleine Verschiebungen der Ionenverhältnisse statt, die sich schließlich summieren und verursachen, daß die wurzelfernen Organe eine andere Aschenzusammensetzung aufweisen als die wurzelnahen. Das Elektions- oder Wahlvermögen ist also nicht nur in den Wurzelhaaren lokalisiert, sondern es kommt bis zu einem gewissen Grade allen Zellen zu.

d) Das Exklusions-Unvermögen der Pflanzen.

Die physikalisch-chemischen Vorgänge, die für die elektive Stoffaufnahme der Pflanze verantwortlich gemacht werden, besitzen einen gemeinsamen Zug: sie veranlassen die Anreicherung gewisser Ionen, aber sie bewirken nie, daß bestimmte Ionen von der Aufnahme völlig ausgeschlossen werden. Bei den Adsorptionsvorgängen gelangen stets sämtliche Ionenarten der Außenlösung, allerdings mit verschieden großen Konzentrationsverschiebungen, in die Zellen hinein. In der Pflanzenasche findet man denn auch immer alle löslichen Bestandteile wieder, die im Nährsubstrat geboten worden sind, wenn auch zum Teil nur in geringer Menge. So wunderbar also das Elektionsvermögen anmutet, so hilflos stehen die Pflanzen dem Probleme gegenüber, unnützem Aschenballast den Eintritt in die Zellen völlig zu verwehren. Alle Ionenarten, unabhängig davon, ob sie physiologisch wichtig, unwichtig oder gar giftig sind, treten in die Pflanze ein. Es ist unmöglich, sich einen Mechanismus auszudenken, der beispielsweise einem Kation, das sich nach Größe und Eigenschaften relativ wenig vom andern unterscheidet wie z. B. Rb von K, den Eintritt völlig verhindern könnte. Die Pflanze ist also bezüglich ihrer Salzaufnahme bis zu einem gewissen Grade ihrer Umgebung ausgeliefert. Sie besitzt zwar ein Elektionsvermögen, aber kein Exklusionsvermögen. Die Elektion besteht nicht in einer eigentlichen Selektion bestimmter Stoffe, sondern in einer mehr oder weniger weitgehenden Konzentrationsverschiebung der im Nährsubstrat gebotenen Ionen.

Der Konzentrationseffekt. Die Aufnahme nutzloser Ionen ist weitgehend von deren Konzentration im Boden abhängig. Wenn die Pflanze z. B. aus einer Mischung von Na- und K-Salzen 1 : 1 doppelt soviel K wie Na aufnimmt, so verändern sich diese

Verhältnisse, wenn man ihr eine Mischung von 10 Na : 1 K bietet. Trotzdem gleichwohl K bevorzugt wird, findet man nachher in der Pflanze mehr Na als K, da jenes eben infolge seiner viel höheren Konzentration in größerer Menge eingedrungen ist. Diese Erscheinung soll als Konzentrationseffekt bezeichnet werden [1].

Er spielt bei der elektiven Adsorption eine hervorragende Rolle, denn es kommt beim Ionenumtausch, worauf früher schon hingewiesen worden ist, nicht nur darauf an, wie stark ein Ion adsorbiert wird, sondern vor allem auch, in welcher Konzentration es an die adsorbierende Oberfläche herangebracht wird (vgl. Abb. 85). Überträgt man diese Verhältnisse auf die Stoffaufnahme der Pflanze aus dem Boden, werden trotz aller Elektionseffekte Ionen, die sich in relativ großer Konzentration der Wurzel aufdrängen, auch in beträchtlichen Mengen aufgenommen werden müssen.

Aus Versuchen von Burström geht z. B. hervor, wie durch Steigerung der Kalziumgabe zu einer kalziumfreien Nährlösung (K 9,23; Na nur Verunreinigungen; Mn 0,050; Mg 3,55; SO_4 3,55; PO_4 3,45; NO_3 4,94 m Mol/l) die Kationenaufnahme vollständig verschoben wird. Alle anderen Ionen werden zugunsten des Ca zurückgedrängt (Tabelle 26).

Tabelle 26. Kationengehalt junger Haferpflanzen (Halm und Blatt) in m Mol/g Trockengewicht bei verschiedener Ca-Gabe (Versuchszeit 44 Tage). (Nach Burström.)

	K	Ca	Mg	Mn	Na
0 m Mol/l $CaCl_2$	1,40	0,011	0,259	0,0052	0,0344
0,52 ,,	1,02	0,023	0,117	0,0040	0,0176
2,54 ,,	1,01	0,054	0,091	0,0035	0,0155
12,7 ,,	0,73	0,163	0,068	0,0021	0,0121

Unter den Begriff des Konzentrationseffektes fällt auch die Tatsache, daß die Pflanze aus konzentrierten Nährlösungen mehr Salze aufnimmt als aus verdünnteren Lösungen, obschon diese nachgewiesenermaßen alles enthalten, was für ihre Lebensbedürfnisse benötigt wird (Hoagland und Sharp).

---

[1] Burström nennt diese Ionenkonkurrenz in Anlehnung an andere Forscher Antagonismus, während sonst unter Antagonismus die gegenseitig entgiftende Wirkung der Ionen verstanden wird (s. S. 219).

Abhängigkeit der Pflanzenaschenzusammensetzung vom Nährsubstrat. In der älteren pflanzenphysiologischen Literatur wird immer großes Gewicht auf das Elektionsvermögen der Pflanzen gelegt; erst in neuerer Zeit wird die für die Pflanze ebenso wichtige Tatsache erwähnt, daß sich die Zusammensetzung des Nährsubstrates an gelösten und austauschbaren Ionen qualitativ irgendwie in der Aschenzusammensetzung der Pflanze spiegeln muß. Das Elektionsvermögen scheint allerdings merkwürdiger und interessanter als das Exklusionsunvermögen, aber für das Leben der Pflanze spielen beide eine ähnlich wichtige Rolle. Es gelingt leicht, ebenso viele Beispiele für die Abhängigkeit der Pflanzenaschenzusammensetzung vom Boden wie für ihr Wahlvermögen beizubringen.

Zur Darstellung dieser Abhängigkeit soll die Aschenzusammensetzung der Pflanze nicht wie gewöhnlich in Gewichtsprozenten, sondern in Ionenäquivalenten angegeben werden. Die Gewichtsprozente täuschen stets eine zu hohe Konzentration der schweren Elemente wie Kalium vor. Da indessen die Salzaufnahme auf einen Ionenerwerb hinausläuft, kommt es nicht so sehr darauf an, wie schwer die aufgenommene Menge Ionen ist, sondern wie viele Äquivalente der verschiedenen Ionen in die Pflanze hineingelangen. Bei der Berechnung der aufgenommenen Ionenäquivalente aus der Aschenzusammensetzung stößt man auf Schwierigkeiten. Es ist unbekannt, wieviel vom Eisen als zwei- oder dreiwertiges Ion, vom Phosphor als H_2PO_4, HPO_4 oder PO_4 in die Wurzeln hineingewandert ist. Ferner fehlen in der Aschenbilanz Stickstoff und Karbonatkohlenstoff, so daß man die Ionenäquivalente nicht in Prozenten ausdrücken kann. Sie sind daher im folgenden auf Kalium bezogen, d. h. die Zahlen in den Tabellen geben an, wie viele Äquivalente der verschiedenen Ionenarten auf je ein Kaliumäquivalent aufgenommen worden sind. Bei den einwertigen Ionen geben sie zugleich an, welche Anzahl Ionen mit je einem Kaliumion eingewandert sind. Für Fe und die zusammengesetzten Anionen sind die Äquivalente für die angegebene Wertigkeit berechnet; je nach dem Ionenanteil, der mit einer anderen Wertigkeit in die Pflanze aufgenommen worden ist, würden sich die entsprechenden Zahlen ändern. Bei der Kieselsäure ist als Grundlage der Berechnung das Ion $HSiO_3^-$ angenommen worden; je nach der Anzahl Kieselsäuremoleküle $(xSiO_2 \cdot yH_2O)\ HSiO_3^-$, die mit diesem Ion wandern, müßten daher die Kieselsäureäquivalentzahlen kleiner ausfallen. Wegen dieser Unzulänglichkeit geben die folgenden Zahlen für Fe, PO_4, SO_4, $HSiO_3$ nur qualitativen Aufschluß hinsichtlich der äquivalenten Ionenaufnahme. Für die Ionen K, Na, Ca, Mg, Cl sind die angegebenen Beziehungen dagegen quantitativ richtig, und mit diesen soll daher hauptsächlich argumentiert werden.

Als Beispiel sei die Aschenzusammensetzung der Mistel auf verschiedenen Wirten angeführt (Grandeau und Bouton). Die Salzaufnahme von *Viscum* wird häufig als Beispiel für das Elektionsvermögen zitiert, bildet aber einen ebenso schönen Beleg für das Exklusions-Unvermögen der Pflanze.

14*

Tabelle 27. *Viscum album* auf verschiedenen Wirten.
Aschenzusammensetzung von Wirt und Parasit.

Ionenäquivalente bezogen auf $K = 1$	K	Na	$\frac{1}{2}$ Ca	$\frac{1}{2}$ Mg	$\frac{1}{3}$ Fe	$\frac{1}{3}$ PO$_4$	$\frac{1}{2}$ SO$_4$	HSiO$_3$	Cl
Populus	1,00	0,64	17,08	2,95	0,66	1,45	0,27	0,70	0,33
Viscum auf *Populus*	1,00	0,19	**4,67**	1,34	0,60	3,25	0,16	0,23	0,12
Robinia	1,00	0,30	51,80	2,50	1,42	2,92	0,40	3,88	0,98
Viscum auf *Robinia*	1,00	0,25	**4,85**	1,01	0,25	1,53	0,27	1,84	0,17
Picea	1,00	0,37	13,50	2,00	0,21	1,87	0,36	1,91	0,20
Viscum auf *Picea* .	1,00	Spuren	**1,20**	0,76	0,07	0,64	0,11	0,02	Spuren

Man erkennt, daß die aufgeführten Bäume je ein K die 10- bis 50fache äquivalente Menge Kalzium aus dem Boden aufnehmen. Dies gilt für die meisten unserer einheimischen Bäume und ist zweifellos auf das große Angebot von Kalziumionen aus dem Boden zurückzuführen. Die Mistel bringt nun durch ihr Wahlvermögen eine Veränderung der Aschenzusammensetzung zustande, aber die neue Zusammensetzung zeigt deutlich eine gewisse Abhängigkeit von den Aschenbestandteilen, die der Wirt als Nährsubstrat der Mistel bietet. Das Verhältnis $K : \frac{1}{2}$ Mg wird ungefähr auf $1 : \sim 1$ gebracht, aber das Kalzium dringt in vier- bis fünffach so hoher Konzentration ein, obschon *Viscum* auf *Picea* zeigt, daß die Pflanze ungefähr mit einem Äquivalent Ca pro K leben kann. Auf *Populus* und *Robinia* ist aber offenbar das Kalziumangebot zu groß, um die Einwanderung von Ca-Ionen so weitgehend einzudämmen. „Unnützen" Aschenbestandteilen wie Na, Cl, Kieselsäure, kann der Eintritt zwar erschwert, aber nicht vollständig verwehrt werden. Die Pflanze kann also gewisse Stoffe anreichern, andere zurückdrängen, aber keine völlig ausschließen!

Es wiederholt sich bei der Nährsalzaufnahme des Parasiten aus der Wirtspflanze wahrscheinlich eine ähnliche Konzentrationsverschiebung der verschiedenen Aschenbestandteile, wie sie bei der Salzaufnahme des Wirtes aus dem Boden stattfindet. Aber selbst bei dieser zweiten Elektion zeigt sich, daß, was in großer Menge geboten wird (Ca), trotz aller Verminderung noch stets in überwiegender Menge aufgenommen wird.

Es soll daher die Arbeitshypothese aufgestellt werden, daß die Pflanze trotz ihres Elektionsvermögens Ionen, die im Boden gegenüber anderen Ionen in relativ hoher Konzentration, sei es in gelöster oder adsorbierter Form, vorhanden sind, stets in bestimmten Mengen Einlaß gewähren muß. Es herrscht eine gewisse

Konkurrenz unter den Ionen, um in die Pflanze einzutreten, und bei diesem Wettstreit sind die besonders zahlreichen Ionen im Vorteil (Konzentrationseffekt), selbst gegenüber solchen, die bei gleicher Konzentration durch den Elektionsmechanismus bevorzugt würden. Die Pflanze kann eine Konzentrationsverschiebung der einzelnen Ionen herbeiführen, aber keine löslichen Bestandteile des Bodens völlig ausschließen. Ihr Wahlvermögen besteht nicht in einer Selektion (Auswahl unter Ausschließung anderer), sondern nur in einer Elektion (Bevorzugung) bestimmter Ionen; d. h. **die Pflanze ist nicht souverän in der Wahl ihrer Nährstoffe, sondern die Salzaufnahme ist bis zu einem gewissen Grade eine Funktion des Standortes.**

Die Halophyten. Am eindringlichsten äußert sich das mangelnde Exklusionsvermögen gegenüber vorhandenen Bodenbestandteilen bei den Salzpflanzen oder Halophyten. Alle Pflanzen, seien es Wasser- oder Landbewohner, die in oder auf einem kochsalzhaltigen Substrat leben, nehmen stets bedeutende Mengen Natriumchlorid auf, wie aus folgender Übersicht hervorgeht (WOLFF, 2).

Tabelle 28. Aschenzusammensetzung von *Halophyten.*

Ionenäquivalente bezogen auf K = 1	K	Na	$\frac{1}{2}$ Ca	$\frac{1}{2}$ Mg	$\frac{1}{3}$ Fe	$\frac{1}{3}$ PO$_4$	$\frac{1}{2}$ SO$_4$	HSiO$_3$	Cl	J
Meerwasser	1,00	**48,25**	2,22	11,12	Spuren	Spuren	5,74	Spuren	56,50	0,0007[1]
Meeresbewohner										
Fucus vesiculosus . . .	1,00	**2,44**	1,07	1,10	0,04	0,17	2,17	0,07	1,33	0,0)
Laminaria digitata . .	1,00	**1,63**	0,89	0,78	0,05	0,23	0,70	0,05	1,02	0,05
Strandhalophyten										
Armeria maritima . .	1,00	**2,96**	2,56	2,90	1,58	1,30	1,05	1,28	2,18	—
Artemisia maritima . .	1,00	**2,95**	0,87	0,33	0,16	0,63	0,33	0,25	2,05	—
Chenopodium maritima	1,00	**14,10**	1,62	3,52	0,91	0,90	0,81	0,43	13,30	—

Im Meerwasser befinden sich auf je ein Kaliumion 48 Natriumionen, in den Salzpflanzen dagegen in der Regel nur zwei bis drei. Die von den Salzpflanzen durch Elektion erreichte Konzentrationsverschiebung ist also sehr beträchtlich; aber trotzdem wandert Natrium im Vergleich zu allen andern Ionen in überwiegender Anzahl in die Pflanze hinein. Bei den untergetaucht lebenden Pflanzen ist das Elektionsvermögen stärker ausgeprägt (s. Mg, Cl) als bei den Landpflanzen, d. h. die Wasserpflanzen scheinen weniger vom Substrat abhängig zu sein als die Luftpflanzen. Dies scheint

---

[1] Ferner $\frac{1}{2}$ CO$_3$ 0,25; Br 0,09.

eine allgemeine Regel zu sein (s. auch Tabelle 23). Es läge nahe, diesen Unterschied auf die Transpiration der Landpflanzen zurückzuführen; doch ist daran zu erinnern, daß die Salzaufnahme weitgehend unabhängig von der Transpiration erfolgt.

Auf Grund der SCHIMPERschen Theorie der physiologischen Trockenheit von Salzböden wurde die Kochsalzspeicherung der Landhalophyten lange als eine zweckmäßige Einrichtung angesehen, um das aus dem Boden aufgenommene Wasser osmotisch zurückzuhalten, und so die Transpiration im Verein mit der besonderen morphologischen Gestaltung der Halophyten einzudämmen. Heute weiß man aber, daß die sukkulenten Strandhalophyten ähnliche Verdunstungsquoten aufweisen wie Sumpfpflanzen, so daß von einer Einschränkung der Transpiration durch hohe osmotische Konzentrationen nicht gesprochen werden kann. Die Wasserdurchströmung der sukkulenten Halophyten unterscheidet sich in keiner Weise von derjenigen der nichthalischen sog. Glykyphyten (STOCKER; SEYBOLD). Auch die Ansicht, daß die Salzspeicherung nötig sei, um das osmotische Gefälle der Pflanzen gegenüber dem Boden aufrecht zu erhalten, ist nicht stichhaltig; denn es gibt glykyphytische Xerophyten, die sich ohne solche Salze offenbar durch Zuhilfenahme löslicher Assimilate das nötige osmotische Potential gegenüber ihrer Umgebung zu verschaffen wissen (FITTING, 3).

Es läßt sich somit keine einzige lebenswichtige Funktion der großen Kochsalzmengen angeben, die in den sukkulenten Halophyten gespeichert werden. Ihre Gegenwart kann dagegen sehr gut nach dem Gesetze des Exklusionsunvermögens erklärt und verstanden werden. Das Kochsalz wird hiernach nicht für besondere physiologische Zwecke angehäuft, sondern einfach deshalb, weil die Aufnahme nicht verhindert werden kann.

Wie sich das Kochsalz bei steigender Konzentration im Nährsubstrat den Eintritt in die Pflanze erzwingt und die Gewebe „überschwemmt", läßt sich sehr schön aus Versuchen von KELLER (1) ableiten. *Salicornia herbacea* wurde auf, mit vollständiger Nährlösung von 0,3% Nährsalzkonzentration, getränktem Sande unter Zusatz verschiedener Mengen Kochsalz kultiviert, wobei die in Tabelle 29 angegebenen Salzmengen aufgenommen wurden.

Bei steigender Kochsalzgabe nimmt die Salzaufnahme zu (Exklusionsunvermögen). Sie erfolgt jedoch nicht proportional der gebotenen Salzmenge. Während die Kochsalzkonzentration der Nährlösung verfünfzigfacht wird, steigt die aufgenommene Menge nur auf das Vierfache (Elektionsvermögen). Ferner zeigt Tabelle 29, daß das Kochsalz mit steigender Konzentration (von 0,08 auf 4,0%) die übrigen Aschenbestandteile (von 1,4 auf 0,7%) zurückdrängt, so daß bei der höchsten Kochsalzgabe nur mehr halb

Tabelle 29. Aschengehalt von *Salicornia herbacea* bei gesteigerter Kochsalzzugabe zum Nährsubstrat. (Nach Keller, 1.)

Nährlösung[1] + NaCl		Aschengehalt in % des Frischgewichtes			Ionenprozente			Sukkulenz Oberfl. cm² / Vol. cm³
g	%	Gesamt-asche	NaCl	Asche ohne NaCl	$\frac{Ca}{2}$	$\frac{Mg}{2}$	Na	
0	0,0	3,0	0,13	2,9	82	18	—	33,2
1	0,08	2,4	1,03	1,4	59	13	28	24,9
10	0,8	2,7	1,4	1,3	17	4	79	21,6
30	2,5	3,5	2,7	0,8	6,5	1,5	92	12,2
50	4,0	5,0	4,3	0,7	4,1	0,9	95	10,5

so viele andere Mineralstoffe aufgenommen werden können wie bei der kleinsten (Konzentrationseffekt).

Salicornia ist wie die meisten Landhalophyten euryhallin, d. h. sehr unempfindlich gegenüber Schwankungen der Kochsalzkonzentration im Nährsubstrat. Diese Unempfindlichkeit darf man aber nicht so auffassen, als sei *Salicornia* im ganzen Konzentrationsbereich gewissermaßen „Herr der Lage". Bei niederen Kochsalzgaben wird das Salz gespeichert, und man darf aus dem ungefähr konstanten Verhältnis von NaCl zu den übrigen Aschenbestandteilen bei Außenlösungen von etwa 0,1—1,0% Kochsalzgehalt auf eine für diese Pflanze optimale Aschenzusammensetzung schließen. Wird aber die Außenkonzentration weiter gesteigert, kann dieses Optimum nicht weiter eingehalten werden, da das Kochsalz bis zum ungefähren Konzentrationsausgleich mit der Außenlösung eindringt. *Salicornia,* und wahrscheinlich auch die übrigen euryhallinen Sukkulenten, dürfen daher als Schulbeispiel für die Abhängigkeit der Stoffaufnahme vom gebotenen Nährsubstrat aufgefaßt werden. Das Elektionsvermögen tritt stets deutlich in Erscheinung; aber seine Möglichkeiten sind begrenzt. Veränderungen der Außenbedingung zwingen ihr eine gleichsinnige Verschiebung der Aschenaufnahme auf!

Kieselspeicherpflanzen. Der Ausdruck „Kieselpflanzen" wird nicht immer im gleichen Sinne gebraucht. In der Pflanzensoziologie versteht man darunter Pflanzen, die mit Vorliebe auf Verwitterungsböden von Silikatgesteinen wachsen, und stellt sie den „Kalkpflanzen" gegenüber, die Kalkböden bevorzugen (Schröter; Braun-Blanquet). Dabei brauchen sich diese Kieselpflanzen keineswegs durch besondere Kieselaufnahme auszuzeichnen, sondern ihrer Kieselfreundlichkeit können andere Ursachen, wie Bevorzugung saurer Böden, Kalkfeindlichkeit usw., zugrunde liegen. In der Anatomie bezeichnet man dagegen mit diesem Terminus Pflanzen, die in besonderem Maße Kieselsäure aufnehmen und als diskrete Kieselkörper in ihren Geweben ablagern; ebenso werden Pflanzen mit

---

[1] 1230 g H_2O; 2 g $Ca(NO_3)_2$; 0,5 g KNO_3; 0,5 g KH_2PO_4; 0,5 g $MgSO_4$; 0,5 g $Fe_3(PO_4)_2$.

sehr starker diffuser Kieseleinlagerung in die Zellwände, wie z. B.
die Equisetaceen unter diesen Begriff mit eingeschlossen. Zur
besseren Unterscheidung soll im folgenden diese anatomisch um-
schriebene Gruppe als Kieselspeicherpflanzen bezeichnet
werden.

Untersucht man die Verbreitung solcher Pflanzen, so findet man, daß
sie vor allem in den wärmeren Gegenden zu Hause sind. Die vollständige
Liste der Pflanzen mit Kieselkörpern, die NETOLITZKY (5) gegeben hat, weist
folgende tropische oder subtropische Familien und Gattungen auf: Marat-
tiaceen, Palmen, Musaceen, Zingiberaceen, Cannaceen, Marantaceen, Bro-
meliaceen, Commelinaceen, Moraceen *(Ficus)*, Aristolochiaceen (tropische
Aristolochia-Spezies, *Thottea*, *Apama*), Magnoliaceen, Menispermaceen, Capa-
ridaceen, Podostemonaceen, Rosaceen (Chrysobalaneen), Rutaceen *(Galipea)*,
Burseraceen, Sabiaceen, Tiliaceen *(Brownlowia)*, Combretaceen, Malvaceen
(Hibiscus), Bombaceen (SPRECHER), Sterculiaceen *(Heritiera)*, Dipterocarpaceen, Bixaceen, Sapotaceen, Dilleniaceen *(Davilla)*, Asclepiadaceen *(Oxy-
petalum)* und Verbenaceen *(Petraea, Tectona)*. — Nur folgende wenige Gat-
tungen dringen bis in die gemäßigten Zonen vor: *Selaginella* (Lycopodiaceen),
Trichomanes (Hymenophyllaceen), *Dryopteris* (Polypodiaceen), *Ginkgo*
(Ginkgoaceen), *Xanthorrhoea* (Liliaceen), *Eucommia* (Trochodendraceen),
Platanus (Platanaceen) und *Malva* (Malvaceen). Besonders interessant ist
die Verbreitung der Kieselvertreter von Familien, die in allen klimatischen
Zonen vorkommen: von den Leguminosen besitzen nur die tropischen Gat-
tungen *(Albizzia, Afzelia, Apuleia* und *Cynometra)* Kieselkörper; bei den
Orchideen fehlen sie, umgekehrt bei den Sektionen mit teils mehr nördlicher
Verbreitung (Ophrideen, Cypripedieen, Listereen, Arethuseen), bei den
Gramineen endlich sind die Wiesengräser der gemäßigten Zonen und Alpen-
matten nur wenig verkieselt, die aus wärmeren Gegenden stammenden
Getreidearten dagegen besitzen reichlich Kieselzellen, und in den Tropen
wird bei *Saccharum* und *Bambusa* (Tabaschir) das Maximum der Kiesel-
säureausscheidung erreicht.

Aus dieser Zusammenstellung geht hervor, daß die Aussonderung
der Kieselsäure vor allem ein Merkmal tropischer und subtropischer
Pflanzen ist (FREY-WYSSLING, 23). Ausnahmen gibt es nur wenige,
nämlich die Cyperaceen[1], sowie die Koniferengattungen *Pinus*,
Picea und *Torreya*. Auch die Equisetaceen und der Schilf seien
hier der Vollständigkeit halber genannt, obschon sich obige Aufzählung in Ermangelung einer neueren vollständigen Liste mit
Membranverkieselung nur auf die Ausscheidung von Kieselkörpern
im Zellinnern bezieht. Es ist interessant, daß diese Pflanzen,
abgesehen von den erwähnten Koniferengattungen, Sumpf-
bewohner sind.

---

[1] Bemerkenswerterweise bilden die Cyperaceen auch in bezug auf ihren
Fettgehalt eine Ausnahme unter den Familien der temperierten Zonen, indem
sie eine auffallende Anlehnung an tropische Familien zeigen (MAC NAIR).

Die spärlichen erwähnten Ausnahmen dürfen als Bestätigung folgender Leitregel gelten: Die Kieselpflanzen sind vornehmlich Vertreter von Familien oder Gattungen wärmerer Länder. (Dieser Satz darf natürlich nicht umgekehrt werden, denn es gibt auch viele tropische Gewächse, die keine Kieselsäure ausscheiden.)

Die aufgestellte Regel kann nun in Zusammenhang gebracht werden mit der bodenkundlichen Tatsache, daß in wärmeren Ländern die Kieselsäure der Böden leicht aufgelöst und ausgewaschen wird. Extreme Entkieselung führt zu den tropischen Lateritböden. Aber schon beim Übergang des temperierten zum subtropischen Klima lassen sich sehr auffallende Einflüsse der Temperatur auf den Kieselsäuregehalt der Böden feststellen. So verschiebt sich z. B. das Verhältnis von SiO_2/Al_2O_3 ($= ki$-Werte nach NIGGLI, 3), das bei Schwarzwaldgranit und Biotitgranit von Georgia ähnlich ist (7,76 bzw. 7,22), bei der Verwitterung auffallend, nämlich 13,52 bzw. 2,94. Da die Befeuchtung während der Verwitterung dieselbe ist, muß die relative Anreicherung der Kieselsäure im Verwitterungsprodukt des Schwarzwaldgranites, und die starke Auswaschung im Granit von Georgia der Temperatur zugeschrieben werden. Die mittlere Jahrestemperatur der beiden Gebiete beträgt 7^0 bzw. $16,8^0$ C. Auch für die Böden von Nordamerika weist JENNY (2) nach, daß die Kieselsäure in Verwitterungstonen bei gleicher Befeuchtung mit steigender Temperatur zunehmend ausgewaschen wird; die ki-Werte betragen bei 8^0 Jahrestemperatur etwa 4 und sinken mit steigender Temperatur, um bei 16^0 etwa 2 zu erreichen.

Schweizerische Quellwasser enthalten im Mittel 13 mg SiO_2/l; selten steigt der Kieselsäuregehalt auf 17 mg/l, was der Löslichkeit des Kalziumsilikates entspricht[1]. In tropischen Gewässern steigt der Silikatgehalt dagegen auf 65 und bis über 100 mg/l (RUTTNER). Über den Einfluß der Kohlensäure auf die Silikatlöslichkeit gibt die physikalische Chemie des Systems $CaSiO_3 - CaCO_3 - CO_2 - H_2O$, das durch FURLANI untersucht worden ist, Auskunft. FURLANI kommt zum Schlusse, daß mit steigender Temperatur die HCO_3-Ionen des Bodens durch $HSiO_3$ vertreten werden. Es steht somit fest, daß nicht nur die Gesteinsverwitterung, sondern auch der Kieselsäuregehalt der Bodenwässer bei höherer

---

[1] Freundliche mündliche Mitteilung von Herrn Dr. O. BRUNNER, Materialprüfungsanstalt der E. T. H. Zürich.

Temperatur zunimmt. In tropischen Klimaten wachsen die Pflanzen also auf einem Substrat, das reicher an gelöster Kieselsäure ist als im gemäßigtem Klima; und da die Kieselsäure leichter in die Pflanze eindringt als man anzunehmen geneigt ist (MENGDEHL), wäre die Häufung der Kieselspeicherpflanzen in den wärmeren Zonen als Ausfluß der Anreicherung löslicher Kieselsäure in jenen Böden zu deuten.

Kalkspeicherpflanzen. Als Kalkspeicherpflanzen muß die Großzahl unserer Hölzer bezeichnet werden. Die meisten häufen beträchtliche Mengen Kalzium im Holze und namentlich in der Rinde an. Ferner gehören alle krautigen Pflanzen, die größere Mengen von Kalziumoxalat oder Kalziumkarbonat in ihren Geweben ablagern, hierher. Die Quelle dieses Kalkreichtums ist die relativ hohe Konzentration des Bodens an adsorbierten Ca-Ionen und gelöstem Kalziumbikarbonat. Bodenkundlich spielt das Kalzium eine ähnliche, wenngleich graduell sehr verschiedene, Rolle wie die Kieselsäure. Im vorangehenden ist darauf hingewiesen worden, wie die Kieselsäure bei der Bodenverwitterung in den tropischen und subtropischen Zonen ausgewaschen wird, so daß nach und nach der SiO_2-Gehalt kleiner wird. In viel ausgesprochenerem Maße gilt dies für den Kalziumgehalt des Bodens, und zwar für alle klimatischen Zonen, wo genügend Niederschläge fallen. In den polaren Zonen geht die Auswaschung des Kalkes infolge der niederen Temperatur allerdings sehr langsam vor sich, während in der tropischen Zone die Auflösung so schnell fortschreitet, daß fast alle älteren Böden weitgehend entkalkt sind. Die meisten Böden, und vor allem die der temperierten Zonen, werden daher unter den für die Pflanze lebenswichtigen Kationen prozentual am meisten Ca-Ionen adsorbiert enthalten, so daß wohl fast alle Pflanzen relativ zuviel Kalzium aufnehmen.

Es ist nicht zufällig, daß Kalziumionen und gelöste Kieselsäure auch bei der chemischen Sedimentation die wichtigste Rolle spielen. Neben ihrer Fähigkeit, unlösliche Verbindungen zu bilden, kann nur ihre relative Häufigkeit gegenüber andern gesteinsbildenden Bestandteilen des erodierenden Wassers die gewaltigen Kalk- und Kieselsedimente der verschiedenen geologischen Epochen erklären. Daß bei der Sedimentation meistens Mikroorganismen als Zwischenstufe eingeschaltet werden, ändert an dieser Tatsache nichts. Wir kommen daher zum Schlusse, daß die höheren Pflanzen, die vom gleichen Wasser genährt werden wie die stehenden Gewässer, im kleinen dieselben Stoffe anhäufen müssen, die dort im großen die grandiosen Sedimentationsvorgänge unterhalten.

2. Die anorganischen Ausscheidungsstoffe als Rekrete.

a) Physiologische Bedeutung der aufgenommenen Mineralsubstanzen.

Die für das Leben der höheren Pflanze aus dem Boden aufgenommenen unumgänglich notwendigen Elemente K, Ca, Mg, Fe, N, P, S spielen für die Pflanzenernährung zum Teil eine recht verschiedene Rolle. Die aufgenommenen Ionen können daher nach ihren physiologischen Hauptfunktionen gruppiert werden. Eine solche Einteilung ist natürlicherweise etwas subjektiv, da die meisten Ionen für die Physiologie in verschiedener Beziehung von Bedeutung sind, wobei schwer zu entscheiden ist, was physiologische Notwendigkeiten und was Nebenerscheinungen sind. Bei den einen tritt ihr Chemismus in den Vordergrund, da sie assimiliert und in chemischem Sinne in das Gebäude der lebenden Substanz eingefügt werden (Nährionen), bei anderen spielt dagegen ihr physikalisch-chemisches Verhalten die Hauptrolle.

Nährionen. Die Nitrat-, Sulfat- und Phosphationen liefern die Grundstoffe für den Aufbau des Protoplasmas. Sie werden durch Reduktion assimiliert. Von den Kationen besitzen nur NH_4 und Mg einen direkten Nährwert für die Pflanze, da sie zum Aufbau von Eiweißen und Chlorophyll Verwendung finden. Von allen anderen Ionen kennt man keine lebenswichtigen Verbindungen, in die sie als konstituierende Bestandteile eingingen. Trotzdem ist ohne sie kein Leben möglich.

Antagonisten. Über die Bedeutung der Kationen K, Ca, Mg hat man durch die Entdeckung des sog. Ionenantagonismus (LOEB; OSTERHOUT; HANSTEEN-CRANNER, 1; SÜOS) Auskunft erhalten. Allen anderen Ionen kommen ebenfalls antagonistische Eigenschaften zu; aber bei K und Ca äußern sich diese am eindrucksvollsten.

Alle Ein-Salzlösungen sind für die Pflanze giftig. Kultiviert man z. B. Keimlinge auf einer reinen KCl-Lösung, stellen sie ihr Wachstum bald ein und erkranken. PIRSCHLE (1) hat nachgewiesen, daß eine Beziehung der Giftigkeit der verschiedenen Ionen zu ihrer Stellung im periodischen System der Elemente besteht. Als Maß

für die Giftigkeit wurde die Wachstumshemmung von Wurzel und
Trieb von Keimlingen nährstoffreicher Samen in m/50—m/200-
Lösungen von Chloriden, Nitraten und Sulfaten der Alkalien und
Erdalkalien, sowie von Ammonsalzen der Halogenide untersucht[1].
Dabei ergab sich, daß die physiologische Giftwirkung bei den
Ionen vom sog. Argontypus am geringsten ist und zunimmt, je
weiter man sich in einer homologen Reihe von diesen Ionen ent-
fernt (Abb. 86a). In folgender Zusammenstellung bilden die Ionen

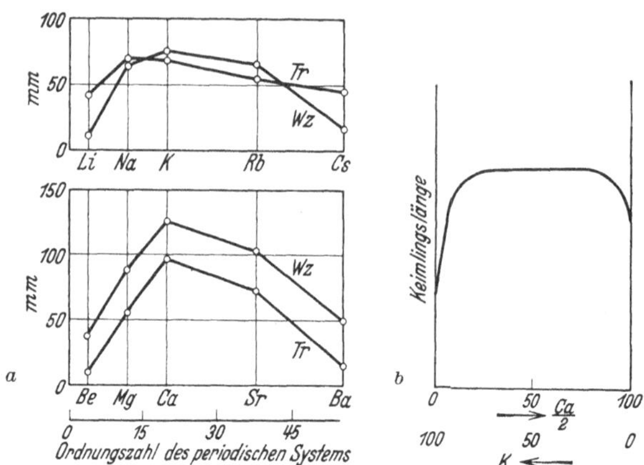

Abb. 86. Einfluß der Kationen auf das Keimlingswachstum. a) Giftigkeit reiner
Lösungen. Wachstum von Zea-Keimlingen (*Tr* Trieb, *Wz* Wurzel) in m/50-Lösungen
(Nitrate der Alkalien und Chloride der Erdalkalien) nach PRISCHLE. Ordinaten:
Keimlingslänge in mm. Abszissen: Ordnungszahlen des periodischen Systems.
b) Ionenantagonismus zwischen K und Ca als n/100-Chloride (schematisch).
Ordinaten: Keimlingslänge. Abszissen: Äquivalentprozente.

K, Ca, Cl ein Optimum für die Anzucht von Pflanzen in Ein-Salzlösungen; zugleich zeichnen sich diese Ionen durch ihre zentrale
Stellung in den homologen Reihen aus:

    Gruppe   I des periodischen Systems Li Na **K**   Rb Cs
      „   II „   „   „   Be Mg **Ca** Sr Ba
      „   VII „   „   „   F   **Cl** Br J

Gibt man nun eine Spur eines anderen Salzes zu einer giftig
wirkenden reinen Lösung, so wird deren Giftigkeit zum Teil aufgehoben; man sagt, die beiden Salze wirken **antagonistisch.**
Durch minimale Zugaben von $CaCl_2$ kann eine reine KCl-Lösung
weitgehend entgiftet werden; umgekehrt wird das Pflanzen-

---

[1] Da dabei nur gleichwertige Ionen untereinander verglichen werden,
können statt normalen (n) auch molare (m) Lösungen verwendet werden
(vgl. dagegen Abb. 86b).

wachstum in einer reinen $CaCl_2$-Lösung verbessert, wenn man
etwas KCl zugibt. Die Verhältnisse sind schematisch in Abb. 86b
dargestellt.

Zwei-Salzgemische bieten aber noch keine Gewähr für eine
optimale Entwicklung; erst wenn mehrere Ionenarten zusammengebracht werden, entstehen sog. ausgeglichene Lösungen,
wie z. B. Brunnenwasser, die keinerlei nachteilige Wirkungen auf
die Pflanzenentwicklung ausüben.

Bei den höheren Pflanzen kommt vor allem das Ionentrio
$K \cdot Ca \cdot Mg$ als Antagonisten in Betracht. In Lösungen, welche
$K : \frac{1}{2} Ca : \frac{1}{2} Mg$ im Verhältnis $1 : 1 : 1$ enthalten, zeigt sich keinerlei schädliche Wirkung auf das Pflanzenwachstum. Von den drei
Ionenarten zeigt das Kalzium die stärkste antagonistische Wirkung,
d. h. seine Konzentration kann im Verhältnis zu den andern
wesentlich unter 1 gesenkt werden, ohne daß die Lösung giftig
wird. Bei niederen Pflanzen (Pilze und gewisse Algen) kann Kalzium sogar ohne Schaden ganz fehlen. Für höhere Pflanzen ist
aber stets eine gewisse Menge Ca für die richtige Abwicklung des
Stoffwechsels notwendig. Wie klein diese Menge im Verhältnis
zu K und Mg sein kann, zeigen folgende Aschenanalysen von
Samen (WOLFF, 1):

Tabelle 30. Aschenzusammensetzung von Samen.

Ionenäquivalente bezogen auf $K = 1$	K	Na	$\frac{1}{2}$ Ca	$\frac{1}{2}$ Mg	$\frac{1}{3}$ Fe	$\frac{1}{3}$ Po$_4$	$\frac{1}{2}$ So$_4$	HSiO$_3$	Cl
Weizen	1,00	0,04	0,22	0,97	0,08	3,40	—	0,07	—
Erbsen	1,00	0,09	0,20	0,45	0,09	2,30	0,10	0,006	0,04
Bohnen	1,00	0,09	0,30	0,66	0,02	1,62	0,20	0,03	0,03
Bohnen ohne Testa	1,00	0,01	0,12	0,35	0,03	2,24	—	0,002	—

Wie man sieht, genügt im Samen für die Keimung das Ver-
hältnis $K : \frac{1}{2} Ca : \frac{1}{2} Mg = 1 :$ etwa $0,2 : 0,5$ bis 1; ein beträchtlicher
Teil des Kalziums ist außerdem noch in der Samenschale nieder-
gelegt (s. S. 249), so daß sich im Nährgewebe ein Verhältnis
$K : \frac{1}{2} Ca = 1 :$ etwa 0,1 ergibt. Offenbar genügt dieses Verhältnis
für eine normale Entwicklung des Keimlings, bis er selbsttätig
Ionen aufnehmen kann. Diese Tatsache muß man im Auge behalten, wenn man die Menge Kalzium, welche die Pflanze zu ihrem
Leben unumgänglich nötig hat, richtig beurteilen will.

Zur Erklärung der antagonistischen Ionenwirkungen macht
man sich etwa folgendes Bild: Gewisse Ionen, z. B. Mg oder K,

verursachen eine Quellung des Protoplasmas, so daß seine Lebens-
verrichtungen gestört werden; andere dagegen, wie z. B. Ca,
entquellen das Plasma, und zwar so stark, daß seine normalen
Funktionen wiederum behindert sind. Nur wenn beide Ionenarten zugegen sind, befindet sich der Kolloidzustand des Plasmas
unter optimalen Bedingungen. Da die Giftigkeit reiner Lösungen
oft durch Spuren eines antagonistischen Ions aufgehoben wird,
ist es jedoch fraglich, ob die angeführten Quellungs- und Koagu-
lationseffekte für die Erklärung der merkwürdigen Erscheinungen
des Ionenantagonismus allein ausreichen.

Katalysatorionen. KOSTYTSCHEW (3) vermutet, daß die Metallionen
gewissermaßen wie Hormone im Pflanzenkörper fungieren, indem sie physiologische Vorgänge in einer gewissen Entfernung von einem Reizort auslösen konnten. Konkrete Fälle in dieser Richtung kennt man allerdings
bei den höheren Pflanzen noch nicht. Dagegen weiß man vom Eisen, daß
es bei der Chlorophyllbildung die Rolle eines Katalysators spielt. Bei Abwesenheit von Fe wird die Ausbildung von Chlorophyll unterdrückt und die
Pflanzen bleiben chlorotisch. Ferner fällt nach WARBURG (3) dem Eisen als
wichtiger Bestandteil des Atmungsfermentes bei den Oxydoreduktionen in
der Pflanze eine lebenswichtige Aufgabe zu. Es ist wahrscheinlich, daß
die Elemente Mangan (HOPKINS, 1, 2), Kupfer, Bor u. a. bei gewissen
Lebensvorgängen eine ähnliche Rolle spielen, und daher von der Pflanze
in minimalen Spuren aufgenommen werden müssen. Von anderen (Zn, Ni,
Co, Ti, Li, Sn), die stimulierend auf das Wachstum wirken, ist noch nicht
untersucht, ob sie für das Leben unbedingt notwendig sind (PIRSCHLE, 3).

Ballastionen. Außer den erwähnten Ionen werden aber von der
Pflanze noch große Mengen von Stoffen aufgenommen, wie Kiesel-
säure und Kochsalz, über deren physiologische Notwendigkeit
nichts bekannt ist. Die Aufzucht von Pflanzen ohne die Elemente
Na, Cl, Si beweist, daß sie überflüssig sind. Es mag ja sein, daß
minimale Spuren davon, wie sie als Unreinigkeiten in den chemischen
Reagenzien vorkommen, für die normale Entwicklung der Pflanze
vielleicht unentbehrlich sind, aber jedenfalls besitzen die großen
Kieselsäure- und Kochsalzquantitäten, welche die Pflanze in vielen
Fällen aufnimmt, ernährungsphysiologisch keine Bedeutung.
Die verschiedenen Ansichten über die physiologischen Aufgaben,
die z. B. der Kieselsäure in der Pflanze immer wieder zugedacht
werden, sind vollkommen unbewiesen. Es scheint vielmehr, daß die
Pflanze aus dem Exklusions-Unvermögen heraus große Mengen
von diesen Stoffen als Ballast aufnehmen muß, da die entsprechenden Ionen nach Maßgabe des Konzentrationseffektes einfach mit
den lebenswichtigen Ionen in die Pflanze hineinwandern. Als solche

Ballastionen, die für die Pflanze ernährungsphysiologisch wertlos sind, müssen nicht nur Na, Cl und $HSiO_3$ aufgefaßt werden, sondern auch überschüssige Mengen von Ca. Sie treten nicht in den eigentlichen Stoffwechsel der Pflanze ein. Dagegen beeinflussen sie sekundär, osmotisch und antagonistisch das physiologische Geschehen in den Geweben. Die Pflanze muß sich daher mit ihren physiologischen Wirkungen abfinden, oder dann trachten, sie auf geeignete Weise wieder auszuscheiden. Die Eliminierung solcher mineralischer Ballaststoffe soll als Wiederausscheidung oder Rekretion bezeichnet werden. Es handelt sich dabei um einen für den Mineralstoffwechsel der Pflanze wichtigen Vorgang, und es muß daher untersucht werden, welche Wege der Pflanze dazu zur Verfügung stehen.

b) Rekretion durch Dehydratation.

Da der Pflanze nur selten die Möglichkeit geboten ist, Stoffe nach außen abzuschieben, muß sie die Hauptmenge der Rekrete in sich selbst aufnehmen. Der einfachste Modus, gelöste Ionen zur Abscheidung zu bringen, besteht darin, die entsprechenden Lösungen eintrocknen zu lassen.

Entwässerung der Kieselsäure. Die Kieselsäure, die als sehr verdünntes Kieselsäuresol in die Pflanze eingedrungen ist, wird unter Arbeitsaufwand in gewissen Zellen lokalisiert, konzentriert und dann durch Fällung zur Abscheidung gebracht (s. S. 196). Darauf erfolgt eine Entwässerung nach dem Schema:

$$\boxed{x \cdot SiO_2 \cdot yH_2O} \xrightarrow{-yH_2O} \underset{\downarrow}{x \cdot SiO_2}$$

Bei niederen Wasserdampfspannungen verläuft die Reaktion von links nach rechts. Aber es gibt in den pflanzlichen Geweben im Gleichgewicht mit Lösung nie so niedere Dampfdrucke, daß sich ein Kieselsäuregel von selbst entwässern würde. Damit nämlich durch Entwässerung auf physikalisch-chemischem Wege in der Pflanze Glaskiesel auftreten können, müßten in den Geweben Dampfspannungen von unter 5 mm Hg herrschen (s. Abb. 83), was bei 15° einer relativen Feuchtigkeit von 39% und osmotischen Drucken von mehreren 100 at entspricht. Im Gleichgewicht mit Zellsaft können daher die glashellen Kieselausscheidungen nicht entstehen! Man könnte deshalb vermuten, daß die Entwässerung durch Vermittlung der Interzellularen erfolge, da nach KOHL das

Interzellularensystem vielfach in direkter Beziehung zu den Zellen
mit Kieselkörpern steht. Aber auch dieser Entwässerungsmodus
scheint unmöglich, da die Interzellularenluft mit lebenden Zellen
im Gleichgewicht ist, und infolgedessen in der Nähe der Kieselzellen
nicht trockener sein kann, denn sonst müßte ja eine Destillation
von Wasser auf dem Umwege über die Interzellularenluft von den
lebenden Zellen zu den austrocknenden Kieselzellen stattfinden.
Es muß daher von der Pflanze ein besonderes Dehydratations-
verfahren eingeschlagen werden. Außer bei den toten Hautge-
weben kann also die Entwässerung nicht durch Verdunstung stattfinden. Die so einfach scheinende Dehydratation der Kieselsäure in
der Pflanze wird daher zu einem Problem. Ähnliches gilt übrigens
auch für die Entwässerung der Samen bei der Reife, die nie als
problematischer Vorgang hingestellt wird; da aber die Samen oft
ihr Wasser nicht durch direkte Verdunstung verlieren können (z. B.
in saftigen Früchten), muß auch hier die Pflanze beträchtliche
Konzentrations- und Dehydratationsarbeit leisten. Die physikalisch-chemische Erklärungsweise stößt somit oft schon bei den aller-
einfachsten Vorgängen auf Schwierigkeiten, und man muß der
pflanzlichen Zelle besondere Arbeitsleistungen zuerkennen.

Entwässerung von Kalziumbikarbonat. Wenn Kalziumkarbonat
niedergelegt wird, geschieht dies wahrscheinlich durch Konzentration von Bikarbonatlösungen, worauf das Bikarbonat unter
Entweichung von Kohlensäure, die unter Umständen der Assimilation zugeführt wird, entwässert wird:

$$CaH_2(CO_3)_2 \xrightarrow{-H_2O} CaCO_3 + CO_2 \nearrow$$

Im pflanzlichen Gewebe verlangt diese Reaktion wiederum erst
Lokalisations- und Konzentrationsarbeit, überdies aber noch eine
chemische Zersetzung des Bikarbonates in Karbonat und Kohlensäure. Möglicherweise ist die CO_2-Spannung im Gewebe infolge
der Assimilation so gering, daß die Dissoziation des Bikarbonates
von selbst eintritt. Es ist interessant, daß sich dieser Vorgang mit
Vorliebe in einem Zellulosegerüst abspielt (Zystolithen, verkalkte
Membranen).

Bei der Ausscheidung von Kalziumsulfat genügt eine hinreichende
Konzentrierung des aus dem Boden aufgenommenen Salzes, um kristalline
Niederschläge entstehen zu lassen; die Abscheidung tritt ein, wenn der
Zellsaft über 0,2 Gewichtsprozent $CaSO_4$ enthält.

c) Rekretion durch Fällung.

Anders liegen die Verhältnisse, wenn nicht alle Bestandteile der Ausscheidungsstoffe aus dem Boden aufgenommen werden, wie bei den Tartrat- und Oxalatausscheidungen. Hier werden die Anionen von der Pflanze gebildet, und wo diese dann mit den Ca-Ionen zusammentreffen, erfolgt eine Fällung, sobald das Löslichkeitsprodukt überschritten wird.

Die Oxalatfällung und deren physiologische Bedeutung. Die Niederschlagsbildung tritt bei der Begegnung von Ca- und C_2O_4-Ionen besonders leicht ein, da das Löslichkeitsprodukt dieses Ionenpaares so außerordentlich klein ist (s. S. 146, 167). Gleichsam überall, wo sich diese beiden Ionen begegnen, muß Fällung eintreten.

Ausgefälltes Kalziumoxalat bleibt im allgemeinen in kristalliner Form an Ort und Stelle liegen. Aber es ist verständlich, daß, sobald das Löslichkeitsprodukt durch völliges Fehlen von Ca unterschritten wird, eine Lösung der Kristalle eingeleitet werden kann, wie dies beim Keimen von Samen (NETOLITZKY, 2, 8) oder beim Laubaustrieb (ALEXANDROW; ALEXANDROW und TIMOFEEV) im Frühjahr gelegentlich beobachtet wird.

Man darf daraus jedoch nicht den Schluß ziehen, daß das Kalziumoxalat als Reservestoff für Kalzium niedergelegt werde, denn die wenigen Fälle, wo das ausgefällte Kalziumoxalat wieder in den Stoffwechsel einbezogen wird, fallen gegenüber der großen Masse Oxalat, die unverändert in der Pflanze liegen bleibt, kaum in Betracht. Die früher von Aé und KRAUSS vertretene Ansicht, daß das Kalziumoxalat unter die Reservestoffe einzureihen sei, ist denn auch völlig verlassen.

Dagegen dreht sich heute die Diskussion um die Frage, ob die physiologische Bedeutung des Kalziumoxalates in der Eliminierung von Oxalationen aus dem Stoffwechsel oder in der Niederlegung von überschüssigen Kalziumionen bestehe. Im ersten Falle würde es sich nach unserer Definition um ein Exkret, im zweiten dagegen um ein Rekret handeln.

AMAR kultivierte in kalkfreien Lösungen Caryophylaceen, die sonst in den Blättern große Monohydratkristalle enthalten, kalziumoxalatfrei und kommt zum Schlusse, daß die Oxalatausscheidung der Entfernung des Kalziums diene: ,,Contrairement à BÖHM, SCHIMPER et GROOM, la formation de l'oxalate de chaux a pour but l'elimination de la chaux plutôt que celle de l'acide oxalique." Den gleichen Standpunkt vertritt STAHL, wobei er vor allem Gewicht darauf legt, daß der Transpirationsstrom stetsfort

Kalziumsalze in die Pflanze hineinschwemme. Nach diesen Autoren wird vorausgesetzt, daß das Kalzium die Pflanze schädigen würde, wenn es nicht zur Ausscheidung gelangte.

Nach SCHIMPER und seinen Anhängern soll dagegen die Oxalsäure, die im Laufe des Stoffwechsels in der Pflanze entsteht, so giftig sein, daß eine Entgiftung durch Fällung notwendig werde. TRUOG (s. auch PARKER und TRUOG) schließt sich dieser Ansicht an, indem er schreibt: „A great portion of the calcium taken up by the plant is probably used for the neutralization and precipitation of the acids in the plant sap." Diese Deutung stößt aber auf Schwierigkeiten, da es phanerogame Pflanzen gibt, die, ohne geschädigt zu werden, Oxalationen speichern (*Rumex, Rheum, Mesembryantemum, Oxalis, Geranium acetosum* usw.).

Beide Erklärungsweisen, sowohl die zuerst erwähnte Entkalkungstheorie als auch die Entgiftungstheorie besitzen einen teleologischen Hintergrund, indem sie annehmen, daß das eine Ion entweder absichtlich gebildet oder aus dem Boden aufgenommen werde, um das andere zu eliminieren. Sie können daher wohl kaum befriedigen. Dagegen gelangt man zu einer objektiven Anschauung, wenn man den Vorgang vorerst rein physikalisch-chemisch auffaßt (FREY, 3). Bei irgendeinem physiologischen Prozeß sollen als Nebenprodukt geringe Mengen Oxalsäure bis zu einem Gleichgewicht, das nicht überschritten wird, gebildet werden. Wenn nun diese noch so kleine Menge von Oxalationen beständig durch Kalziumionen weggefangen wird, kann sich die Oxalsäure immer wieder bis zu diesem Gleichgewicht regenerieren, wodurch die Oxalatausscheidung proportional der Kalziumaufnahme erfolgen muß. Diese Ansicht wird am besten durch die Erfahrung bei Pilzkulturen gestützt (BENECKE und JOST, 2). Züchtet man *Botrytis cinera* in Lösungen, die kalkfrei sind, produziert dieser Pilz nachweisbar Oxalsäure bis zu einer gewissen Konzentration. Kultiviert man ihn dagegen auf Nährböden, die Kalziumionen enthalten, wird die gebildete Oxalsäure fortwährend niedergeschlagen, so daß sich im Schleime längs der Hyphen große Mengen Kalziumoxalat-Trihydrat anhäufen (LENDNER).

Dasselbe beobachtet man bei höheren Pflanzen, indem sie in gewissen Fällen Kalziumoxalat proportional der ihnen in der Nährlösung gebotenen Kalziumkonzentration ausscheiden (BENECKE; MÜLLER, W.).

Das Kalziumoxalat stellt somit in erster Linie einfach das Reaktionsprodukt zweier Ionen dar, die sich in der Pflanze begegnen. In zweiter Linie muß man berücksichtigen, daß das Ion, welches von außen zuwandert und unter Umständen die Nachlieferung des andern durch stete Gleichgewichtsstörung unterhält, das Kalziumion ist. Das Oxalation, das mit dem Kalziumion reagiert, ist daher in vielen Fällen kein Endprodukt, sondern ein weggefangenes Zwischenprodukt des Stoffwechsels. Die Kalziumoxalatausscheidungen sollten deshalb nicht den Exkreten zugezählt werden, wie dies gewöhnlich geschieht. Es soll vielmehr das Hauptgewicht darauf verlegt werden, daß überschüssige Kalziumionen aus dem Mineralstoffhaushalt in sie eingehen. Dabei braucht es sich durchaus nicht um die Entfernung von schädlichen Mengen Kalzium zu handeln, denn überschüssig und giftig sind keineswegs Begriffe, die sich decken. Die Niederschlagsbildung von Kalziumionen mit organischen Anionen sind daher zu den Rekreten zu rechnen.

Herkunft der Oxalationen. Über die Entstehung der Oxalationen in der Pflanze ist man noch nicht befriedigend im klaren. Wahrscheinlich können sie auf verschiedene Weise gebildet werden. Von den zahlreichen, im Laufe der Zeit entwickelten Ansichten über die Oxalatgenese sollen vier herausgegriffen und kurz diskutiert werden. LIEBIG betrachtet die Oxalsäure als intermediäres Reduktionsprodukt bei der Kohlensäureassimiliation. BAUR hat diese These bis in neuere Zeit hinein verteidigt. Es wurde geltend gemacht, daß der Potentialhub Kohlendioxyd-Kohlenhydrat nicht auf einmal geschehen könne, sondern über zahlreiche Zwischenstufen verlaufen müsse. Seit dem Aufkommen der wahrscheinlicheren Assimilationstheorie von BAYER, welche die Kohlenhydrate über das Zwischenprodukt Formaldehyd entstehen läßt, hat man aber diese Auffassung der Oxalatbildung aufgegeben.

Eine zweite Gruppe von Pflanzenphysiologen bringt die Oxalsäurebildung mit der Oxydation von Kohlenhydraten in Zusammenhang. Nach einigen älteren Autoren (WEHMER, 1) soll sie ein intermediäres Produkt der Atmung vorstellen. Nach den neueren Atmungsforschern (WARBURG, 1; KOSTYTSCHEW, 1) darf die Oxalsäure dagegen im normalen Atmungsprozeß nicht als Vorstufe der Kohlensäure aufgefaßt werden. Sie tritt aber unter Umständen als unvollständiges Verbrennungsprodukt von Zucker auf. Bei höherer Zuckerkonzentration und gehemmtem Wachstum erzeugen gewisse Pilze *(Aspergillus niger)* annähernd dem verzehrten Zucker entsprechende Mengen Säure (BERNHAUER).

Eine weitere Theorie, die der Tatsache Rechnung trägt, daß Oxalsäure namentlich in wachsenden Organen auftritt, bringt ihre Bildung zur Eiweißsynthese in Beziehung (PALLADIN, 1; SCHIMPER; MEYER, A.). Die älteren Formulierungen dieses Vorganges können allerdings einer modernen Kritik nicht mehr standhalten. Sie laufen alle auf eine Oxydation von Kohlenhydraten, speziell von Glukose, hinaus. Besonders wichtig erscheint dabei der Befund von BENECKE und MÜLLER, W., daß bei Nitratnahrung kräftige Oxalatbildung in der Pflanze stattfindet, die bei Ammonnahrung ausbleibt.

Es darf daher angenommen werden, daß im Zusammenhang mit der Reduktion der Nitrate Oxalsäure gebildet wird. KLEIN hat nachgewiesen, daß bei der Stickstoffassimilation die Nitrate tatsächlich reduziert werden, und zwar bei Gegenwart von Zucker bis zu NH_3. Vorläufig dürfte es freilich noch aussichtslos sein, diesen Vorgang in einer Gleichung, die den chemischen Verlauf, wie er sich in der Pflanze abspielt, genau wiedergibt, fassen zu wollen.

Größere Allgemeinheit kommt wohl den Beziehungen zwischen Oxalsäure und Desaminierung der Reserveeiweißstoffe zu. Bei der Ernährung von *Aspergillus* mit Pepton oder Aminosäuren werden beträchtliche Ansammlungen von Oxalsäure konstatiert. Diese muß aus den desaminierten Ketten der Aminosäuren entstanden sein. Ähnliche Vorgänge spielen sich ab, wenn die höheren Pflanzen Protoplasma aus Reservestickstoff aufbauen. Bei der Keimung von Samen wird oft ein großer Teil der Stickstoffreserve als Asparagin mobilisiert. Nachgewiesenermaßen geht aber das Asparagingerüst bei der Synthese der Plasmaeiweiße nicht in die neuentstehenden Polypeptide ein, sondern es dient nur als Überträger der Aminogruppe (KOSTYTSCHEW, 4). Es besteht daher ein prinzipieller Unterschied zwischen Reserveeiweiß und Plasmaeiweiß. Sie können nicht direkt ineinander übergeführt werden, sondern die Umwandlung geschieht stets unter Abspaltung von Ammoniak, der dann mit Kohlenhydraten neu kombiniert wird.

Beim Asparagin, dem Halbamid der Asparaginsäure, geschieht die Desaminierung nach KOSTYTSCHEW nach folgendem Schema:

$$CONH_2 \cdot CH_2 \cdot CHNH_2 \cdot COOH \text{ (Asparagin)}$$
$$\downarrow \text{ Desaminierung}$$
$$COOH \cdot CH_2 \cdot CO \cdot COOH \text{ (Oxalessigsäure)} + \underline{2\,NH_3}$$

Spaltung   Oxydation

$$CH_3CHO + 2\,CO_2 \qquad 2\,COOH \cdot COOH \text{ (Oxalsäure)}$$

Als intermediäres Produkt der Desaminierung würde Oxalessigsäure entstehen, die dann entweder durch Karboxylase in Azetaldehyd und Kohlensäure gespalten oder zu Oxalsäure oxydiert werden kann.

Dieses Schema wurde etwas ausführlicher erörtert, weil es zeigt, wie die Oxalsäure neben anderen Stoffwechselprodukten entstehen kann. Es ist nun möglich, daß sie bei Abwesenheit von Kalziumionen nur in kleiner Konzentration bis zu einem Gleichgewicht gebildet wird. Wenn aber gelöste, d. h. nicht adsorptiv an Plasmakolloide gebundene Kalziumionen zugegen sind, wird das Oxalation stets weggefangen und kann dann nachgeliefert werden. Dies ist offenbar der Grund, warum in der Pflanze durch überschüssiges Kalzium die Oxalatproduktion scheinbar provoziert wird. Aus den obigen Erörterungen geht jedoch deutlich hervor, daß das Kalziumion die Oxalsäurebildung nicht einleitet, sondern nur weiterleitet. Die Ansicht, daß disponible Kalziumionen die Entstehung von Oxalationen direkt induzieren, die von PFEFFER (2), AMAR, STAHL u. a. vertreten wird, kann daher nicht aufrechterhalten werden. WETZEL wendet sich scharf gegen diese Auffassung und zeigt, daß die Bildung von Oxalsäure, so vielgestaltig deren Entstehungsmöglichkeiten auch sein mögen, nie durch Basen ausgelöst

wird; sondern primär ist stets die Oxalsäure vorhanden und die Oxalatfällung ist eine sekundäre Erscheinung.

Zusammenfassend kann über die Oxalatfällung in der Pflanze
folgendes gesagt werden: Die Oxalationen sind durch gewisse
Stoffwechselprozesse (Auf- oder Abbau von Eiweißstoffen, Abbau
von Kohlenhydraten) in der Pflanze gegeben. Sie werden durch
von der Pflanze aufgenommenes Kalzium ausgefällt. Durch Nachlieferung der beiden Ionen können beträchtliche Mengen Kalziumoxalat niedergelegt werden. Diese Fällung ist in erster Linie als
rein physikalisch-chemischer Vorgang zu betrachten. Erst wenn
die Oxalatfällung, wie später gezeigt werden soll, in gewisse Bahnen
geleitet wird, kann man von einem Lebensprozesse sprechen. Da
die Oxalatniederlegung eine Funktion der aufgenommenen Kal-
ziummengen ist, muß sie als ein Modus der Kalziumrekretion aufgefaßt werden.

d) Rekretion durch Gutation.

Die Gutation. Die Ausscheidung von tropfbarem Wasser
durch Blätter oder Sprosse wird als Gutation bezeichnet. Sie
erfolgt durch besondere Gutationsorgane, die man in aktive und
passive Hydathoden einteilt. Die letzteren werden als Wasserspalten bezeichnet, denn sie stehen in direkter offener Beziehung
zu den Wasserleitungsbahnen (s. Abb. 116a). Die passive Gutation
kann man auffassen als das Resultat einer mangelhaften Korrelation zwischen Wurzel und Blättern. Die Wurzeln pumpen durch
die Leitungsbahnen Wasser in die oberirdischen Organe hinauf, das
durch die Blätter verdunstet wird. Wenn aber die Transpiration,
wie z. B. in der Nacht, ausbleibt, wird dieser Wasserstrom nicht
aufgehoben, sondern die Wurzeln befördern gewissermaßen unbekümmert um die Bedürfnisse der Blätter weiter Wasser in die
Triebe hinauf, das dann in flüssiger Form ausgeschieden wird. Es
besteht also offenbar kein genügender Regulierungsmechanismus,
der bei eingeschränktem Wasserverbrauch den Wassernachschub
abdrosselt.

Die aktiven Hydathoden oder Wasserdrüsen sind durch ein
Drüsengewebe ausgezeichnet, das selbständig Wasser ausscheidet,
ohne daß in den Gefäßen ein hydrostatischer Überdruck zu herrschen
braucht. Diese Wasserdrüsen verdienen ein besonderes Interesse,
da sich bei ihnen der Mechanismus wiederholt, der sich bei der
Ausscheidung von Wasser aus den Zellen des Wurzelparenchyms

in die Gefäße hinein abspielt. Jener geheimnisvolle, durch seine Verborgenheit der direkten Untersuchung entzogene Prozeß ist hier gewissermaßen in die Blätter hinaus verlegt und der Beobachtung direkt zugänglich gemacht.

Man könnte daher vermuten, daß der Modus der aktiven Flüssigkeitsausscheidung aus Zellen in allen seinen Einzelheiten untersucht und bekannt sei. Dies ist aber keineswege der Fall,

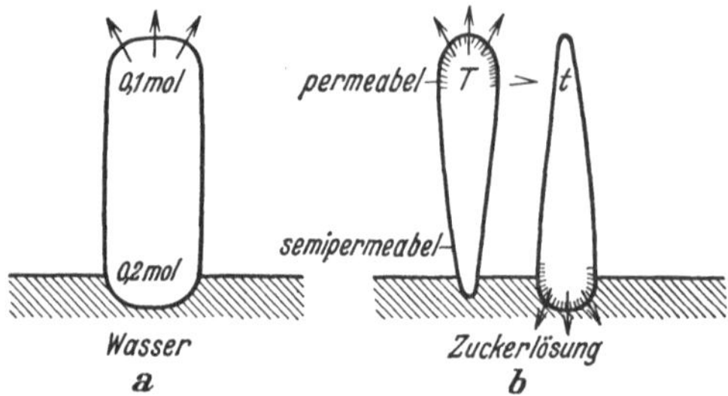

Abb. 87. Mechanismus der aktiven Wasserausscheidung. a) Polare Konzentrationsunterschiede in der Zelle. b) Polare Permeabilitätsunterschiede des Protoplasmahäutchens [Versuch von LEPESCHKIN (1) mit Sporangienträgern von *Pilolobus*]. T, t Turgordruck.

denn man stößt bei der Analyse dieses Vorganges auf unüberwindliche Schwierigkeiten.

Von den vielen Ansichten, die über das aktive Auspressen von Flüssigkeit aus pflanzlichen Zellen entwickelt worden sind (HEYL), sollen nur zwei erwähnt werden. Es handelt sich bei beiden um osmotische Mechanismen, die von PFEFFER (1) aufgestellt und diskutiert worden sind. Nach dem einen seiner Schemata herrsche eine ungleiche Verteilung der osmotisch wirksamen Substanzen in der Zelle. In der Basis der Zelle entspreche z. B. die osmotische Konzentration ungefähr 4 at osmotischem Druck (etwa 0,2 molare Rohrzuckerlösung); am anderen Pole der Zelle befinde sich dagegen eine nur halb so konzentrierte Lösung. Es sei nun der untere Teil der Zelle mit Wasser in Berührung; dann ist dieser Pol imstande, einen Turgordruck von 4 at zu entwickeln, der sich als hydrostatischer Druck über die ganze Zelle ausdehnt. Es gilt dann nach der osmotischen Zustandsgleichung:

$$O = T + S$$
$$\text{unterer Pol der Zelle } 4 = 4 + 0$$
$$\text{oberer Pol der Zelle } 2 = 4 - 2$$

d. h. im oberen Teil der Zelle herrscht eine negative Saugkraft von — 2 at, oder mit anderen Worten, es wird mit einem Drucke von 2 at Wasser ausgepreßt.

Die zweite Möglichkeit, die hier angeführt werden soll, beruht auf dem Prinzip polarer Permeabilitätsunterschiede. Wenn man sich vorstellt, daß das Plasmahäutchen einer Zelle am einen Pole semipermeabel, am anderen dagegen permeabel sei, muß am durchlässigen Pole Wasser austreten (siehe Abb. 87b).

Diese Theorie wird namentlich von LEPESCHKIN (1) vertreten, denn er hat entsprechende Verhältnisse bei den Sporangienträgern von *Pilolobus* gefunden. Das untere Ende dieser keulenförmigen Zellen ist semipermeabel, das ober dagegen permeabel. Setzt man den unteren Teil in eine verdünnte Zuckerlösung, saugt er Wasser auf und dieses tritt durch den oberen permeablen Pol wieder aus. Ein Hinweis für die Richtigkeit der von LEPESCHKIN gegebenen Deutung besteht darin, daß der Turgor dieser Zellen durch Exosmose sinkt, wenn man sie umgekehrt mit der Basis in der Luft in die Lösung taucht.

So einleuchtend solche Überlegungen auch sein mögen, so muß man sich doch stets bewußt sein, daß sie das Grundphänomen der Gutation nicht zu erfassen vermögen, denn sie gehen von polaren Unterschieden in der Zelle aus, die sich ausgleichen müssen, wenn sie nicht stets vom Protoplasma unter Arbeitsaufwand aufrechterhalten würden. Die aktive Wasserausscheidung muß daher als eine Lebenserscheinung aufgefaßt werden, die physikalisch-chemisch nur unter Berücksichtigung einer besonderen Energiequelle erklärt werden kann.

Gutationsrekrete. Über die physiologische Bedeutung der Gutation ist man nicht im klaren. Dagegen steht fest, daß der Gutationsstrom, wie dies auch vom Transpirationsstrom behauptet wird, für den Transport der aufgenommenen Nährsalze eine Rolle spielt. SCHARDAKOFF hat durch geeignete Mikromethoden nachgewiesen, daß die Ionenkonzentration im Gutationswasser gegenüber dem Blutungssafte wesentlich verschoben ist:

Tabelle 31. Vergleich von Blutungssaft mit Gutationswasser.
(Nach SCHARDAKOFF.)

Ionenkonzentration in Milliäquivalenten je Liter		K	$\frac{1}{2}$ Ca	$\frac{1}{3}$ PO$_4$
Papaver somniferum	Blutungssaft (Wurzel).	9,9	17,3	9,3
	Gutationswasser	0,4	7,4	0,5
Brassica oleracea	Blutungssaft (Blattbasis) . .	3,4	49,5	10,0
var. gemmifera	Gutationswasser	0,3	6,2	0,6

Die Ionen werden zum großen Teil in der Pflanze zurückgehalten, während der Saftstrom vom Wurzeldruck durch die Pflanze gepreßt wird. Die Resorption führt zu einer Verschiebung der gegenseitigen Ionenkonzentrationsverhältnisse. Im Gutationswasser findet sich vom Ca über $^1/_{10}$—$^1/_2$ seiner urspürnglichen Konzentration (im Blutungswasser), während von K und PO$_4$ viel weniger als $^1/_{10}$ ausgeschieden wird. Die wertvolleren Ionen werden also

stärker zurückgehalten. Bei der Gutationsausscheidung wiederholen sich somit dieselben Verhältnisse, die wir bei der Stoffaufnahme durch die Wurzeln kennengelernt haben: Einerseits findet
eine Elektion statt, die in einer vorzugsweisen Zurückhaltung
gewisser Ionen besteht; andererseits kann aber die Pflanze nicht
verhindern, daß wertvolle Nährstoffe, wie Phosphorsäureionen, in
geringen Mengen zusammen mit anderen überschüssigen Ionen die
Pflanze wieder verlassen. Sowenig wie ihr bei der Stoffaufnahme
ein absolutes Exklusionsvermögen zukommt, kann sie bei der Gutation gewisse für sie wichtige Ionen von der Wiederausscheidung
völlig ausschließen.

Bemerkenswerterweise erscheinen Ballastionen wie im Überschuß aufgenommenes Ca im Gutationswasser gegenüber den anderen Ionen angereichert. Man darf daraus schließen, daß die
Gutation von der Pflanze in den Dienst der Rekretion gestellt
wird. Die Salzausscheidung spielt oft nur eine untergeordnete Rolle,
wird aber in einzelnen Fällen so auffallend, daß man den Funktions-
wechsel der Hydathoden in der Benennung zum Ausdruck bringt,
indem man sie als Kalk- oder Salzdrüsen bezeichnet. Allgemein
bekannt sind die Schüppchen von Kalziumkarbonat auf den Blättern der felsbewohnenden *Saxifraga*-Arten. Sie erscheinen als
Rückstand, wenn das Gutationswasser der Hydathoden verdunstet.
Ähnliche Salzausscheidungen kommen bei den Plumbaginaceen
und gewissen Farnen (*Polypodium*-Arten) vor. In vielen Fällen
enthalten die Kalziumkarbonatschüppchen Beimengungen von
Natriumsalzen und Kieselsäure. Dies sind alles für die Ernährung
der Pflanze überflüssige Mineralstoffe, die nach dem Gesetze des
Exklusions-Unvermögens von den Wurzeln aufgenommen worden
sind und, nachdem sie die Pflanze passiert haben, wieder ausgeschieden werden.

Die Salzdrüsen sind somit eigentliche Rekretionsorgane. Man
darf aber hieraus nicht schließen, daß alle Hydathoden durch
besonders reichliche Mineralstofferernährung der Pflanze zur Salz-
abscheidung angeregt werden können; vielmehr müssen die betreffenden Ausscheidungsorgane von Natur aus zur Salzabsonderung
bestimmt sein. Dies zeigt sich besonders auffallend in der Gattung
Saxifraga, deren felsbewohnende Arten (z. B. *Saxifraga Aizoon,
Saxifraga moschata*) Kalk ausscheiden, während die Hydrophyten
(z. B. *Saxifraga stellaris, Saxifraga rotundifolia*) keine Kalkschüpp-
chen bilden. SCHMID versuchte die letzteren vergeblich durch

reichliche Kalziumgaben zur Salzausscheidung zu bringen. Umgekehrt stellen die kalkabsondernden Arten die Kalziumausscheidung erst ein, wenn man sie vollständig auf Kalkhunger setzt, worauf dann statt Kalziumkarbonat hygroskopische Kalisalze ausgeschieden werden.

Vor allem wichtig ist die Rekretion durch Gutation für die Halophyten. Da weder das Natrium- noch das Chlorion von der Pflanze in unlöslicher Form niedergelegt werden kann, häuft sich gelöstes Kochsalz in den Geweben an. Es bleibt daher im Gegensatz zu den durch Dehydratation oder Fällung eliminierten Kalksalzen und Kieselsäureanhydriden osmotisch und antagonistisch wirksam. Hierdurch werden die Lebensprozesse der Halophyten in Mitleidenschaft gezogen und vielfach ungünstig beeinflußt. Die einzige Möglichkeit der Eliminierung dieses Salzes ist die Ausscheidung nach außen, und man findet daher die Gutationen bei den Halophyten sehr häufig im Dienste der Rekretion: So bei den Familien der Frankeniaceen, Plumbaginaceen, Tamaricaceen, ferner bei *Cressa* (Convolvulaceen) und den Mangrovegattungen (VON FABER) *Aegiceras* (Myrsinaceen), *Avicennia* (Avicenniaceen), *Acanthus* (Acanthaceen); ja sogar *Aeluropus,* eine Gattung der Grammineen, bei welchen die Gutation sonst nur im Keimlingsalter auftritt, hat diesen Ausscheidungsmodus angenommen (KELLER, 2). RUHLAND, der die Salzausscheidung bei den Plumbaginaceen eingehend untersucht hat, bezeichnet diese Art der Rekretion treffend als „Absalzung‘‘.

Nach der physiologisch wichtigen Feststellung von RUHLAND leisten die Plumbaginaceendrüsen bei der Salzauscheidung keine Einengungsarbeit. Es gelingt, Blattstücke von *Statice Gmelini* auf Salzlösungen schwimmend Kochsalz ausscheiden zu lassen, und man findet dann, daß die abgesonderte Lösung dieselbe Konzentration aufweist wie die Mutterlösung, welche die Drüse speist.

e) Die Folgen mangelnder Rekretion.

Wenn die Halophyten Salzdrüsen besitzen, kann auf dem Wege der Rekretion das günstige gegenseitige Verhältnis der Aschenbestandteile bis zu einem gewissen Grade aufrechterhalten werden. Wenn aber keine Möglichkeit der Absalzung vorliegt, muß sich die Pflanze mit den aufgezwungenen Salzmengen, die den Stoffwechsel als Ballast beschweren, abfinden. Es handelt sich dabei aber nicht um eine inerte Masse, sondern um wirksame Ionen, die in doppelter Hinsicht störend in die Lebensvorgänge eingreifen. In erster Linie werden die osmotischen Verhältnisse verändert; es entstehen außerordentlich hohe osmotische Konzentrationen, die osmotischen Drucken bis über 100 at entsprechen. Man hat die Halophyten daher als osmophil bezeichnet. Nach den Messungen von BLUM können aber solche Werte auch bei Glykyphyten auftreten (Blätter von *Elaeis guinensis, Erytroxylon, Hydnocarpus, Mimusops* 116,6 at), so daß die Osmophilie allein nicht genügt, um die Halophyten zu charakterisieren. Ebenso wichtig erscheint daher die Störung des Ionenantagonismus, der durch einen disproportionalen Überschuß an gewissen Ionen herbeigeführt wird.

Es ist eines der interessantesten Ergebnisse der Halophytenforschung, einen Zusammenhang zwischen der Salzaufnahme und der Sukkulentenmorphologie der halophilen Pflanzen aufgedeckt zu haben.

Bei allen Pflanzen, die hohe Düngergaben von Alkalisalzen vertragen, kann Sukkulenz induziert werden. Nicht nur Halophyten, sondern auch typische Glykyphyten, wie *Linum, Pisum* und *Lepidium* (LESAGE) nehmen nach dem Prinzip des Exklusions-Unvermögens überschüssige Mengen löslicher Salze auf, wenn diese in zu hoher Konzentration geboten werden, und antworten mit gestaltlichen Veränderungen darauf. Am besten ist der Einfluß von Natriumchlorid untersucht. Er wird als morphogenetische Wirkung des Kochsalzes bezeichnet. Diese Definition der zu beschreibenden Morphogenesen ist jedoch zu eng gefaßt, da andere Salze im Überschuß ähnliche Veränderungen hervorrufen, die graduell allerdings verschieden ausfallen. Es kommt also für die auftretenden Effekte nicht nur auf die absolute Konzentration eines bestimmten Salzes, sondern auch auf das gegenseitige Verhältnis der verschiedenen Ionen zueinander an, worauf hier besonderes Gewicht gelegt werden soll.

Die Verschiebung des Salzgehaltes in der Pflanze nach der Seite hoher Natriumkonzentrationen äußert sich morphologisch auf folgende Weise: Zunahme der Zellgröße, Verkleinerung der Interzellularen, oft Verminderung des Chlorophyllgehaltes, Dickenzunahme der Blätter durch Verstärkung des Palisadengewebes, Verminderung des Längenwachstums und vor allem der Oberflächenentwicklung der Pflanzen. Beim Auftreten der zuletzt

angeführten morphologischen Merkmale spricht man von Sukkulenz. Sie kann zahlenmäßig durch den Quotienten Oberfläche in
cm²/Volumen in cm³ erfaßt werden (s. letzte Spalte von Tabelle 29).

In Abb. 88 ist die Sukkulenz des *Salicornia*-Versuches von
Tabelle 29 in Funktion des Kationenantagonismus eingetragen. Auf
den Einfluß der Anionen soll nicht eingetreten werden. Zur Darstellung ist das Konzentrationsdreieck Na, Ca, Mg verwendet
worden [1]. Die Summe der drei Ionenäquivalente von der Nährlösung wird
gleich 100 gesetzt und dann die Äqui-
valenzprozente der verschiedenen Ionen
ausgerechnet. Jedes Konzentrationsver-
hältnis der drei Antagonisten wird im
Dreieck als ein Punkt dargestellt. Durch
die Größe des eingetragenen Punktes
wird der Grad der Sukkulenz angedeutet. Man erkennt deutlich, wie mit
der Konzentrationsverschiebung des
Ionenverhältnisses nach der Natrium-
seite hin die Sukkulenz von *Salicornia*
auffallend zunimmt. Ob die Sukkulenz
primär durch die hohe Salzkonzentration oder durch den verschobenen
Ionenantagonismus verursacht wird, läßt sich zur Zeit nicht entscheiden.

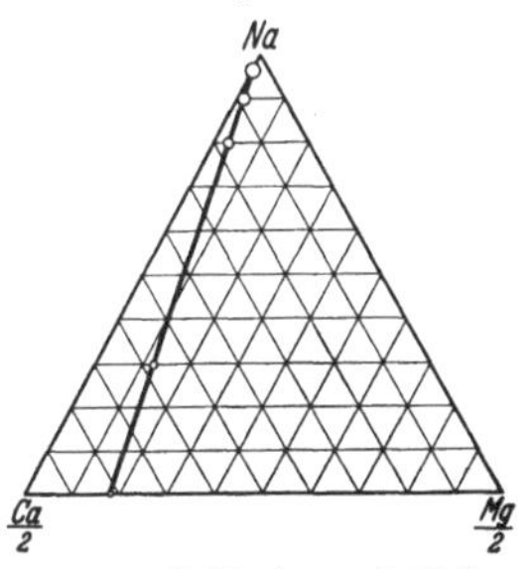

Abb. 88. Sukkulenz als Folge
des Vorwiegens von Kochsalz
in der Nährlösung von *Salicornia* (Versuch von KELLER, 1).
Zusammensetzung der Nähr-
lösung in Äquivalentprozen-
ten von Ca/2, Mg/2 und Na im
Konzentrationsdreieck dargestellt. Der Grad der Sukkulenz
ist durch die Größe der Punkte
angedeutet (s. Tabelle 29).

Halophyten, deren Mineralstoffwechsel dank ihres Absalzungs-
mechanismus von der Stoffaufnahme einigermaßen unabhängig
ist, zeigen im allgemeinen keine, oder nur wenig ausgeprägte
Sukkulentenstruktur (Plumbaginaceen, Tamaricaceen, Frankeniaceen). Wenn aber keine Rekretion möglich ist, nimmt die Pflanze,
aus ihrem Unvermögen, die Stoffaufnahme völlig zu beherrschen,
schließlich soviel Salze auf, daß Sukkulenz ausgelöst wird. Hieraus
folgt, daß die Sukkulenten in erster Linie nicht als Xerophyten
zu betrachten sind, wie dies früher geschah, sondern vielmehr zu
Recht als Halophyten bezeichnet werden. Man ist sogar schon
soweit gegangen, selbst die kaktiformen Wüstenpflanzen als
halisch bedingte Sukkulenten anzusprechen, denn die Wüstenböden

---

[1] Wenn man als 4. Antagonisten das Kalium berücksichtigen wollte,
müßte man ein Konzentrationstetraeder konstruieren (BOONE und BAAS-
BECKING; JACOBI und BAAS-BECKING).

sind oft sehr reich an löslichen Salzen, die infolge des Niederschlagmangels nicht ausgewaschen werden.

Nachdem erkannt worden ist, wie sich starke Verschiebungen des Salzgehaltes in der Pflanze in tiefgreifenden Veränderungen ihrer Morphologie äußern, kann man sich ein Bild machen, wie entsprechende Eingriffe in ihrer Gestaltung stattfinden müßten, wenn sämtliche Kalziumionen, die aus dem Boden aufgenommen werden, in den Geweben in Lösung blieben. Der tiefere Sinn der Rekretion muß daher als ein Regulationsmechanismus betrachtet werden, der extreme Verschiebungen der Salzkonzentration und des Ionengleichgewichtes verhindert. Gewisse Pflanzen, wie die sukkulenten Halophyten, sind allerdings gegenüber einer großen Variationsbreite dieses Gleichgewichtes unempfindlich, da ihnen eine große physiologische und morphologische Plastizität zukommt, so daß sie der Rekretion entraten können. Die meisten Pflanzen können aber nur richtig gedeihen, wenn sich Mineralstoffgehalt und Ionenbilanz innerhalb bestimmter Grenzen bewegen, und für sie ist die Rekretion daher eine Lebensfrage.

C. Physiologische Anatomie der Rekretionsstätten.

Im vorausgehenden Kapitel ist gezeigt worden, wie die Ausscheidung überflüssiger Mineralstoffe ein lebensnotwendiger Prozeß ist. Es ist daher besonders reizvoll zu verfolgen, wie die Pflanze die gestellte Aufgabe im Rahmen ihrer Organisation löst. Die Wege, die ihr dabei zur Verfügung stehen, nämlich Entwässerung, Fällung und Gutation, haben wir bereits kennengelernt; es bleibt aber noch zu untersuchen, wo die festen, innerhalb der Pflanze entstandenen Rekrete abgelagert werden.

1. Die Rekretionsstätten.

a) Lokalisation der Rekrete innerhalb der Pflanze.

Diffuse Ablagerung innerhalb der Zellwand. Wenn bei der kutikularen Transpiration Wasser durch die Epidermis verdunstet, müssen alle eventuell im Wasser gelösten Bestandteile in der Zellwand zurückbleiben und diese „inkrustieren". Auf diese Weise kann man sich am einfachsten eine Vorstellung von der sehr häufig auftretenden Mineralisation der Hautgewebe machen. Man wird diese physikalisch-chemische Erklärungsweise ihrer Einfachheit wegen hinnehmen, solange sich keine Widersprüche geltend machen, obschon die Möglichkeit nicht ausgeschlossen werden kann, daß das Protoplasma aktiv Mineralstoffe in die Außenwände der Epidermis hinausbefördert.

Die gleichmäßige Einlagerung von Aschensubstanzen in die Zellwand ist als diffuse Ablagerung bezeichnet worden (s. S. 188). Es handelt sich dabei vornehmlich um Kalk- und Kieselsäureeinlagerungen in die Hautgewebe. Gewöhnlich nimmt die Mineralisation der betreffenden Zellhäute mit dem Alter der Gewebe zu.

Diskrete Ablagerung in der Zellwand. Leicht kristallisierende Rekrete, wie das Kalziumoxalat, werden in Form von Kriställchen in der Zellwand ausgeschieden. Solche Kristalleinlagerungen sind namentlich bei den Gymnospermen (SOLMS-LAUBACH) aus dem Phloem der Taxaceen, Cupressineen, Taxodineen und Gnetaceen (*Ephedra, Welwitschia*) bekannt, während sie bei den *Abietineen* fehlen. Oft findet die Einlagerung in die Wände parenchymatischer Zellen statt (z. B. *Taxus*), auffallender sind jedoch die Fälle, wo die sog. Spikularfasern, das sind verzweigte Sklerenchymzellen der Rinde, in ihren äußersten Schichten mit Kriställchen von Kalziumoxalat wie bepflastert sind (z. B. *Araucaria brasiliensis*). Relativ selten sind solche Zellwandeinschlüsse bei den Angiospermen; KOHL (4) erwähnt sie in der Epidermisaußenwand der Gattungen *Dracaena, Mesembryanthemum, Sempervivum*, in den Steinzellen von *Loranthus* und den Spikularzellen der Magnolien-Unterfamilie *Schizandreae*. Besonderes Interesse beanspruchen die Kristalleinlagerungen in den Wänden der verzweigten Trichome, die in die großen interzellularen Luftkanäle der Seerosengattungen *Nymphaea* und *Nuphar* hineinragen (Abb. 89a). Im polarisierten Lichte leuchten sie wie mit Brillanten eingelegte Schmuckstücke auf. Die Kriställchen werden in die primäre Zellwand eingelagert und durch die Anlagerung der sekundären Verdickungsschicht in kleine Taschen eingeschlossen (Abb. 89a'), die nach außen gedrängt werden. Oft treten die Kriställchen nicht nur in der Membran der Haare, sondern auch in den Außenwänden der die Luftkanäle begrenzenden Parenchymzellen auf.

Der Mechanismus dieser Art der Rekretion ist nicht ohne weiteres verständlich. Beide Ionen des Reaktionsproduktes Kalziumoxalat müssen getrennt in die Membran hinauswandern und dort miteinander reagieren. Um eine vorzeitige Vereinigung zu vereiteln, muß daher das Protoplasma eingreifen und die beiden Ionen unabhängig voneinander aktiv in die Zellwand hinausbefördern.

Fehlende Lokalisation. Während bei der Mineralisation der
Zellwände stets gewisse Wandpartien (Epidermisaußenwand) oder
Gewebelemente (Haare, Sklerenchymzellen) bevorzugt werden,
kommt im allgemeinsten Falle der Ablagerung von Kalziumoxalat
in den Zellen keine Lokalisation zustande, sondern die Kristalle
sind regelmäßig über das ganze Gewebe verteilt. Jede Zelle
enthält Kristallindividuen, wie z. B. in den Zwiebelschalen der
Allium-Arten (Abb. 101), im Wassergewebe von *Rhoeo discolor*, der

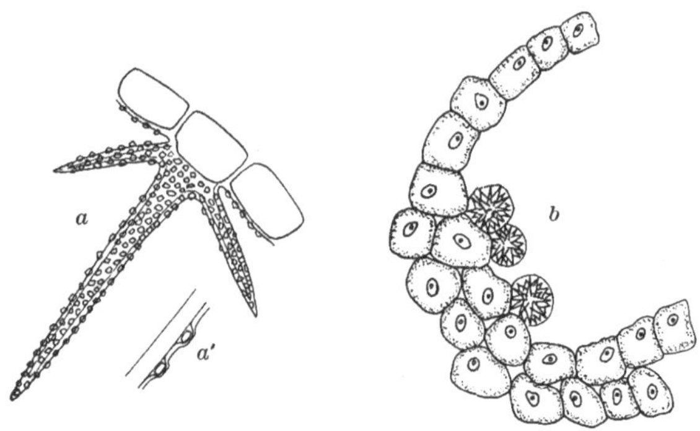

Abb. 89. Ausscheidung von Kalziumoxalat-Monohydrat in den Luftgängen phanero-
gamer Wasserpflanzen. a) Kristalltrichom von *Nymphaea alba*, a' zeigt, daß die
Kriställchen nicht auf, sondern in der Membran liegen. b) Kristallzellen in den
Luftgängen von *Myriophyllum verticillatum*.

Hypodermis von *Melocactus* (SOLEREDER, 4) oder dem Grundgewebe
des Halmknoten von *Triticum* (FREY, 3). Diese Art der Kristall-
ausscheidung ohne jegliche Lokalisationstendenz kann leicht auf
physikalisch-chemischem Wege verstanden werden. In dem Maße,
wie in den einzelnen Zellen Oxalationen entstehen, können vorhandene Kalziumionen niedergeschlagen werden. Man erhält den Eindruck, daß die Kristallisation ohne aktives Eingreifen des Protoplasmas erfolgt. Es ist bezeichnend, daß die Ausscheidung ohne
Lokalisation in Geweben mit geringer Lebenstätigkeit und passiven
Funktionen auftritt, denn man trifft sie vornehmlich in den Haut-
und Wasserspeichergeweben. Nach WESTERMAIER und HABER-
LANDT (1) ist die Epidermis vielfach ebenfalls zum Wasserspeichergewebe zu zählen, was durch die osmotischen Messungen von
URSPRUNG und BLUM (1) bestätigt wird. Da unter diesen Umständen die Oxalatfällung in wasserreichen Zellen mit niedrigen
osmotischen Werten erfolgt, scheidet sich meistens Kalziumoxalat-
Trihydrat aus.

Lokalisation an der Gewebegrenze. Wenn von zwei benachbarten Geweben das eine Kalziumionen führt, das andere dagegen Oxalationen produziert, ist an der Gewebegrenze eine Fällungszone zu erwarten. Solche Verhältnisse trifft man in den Gefäßbündelscheiden. Oft treten den Blattnerven entlang ganze Reihen von

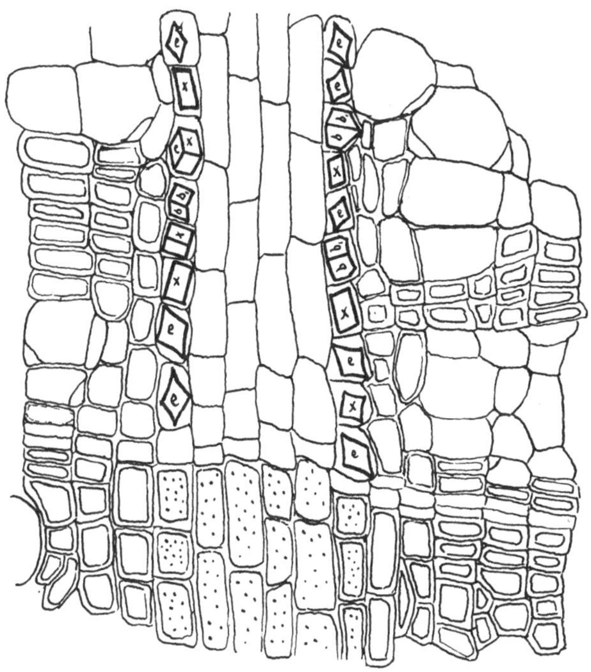

Abb. 90. Lokalisation des Kalziumoxalates an der Gewebegrenze zwischen Phloem und Markstrahl im Stengel von *Vitis vinifera.* Kristallflächenbezeichnung s. Abb. 61.

Kristallzellen auf *(Tilia)* (JACCARD, 2), oder die Gefäßbündel sind wie mit Oxalatkristallen bepflastert *(Strychnos nux vomica).* Da die Kalziumionen durch die Leitbündel ins Blatt gelangen, im Assimilationsgewebe dagegen Oxalationen entstehen, wird das Auftreten dieser Kristallscheiden verständlich.

Ähnlich liegen die Verhältnisse an der Grenze zwischen Phloem und Markstrahl in der sekundären Rinde. Bei *Vitis vinifera* sind die Markstrahlen im Bastteile beidseitig lückenlos mit Monohydratkristallen tapeziert (Abb. 90), und in den nach außen verbreiterten Markstrahlen von *Tilia* findet man entsprechende Verhältnisse

(Abb. 98). Oft fallen die Kristalle nicht nur an der Grenze Markstrahl/Phloem, sondern auch längs der äußeren Umgrenzung des Phloems beim Kontakte mit der primären Rinde in guirlandenähnlichen Reihen im Rindenparenchym auf (Abb. 91). Charakteristisch für die Lokalisation längs Gewebegrenzen ist das Auftreten einer einzigen Zellreihe, die als Ablagerungsstätte dient. Es handelt sich dabei immer um Parenchymzellen (Phloem-, Markstrahl- oder Rindenparenchym), also um lebende Zellen, die gewissermaßen geopfert werden, denn ihr Plasmainhalt wird entsprechend dem Wachstum der Kristalle verdrängt, bis er ganz verschwindet.

Wenn man diesen Ausscheidungsmodus näher betrachtet, kommt man zum Schlusse, daß die Pflanze der Bildung von Kalziumoxalat scheinbar ziemlich machtlos

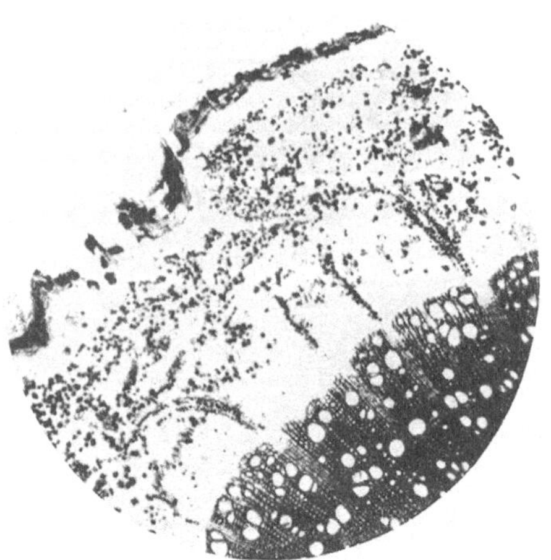

Abb. 91. Lokalisation des Kalziumoxalates (schwarze Punkte in der Rinde) an der Phloemgrenze und in der primären Rinde bei *Hedera Helix*.

gegenübersteht. Wo die beiden Ionen sich begegnen, fällt dieses unlösliche, „kristallisationssüchtige" Salz aus und die Gewebe müssen sich mit dem Ballast, der sich in ihren Zellen anhäuft, abfinden. Es wurde wahrscheinlich gemacht, daß die Pflanze auf diese Weise vor unerwünschten Verschiebungen der Salzbilanz in ihren lebenden Geweben geschützt wird; aber andererseits gehen zahlreiche Zellen infolge der Ablagerung zugrunde.

Die Ausscheidung bei fehlender Lokalisation und bei Lokalisation an der Gewebegrenze kann somit als physikalisch-chemischer Prozeß aufgefaßt werden, der sich überall abspielt, wo gerade die Kristallisationsbedingungen für das Kalziumoxalat gegeben sind, ganz unbekümmert um das Leben der Zellen und die Funktion der Gewebe, in denen die Ablagerung stattfindet.

Lokalisation in Idioblasten. Völlig anders gestalten sich dagegen die Verhältnisse, wo die störenden Ausscheidungen in Zellen lokalisiert werden, die sich durch ihre besondere Form auszeichnen und daher Idioblasten genannt werden [Raphidenzellen (Abb. 99), Kristallidioblasten (Abb. 92)]. In diesen Fällen liegt eine aktive Lokalisation durch die Pflanze vor.

Auch wenn man annimmt, daß die ausfallenden Ionen infolge des durch die Kristallisation entstandenen Diffusionsgefälles selbständig in die Idioblasten wandern, muß zugegeben werden, daß die erste Ausscheidung in den Idioblasten aktiv durch das Protoplasma erfolgt ist, denn die Kristallisation müßte eigentlich in allen Zellen die Oxalationen produzieren, stattfinden. Das lebende Protoplasma greift hier also regulierend ein, verhindert das Ausfallen in den Zellen, die funktionstüchtig bleiben sollen, und scheidet das unlösliche Salz in besonderen Behältern aus. Es ist bezeichnend, daß hierbei nie Trihydrat, sondern immer Monohydrat auftritt. Offenbar werden Übersättigungszustände, die eine Hauptbedingung für die Bildung von Trihydrad sind (s. Tabelle 22), vermieden.

KOHLSCHÜTTER und MARTI (1) vertreten entgegen der Auffassung, das Leben greife bei der Ausscheidung aktiv ein, die Ansicht, man könne die Kristallbildung in den Idioblasten ebensogut physikalisch-chemisch verstehen. Nach dem Häufungsgesetz der Kristallkeimbildung ist die Wahrscheinlichkeit, daß ein Kristallisationszentrum entsteht, unter übrigens gleichen Umständen in einer großen Zelle (Abb. 92a) größer als in einer kleinen. Die Idioblasten wären daher gewissermaßen dazu prädestiniert, daß in ihnen zuerst ein Kristallkeim auftritt, und dann würde, wie erwähnt, die Diffusion von allen Seiten gegen diese Kristallzelle hin einsetzen. Derartige Vorgänge mögen vorkommen, wenn in Parenchymen mit gleichartigen Zellen (Mark, primäre Rinde) Kristallbildung eintritt. Man stellt dann fest, daß die Kristallzellen ungefähr nach dem Gesetze des Zufalls über das Grundgewebe verteilt sind, und daß im allgemeinen die Nachbarzellen der Ausscheidungszentren kristallfrei bleiben.

Aber auf die Idioblasten darf man diese Überlegungen nicht anwenden, denn es gibt Kristallidioblasten, die kleiner sind als die umliegenden Parenchymzellen, wie z. B. im Mark von *Kerria japonica* (Abb. 92b). Nach dem Häufungsgesetz müßten daher die ersten Kristallkeime wahrscheinlicher in den großen Parenchymzellen auftreten. Aber gerade diese Zellen bleiben kristallfrei, während das Kalziumoxalat in winzig kleinen Zellen zur Abscheidung gebracht wird. Dieses Beispiel zeigt, wie der physikalisch-chemischen

Betrachtungsweise in der Physiologie i h r e G r e n z e n g e s t e c k t
sind. Es ist die Pflicht des Physiologen, soweit wie möglich physikalisch-chemische Phänomene zur Erklärung der Lebensvorgänge
heranzuziehen, aber ebensosehr ist es seine Aufgabe, die Grenzen
zu erkennen, wo wir mit den bekannten physikalisch-chemischen
Gesetzen nicht mehr auskommen, und das Leben seine eigenen, uns
noch unbekannten Wege geht. Hier liegt typisch ein solcher Grenz-
fall vor. Schon die morphologische Differenzierung der Idioblasten

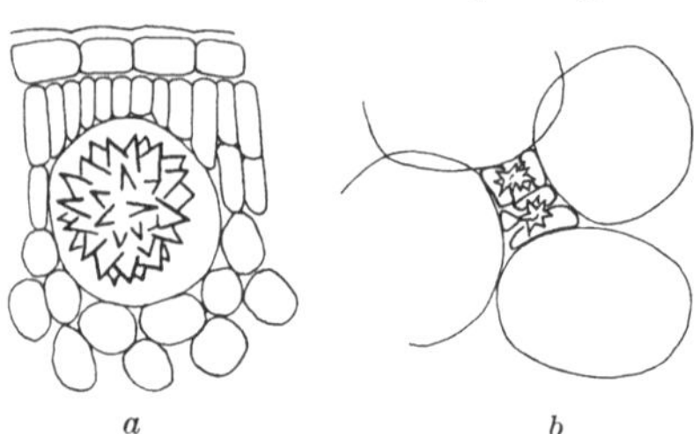

Abb. 92. Kristallidioblasten mit Kalziumoxalat-Monohydrat. a) Im Blatte von *Rumex
obtusifolia*, Idioblast groß. b) Im Marke von
Kerria japonica, Idioblasten klein mit
fixierten Kristalldrusen.

deutet darauf hin, daß ihnen
besondere Funktionen zukommen werden, und es ist dann
weiter nicht erstaunlich, daß
die Kalzium- und Oxalationen
außerhalb dieser Zellen in
Lösung bleiben und die Ausscheidung ausschließlich in
den Idioblasten erfolgt. Die
Kristallidioblasten dürfen daher als R e k r e t i o n s o r g a n e
bezeichnet werden.

Nicht nur in den Parenchymen, sondern auch in der sekundären Rinde
werden besondere Zellen für die Aufnahme der Kristallausscheidungen
präformiert. Sie sind unter dem Namen „Kristallkammerfasern" bekannt.
Sie entstehen durch Kammerung aus Kambiuminitialen. Zuerst erscheinen
die Teilungswände und dann werden die Kristalle sichtbar. Die Initialen
der Kristallzellreihen besitzen kein Spitzenwachstum; ihre Abkömmlinge
tragen daher die Bezeichnung „Fasern" eigentlich zu Unrecht.

Lokalisation in abgestorbenen Gewebeelementen. Wenn es die
Pflanze gewissermaßen in der Hand hat, die Ausscheidungen von
Kalziumoxalat in bestimmten Zellen zu lokalisieren, werden auch
jene Fälle verständlich, wo die Absonderung in toten sklerenchy-
matischen Gewebeelementen erfolgt. Die Rekrete müssen dann in
gelöster Form bis in die betreffenden Zellen geschafft und dort
zur Ausscheidung gebracht werden.

Als einfachste Form dieser Ausscheidungsweise trifft man hin
und wieder Steinzellen, deren ehemaliges Lumen von einem
Kalziumoxalatkristall erfüllt ist. Abb. 93 zeigt Sklereiden im
Phloem von *Paulownia,* die wohl ausgebildete Formen von Kalziumoxalat-Monohydrat enthalten. Mathou beschreibt ähnliche Fälle.
Offenbar sind hierher auch jene Fälle zu rechnen, wo, wie dies für
die Spikularzellen der Gymnospermen beschrieben worden ist,

Kalziumoxalat in der Zellwand zur Ablagerung gebracht wird. Oft erfolgt die Ausscheidung, wie besonders in der Nachbarschaft von Perizyklusfasern beobachtet werden kann, in Parenchymzellen, die einseitig an Sklerenchymfasern grenzen, und dadurch in ihrem Stoffaustauch behindert sind.

Durch das häufige Auftreten von Oxalatkristallen in oder bei Sklerenchymzellen wird eine Beziehung zwischen Oxalatausscheidung und Verholzung vorgetäuscht, und KOHL (3) hat auf Grund dieser Beobachtungstatsache eine besondere Theorie der Kalziumoxalatbildung aufgestellt. Nach ihm wandern die Kohlenhydrate in den pflanzlichen Geweben als Kalziumsalze, sog. Kalziumsaccharate. Überall, wo nun die Kohlenhydrate verbraucht werden, wie z. B. bei der Ausbildung von verdickten Zellwänden, muß daher nach KOHL viel Kalzium frei und in Form von Kalziumoxalat niedergelegt werden. Diese Theorie hat sich in der Pflanzenphysiologie nie Geltung verschaffen können, da es als unnötige Komplikation erscheint, die elektrisch annähernd neutralen Moleküle der löslichen Kohlenhydrate im Gleichgewicht mit Kationen wandern zu lassen. Hieran ändert auch die von KOHL gemacht Beobachtung nichts, daß Zuckerlösungen merkliche Mengen von Kalk aufnehmen, denn man hat keine Anhaltspunkte gefunden, daß dieser in vitro beobachtete Vorgang für die Physiologie der Stoffbewegung eine Rolle spiele.

Mit der Unhaltbarkeit der Kohlenhydratwanderungstheorie sind aber auch die von KOHL in durchaus richtiger Weise geschilderten Beziehungen

Abb. 93. Kristalle von Kalziumoxalat-Monohydrat in den Steinzellen des Phloems von *Paulownia tomentosa*. Kristallflächenbezeichnung siehe Abb. 61.

zwischen verholzten und kristallführenden Zellen in Vergessenheit geraten. Jedenfalls sind keine weiteren Versuche unternommen worden, eine Erklärung dafür zu finden. Nach unserer Meinung müssen diese Kristallvorkommnisse einfach als Rekrete aufgefaßt werden, die in Zellen mit verminderter oder völlig eingestellter Lebenstätigkeit abgelagert werden. Wenn den Protoplasten eines Gewebes die Fähigkeit zukommt, die Fällung des Kalziumoxalates in den Idioblasten zu lokalisieren, darf auch die Möglichkeit vorausgesetzt werden, die Rekrete in vom aktiven Stoffwechsel abgelegene Zellen zu schaffen. Oft gelangen sogar größere Mengen von Rekreten in funktionslos gewordenen Gefäßen des sekundären Holzes zur Ablagerung. Und zwar handelt es sich dabei nicht nur um Kalziumoxalat, wie z. B. in den Gefäßen des Teakholzes *(Tectona grandis)*, sondern ebenso oft um Kalziumkarbonat (MOLISCH, 2) *(Ulmus, Celtis, Sorbus, Pirus, Fagus, Acer* usw.). Man könnte diese Art der Ausscheidung als Rekretion in „toten Winkeln" der Gewebe bezeichnen.

Einkapselung der Oxalatkristalle. Für die richtige Beurteilung der physiologischen Bedeutung der Kalziumoxalatausscheidungen erscheinen die vielen Fälle, wo die Kristalle von intrazellulären Häuten überzogen werden, besonders wichtig. Gewöhnlich bemerkt man deren Gegenwart erst, wenn man die Kristalle auflösen will und auf einen unvermuteten Lösungswiderstand stößt *(Iris)*; oft aber sind die Ausscheidungen von leicht sichtbaren Membranen umgeben, die alle Reaktionen der Zellulose zeigen (Chlorzinkjod, Kongorot, Doppelbrechung usw.). Am auffallendsten sind solche Bildungen, wenn Kristalldrusen umhäutet werden, weil dann Verstrebungen gebildet werden, die die eingekapselten Kristallaggregate fest mit der Zellwand verbinden (ROSANOWsche Drusen, siehe Abb. 92 b und 94). Dadurch wird verhindert, daß diese Rekrete lose in der Zelle liegen. Die häufige Einkapselung der Oxalatkristalle weist deutlich darauf hin, daß sie endgültig vom Stoffwechsel des übrigen Gewebes ferngehalten werden sollen. Die Bildung der ROSANOWschen Kristalle, wobei vom pflanzlichen Organismus ausgestoßene Mineralstoffe inmitten der lebenden Gewebe lösungssicher abgekapselt werden, stellt eine der vollkommensten Arten der Rekretion dar.

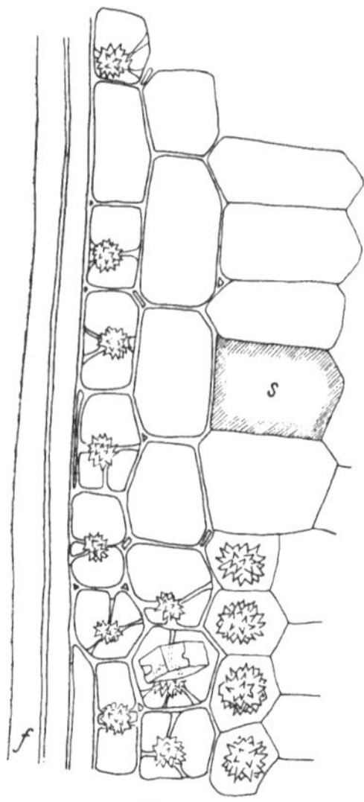

Abb. 94.
ROSANOWsche Kristalle im primären Phloem von *Tilia*. Tangentialschnitt. Phloemparenchymzellen doppelt konturiert mit befestigten Oxalatdrusen. Markparenchym einfach konturiert mit frei liegenden Oxalatdrusen. *f* Faser, *s* Schleimzelle.

Zusammenfassung der anatomischen Befunde. Die Bildung der Niederschlagsrekrete (Kalziumoxalat) erfolgt ursprünglich gewissermaßen zufällig, wo die beiden miteinander reagierenden Ionen in der Pflanze zusammentreffen. Die Niederschlagsbildung wird nicht verhindert, weil offenbar die Entfernung gewisser Mengen Kalziumionen aus dem Ionengleichgewicht in der Pflanze erwünscht ist. In Geweben mit mehr passiver Funktion (Haut-, Wasserspeichergewebe) entsteht in jeder Zelle ein Kristall (fehlende Lokalisation). In Geweben, wo aktives Leben herrscht, werden die Rekrete dagegen in gewissen Zellen lokalisiert, die oft morphologisch ausgezeichnet und vorgebildet sind. Hier zeigt sich, daß das lebende Protoplasma die Fällungsreaktion meistert und in gewisse Bahnen lenkt. Es handelt sich um eine aktive Rekretion, die in der Einkapselung der abgelagerten Ausscheidungen ihren Höhepunkt erreicht.

b) Abstoßung der Rekrete nach außen.

Unter den verschiedenen Rekretionsvorgängen ist die Gutation erwähnt worden. Man könnte vermuten, daß dieser Weg der völligen Beseitigung der Rekrete nach außen von der Pflanze häufig beschritten werde; auffallenderweise ist dies aber, außer bei den absalzenden Halophyten, nicht der Fall. Einer kontinuierlichen Ausscheidung gelöster Salze, wie sie vielleicht den Wasserpflanzen zukommt, steht der häufige Wassermangel und der sorgfältige Abschluß der Landpflanzen gegenüber der Umwelt im Wege. Die Rekretion geschieht daher fast ausschließlich auf dem Wege der Fällung oder der Entwässerung. Es ist gezeigt worden, wie diese Vorgänge nach physikalisch-chemischen Gesetzen einsetzen, daß aber die Pflanze diesem Geschehen nicht machtlos gegenübersteht, sondern die Ablagerungen oft zu lokalisieren beginnt und somit die Lage beherrscht. Dies zeigt sich besonders deutlich, wenn die Pflanze die überschüssigen Aschenbestandteile, deren sie sich entledigen muß, in Organen oder Geweben anhäuft, die abgestoßen werden.

Laubfall. Bekannt ist die relative Anreicherung der entbehrlichen Aschenstoffe in den Blättern vor dem Laubfall (COMBES, 1, 2). Die lebenswichtigen Elemente N, P und K wandern aus dem Blatte aus; S, Mg und Na lassen während der Vergilbung keine Gesetzmäßigkeit ihrer Wandertendenz erkennen, indem sie je nach der untersuchten Pflanzenart in den absterbenden Blättern bald ab- und bald zunehmen. Die im Überschusse aufgenommenen Elemente Ca und Si häufen sich dagegen im allgemeinen in den vergilbenden Blättern an (SWART). Es handelt sich dabei allerdings vielfach nicht um eine absolute Zunahme von Kalzium und Kieselsäure in den Blättern. ECHEVIN hat gezeigt, daß oft eine Zunahme des Kalzium vorgetäuscht wird, wenn man die Analyse auf das Trockengewicht der Blätter bezieht, während die absolute Menge Kalzium in

absterbenden Blättern, bezogen auf gleiche Oberflächen, etwas abnimmt, so daß also ein Teil des Ca mit den lebenswichtigen Aschenbestandteilen aus dem vergilbenden Blatte auswandert. Aber
relativ wandert stets weniger Kalzium aus als z. B. Kalium. Wenn
also im lebenden Blatte ein bestimmter Quotient $K : \frac{1}{2} Ca$ vorhanden ist, so wird dieser während der herbstlichen Verfärbung
nach der Seite des Kalziums verschoben.

Tabelle 32.
Veränderung des Quotienten $K : \frac{1}{2} Ca$ bei der Blattvergilbung.
(Nach den von ECHEVIN zusammengestellten Analysen berechnet.)

$K : \frac{1}{2} Ca$	Grüne Blätter (Juli/Sept.)	Vergilbte Blätter (Okt./Nov.)
Fagus (ZÖLLER).	1 : 4,2	1 : 11,8
Fagus (RISSMÜLLER)	1 : 4,0	1 : 11,9
Platanus (TÜCKER und TOLLENS).	1 : 4,6	1 : 17,2
Aesculus (ANDRÉ)	1 : 4,9	1 : 6,3
Aesculus (ANDRÉ)	1 : 3,1	1 : 5,1
Larix decidua (BAUER)	1 : 2,6	1 : 3,1
Evonymus japonicus (STAHL und ZÄPFEL) . .	1 : 11,4	1 : 18,5

Immergrüne Bäume verhalten sich, wie folgendes Beispiel
der Ölpalme *(Elaeis guinensis)* zeigt, grundsätzlich gleich wie die
laubabwerfenden. Die funktionslos gewordenen Palmwedel ver-
dorren und bleiben bei *Elaeis* am Stamme hängen.

Tabelle 33. Aschenzusammensetzung der Palmblätter von *Elaeis
guinensis* (Ostküste von Sumatra).

	% der Reinasche					Ionenäquivalente				
	K_2O	CaO	MgO	P_2O_5	SiO_2	K	$\frac{1}{2}$ Ca	$\frac{1}{2}$ Mg	$\frac{1}{3}$ PO$_4$	HSiO$_3$
Grüne Blätter . .	1,4	2,4	0,10	1,8	93,8	1	2,8	0,16	2,6	52,2
Verdorrte Blätter .	0,9	1,8	0,06	0,6	96,1	1	3,2	0,15	1,3	**83,9**

Es findet also beim Laubfalle der gleiche Vorgang statt wie bei
der Stoffaufnahme. Sowohl bei der Migration aus dem Boden in
die Pflanze und von den Wurzeln bis in die Blätter als auch bei
der Auswanderung aus den absterbenden Blättern wird das
Kalium gegenüber dem Kalzium begünstigt. Dadurch, daß das
abfallende Blatt einen engeren Quotienten $K : \frac{1}{2} Ca$ besitzt als
das lebende, verschiebt sich die Ionenbilanz der ganzen Pflanze
zugunsten des Kaliums. Inwiefern dabei auch der Ionenantagonismus verschoben wird, läßt sich schwer beurteilen, da das Kalzium
zum größten Teil in unlöslicher Form (Kalziumpektat und Kalziumoxalat) in den Blättern niedergelegt (Azo) und daher dem

antagonistischen Spiele der Ionenwirkungen entzogen ist. Jedenfalls verliert die Pflanze, am Kalium gemessen, beim Laubfalle beträchtliche Mengen Kalzium. Ähnlich liegen die Verhältnisse beim Sulfation. Nach ECHEVIN ist bei der herbstlichen Entleerung der Blätter im Gegensatz zu N und P fast keine Wanderung des S festzustellen; es findet ein Abbau der organischen Schwefelverbindungen und eine Oxydation zu Sulfationen statt, die dann im Blatte verbleiben. Die Pflanze entledigt sich somit beim Laubwechsel einer verhältnismäßig großen Menge der kolloidaktiven zweiwertigen Ionen Ca und SO_4, die endgültig aus dem Pflanzenkörper ausgestoßen werden. Ob das Bedürfnis einer solchen Rekretionsweise mit eine der primären Ursachen des Laubwechsels ist, oder ob es sich bloß um eine zufällige Begleiterscheinung handelt, läßt sich schwer entscheiden.

Der Laubabwurf ist verschiedentlich als ein Mittel zur Entmineralisierung der Pflanzen gedeutet worden, doch läßt sich das Problem der Periodizität der Laubbäume offenbar nicht auf so einfache Weise lösen. Es muß jedoch darauf verzichtet werden, hier den verwickelten Fragenkomplex des Periodizitätsproblems aufzurollen. Wir beschränken uns darauf, die Tatsache zu registrieren, daß im allgemeinen mit zunehmendem Alter der Aschengehalt der Blätter ansteigt.

Den bekannten Aschenanalysen von Blättern einheimischer Bäume (RISSMÜLLER, DULK) während der Vegetationsperiode (z. B. bei *Fagus silvatica* 4,7% reine Asche, bezogen auf die Trockensubstanz im Mai, und 11,4% im September) seien folgende Aschenbestimmungen der Blätter von tropischen Bäumen zugefügt.

Tabelle 34. Veränderung des Aschengehaltes der Blätter tropischer laubwechselnder Bäume während ihrer Lebensdauer (Ostküste von Sumatra).

Blätter	Asche in % vom Trockengewicht		Aschengehalt je g Blattgewicht	Aschengehalt je dm² Blattoberfläche
	Blattspreite	Hauptnerv	mg/g	mg/dm²
Hevea brasiliensis (Kautschukbaum)				
ausgewachsen ($2^1/_2$ Wochen alt). . .	5,41	5,24	54,1	12,3
vor dem Laubfall (11 Monate alt) .	6,06	5,02	60,6	31,7
abgefallen	6,49	4,89	64,9	37,2
Tectona grandis (Teakholz)				
ausgewachsene Blätter (3 Wochen alt)	8,01	11,91	80,1	46,5
vor dem Laubfall (10 Monate alt) .	18,39	7,18	183,9	139,3
abgefallen	20,48	6,32	208,4	259,4

Hevea und *Tectona* sind tropische Bäume, die „wintern"; d. h. zu einer bestimmten Jahreszeit verlieren sie alle ihre Blätter auf einmal, wie unsere einheimischen Laubbäume im Herbst, und ergrünen dann nach einer kürzeren oder längeren Ruheperiode (1 Woche bis 2 Monate, je nach den klimatischen Verhältnissen) wieder vollständig. Bei ihrem Laubfall nimmt der Aschengehalt nicht nur relativ bezogen auf das Trockengewicht zu, sondern er steigt auch absolut, bezogen auf gleiche Blattoberflächen, unerwartet stark an. Der mediane Hauptnerv der Blätter ist weniger mineralisiert als die Blattspreite, und sein relativer Aschengehalt geht vor dem Blattfalle etwas zurück.

Wenn man bedenkt, wieviele dm² Blattfläche ein laubwechselnder Baum auf einmal abstößt, kommt man namentlich bei mineralstoffreichen Blättern zu einer erheblichen Aschenmenge, die vom Baume alljährlich abgeschoben wird. Man darf daher wohl mit MOLISCH (6) die fortgesetzte Steigerung des Aschengehaltes als eine Mitursache des Todes der Blätter betrachten. Man mag sich zu dieser Anschauung stellen wie man will, jedenfalls muß man zugeben, daß der Pflanze im Laubfalle eine besondere Art der Rekretion zur Verfügung steht, deren sie sich im Sinne ihrer arteigenen Mineralstoffbilanz in ausgiebiger Weise bedient, um überschüssige Aschenbestandteile nach außen abzuscheiden.

Abstoßung der Rinde. Noch deutlicher als beim Laubfalle kann man bei der Abstoßung der Rinde feststellen, wie bestimmte Aschenbestandteile durch die Borkenbildung nach außen abgeschoben werden. Bevor die Peridermbildung in der primären Rinde oder im Phloem einsetzt, um die äußeren, infolge des Dickenwachstums zu eng gewordenen Rindenpartien abzutrennen, werden die dem Untergange geweihten Zellen vielfach mit Kalziumoxalat angefüllt, so daß bei der Aschenanalyse ein ganz auffallendes Vorherrschen des Kalziums gegenüber den anderen Mineralbestandteilen festgestellt wird (WOLFF, 1):

Tabelle 35. Eichenrinde.

Reinasche	K	Na	$\frac{1}{2}$ Ca	$\frac{1}{2}$ Mg	$\frac{1}{3}$ Fe	$\frac{1}{3}$ PO$_4$	$\frac{1}{2}$ SO$_4$	HSiO$_3$	Cl
7,2 %	1	0,11	**35,8**	0,64	0,12	0,18	0,07	0,10	—

Bezogen auf die Trockensubstanz enthält die abschilfernde Borke weniger Asche als stark mineralisierte Blätter beim Laubfalle; aber diese Asche besteht fast ausschließlich aus CaO (92,8 % der Reinasche). Auf ein Äquivalent K sind 36 äquivalente Ca vorhanden! Bekannt sind die mineralstoffreichen Rinden von *Quillaja* und *Guajacum* (s. Abb. 61 c) die etwa 20 % Kalziumoxalat

enthalten. In auffallender Weise äußert sich der große Mineralgehalt der Wurzelrinde von *Hevea brasiliensis* (HEUSSER, 2); bei
den tropischen Klimaverhältnissen vermodert die Wurzelborke
rasch, während die Kristalle von Kalziumoxalat erhalten bleiben,
so daß *Hevea*-Wurzeln infolge der auf ihrer Oberfläche freigelegten
Oxalatmassen manchmal ein eigentümliches kreidiges Aussehen
aufweisen, wenn man sie ausgräbt.

Bei der Borkenbildung ist man über die Ursachen der Abstoßung besser unterrichtet als beim Laubfalle, denn sie ist eine
notwendige Folge des Dickenwachstums
der Bäume. Sekundär wird aber auch
die Rindenabstoßung in den Dienst der
Rekretion gestellt, indem lebenswichtige
Elemente aus der Zone außerhalb des
sich bildenden Periderms zurückgezogen,
überschüssige Mineralstoffe (Ca) dagegen
darin angereichert werden.

Abstoßung der Samenschale. Einen
dritten Fall der Rekretion nach außen
stellt die Abwerfung der Samenschale
vor. Ein großer Teil der Mineralstoffe des
Samens befindet sich gewöhnlich in der

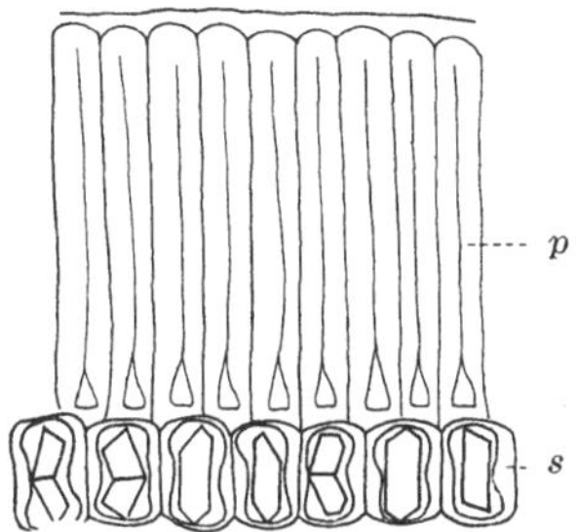

Abb. 95. Samenschale von
Phaseolus. p Palisadenschicht
oder Epidermis, *s* Sanduhrzellen, Kristallschicht oder
Hypodermis.

Samenschale. Häufig ist eine besondere Schicht der Samenhülle
mit kristallisierten Kalziumsalzen angefüllt, so daß sie als „Kristallschicht" bezeichnet wird (NETOLITZKY, 1). Gewöhnlich handelt es
sich um die Innenepidermis des Außenintegumentes (Abb. 96 d);
bei den Leguminosen enthalten jedoch die Sanduhrzellen unter der
äußeren Epidermis die Kristalle (Abb. 95). Nach der alten Theorie
von AÉ und KRAUSS könnte man diese Ablagerungen als mineralische Reservestoffe für die Keimung betrachten. Abgesehen
von extremen Fällen, wo der Keimling auf Kalkhunger gesetzt
wird, werden diese Kalziumvorräte aber nicht angegriffen, sondern
unbenützt mit der Samenschale abgestoßen. Sie müssen daher
viel eher als Rekrete betrachtet werden. Bei der Ausbildung der
Samen gelangt eine gewisse Menge von Kalziumionen mit den
aufzuspeichernden Reservestoffen in die Samenanlage und wird
dann als unnützer Ballast in einer der äußeren Schichten der
Samenschale niedergelegt. Vergleichend-anatomisch und phylogenetisch kommt dieser Kristallschicht eine große Bedeutung
zu, da sie bei fast allen Angiospermensamen auftritt, aber ihre

physiologische Aufgabe war bisher rätselhaft. Nach der hier vertretenen Ansicht kommt ihr die Bedeutung einer Rekretionsstätte zu.

Übersicht über die histologische Verteilung der Rekrete. In
Abb. 96 sind die festgestellten Tatsachen über die Verteilung der

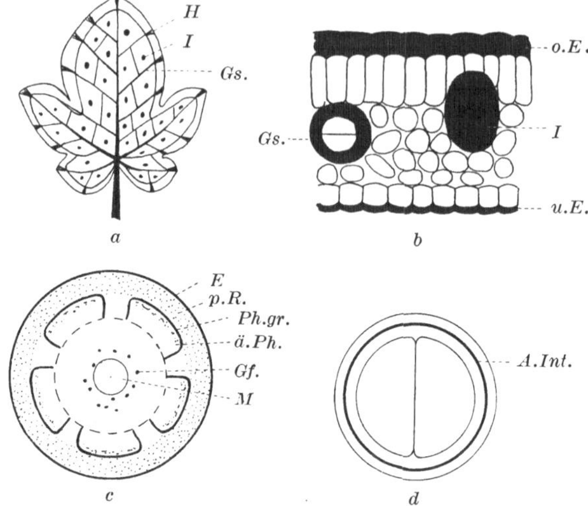

Abb. 96. Übersicht der Rekretionsstätten (schwarz). a) Blatt: *H* Hydathoden,
I Idioblasten, *Gs.* Gefäßbündelscheiden der Nerven. b) Blattquerschnitt: *o.E.*
obere Epidermis, *u.E.* Außenwand der unteren Epidermis; *I* Idioblast, *Gs.* Gefäß-
bündelscheide.   c) Stengelquerschnitt: *E* Epidermis, *p.R.* primäre Rinde,
Ph.gr. Phloemgrenze, *ä.Ph.* äußeres Phloem, *Gf.* Ausfüllung von funktionslos
gewordenen Gefäßen, *M* Mark. d) Samenquerschnitt: *A.Int.* Innenepidermis
des Außenintegumentes.

mineralischen Ablagerungen im Pflanzenkörper schematisch zusammengestellt.

Auf dem Querschnitt einer dikotylen Pflanze findet man vor
allem in den peripherischen Geweben eine Anhäufung von Mineralstoffen (Mineralisation der Epidermis, Ablagerung von Kalziumoxalat in der primären Rinde). Ferner können Kalziumsalze an
der Gewebegrenze von Markstrahl und Phloem, in den sog. Kristall-
fasern des Phloems, in funktionslos gewordenen Gefäßen und im
Markparenchym gefunden werden. Wie Abb. 96c zeigt bleibt
die lebenswichtige Kambialzone von mineralischen Ablagerungen
befreit; die Ausscheidungen werden zum Teil im Mark und im
inneren toten Xylem niedergelegt, zum anderen Teile aber durch
die Borkenbildung nach außen abgeschoben.

Die am stärksten mineralisierten Organe sind die Blätter (Abb. 96a, b). Ihre Hautgewebe verkieseln häufig mehr oder weniger stark, an der Grenze zwischen Leitungsbahnen und Assimilationsgewebe treten Niederschläge von Kalziumoxalat auf, und sehr oft werden besondere Idioblasten ausgebildet, um die Kalziumrekrete gewisser Gebiete aufzunehmen. All diese Ausscheidungen werden beim Laubfalle in toto abgeworfen.

Beim Samen zeichnet sich die Innenepidermis des Außenintegumentes als besondere Kristallschicht aus (Abb. 96d), die bei der Keimung mit der Samenschale als Keimrest abgestoßen wird.

Die Pflanze beschreitet somit bei der Ablagerung überschüssiger Aschenbestandteile zwei verschiedene Wege. Entweder werden sie in Gewebe geschafft, die nach und nach funktionslos werden, wie das Mark oder das ältere Xylem, oder sie werden in Organen (Blätter) und peripherischen Geweben (Borke, Samenschale) angereichert, die später abgeworfen werden. Die Rekretion nach außen besteht somit in einer Ausscheidung durch Abwurf ganzer Gewebe oder Organe.

2. Gegenseitige Stellvertretung verschiedener Rekrete.

a) Vikarisierendes Auftreten verschiedener Kalziumsalze.

Bei der Beurteilung der physiologischen Bedeutung der Kalziumoxalatausscheidungen wird vielfach nicht genügend berücksichtigt, daß das Oxalation, obzwar das häufigste, keineswegs das einzige Anion ist, das mit dem Kalziumion unlösliche Verbindungen eingeht. Die verschiedenen Kalksalze erfahren, unabhängig von ihrem anionischen Anteil bei der Ablagerung, im großen ganzen die gleiche Behandlung, indem die Ausscheidung stets in denselben Geweben und Gewebeelementen (Mark, primäre Rinde, Idioblasten, Gefäßbündelparenchym, funktionslose Gefäße, Hautgewebe, Samenschale usw.) erfolgt. Man kann daher sagen, daß die verschiedenen Kalziumsalze stellvertretend für einander auftreten. Von den meisten Familien wird das Oxalat bevorzugt, von anderen dagegen das Karbonat oder andere Kalziumsalze. So findet man bei den Tamaricaceen Gipskriställchen, die im Mark und Rindenparenchym abgelagert werden, und bei den Vitaceen treten vor der herbstlichen Vergilbung Kriställchen von Kalziumtartrat im Gefäßbündelparenchym der alternden Blätter auf. Auch bei der Karbonatablagerung werden die gewohnten Rekretionsstätten benützt; allerdings geschieht die Ausscheidung gewöhnlich in etwas anderer Form als bei der Oxalatniederlegung. In den Idioblasten werden besondere Membrangerüste vorgebildet, in die das Karbonat eingelagert wird (Zystolithen, Abb. 79). Die ROSANOWschen Kristalle (Abb. 94) bilden ein Gegenstück zu diesen intrazellulären Wandbildungen der Karbonatausscheidungen. Bei der Mineralisation der Hautgewebe wird das Karbonat bevorzugt; es kann aber auch durch Oxalat vertreten werden. Die Einlagerung des kohlensauren Kalkes geschieht diffus, diejenige des Oxalates dagegen gewöhnlich in Form diskreter Kriställchen. Es ist möglich, daß die besonderen Löslichkeitsverhältnisse des Karbonates (große Säureempfindlichkeit!) den Modus der diffusen Einlagerung in Zellwände oder besonders vorgebildete Zellulosegerüste notwendig machen. Bei der Ausscheidung in funktionslos gewordenen Gefäßen wird Kalziumkarbonat als massive Füllung mit Sphäritenstruktur, das Kalziumoxalat dagegen als individuelle Kristalle abgelagert.

Am auffallendsten äußert sich die Stellvertretung der verschiedenen Kalksalze in der Kristallschicht der Samenschale. In den meisten Familien ist die Innenepidermis des Außenintegumentes mit Oxalatkristallen gefüllt, und zwar auch bei Familien, die sonst als kalziumoxalatfrei gelten, wie die Papaveraceen, Resedaceen und Primulaceen. Bei den Euphorbiaceen, Borraginaceen und Rutaceen enthalten die entsprechenden Zellen der Samenschale dagegen Kalziumkarbonat. Der Gehalt an kohlensaurem Kalk ist manchmal so groß, daß die Samen aufschäumen, wenn man sie in angesäuertes Wasser wirft. Die Myristicaceen sollen in ihren Samen weder Oxalat noch Karbonat, sondern Kalziumtartrat beherbergen. Die Kristallschicht der Samenschale ist also offenbar eine im Laufe der Entwicklung phylogenetisch festgelegte Rekretionsstätte, in der das Kalzium in allen möglichen Verbindungen zur Abscheidung gelangt.

In Tabelle 36 sind eine ganze Reihe Pflanzenfamilien mit stellvertretenden Vorkommnissen der verschiedenen Kalziumsalze aufgezählt. Sie zeigt deutlich, daß das Gemeinsame dieser Ablagerungen das Kalziumion ist, während das veränderliche Anion nur sekundär für die Bildung unlöslicher Salze eine Rolle spielt. Es ist kaum anzunehmen, daß die Entfernung biochemisch so verschiedener Verbindungen wie Oxalat-, Karbonat-, Sulfat- und Tartrat-

Tabelle 36.
Stellvertretendes Vorkommen der verschiedenen Rekrete.

| Ort der Ablagerung | Kalziumsalze | | | Kieselsäure |
	$Ca[C_2O_4]$	$Ca[CO_3]$	$Ca[SO_4]$	$xSiO_2 \cdot yH_2O$
Zellwände der Hautgewebe	Nymphaeaceen	Campanulaceen	—	Equisetaceen u. a.
Mark- und Rindenparenchym	viele Familien	Cucurbitaceen	Tamaricaceen	Chrysobalaneen
Idioblasten	viele Familien	Moraceen Acanthaceen	$Ca[H_4C_4O_6]$ Vitaceen	Glumifloren
Gefäßbündelparenchym	viele Familien	—		Podostemonaceen
Deckzellen	Pandanaceen Pal-men { Sabal Chamae-dorea	—	—	Scitamineen Orchideen Palmen
Gefäße	Tectona grandis	Ulmaceen	—	Verbenaceen
Kristallschicht der Samenschale	Papaveraceen Resedaceen Primulaceen	Euphorbiaceen Borraginaceen Rutaceen	Myristicaceen	Commelinaceen Zingiberaceen Musaceen

ionen aus dem Stoffwechsel der tiefere Grund für diese Ausscheidung sei. Vielmehr müssen in erster Linie überschüssig vorhandene Kalziumionen, die mit irgendwelchen Anionen zu unlöslichen Verbindungen kombiniert werden, für ihre Entstehung verantwortlich gemacht werden.

Die Stellvertretung der verschiedenen Anionen ist somit ein erneuter Beweis dafür, daß es sich bei der Ausscheidung der Kalziumsalze vor allem um eine Elimination eines Kalziumüberschusses, also um einen Rekretionsvorgang handelt.

b) Vikarisierendes Auftreten von Kalziumsalzen und Kieselsäure.

Die Kieselspeicherpflanzen, die sich namentlich aus der Gruppe der Monokotyledonen rekrutieren, bevorzugen, wie aus Tabelle 36 hervorgeht, für die Ausscheidung der Kieselsäure im allgemeinen die gleichen Ablagerungsstätten, die bei der Niederlegung der Kalziumsalze Verwendung finden. Die Kieselkurzzellen der Gräserepidermis und die Kegelzellen der Cyperaceen können als Idioblasten angesprochen werden, und die Kieselausscheidungen der

Chrysobalaneen und der Podostemonaceen im Rinden- und Gefäßbündelparenchym unterscheiden sich nur dadurch von den entsprechenden Kalziumabsonderungen, daß die Zellen vollständig
vom Rekret ausgefüllt werden.

Wie gezeigt worden ist, kommen bei den Palmen, Orchideen
und Scitamineen (Zingiberaceen, Cannaceen, Musaceen, Marantaceen) an die Gefäßbündel anliegende Deckzellen vor (s. S. 191),
die je einen Kieselkörper von der in Abb. 81 c wiedergegebenen
charakteristischen Form enthalten. Man glaubte lange, daß die
Deckzellen oder Stegmata ein spezifisches Merkmal von Kieselspeicherpflanzen seien. Heute ist aber bekannt, daß die kalk-
liebenden Vertreter der Pandanaceen in den nämlichen Deckzellen
Kristalle von Kalziumoxalat ausscheiden. Auch bei zwei
Palmengattungen, *Sabal* und *Chamaedorea*, sind Oxalatkristalle
in den Stegmata gefunden worden.

Die Stellvertretung von Kieselsäure und Kalziumoxalat in
identischen Gewebeelementen muß vom chemischen Standpunkte
aus sehr merkwürdig erscheinen, denn diese beiden Aschenbestandteile verhalten sich ja chemisch und physikalisch extrem verschieden: Das Kalzium wird als elektropositives Ion aus dem Boden
aufgenommen, die Kieselsäure wandert dagegen als elektronegatives
Kolloidteilchen in die Pflanze; und trotzdem werden sie in genau
derselben Weise behandelt. Man kann daher die beobachtete Stellvertretung nur physiologisch verstehen. Sie verrät uns, daß die
Ausscheidung von Kalziumsalzen und Kieselsäure ein analoger
Vorgang ist. In beiden Fällen handelt es sich um die Ablagerung
überschüssig aufgenommener Mineralstoffe. Man erhält so ein
abgerundetes Bild der mineralischen Ausscheidung in der
Pflanze, das wohl geeignet ist, die Haltlosigkeit der vielen im Laufe
der Jahre aufgestellten teleologischen Theorien über die biologische
Aufgabe der mineralischen Ablagerungen klarzulegen. Die Kalk-
und Kieselablagerungen werden nicht ausgeschieden, um irgendwelchen Zwecken zu dienen, sondern es handelt sich um Auswurfstoffe, welche die Pflanze von einer weiteren Beteiligung an
ihren Lebensprozessen ausgeschlossen hat.

3. Bedeutung der Rekrete für die systematische Anatomie.

Der Formenreichtum der Rekrete hat von jeher die Aufmerksamkeit der systematischen Anatomie auf sich gelenkt, da bestimmte

Ausscheidungsformen für gewisse systematische Einheiten charakteristisch sind. Es wurde bereits erwähnt, daß die Kieselkurzzellen für die Familie der Gräser, die Kegelzellen für die Cyperaceen, die Stegmata für die Palmen, Orchideen und Scitamineen Familienmerkmale sind. Auf Grund der speziellen Form der Stegmata oder der verkieselten Zellwandkegel können weiter Gattungs- oder selbst Artmerkmale aufgestellt werden. Im Rahmen dieser Monographie ist es nicht möglich, auf all diese Einzelheiten einzugehen; dagegen soll der große systematische Wert der gewissen Ablagerungsformen zukommt, an einigen aus der Gruppe der Kalziumsalze herausgegriffenen Beispielen klargelegt werden. Dabei spielen vor allem die Ausscheidungsformen der Oxalatkristalle eine wichtige Rolle. Es muß daher vorerst eine Übersicht über die verschiedenen Gestaltungsmöglichkeiten gegeben werden. Bei den üblichen Einteilungen der Oxalatkristalle wird gewöhnlich keine Rücksicht auf die beiden Hydratstufen genommen. Da jedoch der Kristallwassergehalt Rückschlüsse auf den physikalisch-chemischen Zustand der ausscheidenden Zellen gestattet, wird er hier als ein sehr wichtiges Merkmal in den Vordergrund gerückt.

a) Einteilung der Kalziumoxalatausscheidungen.

I. Monohydrat.

A. Kristalle individualisiert.

1. Einzelkristalle.

a) Isodiametrische Kristalle mit den Formen (x), (e) und (m) (s. Abb. 61).

b) Styloiden mit Betonung des seitlichen Pinakoides (b) und Streckung der Kristalle nach $[eb]$ in die Länge. Sie besitzen stets einen viereckigen Querschnitt. Besonders groß und auffallend sind die Styloiden in den Gattungen *Iris* und *Agave*. Die Benennung dieser stiftförmigen Kristalle als Styloiden stammt von RADLKOFER (s. Anm. S. 148).

2. Raphiden.

Die Abtrennung der Raphiden (s. Anm. 2 S. 155) von den Styloiden ist durch ihren nadeligen Habitus gerechtfertigt. Sie besitzen einen rundlichen Querschnitt, lassen gewöhnlich keine Kristallformen erkennen und sind zu Bündeln vereinigt, wobei aber die einzelnen, parallel gelagerten Kristalle ihre Individualität behalten. Unregelmäßig angeordnete Raphiden treten bei *Sanchezia* auf.

3. Kristallsand.

Bei den Solanaceen, Caprifoliaceen und anderen Familien kommt feiner Kristallsand von monoklinen Täfelchen und „tetraederähnlichen" Kriställchen vor. Die tetraederähnlichen Formen können entgegen den Angaben von ARCANGELI weder kristallographisch noch optisch mit dem Monohydrat identifiziert werden. Immerhin stimmt ihre Doppelbrechung eher mit dem Monohydrat überein. Der Kristallsand soll daher, abgesehen von den Fällen, in denen sich eindeutig Monohydratkristallformen erkennen lassen (Abb. 101d), nur der Vollständigkeit halber erwähnt und vorläufig hierhergestellt werden.

B. Kristallaggregate.

4. Drusen.

Drusenförmige Kristallvergesellschaftungen sind außerordentlich häufig. Über die Kristallisationsbedingungen bei der Drusenbildung geben folgende Angaben einigen Aufschluß: Fällt man Kalziumoxalat aus 1/100 normalen

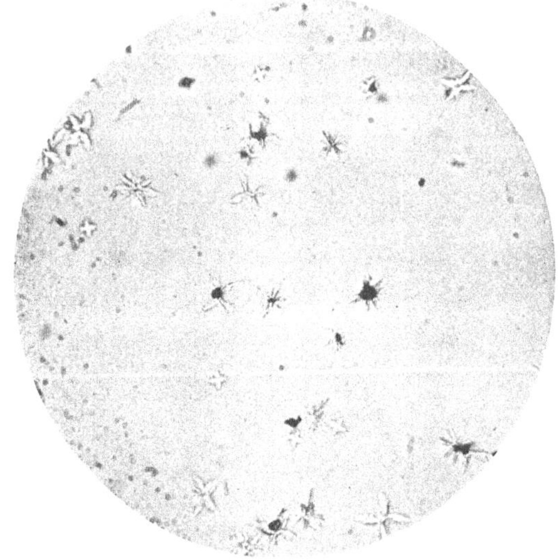

Abb. 97. Künstliche Monohydratdrusen. Fällung in Kohlenstaubsuspension
(n/100 CaCl$_2$ + n/100 K$_2$C$_2$O$_4$).

oder noch konzentrierteren Lösungen, bestehen die Niederschläge neben Trihydratskeletten aus lauter Monohydratdrusen (s. Abb. 97). Die erhaltenen Drusen sind zwar nicht identisch mit den Drusen in den Pflanzen, doch zeigen sie deutlich wie bei rascher Ausscheidung um irgendein Zentrum, wo die Kristallisation eingesetzt hat, zahlreiche Kristallindividuen anschießen. Dies ist wohl auf das relativ schlechte Kristallisationsvermögen des Monohydrates zurückzuführen. Es können auch die von VESQUE entdeckten Drusen mit einem färbbaren „organischen" Kern künstlich nachgeahmt werden, indem man die Fällung in einer Suspension von Tierkohle vornimmt, wobei die Kohleteilchen als Kristallisationszentren benutzt werden. Die organischen Kerne gewisser Drusen sind daher einfach als passiver Ausgangspunkt der Kristallisation anzusprechen, und es ist ihnen wohl keine aktive Beteiligung bei der Oxalatbildung zuzuschreiben.

Es läßt sich folgern, daß das Monohydrat bei rascher Kristallisation dazu neigt, Drusen zu bilden, während bei langsamer ruhiger Kristallisation (z. B. bei Mischung von n/1000 Lösungen) Einzelkristalle entstehen.

Mit den Versuchsresultaten deckt sich der anatomische Befund. Treten Drusen und Einzelkristalle von Monohydrat nebeneinander auf, so finden

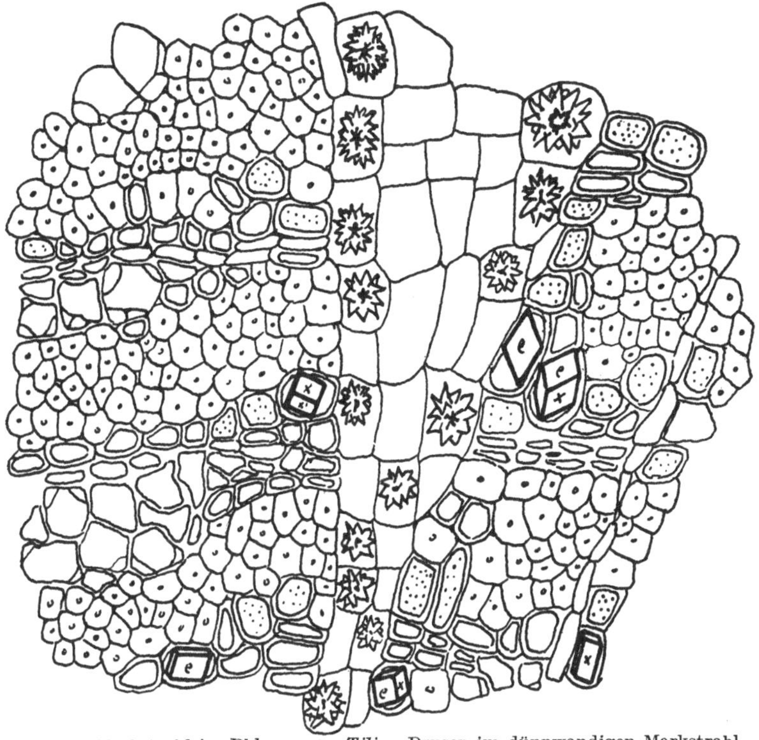

Abb. 98. Markstrahl im Phloem von *Tilia*. Drusen im dünnwandigen Markstrahlparenchym, Einzelkristalle in den dickwandigeren Phloemparenchymzellen.

sich die Drusen in dünnwandigen Zellen, die Einzelkristalle in Zellen mit verdickten Membranen. Besonders schön läßt sich dies in der sekundären Rinde von *Tilia* beobachten: in den verdickten Phloemzellen finden sich wohl ausgebildete Einzelkristalle, in den unverdickten Markstrahlzellen erfolgt die Ausscheidung dagegen in Form von Drusen (Abb. 98).

Es können natürlich keine absoluten Werte für die Dicke der Zellwände aufgestellt werden, bei denen die eine und andere Tracht entsteht, doch kann gesagt werden, daß sich Monohydratdrusen bei relativ rascherer Kristallisation bilden als Einzelkristalle.

5. Sphärokristalle.

Häufig besitzen die Monohydratdrusen im Innern die Struktur eines Sphärokristalls. Unterbleibt die Ausbildung von Kristallflächen an der

Peripherie solcher Kristallaggregate, so entstehen echte Sphärite, wie sie bei gewissen Kakteen vorkommen. Künstlich können solche Sphärite neben Trihydrat erhalten werden, wenn bei Diffusionsversuchen das Kalziumsalz in großem Überschuß verwendet wird.

II. Tryhydrat.

A. Kristalle individualisiert.

1. Einzelkristalle.

In isodiametrischen Zellen herrscht a) der bipyramidale Habitus der Trihydratkristalles vor (Quadratpyramiden), in gestreckten dagegen b) der prismatische. Es läßt sich hier, wie übrigens auch beim Monohydrat, eine gewisse Abhängigkeit des Kristallhabitus von der Zellform feststellen (s. Abb. 63).

B. Kristallaggregate.

2. Drusen.

Obschon die ausgebildeten Trihydratdrusen oft einen auffallend ähnlichen Habitus wie die Monohydratdrusen besitzen, entstehen sie doch auf ganz andere Weise. Wegen des größeren Kristallisationsvermögens des Trihydrates ist der Kampf um die Kristallisationszentren nicht so groß, daß sich die Individuen gleich von Anfang aneinandersetzen. Das Trihydrat wächst daher vorerst als Einzelkristall bis zu einer gewissen Größe heran. Geht dann die Kristallisation weiter, entstehen neue Individuen, die sich an das alte ansetzen (Abb. 63f und Abb. 101c).

b) Familienmerkmale.

Raphidenpflanzen. Die Raphiden unterscheiden sich nicht nur durch ihre besondere nadelige Kristallform von den übrigen Oxalatkristallen, sondern sie zeichnen sich außerdem durch ihr Vorkommen in eigentümlichen Idioblasten aus, die gewöhnlich Schleim führen. Man könnte vermuten, daß die spezifische Nadelform und die Unterdrückung der Kristallflächen durch das kolloidale Milieu bedingt werde, in welchem die Kristallisation stattfindet. Dagegen ist jedoch einzuwenden, daß jede einzelne Raphide während ihres Wachstums von einer dünnen Schicht Protoplasma umkleidet bleibt und auch im ausgewachsenen Zustande von einem besonderen Häutchen eingehüllt ist (NETOLITZKY, 7). Das Protoplasma greift also formgebend ein. Es ist daher nicht verwunderlich, daß es bis heute noch nicht gelungen ist, Raphiden künstlich herzustellen, während Einzelkristalle, Drusen und Sphärite von Kalziumoxalat-Monohydrat in vitro gewonnen werden können.

Die Raphidenidioblasten sind stets lebende Zellen, die im Gegensatz zu den übrigen Kristallbehältern nicht absterben, wenn die Kristalle ausgewachsen sind. Sie erscheinen im embryonalen Gewebe oft direkt unter dem Vegetationspunkt und rezernieren

Kalziumoxalat, bevor andere Oxalatkristalle in den betreffenden Geweben entstehen (CUBONI). Auch scheinen die Raphidenzellen selbst dann noch Kalziumoxalat auszuscheiden, wenn man die Pflanze auf Kalkhunger setzt, während die Entstehung der übrigen Oxalatkristalle im allgemeinen durch Kalziummangel beeinflußt wird (MÜLLER, W.). Die Raphidenvorkommnisse weisen somit ganz bestimmte morphologische sowie physiologische Besonderheiten auf, und nehmen dadurch gegenüber dem Auftreten der anderen Kristallformen eine Ausnahmestellung ein.

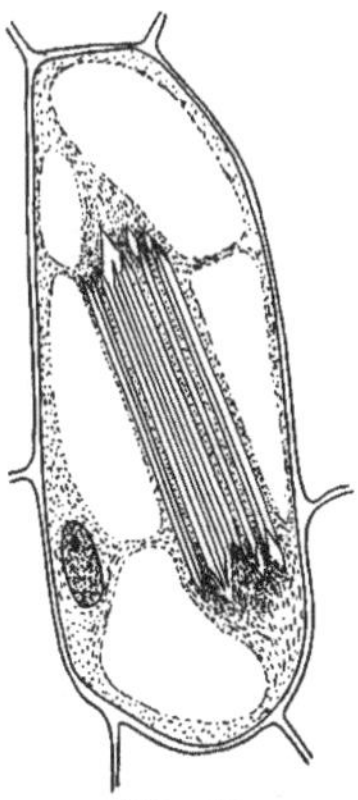

Immerhin gibt es Übergangsformen, welche die Raphiden mit anderen Ausscheidungsformen, insbesondere den Styloiden, verbinden. Jedes spezifische Merkmal der Raphiden kann man als Ausgangspunkt für eine Reihe von Zwischenformen wählen. Die runde Querschnittsform der Raphidennadel kann bei Pflanzen mit großen Idioblasten mehr oder weniger viereckig werden *(Urginea, Polygonatum)* und sie so der optischen Messung zugänglich machen (s. Tabelle 21). An solchen Nadeln treten oft Enden mit einspringenden Winkeln auf, die Zwillingsbildungen verraten *(Vitis, Cissus)*. Wenn sich der Nadelquerschnitt noch stärker quadratisch entwickelt, entstehen schließlich Kristalle mit erkennbaren Kristallflächen, die eigentlich zu den Styloiden zu rechnen sind, und nur noch durch ihr gebündeltes Auftreten an Raphiden erinnern, wie z. B. die Kristallvorkommnisse in den Blättern von *Dracaena*. Morphologisch gibt es alle Übergangsstadien zu den Styloiden, die als

Abb. 99.
Raphidenzelle von
Hyacinthus.

große stengelige Einzelkristalle in vielen Fällen die Raphiden vertreten. Auch das Auftreten von Raphidenschleim ist kein absolutes Merkmal. In der Wurzel von *Curculigo* gibt es schleimlose Raphidenzellen, die wiederum an die schleimfreien Styloidenzellen erinnern. Bevor die Styloidenbehälter absterben, verkorken ihre Wände gewöhnlich und der Kristall ist dann in eine sehr schwer lösliche Suberinlamelle eingebettet. In analoger Weise können in seltenen Fällen auch die Wände der Raphidenidioblasten verkorken *(Veratrum)*, worauf das Protoplasma abstirbt und Luft in die Raphidenbehälter eindringt (NIELSSON). Abgesehen von diesen Abweichungen, die zeigen, daß sich die typischen Raphidenvorkommnisse wohl aus anderen Ausscheidungsformen entwickelt haben können, ist die Ausbildung der Raphidenzellen auffallend konstant.

Besonderes Interesse beansprucht die systematische Verbreitung der Raphiden, da sie für ganz bestimmte Familien charakteristisch sind. Bei den Monokotyledonen kommen sie, abgesehen von den kieselspeichernden Glumifloren, in den meisten Familien vor; nur in wenigen Fällen sind sie durch Styloiden vertreten wie bei den Iridaceen *(Iris, Gladiolus, Crocus)*. Seltener

17*

ist dagegen ihr Vorkommen bei den Dikotyledonen, wo sie auf einige wenige Familien beschränkt sind. Für die Dilleniaceen und Marcgraviaceen *(Guttiferales)*, Hydrangeen (Unterfamilie der Saxiphragaceen, *Rosales*), Oenoteraceen *(Myrtales)* und Vitaceen *(Rhamnales)* können sie als zuverlässiges Familienmerkmal gelten. Diese Familien liegen systematisch zum Teil recht weit auseinander. Manchmal treten die Raphiden bei den Dikotyledonen auch als Gattungsmerkmal auf, und zwar bei Gattungen, deren Familien wiederum mehr oder weniger über das System zerstreut sind: *Laportea* als einzige Raphidengattung (QUANJER) der Urticaceen (Reihe der *Urticales*), Gattungen der Aizoaceen, Nyctaginaceen, Phytolaccaceen, Theligonaceen in der Reihe der *Centrospermae*, Balsaminaceen (nur *Impatiens*) bei den *Gruinales*, Rutaceen (mehrere Gattungen) bei den *Terebinthales* und in einigen Gattungen der Rubiaceen. Es gibt keine eindeutigen verwandtschaftlichen Beziehungen aller Raphidenpflanzen untereinander, denn die Vertreter der *Centrospermae*, diejenigen der *Guttiferales, Rosales* und *Myrtales*, sowie die der *Gruinales, Terebinthales, Rhamnales* und *Rubiales* bilden je einen Verwandtschaftskreis für sich. Andere, wie die Riesennesseln *Laportea*, stehen ganz isoliert (BIGALKE). Auch zu den Raphidenvorkommnissen bei den Monokotylen besteht keine Verbindung, denn die *Polycarpicae* sind vollständig raphidenfrei. Es spricht daher alles dafür, daß die Raphidenzellen zu verschiedenen Malen unabhängig voneinander entstanden sind. Wichtig ist bei dieser Feststellung die Tatsache, daß sich vorzugsweise abgeleitete Gruppen (Monokotyledonen, Vitaceen) diesen abgeleiteten Typus der Rekretion angeeignet haben. Als ökologische Besonderheit muß noch erwähnt werden, daß die Raphidenpflanzen in der Regel Kräuter und nur ausnahmsweise Bäume sind (*Saurauia*, Palmen).

c) Gattungsmerkmale.

Zystolithenpflanzen. Bei der Beschreibung der Kalziumkarbonatausscheidungen ist die Morphologie jener keulenförmigen Kalkkonkretionen mit besonderem Zellulosegerüst behandelt worden, die als Zystolithen bezeichnet werden (s. Abb. 79). Sie kommen namentlich in den Familien der Urticaceen, Moraceen, Combretaceen, Acanthaceen und Cucurbitaceen vor. Die vier zuerst genannten Familien bilden zusammen die Reihe der *Urticales*, so daß sich in dieser Gruppe das Auftreten von Zystolithen nicht nur als

Familienmerkmal, sondern auch als Reihenmerkmal geltend macht. In den Familien der Combretaceen, Acanthaceen und Cucurbitaceen, die nicht näher miteinander verwandt sind, muß die Ausbildung von Zystolithen als Konvergenzerscheinung betrachtet werden. Ihr Vorkommen ist hier nur auf wenige Gattungen beschränkt, während in diesen Familien das Kalziumkarbonat gewöhnlich als Einlagerung in Zellwände oder als Zellausfüllungen auftritt (s. Abb. 78 c).

Bei den Urticaceen nehmen die Zystolithen in gewissen Triben oder Gattungen bestimmte vom üblichen Typus abweichende Formen an (BIGALKE), denen infolge ihrer Konstanz der Wert von Gattungsmerkmalen zukommt (WEDDEL). Der Gattung *Pilea* sind zweischenklige, spindelförmige Zystolithen eigen; *Elatostemma* und *Myriocarpas* besitzen längliche, *Parietaria* und *Boehmeria* dagegen rundliche Zystolithen.

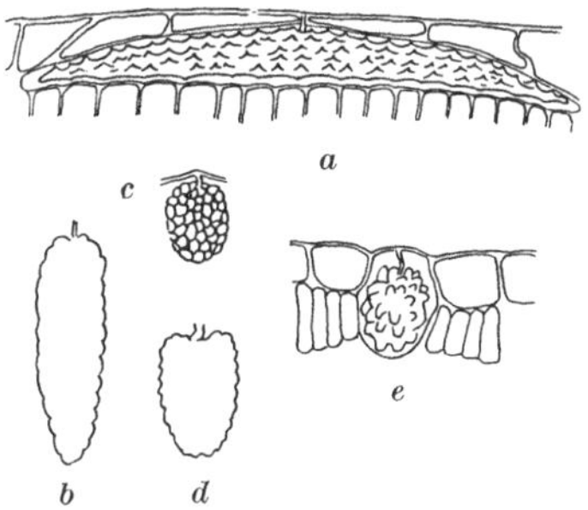

Abb. 100. Zystolithen der Urticaceen (nach KOHL, 5). a) *Pilea*; b) *Elatostemma*; c) *Parietaria*; d) *Urtica*; e) *Boehmeria*.

In der Gattung *Ficus* kann die Form der Zystolithen in vielen Fällen sogar als Artmerkmal Dienste leisten, indem z. B. bei der Speisefeige *(Ficus Carica)* und dem indischen Feigenbaum *(Ficus religiosa)* im Gegensatz zu den anderen *Ficus*-Arten (s. Abb. 79 a—c) runde Formen auftreten.

d) Artmerkmale.

Noch bessere Arterkennungsmerkmale liefern aber in gewissen Fällen die verschiedenen Ausbildungsformen des Kalziumoxalates, was am Beispiele der Kristallausscheidungen in den Zwiebelschalen der Gattung *Allium* gezeigt werden soll.

Kristallhabitus des Kalziumoxalates als Artmerkmal. Wie aus Abb. 63 hervorgeht besitzen die Trihydratkristalle in den Zwiebelhäuten verschiedener *Allium*-Arten voneinander abweichende Kristalltrachten. Eine nähere Untersuchung lehrt, daß der verschiedene Kristallhabitus artkonstant ist. Bei den 35 mitteleuropäischen *Allium*-Arten treten 10 verschiedene Ausbildungsformen des Kalziumoxalates auf. Die 10 Typen sind in folgendem Schema (Abb.101) zusammengestellt, das zugleich zeigt, wie sie morphologisch zu einander in Beziehung stehen, und wie man die verschiedenen Habitusformen voneinander ableiten kann (JACCARD und FREY, 1).

Vom allgemeinsten Typus *Cepa* (11 Arten) mit langen schlanken Prismen gelangt man zum Typus *sativum* (3 Arten, s. Abb. 63 b) mit kurzen gedrungenen, fast isodiametrischen Prismen. Schließlich kann das Prisma ganz fehlen; man erhält dann den Typus *ursinum* (2 Arten, s. Abb. 102a) mit kleinen briefumschlagähnlichen Bipyramiden. Damit ist aber die Formenmannigfaltigkeit des Trihydrates noch nicht erschöpft. Die Prismen können zu

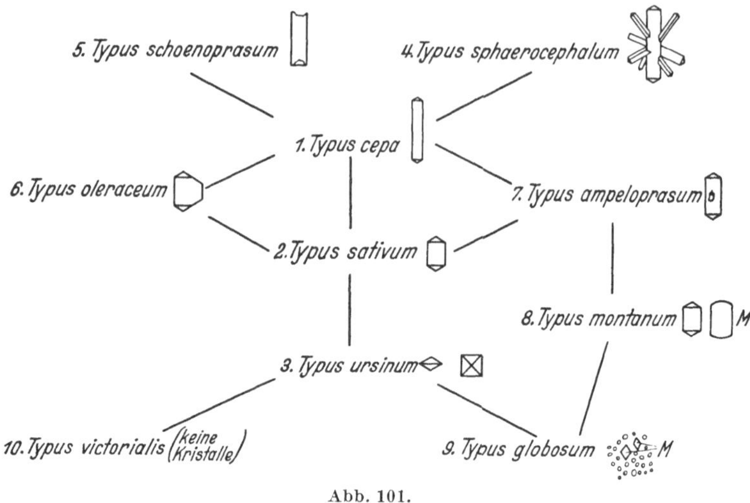

Abb. 101.

Drusen zusammentreten, Typus *sphaerocephalum* (3 Arten, s. Abb. 102 c), oder die Kanten des Prismas können skelettartig vorauswachsen und so die Bildung von Endflächen, die durch napfförmige Vertiefungen ersetzt sind, vereiteln. Dieser Typus kommt nur beim Schnittlauch *Allium schoenoprasum* (Abb. 102 b) mit seinen Spielarten vor und bildet somit ein zuverlässiges Arterkennungsmerkmal. Nicht minder merkwürdig ist die Ausbildungsform beim Gemüselauch *Allium olearaceum*, indem sich vielfach auf der gleichen Seite des Kristalles je eine Fläche der beiden Endpyramiden stark einseitig bis zum Schwunde einer Prismenfläche entwickelt, so daß annähernd dreieckige Kristalle entstehen. Beim Sommerlauch *Allium ampeloprasum* einschließlich *Porrum* fallen die Kristalle durch ein gewöhnlich schwarz gefärbtes Kristallisationszentrum im Innern der Kristalle auf. Vielfach ist es eine kleine Druse von Kalziumoxalat-Monohydrat, um die herum dann ein größerer Trihydrat- oder Monohydratkristall heranwächst. Beim nächsten Typus *montanum* (4 Arten, s. Abb. 103) treten Trihydrat- und Monohydratkriställchen nebeneinander auf, und zwar scheint es sich dabei nicht um Umwandlungsreaktionen zu handeln wie bei Abb. 73, sondern um einen Wechsel der Kristallisationsbedingungen, der zuerst die eine und dann die andere Hydratstufe begünstigt. Endlich gibt es *Allium*-Arten, bei denen ausschließlich Monohydrat vorkommt, und zwar in Form von Kristallsand, in welchem deutlich monokline Täfelchen zu erkennen sind: Typus *globosus*

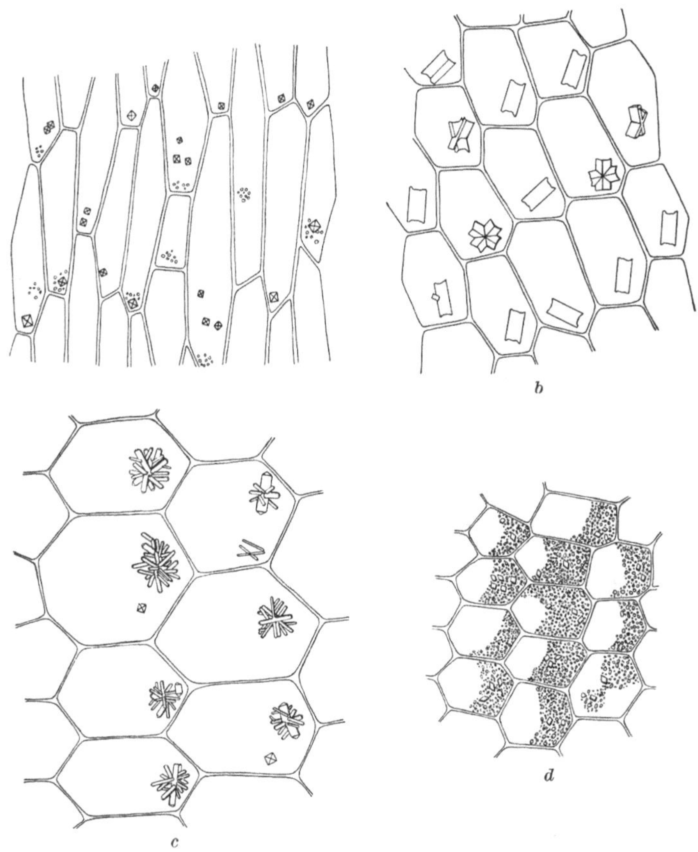

Abb. 102. Ausbildungsformen des Kalziumoxalates in der Zwiebelschale von *Allium* (vgl. auch Abb. 63). a) *Allium ursinum*, kleine Trihydrat-Bipyramiden. b) *Allium schoenoprasum*, Prismen von Trihydrat ohne Endpyramiden. c) *Allium sphaerocephalum*, drusenähnliche Trihydratkonglomerate. d) *Allium globosum*, Kristallsand von Monohydrat.

(5 Arten, s. Abb. 102d). Als letzte Gruppe ist der Typus *victoriales* zu nennen (4 Arten), bei welchem die äußersten Zwiebelhäute nicht aus dünnwandigen Mesophyllzellen aufgebaut sind, sondern aus einer kristallfreien Sklerenchymfaserhaut bestehen.

Verwandte Arten sind öfter nicht durch ähnliche Habitusformen ihrer Kristallausscheidungen gekennzeichnet, sondern sie ordnen sich weitgehend unabhängig von ihrer systematischen Zusammengehörigkeit in die 10 Typen ein. Die Ausbildung der Kristalle hängt somit nicht von der Verwandtschaft der Arten ab; dagegen sind die ökologischen Bedingungen, unter denen die verschiedenen Arten wachsen, von Bedeutung. Verwandte *Allium*-Spezies mit verschiedenen ökologischen Ansprüchen weisen daher oft verschiedene Kristallformen auf, was den Wert der aufgefundenen Unterschiede als Arterkennungsmerkmale erhöht.

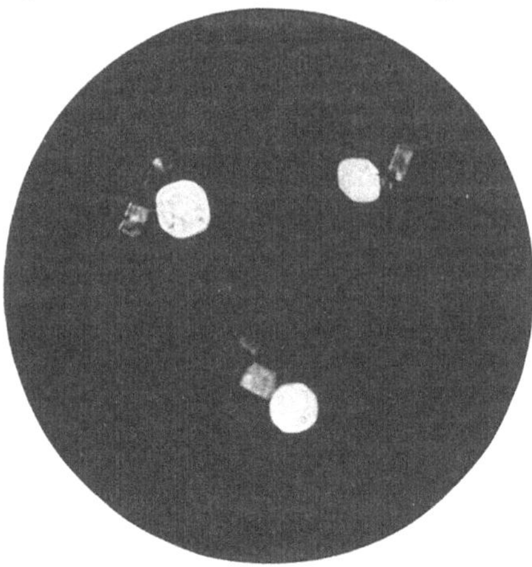

Abb. 103. Zwiebelschale von *Allium montanum* im polarisierten Licht. Neben jedem Trihydratprisma (schwach aufleuchtend) liegt ein Monohydratkristall (stark aufleuchtend).

e) Diskussion der Spezifität der Ausscheidungsformen.

Im vorangehenden Kapitel ist gezeigt worden, daß all die verschiedenen mineralischen Ausscheidungen physiologisch einheitlich als Rekrete aufzufassen sind. Im Gegensatz dazu erscheinen die ausgeschiedenen Stoffe dem Anatomen in einer geradezu unglaublichen Formenmannigfaltigkeit. Es ist daher leicht verständlich, daß man das Problem der mineralischen Ablagerungen in der Pflanze auf Grund der auffallenden Formen dieser Ausscheidungen zu lösen versucht hat [Raphiden als Schneckenabwehrmittel nach STAHL, Stegmata als Ventileinrichtung nach KOHL (6) usw.]. Hier ist jedoch die physiologische Seite der ganzen Frage in den Vordergrund gerückt worden, und nachdem diese nun einigermaßen geklärt ist, steht das viel schwierigere morphologische Problem zur Diskussion.

Bei der Rekretion läßt die Pflanze bis zu einem gewissen Grade einfache physikalisch-chemische Vorgänge walten (Entwässerung, Fällung), wobei die Ablagerungen in künstlich reproduzierbaren Formen erfolgen; aber aus bestimmten Gründen (Lokalisation der Rekrete, Löslichkeit der Karbonate) muß sie in den Ausscheidungsmechanismus eingreifen, und von diesem Momente an sehen wir die Rekrete in ganz bestimmten neuen Formen erscheinen. Der Stoff, der vom Plasma aktiv ausgeschieden werden muß, wird geformt; er erhält den Stempel des Bildners aufgedrückt, der ihn bearbeitet hat (Zystolithen). Oft ist aber die Materie widerspenstig, indem sie ihre eigene innere Formgesetzlichkeit besitzt (Kristallisationskräfte), und es ergibt sich dann ein Kompromiß zwischen organisierter und kristallographischer Formgebung (Raphiden). Oft erfolgen auch ungestörte Kristallisationsvorgänge, die aber durch das spezifische Milieu, in dem sie vor sich gehen, in bestimmte Bahnen gelenkt werden, indem z. B. gewisse Kristallformen durch Lösungsgenossen unterdrückt, andere aber bevorzugt werden, wie dies für die Habitusverschiedenheiten der Kalziumoxalatkristalle von *Allium* wahrscheinlich ist.

Es ergeben sich so zahlreiche Möglichkeiten und Abstufungen für die Formgestaltung der Rekrete. Von besonderem Interesse ist aber die Tatsache, daß an einer von bestimmten systematischen Einheiten herausgebildeten Ausscheidungsform (z. B. Zystolithen oder Raphiden) unverbrüchlich festgehalten wird. Je nach der Plastizität, die einer solchen Ausbildungsform zukommt, entstehen dann Familien-, Gattungs- oder artspezifische Merkmale.

Für die Stoffwechselphysiologie ist der ganze Formenreichtum, der den systematischen Anatomen begeistert und ihm wertvolle Unterscheidungsmerkmale an die Hand gibt, belanglos. Aber das Leben besteht nicht nur aus Stoffwechsel, sondern es ist ihm außerdem ein ausgeprägter Formensinn eigen, der von Art zu Art verschieden ist. Es gibt wohl kaum einen schöneren Beleg für den im Leben schlummernden Drang nach bestimmten Formen, als die Feststellung, daß nutzlose Auswurfstoffe, wie sie die pflanzlichen Rekrete vorstellen, bei ihrer Ausstoßung vielfach in spezifische Formen gekleidet werden.

4. Zur Phylogenie der Rekretion.

Die beschriebenen Rekretionsvorgänge sind mit wenigen Ausnahmen Erwerbungen der Landpflanzen. Bei den untergetaucht lebenden Thallophyten kennt man mineralische Ausscheidungen kaum anders denn als Membraninkrustationen; besonders geformte Kieselkonkretionen oder Zystolithen treten nicht auf, und Oxalatkristalle kommen nur selten vor, wie z. B. bei der Algengattung *Acetabularia*, wo sie aber bezeichnenderweise als Mikrokriställchen

in der Zellwand eingelagert sind[1]. Kristalleinschlüsse in den Zellen
sind bei den Algen, gemessen an deren allgemeinem Vorkommen,
bei den Gefäßkryptogamen und namentlich bei den Blütenpflanzen,
äußerst selten. (Eine Ausnahme bilden die Gipskriställchen der
Desmidiaceen.) Ebenso entstehen in Pilzen auf flüssigen Nährböden
keine Oxalatkristalle, obschon sie oft große Mengen von Oxalsäure
ausscheiden, die dann außerhalb der Zellen in der Nähe der
Hyphen mit eventuell vorhandenen Kalziumionen reagieren und
zur Bildung von Kalziumoxalat im Nährsubstrate Anlaß geben.
Wenn aber die Pilze zum Landleben übergehen, entstehen die
Oxalatkristalle in den Zellen, wie dies vor allem von gewissen
Flechten bekannt ist. [*Lecanora esculenta* enthält 66% ihres
Trockengewichtes Kalziumoxalat-Monohydrat (CZAPEK, 4).] Man
darf daher den Satz aufstellen, daß die Rekretion fester Mineral-
stoffe eine Errungenschaft der Landpflanzen vorstellt.

Bei der Entwicklungsgeschichte der Blütenpflanzen kann man
verfolgen, wie mit steigender Emanzipation vom Wasserleben die
Regelmäßigkeit des Auftretens und die Menge von ausgeschiedenem
Kalziumoxalat in der Pflanze zunehmen. Bei den Moosen stößt man
selten auf Oxalatkristalle. LORCH hat bei *Polytrichum* welche entdeckt, die sich aber bezeichnenderweise im Sporogon, also in der
,,Landgeneration'' des Mooses, befinden. Bei den Gefäßkryptogamen werden, abgesehen von den kieselspeichernden Equisetaceen,
die Oxalatausscheidungen in den Geweben häufiger, und zwar
wiederum vornehmlich bei der sich zu Landbewohnern entwickelnden Sporophytengeneration. Bei den Blütenpflanzen wird schließlich
die Ausscheidung von Kalziumoxalat zum Allgemeingut.

Dieser Entwicklungsgang bildet eine Parallelerscheinung zur
phylogenetischen Entwicklungsgeschichte der Spaltöffnungen, die
gleicherweise aus den Bedürfnissen des Landlebens heraus entstanden sind.

Da die Rekretion im Gewebeinnern ein Merkmal der Landpflanzen ist, muß man annehmen, daß die Wasserpflanzen ihre
mineralischen Auswurfstoffe ins umgebende Milieu hinausschaffen.
Dabei steht ihnen ihre ganze Oberfläche zur Stoffabgabe zur
Verfügung. Besonders interessant sind die Verhältnisse, wenn
Landbewohner sekundär wieder ins Wasser zurückkehren, wie dies
bei den wasserbewohnenden Blütenpflanzen der Fall ist. Die Rekretion geschieht dann wieder durch die Oberfläche der Pflanze

---

[1] Ferner unter Umständen bei *Vaucheria* und *Spirogyra* (BENECKE).

nach außen, so daß sie annähernd oder völlig frei von mineralischen Ablagerungen in ihren Geweben bleiben. Offenbar erfolgt die Ausscheidung aber nicht nur durch die Hautgewebe, die mit Wasser in Berührung sind, sondern auch durch jene, die an die großen Luftkanäle dieser Wasserphanerogamen grenzen. Hier ist aber keine Ausscheidung in gelöster Form möglich, und die Rekrete erscheinen dann an der Grenze dieser Interzellularräume wiederum in fester Form, und zwar erwecken sie oft den Eindruck, als sei ein Bestreben vorhanden, sie soweit wie möglich aus dem Gewebe in den Luftraum hinauszuschaffen (*Nymphaea*, *Myriophyllum*, s. Abb. 89).

Auf Grund dieser skizzenhaften phylogenetischen Betrachtungen darf folgende Schlußfolgerung gezogen werden: Die Wasserpflanzen können überschüssig aufgenommene Ionen durch ihre ganze Oberfläche wieder in das Nährsubstrat rezernieren. Bei Landpflanzen ist dies nicht möglich, und so müssen denn beim Übergang zum Landleben besondere Wege eingeschlagen werden, um die Rekrete in der Pflanze abzulagern. Die Rekretion durch Dehydratation und Fällung ist daher, ähnlich wie das Auftreten der Spaltöffnungen, ein Organisationsmerkmal der Landpflanzen. Es läßt sich eine gewisse phylogenetische Entwicklung der Rekretionserscheinungen feststellen, deren Urtypus, in Anlehnung an die Ausscheidung durch die Oberfläche der Wasserpflanzen, die Mineralisierung der Hautgewebe vorstellt, während als die am weitesten abgeleiteten Rekretionsorgane die Idioblasten mit Zystolithen und Raphiden angesprochen werden müssen.

III. Exkretion.

A. Die terpenartigen Ausscheidungsstoffe der Pflanze.

Von der angewandten Botanik werden ätherische Öle, Balsame, Harze, Kampher und Kautschukarten unterschieden. Diese Körperklassen sind jedoch nicht von wissenschaftlichen, sondern von praktischen Gesichtspunkten aus definiert worden, wobei die Gewinnungsart der betreffenden Stoffe eine gewisse Rolle spielt (WIESNER, 2). Unter ätherischen Ölen versteht man leichtflüchtige Kohlenwasserstoffe und deren Derivate, die durch Wasserdampfdestillation aus Blüten, Blättern oder Wurzeln vieler Pflanzen gewonnen werden. Die Balsame sind flüssige und die Harze halbfeste in Balsam gelöste organische Verbindungen von klebriger Beschaffenheit, die beim Verletzen der Achsen bestimmter Pflanzen ausfließen; Kampher dagegen sind leichtflüchtige feste Körper, die aus dem Holze der Kampherbäume heraussublimiert werden; und die Kautschukarten oder „Federharze" sind elastische Koagulationsprodukte verschiedener Milchsäfte.

Eine nähere Untersuchung zeigt, daß diese zum Teil aus der Warenkunde übernommenen Sammelbegriffe verschiedenwertig sind. Die ätherischen Öle, Balsame und Harze sind gewöhnlich komplizierte Gemische von zahlreichen Verbindungen, während gereinigter Kampher und Reinkautschuk wohl definierte Körper vorstellen. Wenn man die einzelnen Bestandteile der ätherischen Öle, Balsame und Harze isoliert, findet man ungesättigte Kohlenwasserstoffe von der Zusammensetzung $C_{10}H_{16}$, deren Hydrierungsprodukte $C_{10}H_{18}$ und Dehydrierungsprodukte $C_{10}H_{14}$, sowie Sauerstoffderivate solcher Verbindungen (z. B. Menthol $C_{10}H_{19}OH$, Kampher $C_{10}H_{16}O$) (KARRER, 2). Diese Stoffe werden als Terpene bezeichnet. Ihre Konstitutionsformel besteht in vielen Fällen aus einem Sechserring mit verzweigter Seitenkette.

Der gesättigte Kohlenwasserstoff $C_{10}H_{20}$ mit dieser Struktur heißt Menthan; sein Gerüst tritt als Grundkörper sehr vieler Bestandteile der ätherischen Öle und Balsame auf, weshalb er als der Elementarkörper der Terpene betrachtet wurde. Nach neueren Untersuchungen kommt das Menthangerüst jedoch nur einem Teil der Terpene zu. An Stelle des einen Ringes mit Seitenkette können z. B. Doppelringe auftreten. RUZICKA[1] nimmt daher einen kleineren Grundkörper an und zeigt, daß alle Terpene theoretisch, zum Teil aber auch synthetisch daraus aufgebaut werden können. Dieser Elementarbaustein ist das Isopren C_5H_8.

$$CH_3{>}C{-}CH = CH_2$$

Die Hypothese von RUZICKA erlaubt die Struktur aller Terpene mit 10 Kohlenstoffatomen zu verstehen, und gibt außerdem eine Erklärung für den Aufbau der höheren Homologen mit 15, 20, 30 und 40 Kohlenstoffatomen. Da auch der Kautschuk als ein Polymerisationsprodukt des Isoprens erkannt worden ist, besitzen somit alle hier zu besprechenden Ausscheidungen der Pflanzen denselben chemischen Grundkörper als Baustein: die ätherischen Öle,

---

[1] Vortrag in der Naturforschenden Gesellchaft Zürich, 5. Dez. 1932. Für die Einsicht in sein Manuskript bin ich Herrn Prof. RUZICKA sehr zu Dank verpflichtet.

Balsame und Harze, der Kampher und die Kautschukarten stellen
Isoprenderivate vor und bilden so chemisch eine einheitliche
Körperfamilie. Für die Physiologie der organischen Ausscheidungsstoffe ist diese Erkenntnis außerordentlich wichtig, denn sie können
nun von einem einheitlichen Standpunkt aus behandelt werden.
Es ist deshalb notwendig einen Einblick in die neueren Ergebnisse
der Terpenchemie zu gewinnen. Hiezu soll an Hand einiger schematischer Beispiele von in der Pflanze vorkommenden Verbindungen
gezeigt werden, wie die verschiedenen Vertreter der großen Terpen-
gruppe konstitutionell miteinander verwandt sind.

Die Systematik der Vertreter der Terpenreihe erfolgt an Hand
der Anzahl der Kohlenstoffatome, die stets ein Vielfaches von 5
ist. Da die Verbindungen mit C_{10} als Monoterpene bezeichnet werden,
ergibt sich folgende Klassifikation:

Tabelle 37. Übersicht der Terpene.

Terpenklassen	Dehy-drierungs-produkte	Haupt-reihe	Hydrie-rungs-produkte	Sauerstoff-derivate
Hemiterpen (Isopren)		C_5H_8		
Monoterpene ⎱ (ätherische	$C_{10}H_{14}$	$C_{10}H_{16}$	$C_{10}H_{18}$	Kampher
Sesquiterpene ⎰ Öle, Balsame)	$C_{15}H_{22}$	$C_{15}H_{24}$	$C_{15}H_{26}$	
Diterpene (Harze)	$C_{20}H_{28}$	$C_{20}H_{32}$		⎰ Harzsäuren ⎱ Crocetin ⎱ Vitamin A
Triterpene		$C_{30}H_{48}$		⎰ Betulin ⎱ Sapogenine
Tetraterpene (Karotinoide). . .	$C_{40}H_{56}$			Xanthophyll
Polyterpene (Kautschukgruppe).		$(C_5H_8)x$		

1. Monoterpene.

Durch Erhitzen von Isopren bei
300^0 erhält man neben anderen Pro-
dukten Dipenten. Dies ist das
Razemat des in der Natur weitverbreiteten optisch aktiven Monoterpens
Limonen, das sich in rechtsdrehen-
der Form im Pomeranzenöl und

Kümmelöl, in linksdrehender Form im Fichtennadel- und Tannen-
zapfenöl, und als Razemat sehr reichlich im Terpentinöl findet.
Umgekehrt kann man Limonen bzw. Dipentendämpfe in Isopren
zerlegen, wenn man sie über glühendes Platin streichen läßt.

Es gibt 9 Isomere des Limonens, die sich durch verschiedene
Anordnung der beiden Doppelbindungen in diesem Monoterpen-

gerüst auszeichnen. Rechnet man dazu die sich voneinander unterscheidenden optisch aktiven Formen, die bei einigen Isomeren auftreten können, so erhält man für diesen einen Bautypus bereits eine ansehnliche Anzahl theoretisch möglicher Terpene, von denen die meisten in der Natur vorkommen.

aliphatisch   monozyklisch   bizyklisch

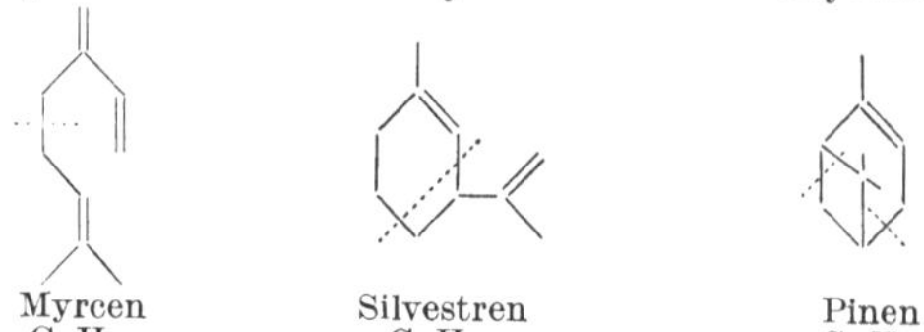

Myrcen   Silvestren   Pinen
$C_{10}H_{16}$ $C_{10}H_{16}$ $C_{10}H_{16}$

Als Beispiele anderer Monoterpene sollen das aliphatische Myrcen (in vielen ätherischen Ölen), das zyklische Silvestren (in Kienölen und Terpentinöl) und das Pinen (ein Hauptbestandteil des Terpentinöles) mit einem bizyklischen Gerüst erwähnt werden. Der bizyklische Bauplan kann durch starke Säuren in den monozyklischen umgewandelt werden, und es ist wahrscheinlich, daß solche Umlagerungen auch in der Natur leicht vor sich gehen. Die einzelnen Isoprenreste sind in den Konstitutionsformeln durch punktierte Linien gegeneinander abgegrenzt.

Wie man sieht, gibt es eine große Anzahl Terpene von der Bruttoformel $C_{10}H_{16}$, die sich entweder durch verschiedene Baupläne oder innerhalb ein und desselben Bautypus durch verschiedene Anordnung der Doppelbindungen und stereoisomere Anordnung der Gruppen an asymmetrischen Kohlenstoffatomen unterscheiden. Als stark ungesättigte Verbindungen sind die meisten dieser Terpene sehr veränderlich und können sich z.B. durch Wandern der Doppelbindungen leicht ineinander umwandeln.

Durch Zufügung von Doppelbindungen oder Ringschlüssen werden die Terpene noch ungesättigter (dehydriert). Und umgekehrt entstehen durch Hydrierung, also durch Wegnahme von Doppelbindungen, gesättigtere Verbindungen. Beide Möglichkeiten sind bei den Monoterpenen verwirklicht.

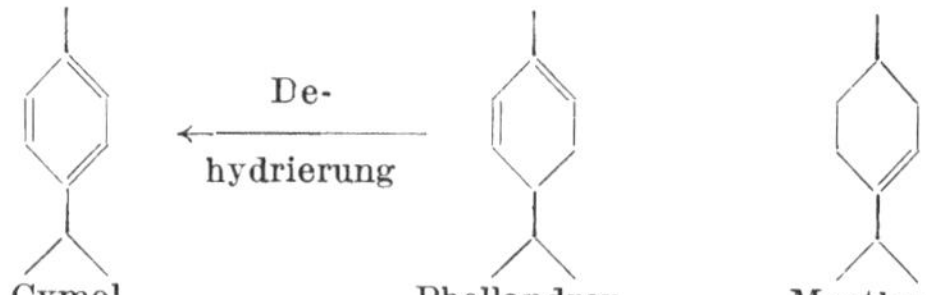

De- ← hydrierung

Cymol   Phellandren   Menthen
$C_{10}H_{14}$ $C_{10}H_{16}$ $C_{10}H_{18}$

Cymol kommt in Kümmelöl und Eukalyptusöl vor, Phellandren im Gingergras-, Elemi- und Bitterfenchelöl, und Menthen im Thymianöl vor.

Wie einleitend erwähnt worden ist, werden die Sauerstoffderivate dieser Kohlenwasserstoffe ebenfalls zu den Terpenen gerechnet. Es handelt sich dabei um Alkohole, Aldehyde, Ketone und Säuren, die eine analoge Konstitution wie die Kohlenwasserstoffe aufweisen. Man begegnet daher ebenfalls aliphatischen, zyklischen und mehrringigen Verbindungen:

aliphatisch   monozyklisch   bizyklisch

Geraniol   Terpineol   Cineol
$C_{10}H_{17}OH$ $C_{10}H_{17}OH$ $C_{10}H_{18}O$

Das rosenartig riechende, aliphatische Geraniol bildet den Hauptbestandteil des Rosenöls, Geraniumöls, Palmarosaöls, Zitronellöls und Lemongrasöls. Durch Behandlung mit Säuren geht Geraniol unter Ringbildung in Limonen über. Ein zyklischer einwertiger Alkohol der Monoterpenreihe ist das Terpineol, das im Kajeputöl und Majoranöl vorkommt; es besitzt einen angenehmen an Flieder erinnernden Geruch. Schließlich können durch innere Ringbildung bizyklische Verbindungen entstehen, wie z. B. das Cineol. Bei diesem Terpen wird der zweite Ring durch eine Sauerstoffbrücke gebildet. Es handelt sich also um einen intramolekularen Äther. Das Cineol riecht kampherartig und findet sich im Eukalyptusöl, Kajeputöl und Wurmsamenöl.

Der Kampher ist ebenfalls ein sauerstoffhaltiges Monoterpen, und zwar ein bizyklisches Keton. Er wird aus dem Holz des Kampherbaumes *Cinnamomum camphora* gewonnen. Man nennt ihn Japankampher im Gegensatz zum Borneo- oder Sumatrakampher, der in den Tropen, aus der Dipterocarpacee *Dryobalanops camphora* ausgebeutet wird. Der Borneokampher ist das Hydrierungsprodukt des echten Kamphers, denn er besitzt an Stelle der Ketogruppe ein alkoholisches Hydroxyl. Er tritt als Nebenbestandteil in einigen ätherischen Ölen wie Lavendel- und Rosmarinöl auf.

Kampher   Borneol
$C_{10}H_{16}O$ $C_{10}H_{17}OH$

Es konnte hier nur eine kleine Auswahl von Monoterpenen angeführt werden, die genügen soll, die Mannigfaltigkeit der Bautypen in dieser Gruppe zu illustrieren. Häufig gehen die verschiedenen Kohlenstoffgerüste durch intramolekulare Umlagerungen ineinander über. Es ist daher nicht immer sicher, ob die Terpene in der Pflanze genau dieselbe chemische Struktur besitzen, wie sie nach der Extraktion im Destillat gefunden wird. Oft finden sogar nach vollzogener Destillation ohne äußere Eingriffe noch weitere

Umsetzungen statt, wie dies besonders vom Terpentinöl bekannt ist. Die Umlagerungen bestehen in der Wanderung der Doppelbildungen im Kohlenstoffgerüst, in Ringschlüssen und Anlagerung von Sauerstoff.

Die Monoterpene sind im allgemeinen flüssig, einige, wie die Kampherarten, dagegen fest. Alle sind leicht flüchtig und stark aromatisch. Sie verleihen vielen ätherischen Ölen und Balsamen ihren angenehmen oder eindringlichen Geruch.

2. Sesquiterpene.

Terpene mit 15 Kohlenstoffatomen werden als Sesquiterpene bezeichnet. Sie lassen die gleichen Bauprinzipien erkennen wie die Monoterpene. Den Aufbau aus drei Isoprenmolekülen ersieht man am besten beim Farnesol, einem aliphatischen Terpenalkohol, der in vielen Blütenölen in kleinen Mengen enthalten ist (Maiglöckchen, Lindenblüten). Durch Einwirkung saurer Reagenzien geht Farnesol in den monozyklischen Kohlenwasserstoff Bisabolen über (Zitronenöl, Fichtennadelöl):

<table>
<tr><td>aliphatisch</td><td>monozyklisch</td><td>bizyklisch</td></tr>
<tr><td>CH_2OH</td><td>Säure →</td><td></td></tr>
<tr><td>Farnesol
$C_{15}H_{25}OH$</td><td>Bisabolen
$C_{15}H_{24}$</td><td>Selinen
$C_{15}H_{24}$</td></tr>
</table>

Zu den bizyklischen Sesquiterpenen gehört das Selinen (Sellerieöl) und das Eudesmol (Eukalyptusöl). Diese bizyklischen Vertreter lassen sich durch Dehydrierung in Naphthalinderivate verwandeln, ähnlich wie die monozyklischen Monoterpene zum Benzolderivat Cymol dehydriert werden können (RUZICKA).

Durch weiteren Ringschluß entstehen trizyklische Sesquiterpene, deren Konstitution bis jetzt nur in wenigen Fällen vollständig erschlossen ist. Zu dieser Gruppe gehören das Kopaen $C_{15}H_{24}$ (afrikanischer Kopaivabalsam), das Santalen $C_{15}H_{24}$ und dessen Alkohol Santalol $C_{10}H_{23}OH$ (ostindisches Sandelholzöl), das Cedren und das Gurjunen. Ferner ist der wirksame Bestandteil des Wurmsamens Santonin, ein trizyklisches Ketolakton, hierherzuzählen. Die Sesquiterpene sind wie die Monoterpene zum Teil flüssig und meistens typische Riechstoffe.

3. Diterpene.

Zu den Diterpenen mit 20 Kohlenstoffatomen gehören das Kamphoren $C_{20}H_{32}$ (Kampheröl), das aus zwei Molekülen Myrcen zusammengesetzt ist, und die Abietinsäure $C_{20}H_{30}O_2$, die den Hauptbestandteil des Kolophoniums ausmacht. Andere Harzsäuren, wie sie vor allem in den Koniferenharzen auftreten, sind mit der Abietinsäure isomer.

Die Gruppe der Diterpene ist dadurch interessant, daß sie nicht nur Riechstoffe und Harze, sondern auch pflanzliche Farbstoffe enthält, denn der Safranfarbstoff Crocetin gehört nach Ruzicka hierher. Crocetin ist eine stark ungesättigte aliphatische Dikarbonsäure von der Pauschalformel $C_{20}H_{24}O_4$. Dem entsprechenden Kohlenwasserstoff käme die Formel $C_{20}H_{28}$ zu; es handelt sich also um ein dehydriertes Diterpen. Verwandt mit dem Crocetin ist das Vitamin A $C_{20}H_{29}OH$ (Karrer, 3). Neben diesen stark ungesättigten Körpern zählt Ruzicka auch den weitgehend gesättigten Alkohol Phytol $C_{20}H_{30}OH$, der in Esterform am Aufbau des Chlorophyllmoleküls teilnimmt, zu den Diterpenen. Er ist als hydriertes Diterpen aus vier Isopentangliedern aufgebaut.

Crocetin
$C_{20}H_{24}O_4$

Phytol
$C_{20}H_{39}OH$

4. Triterpene.

Die Konstitution der pflanzlichen Triterpene ist noch lückenhafter bekannt, während man diejenige des tierischen Triterpens Squalen $C_{30}H_{50}$ genau kennt. Zu den vegetabilischen Triterpenen gehören das Amyrin, ein in vielen milchsaftführenden Pflanzen vorkommender Alkohol, und der Dialkohol Betulin, welcher der Birkenrinde ihre weiße Farbe verleiht. Andere Vertreter der Triterpene kommen an Zucker gebunden in Glukosiden vor, die wegen der seifenähnlichen Beschaffenheit ihrer wässerigen Lösungen als Saponine bezeichnet werden. Die terpenartigen Spaltstücke nennt man Sapogenine: Hederagenin (Efeu), Oleanolsäure (Oleander).

5. Tetraterpene (Karotinoide).

Zu den ungesättigten Verbindungen mit 40 Kohlenstoffatomen gehören die natürlichen Polyenfarbstoffe, die im Pflanzenreiche durch die Karotinoide[1] vertreten sind: Karotin $C_{40}H_{56}$ (Möhre), Lykopin $C_{40}H_{56}$ (Tomate, Hagebutte), Xanthophyll $C_{40}H_{56}O_2$, Zeaxanthin $C_{40}H_{56}O_2$ (Maisfarbstoff), Rodoxanthin $C_{40}H_{56}O_2$ (Eibenbeere) usw. KARRER (3) schlägt für Karotin und Lykopin folgende Konstitutionsformeln vor:

Lykopin
$C_{40}H_{56}$

β-Karotin
$C_{40}H_{56}$

Beim Lykopin ist besonders leicht ersichtlich, wie diese Polyenfarbstoffe aus acht Isoprengerüsten zusammengesetzt sind. Die Klassifikation der Terpene von RUZICKA führt also zum interessanten Ergebnis, daß die ungesättigten Pflanzenfarbstoffe $C_{40}H_{56}$ chemisch das gleiche Konstitutionsprinzip aufweisen wie die niedrigmolekularen Mono- und Sesquiterpene.

Die Karotinoide sind fest und kristallisieren aus organischen Lösungsmitteln (Äther, Azeton, Benzol, Chloroform). Die Kohlenwasserstoffe lösen sich in Benzin oder Petroläther leicht, in Alkohol dagegen schwer. Die sauerstoffhaltigen Karotinoide (Xanthophyll) verhalten sich dagegen umgekehrt. Die Karotinoide erscheinen in der Zelle sehr oft kristallisiert als dichroitische rhombische Täfelchen (Möhre) oder als Nädelchen (Lykopin der Hagebutte, *Lycium*- und *Solanum*-Früchte) (vgl. Abb. 105).

6. Polyterpene (Kautschukgruppe).

Den Abschluß der Terpenreihe bildet der hochpolymere Kautschuk mit seinen Isomeren Guttapercha und Balata, die als Kaut-

---

[1] Die Karotinoide sind dehydrierte Terpene (s. Tab. 37) und werden daher gewöhnlich als selbständige Körperklasse behandelt (ZECHMEISTER, 2).

schukgruppe zusammengefaßt werden. Über die chemische Konstitution dieser Stoffe ist wegen ihrer großen technischen Bedeutung sehr viel gearbeitet worden. Als Resultat steht fest, daß das Kautschukmolekül aus einer Kette von Isoprengerüsten besteht:

$$CH_3-\underset{\underset{CH_3}{|}}{C}=CH-CH_2-\left[-CH_2-\underset{\underset{CH_3}{|}}{C}=CH-CH_2-\right]_x-CH=\underset{\underset{CH_3}{|}}{C}-CH=CH_2$$

wobei aber die Konstitution der beiden Endglieder und die Größe der Polymerisationszahl x nicht genau bekannt sind. STAUDINGER (6) schreibt auf Grund von Viskositätsmessungen dem Kautschuk den Polymerisationsgrad $x = 1000$ und der Balata $x = 750$ zu.

Die große Elastizität des Kautschuks hängt vermutlich mit den langen Ketten und der ungesättigten Natur seines Kohlenstoffgerüstes zusammen. Es ist wahrscheinlich, daß die vielen Doppelbindungen ein Einknicken der Ketten bewirken, beispielsweise ähnlich wie in der oben gegebenen Lykopinformel. Durch Dehnung des Kautschuks werden die Fadenmoleküle geradegestreckt, lagern sich parallel und es tritt dann eine äußerst merkwürdige Erscheinung auf: Der in ungedehntem Zustande völlig amorphe Rohkautschuk beginnt zu kristallisieren! KATZ (3, 4) hat diesen Effekt mit der Röntgenkamera entdeckt. Offenbar legen sich die Hauptvalenzketten des Kautschuks gittermäßig aneinander und liefern dann Röntgeninterferenzen. Die Faserperiode beträgt 8,1 Å, was der Länge von zwei Isoprenresten entspricht. Der Elementarbereich ist rhombisch (12,3 : 9,3 : 8,1 Å) und umfaßt acht Isoprenreste (MEYER und MARK, 6). Wenn die Kautschukfadenmoleküle bei der Dehnung kristallisieren, also gewissermaßen von einer Art flüssigem in den festen Zustand übergehen, muß Wärme frei werden. Dies ist die schon lange bekannte JOULEsche Wärme, die bei Dehnung des Kautschuks in Erscheinung tritt und heute als Kristallisationswärme gedeutet wird (FEUCHTER, FIKENTSCHER). Die Kristallisation bringt eine Zunahme der Dichte des Kautschuks mit sich (ungedehnt 0,937, 4000% gedehnt 0,953). (HOCK, 1, 2).

Gedehnter Kautschuk ist stark doppelbrechend (ZOCHER). Dies läßt sich leicht feststellen, wenn man die Fäden untersucht, die sehr oft beim Zerreißen milchsaftführender Organe von Kautschukpflanzen entstehen. Die Blätter der Guttaperchapflanze *(Pallaquium)* zeigen diese Fadenbildung ohne weiteres, wenn man sie entzweibricht und die beiden Hälften sorgfältig auseinanderzieht. Bei Pflanzen mit flüssigem Milchsaft, wie z. B. *Hevea*, muß man die Pflanzenteile dagegen erst anwelken lassen, um die charakteristischen Fäden zu erhalten. Aus *Hevea*-Triebstücken lassen sich auf diese Weise Kautschukfäden gewinnen, die den einzelnen Milchröhren entspringen und äußerst dünn ausgezogen werden können. Sie besitzen Dicken von etwa 3,5 μ und zeigen Gangunterschiede $\gamma\lambda$ von 800 Å, woraus sich eine Doppelbrechung von 0,023 berechnet. Ihr Vorzeichen ist positiv. Die optische Anisotropie dieser Fäden ist viel größer als diejenige von gedehnten Rohkautschukplatten, da offenbar eine sehr vollständige Kristallisation des

Kautschuks und eine ideale Orientierung der entstandenen Kristallite erzielt wird. van Geel und Eymers finden bei 150% gedehnten Filmen aus eingetrocknetem *Hevea*-Milchsaft für die Doppelbrechung Werte von ungefähr 0,0015, also Größen, die mehr als 10mal kleiner sind als bei den gedehnten Kautschukfäden.

Die Polyterpene Guttapercha[1] und Balata werden aus dem Milchsaft der Sapotaceengattungen *Pallaquium* und *Mimusops* gewonnen. Sie sind mit dem Kautschuk stereoisomer (Staudinger, 2). Im Gegensatz zu Kautschuk sind sie aber bei gewöhnlicher Temperatur plastisch und werden erst über 60° elastisch. Sie enthalten bereits im ungedehnten Zustande Kristallite, die Debye-Scherrer-Ringe liefern. Die Röntgendiagramme von Guttapercha und Balata sind identisch (Hauser, 1; Hopff und Susich; Stillwell und Clark). Wahrscheinlich ist Guttapercha auf Grund ihrer physikalischen Eigenschaften (Viskosität und Festigkeit) etwas höher polymer als Balata. Die Röntgenanalyse liefert eine Identitätsperiode von 4,8 Å; im Gegensatz zum Gitter des gedehnten Kautschuks scheinen keine Schraubenachsen vorhanden zu sein. Der zwei Isoprenreste umfassenden Faserperiode des Kautschuks von 8,1 Å entspricht daher die doppelte Identitätsperiode 9,6 Å von Guttapercha. Die Kettenglieder des Kautschuks sind also kürzer. Der Kautschuk besitzt daher wahrscheinlich etwas gekrümmte Kettenglieder, während diejenigen der Guttapercha wie bei Paraffinen regelmäßig zickzackförmig gebaut sein sollen. Dies läßt sich verstehen, wenn man Kautschuk die Cis-, Guttapercha dagegen die Trans-Konfiguration zuschreibt.

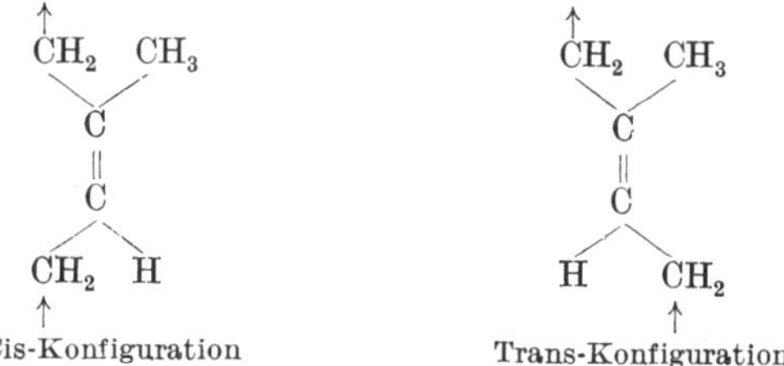

Kettenglieder von Kautschuk und Guttapercha (↑ = Kettenrichtung).

Guttapercha ist optisch dadurch interessant, daß ihre Kristallite zum Teil mikroskopische Dimensionen erreichen; sie sind länglich und besitzen nach Kirchhof ein Längen-Breitenverhältnis von

---

[1] Verenglischte Schreibweise der malayischen Wortzusammensetzung geta pertja (geta = Milchsaft, pertja = *Pallaquium*).

1,5 ÷ 3,0 : 0,5 μ. Diese Kriställchen, die in eine amorphe Grundmasse eingesetzt sind, hat AMBRONN (8) schon vor Jahrzehnten entdeckt, und da sie sich bei Deformationen entsprechend dem Kräftefeld richten, ist die Guttapercha von AMBRONN lange bevor die Röntgenanalyse bekannt war, stets als ein ins mikroskopische Gebiet übertragenes Beispiel für die Orientierung submikroskopischer Micelle und die dadurch entstehenden Doppelbrechungserscheinungen angeführt worden.

7. Ausblick.

Nach der Systematik von RUZICKA umfassen die Terpene Körper wie: Riechstoffe, Kampher, Harze, Vitamine, Sapogenine, Karotinoide und Kautschuk, von denen man kaum erwartet hätte, daß sie so nahe verwandt miteinander seien.

Die Großzahl dieser Stoffe verhält sich tierphysiologisch außerordentlich aktiv, und man fragt sich unwillkürlich, ob die Terpene für die Physiologie der Pflanzen eine ähnlich wichtige Rolle spielen. Wie gezeigt werden soll, hat man aber hierfür keinerlei Anhaltspunkte; denn die Terpene betragen sich nach ihrer Bildung in der Pflanze auffallend passiv, was um so merkwürdiger erscheint, als es sich meistens um sehr ungesättigte Verbindungen handelt, die chemisch leicht reagieren sollten.

Von größtem Interesse ist indessen für die Pflanzenphysiologie das gemeinsame Bauprinzip der Terpene. Das Problem der Entstehung und der physiologischen Bedeutung der ätherischen Öle, Harze und Kautschukarten ist nun nicht mehr ein vielgestaltiger Fragenkomplex wie bisher, sondern läßt sich von einem einheitlichen Standpunkt aus beleuchten. Es ist allerdings noch nicht bekannt, bei welchem physiologischen Vorgang das immer wiederkehrende Kettenglied Isopren in der Pflanze entsteht. Aber wahrscheinlich wird es stets bei vergleichbaren oder identischen Stoffwechselprozessen gebildet, so daß die Terpene nicht nur chemisch eine großartige Verwandtschaftsklasse, sondern auch physiologisch eine einheitliche Gruppe von Stoffwechselprodukten vorstellen.

B. Physiologie der Terpenverbindungen.
1. Bildungsorte der Terpene in der Pflanze.
a) Die Theorie von TSCHIRCH.

Nach der klassischen Pflanzenphysiologie entstehen ätherische Öle und Balsame wie andere Stoffwechselprodukte im Protoplasma und werden dann durch die Zellwand in Interzellularräume oder ins Freie hinausbefördert. Tschirch glaubt dagegen (Tschirch und Stock, 2), daß die Balsame und ätherischen Öle in der Zellwand entstehen. Die Gründe, die Tschirch zu seiner Theorie geführt haben, sind für eine einwandfreie Beurteilung des Problems der Terpenbildungsorte in der Pflanze wichtig, weshalb hier näher darauf eingetreten werden soll.

Größere Mengen niedrigmolekularer Terpene (ätherische Öle, Balsame) trifft man nie im Protoplasma selbst, sondern stets außerhalb der Zelle in Interzellularen oder Membrantaschen. Besonders bei Drüsenhaaren, die ätherische Öle ausscheiden, ist leicht zu beobachten, wie sich die Terpenverbindungen zwischen Kutikula und sekundärer Zellwandschicht anhäufen, bis schließlich die aufgeschwollene Kutikula platzt (s. Abb. 108a).

Tschirch und seine Schüler beschreiben diesen Ausscheidungsmodus auch für Zellen, die Terpene in Interzellulargänge abgeben; er soll durch eine schleimige Veränderung der Zellwand eingeleitet werden. Namentlich bei den Behältern der sog. Gummiharze, bei denen nachweislich das Gummi durch Verschleimung gewisser Zellwandpartien entsteht, sollen die Harzverbindungen zuerst in der sich metamorphisierenden Membranschicht gesichtet werden. Aber auch bei echten Harzkanälen sollen die Terpenverbindungen in taschenartigen Kappen der Ausscheidungszellen entstehen und sich dann von da aus in den Kanal ergießen (Sieck).

Von verschiedenen Seiten (Schwabach; Müller, R.; Dormann; Janssonius; Lehmann) ist die Theorie von Tschirch jedoch auf Grund zytologischer Beobachtungen an sog. „Ölzellen" (s. Abb. 109) abgelehnt worden. Am eingehendsten erfolgt die Widerlegung durch Leemann (1, 2), der zeigt, daß die ätherischen Öle nicht in verschleimten Zellwänden, sondern im Protoplasma entstehen. Es gibt jedoch nicht nur zytologische, sondern auch chemische Gründe, die gegen die Ansicht von Tschirch sprechen.

Tschirch nennt die Membranpartie, in welcher die Terpene zuerst auftreten sollen, resinogene Schicht, womit ausgedrückt werden soll, daß die Zellwand die ätherischen Öle und Balsame aufbaue. Bei dieser Synthese würden aber nicht durch Umwandlung der Zellhaut entstandene Grundkörper, sondern besondere vom Protoplasma zur Verfügung gestellte resinogene Substanzen als Ausgangsmaterial benützt.

Als Vollzieher dieser chemischen Synthese in der Zellwand spricht Tschirch (2) die pektinhaltige Mittellamelle an, die im Gegensatz zur sekundären Zellwand nicht aus kristallinen Micellen bestehe, und daher als „aktives Biokolloid" angesprochen werden müsse. Da die Mittellamelle nicht nur als Interzellularsubstanz auftritt, sondern ebenso die Außenwände der Hautgewebezellen umkleidet, soll sie auch bei der Ausscheidung von Kutin und Wachs, sowie bei der Ionenadsorption durch die schleimige Außenschicht der Wurzelhaare besondere chemische Leistungen vollbringen. Im Falle der Terpene sind wir heute in der Lage, genauere Angaben über die Art der chemischen Arbeit zu machen, die bei der Entstehung der verschiedenen Glieder der Terpenreihe geleistet werden muß.

b) Vergleich der Bildungsorte von Terpenen und Kohlenhydraten.

Da die Terpene durchwegs sauerstoffarme (mit 0—4 Sauerstoffatomen auf 10, 15, 20, 30 oder 40 Kohlenstoffatome) und stark ungesättigte Verbindungen sind, muß bei ihrer Entstehung eine kräftige Reduktion verbunden mit einer weitgehenden Dehydrierung die Hauptolle spielen. Als weitere chemische Leistung gesellt sich die Synthese der verschiedenen Glieder der Terpenreihe aus dem dehydrierten Reduktionsprodukt Isopren dazu. Betrachtet man nun zunächst unter Vernachlässigung der Dehydrierung den Doppelvorgang: Reduktion und Aufbau niedrig-molekularer bis hochpolymerer Verbindungen aus einem Grundkörper, so wird man an die Kohlenhydrate erinnert, bei denen die Glukose eine ähnliche Rolle spielt wie das Isopren bei den Terpenen. Da man bei den Kohlenhydraten über den Ort ihrer Entstehung in den Zellen genau unterrichtet ist, scheint es dankbar einen Vergleich mit den Terpenen anzustellen.

Der Reduktionsvorgang der Kohlenhydratgenese ist die an den Chlorophyllfarbstoff gebundene Kohlensäureassimilation. Als erstes sichtbares Produkt der Assimilation tritt gewöhnlich Stärke auf. Die Synthese dieses Polysacchararides erfolgt in besonders differenzierten Plasmabestandteilen, den Plastiden, und zwar entweder in Leukoplasten (Stärkebildnern) oder dann in den Chloroplasten, d. h. an den Reduktionsorten selbst. Die Teilvorgänge Reduktion und Synthese können also getrennt nacheinander stattfinden oder gekoppelt nebeneinander herlaufen. Im Gegensatz zur

Stärkebildung ist die Entstehung von Disacchariden aus den Monosacchariden nicht an Plastiden gebunden, sondern sie erfolgt im morphologisch undifferenzierten Protoplasma.

Versucht man die Befunde bei den Kohlenhydraten auf die Terpenreihe zu übertragen, so gilt es zunächst festzustellen, wo der primäre Reduktions- und der darauffolgende Dehydrierungsprozeß stattfindet. Obschon man weder den Ausgangskörper dieser Reduktion kennt, noch das hypothetische Isopren in der Pflanze nachgewiesen hat, kann man doch mit großer Sicherheit sagen, daß diese Vorgänge im Protoplasma stattfinden müssen. Denn sie setzen einen beträchtlichen Energieaufwand voraus und sind daher an bestimmte Energiequellen gebunden. Jedenfalls ist es wohl kaum angängig, solche endotherme Prozesse in die Zellwand hinaus zu verlegen. Wie bei der Kohlenhydratsynthese die Tendenz besteht, der Reduktion die Polymerisationsprozesse direkt anzuschließen, so gehen auch bei der Terpenbildung diese Vorgänge gekoppelt nebeneinander her. Statt des Grundkörpers Isopren treten direkt Mono-, Sesqui- oder Diterpene und deren Gemische in Erscheinung. Die Entstehung dieser Stoffe muß also an das Protoplasma gebunden sein, und zwar erfolgt sie ohne die Vermittlung von Plastiden.

Sucht man nun bei dieser Genese nach den sog. „resinogenen Substanzen" von Tschirch, die in die Zellwand hinauswandern und dort in Balsame oder ätherische Öle verwandelt werden sollen, so kommt man zum Schlusse, daß sie, falls sie überhaupt existieren, mit den niedrigmolekularen Terpenen identisch sein müssen. Die eigentliche Terpengenese kann die Zellwand nicht leisten, da ihr die Energiequelle dazu fehlt, und einfachere Glieder als die Monoterpene sind in der Pflanze nicht bekannt. Hiermit soll jedoch nicht gesagt werden, daß sich die Terpene außerhalb der Zellen nicht mehr verändern. Ob extrazellulär Zusammenlagerungen von kleineren zu höheren Gliedern der Terpenreihe vorkommen, ist allerdings fraglich; doch können sicher Umlagerungen und Oxydationen auftreten, denn solche Vorgänge sind auch außerhalb der Pflanze bekannt, wie z. B. die Umsetzung von Pinen in Silvestren im Terpentinöl, oder die oxydative Verharzung von Balsamen. Die Oxydasen, die nach Tschirch außerhalb der Zellen in den Exkretbehältern vorkommen, dürfen wohl mit solchen Oxydationen in Zusammenhang gebracht werden. Auf Grund dieser physikalisch-chemischen Überlegungen muß man also annehmen, daß die eigentliche Terpenbildung intrazellulär im Protoplasma stattfindet, während extrazellulär nur zusätzliche Veränderungen der gebildeten Terpene vorkommen.

Im Gegensatz zu den niedrigmolekularen Terpenen werden die Tetraterpene und vielleicht zum Teil auch die Polyterpene, wie die Stärke in Plastiden synthetisiert. Es sollen nun die zytologischen Einzelheiten, die für die skizzierte Entstehungsweise der Terpene sprechen, genauer besprochen werden.

Tabelle 38.
Vergleich der Bildungsorte von Kohlenhydraten und Terpenen.

Polymeri-sations-grad x	Kohlenhydrate	Terpene	Aggregat-zustand	Bildungsort bei gegebenem Grundkörper
Grund-körper	$C_6H_{10}O_5$	C_5H_8		
$x = 1$	Monosaccharide	(Hemiterpen)		
2	Disaccharide	Monoterpene	gelöst oder flüssig	im Protoplasma
3	Trisaccharide[1]	Sesquiterpene		
4	Tetrasaccharide[2]	Diterpene		
6		Triterpene		
8		Tetraterpene	unlöslich, fest kristallisiert	
∽ 200	Inulin[3]			in Plastiden
∽ 650	Stärke			
∽ 700[4]	Zellulose		unlöslich, fest kristallisiert	Grenzschicht des Protoplasmas
∽ 750[4]		Balata Guttapercha	unlöslich und fest, zum Teil kristallisiert	(?)
∽ 1000[4]		Kautschuk		

c) Entstehung der niedrigmolekularen Terpene im Protoplasma.

Von zahlreichen Untersuchern (Literatur s. TSCHIRCH und STOCK, 2) sind kleinste, stark lichtbrechende und Osmiumsäure reduzierende Tröpfchen, die in den ausscheidenden Zellen von Drüsenhaaren und Harzkanälchen auftreten, als Terpene gedeutet worden. Der Bildungsherd der Terpene wurde von ihnen daher

---

[1] Z. B. Raffinose, Gentianose, Melezitose. [2] Z. B. Stachyose.
[3] Inulin tritt in der lebenden Zelle gelöst auf und entsteht daher auch nicht in Plastiden. [4] STAUDINGER (6).

ins Protoplasma verlegt. TSCHIRCH vermutet jedoch, daß Verwechslungen mit Fetttröpfchen vorliegen. Dieser Einwand kann nicht leicht entkräftet werden, da sich Lipoide und Terpene mikrochemisch gegenüber Lösungsmitteln, Osmiumsäure und Farbstoffen (Indophenolblau, Sudan III, Scharlach R, Alkanna, Cyanin) gleich verhalten. In seltenen Fällen sollen die Fette mit Indophenol einen blauen, die Terpene dagegen einen mehr violetten Ton annehmen. In neuerer Zeit sind aber Untersuchungen von GUILLERMOND und seiner Schülerin POPOVICI (2) erschienen, welche die Frage zu entscheiden gestatten. Die Schnitte werden vor der Untersuchung durch Verseifung von allen Fetten befreit, wobei die fraglichen Tröpfchen der Saponifikation widerstehen. Es ist so bewiesen, daß im Zellinhalt flüssige Terpene in Tropfenform vorkommen. Wie ferner durch Vital-Doppelfärbungen mit Indophenol und Neutralrot gezeigt werden

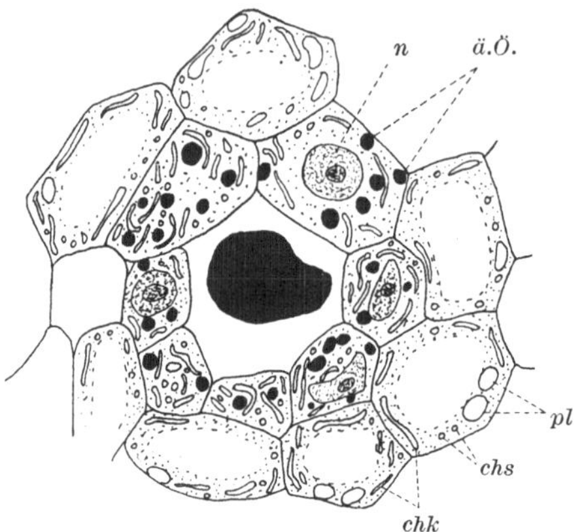

Abb. 104. Entstehung des ätherischen Öls im Exkretionskanal von *Philodendron*. *ä.Ö.* Kügelchen von ätherischem Öl (schwarz), *n* Kern, *pl* Plastiden, *chs* Chondriosomen, *chk* Chondriokonten = stäbchenförmige Chondriosomen (nach POPOVICI, 2).

kann, stehen diese Terpentröpfchen weder zu den Vakuolen, noch zu den Plastiden oder Chondriosomen in irgendeiner Beziehung. Sie entstehen unabhängig von anderen Zellbestandteilen frei im Protoplasma.

d) Entstehung der Tetraterpene (Karotinoide) in Plastiden.

Die gelben und orangen Pflanzenfarbstoffe entstehen bei den Blütenpflanzen meistens im Schoße von Plastiden wie das Blattgrün. Sie werden daher stets im Zusammenhange mit dem Chlorophyll erwähnt und behandelt. Im Grunde genommen bilden die Blattfarbstoffe jedoch keine Einheit, denn sie umfassen einerseits das physiologisch hochaktive Chlorophyll und andererseits inaktive Farbstoffe. Aber auch biochemisch gehören die verschiedenen Blattfarbstoffe nicht zusammen, und nachdem nun die Karotinoide als Tetraterpene erkannt worden sind, soll versucht werden, sie für die physiologische Betrachtung aus ihrem bisherigen Zusammenhange herauszunehmen und als Glied der Terpenreihe zu behandeln, ähnlich wie auch die Anthozyane von der künstlichen Familie der Pflanzenfarbstoffe abgetrennt und zu den Flavonen, Katechinen und Gerbstoffen in Beziehung gesetzt worden sind.

Die Chromoplasten, die die Karotinoide aufbauen, gehen je nach den besonderen Umständen entweder aus Chlorophyllkörnern hervor, die ihr Blattgrün verlieren (Mesophyll der Perigonblätter von *Lilium*, Mesokarp von *Asparagus* und *Arum*) oder aus stärkebildenden Leukoplasten (Epidermis der Kürbisblüte und der *Solanum*-Früchte). Sowohl Chloroplasten als auch Leukoplasten, die zu Chromoplasten werden, enthalten gewöhnlich Stärkekörnchen, die vor oder während der Ausbildung der Karotinoide verschwinden. In manchen Fällen gehen die Chromoplasten aus stäbchenförmigen Vorstufen der Plastiden, den sog. Chondriokonten, hervor; aber auch diese weisen vor der Erscheinung des gelben

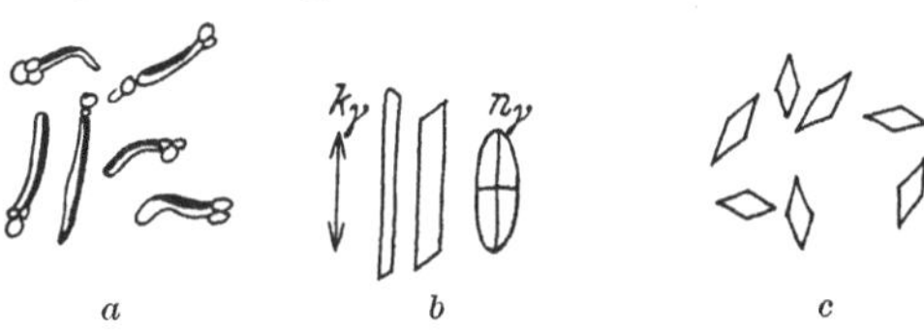

Abb. 105. Karotinoide. a) Entstehung des Blütenfarbstoffes von *Clivia nobilis*; stäbchenförmige Chromoplasten bilden kristalline Farbstoffnädelchen (schwarz) auf Kosten von zuerst gebildeten Stärkekörnchen (nach GUILLERMOND). b) Optik der Karotinnädelchen von *Daucus Carota*. n_y und das Absorptionsmaximum k_y fallen mit der Längsrichtung zusammen. c) Karotinkriställchen, aus Gewebeauszügen kristallisiert.

Farbstoffes kleinste Stärkekörnchen auf. Es scheint daher wahrscheinlich, daß Stärke das Ausgangsmaterial für die Terpensynthese liefert, aber wie man sich diesen Übergang, der im wesentlichen einer Umwandlung von Glukose $C_6H_{12}O_6$ in das Hemiterpen Isopren C_5H_8 gleichkommt, chemisch vorstellen muß, ist unbekannt.

Die gelben Pigmente (Xanthophyll) erscheinen in Chromoplasten entweder diffus oder als kleinste Granula, die an der Grenze des Auflösungsvermögens des Mikroskopes liegen, die orangen (Karotin, Lykopin, Rhodoxanthin) dagegen als größere Körnchen oder in sehr vielen Fällen als Kristalle. Die Chromoplasten nehmen dann häufig die Form der Kristalle an, die sie enthalten (Abb. 105a); manchmal bleiben die Plastiden dagegen rund, die Kristalle durchwachsen ihre Oberfläche und ragen beidseitig aus dem Umriß des Chromoplasten heraus. Bei der Möhre lösen sich nach der völligen Ausbildung der Karotinkristalle die Plastiden auf, so daß die kristallinen Pigmentkörner frei im Protoplasma liegen. Sie haben manchmal plättchenförmige, gewöhnlich aber spießige oder nadelförmige Gestalt, sind doppelbrechend und dichroitisch. Die Karotinnädelchen besitzen ihren größeren Brechungsindex und auch ihren größeren Absorptionskoeffizienten in der Längsrichtung (s. Abb. 105 b).

Die Karotinoide kommen in der Pflanze nicht ausschließlich in fester Form vor, sondern sie können ähnlich wie im Tierreich in Lipoidtröpfchen g e l ö s t auftreten; sie werden dann als L i p o - c h r o m e bezeichnet. Diese kennzeichnen namentlich niedere Pflanzen (Pilze), sind aber auch bei den Blütenpflanzen verbreitet. Besonders auffällig ist die orange Färbung der Öltröpfchen im Fruchtfleisch der Ölpalme *(Elaeis)*; auch die gelbliche Färbung von Milchsäften (z. B. *Hevea*) können durch in lipoidähnlichen Kügelchen gelöste Lipochrome verursacht sein (FREY-WYSSLING, 20). Wenn die Karotinoide in Lipoiden gelöst vorkommen, lassen sich keine Plastiden als ihre Erzeuger nachweisen. Chromoplasten treten nur in Erscheinung, wenn sie in f e s t e r Form abgeschieden werden [1].

Man darf daraus schließen, daß die Aufgabe der Plastiden vor allem darin besteht, f e s t e Stoffwechselprodukte aufzubauen und zu lokalisieren. Die Art der Synthese spielt dabei weniger eine Rolle als der A g g r e g a t z u s t a n d des Endproduktes. Es wird so verständlich, daß chemisch ganz verschiedene Körper wie Stärke, Chlorophyll und Karotinoide von Plastiden erzeugt werden. Gemeinsam ist all diesen Stoffen nicht irgendeine chemische Verwandtschaft oder eine einheitliche physiologische Bedeutung, sondern nur ihr hochmolekularer Zustand und ihre Wasserunlöslichkeit.

e) Entstehung der Polyterpene.

Die Polyterpene kommen ausschließlich in Milchsäften vor, so daß die Frage nach ihrer Entstehung eng mit dem Problem der Milchsaftbildung verknüpft ist. Milchsaft oder L a t e x nennt man Suspensionen, deren Dispersionsmittel aus Zellsaft und deren disperse Phase aus verschiedenen mehr oder weniger hydrophoben organischen Teilchen besteht. Ihre milchige bis rein weiße Farbe kommt dadurch zustande, daß der Brechungsindex der dispergierten Teilchen sich stark von demjenigen des Suspensionsmittels unterscheidet. Die disperse Komponente besteht in den meisten Fällen aus Polyterpenen (Kautschuk, Guttapercha, Balata), manchmal jedoch zum Teil auch aus anderen Stoffen, wie eiweißartigen Verbindungen (*Ficus cordifolia* und *Ficus callosa* mit wässerigem

---

[1] Der gelbe Farbstoff des Safran, Crocin, der als Glukosidester von Crocetin mit 2 Molekülen Gentiobiose w a s s e r l ö s l i c h ist (KARRER und MIKI, wird ebenfalls nicht in Plastiden, sondern im Z e l l s a f t gespeichert.

Milchsaft und 80—90% Stickstoff im Trockenrückstand) oder Alkaloiden (Opium, 20—25% Alkaloide im eingetrockneten Milchsaft von *Papaver somniferum*). Hier soll nur von den kautschukhaltigen Milchsäften die Rede sein. Der hydrophobe Charakter der suspendierten Teilchen äußert sich in der mehr oder weniger leichten Koagulierbarkeit der Milchsäfte; sie scheiden sich dabei in eine klare Flüssigkeit, das sog. Serum und das ausgefallene Koagulum, das ausgewaschen und getrocknet als Rohkautschuk (Rohguttapercha, Rohbalata) bezeichnet wird.

Der Milchsaft ist in besonderen Zellen (Idioblasten) oder in der Regel in ausgedehnten Röhrensystemen enthalten. Die Milchröhren sind lebende Riesenzellen oder Zellfusionen, die mit einem dünnen Plasmabelag ausgekleidet sind, der einen riesigen, das ganze Zellsystem ununterbrochen durchziehenden Vakuolenraum umschließt. In jungen Milchröhren kann man das Protoplasma leicht nachweisen, und es läßt sich dann auch feststellen, daß die Milchröhren vielkernig sind (Bobilioff, 3). In ausgewachsenen Milchröhren mit ihrem undurchsichtigen und überaus stark entwickelten Vakuolensystem ließen sich lange zytologisch keine Einzelheiten erkennen; besonders hindernd wirkt der Umstand, daß sich bei Anwendung der zytologischen Mikrotechnik die Kautschukteilchen auflösen, so daß über ihre Entwicklung keine Auskunft erhalten werden kann.

Molisch (1) hat nachgewiesen, daß beim Anschneiden der Milchröhren von *Ficus elastica* nur der Zellsaftraum ausfließt, während das wandständige Protoplasma zurückbleibt. Es ist also sicher, daß die Kautschukteilchen in der Vakuole liegen. Da man aber nicht wohl annehmen konnte, daß der leblose Zellsaft Kautschuk bilde, wurden Zweifel laut, ob überhaupt das Serum des Milchsaftes dem Zellsaft entspreche und nicht etwa ein sehr verdünntes Protoplasma vorstelle (Bertold). Für diese Auffassung schien einerseits der Eiweißgehalt des Milchsaftes (bei *Hevea* 1—2%) und andererseits die Tatsache zu sprechen, daß oft statt einer scharfen Grenze zwischen wandständigem Protoplasma und dem zentralen Zellsaft ein kontinuierlicher allmählicher Übergang besteht. Heute ist das Problem durch Lebendbeobachtungen (Bobilioff, 1) an *Ficus, Euphorbia, Pedilanthus, Carica* und durch Vitalfärbungen (Popovici, 1) gelöst. Popovici konnte bei jungen, durchsichtigen Blattstielen vom Schöllkraut beobachten, wie sich die Terpenkügelchen im Protoplasma bilden. Als weiteres günstiges Objekt, das sich fixieren und schneiden ließ, erwies sich *Ficus Carica*. Hier konnte mit Säurefuchsin das wandständige Protoplasma mit seinen Kernen und Chondriosomen sichtbar gemacht werden. Dabei zeigte sich, daß die Kautschukteilchen im Plasma entstehen und dann in den Vakuolenraum hineinfallen, ähnlich etwa wie auch die Gipskriställchen der Closterien aus dem Zytoplasma in die Endvakuole gelangen. In gleicher Weise wachsen die hantelförmigen Stärkekörner im Milchsaft der *Euphorbia*-Arten in Plastiden heran, d. h. also im Protoplasmabelag der Zelle, und werden dann gelegentlich in den Vakuolenraum verschleppt. Eine scharfe Abgrenzung zwischen Plasma und Zellsaft scheint nicht vorhanden zu sein.

Mit der Feststellung, daß die Kautschukteilchen im Plasma gebildet werden, ist die Frage nach ihrer Entstehung indessen noch nicht vollständig gelöst, denn es gilt nun noch zu entscheiden, ob, wie bei den Tetraterpenen, Plastiden an ihrer Ausbildung beteiligt sind. Ein direkter Nachweis von Leukoplasten als Bildungsherde der Polyterpene fehlt, dagegen lassen sich indirekte Hinweise dafür namhaft machen. Halbfeste Stoffwechselprodukte wie Fette oder Sterine, die im Protoplasma 'entstehen, erscheinen stets als kleine Tröpfchen, d. h. es wird ihnen durch die Oberflächenspannung die ideale

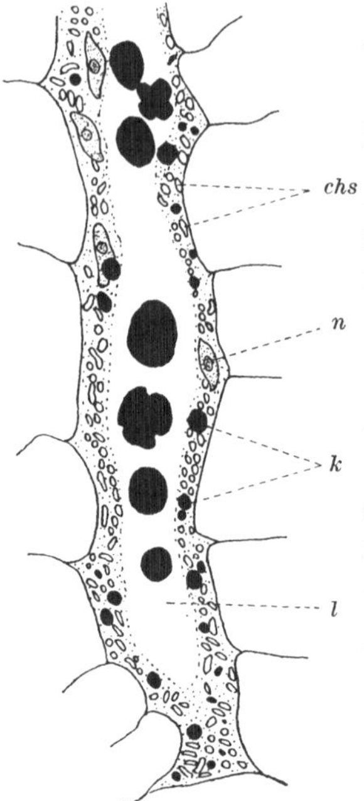

Abb. 106. Entstehung des Kautschuks in den Milchröhren von *Ficus Carica*. *n* Kerne, spindelförmig, *chs* Chondriosomen (weiß), *k* Kautschukkügelchen (schwarz), *l* Latex in der Vakuole mit großen Kautschukteilchen.

Kugelform aufgezwungen. Im Gegensatz dazu besitzen die von den Plastiden aufgearbeiteten Stoffe, sofern sie nicht in feinster Verteilung auftreten (Chlorophyll), ganz bestimmte Formen (Stärkekörner, Karotinoidkristalle). Die Polyterpene nehmen eine Art Zwischenstellung zwischen den beiden erwähnten Stoffgruppen ein. Gewöhnlich sind die Kautschukteilchen der Milchsäfte kugelig (*Ficus elastica*) wie Fetttröpfchen, in anderen Fällen dagegen ähnlich wie Stärkekörner s p e z i f i s c h g e f o r m t. Bei *Hevea brasiliensis* ist ihre Gestalt gewöhnlich tränen- oder birnförmig, manchmal mit auffallend langem Stiel und bei *Manihot Glaziovii* trommelstockförmig. HAUSER (1) hat die Kautschukteilchen von *Hevea* mit dem Mikromanipulator angestochen und findet, daß ein plastischer, halbflüssiger Kern von einer festen Außenschicht umgeben sei. Er schließt daraus, daß der Polymerisationsgrad der Kautschukmoleküle im Teilchen von innen nach außen zunehme. Mit gleichem Recht kann man aber auch annehmen, daß die äußerste Schicht als Grenzhaut sich mechanisch vom Innern abweichend verhält.

Die Kautschukteilchen zeigen Wachstumserscheinungen. In jungen *Hevea*-Pflanzen erscheinen sie als kleinste Kügelchen mit

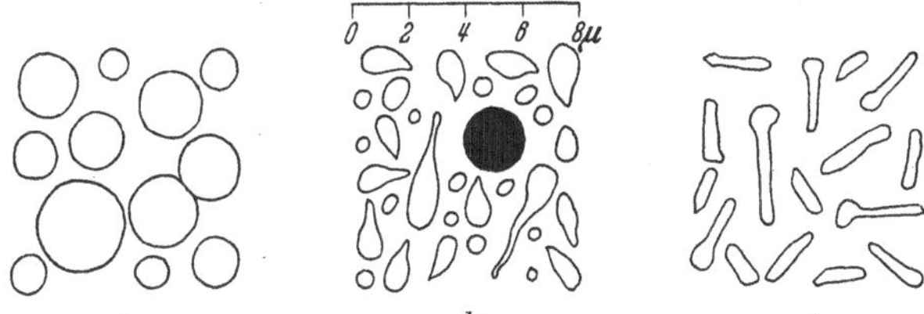

Abb. 107. Kautschukteilchen. a) Von *Ficus elastica* (rund), b) von *Hevea brasiliensis* (tränenförmig) selten geschwänzt; junge Pflanzen besitzen nur kleinste Kügelchen, die wachsen; hin und wieder runde „Harz"kügelchen, die einen gelben Lipochromfarbstoff speichern (schwarz). c) Von *Manihot Glaziovii*, trommelstockförmig.

an der Grenze des Mikroskopauflösungsvermögens liegenden Ausmaßen, während sie in zapfreifen Bäumen teilweise zu 1—2 μ großen Tränen herangewachsen sind.

Die Formänderung läßt vermuten, daß bei diesem Wachstum Plastiden am Werke sind. Die Kautschukteilchen müssen dann wie Stärkekörner vom Rest der Plastiden, d. h. von einem Eiweißhäutchen, umschlossen sein. Bei *Ficus elastica* (PREYER) und *Castilloa elastica* (WEBER) lassen sich solche Eiweißhüllen mikrochemisch nachweisen, bei *Hevea* und *Manihot* hingegen nicht; dagegen läßt sich makrochemisch zeigen, daß bei *Hevea* ein Teil des Eiweißes im Milchsaft an die Kautschukteilchen gebunden ist, denn sie lassen sich auf physikalischem Wege (Auswaschen, Zentrifugieren) nicht vom an ihnen haftenden Eiweiß (2—3%) befreien (BEUMÉE-NIEUWLAND); nur auf chemischem Wege (Laugenbehandlung) gelingt eine völlige Trennung. Die Eiweißhülle spielt als Ampholyt eine wichtige Rolle bei der Kautschukkoagulation. Verändert man den physikalisch-chemischen Zustand des Eiweißes durch Kochen, fällt der Kautschuk nicht mehr als fester elastischer Kuchen aus, sondern rahmt als unzusammenhängende Flocken auf.

Es bestehen also Anzeichen dafür, daß die Kautschukteilchen in plastidenartigen Plasmakörperchen gebildet werden. Hierdurch würde sich unser Bild von den Plastiden, die wir als Zentren angesprochen haben, welche feste Stoffe aufbauen, abrunden. Die festen Erzeugnisse der Plastiden sind gewöhnlich kristallinisch (Stärkekörner, Karotinoide). Die Kautschukteilchen machen hiervon jedoch eine Ausnahme, da sich ihre Moleküle nur unter speziellen Bedingungen (Zugbeanspruchung) zu einem Kristallgitter zusammenordnen. Die suspendierten Polyterpenteilchen erscheinen daher stets optisch völlig isotrop und amorph.

Bei den Tetraterpenen wurde auf einen möglichen Zusammenhang zwischen Stärke und der Karotinoidbildung hingewiesen, da in den Plastiden bei der Entstehung der Pigmente gewöhnlich kleine Stärkekörnchen verschwinden. Noch deutlicher ist diese Beziehung bei der Kautschukbildung von *Hevea brasiliensis*. Durch Anzapfungen verlorener Milchsaft wird in kurzer Zeit regeneriert, wobei infolge starkem und fortgesetztem Milchsaftentzug die Stärkereserven der umliegenden Speichergewebe (Phloem und Holzparenchym) bis zur Erschöpfung aufgebraucht werden (FITTING, 1). Man darf daraus schließen, daß das plastische Material, aus dem der Kautschuk aufgebaut wird, hydrolisierte Stärke, also Glukose ist. Reduzierende Zucker lassen sich allerdings im *Hevea*-Milchsaft nur in sehr unbedeutenden Mengen nachweisen, dagegen tritt ein Derivat des zyklischen Zuckers Inosit in ansehnlichen Mengen auf (0,5—1,5%). DE JONG identifizierte diese Verbindung mit dem Quebrachit, einem Monomethyläther des Inosit. Es scheint, daß Zusammenhänge dieser Hexaoxyzyklohexan-Verbindungen zu den Terpenen bestehen, in deren Begleitschaft sie wiederholt gefunden worden sind. So isolierte GIRARD aus dem Milchsaft der Kautschuk-Lianen von Borneo den Bornesit, ebenfalls ein Monomethyläther, und aus dem Lianenmilchsaft von Madagaskar, der den Gabonkautschuk liefert, den Dambosit, einen Dimethyläther des Inosits. Ein weiterer Monomethyläther ist der Pinit aus dem Kambialsaft von *Pinus Lambertiana*. Da der Quebrachitgehalt im Latex von *Hevea* beträchtlichen Schwankungen unterworfen ist, muß man annehmen, daß er an gewissen Stoffwechselvorgängen beteiligt ist; ob und wie er aber zur Dehydrierung, die sich bei der Entstehung von Kautschuk aus Kohlenhydraten abspielen muß, in Beziehung steht, ist völlig unbekannt.

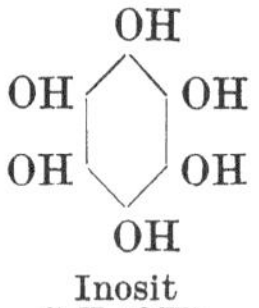

OH   OCH$_3$

Inosit   Quebrachit
$C_6H_6(OH)_6$ $C_6H_6(OH)_5OCH_3$

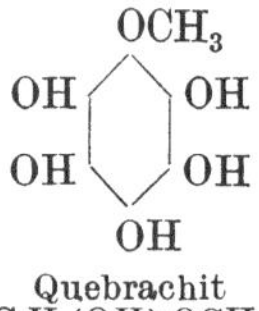

2. Physiologische Bedeutung der Terpene.

a) Kurze Übersicht der herrschenden Anschauungen.

Es wäre ein aussichtsloses Unterfangen, wenn man alle Meinungen erschöpfend behandeln wollte, die über die Bedeutung der Pflanzenstoffe, welche heute in der Gruppe der Terpene zusammengefügt werden, geäußert worden sind. Es kann daher nur eine Auswahl getroffen werden. Weitaus die meisten dieser Erklärungsversuche sind sog. biologische Deutungen, die der teleologischen Denkweise entspringen; nur wenige wirkliche physiologische Hypothesen liegen vor. Die den einzelnen Terpenklassen zugesprochenen Aufgaben sind so verschieden, daß es geboten scheint, wie bisher dem chemischen Einteilungsprinzip zu folgen und die Stoffe nach ansteigendem Polymerisationsgrad zu behandeln.

Am gesuchtesten sind wohl die Zweckbestimmungen, die den ätherischen Ölen zugeschrieben werden. In erster Linie sollen sie dazu dienen, als Blütenduft die Insekten zur Bestäubung anzulocken. Aber es ist natürlich den Teleologen nicht entgangen, daß die flüchtigen Öle der Blütenregion mengenmäßig ganz zurücktreten gegenüber den großen Massen, die von den vegetativen Organen der Labiaten, Umbelliferen und anderen Familien ausgeschieden werden. Bei *Dictamnus alba* (Rutaceen) kann z. B. bei sonnigem und ruhigem Wetter die Konzentration des ätherischen Öls in der nächsten Umgebung der Pflanze so groß werden, daß ein brennbares Gasgemisch entsteht, das bei Entzündung als Flamme verpufft. Auffallend groß sind ferner die Mengen ätherischer Dämpfe, die der Mittelmeer-Garrigue einen so herrlichen Duft verleihen. Was soll der Zweck dieser Ausscheidungen sein? Man fand, daß sie gewisse Strahlen des Sonnenspektrums, besonders die ultraroten Wärmestrahlen, absorbieren, und schloß daraus, daß diese Gase dazu bestimmt seien, die Pflanze gegen zu intensive Erwärmung zu schützen. Je heißer die Sonne brennt, um so stärker soll die Luft mit diesem Schutzmittel geschwängert werden.

Aber vielfach bleiben die ätherischen Öle in Behältern innerhalb der Pflanze eingeschlossen, wie bei den Hypericaceen oder Rutaceen. Dadurch entstehen durchscheinende Punkte in den Blättern, die dann als Lichtsammler angesprochen werden oder gegen Tierfraß dienen sollen. Bei den Früchten der Gattung *Citrus*, die zwecks wirksamer Verbreitung ihrer Samen gefressen und verschleppt werden müssen, gerät man allerdings mit dieser Schutztheorie in Widerspruch.

Anders liegen die Verhältnisse bei den Balsamen, die die Pflanze auf natürlichem Wege nie verlassen, sondern zeitlebens in besonderen interzellularen Kanälen eingeschlossen bleiben. Sie können nur durch Wunden austreten, die Naturgewalten oder der Mensch den Balsambäumen zubringen. An der Luft verharzen sie durch Verdunstung der leichtflüssigen Bestandteile, sowie durch Oxydation des Rückstandes. Die Wunden werden auf diese Weise abgedeckt und verklebt. Die Harze sollen daher eine wichtige Rolle als Wundverschluß und als Schutzmittel gegen Infektionen spielen (Tschirch und Stock, 4). Die Harzausscheidungen sind daher mit allerlei anthropomorphen Bezeichnungen wie Eiter, Wundverkrustung usw. belegt worden. Dem Milchsaft der Kautschukpflanzen, der auf den erzeugten Wunden koaguliert, wird die gleiche Funktion zugeschrieben (de Vries). Kniep (2) hat indessen nachgewiesen, daß dem Kautschuk bei der Wundheilung keine schützende oder heilungsfördernde Wirkung zukommt, und nach Bernard soll die Ausheilung sogar besser vor sich gehen, wenn man den gebildeten Kautschukfilm von der Wunde entfernt. Eine andere Richtung will dagegen im Milchsaft ein Schutzmittel gegen Fraß sehen. In der Tat werden abgestorbene Rindengebiete von *Hevea,* die nicht mehr milchen, sofort von Bohrkäfern befallen, während der Milchsaft die Insekten am Eindringen in die lebende Rinde verhindert. Aber es ist wohl kaum erlaubt, auf Grund solcher Einzelfälle den Harz- und Kautschukvorkommnissen allgemein die Aufgabe von Schutzmitteln zuzuschreiben.

Besonders erwähnt müssen jene Fälle werden, wo der Harzfluß nicht aus den bereits vorhandenen Harzkanälen erfolgt, sondern sekundär durch schwere Verwundungen hervorgerufen wird. *Myroxilon Pereirae* (Perubalsam), *Myroxilon toluiferum* (Tolubalsam) und *Styrax Benzoin* (Benzoeharz) sind Beispiele von solchen Balsambäumen, die ihr Harz nur als Antwort auf Verletzungen erzeugen und dabei besondere Harzkanäle ausbilden. Auch die *Pinus-* und *Picea*-Arten erzeugen in der Nähe der Wunden zusätzliche Harzgänge, wenn sie „geharzt" werden, und *Abies,* deren Holz sonst keine Harzgänge enthält, kann Beschädigungen des Holzkörpers mit der Bildung von Harzkanälen beantworten. So sehr diese Tatsachen zugunsten der Bewertung der Harze als Wundbalsame sprechen, so können sie doch keineswegs als Beweise dafür gelten; denn es lassen sich ebenso viele Gründe anführen, die mit dieser Theorie im Widerspruch stehen. So verhindern die ausgeflossenen Harzmassen oft eine normale Schließung der Wunde durch Überwallung, und geben Anlaß zur Bildung von Harztaschen oder gar Harzgallen. Und wenn durch ständig erneuten Wundreiz aus *Pinus maritima* (Landes) jährlich 10 kg (Tschirch und Stock, 3) und aus *Pinus Merkusii* (Nordsumatra) sogar 25 kg (Frey-Wyssling, 26) Harzbalsam herausgeholt

werden können, ersieht man ohne weiteres, daß es sich nicht einfach um die
Ausscheidung eines Wundverschlusses, sondern um eine tiefgreifende Stoff-
wechselkrankheit handelt.

Ähnlich wie mit dem Harzfluß verhält es sich mit dem durch Verwundung
erzeugten Gummifluß, der *Acacia*- und *Prunus*-Arten. Schließlich muß
auch das sog. „Wundgummi" in diesem Zusammenhang erwähnt werden,
das die Zellwände der Wundgewebe imprägniert und undurchlässig macht;
dabei handelt es sich wiederum nicht um eine zweckmäßige Unterbindung
der Zellwandpermeabilität, sondern um ein Stoffwechselprodukt, das sekundär
die erwähnte Veränderung der Zellwand zur Folge hat. Wenn man auch noch
weit davon entfernt ist, die Stoffumsetzungen, die bei Verwundungen in
der Pflanze auftreten, zu kennen, so lassen sich die verschiedenen Wund-
reaktionen doch besser physiologisch aus einem gesteigerten oder pathologisch
veränderten Stoffwechsel verstehen, als wenn man unbewiesene Zweckmäßig-
keitshypothesen zur Erklärung der beobachteten Vorgänge heranzieht. Es
darf daher der Schluß gezogen werden, daß der Harzfluß keine Ausscheidung
mit besonderen biologischen Aufgaben vorstellt.

Den Karotinoiden ist eine indirekte Mitwirkung bei der
Kohlensäureassimilation zugeschrieben worden, da sie stets
in einem konstanten Mengenverhältnis als Begleiter des Chloro-
phylls auftreten. Sie absorbieren das blaue Licht und sollen so
die Energie der kurzen Wellenlängen für die Photosynthese zur Verfügung stellen. Diese Überlegung ist indessen kaum stichhaltig,
da blaues Licht bei der Chlorophylltätigkeit relativ am wenigsten aktiv ist und durch die Absorptionsbanden des Chlorophyll-
farbstoffes selbst bereits zum großen Teil absorbiert wird. WILL-
STÄTTER und STOLL haben denn auch einwandfrei nachgewiesen,
daß die gelben Blattfarbstoffe beim Assimilationsvorgange nicht beteiligt sind. Ferner hat man den Karotinoiden eine wichtige Aufgabe
bei der Atmung zugeschrieben. Man stützte sich dabei auf ihren
ungesättigten Charakter $C_{40}H_{56}$ und auf das häufige Auftreten
von Oxydationsprodukten $C_{40}H_{56}O_2$ (Xanthophyll). Das Karotin
wurde daher als Sauerstoffakzeptor angesprochen (PALLADIN, 2),
der den molekularen Luftsauerstoff aufnehmen und ihn als leicht
zerfallendes Oxyd der Atmung zuführen soll. Die Tatsache, daß
Karotin, wenn auch oft nur in kleinen Mengen in allen höheren
Pflanzen und deren einzelnen Organen nachgewiesen und spektro-
skopisch identifiziert werden kann (MACKINNEY und MILNER;
SMITH und MILNER), bildet eine Stütze für diese Hypothese. Sie
ist besonders dadurch interessant, daß hier zum erstenmal auf den
besonderen Chemismus dieser Terpenverbindungen und nicht wie
üblich auf ihre physikalischen Eigenchaften abgestellt wird. Die
Karotinchemiker haben jedoch bis jetzt in dieser Richtung noch

keine Anhaltspunkte gefunden, da die naheliegende Umwandlung $C_{40}H_{56} + O_2 \rightleftarrows C_{40}H_{56}O_2$ in der höheren Pflanze „bisher nirgends einwandfrei nachgewiesen werden konnte" (ZECHMEISTER, 1).

Die Polyterpene sind nicht nur als Wundverschlußmittel, sondern, wie die hochpolymeren Kohlenhydrate Stärke und Inulin, auch als Reservestoff angesprochen worden. Da bei der durch Milchsaftentzug angeregten Bildung von Kautschukteilchen nachgewiesenermaßen Stärke verbraucht wird, ist die Möglichkeit nicht von der Hand zu weisen, daß die Pflanze diesen Vorgang unter Umständen rückgängig machen und Stärke zurückbilden könne. Es wird dabei auf die großen Mengen Polyterpene hingewiesen, die in den Kautschukpflanzen angehäuft werden. Der Halbstrauch *Parthenium argentatum* enthält z. B. 4,5% seines Trockengewichtes Kautschuk. Auch wenn man die Polyterpenvorräte der Kautschukbäume mit ihrem jährlichen Kohlenhydratumsatz vergleicht, findet man überraschende Zahlen. So enthält z. B. ein 20 m hoher *Hevea*-Stamm von 2 m Umfang mit einem 20ringigen Milchröhrensystem etwa 6 kg Kautschuk (BENDIXSEN); nach MÜNCH (2) beträgt der Zuwachs eines 15 m hohen Eichenstammes ebenfalls 6 kg. Der Kautschukgehalt des Milchröhrensystems ist also größenordnungsmäßig mit der jährlich gebildeten Masse Holz beim Dickenwachstum unserer einheimischen Bäume zu vergleichen. Wenn jedoch der Kautschuk einen Reservestoff vorstellen würde, müßte man erwarten, daß er beim Austreiben der Bäume wie Stärke mobilisiert würde. Dies ist aber wie im folgenden Abschnitt gezeigt werden soll, nicht der Fall.

Zusammenfassend stellen wir fest, daß über die physiologische Bedeutung der verschiedenen Terpene eine große Anzahl von Ansichten ausgesprochen worden sind, die völlig ohne inneren Zusammenhang nebeneinander stehen. Da jedoch die behandelten Pflanzenstoffe chemisch eine Einheit bilden, darf man wohl schließen, daß dieser Vielheit irgendein prinzipieller Fehler zugrunde liege. Denn es braucht ja nur an die Kohlenhydrate oder die Eiweißstoffe erinnert zu werden, um zu erkennen, daß den Pflanzenstoffen chemischer Verwandtschaftsreihen auch physiologisch ähnliche Funktionen zukommen. Bei den Terpenen ist die Verwirrung dadurch zustande gekommen, daß man früher ihre chemische Verwandtschaft ungenügend gekannt hat, und daher auch gar nicht nach einer einheitlichen physiologischen Bedeutung suchen konnte. Deshalb ist das Feld den teleologischen Erklärungsversuchen offengeblieben. Heute aber erwächst uns die Aufgabe, nach gemeinsamen physiologischen Zügen zu suchen, um so die von der organischen Chemie aufgeklärte Gruppe der Terpene harmonisch in die Pflanzenphysiologie einzuordnen.

b) Die Terpenbildung als Ausscheidungsvorgang.

Nach unserer Definition sind Ausscheidungsstoffe Stoffwechselprodukte, die nach ihrer Bildung nicht wieder in den Stoffwechsel der Pflanze zurückkehren. Falls man daher die pflanzlichen Terpene zu den Ausscheidungen rechnen will, muß man erst beweisen, daß sie nach ihrer Genese vom Stoffwechsel nicht wieder erfaßt werden. Wenn man aber nach quantitativen Untersuchungen in dieser Richtung sucht, stößt man auf eine große Lücke. Die Einordnung der Terpene unter die Ausscheidungen erfolgt heute eigentlich nur auf Grund von zytologischen und anatomischen Beobachtungen.

Um so wertvoller ist es, daß beim Kautschukbaum *Hevea brasiliensis* genaue chemische Analysen vorliegen, die zeigen, daß entstandener Kautschuk nicht mehr mobilisiert werden kann. BOBILIOFF (3) hat kräftig wachsende junge *Hevea*-Bäumchen bis zur Erschöpfung aller Stärkereserven im Dunkeln hungern lassen. Dabei fand er keine Abnahme des vorhandenen Kautschuks (s. Tabelle 39). Die gebildete Polyterpenmenge blieb konstant oder nahm relativ, offenbar zufolge der Gewichtsabnahme der Pflanzen durch die Atmung, eher noch etwas zu. Bei vielen Kautschukpflanzen, namentlich Moraceen *(Artocarpus, Castilloa)* enthalten die als Speichergewebe dienenden Kotyledonen reichliche

Tabelle 39. Kautschukgehalt von im Dunkeln gekeimten *Hevea*-Sämlingen nach Entfernung der als Nahrungsquelle dienenden Samen. (Nach BOBILIOFF, 3.)

Versuchsreihen	I	II	III
1 Monat gehungert	0,58%	1,11%	0,65%
2 Monate gehungert	0,98%	1,20%	0,66%

Mengen Milchsaft. BOBILIOFF hat auch hier das Verhalten des Kautschuks untersucht, fand aber bis zur völligen Entleerung der Samen keinerlei Abnahme. Auf diese Weise ist wenigstens für die Kautschukgruppe einwandfrei nachgewiesen, daß diese Vertreter der Terpene Ausscheidungsprodukte vorstellen, die vom Stoffwechsel unter keinen Umständen mehr ergriffen werden.

Es ist wahrscheinlich, daß auch die Tetraterpene vielfach Endprodukte des Stoffwechsels sind. Häufig verhalten sie sich allerdings nicht wie Ausscheidungsstoffe, da sie nach ihrer Bildung
nicht immer unverändert liegenbleiben. So verschwindet z. B.
bei der herbstlichen Verfärbung der Blätter nicht nur das Chlorophyll, sondern auch das freie Xanthophyll; dafür erscheinen aber
sogenannte Farbwachse, d. h. Ester von Karotinoiden mit Fettsäuren (KUHN und BROCKMANN), die dann mit dem fallenden
Blatte abgestoßen werden. Auch in reifenden Früchten wandert
oft nur das Chlorophyll aus, während die gelben Farbstoffe zurück-
gelassen oder durch besondere Vorgänge umgewandelt und vermehrt werden (ZECHMEISTER, 1). Für den Ausscheidungsstoff-
Charakter der Karotinoidmengen, die in gewissen Pflanzenteilen
angehäuft werden, spricht ihr physiologisch auffallend indiffe-
rentes Verhalten. Trotz der vielen Doppelbindungen stellen sie
merkwürdig stabile Verbindungen vor, die z. B. unverändert den
tierischen Darmkanal passieren (KARRER und HELFENSTEIN). Sie
sind so weitgehend dehydriert, daß sie für den Stoffwechsel
offenbar keine wertvollen Stoffe mehr vorstellen. Ob die Beziehungen des Karotins zum Wachstums-Vitamin A, das KARRER (3)
durch symmetrische Spaltung von β-Karotin gewonnen hat, für
die Pflanze von ebenso weittragender Bedeutung ist wie für
den tierischen Stoffwechsel, ist nicht bekannt. VIRTANEN und
seine Mitarbeiter haben gefunden, daß die Karotinbildung eine
Funktion des Wachstums der Pflanze ist (Versuchspflanzen:
Weizen und Erbse). Der höchste Karotingehalt fällt mit dem
kräftigsten Wachstum zusammen. Zu Beginn der Blühperiode
nimmt die Karotinmenge dagegen wieder ab und fällt bis zur
Fruchtreife. Die chemischen Umwandlungen, die den Karotin-
schwund nach der Blüte verursachen, sind bisher nicht untersucht
worden. Das Karotin kann also als Nebenprodukt der
Stoffwechselvorgänge beim Wachstum aufgefaßt werden.
Da seine Abnahme in der ausgewachsenen Pflanze auf einer Wieder-
einbeziehung in den Stoffwechsel schließen läßt, darf es in diesem
Falle allerdings nicht als Ausscheidungsstoff bezeichnet werden.
Im allgemeinen dürfen die Karotinoide jedoch, solange ihnen
keine bessere, widerspruchsfreie physiologische Deutung gegeben
werden kann, aus Analogie zu den übrigen Terpenen vorläufig
hieher gestellt werden.

Für die niedrigmolekularen Terpene gelingt der Nachweis, daß es sich um Ausscheidungsprodukte handle, viel leichter. Namentlich für die ätherischen Öle, die durch besondere Drüsen aus dem Pflanzenkörper herausgeschafft werden, steht fest, daß sie endgültig aus dem Stoffwechsel der Pflanze ausscheiden. Aber auch für die Balsame und Harze, die in der Pflanze angehäuft werden, trifft dies zu. Nach ihrer Bildung bleiben sie liegen und werden, wie anatomisch festgestellt werden kann, nicht mehr in den Stoffwechsel miteinbezogen. Trotzdem es sich um chemisch sehr reaktionsfähige Körper handelt, sind sie physiologisch völlig inaktiv und müssen daher als Auswurfstoffe aufgefaßt werden. Es ist wahrscheinlich, daß, ähnlich wie bei den Tetraterpenen, auch die Bildung der niedrigmolekularen Terpene und der Polyterpene Begleiterscheinungen von Wachstumsvorgängen vorstellen, da die Ausscheidung stets in jungen, noch wachsenden Organen erfolgt. Für einzelne dieser Stoffe läßt sich nachweisen und für andere wahrscheinlich machen, daß sie nachher zeitlebens der betreffenden Organe als physiologisch inerte Masse in den Geweben liegenbleiben.

c) Die Terpene als Exkrete.

Das verzweigte 5-Kohlenstoff-Gerüst des Terpengrundkörpers trifft man bei vielen physiologisch wichtigen Pflanzenstoffen (optisch inaktiver Gährungsamylalkohol, Leucin), die vielleicht mit den Terpenen genetisch in Zusammenhang stehen. Auch die hydrierten Terpene spielen eine wichtige physiologische Rolle, wie das Beispiel des Phytols zeigt. Wenn diese Verbindungen aber bis zur Isopren-Stufe dehydriert werden, scheinen sie sich an weiteren Stoffumsetzungen nicht mehr zu beteiligen. Die Terpene der Hauptreihe, und vielleicht auch die dehydrierten Tetraterpene, erweisen sich daher als Endprodukte des Stoffwechsels, die nach unserem derzeitigem Wissen ohne bestimmte physiologische Funktionen im Pflanzenkörper verbleiben oder nach außen abgeschieden werden. Die biologischen Aufgaben, die ihnen zugedacht werden, leisten sie, falls deren Erfüllung für die Pflanze überhaupt lebenswichtig ist, nur beiläufig oder zufällig.

Der Chemismus der Terpene unterscheidet sich grundlegend von der Konstitution der Assimilate, die alle freie oder veresterte OH-Gruppen enthalten. Durch ihre vollständige Unlöslichkeit in Wasser und ihre absolute Hydrophobie sind die Terpene der

lebenden Substanz völlig un ähnliche Verbindungen. Sie müssen
darum als das Produkt eines noch unbekannten dissimilatorischen
Stoffwechselvorganges betrachtet werden und sind deshalb als
Dissimilate oder Exkrete zu bezeichnen.

Der Dissimilationsprozeß der Terpenbildung zeigt einen verwandten Wesenszug mit dem dissimilatorischen Stoffabbau
(Atmung). In beiden Fällen spielen Dehydrierungsvorgänge
(WIELAND) eine wichtige Rolle. Die Atmung ist ein gekoppelter
Vorgang von Wasserstoffentzug (endotherme Dehydrierung) und
Wasserstoffübertragung an aktivierten Sauerstoff (exotherme Hydrierung), wobei der Energiegewinn bei der Wasserbildung gegenüber dem Energieverlust bei der Dehydrierung überwiegt. Besteht
das Atmungsmaterial aus sauerstoffhaltigen Verbindungen (Kohlenhydrate, Eiweißstoffe), entstehen durch die Wasserstoffabspaltung
immer O-reichere Verbindungen, bis schließlich vollständig dehydrierte Teilstücke wie CO_2 und $(NH_2)_2C = O$ übrigbleiben. Die
Endprodukte sind daher sauerstoffreiche, energiearme Verbindungen. An der Terpenbildung müssen ebenfalls Dehydrierungsvorgänge beteiligt sein, die zu den ungesättigten Kohlenwasser-
stoffen der Isoprenreihe führen. Aber der endotherme Wasserstoffentzug führt hier zu sehr energiereichen, ungesättigten
Verbindungen.

Im tierischen Stoffwechsel herrscht der Stoffabbau zwecks
Energiegewinnung vor, beim pflanzlichen dagegen der Stoffaufbau
mit immer weitergehender Energieanreicherung. Dieser Grundsatz
der allgemeinen Physiologie findet seinen Niederschlag nun auch
bei den Exkretionsvorgängen. Das wichtigste tierische Exkret,
der Harnstoff, ist ein abgebauter, seiner Energie weitgehend be-
raubter Körper, während die Terpenexkrete der Pflanzen beim
Dehydrierungsvorgange mit Energie beladen und dann ausgeschieden werden. Es wird so verständlich, daß nur die auto-
trophen Pflanzen, die im Sonnenlicht eine unerschöpfliche Energiequelle zur Verfügung haben, Terpene erzeugen, während die hetero-
trophen Pflanzen, die mit ihrer Energie haushalten müssen, im
allgemeinen keine Terpene ausscheiden.

C. Physiologische Anatomie der Exkretionsorgane.

1. Die Exkretionsorgane.

Zellgruppen und Zellverbände, die Terpene ausscheiden, sollen
als Exkretionsorgane bezeichnet werden. Je nachdem ob es sich

um leicht flüchtige, flüssige oder feste Verbindungen der Terpenreihe handelt, werden die Exkretionsorgane verschieden gebaut
sein müssen. Flüchtige und flüssige Terpene können, soweit es
die Permeabilität der Zellmembranen gestattet, aus der Pflanze
herausgeschafft werden, während die festen im Schoße der Gewebe
abgelagert werden müssen.

a) Exkretionshaare.

Die Exkretionsorgane, die vornehmlich flüchtige Exkrete ausscheiden, sind im einfachsten Falle Köpfchenhaare, deren kugelig

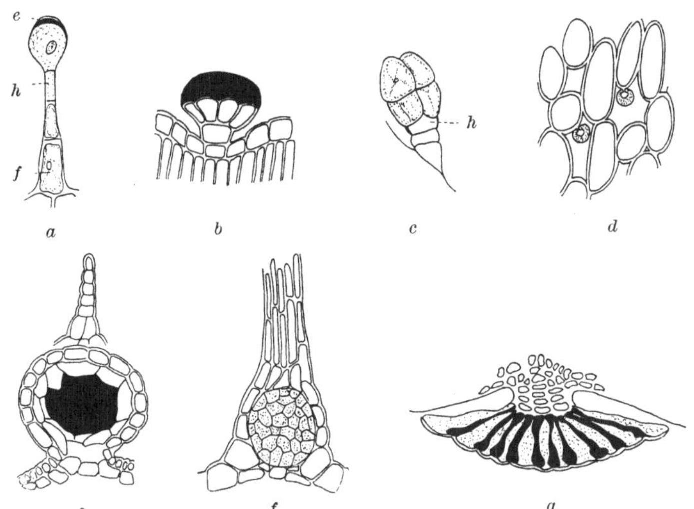

Abb. 108. **Exkretionshaare** (Exkrete schwarz). a) Drüsenhaar des Blattstieles von
Pelargonium zonale, e Exkret, *h* Halszelle, *f* Fußzelle (nach HABERLANDT, 6). b) Drüsen-
schuppe von *Mentha piperita* (nach WIESNER, 2). c) Vielzelliges Drüsenhaar von
Trichosanthes (Cucurbitaceen), *h* Mittelzelle (nach SCHRÖDTER). d) Drüsenhaare in den
Interzellularräumen von *Aspidium filix mas* (nach WIESNER, 2). e) Junges Drüsenhaar
von *Dictamnus albus*, lysigener Exkretraum (nach MARTINET). f) Haar von *Cuphea*
(Lytraceen) mit Drüsengewebe in der Basis (nach MARTINET). g) Schuppenhaar von
Rhododendron hirsutum, Exkret zwischen den Schlauchzellen (nach KRATZMANN).

aufgeschwollene Endzelle auf einer oder mehreren Stielzellen über
die Epidermis hinausgehoben wird (Abb. 108 a und b). Die Köpf-
chenzelle ist sehr plasmareich und besitzt einen großen Kern. Vielfach bleibt sie nicht einzellig (Geraniaceen), sondern geht früh-
zeitig durch zwei Teilungsschritte in einen Vierzellkörper über
(Labiaten, Solanaceen, Cucurbitaceen). Durch weitere Teilung
können acht (Scrofulariaceen) bis vielzellige *(Scutellaria, Collomia)*

Köpfchen entstehen. Diese Zellen werden wegen ihrer exkretorischen Tätigkeit als Drüsenzellen bezeichnet. Das Exkret wird, wie bereits erwähnt, zwischen Kutikula und Zelluloseschicht angehäuft. Die Kutikula wird blasig abgehoben und kann schließlich platzen. Das Köpfchen ist dann seines Transpirationsschutzes beraubt und fällt, falls nicht eine neue Kutikula regeneriert wird, der Vertrocknung anheim.

Dieser Exkretionsmodus zeigt, wie schwierig es für die Pflanze ist, irgend etwas nach außen abzuschieben. Die Kutikula, die für die Aufrechterhaltung der hohen Dampfspannung in den Geweben notwendig ist, umkleidet die ganze Pflanze wie ein Panzer, der für größere Moleküle undurchlässig ist. Die Kutikula muß daher gesprengt werden, worauf jedoch das Drüsengewebe der Austrocknungsgefahr ausgesetzt wird. Dies ist wohl der Grund, warum stets Epidermisanhänge und nicht die Epidermiszellen selbst zum terpenausscheidenden Exkretionsgewebe werden. Der Stiel der Drüsenhaare vermindert die Berührungsfläche des exponierten Drüsengewebes mit der Epidermis auf ein Minimum, so daß sich die Transpiration des kutikula-entblößten Exkretionskörpers nicht ohne weiteres auf die tieferliegenden Gewebe überträgt. Häufig ist außerdem die oberste Stielzelle, die als Hals- oder Mittelzelle (NETOLITZKY, 9) bezeichnet wird, kutinisiert. Sie grenzt die Drüsenzellen gegen das übrige Gewebe ab. Bei Exkretionsorganen mit einem vielzelligen Drüsengewebe wird die Mittelzelle zu einer „Mittelschicht" oder Scheide. Mit Hilfe der dichroitischen Chlorzinkjodfärbung kann man die Kutinisierung z. B. bei den Mittelzellen der Drüsenhaare von Tabakblättern sehr leicht nachweisen.

Vielfach scheint es, wie wenn eine Tendenz vorhanden wäre, die Durchbrechung der Kutikula zu vermeiden. Die Exkrete werden dann in Interzellularräumen zwischen den Drüsenzellen abgelagert und gelangen nicht mehr ins Freie. Solche Exkretionsorgane werden gewöhnlich etwas versenkt oder sogar vollständig im Blattgewebe aufgenommen (*Psoralea*). Sie sind unter der wenig glücklich gewählten Bezeichnung „Zwischenwanddrüsen" bekannt. Als Prototyp dieser Ausscheidungsorgane werden in der älteren Literatur stets die Schildhaare auf der Blattunterseite von *Rhododendron* angeführt (Abb. 108g). KRATZMANN hat jedoch nachgewiesen, daß hier das Exkret wie bei gewöhnlichen Drüsenhaaren unter der äußeren Kutikula angehäuft und erst bei der

Präparation der Schnitte in die Interzellularräume zwischen den Exkretionszellen verschleppt wird. Dagegen gehören in diesen Zusammenhang die merkwürdigen interzellularen Drüsenhaare im Rhizom von *Aspidium filix mas* (Abb. 108 d). Sie scheiden das Exkret anstatt nach außen in Interzellularen des Grundgewebes, also in innere Räume, aus. Die Weiterentwicklung dieses Prinzipes führt dann zu den interzellularen Exkretbehältern.

In einigen Fällen ist nicht die Spitze, sondern die Basis der Haare drüsig angeschwollen (MARTINET), gewöhnlich handelt es sich dabei um größere zottenähnliche Organe, deren kugeliges Drüsengewebe auf einer Art Sockel über die Blattfläche emporgehoben wird. Hierher gehören die Drüsenhaare von *Cuphea*, und vor allem die Exkretionszotten von *Dictamnus*, bei denen das ätherische Öl in einen großen sich bildenden Interzellularraum ergossen wird. Der trichomartige Fortsatz dieser Exkretbehälter bricht sehr leicht ab, worauf sich der Inhalt entleert (DETTO).

Die Terpenmengen, die durch die Exkretionshaare ausgeschieden werden, können über Erwarten groß sein. So gibt *Juniperus excelsa* unter günstigen Verhältnissen pro Tag 30 g ätherisches Öl ab (KOSTYTSCHEW und WENT, 3).

b) Exkretzellen.

Nur in seltenen Fällen werden die Exkrete in den Zellen, die sie erzeugen, selbst abgelagert. Die Anhäufung der Terpene erfolgt aber auch hier nicht im Protoplasma, sondern in einem behäuteten Bläschen, das mit der Zellwand verwachsen ist. LEEMANN (1, 2) hat die Entwicklung dieser umhäuteten Öltröpfchen bei *Persea indica* eingehend untersucht und beschrieben. An der äußeren periklinen Wand der Exkretzellen tritt zuerst ein kleines tropfenähnliches Gebilde in Erscheinung, das aus Phosphatiden bestehen soll. Dieser Tropfen differenziert sich in eine basale Kupula, die mit der Membran verwächst und einem distalen Teil, der dem ätherischen Öl als Membran dienen soll. Darauf setzt die Terpenbildung im Protoplasma ein und das Exkret wandert in den Beutel aus. Das Protoplasma nimmt in dem Maße ab, wie der aufgehängte Öltropfen wächst und kann schließlich ganz verschwinden (Abb. 109). Die Exkretzellen sind größer als die Nachbarzellen und schließen sich durch Suberineinlagerung vom Stoffaustausch mit der Umgebung ab. Die Terpenausscheidungen werden so in doppelter Weise eingeschlossen; erstens durch das Häutchen des Ölbeutels, das sich mit der Membrankapsel um die Rosanowschen Drusen vergleichen läßt, und zweitens durch die Verkorkung der Exkretzellen. Die Ablagerungen werden dadurch vom weiteren Stoffwechsel vollständig ausgeschlossen. Diese Art der Ausscheidung spricht daher deutlich für die Exkretnatur der angehäuften Terpene.

Exkretzellen mit Ölbeuteln sind für die Araceen *(Acorus)*, Zingiberaceen *(Alpinia, Curcuma)*, Piperaceen *(Peperomia)*, Chloranthaceen, Aristolochiaceen *(Aristolochia, Asarum)*, Magnoliaceen *(Liriodendron, Illicium)*, Myristicaceen und Lauraceen *(Laurus, Persea, Cinnamomum)* kennzeichnend. Bei *Plectanthrus fruticosus* hat Kisser (2) einen besonders

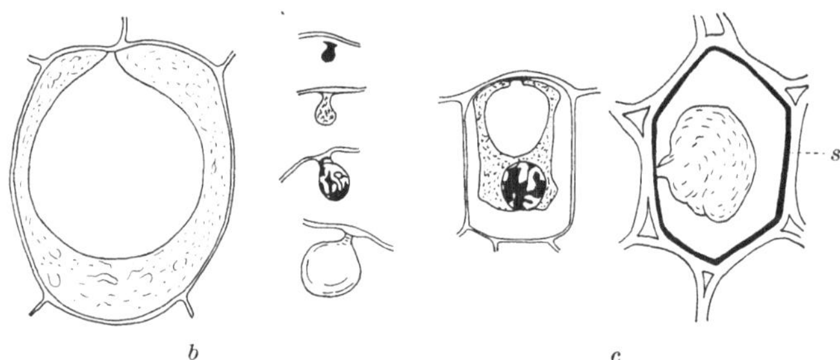

Abb. 109. Exkretionszellen. a) Im Rhizom von *Acorus Calamus* (nach Wiesner, 2). b) *Persea indica*. Entstehung des Exkretbeutels aus einem „Initialtropfen". c) *Asarum europaeum*, junge und alte Exkretzelle. s Suberinlamelle (nach Leemann, 1, 2).

interessanten Fall gefunden. Junge Triebe scheiden ihre Terpene durch Exkretionshaare aus, während die älteren, wo die Kommunikation mit der Epidermis durch das Periderm unterbunden ist, Exkretzellen im Grundgewebe anlegen. Äußere und innere Exkretorgane können also stellvertretend füreinander auftreten.

c) Interzellulare Exkretbehälter.

Exkretzellen, die flüssige Terpene speichern, sind selten. Viel häufiger wird das Prinzip verfolgt, dem wir bereits bei den Exkretionshaaren andeutungsweise begegnet sind: die Exkrete werden in Interzellularräume ergossen. Diese Räume entstehen, indem die Zellen des zukünftigen Exkretionsgewebes unter Auflösung der Interzellularsubstanz auseinanderweichen (schizogene Exkreträume), oder dadurch, daß Zellen resorbiert werden (lysigene Exkreträume). Früher wurde dieser Unterscheidung große Bedeutung beigemessen.

HABERLANDT (6) und TSCHIRCH (1) haben aber gezeigt, daß in vielen
Fällen die lysigenen Exkretbehälter zuerst schizogen angelegt und
dann später lysigen erweitert werden, so daß dieser Einteilung keine
prinzipielle Bedeutung zukommt.

Die Exkretbehälter können große Ausmaße erreichen. Entweder
sind sie annähernd isodiametrisch (Exkretlücken) oder sie bilden
lange Gänge, die alle Organe der Pflanze durchziehen (Exkret- oder
Harzkanäle). Die Exkretlücken treten namentlich in den Familien
der Rutaceen, Guttiferen und Myrtaceen auf. In den Blättern sind

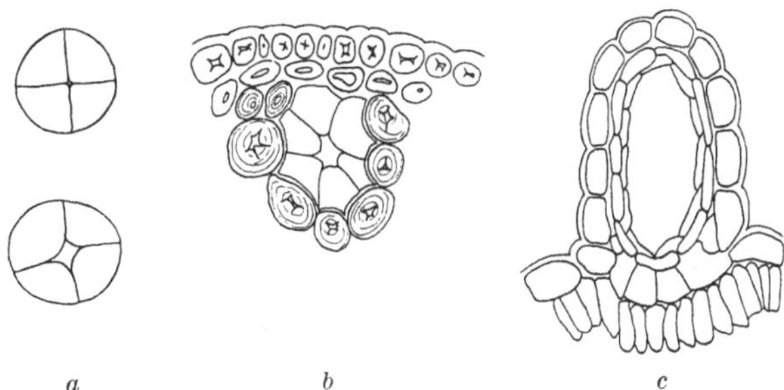

a   b   c

Abb. 110. Interzellulare Exkretbehälter. a) Entstehung eines schizogenen Inter-
zellularraumes aus besonderer Mutterzelle (schematisch). b) Schizogener Harzkanal
in der Nadel von *Pinus nigra*. c) Emergenz von *Eucalyptus citriodora* mit lysigener
Exkretlücke (LIGNIER) (vgl. Abb. 108 e).

sie als sog. pelluzide Punkte erkennbar *(Hypericum)*; in den Schalen
der *Citrus*früchte erreichen sie makroskopische Ausmaße. Oft
sind diese Exkreträume nur durch die Epidermis von der Außenwelt
getrennt. Bei mechanischer Beanspruchung der Blätter öffnen sich
dann in der Epidermis präformierte Spalten, und das unter Turgordruck stehende Exkret wird ausgestoßen. HABERLANDT (6) hat
solche Entleerungsapparate in den Blättern von Rutaceen, PORSCH
bei Myrtaceen und SPRECHER (2) bei *Ginkgo* beschrieben.

Exkretgänge sind charakteristisch für die Pinaceen, Anacardiaceen, Hypericaceen, Guttiferen, Dipterocarpaceen, Burseraceen und andere Familien. Sie sind wie die Exkretbehälter von
einem Epithel dünnwandiger und dicht aneinanderschließender
Zellen ausgekleidet. Diese Zellschicht hat eine doppelte Funktion.
Erstens scheidet sie die Exkrete aus, zweitens schließt sie aber
auch die Exkretgänge hermetisch vom übrigen Interzellularsystem
der Gewebe ab. Es ist also dafür gesorgt, daß die flüssigen Exkrete
nicht etwa in andere lebenswichtige Interzellularräume übertreten

können. Die Exkretbehälter sind daher Interzellularen besonderer Art, die mit dem übrigen Interzellularensystem nicht kommunizieren.

Das Exkretionsepithel bildet eine innere Oberfläche der Pflanze, das wegen seines lückenlosen Aufbaues mit dem Hautgewebe verglichen werden kann. Die Exkrete liegen deshalb eigentlich „außerhalb" der lebenden Gewebe, in denen die Exkretionskanäle eine Art enklavenartige Außenwelt vorstellen; hier können die Terpene nach „außen" befördert werden, ohne daß die ausscheidenden Gewebe der Vertrocknung ausgesetzt werden. Häufig wird die zartwandige Exkretionsschicht durch einen Ring sklerenchymatischer Zellen, der hin und wieder von dünnwandigen Durchlaßzellen unterbrochen ist, umgeben.

Die Exkretionskanäle treten meistens durch horizontal verlaufende Gänge miteinander in Verbindung, so daß ein ausgedehntes System innerer Räume entsteht. So schafft sich die Pflanze, der die Ausscheidung nach außen erschwert ist, eine innere „Außenwelt", welche die Exkrete aufnimmt.

d) Milchröhren.

Anatomie der Milchröhren. Die Polyterpene können als feste Verbindungen nicht durch die Zellwand nach außen abgeschoben werden. Sie häufen sich daher, wie wir gesehen haben, im Schoße der Zelle, und zwar im Zellsaftraum, an. Nur in seltenen Fällen behalten die so entstehenden Milchsaftzellen ihre Individualität bei (Convolvulaceen, Compositengattung *Parthenium*). Gewöhnlich treten die einzelnen Milchsaftzellen durch Anastomosen miteinander in Verbindung und bilden so ausgedehnte Zellsysteme, die als gegliederte Milchröhren, oder, unter besonderer Berücksichtigung, daß sie Zellfusionen vorstellen, als Milchsaftgefäße bezeichnet werden. Die Zellen, die zu solchen Röhren verschmelzen, können aus dem Grundgewebe entstanden sein (primäre Milchsaftgefäße), oder es handelt sich um Abkömmlinge des Kambiums (sekundäre Milchsaftgefäße), wie dies vor allem von den Euphorbiaceengattungen *Hevea* (FREY-WYSSLING, 25) und *Manihot* bekannt ist (Abb. 111). Gegliederte Milchröhren sind für die Familien der Araceen, Musaceen, Papaveraceen, Papayaceen, Lobeliaceen, Campanulaceen und die Compositenunterfamilie Cichorieen charakteristisch. Manchmal läßt sich der Übergang von Milchsaftzellreihen zu gegliederten Milchröhren durch das Auftreten von

Perforationen (Sapotaceen) oder vollständige Resorption der Querwände (Convulvulaceengattung *Dichondra*) beobachten.

Bei den Moraceen, Urticaceen, Euphorbiaceen (mit Ausnahme
der beiden erwähnten Gattungen *Hevea* und *Manihot*), Apocyna-
ceen und Asclepiadaceen (Ausnahme: *Stapelia*) entstehen die Milchröhren nicht durch Zellfusion, sondern durch Spitzenwachstum von

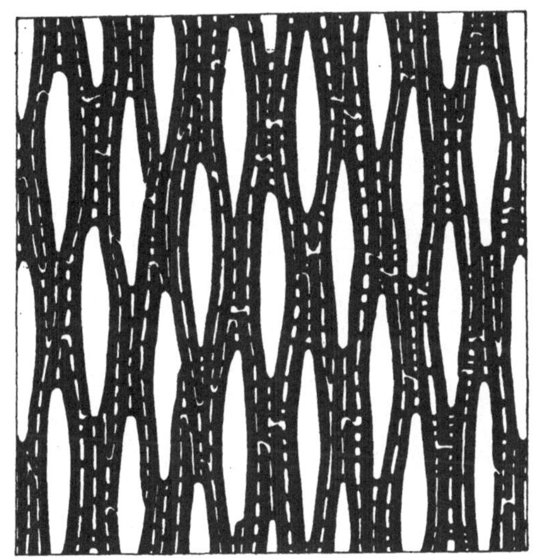

Abb. 111. Gegliederte Milchröhren im Phloem von *Hevea*, aus dem Kambium
entstanden, durch Anastomosen zu einem Netzwerk verbunden.

Milchsaftzellen. Diese lassen sich als sog. Initialen der Milchröhren bereits im Embryo als große und besonders differenzierte
Zellen an der Innengrenze der primären Rinde des Kotyledonar-
knotens erkennen (CHAUVEAUD). Die Initialen wachsen mit dem
jungen Keimling aus, verzweigen sich reichlich und dringen in
die Parenchyme der jungen Pflanze hinein. Zellteilungen finden
dabei keine statt, und man nennt daher diese Riesenmilchsaftzellen
ungegliederte Milchröhren. Die Spitze der vordringenden
Röhre liegt stets etwas hinter dem Vegetationspunkt und unterliegt
einer Regulation ihres Wachstums durch die umliegenden Gewebe.
Nur weiche Gewebe (Parenchyme) können durchwachsen werden.
Dieses Vordringen der Milchröhren ist so merkwürdig, daß man es
mit dem Wachstum parasitischer Pilzhyphen im Gewebe verglichen hat. Manchmal wird nur die Rinde *(Euphorbia)*, manchmal

nur das Mark *(Ceropegia)*, gewöhnlich aber alle primären Gewebe mit Milchröhren ausgestattet (z. B. *Apocynum, Nerium*). Nach SCHAFFSTEIN entstehen bei gewissen Pflanzen in der Vegetationsspitze für jedes Internodium neue Initialen (Abb. 112b). Da in den Familien mit ungegliederten Milchröhren auch Gattungen mit Milchsaftgefäßen vorkommen (*Hevea* und *Manihot* bei den Euphorbiaceen, *Stapelia* bei Asclepiadaceen), vermutet SCHAFFSTEIN, daß die gegliederten Milchröhrensysteme als ursprünglich, die ungegliederten dagegen als abgeleitet zu betrachten seien.

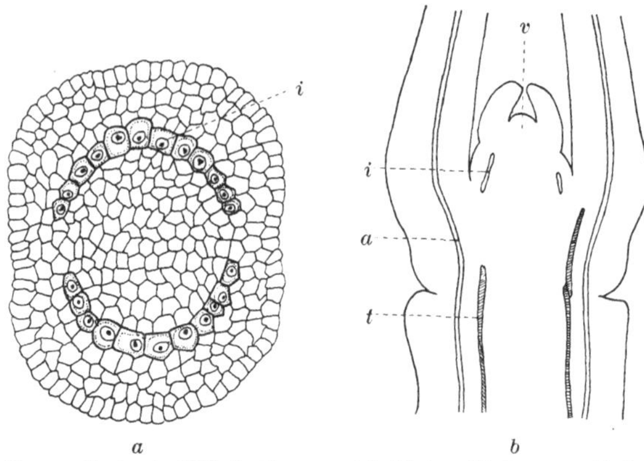

Abb. 112. Ungegliederte Milchröhren. a) Initialen (*i*) der ungegliederten Milchröhren im Embryo von *Euphorbia myrsinites*. b) Initiale (*i*) der unverzweigten Milchröhren (*a*) von *Vinca minor*. *v* Vegetationspunkt, *t* Tracheiden (nach SCHAFFSTEIN).

Bei einigen Cichorieen *(Lactuca)* stehen die äußersten Auszweigungen der Milchröhren mit Haaren in offener Verbindung. Wenn solche Milchsafthaare verletzt werden, fließt etwas Latex aus. Es hat nicht an Versuchen gefehlt, diese merkwürdige Besonderheit ökologisch auszuwerten, doch haben sie zu keinem befriedigenden Ergebnis geführt.

Physiologie der Milchröhren. Wie gezeigt worden ist, muß man die Polyterpene als Exkrete auffassen. Es scheint daher naheliegend, die Milchröhren als Exkretionsorgane zu deuten. Dieser Schluß darf aber nicht ohne weiteres gezogen werden, da über die physiologischen Funktionen des Milchröhrensystems die verschiedensten Ansichten geäußert worden sind, auf die zuerst eingegangen werden muß.

Nach HABERLANDT (2) gehören die Milchröhren zum Stoffleitungssystem. Zugunsten dieser Anschauungen werden eine

Reihe interessanter Beziehungen des Milchröhrensystems zum Phloem und zum Assimilationsgewebe angeführt. Aber man kann ebenso viele anatomische Tatsachen aufzählen, die gegen eine rationelle Stoff-leitung sprechen, wie die markständigen Milchröhren gewisser Apo-cynaceen oder die Unterbrechung der Milchsaftgefäße in der Ansatz-stelle der Blätter bei *Hevea*. Ferner läßt sich zeigen, daß in den Milch-röhren sicher kein Massentransport stattfindet; denn Lithiumsalze und Farbstoffe, die in die Milchröhren abgeschnittener oder intakter Sprosse *(Euphorbia Peplus, Papaver somniferum, Papaver Rhoeas)* gebracht werden, wandern nach ROEBEN nicht (SIMON, ONKEN, ROEBEN). BOBILIOFF (2) fand zwar bei Vitalbeobachtungen an un-verletzten Milchröhren (isolierte Milchröhren aus der *Papaya-*Frucht, Milchröhren von *Euphorbia Tirucalli, Ficus Vogelii*) eine von der Protoplasmabewegung unabhängige Strömung des Milch-saftes. Aber diese Saftbewegungen sind nur von kurzer Dauer und besitzen keinen bestimmten Richtungssinn. Ein eigentlicher Massentransport tritt nur ein, wenn man die Milchröhren verletzt. Dann wird ein dauerndes Turgorgefälle in der Röhre geschaffen, da bei der Verwundungsstelle der Turgordruck aufgehoben ist. Die treibende Kraft dieser Strömung ist daher der Turgor der sehr elastischen Milchröhren (s. S. 117).

Man kann diesen Strömungsvorgang rechnerisch erfassen (FREY-WYSS-LING, 30) und findet, daß bei kleinen Röhrensystemen und dünnflüssigen Säften eine elastische Entleerung nach exponentionalen Gesetzen erfolgt, während bei ausgedehnten Systemen und dickflüssigen Milchsäften die Strömung einem hyperbolischen Gesetze gehorcht. Im allgemeinen über-lagern sich beide Prinzipien; so herrscht z. B. beim Anzapfen von *Hevea brasiliensis* erst die exponentionale Entleerung vor und dann folgt eine hyperbolische Strömung. Auf Grund der Theorie muß sich die Mündung der elastischen Kapillaren paraboloidartig verjüngen. Wie die Abbildung von BOBILIOFF (Abb. 113 c) zeigt, ist dies tatsächlich der Fall.

Der Milchsafterguß angeschnittener Milchröhren ist ein Modell für die Druckstromtheorie von MÜNCH, die ja ein Turgorgefälle und offene Ver-bindungen der Leitelemente untereinander voraussetzt. Trotz dieser schein-baren Übereinstimmung mit dem Problem des Stofftransportes im Phloem haben die Gesetze des Milchsaftergusses nur praktische Bedeutung für die Kautschukgewinnung, während sie über die Stoffbewegung in den unver-letzten Milchröhren nichts aussagen. Man muß im Gegenteil aus den be-obachtbaren Tatsachen folgern, daß in den Milchröhren keine systematischen Massenverschiebungen vorkommen, denn diese müßten die Polyterpen-teilchen mitschleppen und an gewissen Stellen zu Kautschukanhäufungen führen. Dies ist aber nicht der Fall.

Die Feststellung, daß in den Milchröhren kein Massentransport erfolgt, erlaubt noch nicht, eine Leitfunktion der Milchröhren ganz von der Hand

zu weisen, weil heute die Möglichkeit in Betracht gezogen werden muß,
daß die Stoffleitung nicht in Masse durch den ganzen Röhrenquerschnitt,
sondern als monomolekulare Oberflächenfilme an Grenzflächen erfolgt
(VAN DEN HONERT). Wenn diese neue Wanderungstheorie sich für die Siebröhren bewahrheiten sollte, müßte sie auch für die Milchröhren nachgeprüft
werden. Die bekannten Ringelversuche bei *Ficus Carica* von KNIEP (1)
scheinen zwar eine derartige Möglichkeit auszuschließen. Als sicher muß
man vorläufig festhalten, daß Zucker und Farbstoffe (Fluoreszein), die im
Phloem wandern, sich in den Milchröhren nicht bewegen.

Der Stoffleitungstheorie schließen sich alle jene Hypothesen an,
die den Milchröhren eine Speicherfunktion zuschreiben. Der

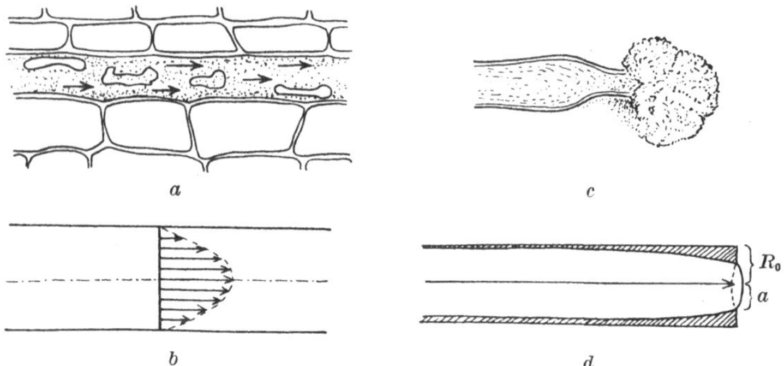

Abb. 113. Latexbewegung. a) *Euphorbia Tirucalli.* Milchsaft bewegt sich, Stärkekörner (wandständig) bleiben stehen. b) Schema der POISEUILLE-Strömung in einer
Kapillare. c) *Carica Papaya:* isolierte Milchröhre angeschnitten. d) Berechnete
Kontraktionsform der Milchröhrenmündung bei elastischer Entleerung; Radius R_0
der turgeszenten, a der erschlafften Milchröhre; schraffiert: ausgeflossener Milchsaft
[a) und c) nach BOBILIOFF (2).]

wechselnde Wassergehalt des Milchsaftes führte dazu, das Milchröhrensystem als Wasserreservoir zu betrachten. Diese Ansicht
kann jedoch nicht richtig sein, denn der Wassergehalt des Milchsaftes folgt sofort dem allgemeinen Hydraturzustande der Pflanze,
während ein Wasserspeichergewebe hiervon bis zu einem gewissen
Grade unabhängig sein sollte. So ist z. B. der Milchsafterguß des
Kautschukbaumes am Nachmittag viel geringer als am frühen
Morgen, wo die Wasserführung der Gewebe und damit der Turgor
ihr Maximum erreichen. Ferner ist es eine Erfahrungstatsache,
daß der *Hevea*-Milchsaft in den trockenen Monaten wasserärmer ist
als in der Regenzeit (FICKENDEY, 2). Ja sogar bei jeder Anzapfung
verändert sich der Wassergehalt während des Milchsaftgusses,
da zufolge der Turgorsenkung die Saugkraft der Milchröhren ansteigt und aus den benachbarten Parenchymen 8—15% Wasser
aufnimmt (ZIMMERMAN, A.; ARISZ; FREY-WYSSLING, 27, 28). Diese

sog. Verdünnungsreaktion ist bei vielen Untersuchungen
über die Trockensubstanz der Milchsäfte nicht beachtet worden;
ferner muß berücksichtigt werden, daß nach dem Gesetz von
POISEUILLE der ausgeflossene Saft hauptsächlich aus den zentralen Teilen der Milchröhren stammt (s. Abb. 113b), während die
Wandschicht nicht oder nur wenig in Mitleidenschaft gezogen wird,
so daß es schwer ist, an Hand des ausgeflossenen Saftes den Milch-
röhreninhalt richtig zu beurteilen. Jedenfalls zeigt die Verdünnungsreaktion, wie leicht sich der Wassergehalt in den Milchröhren
durch äußere Einflüsse verändert, so daß es wohl nicht angeht,
sie als besondere Wasserspeicher anzusprechen.

Nicht nur der Wassergehalt, sondern auch Stickstoff, Phosphor
und Kalium zeigen jahreszeitliche Schwankungen (NORMAN RAE;
SCHWEIZER), weshalb man dem Serum oft ernährungsphysiologische Bedeutung zugemessen hat. Selbstverständlich nehmen
diese Stoffe am allgemeinen Stoffwechsel der Pflanze teil, es ist
nur die Frage, ob die Milchröhren deswegen für die Ernährung der
Pflanze eine nenennswerte Rolle spielen. Die Menge Nährstoffe
ist, wie folgende Tabelle (GORTER) zeigt, z. B. bei *Hevea* so klein,
daß ihnen wohl nur eine lokale Bedeutung für die Lebensprozesse
der Milchröhren selbst zukommt.

Tabelle 40. Zusammensetzung des Milchsaftes von einem
regelmäßig angezapften *Hevea*-Baume.

Wasser	60,09 %	Quebrachit	1,45 %
Kautschuk (einschließlich		Zucker	0,25 %
„Harze" etwa 1 %)	37,00 %	Asche	0,53 %
Eiweiß	0,34 %	Unbestimmte Verbindungen	0,34 %

In alten Bäumen, die zum erstenmal angezapft werden, kann der Kautschukgehalt des Milchsaftes bis über 60 % und der Wassergehalt weniger
als 40 % betragen. Es ist klar, daß eine so dicke Paste kaum als Wasser-
lieferant in Betracht kommen kann. Der Eiweißgehalt steigt unter Umständen
bis auf etwa 0,6 %, aber auch dann verschwindet er mengenmäßig ganz
gegenüber der großen Masse Kautschuk, und da scheint es doch wohl logisch,
die Milchröhren von *Hevea* nach dem wichtigsten Hauptbestandteile ihres
Inhaltes, als Exkretionsorgane zu bezeichnen. Die Zusammensetzung des Milchsaftes ist bei anderen milchenden Pflanzen freilich oft
wesentlich anders; aber es ist schwer, vollständige Analysen aufzutreiben.
Gewöhnlich werden nur die auffallendsten Hauptbestandteile der verschiedenen Milchsäfte quantitativ angegeben. So enthält der Milchsaft von
Ficus callosa 26,6 % Eiweiß, was 90,7 % vom gesamten Trockenrückstand
ausmacht. Auch bei *Ficus cordifolia* besteht der Trockenrückstand fast
ausschließlich aus Eiweiß (79,5 %). Was diese Eiweißstoffe, die im Milchsaft kristallisiert vorkommen, ernährungsphysiologisch für eine Rolle spielen,

ist unbekannt. Die *Euphorbia*-Arten enthalten Stärkekörner in den Milchröhren, die aber nur in Ausnahmefällen wieder mobilisiert werden. Beobachtungen über Zu- oder Abnahme dieser Körner im Milchsafte müssen
mit Vorsicht aufgenommen werden, da sie nur bei starken Ergüssen durch
die Strömung aus dem Plasma herausgeschwemmt werden, bei schwachen
dagegen nicht! Milchsäfte mit größeren Mengen Zucker kommen nur bei
den Compositen vor *(Tragopogon)*. Der Süßstoff des berühmten Milchbaumes
von Venezuela *(Brosimum Galactodendron)* mit einem genießbaren Milchsaft
ist kein plastischer Zucker; die Zusammensetzung dieser oft als Reservestoff
angesprochenen Milch weist keine pflanzlichen Reservestoffe auf (WEHMER, 3):
58% Wasser, 30—35% Kuhbaumwachs (d. h. 30% fettartiges Wachs mit
Harz- und Kautschukbeimengungen), 2,8% „Zucker" = süße gummiähnliche
Substanz, 1,7% Eiweißstoffe und 0,5% Aschenbestandteile.

Es gibt also einzelne Fälle, wo im Milchsaft größere Mengen
Stoffe enthalten sind, die nach ihrem Chemismus als Nährstoffe
bezeichnet werden können. Inwieweit diese aber für den normalen
Stoffwechsel der Pflanze notwendig sind, weiß man nicht, da viele
davon nur verschwinden, wenn man die Pflanze hungern läßt.
Andererseits findet man aber außer den Polyterpenen auch noch
weitere Abfallstoffe im Milchröhrensystem. So treten häufig Sterine
auf, die wegen ihrer Löslichkeit in Azeton und Alkohol als „Harze"
bezeichnet werden (im *Hevea*-Milchsaft etwa 1%), oder große
Mengen anorganischer Salze. ROEBEN findet durch Leitfähigkeitsmessungen bei *Euphorbia Lathyris* und *Euphorbia Peplus* Elektro-
lytgehalte, die einer 3% Chlorkalziumlösung entsprechen; bei
anderen *Euphorbia*-Arten *(Euphorbia Caput Medusae)* ist ein so
großer Gehalt an Kalziummalat vorhanden, daß es leicht ausfällt und
kristallisiert. In der Asche von *Kickxia elastica* fand FICKENDEY (1)
40% Magnesium, zum größten Teile als Sulfat. Da wir Kalziumsalze und Sulfate als Rekrete kennengelernt haben, scheint es, daß
die Milchröhren auch in den Dienst der Rekretion gestellt werden.

Bei all der Vielgestaltigkeit der Milchsaftzusammensetzung
muß man aber stets vor Augen behalten, daß der größte Teil
der Milchsaftpflanzen Polyterpene führt. A. ZIMMERMANN zählt
gegen 500 Arten auf (WIESNER, 3), die technisch als Kautschukpflanzen von kleinerem oder größerem Interesse sind. Berücksichtigt man ferner, daß außerdem weitere Endprodukte des Stoffwechsels wie Karotinoide, als Lipochrome und Sterine, sowie
Rekrete in ansehnlichen Mengen im Milchsaft auftreten, erscheint
es wohl gerechtfertigt, die ausscheidende Tätigkeit der Milch-
saftsysteme in den Vordergrund zu rücken und sie unter die
Exkretionsorgane einzureihen.

2. Histologische Gesichtspunkte.

a) Lokalisation der Exkrete innerhalb der Pflanze.

Vergleich mit der Rekretion. Von den im letzten Kapitel namhaft gemachten Tatsachen über die Lokalisation der Rekrete gelten einige auch für die Exkrete. So kann man wie bei den Rekreten eine Reihe fortschreitender Lokalisation aufstellen. Bei den merkwürdigen Wüstensträuchern der Compositengattung *Parthenium* (*Parthenium argentatum* und *Parthenium incanum*) in Nordmexiko, die den Guayule-Kautschuk liefern, enthält jede einzelne Zelle des Grundgewebes und der sekundären Markstrahlen in ihrer Vakuole Milchsaft, so daß die ganze Pflanze, bezogen auf ihr Trockengewicht, 4,5%, bei selektiertem Material sogar bis über 10% Kautschuk enthält. Solche Fälle, wo keine Lokalisation der Exkrete stattfindet, müssen indessen für die niedrig- und hochmolekularen Terpene als Ausnahme gelten, während sie für die Tetraterpene die Regel bilden.

Zahlreicher sind die Fälle, wo die Exkrete in besonderen Zellen angehäuft werden (Milchsaftzellen, Exkretzellen). Diese Idioblasten lassen sich hinsichtlich ihrer Verteilung in den Blättern und der Abkapselung ihres Inhaltes (s. Abb. 109) mit den Idioblasten, die der Rekretion dienen, vergleichen. Vielfach werden sie durch interzellulare Hohlräume (Exkretlücken) ersetzt. Die höchste Stufe der Lokalisation wird schließlich erreicht, wenn besondere Exkretionssysteme (Milchröhren; interzellulare Kanalsysteme) geschaffen werden, um die Exkrete aufzunehmen.

Abgesehen vom Prinzip der Lokalisation weisen Exkretion und Rekretion dagegen wenig gemeinsame Züge auf. Diffuse Ablagerungen in der Zellwand, die für die Rekretion eine so große Rolle spielen, kommen bei der Exkretion nicht vor. Ausscheidung durch Gutation ist wegen der Wasserunlöslichkeit der Terpene ausgeschlossen; an ihre Stelle tritt die Ausscheidung durch Exkretionshaare. Besonders aber unterscheidet sich die Exkretion von der Rekretion durch die Bildung der erwähnten Inter- und Intrazellularen-Ausscheidungssysteme. Man kann daher im Gegensatz zu den Verhältnissen bei der Rekretion von eigentlichen Exkretionsorganen sprechen.

Anordnung der Exkretionsorgane. Die Verteilung der Exkretionsorgane im Pflanzenkörper ist scheinbar ganz willkürlich. Die Milchröhren durchstreichen im allgemeinen die Grundgewebe (primäre Rinde, Mark); oft kommen sie jedoch als sekundäre Bildungen des Kambiums auch im Phloem vor. Ähnlich liegen die Verhältnisse bei den interzellularen Exkretgängen. Bei Kräutern treten sie reichlich in den primären Geweben auf, während sie bei den Koniferen vornehmlich im sekundären Holz beim Übergang vom Früh- zum Spätholz gebildet werden. Sehr häufig erfolgt ihre Bildung ferner im primären Phloem (Araucariaceen, Clusiaceen und Anacardiaceen) und im primären Xylem (Koniferengattungen *Pinus* und *Larix*), oder im Schoße der Prokambiumstränge für Kollenchymbündel bei den Umbelliferen (AMBRONN, 1). Diese Regellosigkeit verschwindet jedoch, wenn man nicht auf die anatomische Verteilung der Exkretionsorgane achtet, sondern auf ihre Beziehung zu den Meristemen.

Die Spitzen der ungegliederten Milchröhren dringen bei ihrem selbständigen Wachstum durch das Grundgewebe stets bis in die unmittelbare Nähe des Vegetationspunktes vor. Die schizogenen und lysigenen Exkreträume entstehen bereits, so lange das Grundgewebe noch meristematisch ist; ebenso finden die Zellfusionen der sekundären Milchsaftgefäße und die Ausbildung der sekundären Harzkanäle in der meristematischen Kambialzone statt. Die Anlage der Exkretionsorgane durch die Bildungsgewebe scheint an und für sich ganz natürlich und wäre nicht der besonderen Erwähnung wert, wenn sie nicht sofort nach ihrer Bildung in Funktion treten und aller zur Verfügung stehende Raum mit Exkreten angefüllt würde. Wenn die Gewebe dann ausgewachsen sind, ist außer bei den lysigenen Exkretbehältern, die Tätigkeit der Exkretionsorgane erloschen oder durch Raummangel gehemmt und lahmgelegt. Man muß daraus schließen, daß die Exkrete vornehmlich während und kurz nach Abschluß des Wachstums ausgeschieden werden.

Diese Feststellung wird durch die Erfahrungen der praktischen Kautschuk- und Harzgewinnung bestätigt. *Hevea*-Bäume mit schlechtem Rindenwachstum sind ungenügende Latexproduzenten, wobei es gleichgültig ist, ob die mangelhafte Rindenbildung aus inneren (genetischen) oder äußeren (edaphischen) Gründen erfolgt. Bei der Harzung wird durch die Verwundung bis ins Holz ein besonderes pathologisches Wachstum angeregt, das übermäßige Terpenbildung zur Folge hat. Bei der Gewinnung des ostindischen Lemongras- und Citronellöls (*Andropogon Nardus,* var. *flexuosus* und *genuinus*) schneidet man in regelmäßigen Zeitabständen die f r i s c h gewachsenen Grasblätter. Ferner ist bezeichnend, daß Exkretionsorgane normalerweise vielfach nur im Jugendzustande der Pflanzen auftreten: Milchschläuche im äußersten Weichbast von *Acer*, Exkretgänge in der primären Rinde von

Myroxylon (Peru- und Tolubalsam), *Hymenaea* und *Trachylobium* (Kopalharz). Bei diesen Balsambäumen wird erst durch Verwundung eine sekundäre Exkretbildung eingeleitet. Wenn beim Dickenwachstum der Nadelhölzer ein Jahrring aus irgendwelchen Gründen schlecht entwickelt wird, kann im betreffenden Jahre die Harzbildung unterbleiben (JACCARD, 3).

Die Beziehung zwischen Wachstum und Exkretion besitzt allerdings keine allgemeine Gültigkeit. So ist bekannt, daß die Wüstenpflanze *Parthenium* viel weniger Kautschuk produziert, wenn man ihr Wachstum durch Bewässerung forciert, und die Ausdünstung von ätherischen Ölen ist bei vielen aromatischen Pflanzen zur Zeit der Sommerdürre intensiver als während der optimalen Wachstumsperiode.

Dagegen sprechen andere Erscheinungen wiederum für einen Zusammenhang mit dem Wachstum. Die Exkretionsperiode der Drüsenhaare scheint vielfach auf junge, frisch ausgewachsenene Organe beschränkt zu sein, denn alte Blätter stoßen häufig ihre Exkretionshaare ab und scheiden keine Terpene mehr aus. Auch die Blüten duften im allgemeinen gerade nach ihrer Entfaltung am stärksten. Die pflanzliche Exkretion läßt sich somit als eine fakultative Begleiterscheinung des intensiven Stoffumsatzes während und kurz nach Abschluß des Wachstums deuten.

Zusammenfassend läßt sich sagen, daß die Verteilung der Exkretionsorgane meistens eine Beziehung zu Geweben mit besonders intensivem Stoffwechsel, wie Meristeme oder junge Assimilationsgewebe, aufweisen.

b) Abschiebung der Exkrete nach außen.

Milchröhren-, Exkretionsgänge und Exkretlücken sind, wie wir gesehen haben, bei ausgewachsenen Geweben bereits mit Exkreten gefüllt. Hiermit soll nicht gesagt werden, daß später überhaupt keine Ausscheidung mehr stattfindet; aber jedenfalls kann die Exkretion nur in dem Maße weiter vor sich gehen, als noch Raum für weitere Ablagerungen vorhanden ist. Die Ausscheidungstätigkeit ist daher in ausgewachsenen Geweben stillgelegt. Sie kann jedoch zu neuer Aktivität erwachen, wenn neuer Raum geschaffen wird, wie die Regeneration des Kautschuks in angezapften Milchröhren von *Hevea brasiliensis* zeigt.

Die Terpene ausgewachsener Exkretbehälter bleiben unverändert liegen und teilen das Geschick der sie beherbergenden Gewebe. So werden die Milchröhren in der primären Rinde oder im sekundären Phloem (s. Abb. 114) langsam nach außen geschoben.

Schließlich gelangen sie in den Bereich der Peridermbildung und werden mit der Borke abgestoßen. Als der Kautschuk noch ein wertvolles Edelprodukt war und nicht wie heute einen gewöhnlichen Rohstoff vorstellte, wurden die Kautschukmengen, die sich in dem beim Anzapfen der *Hevea*-Bäume weggeschnittenen Rindenstücklein befinden, technisch gewonnen. Bei der Birke erfolgt die Terpeneinlagerung nur in den äußeren, dem Untergang geweihten Rindenpartien, die etwa 10—12% Betulin enthalten. Die Exkrete, die sich in der Rinde anhäufen, werden also von der Pflanze auf natürlichem Wege nach außen abgeschoben.

Ähnlich verhält es sich mit den Exkretmengen, die in den Blättern gebildet worden sind. Sie bleiben von der Stoffauswanderung vor dem Laubfalle unberührt, so daß z. B. bei *Pallaquium* das abfallende Blatt absolut gleich viel und relativ sogar mehr Exkrete enthält als das ausgewachsene Blatt. Von dieser Tatsache wird bei der modernen Guttaperchagewinnung, die auf der Extraktion des Polyterpens aus getrockneten Blättern beruht, Gebrauch gemacht. Nicht die grünen, noch assimilierenden Blätter der *Pallaquium*-Bäume werden eingesammelt, sondern die vergilbenden oder abgefallenen, sog. „reifen" Blätter, denn diese liefern, berechnet auf das Trockengewicht, die größte Ausbeute.

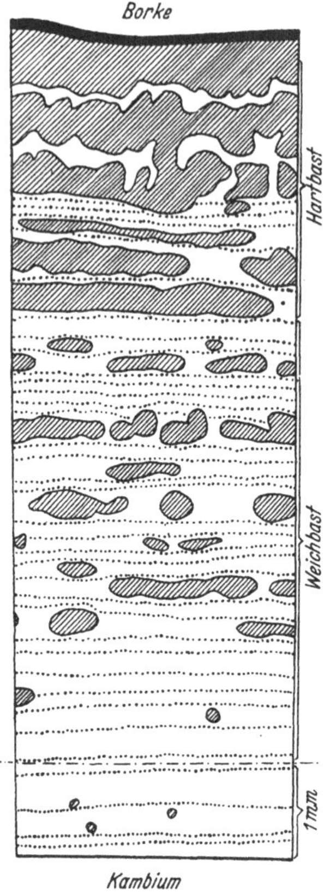

Abb. 114. Schematischer Querschnitt durch die Rinde von *Hevea brasiliensis*. Steinzellgruppen schraffiert; Reihen der Milchröhren punktiert, werden durch das Rindenwachstum nach außen geschoben.

Es läßt sich somit eine gewisse Parallele mit den Rekreten feststellen, die ebenfalls in Blättern und Borke, die von der Pflanze abgeworfen werden, liegen bleiben und so periodisch oder nach längerer Zeit aus dem Pflanzenkörper herausgeschafft werden.

3. Vergleichend-anatomische Gesichtspunkte.

a) Vikarisierendes Auftreten verschiedener Terpene.

In der Familie der Compositen besitzen die Vertreter der Ligulifloren (Cichorieen) gegliederte Milchröhren, die Tubifloren dagegen Harzkanäle (SOLEREDER, 3). Ontogenetisch sind diese beiden Exkretionssysteme verschiedenen Ursprungs. In der Pfahlwurzel der Röhrenblütler entstehen die Exkretionskanäle zwischen den Zellen der sich verdoppelnden Endodermis; die Ausbildung eines besonderen Kanalepithels unterbleibt dabei, offenbar deshalb, weil die Endodermiszellen an und für sich schon lückenlos aneinandergrenzen. Die gegliederten Milchröhren der Zungenblütler bilden sich dagegen im Grundgewebe der primären Rinde aus. Trotz dieser verschiedenen Entwicklungsgeschichte haben die beiden Ausscheidungssysteme offenbar dieselbe physiologische Aufgabe zu erfüllen, denn sie treten stellvertretend füreinander auf, wie die Rückbildung der Balsamgänge bei den milchsaftführenden Zungenblütlern zeigt. Bei einzelnen Tubifloren *(Scorzonera* und *Scolymus grandiflorus)* werden wie bei den Röhrenblütlern endodermale Harzkanäle ausgebildet. Oft führen diese Interzellulargänge aber keinen Balsam *(Tragopogon porrifolius)*, schließlich unterbleibt die Bildung von Interzellularen in der doppelten Endodermis vollständig (*Cichorium* und *Lampsana*), und endlich wird nur mehr eine einfache Endodermis ausgebildet *(Hieracium, Hypochoeris, Lactuca)*. So kann man beobachten, wie ein typisches Exkretionssystem (endodermale Balsamgänge) durch das Auftreten der Milchröhren nach und nach zum Verschwinden gebracht wird. Umgekehrt gibt es eine Röhrenblütlerin *(Gundelia Tournefortii)*, die in Blatt und Stengel Milchröhren führt, während Harzgänge fehlen.

Das stellvertretende Auftreten von Balsamen und Milchsaft bei den Compositen ist ein neuer Hinweis für die Zusammengehörigkeit dieser Pflanzenstoffe. Die Aufstellung einer einheitlichen physiologischen Gruppe der Terpenexkrete stützt sich somit nicht nur auf konstitutions- (Terpenchemie) und stoffwechselchemische (Endprodukte des Stoffwechsels), sondern auch auf vergleichend-anatomische Tatsachen.

b) Beziehungen zu den Schleim- und
Gummiausscheidungen.

Nachdem die anorganischen Ausscheidungen der Pflanze als Rekrete und die organischen Terpenverbindungen als Exkrete ihre bestimmte Stellung im pflanzlichen Stoffwechselsystem erhalten haben, bleiben von den Stoffen, die bisher in den Lehrbüchern als „Sekrete" zusammengefaßt worden sind, noch die Gummiarten und Schleime übrig. Die physiologische Bedeutung dieser Stoffgruppen ist noch unklar, doch soll hier auf einige Beziehungen zu den Exkreten hingewiesen werden.

Der Gummifluß der *Acacia*-Arten und Prunoideen zeigt gewisse Ähnlichkeiten mit dem pathologischen Harzfluß. Ferner enthalten die Exkretkanäle vielfach neben den Terpenen größere oder kleinere Mengen Gummi [Gummiharze von Umbelliferen (Ammoniacum, Asant) und Burseraceen (Myrrhe, Weihrauch)]. Man darf darauf schließen, daß Gummi, wie die Terpene, als Nebenprodukt bei besonders intensivem Stoffwechsel entsteht.

Zu den Schleimen bestehen in vielen Fällen klarere Beziehungen. Bei *Cinnamomum* füllen sich die Exkretzellen nach TSCHIRCH und STOCK (1) mit Schleim, wenn die Terpenbildung unterbleibt. Ebenso weisen die Exkretschläuche von *Urtica* (SCHAFFSTEIN) schleimartigen Inhalt auf. Bei der nächstverwandten Familie, den Moraceen, erzeugen dieselben Organe reichlich Milchsaft, so daß man wohl vermuten darf, die Terpenbildung sei bei *Urtica* unterdrückt worden, während die Milchröhren erhalten geblieben sind. Eine ähnliche Erklärungsweise ist vielleicht für die Schleimvorkommnisse bei den *Columniferae* (Malvaceen, Tiliaceen) möglich, wo die Schleime wie die Terpene in Exkretzellen, interzellularen Exkretlücken und mit ausscheidendem Epithel versehenen Exkretgängen auftreten. Nach WETTSTEIN zeigen die *Columniferae* enge verwandtschaftliche Beziehungen zu den Reihen der *Tricoccae* (Euphorbiaceen) und *Therebinthales* (Rurtaceen, Buseraceen, Anacardiaceen), die reichlich Terpene exzernieren. Es ist daher denkbar, daß die *Columniferae* die Terpenbildung aufgegeben haben [1], während die entsprechenden Organe nicht rückgebildet worden sind und daher mit anderen Stoffen angefüllt werden. Es wäre lohnend solche Beziehungen weiter zu verfolgen, um zu einem richtigen physiologischen Verständnis der Schleimausscheidungen zu gelangen.

4. Zur Phylogenie der Terpenbildung.

Die Terpenbildung ist eine Errungenschaft der Landpflanzen. Bei den Algen und wasserbewohnenden Pilzen sind keine Aus-

---

[1] Vgl. das ausnahmsweise Auftreten von Milchsaft bei der Tiliaceengattung *Plagiopteron*.

scheidungen dieser Art bekannt. Dagegen treten sie in den Fruchtkörpern landbewohnender Pilze (Basidiomyceten) in Form von Harzen und Milchsaft *(Lactarius)* auf. Ebenso sind Terpenausscheidungen von den Lebermoosen bekannt.

Bei den Gefäßkryptogamen kommen die Terpenexkrete relativ selten vor (s. Abb. 108d), bei den Gymnospermen treten sie dagegen allgemein auf. Für die Angiospermen läßt sich keine bestimmte Entwicklungsreihe aufstellen, da ein Teil der urtümlichen Gruppen Exkretionsorgane besitzt, ein anderer dagegen nicht. Als typisches Beispiel mögen die *Polycarpicae* erwähnt werden, von denen die einen Familien Exkretion in der einen oder anderen Form aufweisen (Magnoliaceen: Milchröhren; Aristolochiaceen und Myristicaceen: Exkretzellen), während bei den andern Exkretionsorgane fehlen (Ranunculaceen, Berberidaceen, Nymphaeaceen).

Von den Familienreihen, die mit den *Polycarpicae* in näherer Verbindung stehen, weisen die *Rhoeadales* und *Guttiferales* zum Teil milchende Vertreter auf, und auch die Monokotyledonenreihe der *Helobiae* zeichnet sich durch Milchsaftpflanzen aus *(Alisma, Limnocharis)*. Die Exkretionsorgane von *Alisma* sind dadurch interessant, daß der Milchsaft nicht in Milchröhren, sondern von einem Epithel in Interzellulargänge ausgeschieden wird (UNGER); es handelt sich dabei wohl wie bei der Anacardiaceengattung *Rhus* nicht um einen kautschukhaltigen Milchsaft, sondern um Emulsionen von Terpenen, die in niedrigmolekularem Zustande aus den Zellen auswandern können.

Bei den hochspezialisierten Endgliedern von Entwicklungsreihen fehlt die Terpenbildung häufig, wie z. B. bei den Orchideen, während bei den Lilifloren, zu welchen sie in verwandtschaftlichen Beziehungen stehen, Terpene gebildet werden (Akaroid-, *Xanthorrhoea*-, *Aloe*-Harze, Irisöl). Die Zingiberaceen, eine andere ähnlich stark abgeleitete Familie, die zu den Lilifloren in Beziehung steht, zeichnet sich dagegen durch besonders reichlichen Gehalt an ätherischen Ölen aus. Ein weiteres Beispiel für eine abgeleitete Familie, die ihre Exkretionsorgane zurückgebildet hat, sind die Lemnaceen, denn die mutmaßliche Ausgangsfamilie der Araceen ist reichlich mit Exkretionsorganen versehen (Exkretionszellen, Milchröhren). Die abgeleiteten Wasserpflanzen der Angiospermen scheinen mit Ausnahme der *Helobiae* ebenfalls frei von Terpenausscheidungen zu sein (Nymphaeaceen, Halorrhagidaceen, Hippuridaceen).

Die Tatsache, daß nur die Landpflanzen reichliche Mengen Terpene bilden, führt zur Vermutung, daß vor allem bei begünstigter Assimilation, also reichlicher Kohlenhydraternährung, Terpenexkrete

gebildet werden. Da die Wasserpflanzen unter weniger günstigen Bedingungen assimilieren, würde sich das Fehlen der Terpene bei ihnen
verstehen. Auch die reichlichere Terpenbildung in warmen und tropischen Ländern steht damit im Einklang.

Zusammenfassend kann man sagen: Die Landpflanzen
besitzen ein besonderes Dehydrierungsvermögen, das bei intensiven
Stoffwechselprozessen und reichlicher Gegenwart von Kohlenhydraten zur Terpenbildung Anlaß gibt. Ob diese Art der Dehydrierung von den Landpflanzen wiederholt erworben worden ist
oder, was wahrscheinlicher erscheint, einfach eine Entfaltung von
bei den niederen Wasserpflanzen bereits vorhandenen physiologischen Möglichkeiten bildet, muß dahingestellt bleiben. Die Terpen-
bildungsvorgänge sind nicht für alle Pflanzen notwendige Umsetzungen und müssen daher als fakultative Begleiterscheinungen
des Stoffwechsel aufgefaßt werden. Im allgemeinen werden die
entstandenen Terpene als Endprodukte des Stoffwechsels ohne
bestimmte physiologische Aufgabe nach außen abgeschieden oder
in der Pflanze angehäuft. Nur selten erlangen sie sekundär eine
gewisse ökologische Bedeutung, wie z. B. als Blütenduft. In der
Großzahl der Fälle bleiben die Terpene jedoch als inerte Masse in
der Pflanze liegen und werden daher physiologisch am besten als
Exkrete aufgefaßt.

IV. Sekretion.

Sekrete sind nach der einleitend gegebenen Definition von der
Pflanze ausgeschiedene Assimilate, die gewöhnlich bestimmte physiologische Aufgaben erfüllen. Sie bilden keine chemische Einheit, wie
wir sie bei den Rekreten (anorganische Ausscheidungen) und Exkreten
(Terpene) gefunden haben, sondern sie gehören den verschiedensten Stoffgruppen an. Die Abgrenzung gegenüber den Rekreten und
Exkreten ist oft schwierig, da z. B. die Gutation in den Dienst der
Sekretion gestellt wird oder, da gewisse Terpene, wie der Blütenduft, sekundär eine physiologische Bedeutung erlangen und daher
wie Sekrete gewisse Aufgaben erfüllen. Die Klasse der Sekrete
ist daher nicht scharf umgrenzt, solange man als oberstes Kriterium ihren physiologischen Aufgabenkreis heranzieht. Sehr oft
ist es nämlich schwer solche Aufgaben objektiv festzustellen, und
je nach der subjektiven Auffassung der einzelnen Autoren können
dann ganz verschiedene Ausscheidungsstoffe den Sekreten zu-
gewiesen werden. Es wird hier daher vor allem Gewicht darauf

gelegt, daß die Sekrete Produkte des objektiv abgrenzbaren, assimilatorischen Stoffwechsels sind, während die Aufgaben, die ihnen zufallen, trotz deren Wichtigkeit erst in zweiter Linie berücksichtigt werden. Auf diese Weise können Ausscheidungsstoffe, deren physiologische Bedeutung noch nicht abgeklärt ist, widerspruchslos in die Betrachtung miteinbezogen werden. Die so definierte Klasse der Sekrete umfaßt daher nicht nur Stoffe von ganz besonderer physiologischer Bedeutung, wie Fermente und Hormone, sondern auch solche von zweifelhafter Wichtigkeit wie z. B. den Nektar.

Die Ausscheidung von Sekreten durch die Hautgewebe soll als äußere Sekretion, deren Bildung im Inneren von Geweben dagegen als innere Sekretion bezeichnet werden. Die äußeren Sekrete können eingeteilt werden in Kontaktsekrete, die auf Berührungsreize, und Gutationssekrete, die bei Gutationsvorgängen ausgeschieden werden.

A. Äußere Sekretion.

1. Kontaktsekrete.

a) Ausscheidungen der Wurzelhaare.

Bei der Besprechung der Stoffaufnahme wurde gezeigt, wie beim Ioneneintausch von den Wurzelhaaren Kohlensäure in die Umgebung abgegeben wird. Gewöhnlich findet man nun aber in der Nähe der Resorptionszone der Wurzeln eine bedeutend höhere Wasserstoffionenkonzentration als dem Dissoziationsgrad der Kohlensäure entspricht, wovon man sich leicht überzeugen kann, wenn man die Zone der Wurzelhaare junger Wurzeln auf Lackmuspapier legt. Die saure Reaktion findet aber nur in einem Nährsubstrat (Erde oder Nährlösung) statt, während sie an der Luft unterbleibt. Man hat daraus geschlossen, daß die Wurzelhaare im Kontakt mit Bodenteilchen Säuren ausscheiden, um diese aufzulösen. In der Tat können die Wurzeln nicht nur Kalk, Dolomit und Magnesit (SACHS, 2; CZAPEK, 1), sondern auch äußerst schwerlösliche Bodenbestandteile, wie Apatit, Muskovit und Nephelin (BENECKE und JOST, 2) angreifen und korrodieren. Es ist erwiesen, daß mit Kohlensäure gesättigtes Wasser diese Stoffe nicht in dem Maße aufschließen kann, wie es durch die Pflanze geschieht. Man vermutete deshalb, daß die Wurzelhaare organische Säuren ausscheiden, und der Agrikulturchemiker benützt infolgedessen zur

Bestimmung der assimilierbaren Phosphorsäure im Boden ein-
prozentige Zitronen- oder sogar Salzsäureauszüge. Der Nachweis
der Ausscheidung solcher Säuren stößt jedoch auf große Schwierigkeiten. STOKLASA und EMERT haben gefunden, daß Ameisen-
(KUNZE) und andere Karbonsäuren nur bei Sauerstoffmangel in
den Boden gelangen. Andererseits haben PRIANISCHNIKOW (1, 2)
und PANTANELLI (2) die saure Wurzelreaktion durch einseitige
Kationenaufnahme zu erklären versucht, und man unterschied in
der Folge physiologisch saure (Ammoniumsalze, namentlich
Ammoniumsulfat) und physiologisch basische (Nitrate) Salze.
Neuere Untersuchungen mit sterilen Reinkulturen von Samen-
pflanzen haben jedoch ergeben, daß die Wurzeln unter völlig
aeroben Verhältnissen Äpfelsäure, Zucker, Schleime und andere
organische Substanzen an das umgebende Substrat abgeben
(KOSTYTSCHEW, 3). Es steht heute daher fest, daß die Wurzelhaare außer Kohlensäure noch andere Stoffe ausscheiden, und
sofern es sich dabei um Assimilate handelt, die mit der Nährstoffaufnahme im Zusammenhang stehen, kann man sie als Sekrete
bezeichnen.

Außerdem sollen aber auch noch gewisse Abbauprodukte, die im Laufe
des Stoffwechsels in der Pflanze entstehen, auf diesem Wege in das Nährsubstrat gelangen und die Bodenmüdigkeit mitverursachen. Um was für
Stoffe, die wohl eher zu den Exkreten zu rechnen wären, es sich dabei handelt,
weiß man allerdings nicht. Es ist nur bekannt, daß sie leicht an Kohle
adsorbiert und durch Glühen des Nährsubstrates verbrannt werden können
(MOLLIARD).

b) Ausscheidungen von Haftorganen.

An die Ausscheidungen der Wurzelhaare wären die Sekrete
von Kletterwurzeln anzuschließen, die gewissen Lianen erlauben,
an völlig glatten Baumstämmen oder Mauern (Efeu) emporzu-
klimmen. Oft sind solche Wurzeln mit der Unterlage wie verwachsen, so daß sie gewöhnlich zerreißen, wenn man sie ablösen
will. Ob diese Klebstoffe mit den Schleimen, die von den Wurzelhaaren manchmal ausgeschieden werden, irgendwie in Zusammenhang stehen, ist nicht näher untersucht.

Auch andere Haftorgane, wie die Ranken, sezernieren mitunter
klebrige Stoffe, die ihnen erlauben, sich an Baumstämmen, die sie
nicht umranken können, festzukleben. So beschreibt O. MÜLLER
von den Cucurbitaceengattungen *Sicyos* und *Trichosanthes* Ranken,
die sich bei Berührung mit einer glatten Wand zu einer Art Haft-

scheibe aufknäueln und ein Sekret ausscheiden, das sie fest mit der Unterlage verbindet. Wie Abb. 115 zeigt, erfolgt die Ausscheidung durch ein zartwandiges drüsenartiges Gewebe. Durch DARWIN sind bei *Hanburia mexicana* ebenfalls solche Ausscheidungen beobachtet worden.

Ähnlich wie die erwähnten Cucurbitaceen verhalten sich die Haftscheiben vieler Bignoniaceen- und Vitaceenranken. Sie sind namentlich bei *Parthenocissus Veitchii* (falsche Ampelopsis) und *Parthenocissus quinquefolia* (wilder Wein) stark entwickelt und können derart am Gemäuer haften, daß Kalkteile an ihnen hängenbleiben, wenn man sie von einer getünchten Wand losreißt.

Schließlich müssen hier auch die Ausscheidungen der Haustorien angiospermer Parasiten (ZENDER) erwähnt werden. Bei *Cuscuta* er-

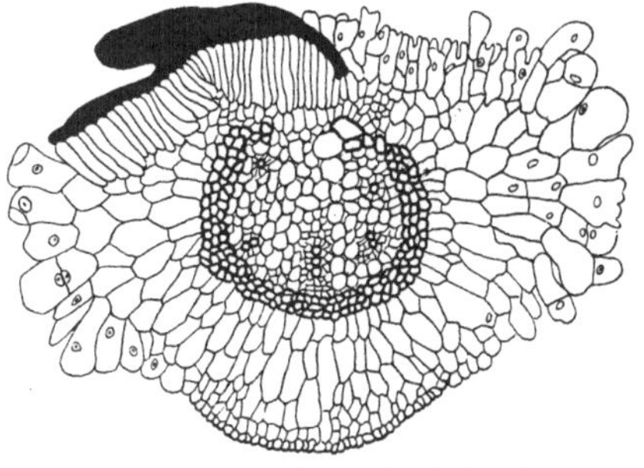

Abb. 115. Querschnitt durch die Ranke von *Trichosanthes* (Cucurbitaceen), nach O. MÜLLER. Sekret schwarz.

folgt zwar das erste Eindringen in den Wirt durch das sog. Prähaustorium auf rein mechanischem Wege (GÄUMANN); aus diesem Organ brechen dann aber die eigentlichen Haustorien hervor, die ein zelluloselösendes Ferment und wahrscheinlich auch Stoffe ausscheiden, welche die Bildung von Wundperiderm verhindern. Auch bei den Loranthaceen geschieht das Eindringen vornehmlich mechanisch durch sog. Senker. Bei den extrem auf die parasitische Lebensweise angewiesenen Formen der Balanophoraceen und Rafflesiaceen dagegen erfolgt das Vordringen in den Wirtsgeweben, ähnlich wie bei den parasitischen Pilzen, auf chemischem Wege durch Ausscheidung zellwandlösender Fermente. Im übrigen ist die wichtige Frage der Stoffausscheidung durch Parasiten im Kontakt mit dem Wirte noch sehr unvollkommen untersucht, da sie auf große Schwierigkeiten stößt.

Hiermit soll die kurze Übersicht über die noch ungenügend bekannte Gruppe der Kontaktsekrete abgeschlossen werden. Sie zeigt, daß, wo die Pflanze mit toten oder lebenden Körpern in innige Berührung kommt, als Antwort auf den Kontaktreiz häufig besondere Sekrete ausscheidet, die zum Teil spezifischer Art sind.

2. Gutationssekrete.

a) Vergleichende Anatomie der Gutationsorgane.

Bei der Behandlung der Gutation auf S. 229 ist bereits darauf hingewiesen worden, daß man passive und aktive Hydathoden unterscheidet. Beiden Typen kommt physiologisch eine prinzipielle Bedeutung zu: Dem ersten, weil er zeigt, daß im einfachsten Falle

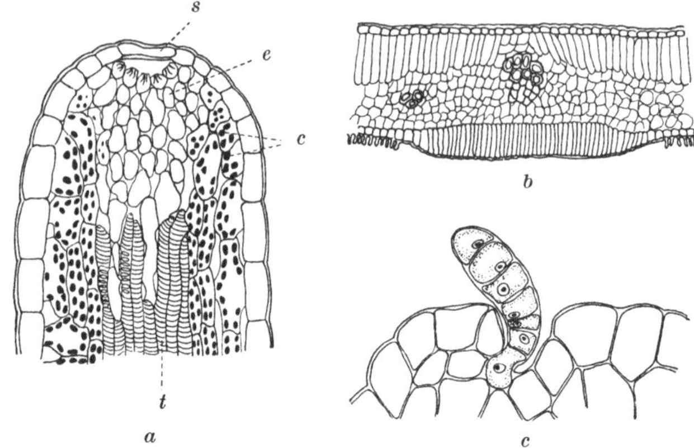

Abb. 116. Vergleichende Anatomie der Hydathoden. a) Wasserspalte mit offenem Epithem im Blattzahn von *Primula sinensis* (nach HABERLANDT, 4). *s* Wasserspalte, *e* Epithem mit Interzellularen, *t* Tracheiden, *c* Chlorophyllkörner. b) Epidermhydathode auf der Blattunterseite von *Hevea brasiliensis* (nach KEUCHENIUS). c) Trichomhydathoden auf dem Blattgelenk von *Phaseolus multiflorus* (nach M. BRAUNER).

der Wurzeldruck die Gutation unterhält, und den zweiten, weil er als Modell für den Vorgang, der in der Wurzel Wasser in die Gefäße preßt, dienen kann. Es gilt nun die Anatomie dieser verschiedenen Gutationsorgane näher zu untersuchen, da deren genaue Kenntnis für die vergleichend-anatomische Beurteilung der Sekretionsorgane, die im folgenden besprochen werden sollen, notwendig ist.

Die passiven Hydathoden oder Wasserspalten sind Spaltöffnungen vergleichbar, die ihre Beweglichkeit teilweise verloren haben und deren „Atemhöhle" direkt an Tracheiden grenzt. Tritt in den Wasserleitungsbahnen ein Überdruck (Wurzeldruck) auf, filtriert Wasser in diese Höhle und entweicht durch die offene Spalte. Eine komplizierter gestaltete passive Hydathode zeigt Abb. 116a nach HABERLANDT (4), die eine Wasserspalte der Blattzähne von *Primula sinensis* darstellt. Hier schiebt sich zwischen

die Höhle unter der Spalte und die Tracheiden ein interzellularen-
reiches Gewebe ein, das als Epithem bezeichnet wird. Die Wasser-
leitungselemente stehen also auch hier direkt mit dem Interzellularensystem in Verbindung, während sie sonst von dicht anein-
anderschließenden Zellen umkleidet werden. Wenn das Gutationswasser durch das Epithem filtriert, werden die für den Stoffwechsel
wichtigen Ionen zum Teil zurückgehalten. Das Epithem bildet
indessen nicht immer einen porösen Schwamm, sondern es kann
zum aktiven Ausscheidungsgewebe werden, wie dies KURT für
die Hydatoden der Saxifragen nachgewiesen hat, bei denen kein
zusammenhängendes, offenes Interzellularensystem im Epithem-
gewebe vorhanden ist.

Bei den aktiven Hydathoden scheiden besondere Drüsengewebe epidermaler Herkunft, die sich durch zartwandige, plasma-
reiche und lückenlos aneinanderschließende Zellen auszeichnen
(Epidermhydathoden), oder Drüsenhaare (Trichomhydathoden) das Gutationswasser aus. Diese Ausscheidungsorgane
können durch Abzweigungen der Leitbündel mit den Wasserleitungsbahnen in Beziehung stehen, wie dies bei den Epidermhydathoden gewöhnlich der Fall ist (z. B. Hydathoden der Farne,
Hevea, Abb. 116b); oder es fehlt eine direkte Verbindung mit dem
Wasserleitungssystem, was vielfach für trichomartige (Abb. 116c)
oder nur aus wenigen Epidermiszellen bestehende (Plumbaginaceen)
Gutationsorgane zutrifft.

Die Ausscheidungen der aktiven Hydathoden ergießen sich nicht immer
ins Freie, sondern mitunter in Hohlräume in der Pflanze (s. *Nepenthes*, S. 333).
Besonders merkwürdig sind in dieser Hinsicht die sog. Wasserkelche
tropischer Bäume und Sträucher [Bignoniaceen, Solanaceen, Verbenaceen
(TREUB, KOORDERS)], bei denen sich in den Blütenknospen im dicht-
geschlossenen Kelch große Mengen Gutationswasser ansammelt, das die
sich entwickelnden Blütenblätter und Geschlechtsorgane umspült. Beim
großblütigen Trompetenbaum *(Spathodea campanulata)* steht das Wasser
im Kelch unter Druck, so daß es als Springbrunnen entweicht, wenn man
die Spitze der Blütenknospe abschneidet.

Der Unterschied zwischen passiven und aktiven Hydathoden
läßt sich nicht nur anatomisch, sondern auch experimentell feststellen. Die ersten stellen ihre Tätigkeit ein, wenn man den Sproß
abschneidet und auf diese Weise den Wurzeldruck aufhebt. Dafür
kann man sie künstlich sezernieren lassen, wenn man Wasser
durch den Stengel preßt; ebenso lassen sich Farbstoffe durch das
Wasserleitungssystem und die Wasserspalten filtrieren. Die aktiven

Hydathoden dagegen scheiden auch an abgeschnittenen Trieben Wasser aus, wenn man sie einstellt und in eine feuchte Atmosphäre bringt. Bei *Hevea* genügt es z. B., das Blatt mit seiner Oberseite auf Wasser schwimmen zu lassen, um unter einer Glocke die Hydathoden der Blattunterseite zur Gutation zu veranlassen. Die passiven Hydathoden kommen nur bei krautartigen Pflanzen vor, bei denen im Gegensatz zu den Bäumen offenbar wenig Wahrscheinlichkeit besteht, daß in den Gefäßen durch die Transpiration negative Drucke auftreten. Da die Wasserspalten mit den Gefäßen in offener Verbindung stehen, müßten diese bei negativem Druck in den Wasserleitungsbahnen nämlich mit Luft infiltriert werden. Es ist deshalb verständlich, warum bei Bäumen im allgemeinen ein hermetischer Abschluß des Wasserleitungssystems stattfindet.

In Tabelle 41 sind die Unterschiede zwischen passiven und aktiven Hydathoden kurz zusammengestellt.

Tabelle 41. Vergleich der beiden Hydathodentypen.

	Passive Hydathoden Wasserspalten	Aktive Hydathoden Epiderm- und Trichomhydathoden
Verbindung mit der Außenwelt	durch offene Spalten	hermetisch geschlossen
Verbindung mit dem Wasserleitungssystem	durch Interzellularen	durch Zellen
Wasserausscheidung	durch Wurzeldruck	durch Drüsentätigkeit
Gutation abgeschnittener Sprosse	hört auf	geht unter Umständen weiter
Druckfiltration von Lösungen (Farbstoffe)	möglich	unmöglich
Hauptsächlichstes Vorkommen	bei Kräutern und Gräsern	bei Bäumen

b) Ausscheidungen der Nektarien.

Unter Nektarien versteht man Ausscheidungsorgane, die Zuckerlösungen ausscheiden. Der Zuckergehalt variiert von einigen Prozent (*Fritillaria*-Blüten) bis 70% (*Euphorbia pulcherrima*). Die auftretenden Zuckerarten sind fast ausnahmslos Saccharose, sowie Glukose und Fruktose (CZAPEK, 2), wobei aber die Glukose gewöhnlich stark überwiegt. Der Sinn der Nektarbildung wird meistens von der Rolle aus beurteilt, die der „Honigseim" bei den Insektenblütlern spielt. Aber die Nektarien der Blüten, die als **florale Nektarien** bezeichnet werden, eignen sich schlecht, einen Einblick in die physiologische Bedeutung des Nektars zu erlangen, da ihre Tätigkeit nicht unabhängig von den Geschlechtsvorgängen in der Pflanze, mit denen sie in enger Beziehung stehen, untersucht werden können. Es ist daher lohnender, den Ausscheidungsvorgang bei den sog. **extrafloralen Nektarien** von Blättern und Sprossen näher zu analysieren, um so mehr, da diese Ausscheidungsvorgänge von der Pflanzenphysiologie stets stiefmütterlich behandelt und nie richtig gewürdigt worden sind.

Physiologie der extrafloralen Nektarien.
Die extrafloralen Nektarien haben der teleologischen Naturbetrachtung von jeher große Schwierigkeiten bereitet. Im Laufe der Zeit sind nicht weniger als drei biologische Theorien entwickelt worden, welche die „Daseinsberechtigung‟ dieser Drüsen erweisen und ihren Zweck erläutern sollten.

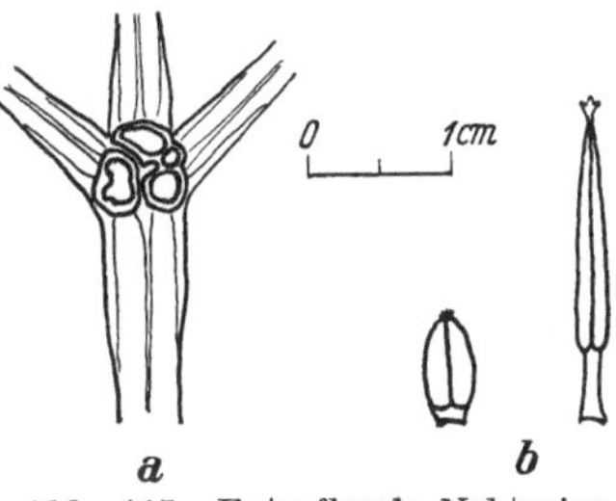

Abb. 117. Extraflorale Nektarien von *Hevea*. a) Blattstiel-, b) Blattschuppennektarien (Triebbasis).

Die älteste stammt von TREVIRANUS. Sie kann als Ersatzhypothese bezeichnet werden; denn sie besagt, daß Pflanzen ohne florale Nektarien außerhalb der Blüten stellvertretende Honigdrüsen ausbilden, um die Insekten anzulocken. In dem Maße aber, wie sich die Kenntnisse über die extrafloralen Nektarien vermehrten, mußte man feststellen, daß Blütezeit und Sekretionsperiode der extrafloralen Nektarien nur in seltenen Fällen zusammenfallen. Der zweite Erklärungsversuch war die überall Anklang findende Ameisenschutztheorie von BELT-DELPINO, und die dritte die wenig glückliche Ablenkungshypothese von KERNER.

Es ist das Verdienst von Frau NIEUWENHUIS-VON UEXKÜLL (1), an Hand einer sehr eingehenden Untersuchung im Botanischen Garten von Buitenzorg nachgewiesen zu haben, daß diese biologischen Theorien absolut unhaltbar sind: Die Ameisen, welche an den extrafloralen Nektarien naschen, sind fast ausnahmslos harmlose Vegetarier, die den Pflanzen nicht den geringsten Schutz gewähren; und die Ansicht von KERNER, die Honigdrüsen der Blätter müßten die Ameisen und andere nicht bestäubende Insekten vom Blütenbesuch abhalten, wird durch zahlreiche Beobachtungen widerlegt.

Der biologischen Erklärungsweise hat von jeher die physiologische gegenübergestanden, die jedoch durch die Ameisenschutztheorie völlig verdrängt worden ist. Ein erster Deutungsversuch stammt von LIEBIG. Er macht in seiner Agrikulturchemie geltend, daß die Organe der Pflanzen nur dem zur Verfügung stehenden Stickstoff entsprechend Kohlenhydrate verwerten können. Ist das richtige Verhältnis zwischen Stickstoff und Kohlenhydraten gestört, indem z. B. Zucker im Überfluß vorhanden ist, so können die Pflanzen diese nicht verwenden, und sie müssen darum nach

LIEBIG ausgeschieden werden. Später hat BONNIER eine andere Hypothese aufgestellt, nach welcher die extrafloralen Nektarien als Zuckerreservoire aufzufassen wären. Er begründete seinen Standpunkt namentlich damit, daß es viele extraflorale Honigblüten gebe, die nie sezernieren, obschon in ihrem Gewebe Zucker nachgewiesen werden kann. Nach BONNIER werden die Nektarien durch gewisse äußere Faktoren (Wärme, hoher Wassergehalt der Luft) zur Zuckerausscheidung gezwungen; der verlorene Zucker würde dann aber später von der Pflanze wieder aufgenommen, wie dies gelegentlich beobachtet werden kann. Die Deutung BONNIERs ist aber schon aus anatomischen Gründen wenig wahrscheinlich und wurde auch allgemein abgelehnt.

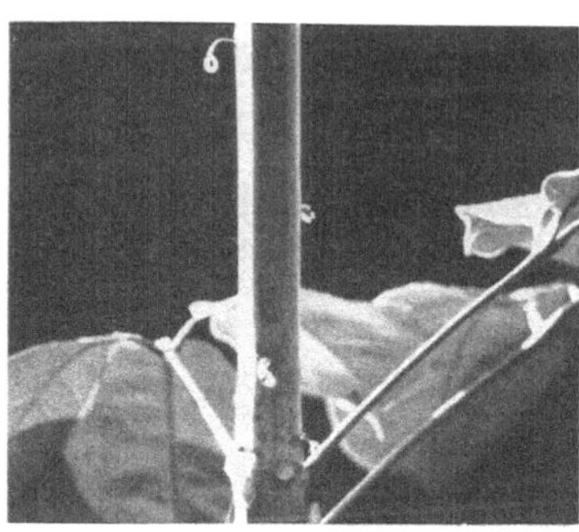

Abb. 118. Extraflorale Nektarien von *Hevea* in Tätigkeit (vgl. Abb. 117).

Zu einer einleuchtenderen Deutung kommt man, wenn man die Ausscheidungstätigkeit zeitlich verfolgt. Da fällt vor allem auf, daß die extrafloralen Nektarien von Trieben mit völlig erloschenem Wachstum, abgesehen von einigen Ausnahmen, die die Regel bestätigen, stets funktionslos sind. Nur die Nektarien junger Blätter und Blüten scheiden Nektar aus. Besonders schön läßt sich dies beim Blatte von *Hevea brasiliensis* feststellen (FREY-WYSSLING, 29). Es besteht aus drei großen Fiedern, die bei ihrer Entwicklung erst völlig schlaff vom Blattstiel herunterhängen, und sich dann, nachdem sie ihre endgültige Länge erreicht haben, aufrichten. Anschließend an diese Entfaltungsbewegung setzt nun bei günstigen Witterungsverhältnissen eine starke Nektarausscheidung (Abb. 118) ein und dauert 3—10 Tage. Durch ausgedehnte Beobachtungsserien ist für *Hevea* ein Zusammenhang zwischen Wachstum und Nektarbildung einwandfrei nachgewiesen (s. Abb. 124). Aber auch in ungezählten anderen Fällen entfalten die extrafloralen Nektarien ihre Tätigkeit während oder im Anschluß an die Wachstumsperiode ihres Tragorganes (*Prunus, Ricinus*). Ebenso gilt diese Feststellung für die Nektarausscheidung der meisten Blüten, die nach dem Wachstumsabschluß auf die Entfaltungsbewegungen der verschiedenen Blütenorgane folgt. Mit der Jugendtätigkeit der extrafloralen Nektarien mag ihre entwicklungsgeschichtlich ungewöhnlich frühzeitige Anlage und Ausbildung in Zusammenhang stehen; meistens eilen sie in ihrer Entwicklung dem Blatte, das sie trägt, stark voraus, so daß sie an jüngsten Blättchen durch unverhältnismäßig große Höcker auffallen. Der Nektarerguß erfolgt in der Regel nur während relativ kurzer Zeit. HABERLANDT (5) schreibt zwar den extrafloralen Nektarien im Gegensatz zu den floralen eine längere Ausscheidungstätigkeit zu. Dies trifft aber im allgemeinen nicht (NIEUWENHUIS-VON UEXKÜLL, 1) zu. Krautige Pflanzen mit unbegrenzter Wachstumsdauer, wie z. B. *Vicia sepium*, täuschen eine längere Ausscheidungsperiode vor, indem stets junge Blätter entstehen, die aufs neue sezernieren, während die alten ihre Tätigkeit einstellen. Bei *Vicia*-Arten mit beschränkter Wachstumsperiode, wie *Vicia Faba*, erlischt hingegen die Nektarbildung nach abgeschlossenem Wachstum ganz. Hiermit soll allerdings das vereinzelte Vorkommen von extrafloralen Nektarien mit besonders langer Ausscheidungsdauer nicht geleugnet werden; aber es handelt sich dabei um Ausnahmefälle, die in der postfloralen Nektarabscheidung (DAUMANN, 2) floraler Nektarien ihr Gegenstück findet.

Die Ausscheidungstätigkeit ist für die Entwicklung nektarientragender Organe keine Notwendigkeit. Oft unterbleibt die Nektarbildung bei einzelnen oder allen Nektarien eines Blattes. Zusammenfassend kann man daher sagen, die Nektarausscheidung der extrafloralen Nektarien ist eine fakultative, an das Austreiben sich anschließende ephemere Jugenderscheinung. Diese Betrachtungen gelten mutatis mutandis auch für die floralen Nektarien. Es sollen daher die Beziehungen zwischen extrafloralen und floralen Nektarien kurz gestreift werden. BRAVAIS hat darauf hingewiesen, daß florale und extraflorale Drüsen sich sehr oft an homologen Teilen von Mikrosporophyll und Laubblatt befinden. Ferner sind beide anatomisch ähnlich gebaut. Dazu kommt nun noch ein physiologischer Faktor, nämlich die Feststellung, daß die Sekretion der Blattnektarien, genau wie diejenigen der Blüten, anschließend an einen Wachstumsvorgang auftritt. So stellt sich nicht nur die engste Homologie, sondern auch eine deutliche Analogie zwischen floralen und extrafloralen Honigdrüsen heraus. Es fragt sich nur, welche von beiden als primär, und welche als abgeleitet aufgefaßt werden müssen. Über diese Frage kann das Auftreten von extrafloralen Nektarien bei den Pteridophyten Auskunft geben. Bei *Pteris aquilina* z. B. finden sich auf den Blättern Honigdrüsen (LEPESCHKIN, 4), die, wiederum nur im Jugendzustand der Blätter, sezernieren. Sollten solche Drüsen bei den Gefäßkryptogamen von jeher eine weitere Verbreitung besessen haben, so ließe sich leicht verstehen, wie extraflorale Nektarien, die in der Region der fertilen Blätter vorhanden waren, mit in die Blütenbildung einbezogen worden sind. Man müßte hiernach die floralen Nektarien als abgeleitet, und die Entomophilie primär nicht als Anpassungserscheinung, sondern als Zufall betrachten, aus dem sich dann die für die Blütenbiologie so wichtigen Beziehungen entwickelt haben.

Vergleichende Anatomie der extrafloralen Nektarien. Da sich somit die floralen Nektarien von den extrafloralen ableiten lassen, gewinnt die Frage nach der ursprünglichen physiologischen Bedeutung des Nektars ein besonderes Interesse. Zu ihrer Lösung soll die vergleichende Anatomie der extrafloralen Nektarien herangezogen werden. J. G. ZIMMERMANN unterscheidet gestaltlose und gestaltete Nektarien. Die gestaltlosen bestehen einfach aus einer stomatären Öffnung; diese führt zu einer subepidermalen Höhle, in die der Nektar aus Tracheiden ergossen wird. Solche Nektarien finden sich bei den Compositen (Involukralblätter von *Centaurea*), Orchideen (Brakteen von *Epidendrum cochleatum*), Ranunculaceen (Perianthblätter von *Paeonia*), Zingiberaceen und Melastomataceen.

Die gestalteten Nektarien zeichnen sich dagegen durch ein besonderes ausscheidendes Gewebe aus, das als Drüsengewebe bezeichnet wird. Sie bilden sich vornehmlich auf der Unterseite von Blättern [Cucurbitaceen (LEUTHOLD), *Catalpa* (KNOLL)], am Blattrand *(Passiflora)* oder am Blattstiel *(Prunus)*, seltener an der Sproßachse (einiger Leguminosen), an Brakteen (Acanthaceen), an Niederblättlern (*Hevea*, s. Abb. 117b) oder Kotyledonen *(Ricinus)*. Besonders merkwürdig sind jene Fälle, wo sich Anlagen von anderen Organen, z. B. Blütenknospen, in Nektarien umwandeln *(Capparis cynophallophora, Phaseolus adenanthus)*. Es soll hier indessen nicht auf diese äußerst vielgestaltigen Verhältnisse eingetreten werden, sondern die Betrachtung auf einen für die Physiologie besonders wichtigen Punkt gelenkt werden, nämlich auf den Anschluß der Nektarien an das Gefäßsystem.

Abb. 119b zeigt, wie die extrafloralen Nektarien, vor allem, wenn sie morphologisch stark differenziert sind, regelrecht innerviert werden. ZIMMERMANN nennt solche durch ihre Gestalt hervortretende Nektardrüsen „Hochnektarien". Aber auch die morphologisch unscheinbareren Flachnektarien, die sich vom übrigen Gewebe äußerlich nicht abheben, zeigen solche Beziehungen zur

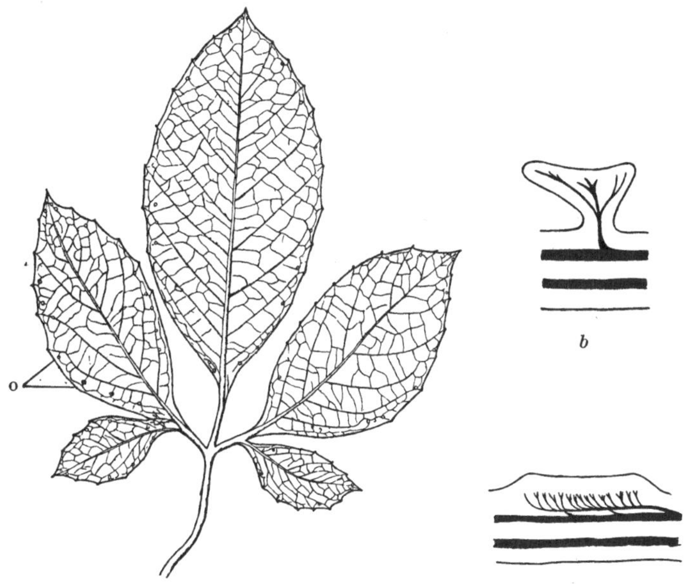

Abb. 119. Beziehung der extrafloralen Nektarien zum Gefäßsystem. a) *Telfairia pedata* (Cucurbitaceen), o Nektarien (nach LEUTHOLD). b) *Ricinus communis.* c) *Pithecolobium Saman,* Anschluß der Nektarientracheiden an das Leitbündel des Blattstieles (nach J. G. ZIMMERMANN).

Blattnervatur (Abb. 119a). Anatomisch besteht stets ein Verbindungsgewebe, das als Leitparenchym zwischen den Wasserleitungsbahnen und dem eigentlichen zartwandigen Drüsengewebe fungiert.

Im einfachsten Falle besteht kein augenfälliger Unterschied zwischen zuleitenden und ausscheidenden Zellen, die sich alle durch Zartwandigkeit und Plasmareichtum auszeichnen. Man spricht dann von einem einfachen Nektargewebe. Solche Nektarien sind für die Leguminosen charakteristisch (Ausnahme *Vicia* und *Erythrina* mit Nektartrichomen). Das Nektargewebe kann allmählich ins Grundgewebe übergehen, häufiger ist es jedoch durch eine Zone

verkorkter Zellen abgegrenzt, die als Scheide bezeichnet wird
(Abb. 120 b). Den Nektarien mit einfachem Nektargewebe schließen
sich solche mit deutlich verschieden ausgebildeten Gewebearten
an. Bei ihnen wird das ausscheidende Drüsengewebe von der

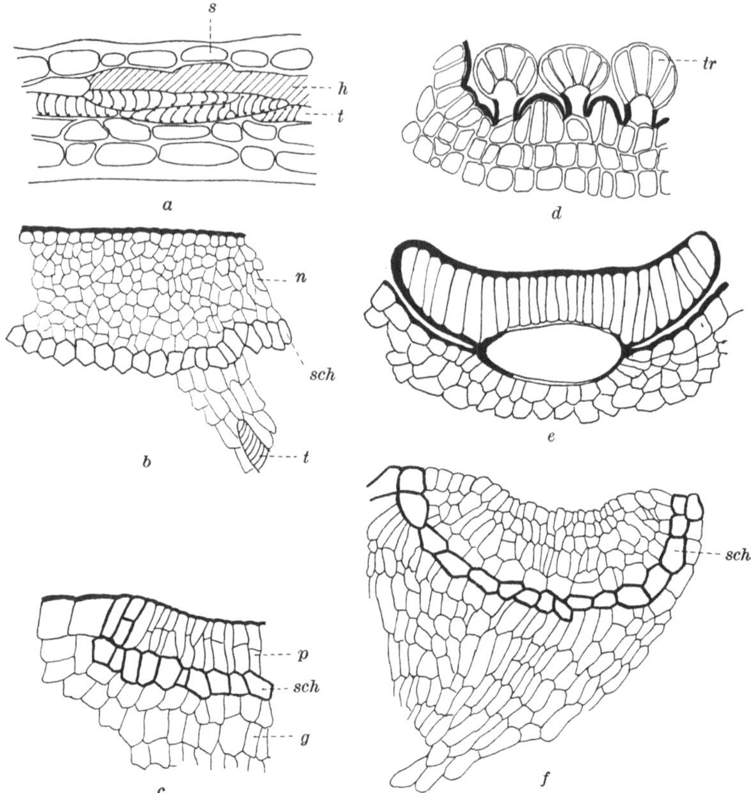

Abb. 120. Vergleichende Anatomie der extrafloralen Nektarien. a) Passives Nektarium von *Paeonia albiflora*, *t* Tracheiden grenzen direkt an die Hydathodenhöhle *h*, *s* Spaltenschließzelle (median getroffen). b) Nektarien mit einfachem Nektargewebe *n* von *Acacia dealbata* (Leguminosentypus), *sch* Scheide. c) Nektarien mit Palisadenepidermis *p* von *Dichapetalum ferrugineum*, *g* Grungewebe. d) Trichomnektarien *tr* von *Syringa Sargentiana*. e) Schuppennektarium mit Stielzelle von *Glaziova* (Bignoniaceen). f) Flachnektarium trichomatischen Ursprunges von *Telfairia pedata*. *sch* Epidermis). a)—e) Nach J. G. ZIMMERMANN, f) nach LEUTHOLD.

Epidermis geliefert, deren Zellen sich radial strecken und sich unter
Umständen sogar periklinal teilen, so daß eine Palisadenepidermis
entsteht (DAGUILLON und COUPIN; HEUSSER, 1). Die Scheide geht
gewöhnlich aus der Hypodermis hervor und das darunterliegende

Grundgewebe verwandelt sich in ein Leitparenchym. Die häufig festgestellte Verkorkung der Scheide bildet ein Gegenstück zu den kutinisierten Mittelzellen der Exkretionshaare. In beiden Fällen schließen besondere Zellen das Dauergewebe vom ephemeren Drüsengewebe ab.

Die Nektarausscheidung durch die Außenmembran der Drüsenzellen kann auf verschiedene Weise erfolgen. Oft ist die Kutikula durchlässig, oder die Kutinisierung der Epidermis ist über der Drüsenfläche abgeschwächt

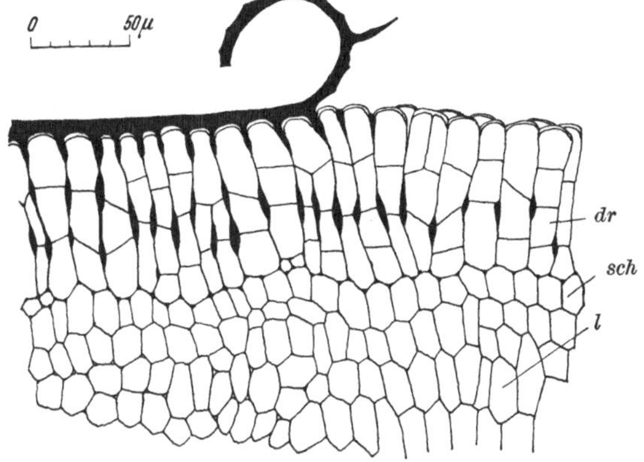

Abb. 121. Palisadenepidermis der extrafloralen Nektarien von *Hevea*. Kutinschicht abgesprengt (Kutin schwarz). *dr* Drüsenzellen (wie dichtgedrängte Drüsenhaare) aus der Epidermis hervorgegangen; *sch* Scheide hypodermalen Ursprungs; *l* Leitgewebe aus dem Grundgewebe entstanden.

(*Acacia, Albizzia, Poinciana*), oder sie fehlt sogar überhaupt (vgl. Abb. 120d), so daß der Nektar ungehindert nach außen treten kann. Ebenso häufig versperrt jedoch eine normale Kutinschicht den Austritt des Nektars, der dann die kutinisierte Wandschicht von der zellulosischen Unterlage absprengt und sich, ähnlich wie die Terpenexkrete der Drüsenhaare, im entstandenen Hohlraume ansammelt (viele Euphorbiaceen). Dies ist ein von der Natur gelieferter Beweis, daß Zuckermoleküle wohl zellulosische, nicht aber kutinisierte Membranen durchwandern können. Wenn die Ansammlung zu groß wird, platzt die abgehobene Kutinschicht und der Nektar ergießt sich nach außen (Abb. 121). Manchmal wird indessen die deckende Schicht nicht abgesprengt und es scheint dann äußerlich betrachtet, als ob das Nektarium nicht in Funktion gewesen sei. Bei besonders dicken Epidermiswänden (z. B. *Endospermum*) beschreibt Nieuwenhuis-von Uexküll (2) feinste, an der Grenze des mikroskopischen Auflösungsvermögens liegende Kanälchen, durch welche der Nektar austrete. Von anderen Untersuchern ist dieser Befund indessen bis jetzt noch nicht bestätigt worden.

Den behandelten Flachnektarien müssen die Trichomnektarien gegenübergestellt werden. Sie bestehen aus Haaren

mit mehrzelligen Köpfchen (Abb. 120d). Wenn die Anzahl der
Köpfchenzellen sehr groß ist, entstehen schuppenförmige Nektarien, die durch eine (Acanthaceen) oder mehrere (Bignoniaceen)
Fußzellen mit dem Tragorgan in Verbindung stehen. Sie weisen
gewöhnlich keinen direkten Anschluß an das Gefäßsystem auf.
Trotzdem herrschen Beziehungen zum Leitungssystem, indem sich
die Trichomnektarien auf den Blättern meistens in der Nähe
von Haupt- oder Nebennerven befinden. Häufig besteht eine
Tendenz, die Schuppennektarien in das umgebende Gewebe zu
versenken. Bei den Cucurbitaceen, deren extraflorale Nektarien
ebenfalls als Trichome angelegt werden, ist dieser Versenkungs-
prozeß soweit fortgeschritten, daß im ausgewachsenen Zustande
durch Konvergenz hochdifferenzierte Flachnektarien entstehen,
die keinen sichtbaren Zusammenhang mit Schuppennektarien mehr
erkennen lassen. Nur entwicklungsgeschichtlich kann man nachweisen, daß beim Cucurbitaceentypus die Scheide nicht der
Hypodermis, sondern der Epidermis entspricht, und daß das Ausscheidungsgewebe trichomatischer Herkunft ist. Besonders wichtig
ist nun, daß bei diesen Nektarien der Anschluß an das Gefäßsystem wieder deutlich in Erscheinung tritt. Die vergleichend-
anatomische Reihe der Trichomnektarien ist zugleich eine Reihe
zunehmender Nektarproduktion, und man kann somit feststellen,
daß bei vermehrter Nektarausscheidung eine innigere Anlehnung
an das Gefäßsystem stattfindet.

Vergleich der extrafloralen Nektarien mit den Hydathoden. Die
vergleichende Anatomie der extrafloralen Nektarien weist, wie
Tabelle 42 zeigt, eine so durchgehende Homologie zu den Hydathoden auf, daß man ohne weiteres eine sehr enge Verwandtschaft
dieser beiden Gruppen von Ausscheidungsorganen erkennt. HABER-
LANDT (5) leitet denn auch unbedenklich die Nektarien von den
Hydathoden ab.

Interessant sind vor allem die physiologischen Folgerungen,
die sich aus dieser Übereinstimmung ergeben. Bei den gestaltlosen
Nektarien ergießt sich der Nektar direkt aus dem Gefäßsystem in
die Nektarhöhle, d. h. der Nektar der gestaltlosen Honigdrüsen
ist identisch mit dem Bildungssaft, der zur Zeit des Treibens
in den Gefäßen zu den Verbrauchsstellen emporsteigt. Diese Feststellung darf wohl auch auf die gestalteten Nektarien übertragen
werden. Wenn man sich erinnert, daß bei der Gutationsrekretion
im wesentlichen unveränderte Gefäßflüssigkeit durch die zu Salz-

Tabelle 42.
Vergleich der Hydathoden und der extrafloralen Nektarien.

	Hydathoden	Nektarien
Ausscheidung aus Tracheiden	passive Hydathoden	gestaltlose Nektarien
Ausscheidung durch Drüsengewebe	aktive Hydathoden	gestaltete Nektarien
a) enge Verbindung mit dem Gefäßsystem	allgemeiner Fall	Hoch- und Flach-nektarien
b) keine direkte Verbindung mit dem Gefäßsystem	Trichomhydathoden	Trichomnektarien
Vorkommen auf Blättern	gewöhnlich Blatt-spitzen oder Blattzähne	meistens auf Blatt-stiel oder Blattnerv
Ausgeschiedene Flüssigkeit	Wasser oder ver-dünnte Salzlösung	Zuckerlösung

drüsen gewordenen aktiven Hydathoden ausgeschieden wird (siehe
S. 233), so ist die Vermutung berechtigt, daß auch die Ausscheidungen der gestalteten Nektarien vornehmlich aus Gefäßsaft
bestehe. Hierdurch würde verständlich, warum der Nektar die
gleichen plastischen Stoffe enthält wie der Blutungssaft treibender
Bäume (Saccharose, Glukose und Fruktose) und warum die Ausscheidungstätigkeit der extrafloralen Nektarien, wie oben ausgeführt worden ist, stets während oder anschließend an eine Wachstumsperiode erfolgt. In der Literatur wird die Nektarbildung
gewöhnlich auf die Assimilationstätigkeit der Tragorgane oder auf
die Mobilisation von in nächster Nähe liegender Stärke zurück-
geführt. Diese Deutung der Nektargenese läßt aber den engen
Zusammenhang zwischen Austreiben und Drüsentätigkeit völlig
unerklärt; außerdem ist für *Hevea* nachgewiesen, daß die Bündel-
scheidestärke der die Nektarien innervierenden Gefäße während
der Nektarbildung unverändert liegen bleibt. Es besteht somit die
größte Wahrscheinlichkeit, daß die extrafloralen Nektarien überschüssigen Bildungssaft ausscheiden. Dafür spricht auch ihre
häufige Stellung am Blattstiel oder Blattgrund, wo eine Stauung
des zugeführten Saftstromes beim Abschluß des Wachstums zu
erwarten ist. Die Nektarientätigkeit wäre daher auf eine
mangelnde Korrelation zwischen Bildungsstoffe mobili-
sierenden und Bildungsstoffe verbrauchenden Geweben
in der wachsenden Pflanze zurückzuführen.

Aus dieser Definition erhellt die vollkommene Analogie mit der Gutation, wobei nur der Unterschied besteht, daß die Gutation die Folge eines übergroßen Wasserangebotes durch die Wurzeln ist, während die Nektarausscheidung durch die Zufuhr von überschüssigem Bildungssaft verursacht wird. Als abgeschiedene Assimilate müssen die Nektarausscheidungen zu den Sekreten gerechnet werden, um so mehr, da sie sekundär bei den floralen Nektarien der Insektenblütler eine wichtige Aufgabe erfüllen. Da der Nektarsekretion ein Gutationsvorgang zugrunde liegt, sollen die Nektarabsonderungen als Gutationssekrete bezeichnet werden.

Als Gutationserscheinung hängt die Nektarausscheidung natürlich stark von äußeren Faktoren ab (Bodenfeuchtigkeit, Luftfeuchtigkeit, Turgeszenzzustand der Pflanze usw.). Die wenigen bisherigen physiologischen Versuche über die Ausscheidungstätigkeit der Nektarien beschäftigen sich fast ausschließlich mit solchen Fragen. Vorläufig scheinen aber derartige Untersuchungen weniger wichtig als ein einwandfreier Beweis, daß der Nektar Bildungssaft aus den Gefäßen vorstellt, sowie die Lösung der Frage, in welchem Teile der Pflanze der Nektarzucker mobilisiert wird, und welcher Art die Korrelation zwischen Bildungsstoffe liefernden und Bildungsstoffe verbrauchenden Orten ist, aus deren Mangelhaftigkeit offenbar das Bedürfnis der Nektargutation entspringt.

c) Ausscheidungen der Verdauungsdrüsen.

Die insektivoren Pflanzen (Kannenpflanzen, Droseraceen, Lentibulariaceen) scheiden durch besondere Drüsen verdauende Sekrete aus. Diese Verdauungsdrüsen bestehen gewöhnlich aus Köpfchen- oder andersgestalteten Haaren. Sie befinden sich auf der Blattoberseite *(Pinguicula)*. Vielfach schließen sich die Blattspreiten zu Kannen *(Nepenthes*, Abb. 123), oder bestimmte Fiederchen des zerteilten Blattes wandeln sich in reusenartige Schläuche um *(Utricularia)*, wobei die drüsentragende Blattoberseite die entstandenen Hohlräume austapeziert. Oft ist ein deutlicher Anschluß der Ausscheidungsorgane an das Gefäßsystem vorhanden *(Nepenthes*, Abb. 122). Besonders reich sind die Tentakel des Sonnentaus mit Tracheiden ausgestattet, die im kolbigen Köpfchen der reizbaren Zotten ein keulenförmiges Bündel bilden. Vergleichend-anatomisch läßt sich leicht eine weitgehende Homologie mit den Hydathoden feststellen.

Die Sekretmengen, die ausgeschieden werden, sind bei den Kannenpflanzen (Nepenthaceen, Sarraceniaceen, Cephalotaceen) oft beträchtlich; so können die Riesenkannen von *Nepenthes ampullaria* bis 1 Liter Flüssigkeit enthalten (SCHUITEMAKER und FRANSSEN). Bei anderen Familien (Droseraceen, Lentibulariceen) werden nur kleine Tröpfchen abgesondert. Das Sekret enthält gewöhnlich proteolytische Fermente, und zwar bei den Droseraceen vornehmlich Pepsinasen, die Proteine in Pepton aufspalten, bei *Pinguicula* Tryptase, die Proteine zu Amminosäuren abbaut und Lipase, bei *Utricularia* eine wiederum anders reagierende Protease (WEHMER, 5). Bei *Nepenthes* werden je nach der Art Pepsinasen oder Tryptasen angegeben; die Fermente sollen nur in alten geöffneten Kannen auftreten, während der bereits reichlich vorhandene Flüssigkeitsinhalt von noch geschlossenen Jugendkannen kein Eiweiß zu verdauen vermag. Auch die Ausscheidung von organischen Säuren (es werden Ameisen-, Zitronen- und Äpfelsäure angegeben) setzt erst bei ausgewachsenen Kannen ein (WEHMER, 4). Es wurde daraus gefolgert, daß die Ausscheidung der verdauenden Agenzien

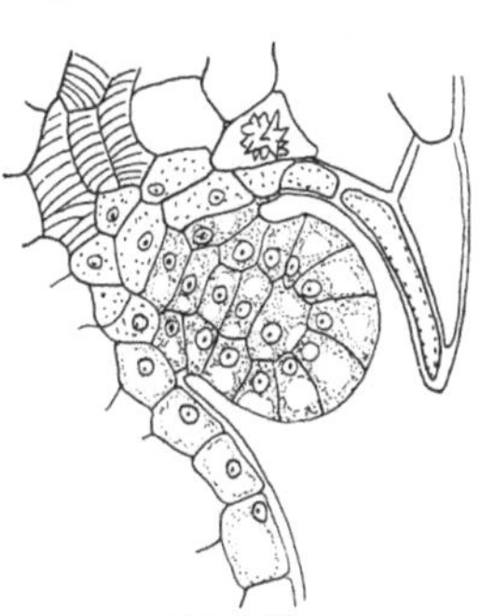

Abb. 122.
Verdauungsdrüse von
Nepenthes phyllamphora
(nach HABERLANDT, 4).

(Fermente und Säuren) erst durch die Anwesenheit gefangener Insekten angeregt werde. Dieser Schluß ist mit Vorsicht aufzunehmen und muß von Fall zu Fall geprüft werden, denn wie unten gezeigt werden soll, gibt es Drüsen, die sicher ohne Reiz durch gefangene Insekten Proteasen ausscheiden, und andererseits sind Kannenpflanzen bekannt *(Sarracenia, Cephalotus)*, bei denen die proteolytischen Fermente nicht von Verdauungsdrüsen, sondern von Fäulnisbakterien stammen, welche die ertrunkenen Insekten befallen. Bei den am weitgehendsten spezialisierten Insektivoren, wie z. B. *Drosera,* löst der Fang eines Insektes dagegen komplizierte Reizbewegungen und eine intensive Sekretionstätigkeit aus. Die Tentakel biegen sich gegen das gefangene Opfer, auf den Berührungsreiz gehen tiefgreifende Veränderungen in der drüsigen, durch Anthozyan rot gefärbten Palisadenepidermis des Tentakelköpfchens vor sich: das Protoplasma nimmt auf Kosten der schrumpfenden Vakuolen zu [sog. Aggregation (LUNDEGÅRDH, 2)], es folgt eine vermehrte Sekretausscheidung, das ursprünglich basiphile Protoplasma wird eosinophil (HUIE) und schließlich wird auch der Kern in Mitleidenschaft gezogen. Er schwillt mächtig an und soll 4 Tage nach künstlicher Eiweißfütterung sogar in seine 8 Chromosomen zerfallen (KONOPKE und ZIEGERSPECK). Nach Vollendung des Verdauungsprozesses regenerieren sich sowohl der Kern als auch die ursprünglich zentrale Vakuole wieder.

Abb. 123. *Nepenthes tobaica.* Morphologisch entsprechen die Becher der Blattspreite, der Blattstiel ist zu einer Ranke umgewandelt und der Blattgrund hat sich spreitenartig entwickelt.

Die Drüsen fungieren nicht nur als Sekretions-, sondern nach vollzogener Proteolyse auch als Resorptionsorgane. Bei *Utricularia* hat eine Arbeitsteilung stattgefunden, indem die Verdauungsdrüsen als Köpfchenhaare, die Resorptionszellen dagegen als zwei- oder vierarmige Haare ausgebildet sind.

Die anatomische Verwandtschaft der Verdauungsdrüsen mit den Hydathoden hat dazu geführt, die Insektivorie von der Gutation abzuleiten (GOEBEL). HABERLANDT (4) stellt den Sachverhalt bei *Pinguicula* z. B. folgendermaßen dar: Ursprünglich hätten Hydathodentrichome, wie sie heute noch auf der Blattunterseite vorkommen, auf der Blattoberseite Schleim ausgesondert, was bei

Gutationsorganen häufig der Fall ist. An diesem Schleim, der eigentlich die Aufgabe gehabt habe, das Gutationswasser festzuhalten (?), seien Insekten klebengeblieben, und dadurch sei die Ausscheidung von proteolytischen Fermenten angeregt worden. Darauf habe eine Arbeitsteilung verbunden mit einer morphologischen Differenzierung in ungestielte Verdauungsdrüsen und gestielte Fangdrüsen (Schleimhaare) stattgefunden. Dieser übrigens sehr einleuchtenden Entwicklungsreihe fehlt ein Glied, nämlich die Erklärung, wie durch gefangene Insekten der physiologische Vorgang der Proteasensekretion ausgelöst worden ist.

Es ist sehr schwer, sich vorzustellen, wie äußere Umstände oder Bedürfnisse schöpferisch in die Lebensprozesse eingreifen können. Es braucht daher nicht zu überraschen, daß bei den Insektivoren die Enzymabsonderung ursprünglich wahrscheinlich nicht durch zufällig erbeutete Tiere induziert worden ist; denn die Ausscheidung von proteolytischen Fermenten kommt bei diesen Pflanzen auch unabhängig vom Insektenfange vor, und zwar interessanterweise nicht durch Hydathoden, sondern durch Nektarien! DAUMANN (1) hat gefunden, daß der Blütennektar von *Nepenthes* die Fähigkeit besitzt, Hühnereiweiß aufzulösen. Bringt man diese Tatsache mit dem entwicklungsgeschichtlichen Befunde in Zusammenhang, daß die Verdauungsdrüsen von *Nepenthes* genau wie die Blütennektarien entstehen (STERN, 2), so kommt man zum Schlusse, daß die Kannendrüsen phylogenetisch mit Nektarien in Zusammenhang stehen. Die Ausscheidung von Proteasen braucht daher nicht besonders erworben worden zu sein, sondern sie stellt eine aus unbekannten Gründen bei dieser Familie von jeher vorhandene Eigentümlichkeit dar. Auch bei der Sarraceniacee *Darlingtonia* und der Droseracee *Aldrovanda* hat man Pepsinasen in den Blüten gefunden, und LINGELSHEIM hat eiweißauflösende Eigenschaften des Narbensekretes von *Epipactis latifolia* entdeckt. Die Proteasenausscheidung ist somit eine weitverbreitete Erscheinung, und man darf wohl sagen, daß sie ursprünglich nicht „zum Zwecke" der Insektenverdauung erfolgt ist, sondern daß umgekehrt ein bereits vorhandener physiologischer Vorgang sekundär in den Dienst der Insektivorie gestellt worden ist, und erst dann die Bedeutung einer Sekretion mit physiologischer Aufgabe erlangt hat. Es verhält sich hier also wohl ähnlich wie beim Blütennektar, der sicher nicht im Hinblick auf die Entomophilie entstanden ist, sondern als ursprünglich vorhandene Ausscheidung fraglicher Natur zu einem für die Fortpflanzung wichtigen Sekret mit bestimmter Aufgabe geworden ist.

d) Übersicht über die Gutationsausscheidungen.

Die Gutation ist eine urtümliche Erscheinung. Sie macht sich nicht nur bei Gefäßpflanzen, sondern auch bei zellulären Landpflanzen (Pilze) geltend, und die ihr zugrunde liegende aktive Wasserbeförderung war wohl eine der notwendigen Voraussetzungen, die der Pflanze erlaubte, vom Wasser- zum Landleben überzugehen. Bevor die Landpflanzen ein Gefäßsystem ausbildeten, in dem sich negative Drucke entwickeln können, war offenbar ein Gutationsstrom die einzige Möglichkeit, den langsamen Diffusionsstrom von Zelle zu Zelle wirksam zu unterstützen. Die Fähigkeit, Wasser aus dem Boden oder von Nachbarzellen aufzunehmen und unter Energieaufwand an andere Zellen weiterzugeben, muß daher eine uralte physiologische Errungenschaft sein, die wahrscheinlich schon den Vorfahren der ersten Landpflanzen eigen war. Sie muß immer eine wichtige Rolle in der pflanzlichen Wasserversorgung gespielt haben und bildet die Grundlage des vielumstrittenen Vorganges der aktiven Wassereinpressung durch die Wurzelrinde in die Leitungsbahnen der Gefäßpflanzen.

Unter diesen Umständen ist es nicht verwunderlich, daß sich die aktive Wasserbeförderung als altererbter Vorgang bei den Landpflanzen in verschiedener Weise betätigt. Ihr eigentliches Arbeitsfeld ist der selbsttätige Wassertransport innerhalb der Pflanze für deren Wasserversorgung; daneben äußert sie sich aber auch als Gutation nach außen. Vielfach scheint es sich bei dieser Ausscheidungstätigkeit einfach um eine, man möchte fast sagen, willkürliche Äußerung eines im pflanzlichen Lebensgeschehen verwurzelten Vorganges zu handeln. Hierfür spricht das regellose Auftreten der Gutation im System der Pflanzen, und die vielen Fälle, wo vollkommene Hydathoden angelegt werden, die dann funktionslos bleiben (LEPESCHKIN, 3).

Sekundär erhält die Gutation dagegen einen physiologischen Sinn. Sie wird in den Dienst der Rekretion gestellt, indem die Hydathoden als sog. Salzdrüsen überschüssige Salze ausscheiden, deren Ionen mit zunehmender Konzentration eine morphogenetische Veränderung der Pflanze zur Folge hätten. Oder die Gutationstätigkeit wird zur Sekretion, wenn die Gutationsflüssigkeit Assimilate enthält, die für die Pflanze bestimmte physiologische

Aufgaben erfüllen. Oft lassen sich indessen primär keine besonderen Leistungen solcher Gutationsausscheidungen erkennen (extrafloraler Nektar), die dann erst sekundär nach einer langen phylogenetischen Entwicklungsgeschichte zu Sekreten im üblichen Sinne des Wortes werden (floraler Nektar).

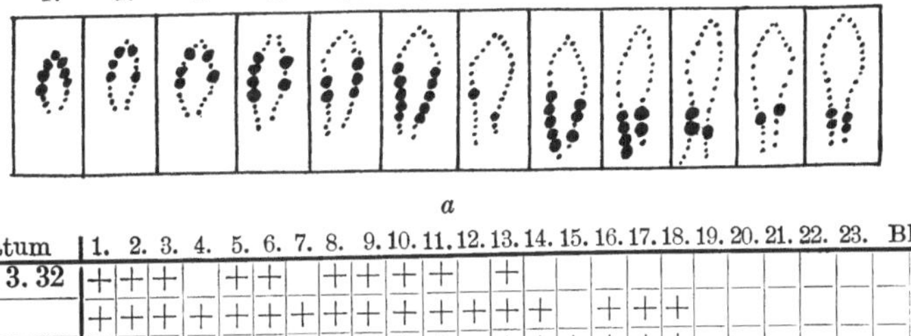

Datum	1.	2.	3.	4.	5.	6.	7.	8.	9.	10.	11.	12.	13.	14.	15.	16.	17.	18.	19.	20.	21.	22.	23.	Blatt
13. 3. 32	+	+	+		+	+		+	+	+	+		+											
14.	+	+	+	+	+	+	+	+	+	+	+	+	+	+		+	+	+						
15.	+	+	+	+	+	+	+	+		+	+		+	+	+	+	+	+						
16.	+	+	+	+	+	+	+		+	+		+	+	+	+	+			+	+	+	+		
17.																								
18.					+				+				+			+			+		+			
19.						+						+	+	+					+			+		
20.																								
21.																								
22.									+		+					+			+				+	
23.													+			+			+			+	+	

b

Abb. 124. Wanderung der Gutationstätigkeit a) bei den Hydathoden der Rosettenblätter von *Saxifraga Aizoon* von der Blattspitze der jüngsten Blätter (1. Blatt) nach der Blattbasis der älteren Blätter (12. Blatt) (nach SCHMID); b) bei den extrafloralen Nektarien von *Hevea* von den zuerst angelegten Blättern (1. Blatt) eines Triebes zu den höher inserierten, sich später entwickelnden Blättern (24. Blatt).

Als gemeinsamer Zug aller Gutationserscheinungen muß ihr Zusammenhang mit dem Entwicklungszustande der Pflanze, auf den bisher zu wenig geachtet worden ist, besonders hervorgehoben werden. Nach SCHMID gutieren bei *Saxifraga* ausschließlich die jungen Blätter in einem bestimmten Entwicklungsstadium, ähnlich wie dies für die Sekretionstätigkeit der extrafloralen *Hevea*-Nektarien nachgewiesen worden ist (Abb. 124). Auch die *Nepenthes*-Becher, sowie die Wasserkelche von *Spathodea* werden als junge wachsende Organe gefüllt. Die Gutationserscheinungen deuten somit stets darauf hin, daß in der Pflanze Saftverschiebungen durch aktive Zelltätigkeit im Gange sind.

In Tabelle 43 sind die gegenseitigen Beziehungen der verschiedenen Gutationserscheinungen an Hand der entwicklungsgeschichtlichen Zusammenhänge der betreffenden Ausscheidungsorgane schematisch zusammengestellt Man erhält so eine übersichtliche Zusammenfassung des Abschnittes über die Gutationssekrete und deren Stellung zur Gutation im allgemeinen.

Tabelle 43.
Übersicht der Gutationserscheinungen und deren Organe.

Hydathoden
Wasserspalten, Epiderm- und Trichomhydathoden

Verdauungs- drüsen	florale Nektarien	extraflorale Nektarien	Schleim- drüsen	Salz- drüsen

Sekretion ←——————— Gutation ———————→ Rekretion

B. Innere Sekretion.

Als innere Sekrete bezeichnet man in der tierischen Physiologie Stoffe, die von bestimmten Drüsen ausgeschieden, aber nicht nach außen, sondern ins Blutgefäßsystem ergossen und dann vom Blute nach den Stellen, wo sie physiologische Reaktionen auslösen, verfrachtet werden. Es scheint daher vielleicht etwas gewagt, bei der Pflanze von innerer Sekretion zu sprechen. Doch wenn man bedenkt, daß vom assimilatorischen Stoffwechsel sehr viele spezifische Stoffe gebildet werden, die nachher physiologische Vorgänge anregen oder steuern, ist es wohl erlaubt, solche als innere Sekrete zu bezeichnen. Die Begriffsbildung hat also in diesem Falle von den speziellen pflanzlichen Verhältnissen aus zu erfolgen und wird infolgedessen von der zoologischen Definition etwas abweichen. Zur inneren Sekretion soll hier die Bildung der pflanzlichen Fermente und Hormone gerechnet werden.

Sie werden nicht durch besondere Drüsen gebildet, sondern in Geweben, die zugleich auch andere Aufgaben erfüllen. Es fehlt also in dieser Hinsicht eine Arbeitsteilung. Die Fermente entstehen gewöhnlich sogar in den Zellen, in denen sie physiologisch wirksam sind, selbst, so daß man eigentlich nicht mehr von einer

Ausscheidung sprechen kann, wenigstens solange sie nicht in die
Vakuole gelangen, sondern im Protoplasma verteilt an Plasmakolloide gebunden auftreten. In anderen Fällen dagegen wandern
die inneren Sekrete zu ihrer Wirkungsstätte (Hormone), oder sie
werden wie gewisse Enzyme in morphologisch differenzierten Zellen
angehäuft. Dem Sinne dieser Monographie entsprechend, soll nur
auf die Ausscheidungsvorgänge näher eingetreten werden,
da eine ausführliche Behandlung der physiologischen Wirkungen
der Fermente und Hormone zu weit führen würde.

1. Fermente.

a) Definition und Einteilung der Fermente.

Die Fermente oder Enzyme (OPPENHEIMER und KUHN; EULER;
SJÖBERG, 2) sind von lebenden Zellen erzeugte Substanzen, die
chemische Vorgänge beschleunigen, ohne selbst in Reaktion zu
treten. Sie werden nicht verbraucht und stehen in keinem
stöchiometrischen Verhältnis zu den umgesetzten Reaktionspro-
dukten. Die Fermente wirken also wie Katalysatoren. Was
sie von ihnen unterscheidet, ist nur die definitionsgemäße Voraussetzung, daß sie in lebenden Zellen entstanden sind. Als Katalysatoren können sie keine chemischen Reaktionen auslösen, die
Energie verzehren, sondern nur die Einspielung von Reaktions-
gleichgewichten beschleunigen, die sich sonst nur sehr langsam
oder zufolge irgendwelcher Widerstände überhaupt nicht einstellen
würden. Das Grundproblem der Lebensprozesse wird daher von den
fermentativen Vorgängen nicht berührt, sondern die Enzyme
stellen lediglich die Vermittler dar, die dafür sorgen, daß ein vom
lebenden Protoplasma eingeleiteter Vorgang mit der nötigen Geschwindigkeit verläuft.

Die Fermente sind mit Ausnahme der Lipase wasserlöslich und
werden durch Hitze zerstört. Sie werden durch Alkohol gefällt
und von Tonerde oder Kaolin adsorbiert; Fällungs- und Adsorbierfähigkeit werden zu ihrer Anreicherung und Reinigung benutzt.

Die Definition der Fermente als „Substanzen“ ist etwas
euphemistisch, denn man kennt bis heute noch kein einziges
Ferment als reinen Stoff, sondern man ist von ihrer Existenz nur
durch ihre Wirkungen unterrichtet. Man weiß allerdings, daß es
sich um Kolloide, mit elektrisch geladenen Teilchen, handelt, wobei
aber nicht feststeht, ob diese Teilchen die Fermente selbst sind,

oder ob die Fermente nur an ihnen adsorbiert sind. Ihr Molekulargewicht beträgt auf Grund von Diffusionsversuchen mindestens 20000, und ihre Durchmesser sollen 50—100 Å messen; aber über den Chemismus dieser Teilchen ist man noch völlig im unklaren. Man kann die Enzyme daher nur durch Reaktionsvorgänge, die unter genau standardisierten Bedingungen vor sich gehen, identifizieren. Durch den Reaktionsverlauf (Menge der umgesetzten Substanz) werden dann die Fermente charakterisiert und sog. Enzymeinheiten festgelegt. Den Stoff, der von einem Ferment umgesetzt wird, nennt man sein Substrat.

Die enzymatischen Reaktionen sind meistens Spaltungen, und nur in seltenen Fällen Synthesen. Geschieht ein fermentativer Abbau unter Wasseraufnahme durch Sprengung von Sauerstoffbrücken, also durch Hydrolyse, so nennt man die dabei beteiligten Enzyme Hydrolasen. Ihnen werden die Desmolasen gegenübergestellt, die Kohlenstoffketten angreifen (Gärungsfermente), also Bindungen von Kohlenstoff- zu Kohlenstoffatom lösen (desmós = Band). Die Desmolasen sind zum Teil innig mit den fundamentalen Stoffwechselvorgängen verknüpft (Atmungsferment, Gärungsfermente). Es sind ausgesprochene Zellfermente, die aus dem lebenden Protoplasma nicht oder kaum austreten. Sie kommen daher für uns nicht in Betracht.

Die Hydrolasen treten jedoch vielfach außerhalb der sie produzierenden Zellen auf, so daß man von Ausscheidungen sprechen kann. Ihre Einteilung erfolgt nach der chemischen Verwandtschaft der Ausgangsstoffe, die gespalten werden. Das hydrolisierende Ferment wird mit dem Namen des Stoffes der gespalten wird, und der Endung -ase belegt. Man unterscheidet Esterasen, die Ester wie Fette (Lipasen), Tannine (Tannase), Phytin (Phytase) hydrolisieren, Karbohydrasen, die Kohlenhydrate und Glukoside spalten: α-Glukosidasen (Saccharase, Maltase), β-Glukosidasen (Amygdalase, Cellobiase), Thioglukosidasen (Myrosinase), Polyasen (Amylase, Lichenase, Inulinase, Cellulase, Cytase usw.), Amidasen, die Amide wie Harnstoff und Asparagin zerlegen, und schließlich Proteasen, die Proteine auflösen (SCHAEDE). Von den letzteren spalten die Pepsidasen und die Ereptasen nur Di- und Polypeptide, während für die Zerlegung der eigentlichen Proteine, über deren Aufbauprinzip man noch im unklaren ist, folgende Enzyme in Betracht kommen: Pepsinasen, die bei $p_H = 2$, Tryptase, die bei $p_H = 8$ und Phytoproteasen (Papain, Bromelin, Chymase), die bei $p_H = 5$ optimal hydrolisieren.

Die Fermente wirken im Gegensatz zur Hydrolyse durch Wasser oder Säuren streng spezifisch und vermögen sogar zwischen stereoisomeren Konfigurationen zu unterscheiden. Die α-Glukosidasen z. B. können nur Derivate der α-Glukose spalten, bei der die CH_2OH-Gruppe und die als Brücke dienende OH-Gruppe, wie folgende Darstellung nach HAWORTH zeigt, nicht auf der gleichen Seite des Furanringes liegen, während die β-Glukosidasen Glukoside angreifen, bei denen die beiden erwähnten Gruppen benachbart liegen. Auf diese Weise können die Glukosidfermente bei der Konstitutionsaufklärung der Kohlenhydrate wertvolle Dienste leisten.

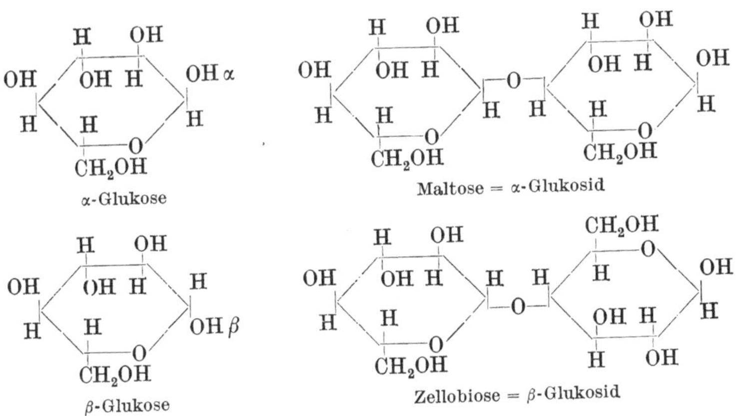

Neben den oben angeführten wissenschaftlichen Bezeichnungen führen die technisch verwendeten Fermente noch andere Namen, die ihnen belassen werden, da sie gewöhnlich Enzymgemenge vorstellen. So enthält die Diastase, Amylase und Maltase, das Invertin Saccharase und andere Glukosidasen, das Emulsin Amygdalase, Prunase, Cellobiase u. a. m.

b) Über die Sekretion der Fermente.

Die Großzahl der Enzyme verbleibt in den Zellen, in denen sie entstanden sind. Nicht nur die Desmolasen, sondern auch die meisten Esterasen (Lipase, Phytase) gehören zu diesen Zellfermenten. Man hat die Enzyme, die zum Teil so eng mit dem Protoplasma verbunden sind, daß sie nur schwer abgetrennt werden können, als Endoenzyme gegenüber den, von Drüsen nach außen sezernierten, Exoenzymen (z. B. verdauende Fermente des Darmkanales oder der Insektivoren) abzugrenzen versucht. Aber eine solche Einteilung läßt sich nicht streng durchführen, denn es gibt Fälle, wo dasselbe Enzym je nach den Bedürfnissen in der Zelle bleibt oder austritt. So ist die Amylase bei den höheren Pflanzen vorwiegend ein intrazelluläres Ferment, von Pilzen dagegen wird sie in das Nährsubstrat ausgeschieden.

Bei der Keimung von Samen sind vornehmlich Endoenzyme tätig; inwiefern Exoenzyme eine Rolle spielen, ist schwer zu entscheiden. In ruhenden Getreidekörnern läßt sich im Endosperm bereits etwas Amylase nachweisen, und bei der Keimung wird dann das Enzym jeder einzelnen Zelle aktiviert. Außerdem soll nun aber vom Embryo noch zusätzliche Amylase geliefert werden, welche die Stärke in der Umgebung des Schildchens zuerst verzuckert. Eine frühzeitige Amylasewirkung ist auch direkt unter den Aleuronzellen zu beobachten, was HABERLANDT (5) dazu veranlaßt hat, die Kleberschicht als fermentausscheidende Verdauungsdrüse aufzufassen. Diese Deutung trifft aber nicht zu, denn trotz operativer Entfernung der Kleberschicht geht die Verzuckerung des Endosperms vor sich, und zwar ist auch dann die Amylasewirkung in den oberflächlichen Schichten am intensivsten. Man hat daraus geschlossen, daß der Luftsauerstoff die Aktivierung oder Neubildung der Amylase fördere. Wir stellen somit fest, daß die Amylase in den Zellen, in denen sie ihre Tätigkeit entfaltet, selbst gebildet wird. Unter diesen Umständen ist es fraglich, ob die schildchennahen Endospermzellen vom Embryo aus durch Diffusion mit zusätzlicher Amylase beschickt werden. Es scheint eher, daß sie einfach zu vermehrter Enzymbildung angeregt werden. In Weizenkörnern, die durch Fehlbefruchtung keinen Keimling enthalten, wird die Stärke des Endosperms bei der Einquellung auch ohne Mitwirkung des Embryos korrodiert und verzuckert; allerdings nur bis zu einem Gleichgewicht, da die Hydrolyseprodukte nicht in das wachsende Pflänzchen abgeführt werden können.

Es ist daher unwahrscheinlich, daß im keimenden Samen eine Wanderung der Amylase stattfindet. Auch aus amylasereichen Blättern (z. B. jungen Kartoffelblättern) ist keine Auswanderung des Fermentes festzustellen, wenn man sie in Wasser einstellt (SJÖBERG, 1). Man kommt deshalb zum Schlusse, daß die Amylase ein autochthones Zellprodukt vorstellt, das nicht wandert. Muß man deshalb dem Scutellum im Grassamen seine sekretorische Tätigkeit absprechen? Wohl nicht, denn wenn auch die Amylase an Ort und Stelle entsteht, so muß doch vom keimenden Embryo aus diese Bildung irgendwie angeregt werden. Der Keimling steuert die Stärkehydrolyse im Endosperm, und da scheint es nicht ausgeschlossen, daß diese Regulation mit Hilfe von Stoffen geschieht, die vom Embryo sezerniert werden. Wenn also auch das Enzym Amylase selbst kein Sekretionsprodukt ist, so spielen wahrscheinlich doch gewisse Sekretionsvorgänge in den interessanten Prozeß der Samenkeimung hinein.

Ähnliche Verhältnisse trifft man, wenn man die Entstehung der Lipase in Samen von *Ricinus* und anderen Euphorbiaceen, oder der Cytase in den mit hemizellulosischen Reservestoffen versehenen Kotyledonen von *Lupinus* untersucht. Überall, wo man das Auftreten der Zellfermente näher verfolgt, kann man feststellen, daß sie je nach Bedürfnis von jeder einzelnen Zelle, die sie braucht, gebildet werden. Von einer eigentlichen Sekretion kann man nur bei der Ausscheidung der verdauenden Insektivorenfermente sprechen (s. S. 332).

c) Lokalisation und Anhäufung von Fermenten.

Nachdem festgestellt worden ist, daß die meisten lebenswichtigen Fermente auf alle Zellen eines aktiven Gewebes verteilt sind, erscheint es um so merkwürdiger, daß gewisse Enzyme in bestimmten Zellen konzentriert und angehäuft werden. Gewöhnlich finden sie sich dann im Zellsaft der Vakuolen, sind also aus dem Protoplasma ausgeschieden.

Milchröhren. Vor allem in den Milchröhren sind große Mengen der verschiedensten Fermente aufgespeichert. So enthält der Milchsaft vom Feigenbaum *(Ficus Carica)* Pepsinase neben Labenzym, Amylase und Lipase; von Mohngewächsen *(Chelidonium majus* und *Papaver somniferum)* Proteasen, Oxydase und Peroxydase; vom Kautschukbaum und *Euphorbia*-Arten Katalase, Oxydase, Peroxydase und Tyrosinase; vom Melonenbaum *(Carica Papaya)* Papain neben Lipase und Labenzym. Das Papain ist eine spezifische Phytoprotease, die technisch gewonnen wird; sie findet sich auch im Milchsaft vom Brotfruchtbaum *(Artocarpus incisa)* und als Bromelin in der Ananasfrucht *(Ananas sativus)*.

Aus dem Vorkommen so vieler Fermente in den Milchsäften hat man geschlossen, daß sich in den Milchröhren für die Pflanze sehr wichtige Lebensprozesse abspielen müssen, und dies war mit ein Grund, warum man sich stets gesträubt hat, die Milchröhrensysteme als Exkretbehälter anzuerkennen. Wenn man aber die Leistungen dieser Fermente einer näheren Prüfung unterzieht, so kommt man zum Schlusse, daß man von den meisten nicht genau weiß, was sie im Lebenshaushalt der Pflanze für eine Rolle spielen.

Da ist vor allem die Gruppe der sauerstoffübertragenden Fermente. Man schrieb ihnen früher eine Funktion bei der Energiebeschaffung durch die Atmung zu. Heute aber weiß man, daß sie mit dem eigentlichen Atmungsferment nichts zu tun haben, denn sie können die Ausgangsprodukte der

Atmung (z. B. Zucker) nicht angreifen. WIELAND hat gezeigt, daß der erste Schritt bei den einander wesensgleichen Vorgängen der Atmung und Gärung in einer Dehydrierung besteht, wobei der freiwerdende Wasserstoff an Akzeptoren (experimentell verwendet man Methylenblau oder Nitrate) angelagert wird. Gewisse Oxydasen vermögen nun durch Aktivierung des Luftsauerstoffes die hydrierten (reduzierten) Akzeptoren wieder zu dehydrieren (oxydieren). Diese oxydierenden Enzyme lassen sich durch Blausäure vergiften, weil sie nach WARBURG (2, 3) als aktive Gruppe Eisen enthalten. Die Oxydasen der Milchsäfte unterscheiden sich aber in grundlegender Weise von diesen an den Atmungsvorgängen beteiligten Fermenten, denn sie dehydrieren direkt ohne die Vermittlung eines Akzeptors und werden durch Blausäure nicht vergiftet. Außerdem oxydieren sie nur ganz bestimmte Verbindungen, nämlich Vertreter der Phenolgruppe. Man nennt sie daher Phenolasen. Als Beispiel sei die Dehydrierung des Pyrogallols $C_6H_3(OH)_3$ zu Purpurogallin erwähnt, die zur quantitativen Bestimmung der Phenolasen benutzt wird.

Die Tätigkeit der Phenolasen verrät sich stets durch Farbreaktionen, indem vorhandene farblose Phenole (sog. Chromogene) in gefärbte Verbindungen übergeführt werden. Die Verfärbung von angeschnittenen Äpfeln, Kartoffeln usw. beruht auf solchen Reaktionen. Auch bei der Farbstoffbildung in den Blüten spielen sie eine Rolle; so sind z. B. die gelben Flavonole (Anthoxantine) Oxydationsprodukte der Anthozyane.

Am genauesten ist die Phenolase des Milchsaftes vom japanischen Lackbaum *(Rhus vernicifera)* untersucht, die als Laccase bezeichnet wird, aber nach ihren Reaktionen mit anderen Phenolasen identisch ist. Sie oxydiert den dünnflüssigen gelben Rindensaft, der Brenzkatechinderivate enthält, zu einem prächtigen tiefschwarzen Lack. Eine spezifische Phenolase ist die Tyrosinase, die nur Monophenole vom Typus des Tyrosins (p-Oxyphenylanalin) angreift und sie wahrscheinlich in Orthodiphenole überführt, die dann von anderen Phenolasen zu melaninähnlichen Pigmenten oxydiert werden. Die Tyrosinase spielt somit bei der Melaninbildung eine Rolle. Ebenfalls zu den Phenolasen zu rechnen sind die Peroxydasen, die chromogene Phenole nur in Gegenwart von Wasserstoffsuperoxyd in Farbstoffe überzuführen vermögen.

Wenn man sich nun fragt, was die vielen Phenolasen, die in den Milchsäften vorkommen, physiologisch für eine Rolle spielen, so muß man gestehen, daß sich bei unseren heutigen Kenntnissen keine solche namhaft machen läßt, und daß ihre Bedeutung mit zunehmendem Eindringen in das Wesen der Phenolasen problematisch geworden ist. Teleologische Deutungen, wie die zweckmäßige Milchsaftgerinnung durch die Laccase bei Verletzungen, sind unbefriedigend und sicher auch nicht stichhaltig, da die Koagulation schneller und wirksamer durch Austrocknung oder p_H-Veränderungen erfolgt. Der Phenolase- oder der Chromogengehalt scheint auch sehr zu schwanken. So gibt es *Hevea*-Bäume, deren Milchsaft bei der Koagulation sofort blau bis schwarz anläuft, während bei anderen das Koagulum an der Luft schön weiß bleibt. So muß man schließen, daß den oxydierenden Fermenten in den Milchröhren, ähnlich wie den Kautschukexkreten, keine besondere physiologische Aufgabe zufällt. An dieser Feststellung kann auch das Auftreten der Katalase nichts ändern, denn dieses Ferment kommt in allen atmenden Zellen vor, und sagt somit lediglich aus, daß die Milchröhren lebende Zellsysteme sind. Die Phytoproteasen in den Milchsäften scheinen dagegen eher zugunsten besonderer physiologischer Leistungen zu sprechen. Doch wenn man die Verhältnisse genauer untersucht, findet man auch hier keine einleuchtenden Beziehungen. Das Milchröhrensystem von *Carica Papaya* enthält große Mengen der sehr aktiven Protease Papain, aber man kennt, im Gegensatz zu der Proteolyse des Aleurons im Samen, die Eiweißstoffe nicht, die im Milchsaft gespalten werden müssen. Auch für das Auftreten von Labfermenten (Chymase) kann man begreiflicherweise keinen plausiblen Grund angeben, denn ihre labenden Eigenschaften spielen ja, soweit sie die Fällung von tierischer Milch betreffen, nur für den Menschen, nicht aber für die Pflanze eine Rolle. Nach OPPENHEIMER und KUHN sind die Phytochymasen freilich nichts anderes als gewöhnliche pflanzliche Proteasen. Aber dann erhebt sich auch hier die Frage, was für Eiweißstoffe diese Fermente im Lebenslauf der chymasehaltigen Milchsaftpflanzen abbauen müssen. Man steht hier vor einem Rätsel. In den Samen treten aktive Proteasen nur auf, wenn Proteine gespalten werden müssen, in den Milchröhren dagegen sind sie ohne erkennbares Arbeitsfeld in großen Mengen angehäuft. Eine Erklärung hierfür kann vielleicht die weiter oben mitgeteilte Tatsache geben, daß die Pflanze im Blütennektar manchmal Proteasen ausscheidet. Es scheint also eine gewisse Tendenz vorhanden zu sein, proteolytische Fermente durch Ausscheidung aus dem Stoffwechsel auszuschalten. Dabei braucht je nach den vorhandenen Ausscheidungsorganen die Absonderung nicht unbedingt nach außen zu erfolgen, sondern sie könnte z. B. auch in den Milchröhren vor sich gehen. Auf diese Weise könnte man sich die Anhäufung von Proteasen in den Polyterpenexkretbehältern vorstellen. Bei den Insektivoren hat die Abscheidung von Proteasen nach außen sekundär eine ernährungsphysiologische Bedeutung erlangt, aber in den Milchröhren haben sie als Katalysatoren ohne Substrat keinen augenscheinlichen Wirkungskreis. Dieser Erklärungsversuch läßt sich natürlich keineswegs beweisen; aber er fügt sich harmonisch in unser Bild vom Milchröhrensystem als Ablagerungsstätte von Ausscheidungsprodukten ohne weitere physiologische Aufgabe (Rekrete und Exkrete) ein.

Zusammenfassend kann man sagen, daß die Anhäufung von Fermenten in den Milchröhren keineswegs für besondere physiologische Leistungen dieser Organe sprechen, sondern man erhält eher den Eindruck, daß die Enzyme hier ohne bestimmten Aufgabenkreis zur Ablagerung gelangt sind.

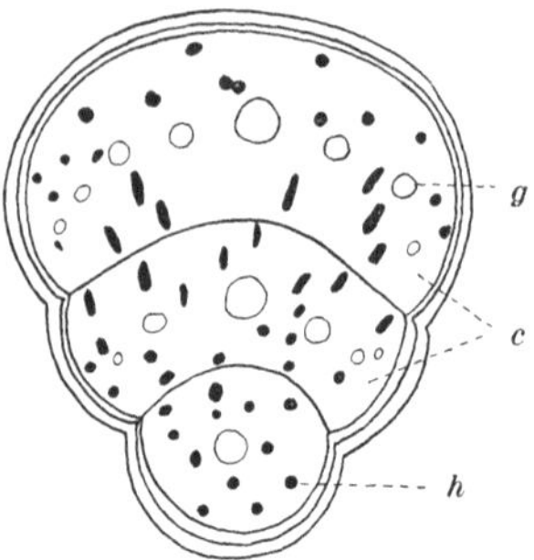

Abb. 125. Verteilung der Myrosinzellen (schwarz) im Samen von *Isatis tinctoria* (Lupenbild nach SPATZIER). *c* Kotyledonen, *h* Hypokotyl, *g* Gefäßbündel.

Myrosinzellen. Vor ein ähnliches Rätsel stellt uns die Anhäufung der Myrosinase, die aus α-Thioglukosiden Senföle freimacht, in besonderen als Myrosinschläuche bezeichneten Idioblasten. Dieses Ferment kommt nur bei einigen Phangerogamenfamilien vor (Cruciferen, Capparidaceen, Resedaceen, Tropaeolaceen) und sein Auftreten ist auf die Myrosinzellen beschränkt. Es ist eines der wenigen Enzyme, die man bei allen Pilzen und Bakterien völlig vermißt. Die meisten myrosinhaltigen Pflanzen enthalten auch Thioglukoside; aber diese sind stets räumlich von den Myrosinzellen getrennt. Wenn man die Pflanzenteile zerquetscht, kommen Glukosid und Ferment jedoch zusammen, worauf sofort der typische Senfgeruch auftritt, der die Kresse- und Senfarten auszeichnet. Der ganze Mechanismus ist teleologisch als Abschreckmittel gegen Fraß gedeutet worden, wozu nur zu bemerken wäre, daß der Mensch die betreffenden Pflanzen gerade wegen des auftretenden starken Geschmackes ißt!

Die Spaltung des Thioglukosides Sinigrin im Samen von *Sinapis nigra, Brassica, Cochlearia* usw. verläuft folgendermaßen:

$$(C_3H_5)N = C {\overset{\textstyle OSO_3K}{\underset{\textstyle S(C_6H_{11}O_5)}{\diagdown}}} + H_2O \xrightarrow{\text{Myrosinase}} C_6H_{12}O_6 + (C_3H_5)N:C:S + KHSO_4$$

Sinigrin   Glukose   Allylsenföl

Nach EULER geht diese Reaktion in zwei Stufen vor sich, die von zwei Teilfermenten (Sulfatase und Thioglukosidase) gesteuert werden.

Die Myrosinase kennt man bis jetzt noch nicht rein; sie kommt in den Myrosinschläuchen stets mit Proteinen zusammen vor. Dies ist der Grund, warum die Myrosinschläuche starke Eiweißreaktion zeigen. Das MILLONsche Reagens kann daher zum Studium ihrer Verteilung verwendet werden (SPATZIER). Sie treten in den Samen besonders reichlich auf (Abb. 125). In den Achsenorganen sind die Schläuche vor allem in der Rinde und im Perizyklus lokalisiert; bei den Resedaceen soll Myrosin außer im Samen nur in den Schließzellen der Spaltöffnungen vorkommen. Bei der Samenreife werden die Myrosinzellen mit dem übrigen Gewebe dehydratisiert. Dabei entstehen „Myrosinkörner", die wie die Aleuronkörper als eingetrockenete Vakuolen aufzufassen sind.

Über die physiologische Funktion des Myrosins ist man vor allem deshalb im unklaren, weil sich die Myrosinzellen bei der Samenkeimung nicht entleeren; es läßt sich daher nicht entscheiden, ob und wieviel des angehäuften Myrosins auswandert. Über die Glukosidspaltung in der unverletzten Pflanze weiß man auch nichts. Sicher muß eine Beziehung zwischen Thioglukosiden und Myrosinase bestehen, denn die beiden Stoffe treten stets gepaart auf. Die Angabe von GUIGNARD (3), daß *Cheiranthus* nur Myrosin, aber kein Thioglukosid enthalte, ist durch die Auffindung des Glukocheirolins (SCHNEIDER, 1, 2) entkräftet. Einige Beobachtungen über die große Stabilität und Unveränderlichkeit des Inhalts der Myrosinzellen lassen vermuten, daß sie sich am Stoffwechsel der Pflanze nicht mehr stark beteiligen. Es scheint fast, wie wenn die Myrosinase hier abgelagert und dann nicht mehr mobilisiert würde. Wenn dem so ist, hätte sie vielleicht bei der Synthese der Thioglukoside eine Rolle gespielt, und wäre dann in den Myrosinzellen ausgeschieden worden. Dann muß aber eine Wanderung dieses Fermentes stattgefunden haben. Ebenso müßte eine Enzymwanderung auftreten, wenn bei der Samenkeimung ein Teil des Myrosins sich an der Mobilisation der gespeicherten Thioglukoside beteiligen würde. Die Myrosinfrage scheint daher für die Untersuchung des Problems der umstrittenen Fermentwanderung ein geeignetes Objekt zu sein. Aber da ja die Fermente Kolloide sind, wäre es auch denkbar, daß die Myrosinase immer in ihren Schläuchen bleibt, während das Glukosid zu diesen Fermentstätten wandert und dort gespalten wird; worauf dann die beiden Reaktionsprodukte oder doch wenigstens die Glukose wieder wegwandern würde. Schließlich wäre es auch möglich, daß die Myrosinzellen nur überschüssiges Ferment enthalten, während das tätige in inaktiver Form zusammen mit den Thioglukosiden in den Zellen auftreten würde, wie dies für die meisten pflanzlichen Zellfermente gilt. Die Entscheidung all dieser Fragen wäre sehr wichtig, weil sie in gleicher Weise auch für die proteolytischen Fermente in den Milchröhren gelten, und daher Licht auf jene Verhältnisse zu werfen vermöchte.

Emulsinzellen. Ein ähnliches Problem bot früher das Auftreten des amygdalinspaltenden Emulsins in den Mandeln und anderen

Prunoideensamen. Die Hydrolyse des Glukosids Amygdalin in Glukose, Benzaldehyd und Blausäure tritt, wie die Senfölspaltung bei den Cruciferen, erst ein, wenn man die Samen zerquetscht. Man nahm daher an, daß Amygdalin und Ferment in verschiedenen Zellen vorhanden seien und erst durch äußere Eingriffe (Verletzung, Narkose) zueinander gelangen könnten. GUIGNARD (1, 2) hat versucht, diese Anschauung mikrochemisch zu beweisen; durch ROSENTHALER ist jedoch gezeigt worden, daß Emulsin und Amygdalin nicht nur gleichzeitig im selben Gewebe, sondern auch in denselben Zellen vorkommen. Das Ferment muß sich also in einer inaktiven Form neben dem Glukosid befinden, und durch die erwähnten Eingriffe wird es dann aktiviert. Worin diese Aktivierung besteht, weiß man nicht, obschon allerlei Vermutungen vorliegen. Die Kombination Emulsin/Nitrilglukoside ist im Pflanzenreiche sehr verbreitet: außer bei den Prunoideen in den Samen der meisten Leguminosen, vieler Euphorbiaceen und in den vegetativen Organen vieler Flacourtiaceen *(Pangium edule)* und Caprifoliaceen *(Sambucus, Viburnum)*, in den Wurzeln vieler Orchideen usw. Es gibt zahlreiche Blausäure liefernde Nitrilglukoside (Sambunigrin des Holunders, Prulaurasin des Kirschlorbeers usw.). Die Spaltungsreaktion soll hier am klassischen Beispiel des Amygdalins erläutert werden:

$$C_6H_5\overset{\displaystyle H}{\underset{\displaystyle CN}{C}}\!\!-\!\!O\!\!-\!\!C_{12}H_{21}O_{10} + H_2O \xrightarrow{\text{Emulsin}} C_6H_5 \overset{\displaystyle H}{=} O + HCN + 2\,C_6H_{12}O_6$$

Amygdalin   Benzaldehyd   Blausäure   Glukose

Diese komplizierte Aufspaltung erfolgt in drei Schritten, und für jede Teilreaktion ist ein besonderes Teilferment zugegen (ARMSTRONG und HORTON). Zuerst wird durch die Amygdalase vom Disaccharid (Gentiobiose) des Amygdalins ein Glukosemolekül abgespalten, dann folgt die Abtrennung des zweiten Glukosemoleküls durch die sog. Prunase, und schließlich die Zerlegung des übrigbleibenden Benzoxynitrils in Benzaldehyd und Blausäure durch die Benzcyanase. Das Emulsin ist somit ein kompliziertes Fermentgemisch, das alle spezifischen Enzyme enthält, um die Blausäure liefernden Glukoside schrittweise abzubauen. Ebenso ist, wie wir gesehen haben, die Myrosinase ein Gemenge von zwei spezifischen Fermenten. Die moderne Enzymchemie lehrt uns somit, daß bei der fermentativen Hydrolyse kompliziert gebauter organischer

Verbindungen die verschiedenen Bausteine stufenweise durch zahlreiche Fermente abgetrennt werden. Für jede spezielle Art der chemischen Bindungsmöglichkeiten muß ein besonderes Enzym zugegen sein. Bei der Amygdalinspaltung finden sich alle diese Teilfermente in inaktiver Form zusammen mit dem Ausgangsprodukt in den gleichen Zellen. Die alte Auffassung, nach welcher besondere Emulsinzellen vorhanden sein sollten, hat sich als unrichtig erwiesen.

d) Über das Wesen der Fermentbildung.

Die lebenswichtigen Fermente entstehen im Plasma der Zellen, in denen sie biochemische Vorgänge beschleunigen, selbst. Jedes Gewebe und jede Zelle erzeugen ihre eigenen Enzyme, und zwar in dem Maße, wie sie gebraucht werden. In ruhenden Zellen sind die Fermente in inaktiver Form zugegen und oft schwer nachzuweisen.

Es gibt also bei der Entstehung der Fermente keine Arbeitsteilung in dem Sinne, daß gewisse Gewebe (Drüsen) Enzyme ausscheiden, die dann an anderen Orten in Tätigkeit treten. Früher glaubte man allerdings, daß solche Vorgänge bei der Amylaseerzeugung in den keimenden Samen eine Rolle spiele. Diese Auffassung hat sich aber als irrig erwiesen, denn die Fermente treten stets zuerst in jenen Zellen in Erscheinung, in denen sich das zu spaltende Substrat befindet, und sind daher offenbar auch in jenen Zellen entstanden. Eine Wanderung der Enzyme durch die Zellwände erscheint schon deshalb erschwert, weil sie kolloidale Stoffe mit Teilchen von 50—100 Å Durchmesser sein sollen, und somit an der oberen Grenze der Permeierfähigkeit durch Zellwände ohne Poren liegen. Allgemein gesprochen sind die Fermente also keine Ausscheidungen im Sinne der eingangs gegebenen Definition, da sie nicht aus dem Protoplasma und daher auch nicht aus dem Stoffwechsel entlassen werden.

Nur in wenigen Fällen, die füglich als Ausnahmen bezeichnet werden können, treten die Fermente aus dem Protoplasma aus. Durch die Nektarien gewisser Pflanzen und die Verdauungsdrüsen der Insektivoren erfolgt eine Ausscheidung nach außen und erlangt dadurch die Bedeutung einer Sekretion. Schwieriger sind jene Fälle zu beurteilen, wo die Fermente in die Vakuole der Zelle ausgeschieden werden, wie in den Myrosinschläuchen und Milchröhren.

Es handelt sich dabei um aktive Fermente (Myrosinase, Protease),
deren Substrat aber in den betreffenden Zellen nicht zugegen ist.
Es fehlen daher die Voraussetzungen für ihre Tätigkeit, und man
erhält eher den Eindruck, daß es sich um Sekrete ohne aktives
Wirkungsfeld handelt. Die physiologische Einordnung der im
Protoplasma wirksamen Endoenzyme zu den Sekreten stößt
dagegen auf Schwierigkeiten. Trotzdem sind alle Fermente hier
behandelt worden, um sie vom Gesichtspunkt der Sekretion aus
einheitlich beleuchten zu können, und um den Begriff der Ausscheidung an einem wichtigen Beispiel richtig abgrenzen zu können.

2. Hormone.

Im Jahre 1906 hat STARLING für die interessanten Stoffe, die
im menschlichen Körper der Nerventätigkeit vergleichbare Reiz-
wirkungen auslösen, die Bezeichnung Hormone vorgeschlagen,
abgeleitet vom griechischen hormáo = anspornen, reizen. Zu
deutsch werden sie als chemische Sendboten oder allgemein als
Wirkstoffe bezeichnet, je nachdem man ihre Fernwirksamkeit
(räumliche Trennung von Erzeugung- und Wirkungsstätte) oder
ihre Wirkungseigenschaften überhaupt in den Vordergrund stellen
will. Unglaublich schnell ist in den letzten drei Jahrzehnten die
Natur und das Wesen dieser Stoffe aufgedeckt worden. Viele davon
sind aus dem tierischen Körper isoliert, und von mehreren ist
auch die chemische Konstitution ermittelt worden. Die moderne
Medizin arbeitet mit diesen Stoffen wie der Chemiker mit seinen
Reagenzien. In der tierischen Physiologie ist die Lehre der Hormone
somit ein fester Besitz der Wissenschaft geworden. In der Pflanzenphysiologie steht es jedoch anders, obschon man schon lange vermutet hat, daß irgendwelche regulierenden Stoffe aktiv in die
Lebensvorgänge der Pflanze eingreifen, ist es der Botanik doch
erst in jüngster Zeit gelungen, solche sicher nachzuweisen und zu
isolieren. Da es sich jedoch um einen neuen Zweig der pflanzenphysiologischen Wissenschaft handelt, ist die Lehre der Phyto-
hormone zum Teil noch mit allerlei spekulativen Theorien belastet,
auf die hier nicht eingegangen werden kann. Es sollen lediglich
die grundlegenden Beobachtungen und die Tatsachen, welche für
die Sekretnatur der Hormone sprechen, behandelt werden.

a) Organbildende Stoffe.

Blütenbildende Stoffe. Vom historischen Standpunkt aus ist es interessant, daß SACHS (3) bereits 1880 Wirkungsstoffe angenommen hat, die

das physiologische Geschehen in der Pflanze bestimmend beeinflussen. Er beobachtete, daß verdunkelte Triebe von *Phaseolus, Tropaeolum, Brassica* nicht blühen, auch wenn ihnen vom belichteten Teile der Pflanze her genügend Rerservestoffe zur Verfügung stehen. SACHS schloß daraus, daß Nährstoffe allein zur Blütenbildung nicht genügen, sondern daß außerdem ein besonderer blütenbildender Stoff dazu nötig sei. Dieser sollte in den Blättern entstehen, was aus Beobachtungen an *Begonia*-Blattstecklingen geschlossen wurde. Junge *Begonia*-Pflanzen, die aus im Frühjahr ausgelegten Blattstücken erzogen werden, blühen während des ersten Vegetationsjahres nicht, solche die im Herbst angesetzt werden, dagegen sofort. Der blütenbildende Stoff wäre also im Herbst in den Blättern zugegen und könne direkt die Blütenbildung anregen; im Frühjahr dagegen fehle er und müsse dann in der jungen Pflanze zuerst gebildet werden. SACHS glaubte, daß die Entstehung des blütenbildenden Stoffes durch ultraviolettes Licht angeregt werde, da die Blütenbildung hinter Filtern von Chininlösungen, die kurzwelliges Licht absorbieren, ausbleibt.

SACHS hat auf Grund verschiedener Versuche auch wurzelbildende Stoffe angenommen, deren Existenz im Gegensatz zu den blütenbildenden Stoffen durch neuere Untersuchungen nachgewiesen worden ist.

Wurzelbildende Stoffe. Es ist schon lange bekannt, daß das Wurzelbildungsvermögen von Stecklingen in erster Linie nicht von den Reservestoffen, die in der Achse aufgespeichert sind, abhängt, sondern eine spezifische Eigenschaft gewisser Pflanzen ist, die zum Teil davon abhängig ist, ob vorgebildete Wurzelvegetationspunkte vorhanden sind. Sproßstücke von *Vitis, Ribes, Populus, Salix* treiben leicht Wurzeln, solche von *Fagus, Quercus, Fraxinus* dagegen nicht. Bei den Stecklingen, die sich willig bewurzeln, hängt die Wurzelbildung von der Tätigkeit der Knospen ab (VAN DER LEK). Schneidet man die Augen des Sproßstückes weg, unterbleibt die Neubildung von Wurzeln teilweise oder vollständig. Wie F. WENT (2) bei *Acalypha* gezeigt hat, kann ein solcher Steckling sein Wurzelbildungsvermögen wieder zurückerlangen, wenn man ihm ein Blatt aufpfropft. Es wurde daraus geschlossen, daß die Blätter einen Stoff erzeugen, der die Wurzelbildung anregt. Dieser Stoff findet sich auch in Reiskleie oder Malz und kann, wenn er in Agar gelöst dem freigelegten Phloem eines knospenlosen Stecklings zugeführt wird, das verlorene Wurzelbildungsvermögen wieder erwecken. Ähnliche Beobachtungen hat BOUILLENNE an Hypokotylen von *Impatiens Balsaminea* gemacht (BOUILLENNE und WENT).

WENT und BOUILLENNE nennen den wurzelbildenden Stoff, den sie isoliert haben, Rhizokalin. Im Gegensatz zu den Fermenten ist diese Substanz thermostabil und besitzt relativ kleine Moleküle, die durch ein Ultrafilter gehen. Sonst weiß man nichts über ihre

chemische Natur. Die Wirkung des Rhizokalins ist nicht spezifisch;
es wirkt bei so verschiedenen Pflanzen wie *Acalypha* und *Impatiens*
in gleicher Weise. Es gibt also nicht verschiedene wurzelbildende
Stoffe, wie man früher wohl anzunehmen geneigt war, sondern das
Rhizokalin aus verschiedenen Pflanzen ist in seiner Wirkung identisch.

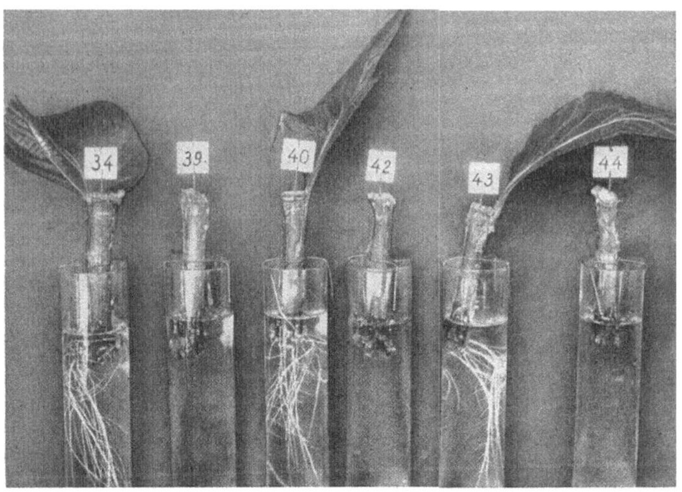

Abb. 126. Stecklinge von *Acalypha*. Durch ein aufgepfropftes Blatt tritt
Bewurzelung ein, die sonst unterbleibt (nach F. WENT, 2).

F. WENT nimmt an, daß es nur in ausgewachsenen Blättern
erzeugt wird. Embryonale Blätter und Kotyledonen enthalten es
nicht. Aus den Blättern wandert das Rhizokalin in den Stengel,
und zwar bewegt es sich stets in basipetaler Richtung. Als Wande-
rungsweg wird das Phloem angenommen; während aber im Phloem
die Nährstoffe je nach den Bedürfnissen in verschiedenen Richtungen wandern können, soll das Rhizokalin stets einseitig nach
unten wandern und auf diese Weise nach WENT die Polarität der
Triebe verursachen. In Knospen und Samen werden gewisse
Mengen Rhizokalin abgelagert und dann beim Austreiben mobilisiert. Im Stengel tritt es nur transitorisch auf. Wenn man seine
Wanderung durch Ringelung unterbricht, wird es angehäuft und
veranlaßt Wurzelbildung, besonders, wenn unter der Rinde vorgebildete Wurzelvegetationspunkte vorkommen, wie z. B. bei der
Pappel. Die Wanderung im Stengel verläuft so schnell, daß man
ohne eine Stauung des absteigenden Saftstromes kein Rhizokalin

nachweisen kann. Nur im Herbst, direkt nach dem Laubfall, finden sich in den Achsen der Laubbäume größere Mengen dieses Hormons, die dann weggeleitet werden, so daß sich der Trieb im Frühling wieder rhizokalinfrei erweist. Die Entdeckung des wurzelbildenden Hormons Rhizokalin ist nicht nur theoretisch, sondern auch für die Praxis der Stecklingsvermehrung von großem Interesse.

b) Die Wuchsstoffe (Auxine).

Weit genauer ist man über die Hormone unterrichtet, die das Streckungswachstum schnell wachsender Organe (Koleoptile der Graskeimlinge, Blütenschäfte) auslösen, und daher als Wuchsstoffe oder Auxine (auxo = wachsen) bezeichnet werden. Sie bilden sich vermutlich überall, wo Streckungswachstum stattfindet. Am eingehendsten ist aber die Entstehung in der Koleoptilenspitze von Getreidekeimlingen (BOYSEN-JENSEN; PAAL, 1, 2; F. WENT, 1; CHOLODNY; DOLK) und die Anhäufung in der Nährlösung von gewissen Pilzen *(Rhizopus suinus)* untersucht (NIELSEN). Schneidet man die Koleoptilenspitze von *Avena*-Keimlingen ab, stellt der Koleoptilenstumpf sein Wachstum ein, erlangt es aber

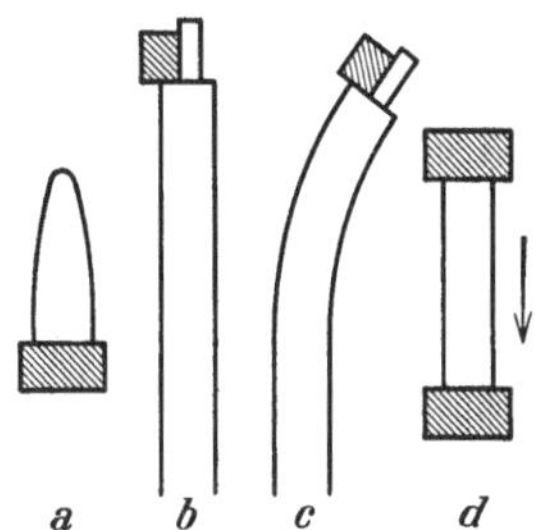

Abb. 127. Wuchsstoff der *Avena*-Koleoptile. a) Wuchsstoff diffundiert von der abgeschnittenen Spitze in Agarplättchen (schraffiert). b) Befestigung des Agarwürfelchens an einer dekapitierten Koleoptile. c) Krümmungsreaktion. d) Polarer Wuchsstofftransport.

zurück, wenn man die Spitze wieder aufsetzt. Schiebt man ein Glimmerblättchen zwischen Spitze und Stumpf, erfolgt keine Neubelebung des Wachstums, während zwischengelagerte Gelatine oder Agar den Wiedereintritt des Wachstums nicht unterbindet. Aus solchen Versuchen haben die Reizphysiologen geschlossen, daß ein bestimmter Stoff von der Koleoptilenspitze zur Basis wandern müsse. Wenn man die abgeschnittenen Spitzen auf Agarwürfelchen setzt (Abb. 127 a), kann man diesen Stoff auffangen und damit experimentieren. Setzt man ein solches Würfelchen einem Stumpf auf, fängt er unverzüglich an zu wachsen. Besonders interessant werden aber die Verhältnisse, wenn man das Würfelchen einseitig auf die Koleoptile aufsetzt, indem man das etwas herausgezogene Primärblatt des Keimlings als Stütze benützt (Abb. 127 b). In diesem Falle krümmt sich nämlich die Koleoptile, da die einseitige Wuchsstoffzufuhr eine einseitige Wachstumsförderung bewirkt (Abb. 127c). F. WENT hat gefunden, daß die Krümmung proportional der zugeführten Menge Wuchsstoff ist, so daß man diese Reaktion dazu benützen kann, die Hormonmengen quantitativ zu bestimmen. Man definiert als eine *Avena*-Einheit diejenige Auxinmenge, die an unter bestimmten Bedingungen aufgezogenen und dann dekapitierten *Avena*-Keimlingen in zwei Stunden eine Krümmung von 10^0 hervorruft.

Nachdem das Wuchsstoffhormon auf diese Weise genau definiert war, machte sich immer mehr das Bedürfnis geltend, den Stoff auch chemisch kennenzulernen. Hunderttausende von Haferkeimlingen wurden aufgearbeitet, um das Auxin genügend anzureichern. Da entdeckte KÖGL zufällig im menschlichen Harn eine viel ergiebigere Wuchsstoffquelle. Offenbar handelt es sich dabei um Wuchsstoff, der mit der pflanzlichen Nahrung aufgenommen und dann unverändert, sowie angereichert wieder ausgeschieden wird. Aus Urin hat KÖGL (1—3) das Auxin in kristallisiertem Zustande gewonnen. Es ist eine einbasische Trioxysäure mit einer Doppelbindung und einem Kohlenstoffring von der Pauschalformel $C_{18}H_{32}O_5$; also eine relativ einfache Verbindung. Sie ist hitzebeständig und ihr Molekulargewicht relativ klein (328), wie dies F. WENT auf Grund von Diffusionsversuchen vorausberechnet hatte. 1 mg Auxin entspricht 50 Millionen *Avena*-Einheiten. Das Hormon wirkt also in außerordentlich kleinen Konzentrationen. (1 *Avena*-Einheit = 0,00002 γ Auxin!) Neuerdings unterscheidet KÖGL zwei verschiedene Auxine: Auxin a $C_{18}H_{32}O_5$ und Auxin b $C_{18}H_{30}O_4$ mit einem Molekül Wasser weniger. Ferner hat KÖGL (4) den Wuchsstoff von Pilzen (Hefe, *Rhizopus*) mit Indolylessigsäure, einer heterozyklischen Verbindung, identifiziert. Diese Verbindung besitzt keinerlei chemische Verwandtschaft mit den Auxinen a und b und ihr Molekulargewicht ist nur etwa halb so groß; sie wird als Heteroauxin bezeichnet.

Mit dem in Agarwürfelchen aufgefangenen Wuchsstoff sind viele grundlegende Versuche ausgeführt worden. Es hat sich nämlich gezeigt, daß bei asymmetrischer Verteilung des Wuchshormons geotropische und phototropische Krümmungen ausgelöst werden. Im Rahmen dieser Monographie kann jedoch auf diese reizphysiologischen Verhältnisse nicht eingetreten werden (s. F. A. F. C. WENT). Dagegen ist für uns das Problem der Wuchsstoffwanderung von besonderem Interesse. Wenn man ein Stückchen Koleoptile zwischen zwei Agarwürfelchen stellt (Abb. 127d), von denen entweder das obere oder das untere Wuchsstoff enthält, so findet man, daß das Hormon nur basipetal wandern kann. Es herrscht also eine ausgesprochene Polarität der Wuchsstoffleitung. Nach F. WENT (3) soll die Polarität eine Folge von elektrischen Potentialen zwischen basalen und distalen Teilen der Pflanze sein, wodurch bewirkt würde, daß bei der Wanderung sich Anionen wie das Auxin stets basipetal, und Kationen basifugal bewegen. Doch wird diese einfache Theorie den komplizierteren Polaritätsverhältnissen wohl kaum gerecht.

Ein Koleoptilenstück von 10 mm wird in einer Stunde durchwandert (VAN DER WEY); diese Wanderungsgeschwindigkeit übertrifft die Diffusionsgeschwindigkeit wesentlich, so daß man die aktive Mitbeteiligung der lebenden Zelle am Hormontransport annehmen muß. Die Protoplasmaströmung in den Koleoptilen kann indessen nicht mit absoluter Sicherheit als Beförderungsmittel angesprochen werden (BOTTELIER). Auch eine dritte Möglichkeit, nämlich die Ausbreitung von monomolekularen Filmen, die mit sehr großer Geschwindigkeit erfolgt, kommt für die *Avena*-Koleoptilen nicht in Betracht, da nämlich die Mengen des verfrachteten Auxins viel zu klein sind, um einen ununterbrochenen Film über alle Protoplasten vom Erzeugungsorgan (Koleoptilenspitze) bis zur Erfolgsstelle (Koleoptilenbasis) zu bilden. So ist die Hormonwanderung, wie die merkwürdig schnelle Stoffbewegung in der Pflanze überhaupt, noch ein großes Rätsel.

Die Wirkungsweise der Auxine ist nicht spezifisch. Bei allen untersuchten Objekten, Koleoptilen von Hafer, Mais, Gerste, Hypokotyl von *Raphanus* (OVERBEEK), Blütenstiele von *Bellis* (UYLDERT), lösen sie gleicherweise Streckungswachstum aus. Die Reaktion besteht in der Streckung bereits vorhandener Zellen unter Wasseraufnahme. Substanzvermehrung soll dabei nicht vorkommen; dagegen wird die Plastizität der Zellwände durch die Wuchsstoffeinwirkung erhöht (HEYN, 1, 5). Wie bereits ausgeführt worden ist (S. 125), kann diese Einwirkung jedoch nicht in einer direkten Beeinflussung der einzelnen Zellulosemicelle bestehen, da die vorhandene Wuchsstoffmenge viel zu klein ist. Nach SÖDING (1) wird denn auch primär nicht die Zellwand, sondern der Zustand des Protoplasmas verändert, das sekundär die intermicellaren Substanzen der Zellwand weicher und plastischer mache; er vermutet sogar, daß die Intermicellarsubstanz wachsender Membranen selbst lebend sei.

Da das Auxin nur Streckungswachstum auslöst, kann es nicht als allgemeines Wuchshormon angesprochen werden, denn unter Wachstum versteht man nicht nur Volumenvergrößerung unter Wasseraufnahme, sondern vor allem auch Substanzvermehrung. Überall, wo es sich um Vorgänge mit Zellteilungen handelt, wie z. B. bei den Wurzelspitzen, geben Wuchsstoffe verschiedener Herkunft keine eindeutigen oder sogar widersprechende Resultate. Man unterscheidet daher in neuerer Zeit im vollständigen Wuchshormon zwei Komponenten, von denen die eine die Zellstreckung, die andere dagegen die Stoffproduktion auslöst. Während man, wie oben gezeigt worden ist, die erste Komponente genau kennt, weiß man von der zweiten noch wenig; da Unterschiede in der Wasser- und Ätherlöslichkeit vorliegen sollen, besteht die Möglichkeit, die beiden Komponenten trennen zu können (NIELSEN und HARTELIUS; BABIČKA).

c) Zellteilungshormone und andere Reizstoffe.

Es muß sich dann zeigen, ob die Komponente, welche die Stoffvermehrung anregt, in Beziehung steht zu dem von HABERLANDT (7—9) beschriebenen Wundhormon oder Zellteilungshormon, wie man es heute nennt. Nach HABERLANDT weisen isolierte Stückchen von Kartoffelknollen oder von Kohlrabi an ihrer Oberfläche nur lebhafte Zellteilungen auf, wenn sie Phloem enthalten. Phloemlose Partien vermögen an den Schnittflächen, wenn man sie sorgfältig abwäscht, kein Periderm zu regenerieren. Legt man dagegen auf solche Flächen aus lebenden Knollen gewonnenen Kartoffel- oder Kohlrabibrei, beginnen sich die tieferliegenden Zellen alsbald zu teilen. Ähnliche Versuche sind mit Blättern von *Peperomia* und *Echeveria,* und mit dem Perikarp von *Phaseolus* (WEHNELT) angestellt worden. Aus diesen Untersuchungen geht hervor, daß es einen Stoff gibt, der die Zellteilung anregt. Wenn er nicht vorhanden ist, unterbleiben die Mitosen. Nach HABERLANDT soll dieses Zellteilungshormon im Phloem lokalisiert sein. Doch ist anzunehmen, daß es auch in Meristemen entsteht, falls es bei allen Zellteilungen zugegen sein muß.

Aus den Blättern der Sinnespflanze *(Mimosa pudica)* hat man einen Reizstoff isoliert, der großes theoretisches Interesse beansprucht (FITTING, 7; UMRATH). Bekanntlich reagieren die Fiederblättchen der Sinnespflanze auf Stoß und andere Reize durch nastische Bewegungen, und bei starker Reizung erfolgt eine Reizleitung zu den benachbarten Blättern, die nacheinander ihre Fiederblättchen ebenfalls schließen. Diese Reizübertragung ist oft mit der Nerventätigkeit verglichen worden. Man kann aber leicht zeigen, daß keine derartigen Leitorgane im Spiel sein können. Durchschneidet man nämlich einen *Mimosa*-Stengel und verbindet die beiden Teilstücke durch einen Tropfen Wasser oder Gelatine, erfolgt die Reizleitung trotz dieses Unterbruches. Es muß sich daher um eine stoffliche Übertragung durch die Flüssigkeitsbrücke hindurch handeln. FITTING hat tatsächlich einen solchen Stoff gewonnen, indem er *Mimosa*-Blätter in siedendem Wasser abbrühte. Stellt man Triebe der Sinnespflanze in diesen Blattauszug ein, beginnen sich ihre Blättchen alsbald in aufsteigender Reihenfolge chemonastisch zu schließen. In ähnlicher Weise kann man bei *Biophytum* und *Phyllanthus* durch Blattauszüge Chemonastien auslösen.

Außer den behandelten Hormonen sind noch eine ganze Reihe von Reizstoffen in der Pflanze gefunden und beschrieben worden, die aber hier nur kurz gestreift werden können, da sie vorläufig für das Problem der inneren Sekretion keine neuen Gesichtspunkte eröffnen. FITTING (5, 6, 8) hat im Blattauszug von *Vallisneria* einen Stoff entdeckt der bei Wasserpflanzen lebhafte Protoplasmaströmungen auslöst. Vermutlich handelt es sich dabei um Aminosäuren, von denen die wirksamste das l-Histidin, bei Testversuchen in einer Konzentration von 0,01 γ pro g Zellmaterial noch wirksam ist. Verglichen mit der Wirkungsschwelle der Auxine ist diese Konzentration allerdings noch relativ hoch. Schließlich müssen auch die pflanzlichen Sexualhormone erwähnt werden, die zum Teil die Besonderheit aufweisen, daß bestimmte Stoffe des einen Geschlechtes beim anderen Geschlechte Veränderungen hervorrufen. So enthalten die Pollenkörner tropischer Orchideen einen mit heißem Wasser extrahierbaren Stoff, der auf die Narbe gebracht unmittelbar Verblühungserscheinungen auslöst (FITTING, 2, 4). Interessant ist auch der Nachweis von Zoosexualhormonen in der Pflanze. So sollen die weiblichen Blüten von *Salix caprea* einen Stoff enthalten, der bei kastrierten Mäuseweibchen Brunstreaktionen auslöst, während der entsprechende Stoff der männlichen Blüten auf kastrierte Männchen einwirkt (LOEWE). Wenn diese Stoffe mit den tierischen Sexualhormonen identisch sein sollten, wäre dies wohl ein überraschender Beweis für die Allgemeinheit des wiederholt gefundenen Fehlens der Spezifität der Hormone und für die Universalität hormonaler Wirkungen.

d) Die Ausscheidung der Hormone als innere Sekretion.

Das Wesen der hormonalen Wirksamkeit im tierischen Körper besteht in der Auslösung von Reaktionen auf Entfernung, ähnlich wie dies durch die Nerven geschieht. Es sind Erzeugungsorgane vorhanden (innere Drüsen: Nebennieren, Schilddrüse, Zirbeldrüse), welche die Hormone ausscheiden; dann gelangen diese durch das Blut zum entfernt gelegenen Erfolgsorgan, wo sie eine Reaktion auslösen. Es ist nun von hohem Interesse, daß man die drei wesentlichen Phasen der Hormontätigkeit: Erzeugung, Wanderung, Reaktionsauslösung, auch bei der Pflanze wiederfindet, obschon die Spezialisierung nicht so weit gediehen ist wie im tierischen Körper. Als Erzeugungsorgane funktionieren beim Auxin die Koeloptilenspitze (Abb. 128) und beim Rhizokalin ausgewachsene Blätter. Es handelt sich also nicht um besondere Drüsen, sondern um gewöhn-

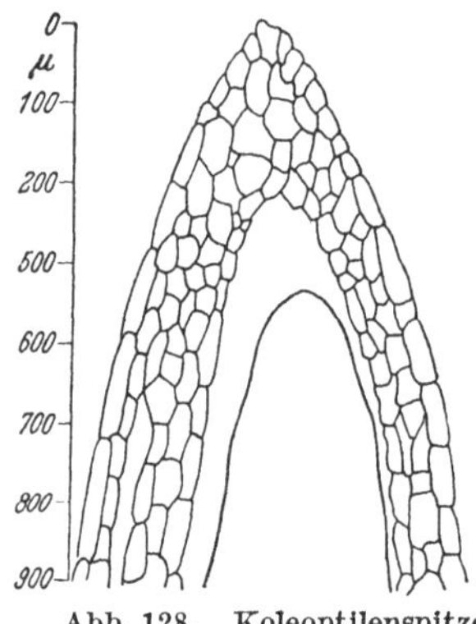

Abb. 128. Koleoptilenspitze von *Avena* (nach LANGE).

liche Meristeme oder Dauergewebe. Die Erfolgsorgane sind die Koleoptilenbasis bzw. Wurzelanlagen.

Die Übertragung geschieht beim Wuchsstoff durch Parenchymzellen, beim Rhizokalin nach F. WENT im Phloem. Ebenso soll nach HABERLANDT das Zellteilungshormon durch die Siebröhren wandern. Über das Wesen der Übertragung ist man noch nicht im klaren. Sie erfolgt so schnell, daß weder die Diffusions- noch die Protoplasmaströmung mit Sicherheit in Frage kommen. Die Verschiebungsgeschwindigkeit von monomolekularen Oberflächenhäutchen nach Art eines sich ausbreitenden Ölflecks käme am ehesten in Betracht, doch reichen die transportierten Hormonmengen nicht aus, um ausgedehnte Molekülhäutchen zu bilden. Das Wanderungsproblem ist, abgesehen von der rein polaren Dislozierung der Hormone, das gleiche wie bei den Nährstoffen, deren Wanderungsgeschwindigkeit vorläufig ebenfalls mit den bekannten physikalisch-chemischen Vorgängen nicht erklärt werden kann. Es ist denkbar, daß ein zur Zeit noch unbekanntes physikalisch-chemisches Prinzip diesen geheimnisvollen Wanderungen zugrunde liegt.

Man muß daher die große Wanderungsgeschwindigkeit der Hormone in der Pflanze vorläufig als eine gegebene Tatsache hinnehmen. Wenn auch ihr Mechanismus noch nicht erkannt ist, so ergeben sich doch äußerst wichtige Folgerungen für die Physiologie der korrelativen Vorgänge. Man hat sich oft gewundert, wie viele Reaktionen im pflanzlichen Leben auffallend koordiniert

verlaufen, ohne daß irgendeine regulierende Nerventätigkeit festzustellen ist. Es scheint nun, wie wenn in der Pflanze statt nervöser
Fernwirkung allgemein Reizübertragungen durch Hor-
mone erfolgen. Am eindringlichsten spricht in dieser Hinsicht
die Reizleitung durch einen hormonalen Stoff beim klassischen
Objekt, der Mimose. Die nervöse Fernleitung ist bei den Tieren
schon früh entdeckt worden, und die Auffindung der Hormone
erschien dann als etwas ganz Ungewohntes. Aber allem Anschein
nach sind die Regulationen durch innere Ausscheidungen etwas
sehr Ursprüngliches, wahrscheinlich sogar ursprünglicher als die
Nerventätigkeit; die Wissenschaft hat also das allgemeinere bei
Tieren und Pflanzen verbreitete Prinzip der regulativen Steuerung
wegen seiner Verborgenheit viel später gefunden, als das spezielle
der Nerventätigkeit. Die Pflanze hat offenbar die innere
Sekretion soweit ausgebaut und ·ihren Bedürfnissen angepaßt,
daß sie eine Innervation im tierischen Sinne entbehren kann. Die
Übertragung von Hormonen braucht zwar, verglichen mit der
nervösen Reizleitung, mehr Zeit, aber wie sich durch zahlreiche
Fälle belegen läßt, erfolgt sie für die Bedürfnisse der pflanzlichen
Reaktionsbereitschaft mit genügender Geschwindigkeit. So kann
die innere Sekretion als das grundlegende Prinzip für
das korrelative Geschehen im pflanzlichen Leben angesprochen werden.

V. Rückblick.

Die pflanzlichen Ausscheidungsvorgänge sind bisher meistens
von ökologischen Gesichtspunkten aus betrachtet und nach den
Grundsätzen der Zweckmäßigkeitslehre beurteilt worden.
Nach dieser Auffassung beruht die Ausscheidungstätigkeit in einer
zielbewußten Abwehrreaktion gegenüber ungünstigen Einflüssen
der Umwelt. So ist die Mineralisation der Hautgewebe als Transpirationsschutz, die Bildung von Raphiden in den Geweben als
Schutz gegen Tierfraß, die Ausdünstung von ätherischen Ölen als
Schutz gegen zu starke Insolation, oder die Aufspeicherung von
Harzen und Kautschuk als Schutz gegen Verletzungen angesprochen worden. Solche teleologische Betrachtungen erscheinen
jedoch oft gekünstelt und können einer wissenschaftlichen Kritik
nicht standhalten, denn die primären Ursachen jedes Ausscheidungs-
vorganges sind stoffwechselphysiologischer Art. Sekundär können

die Ausscheidungsstoffe unter Umständen eine ökologische Bedeutung gewinnen, aber in keinem einzigen Falle kann nachgewiesen werden, daß bestimmte Umweltbedingungen den Anstoß zu neuartigen physiologischen Leistungen gegeben haben. Außenweltfaktoren können nur modifizieren und stimulieren, nicht aber schöpferisch auf die Lebensvorgänge der Pflanze einwirken. Damit soll allerdings das Auftreten von physiologischen Mutationen nicht geleugnet werden; diese erfolgen jedoch keineswegs als zweckmäßige Reaktionen, die lebenserhaltend gegen bestimmte äußere Einflüsse gerichtet wären, sondern sie besitzen ihre eigenen Gesetzmäßigkeiten, die gar nicht immer im Interesse der Erhaltung der Art sind (z. B. chlorophyllfreie Keimpflanzen). Eine wissenschaftliche Behandlung der pflanzlichen Ausscheidungen darf daher nicht von den ökologischen Bedürfnissen der Pflanze ausgehen, sondern sie muß nach physiologischen Zusammenhängen suchen.

Die ursprüngliche Bedeutung der verschiedenen Ausscheidungsstoffe ergibt sich, wenn man die Vorgänge, die der Absonderung vorangehen, näher verfolgt. Dreimal besteht im Laufe des Stoffwechsels Gelegenheit zur Stoffausscheidung: anschließend an die Stoffaufnahme als Rekretion, im Anschluß an die Assimilation als Sekretion und als Abschluß der Dissimilation als Exkretion. Jeder dieser Ausscheidungsvorgänge ergreift bestimmte Stoffgruppen, die zum Teil biochemische Einheiten bilden. Die Rekretion schafft Mineralstoffe, die Sekretion vornehmlich Kohlenhydrate und die Exkretion Terpene aus dem Stoffwechsel der Pflanze. Diese Verhältnisse geben dem vorgeschlagenen System der pflanzlichen Stoffausscheidungen seine innere Berechtigung, denn sie zeigen, daß die zugrunde gelegten physiologischen Definitionen keine theoretischen Konstruktionen sind, sondern daß sie bestimmten biochemischen Vorgängen, die sich in der Pflanze abspielen, entsprechen.

Vollständig können sich allerdings physiologische Begriffsbildungen und biochemische Stoffgruppen nicht decken, wie deutlich aus der heterogenen Klasse der Sekrete hervorgeht. Auch die Klasse der Exkrete wird unter Umständen erweitert werden müssen, wenn sich unsere Kenntnisse über die Dissimilationsvorgänge in der Pflanze vertiefen. Viele interessante Fragenkomplexe wie die Entstehung der Tannine, Anthozyane und Alkaloide, die verdienten, vom Standpunkte der Stoffausscheidung beleuchtet und diskutiert zu werden, mußten vorläufig unberücksichtigt bleiben, da ihre Stellung im Stoffwechsel noch unabgeklärt ist. Die gegebene Darstellung der pflanzlichen Ausscheidungen soll daher nicht als etwas Abgeschlossenes, sondern als entwicklungsfähiges System der Ausscheidungserscheinungen im Pflanzenreiche aufgefaßt werden.

Beim tierischen Stoffwechsel überwiegt zufolge der Vorherrschaft der Dissimilationsprozesse die Exkretion; bei den Pflanzen dominieren dagegen die Sekretion und die Rekretion. Nicht nur die Ausstoßung der Exkrete, sondern auch die Ausscheidung von Assimilaten (Zellwand) und die Absonderung von Rekreten bringen eine Entlastung des Stoffwechsels. Ohne diese Vorgänge müßte der Stoffumsatz beständig an Umfang zunehmen, während er sich doch erfahrungsgemäß für ein bestimmtes Lebewesen stets in einem gewissen Rahmen bewegt. Diese Erkenntnis zerstreut das allgemein verbreitete Vorurteil, daß einer der grundlegenden Unterschiede zwischen Tier und Pflanze im Fehlen bedeutsamer pflanzlicher Ausscheidungsvorgänge bestehe. Bei allen Lebewesen ist die Stoffausscheidung für die Aufrechterhaltung des Stoffwechselgleichgewichtes von ebenso großer Wichtigkeit wie die Stoffaufnahme. Die Lehre von den Ausscheidungsvorgängen darf daher in der Pflanzenphysiologie eine ihrer Bedeutung entsprechende Stellung beanspruchen.

Literaturverzeichnis.

Aé, A.: Flora (Jena) **52**, 177 (1869). — Albrecht u. Jenny: Bot. Gaz. **92**, 263 (1931). — Alexandrow, W. G.: Bot. Arch. v. Mez. **14**, 461 (1926). — Alexandrow u. Djaparidze: Planta (Berl) **4**, 467 (1927). — Alexandrow u. Timofeev: Bot. Arch. v. Mez. **15**, 279 (1926). — Alexandrowicz, J. St.: Diss. Jena 1913, S. 13. — Amar, M.: C. r. Acad. Sci. Paris **136**, 901; **137**, 1301 (1903). — Ambronn, Hans: Diss. Jena 1914. — Ambronn, Hermann: (1) Jb. Bot. **12**, 473 (1881). (2) Ann. Physik u. Chem. **34**, 340 (1888). (3) Ber. dtsch. bot. Ges. **6**, 226 (1888). (4) Ber. dtsch. bot. Ges. **7**, 103 (1889). (5) Wiedemanns Ann. **38**, 159 (1889). (6) Anleitung zur Benutzung des Polarisationsmikroskops. Leipzig 1892. (7) Ber. sächs. Ges. Wiss. **48**, 613 (1896). (8) Ber. sächs. Ges. Wiss. Leipzig **50**, 1 (1898). (9) Kolloid-Z. **6**, 1 (1910). (10) Kolloid-Z. **18**, 90, 273 (1916); **20**, 173 (1917). (11) Nachr. Ges. Wiss. Göttingen, Math.-physik. Kl. **1919**, S. 299. (12) Kolloid-Z. **36** (Zsigmondy-Festschrift), 119 (1925). — Ambronn u. Frey: (1) Das Polarisationsmikroskop, S. 16. Leipzig 1926. (2) Das Polarisationsmikroskop, S. 31. Leipzig 1926. (3) Das Polarisationsmikroskop, S. 37. Leipzig 1926. (4) Das Polarisationsmikroskop, S. 59. Leipzig 1926. (5) Das Polarisationsmikroskop, S. 114. Leipzig 1926. (6) Das Polarisationsmikroskop, S. 170. Leipzig 1926. — Anderson, Donald B.: (1) Sitzgsber. Akad. Wiss. Wien, Math.-naturwiss. Kl. **136**, 429 (1927). (2) Jb. Bot. **69**, 501 (1928). — Andress, K. R.: (1) Z. physik. Chem. **136**, 279 (1928). (2) Z. physik. Chem. B **2**, 380 (1929). — Arcangeli, G.: Nuov. giorn. Bot. Ital. **23**, 489 (1891). — Arisz, W. H.: Arch. Rubbercultuur Nederl.-Indië **12**, 220 (1928). — Armstrong and Horton: Proc. roy. Soc. Lond. B **80**, 321 (1908). — Astbury, W. T.: (1) Nature (Lond.) **127**, 12 (1931). (2) Fundamentals of Fibre Structure. Oxford 1933. — Astbury, Marwick and Bernal: Proc. roy. Soc. Lond. B **109**, 443 (1932). — Azo: Bull. Col. Agricult. Tokyo **5**, 239 (1902).

Baas-Becking and Galliher: J. Physic. Chem. **35**, 467 (1931). — Babička, J.: Beih. Bot. Zbl. **52** I, 449 (1934). — Bärlund, H.: (1) Acta bot. fenn. **5**, 1 (1929). (2) Acta bot. fenn. **5**, 94 (1929). — Balls, W. L.: (1) The Cottonplant in Egypt. London 1912. (2) Proc. roy. Soc. Lond. B **93**, 426 (1922). (3) Proc. roy. Soc. Lond. B **95**, 72 (1923). (4) Studies in Quality of Cotton, 1928, p. 71. — Baur, E.: Naturwiss. **1**, 474 (1913). — Belt, Th.: The Naturalist in Nicaragua, 1874. — Belzung, E.: J. de Bot. **7**, 221 (1893). — Belzung, E. et G. Poirault: J. de Bot. **6**, 286 (1892). — Bemmelen, van: Z. anorg. u. allgem. Chem. **13**, 233 (1897); **59**, 225 (1908); **62**, 1 (1909). — Bendixsen, E.: Arch. Rubbercultuur Nederl.-Indië **7**, 539 (1923). — Benecke, W.: Bot. Ztg **61**, 79 (1903). — Benecke u. Jost: (1) Pflanzenphysiologie, Bd. 1, S. 156. Jena 1924. (2) Pflanzenphysiologie, Bd. 1, S. 335. Jena 1924. — Berg, A.: Beih. Bot. Zbl. **49** I, 239 (1932). Hier weitere Literatur über Zystolithen. — Berkmann, Böhm u. Zocher: Z. physik. Chem. **124**, 83 (1926). — Bernard: Ann. Jard. bot. Buitenzorg **3**, Suppl..

259 (1910). — Bernauer, F.: Gedrillte Kristalle. Berlin 1929. — Bernhauer, K.: Biochem. Z. **172**, 296 (1927). — Bertold, G.: Studien über Protoplasmamechanik, S. 28. Leipzig 1886. — Beumée-Nieuwland, N.: Arch. Rubbercultuur Nederl.-Indië **13**, 555 (1929). — Biedermann: Abh. Ges. Wiss. Göttingen **6**, 3 (1908). — Bigalke, Hildegard: Beitr. Biol. Pflanz. **21**, 1 (1933). — Bion, F.: Helvet. physic. Acta **1**, 165 (1928). — Blum, G.: Ber. schweiz. bot. Ges. **42** (Christ-Festschrift), 550 (1933). — Bobilioff, W.: (1) Arch. Rubbercultuur Nederl.-Indië **9**, 313 (1925). (2) Arch. Rubbercultuur Nederl.-Indië **9**, 913 (1925). (3) Anat. en Physiol. van Hevea brasiliensis. Batavia 1930. — Bonnier, G.: Thèse de Paris **1879**. — Boone and Baas-Becking: J. gen. Physiol. **14**, 753 (1931). — Bottelier, H. P.: Diss. Utrecht 1934. — Bouillenne u. Went, jun.: Ann. Jard. bot. Buitenzorg **43**, 1 (1933). — Boysen-Jensen, P.: Ber. dtsch. bot. Ges. **28** (1910). — Braun-Blanquet, J.: Pflanzensoziologie, S. 135. Berlin 1928. — Brauner, L.: (1) Jb. Bot. **68**, 710 (1928). (2) Ber. dtsch. bot. Ges. **48**, 109 (1930). (3) Jb. Bot. **73**, 513 (1930). — Brauner, Marianne: Planta (Berl.) **18**, 288 (1932). — Bravais, L.: Ann. des Sci. natur. **18**, 152 (1842). — Brooke: Philosophic. Mag. a. J. Sci. Lond. **16**, 449 (1840). — Brown, A. J.: Proc. roy. Soc. Lond. **81** (1909). — Brunswik, H.: Sitzgsber. Akad. Wiss. Wien, Math.-naturwiss. Kl. **129**, 115 (1920). — Burström, H.: Sv. bot. Tidskr. **28**, 157 (1934).

Chauveaud, G.: Ann. des Sci. natur. Bot., VIII. s. **12** (1900). — Chirikow, F. V.: Exper. Stat. Rec. **36**, 728 (1917). — Chodat, R.: Principes de Botanique, p. 24. Genève 1920. — Cholodny, N.: Planta (Berl.) **6**, 118 (1928). — Clegg and Harland: J. Text.inst. **14**, 489 (1923). — Cohn, F.: Beitr. Biol. Pflanz. **4**, 365 (1887). — Collander, R.: Acta bot. fenn. **6**, 1 (1930). — Collander u. Bärlund: (1) Soc. Sci. fenn. Comm. Biol. **2** (1926). (2) Acta bot. fenn. **11**, 1 (1933). (3) Acta bot. fenn **11**, 83 (1933). — Combes, R.: (1) Rev. gén. Bot. **23**, 129 (1911). (2) C. r. Acad. Sci. Paris **187**, 993 (1928). — Correns, C.: (1) Jb. Bot. **23**, 303 (1892). (2) Beitr. Morph. Physiol. Pflanzenzelle 1, 260 (1893). (3) Ber. dtsch. bot. Ges. **11**, 410 (1893). — Crüger, H.: (1) Bot. Ztg **12**, 57 (1854). (2) Bot. Ztg **13**, 617 (1855). — Cuboni, G.: Riv. Enol. e Viticolt. Conegliano, II. s. **7**, 10 (1883). — Curtis, O. F.: (1) Amer. J. Bot. **7**, 101 (1920); **10**, 361 (1923). (2) Ann. Bot. **39**, 573 (1925). (3) Science (N. Y.) **63**, 267 (1926). — Czapek, F.: (1) Jb. Bot. **29**, 321 (1896). (2) Biochemie der Pflanzen, Bd. 1, S. 502. Jena 1913. (3) Biochemie der Pflanzen, Bd. 3, S. 66. Jena 1921. (4) Biochemie der Pflanzen, Bd. 3, S. 67. Jena 1921.

Daguillon et Coupin: Rev. gén. Bot. **16**, 81 (1904). — Daumann, E.: (1) Beih. Bot. Zbl. **47** I (1930). (2) Beih. Bot. Zbl. **49** I, 720 (1932). — Dauphiné, A.: (1) C. r. Acad. Sci. Paris **295**, 169 (1932). (2) Bull. Soc. bot. France **81**, 328 (1934). — Davidson, G. F.: J. Text.inst. **18**, 175 (1927). — Delpino, F.: Mem. Acad. Sci. Bologna **7**, 215 (1886). — Denham, H. J.: J. Textile Inst. **13**, 99 (1922); **14**, 85 (1923). — Denny, F. E.: Bot. Gaz. **63**, 373 (1917). — Detto, C.: Flora (Jena) **1903**. — Dippel, L.: (1) Abh. naturforsch. Ges. Halle **10**, 55 (1868). (2) Das Mikroskop, 2. Aufl. Braunschweig 1898. — Dischendorfer, A.: Angew. Bot. **7**, 57 (1925). — Dolk, H. E.: Diss. Utrecht 1930. — Dormann: Sitzgsber. Akad. Wiss. Wien, Math.-naturwiss. Kl. I **133**, H. 10 (1924). — Dulk, L.: Landw. Versuchsstat. **18**, 192 (1875).

EBBINGE, H.: Chem. Weekbl. **29**, 167 (1932). — EBNER, V. VON: Untersuchungen üb. d. Ursachen der Anisotropie organischer Substanzen. Leipzig 1882. — ECHEVIN, R.: Rev. gén. Bot. **39**, 405 (1927); **43**, 517 (1931). Mit eingehender Literaturbesprechung. — EHRLICH, F.: Chem.-Ztg. **41**, 197 (1917). — EULER, H.: Chemie der Enzyme. München 1925/33.

FABER, F. C. VON: Ber. dtsch. bot. Ges. **41**, 227 (1923). — FEUCHTER, H.: Kautschuk **3**, 98, 122 (1927). — FICKENDEY, E.: (1) Tropenpflanzer **13**, 203 (1909). (2) Tropenpflanzer **14**, 442 (1910). — FIKENTSCHER, H.: Kautschuk **6**, 2 (1930). — FISCHER, A.: Jb. Bot. **14**, 133 (1884). — FISCHER, H.: (1) Ber. dtsch. bot. Ges. **44**, 208 (1926). (2) Beitr. Biol. Pflanz. **15**, 327 (1927). — FITTING, H.: (1) Tropenpflanzer **10**, Beih., 1 (1909). (2) Z. Bot. **2**, 225 (1910). (3) Z. Bot. **3**, 209 (1911). (4) Jb. Bot. **49**, 187 (1912). (5) Jb. Bot. **67**, 427 (1927). (6) Jb. Bot. **70**, 1 (1929). (7) Jb. Bot. **72**, 700 (1930). (8) Jb. Bot. **77**, 1 (1932). — FRENZEL, P.: Planta (Berl.) **8**, 642 (1929). — FREUDENBERG, K.: (1) Ber. dtsch. chem. Ges. **54**, 767 (1921). (2) Liebigs Ann. **460**, 288 (1928). (3) Liebigs Ann. **461**, 130 (1928). (4) Papier-Fabrikant **30**, 189 (1932). — FREUDENBERG u. DÜRR: KLEINS Handbuch der Pflanzenanalyse, Bd. 3, S. 142. 1932. — FREUDENBERG u. SOLMS: Ber. dtsch. chem. Ges. **66**, 262 (1933). — FREUDENBERG, ZOCHER u. DÜRR: Ber. dtsch. chem. Ges. **62**, 1814 (1929). — FREY, A.: (1) C. r. Soc. phys. et hist. nat. Genève **40**, 8 (1923). (2) Schweiz. Min. Mitt. **4**, 16 (1924). (3) Diss. E.T.H. Zürich 1925. (4) Z. Mikrosk. **42**, 421 (1925). (5) Naturwiss. **13**, 403 (1925). (6) Kolloidchem. Beih. (AMBRONN-Festschrift) **1926**, S. 40. (7) Rev. gén. Bot. **38**, 273 (1926). (8) Ber. dtsch. bot. Ges. **44**, 564 (1926). (9) Jb. Bot. **65**, 195 (1926). (10) Jb. Bot. **65**, 200 (1926). (11) Jb. Bot. **65**, 211 (1926). (12) Jb. Bot. **67**, 597 (1927). (13) Jb. Bot. **67**, 613 (1927). (14) Jb. Bot. **67**, 626 (1927). (15) Jb. Bot. **67**, 639 (1927). (16) Rev. gén. Bot. **39**, 18 (1927). (17) Ber. dtsch. bot. Ges. **46**, 444 (1928). (18) Ber. dtsch. bot. Ges. **46**, 454 (1928). FREY-WYSSLING, A.: (19) Bull. Soc. bot. France **75**, 950 (1928). (20) Arch. Rubbercultuur Nederl.-Indië **13**, 371 (1929). (21) Z. Mikrosk. **47**, 16 (1930). (22) Z. Mikrosk. **47**, 27 (1930). (23) Ber. dtsch. bot. Ges. **48**, 179 (1930). (24) Ber. dtsch. bot. Ges. **48**, 184 (1930). (25) Arch. Rubbercultuur Nederl.-Indië **14**, 109 (1930). (26) De tropische Natuur **20**, 43 (1931). (27) Arch. Rubbercultuur Nederl.-Indië **16**, 241 (1932). (28) Jb. Bot. **77**, 560 (1932). (29) Ber. schweiz. bot. Ges. **42**, 109 (1933). (30) Ber. schweiz. bot. Ges. **42**, 254 (1933). (31) Z. Mikrosk. **51**, 29 (1934). — FROHNMEYER, M.: Bibl. Bot. **21**, H. 86, 1 (1914). — FURLANI, J.: Jb. Bot. **77**, 252 (1933).

GÄUMANN, E.: Handbuch der Naturwissenschaften, Bd. 7, S. 728. Jena 1932. — GEEL, VAN u. EYMERS: Z. physik. Chem. B **3**, 240 (1929). — GIRARD: C. r. Acad. Sci. Paris **77**, 995 (1873). — GOEBEL, K.: Pflanzenbiologische Schilderungen, Bd. 2, S. 51 (1893). — GONELL, H. W.: Z. Physik **25**, 118 (1924). — GORTER, K.: Arch. Rubbercultuur Nederl.-Indië **1**, 375 (1917). — GRAČANIN, M.: C. r. Acad. Sci. Paris **195**, 899, 1311 (1932). — GRAFE, V.: Biochem. Z. **159**, 444, 449 (1925). — GRANDEAU et BOUTON: C. r. Sci. Paris **84**, 129, 500. — GROB, A.: Bibl. Bot. **7**, H. 36, 1 (1897). — GROTH, P.: Chemische Kristallographie. Leipzig 1910. — GRUBENMANN u. NIGGLI: Die Gesteinsmetamorphose. Berlin 1924. — GUIGNARD, L.: (1) J. de Bot. **4**, 3 (1890). (2) C.r. Acad. Sci. Paris **110**, 477 (1890). (3) C. r. Acad. Sci. Paris **111**, 249 (1890). — GUILLERMOND, MANGENOT et PLANTEFOL: Traité de Cytologie végétale. Paris 1933.

HABERLANDT, G.: (1) Physiologische Pflanzenanatomie, S. 109. Leipzig 1918. (2) Physiologische Pflanzenanatomie, S. 314. Leipzig 1918. (3) Physiologische Pflanzenanatomie, S. 451. Leipzig 1918. (4) Physiologische Pflanzenanatomie, S. 460, 469. Leipzig 1918. (5) Physiologische Pflanzenanatomie, S. 470—474. Leipzig 1918. (6) Physiologische Pflanzenanatomie, S. 481. Leipzig 1918. (7) Sitzgsber. Akad. Berlin 12, 3 (1919). (8) Beitr. allg. Bot. 2, 1 (1921). (9) Sitzgsber. Akad. Berlin 16, 318 (1923). — HAMPTON, HAWORTH u. HIRST: J. chem. Soc. Lond. 31, 1739 (1929). — HANSTEEN-CRANNER, B.: (1) Jb. Bot. 47, 59 (1910). (2) Jb. Bot. 53, 536 (1914). (3) Planta (Berl.) 2, 438 (1926). — HAUSER, E. A.: (1) Ind. Engng. Chem. 18, 1146 (1926). (2) Kautschuk 3, 17, 228 (1927). — HAUSHOFER, K.: Mikroskopische Reaktionen, S. 35. Braunschweig 1885. — HAWORTH, W. N.: Nature (Lond.) 116, 430 (1925). — HAWORTH and HIRST: The Colloid Aspect of Textile Materials. The Farad. Soc. 1932. p. 14. — HENGSTENBERG, J.: Z. Kristallogr. 69, 271 (1928). — HERZOG, A.: Untersuchung der natürlichen und künstlichen Seiden. Dresden 1910. — HERZOG, R. O.: (1) Naturwiss. 12, 955 (1924). (2) Technologie der Textilfasern, Bd. 5, I, 1, S. 18. 1930. (3) Technologie der Textilfasern, Bd. 1, I, S. 134. 1932. (4) Technologie der Textilfasern, Bd. 7, S. 1. 1927. — HERZOG u. GONELL: Naturwiss. 12, 1153 (1924). — HERZOG u. JANCKE: (1) Z. Physik 3, 196 (1920). (2) Ber. dtsch. chem. Ges. 53, 2162 (1920). (3) Z. physik. Chem. A 139, 235 (1928). (4) Z. physik. Chem. A 139, 242 (1928). — HERZOG u. KRÜGER: J. physical. Chem. 34, 466 (1926). — HESS, K.: (1) Chemie der Zellulose, S. 79. Leipzig 1928. (2) Chemie der Zellulose, S. 439. Leipzig 1928. (3) Naturwiss. 22, 469 (1934). — HESS, MESSMER u. LJUBITSCH: Liebigs Ann. 444, 287 (1925). — HEUSSER, C.: (1) Arch. Rubbercultuur. Nederl. Indië 10, 357 (1926). (2) In D'ANGREMOND, A.: Meded. Alg. Proefstat. A. V. R. O. S. Sumatra O. K., Alg. Serie 50, 17 (1931). — HEYL, J. G.: Diss. Zürich 1933. — HEYN, A. N. J.: (1) Rec. Trav. bot. néerl. 28, 113 (1931). (2) Diss. Utrecht 1931. (3) Protoplasma (Berl.) 19, 78 (1933). (4) Proc. Akad. Amsterd. 36, 3 (1933). (5) Proc. Akad. Amsterd. 36, 560 (1933). — HOAGLAND, B. R.: Soil Sci. 16, 296 (1924). — HOAGLAND and SHARP: J. agricult. Res. 12, 369 (1918). — HOCK, L.: (1) Kolloid.-Z. 35, 40 (1926). (2) Kautschuk 3, 207 (1927). — HÖBER, R.: (1) Physikalische Chemie der Zelle, S. 21. Leipzig 1922. (2) Physikalische Chemie der Zelle, S. 65. Leipzig 1922. (3) Physikalische Chemie der Zelle, S. 489. Leipzig 1922. — HÖFLER, K.: (1) Ber. dtsch. bot. Ges. 38, 288 (1920). (2) Jb. Bot. 73, 300 (1930). (3) Z. Mikrosk. 51, 70 (1934) (Festschrift E. KÜSTER). — HÖHNEL, F. VON: (1) Jb. Bot. 15, 311 (1884). (2) Die Mikroskopie der technisch verwendeten Faserstoffe, 2. Aufl., S. 21—23. 1905. — HOFF, VAN'T: Bildungsverhältnisse der ozeanischen Salzablagerungen, S. 148. Leipzig 1912. — HOLZNER, G.: (1) Flora (Jena) 47, 273, 289, 556 (1864). (2) Flora (Jena) 49, 413 (1866). (3) Flora (Jena) 52, 238 (1869). — HOPFF u. SUSICH: Kautschuk 6, 234 (1930). — HOPKINS, E. F.: (1) Science (N. Y.) 72, 609 (1930); 74, 551 (1931). (2) Mem. Cornell. Univ. agricult. exper. Stat. 151 (1934). — HONERT, T. H. VAN DEN: Proc. Acad. Amsterd. 35, 1104 (1932). — HUBER u. HÖFLER: (1) Jb. Bot. 73, 351 (1930). (2) Jb. Bot. 73, 484 (1930). — HUIE, L.: Quart. J. microsc. Sci. 39, 387 (1897); 42, 203 (1900).

ITERSON, G. VAN: (1) Chem. Weekbl. 24, 181 (1927). (2) Handel v. h. 23. nederl. Naturk.-Congr. Delft 1931. (3) Chem. Weekbl. 30, 6 (1933).

(4) Chem. Weekbl. **30**, 7 (1933). (5) Chem. Weekbl. **30**, 15 (1933). (6) Chem. Weekbl. **30**, 16 (1933). (7) Chem. Weekbl. **30**, 17 (1933).

JACCARD, P.: (1) Vjschr. naturforsch. Ges. Zürich **62**, 303 (1917). (2) Tiliaceae. KIRSCHNER, LÖW und SCHRÖTERs Lebensgeschichte der Blütenpflanzen Mitteleuropas, Bd. 3, IV, S. 43. 1927. (3) J. forest. suisse **1913**, 19. — JACCARD u. FREY: (1) Vjschr. naturforsch. Ges. Zürich **73**, 127 (1928). (2) Jb. Bot. **68**, 844 (1928) (3) Jb. Bot. **68**, 852 (1928). — JACOBI u. BAAS-BECKING: Tijdschr. nederl. dierkd. Ver.igg **3**, 145 (1933). — JANSSONIUS: Pharm. Weekbl. **1927**, 1053. — JENNY, H.: (1) Diss. E.T.H. Zürich 1927. (2) Soil Res. **1**, 139 (1929). — JENNY u. COWAN: Z. Pflanzenernährg, Düngg u. Bodenbearb. A **31**, 57 (1933). — JOHNSTON, MERWIN and WILLIAMSON: Amer. J. med. Sci. **41**, 473 (1916). — JONG, A. W. R. DE: Rec. Trav. chim. Pays-Bas **25**, 48 (1906).

KAHHO, H.: Biochem. Z. **123**, 274 (1921). — KANAMARU, K.: (1) Helvet. chim. Acta **17**, 1047 (1934). (2) Kolloid.-Z. **66**, 163 (1934). (3) Helv. chim. Acta **17**, 1429 (1934). — KARGER u. SCHMID: Z. techn. Physik **6**, 124 (1925). — KARRER, P.: (1) Die Polysaccharide. Leipzig 1925. (2) Lehrbuch der organischen Chemie. Leipzig 1930. (3) Erg. Physiol. **34**, 812 (1932). — KARRER u. HELFENSTEIN: Helv. chim. Acta **13**, 86 (1930). — KARRER u. MIKI: Helv. chim. Acta **12**, 985 (1929). — KATZ, J. R.: (1) Kolloidchem. Beih. **9**, 64 (1914). (2) Erg. exakt. Naturwiss. **3**, 332 (1924); **4**, 171 (1925). (3) Chem.-Ztg **49**, 353 (1925). (4) Naturwiss. **13**, 411 (1925). (5) HESS' Chemie der Zellulose, S. 605. Leipzig 1928. (6) HESS' Chemie der Zellulose, S. 705. Leipzig 1928. — KELLER, B.: (1) J. Ecology **13**, 225 (1925). (2) Z. Bot. **18**, 113 (1926). — KERNER, A.: Schutzmittel der Blüten. Innsbruck 1879. — KERR and BAILEY: J. Arnold Arboretum (Boston) **15**, 327 (1934). — KEUCHENIUS, P. E.: Ann. Jard. bot. Buitenzorg **14**, 109 (1915). — KIRCHHOF, F.: Kautschuk **5**, 175 (1929). — KISSER, J.: (1) Planta (Berl.) **2**, 325 (1926). (2) Planta (Berl.) **2**, 489 (1926). — KLEBS, G.: Unters. bot. Inst. Tübingen **2 III**, 56 (1886). — KLEIN, G.: Naturwiss. **13**, 21 (1925). — KNIEP, H.: (1) Flora (Jena) **94**, 129 (1905). (2) Flora (Jena) **94**, 183 (1905). — KNOLL, FR.: Biol. generalis (Wien) **4**, 541 (1928). — KNY, L.: Ber. dtsch. bot. Ges. **5**, 387 (1887). — KÖGL, F.: (1) Naturwiss. **21**, 17 (1933). (2) Angewandte Chemie, 1933. S. 167. (3) Z. physiol. Chem. **214**, 241 (1933). (4) Vortrag chem. Ges. Zürich, 5. Juni 1934. — KOHL, F. G.: Kalksalze und Kieselsäure in der Pflanze, S. 16. Marburg 1889. (2) Kalksalze und Kieselsäure in der Pflanze, S. 19. Marburg 1889. (3) Kalksalze und Kieselsäure in der Pflanze, S. 43. Marburg 1889. (4) Kalksalze und Kieselsäure in der Pflanze, S. 75. Marburg 1889. (5) Kalksalze und Kieselsäure in der Pflanze, S. 119, 126. Marburg 1889. (6) Kalksalze und Kieselsäure in der Pflanze, S. 197. Marburg 1889. — KOHLSCHÜTTER, V.: Helvet. chim. Acta **13**, 929 (1930). — KOHLSCHÜTTER u. EGG: Helvet. chim. Acta **8**, 481 (1925). — KOHLSCHÜTTER, EGG u. BOBTELSKY: Helvet. chim. Acta **8**, 703 (1925). — KOHLSCHÜTTER u. MARTI: (1) Helvet. chim. Acta **13**, 929 (1930). (2) Helvet. chim. Acta **13**, 934, 950 (1930). (3) Helvet. chim. Acta **13**, 969 (1930). — KOLBE, E.: Diss. Jena 1912. — KOLLBECK, GOLDSCHMIDT u. SCHRÖDER: Beitr. Kristallogr. **1**, 199 (1914—18). — KONOPKE u. ZIEGENSPECK: Protoplasma (Berl.) **7**, 62 (1929). — KOORDERS, S. H.: Ann. Jard. bot. Buitenzorg **19** (1897). — KOPETZKY-RECHTPERG, O.: Beih. Bot. Zbl. **47 I**, 291 (1931). — KOSTYT-

SCHEW, S.: (1) Pflanzenatmung, 1924. (2) Beih. Bot. Zbl. **40 I**, 295 (1924). (3) Lehrbuch der Pflanzenphysiologie, Bd. 1, S. 258, 281. Berlin 1926. (4) Lehrbuch der Pflanzenphysiologie, Bd. 1, S. 372. Berlin 1926. — KOSTYTSCHEW u. BERG: Planta (Berl.) **8**, 55 (1929). — KOSTYTSCHEW u. WENT: (1) Lehrbuch der Pflanzenphysiologie, Bd. 2, S. 114 u. 116. Berlin 1931. (2) Lehrbuch der Pflanzenphysiologie, Bd. 2, S. 124. Berlin 1931. (3) Lehrbuch der Pflanzenphysiologie, Bd. 2, S. 126. Berlin 1931. — KRATZMANN, E.: Österr. bot. Z. **60**, 409 (1910). — KRAUSS, G.: Flora (Jena) **83**, 54 (1897). — KÜHNELT, W.: Biol. Zbl. **48**, 374 (1928). — KÜSTER, E.: Bot. Zbl. **69**, 46 (1897). — KUHN u. BROCKMANN: Z. physiol. Chem. **206**, 41 (1932). — KUNZE, G.: Jb. Bot. **42**, 357 (1906). — KURT, J.: Beih. Bot. Zbl. **46 I**, 230 (1929).

LABORDE: Ann. Mus. Colon. Marseille **1**, 265 (1913). — LANDOLT-BOERN-STEIN: Physikalisch-chemische Tabellen, S. 561. Berlin 1912. — LANGE, S.: Jb. Bot. **47**, 30 (1928). — LEEMANN, A.: (1) Diss. Genf 1927. (2) Planta (Berl.) **6**, 216 (1928). — LEHMANN, K.: Planta (Berl.) **1**, 343 (1925). — LEK, A. Å. VAN DER: Meded. Landb. Hoogesch. Wageningen Bd. 28, S. 1. 1925. — LENDNER, A.: Thèse Genève 1897, S. 44. — LEPESCHKIN, W.: (1) Beih. bot. Zbl. **19**, 409 (1906). (2) Beih. Bot. Zbl. **21**, 60 (1907). (3) Bull. Soc. bot. Genève **13**, 226 (1921). (4) Ber. dtsch. bot. Ges. **41**, 298 (1923). — LESAGE, P. M.: Rev. gén. Bot. **2**, 55 (1890). — LEUTHOLD, P.: Diss. E.T.H. Zürich 1934. — LIEBIG, J.: Agrikulturchemie 1846, 6. Aufl. S. 137. — LINGELSHEIM, A.: Beitr. Biol. Pflanz. **17** (1929). — LIGNIER: Arch. bot. Nord Françe **1857**, 355. — LINSBAUER, K.: Handbuch der Pflanzenanatomie, Bd. 4, S. 37, Lief. 27. Berlin 1930. — LOEB, J.: Dynamics of living matter, 1906. — LOEWE, S.: Kleins Handbuch der Pflanzenanalyse, Bd. 4, III, S. 1034. Wien 1933. — LORCH, W.: Hedwigia (Dresden) **60**, 342 (1919). — LÜDTKE, M.: (1) Liebigs Ann. **466**, 35 (1928). (2) Cellulosechemie **8**, 193 (1932). (3) Technik und Chemie der Papier- und Zellstoff-Fabrikation, Bd. 30, S. 70. 1933. — LUNDEGÅRDH, H.: (1) Sv. vet. Akad. **47**, Nr 3 (1911). (2) LINSBAUERS Handbuch der Pflanzenanatomie, Lief. 1, S. 331. Berlin 1922. (3) Klima und Boden, S. 293. Jena 1925. (4) Die Nährstoffaufnahme der Pflanzen, S. 257. Jena 1932. — LUNDE-GÅRDH u. BURSTRÖM: (1) Naturwiss. **22**, 435 (1934). (2) Planta (Berl.) **18**, 683 (1933). (3) Biochem. Z. **261**, 235 (1933).

MACKINNEY and MILNER: J. amer. chem. Soc. **55**, 4728 (1933). — MAC NAIR, J. B.: Amer. J. Bot. **16**, 832 (1929). — MARCHET, A.: In NETOLITZKY: Pharmac. Post (Wien) 1919. S. 1. — MARK, H.: (1) Physik und Chemie der Zellulose. R. O. HERZOGs Technologie der Textilfasern, Bd. 1, I, S. 30. 1932. (2) Physik und Chemie der Zellulose. R. O. HERZOGs Technologie der Textilfasern, Bd. 1, I, S. 132. 1932. (3) Physik und Chemie der Zellulose. R. O. HERZOGs Technologie der Textilfasern, Bd. 1, I, S. 197. 1932. — MAR-TINET, J. B.: Thèse de Paris 1871. — MATHOU, TH.: Bull. Soc. bot. France **80**, 193 (1933). — MEIGEN: Habil.schr. Freiburg i. B. 1902. — MENGDEHL, H.: Jb. Bot. **75**, 252 (1931). — MEYER, A.: Ber. dtsch. bot. Ges. **36**, 508 (1918). — MEYER, K. H.: Biochem. Z. **208**, 12 (1929). — MEYER u. MARK: (1) Ber. dtsch. chem. Ges. **61**, 593 (1928). (2) Z. physik. Chem. B **2**, 115 (1929). (3) Z. physik. Chem. B **2**, 130 (1929). (4) Der Aufbau der hochpolymeren organischen Naturstoffe. Leipzig 1932. S. 97, 102. (4a) Der Aufbau der hochpolymeren organischen Naturstoffe. Leipzig 1930. S. 152. (5) Der Aufbau der hochpolymeren organischen Naturstoffe, S. 170. Leipzig 1930. (6) Der Aufbau der hochpolymeren organischen Naturstoffe, S. 193. Leipzig 1930. (7) Der Aufbau der hochpolymeren organischen Naturstoffe, S. 218. Leipzig 1930. — MICHAELIS u. FUJITA: Biochem. Z. **161**, 23, 164. — MÖHRING, A.: (1) Wiss. u. Ind. (Hamburg) **1**, 51, 68, 90 (1922). (2) Wiss. u. Ind. (Hamburg) **2**, 70 (1923). (3) Kolloidchem. Beitr. (AMBRONN-Festschrift) **1926**, 162. — MOLISCH, H.: (1) Studien über Milchsaft. Jena 1901. (2) Sitzgsber. Akad. Wiss. Wien, Math.-naturwiss. Kl. **118**, 1427 (1909). (3) Mikrochemie der Pflanzen, S. 54. Jena 1923. (4) Mikrochemie der Pflanzen, S. 56. Jena 1923. (5) Mikrochemie der Pflanzen, S. 76. Jena 1923. (6) Die Lebensdauer der Pflanze, S. 82. Jena 1929. (7) Z. Bot. **25**, 583 (1931/32). — MOLLIARD, M.: Rev. gén. Bot. **27**, 289 (1915). — MÜENSCHER, W. C.: Amer. J. Bot. **9**, 311 (1922). Mit Literaturbesprechung. — MÜLLER, O.: Beitr. Biol. Pflanz. **14**, 110 (1887). — MÜLLER, R.: Ber. dtsch. bot. Ges. **23**, 292 (1905). — MÜLLER, W.: Beih. Bot. Zbl. **39 I**, 33 (1922). — MÜNCH, E.: (1) Die Stoffbewegungen in den Pflanzen. Jena 1930. S. 73. (2) Die Stoffbewegungen in der Pflanze, S. 80. Jena 1930.

NÄGELI, C.: (1) Beitr. Bot. **2**, 53 (1860). (2) Bot. Ztg. **39**, 633 (1881). (3) Die Micellartheorie. OSTWALDs Klassiker, Nr. 227. Leipzig 1928. — NÄGELI, C. u. S. SCHWENDENER: Das Mikroskop. Leipzig 1877. — NATHANSOHN, A.: Jb. Bot. **39**, 607 (1904). — NERNST, W.: Theoretische Chemie, 8.—10. Aufl. Stuttgart 1921. — NETOLITZKY, F.: (1) Die Samenschalen. LINSBAUERs Handbuch der Pflanzenanatomie, Bd. 10, S. 15. 1926. (2) LINSBAUERs Handbuch der Pflanzenanatomie, Bd. 10, S. 25. Berlin 1926. (3) LINSBAUERs Handbuch der Pflanzenanatomie, Bd. 10, S. 126 u. 185. 1926. (4) Die Kieselkörper. LINSBAUERs Handbuch der Pflanzenanatomie, Bd. 3, Ia (Lief. 25), S. 1. 1929. (5) LINSBAUERs Handbuch der Pflanzenanatomie, Bd. 3, Ia, S. 16. 1929. (6) LINSBAUERs Handbuch der Pflanzenanatomie, Bd. 3, Ia, S. 33. 1929. (7) LINSBAUERs Handbuch der Pflanzenanatomie, Bd. 3, Ia, S. 39. 1929. (8) LINSBAUERs Handbuch der Pflanzenanatomie, Bd. 3, Ia, S. 57. 1929. (9) Die Pflanzenhaare. LINSBAUERs Handbuch der Pflanzenanatomie, Bd. 4 (Lief. 29), S. 141. 1932. — NIELSEN, N.: Jb. Bot. **73**, 125 (1930). — NIELSEN u. HARTELIUS: Biochem. Z. **256**, 2 (1932). — NIELSSON, H. Farmaceotisk Revy, Nr. 5. Stockholm 1928. — NIEUWENHUIS-VON UEXKÜLL, MARIE: (1) Ann. Jard. bot. Buitenborg **6**, 195 (1907). (2) Rec. Trav. bot. néerl. **11**, 29 (1914). — NIGGLI, P.: (1) Fortschr. Mineral. **5**, 131 (1916). (2) Lehrbuch der Mineralogie, S. 201. Berlin 1920. (3) Schweiz. Min. u. Petr. Mitt. **5**, 322 (1926). — NORMAN RAE: Analist **53**, 330 (1928).

OLTMANNS, F.: Die Algen, Bd. 3, S. 3. Jena 1923. — ONKEN, A.: Bot. Arch. **3**, 262 (1923). — OORT, A. J. P. u. A. ROELOFSON: Proc. Akad. Amsterd. **35**, 2 (1932). — OPPENHEIMER, H. R.: Ber. dtsch. bot. Ges. **48**, 192 (1930). — OPPENHEIMER u. KUHN: Lehrbuch der Enzyme. Leipzig 1927. — OSTERHOUT: Bot. Gaz. **42**, 127 (1906). — OVERBECK, F.: Z. Bot. **27**, 129 (1934). — OVERBEEK, J.: Diss. Utrecht 1933.

PAAL, A.: (1) Ber. dtsch. bot. Ges. **32**, 499 (1914). — (2) Jb. Bot. **58**, 406 (1919). — PALLADIN, W.: (1) Ber. dtsch. bot. Ges. **5**, 325 (1887). — (2) Rev. gén. Bot. **5**, 449 (1893); **8**, 225 (1896); **11**, 81 (1899). — PALLMANN, H.: Vjschr. naturforsch. Ges. Zürich **76**, 16 (1931). — PANETH u. RADU:

Ber. dtsch. chem. Ges. 57, 1221 (1924). — PANTANELLI, E.: (1) Jb. Bot. 56. 729 (1915). (2) Protoplasma (Berl.) 7, 129 (1929). — PARKER and PIERRE: Soil Sci. 25, 337 (1928). — PARKER and TRUOG: Soil Sci. 10, 54 (1920). — PFEFFER, W.: (1) Osmotische Untersuchungen, 1877. (2) Ber. sächs. Ges. Wiss. 1891. (3) Abh. sächs. Ges. Wiss., Math.-naturwiss. Kl. III 20, 404 (1893). — PFEIFFER, H.: (1) Ber. dtsch. bot. Ges. 39, 353 (1921). (2) Ber. dtsch. bot. Ges. 47, 141 (1929). — PIRSCHLE, K.: (1) Jb. Bot. 72, 335 (1930). (2) Ber. dtsch. bot. Ges. 50a, 42 (1932). (3) Fortschritte der Botanik, Bd. 3, S. 117. Berlin 1934. — PIRSCHLE u. MENGDEHL: Jb. Bot. 74, 297 (1931). — POCKELS, F.: Lehrbuch der Kristalloptik. Leipzig und Berlin 1906. — POLANYI, M.: (1) Z. Physik 7, 149 (1921). (2) Naturwiss. 9, 288, 337 (1921). (3) Naturwiss. 10, 411 (1922). — POLANYI u. WEISSENBERG: Z. Physik 9, 123 (1923). — POPOVICI, H.: (1) C. r. Acad. Sci. Paris 183, 143 (1926). (2) Bull. Histol. appl. 1928. — PORSCH, O.: Österr. bot. Z. 1903. — PRESTON, J. M.: (1) Soc. of Dyers and Colorists, 1931, p. 312. (2) Soc. of Dyers and Colorists 1931, p. 319. (3, 4). The Colloid aspects of Textile materials. The Faraday Soc. 1932, p. 65 und Trans. Faraday Soc. 29, 65 (1933). — PREYER: Tropenpflanzer 3, 327 (1902). — PRIANISCHNIKOW, D.: (1) Landw. Versuchsstat. 56, 107 (1902). (2) Ber. dtsch. bot. Ges. 23, 8 (1905). (3) Landw. Versuchsstat. 79/80, 667 (1913).

QUANJER, H. M.: Natuurk. Verh. Haarlem 5 (1903).— QUINCKE, G.: Poggendorffs Ann. 129, 180 (1869).

REIMERS, H.: Mitt. Forsch.inst. Textilstoffe Karlsruhe 1922, 109. — RENNER, O.: (1) Beih., Bot. Zbl. 25 I, 183 (1910). (2) Flora (Jena) 103, 172 (1911). (3) Ber. dtsch. bot. Ges. 43, 207 (1925). (4) Planta (Berl.) 18, 258 (1932). — RENTSCHLER: Bot. Arch. 25, 471 (1929). — RIKLI, M.: Diss. Basel 1895. — RISSMÜLLER: Landw. Versuchsstat. 17, 17 (1874). — RITTER, G. J.: J. Ind. Eng. Chem. 17, 1194 (1925). — RITTER and CHIDESTER: Paper Trade J. 87, 131 (1928). — ROEBEN, MARIA: Jb. Bot. 69, 587 (1928). — ROSENBOHM, E.: Kolloidchem. Beih. 6, 177 (1914). — ROSENTHALER: Arch. Pharmaz. 251, 56 (1913). — RUFZ DE LAVISON, J. DE: Rev. gén. Bot. 22, 225 (1910). — RUHLAND, W.: Jb. Bot. 55, 409 (1915). — RUHLAND, W. u. C. HOFFMANN: Planta (Berl.) 1, 1 (1925). — RUHLAND, ULLRICH u. YAMAHA: Planta (Berl.) 18, 338 (1932). — RUTTNER, F.: Arch. f. Hydrobiol. Suppl. 6 II (1931). — RUZICKA, L.: Fortschr. chem. Physik u. physik. Chem. 19, H. 5 (1928).

SACHS, J.: (1) Lehrbuch, 4. Aufl., S. 69. (2) Handbuch der experimentellen Physiologie, S. 189. Leipzig 1865. (3) Gesammelte Abhandlungen, Bd. 2, S. 1159. 1892. — SALKOWSKY u. NEUBERG: Z. physiol. Chem. 36, 261 (1902). — SANIO, C.: Bot. Ztg. 21, 85 (1863). — SCARTH, GIBBS and SPIER: Trans. roy. Soc. Canada, Sect. V, III. s. 23 II, 263 (1929). — SCHAEDE, R.: Ber. dtsch. bot. Ges. 52, 378 (1934). — SCHAFFSTEIN, G.: Beih. Bot. Zbl. 49 I, 197 (1932). — SCHARDAKOFF, W. S.: Zit. in KOSTYTSCHEWs Lehrbuch der Pflanzenphysiologie, Bd. 2, S. 118. Berlin 1931. — SCHELLENBERG, C.: Jb. Bot. 29, 237 (1896). — SCHERRER, P.: ZSIGMONDYs Kolloidchemie, 3. Aufl., S. 408. 1920. — SCHILLER, J.: Sitzgsber. Akad. Wiss. Wien, Math.-naturwiss. Kl. 115, 1636 (1906). — SCHILLING, E.: Jb. Bot. 62, 528 (1924). — SCHIMPER, A. F. W.: Flora (Jena) 73, 207 (1890). — SCHLOTMANN, ANNA:

Planta (Berl.) **19**, 313 (1933). — SCHMID, H.: Planta (Berl.) **10**, 314 (1930). — SCHMIDT, W. J.: Die Bausteine des Tierkörpers im polarisierenden Lichte. Bonn 1924. — SCHMUCKER, TH.: Beih. Bot. Zbl. **42** I, 51 (1925). — SCHNEIDER, W.: (1) Liebigs Ann. **375**, 218 (1910). (2) Liebigs Ann. **386**, 346 (1912). — SCHÖNFELDER, S.: Planta (Berl.) **12**, 414 (1930). — SCHROEDER, H.: Biol. Zbl. **42** (1922). — SCHRÖDTER, K.: Flora (Jena) **120**, 19 (1926). — SCHRÖTER, C.: Das Pflanzenleben der Alpen, S. 127. Zürich 1926. — SCHUITEMAKER u. FRANSSEN: De tropische Natuur **23**, 149 (1934). — SCHULTZE, M.: Verh. naturhistor. Ver. preuß. Rheinl. **20**, 39 (1863). — SCHWABACH: Ber. dtsch. bot. Ges. **17**, 291 (1899); **18**, 417 (1900); **19**, 25 (1901). — SCHWEIZER, J.: Verh. schweiz. naturforsch. Ges. **113**, 374 (1932). — SCHWENDENER, S.: (1) Das mechanische Prinzip im anatomischen Bau der Monokotyledonen. Leipzig 1874. (2) Ber. dtsch. bot. Ges. **12**, 239 (1894). — SCOTT and PRIESTLEY: New Phytologist **27**, 125 (1928). — SEARL, G. O.: J. Textile Inst. **15**, 370 (1924). — SEIFRIZ, W.: (1) J. physical. Chem. **118**, 35 (1931). (2) Protoplasma (Berl.) **21**, 129 (1934). — SEYBOLD, A.: Die physikalische Komponente der pflanzlichen Transpiration. Berlin 1929. — SIECK, A.: Diss. Bern 1895. — SIGNER, R.: Z. physik. Chem. A **150**, 257 (1930). — SIGNER u. GROSS: Z. physik. Chem. A **165**, 161 (1933). — SIMON, C.: Beih. Bot. Zbl. **35** I, 183 (1918). — SJÖBERG, K.: (1) Biochem. Z. **133**, 218 (1922). (2) KLEINs Handbuch der Pflanzenanalyse, Bd. 4, II, S. 839. Wien 1933. — SMIRNOW, A. J.: Exper. Stat. Rec. **37**, 322 (1917/18). — SMITH and MILNER: J. of biol. Chem. **104**, 437 (1934). — SÖDING, H.: (1) Jb. Bot. **79**, 231 (1934). (2) Jb. Bot. **79**, 246 (1934). — SOLEREDER, H.: (1) Systematische Anatomie der Dikotyledonen, S. 78. Stuttgart 1899. (2) Systematische Anatomie der Dikotyledonen, S. 444. Stuttgart 1899. (3) Systematische Anatomie der Dikotyledonen, S. 523. Stuttgart 1899. (4) Systematische Anatomie der Dikotyledonen, S. 939. Stuttgart 1899. — SOLMS-LAUBACH, H.: Bot. Ztg. **31**, 509 (1871). — SONNTAG, P.: (1) Flora (Jena) **99**, 203 (1909). (2) Flora (Jena) **99**, 220 (1909). — SOUCHAY u. LENSSEN: Ann. Chem. **100**, 311 (1856). — SPATZIER, W.: Jb. Bot. **25**, 39 (1893). — SPONSLER, O. L.: (1) Amer. bot. J. **9**, 471 (1922). (2) Nature (Lond.) **125**, 633 (1930). (3) Protoplasma (Berl.) **12**, 241 (1931). — SPONSLER and DORE: Coll. Symp. Mon. **4**, 174 (1926). — SPRECHER, A.: (1) Rev. gén. Bot. **34**, 161 (1922). (2)[1] — STAHL, E.: Flora (Jena) **113**, 1 (1920). — STAMM, A. J. J.: Ann. chem. Soc. **52**, 3047 (1930). — STAUDINGER, H.: (1) Z. angew. Chem. **42**, 1 (1929). (2) Ber. dtsch. chem. Ges. **63**, 927 (1930). (3) Kolloid-Z. **53**, 19 (1930). (4) Die hochmolekularen organischen Verbindungen, S. 32 u. 110. Berlin 1932. (5) Die hochpolymeren organischen Verbindungen, S. 494. Berlin 1932. (6) Naturwiss. **22**, 65, 84 (1934). — STAUDINGER, JOHNER u. SIGNER: Z. physik. Chem. **126**, 425 (1927). — STEINBRINCK, C.: (1) Verh. naturhistor. Ver. preuß. Rheinl. **47** (1891). (2) Biol. Zbl. **45**, 1 (1925). — STERN, K.: (1) Z. Bot. **11**, 560 (1919). (2) Flora (Jena) **109**, 213 (1919). — STEWARD, F. C.: (1) Biochemic. J. **22**, 238 (1928). (2) Brit. J. exper. Bot. **6**, 32 (1928). (3) Protoplasma (Berl.) **7**, 602 (1929). — STILLWELL u. CLARK: Kautschuk **7**, 86 (1931). — STOCKER, O.: Erg. Biol. **3**, 265 (1928). — STOKLASA u. EMERT: Jb. Bot. **46**, 55 (1909). — STRASBURGER, E.: (1) Über den Bau und das Wachstum der Zellhäute.

____

[1] (2) Thèse Genève 1907, 27.

Jena 1882. (2) Jb. Bot. **31**, 590 (1898). — Sücs, J.: Jb. Bot. **52**, 85 (1913). — Swart, N.: Die Stoffwanderung in ablebenden Blättern. Jena 1914.

Thimann and Bonner: Proc. roy. Soc. Lond. B **113**, 126 (1933). — Treub, M.: Ann. Jard. bot. Buitenzorg **8** (1889). — Treviranus, L. Ch.: Physiologie der Gewächse, Bd. 2. Bonn 1838. — Truog, E.: Soil Sci. **5**, 169 (1918). — Tschirch, A.: (1) Angewandte Pflanzenanatomie, Bd. 1, S. 477. Wien und Leipzig 1889. (2) Verh. schweiz. naturforsch. Ges. **1914**. — Tschirch u. Stock: (1) Die Harze. I, S. 19. Berlin 1933. (2) Die Harze. I, S. 20—42. Berlin 1933. (3) Die Harze. I, S. 44. Berlin 1933. (4) Die Harze. I, S. 92. Berlin 1933. — Tupper-Carey and Priestley: Proc. roy. Soc. Lond. B **95**, 109 (1923).

Umrath, K.: Jb. Bot. **73**, 705 (1930). — Unger, F.: Denkschr. Akad. Wiss. Wien **13**, 1 (1857). — Urquhart, A. R. and A. M. Williams: J. Textile Inst. **41**, 130 (1924). — Ursprung, A.: (1) Biol. Zbl. **27**, 1 (1907). (2) Planta (Berl.) **2**, 643 (1926). (3) Osmotische Zustandsgrößen. Handwörterbuch der Naturwissenschaften, 2. Aufl., Bd. 7. — Ursprung u. Blum: (1) Ber. dtsch. bot. Ges. **36**, 609 (1918). (2) Jb. Bot. **63**, 1 (1924). — Uyldert, J. E.: Proc. Amsterd. **31**, 59 (1927).

Vater, H.: Z. Kristallogr. **21**, 433 (1893); **22**, 209 (1894); **30**, 295, 485 (1899). — Velaney and Searl: Proc. roy. Soc. Lond. **106**, 357 (1930). — Vesque, J.: C. r. Acad. Sci. Paris **78**, 150 (1891). — Virtanen, von Hansen u. Saastamoinen: Biochem. Z. **267**, 179 (1933). — Vries, H. de: Landw. Jb. **109**, 687 (1881).

Warburg, O.: (1) Tübing. Unters. **2**, 53 (1886—88). (2) Biochem. Z. **152**, 479 (1924). (3) Naturwiss. **22**, 469 (1934). — Way, J. T.: J. roy. Agricult. Soc. England **11**, 313 (1850). — Weber, C. O.: Gummi-Ztg **18/19**, 247 (1904). Weddel: Ann. des Sci. natur., IV. s. **2**, 267 (1854). — Weese, J.: Wiesners Rohstoffe des Pflanzenreiches, 3. Aufl., Bd. 1, S. 423. 1927. — Wehmer, C.: (1) Bot. Ztg **49** (1891). (2) Ber. dtsch. bot. Ges. **11**, 333 (1893). (3) Die Pflanzenstoffe, Bd. 1, S. 244. Jena 1929. (4) Die Pflanzenstoffe, Bd. 1, S. 419. Jena 1929. (5) Kleins Handbuch der Pflanzenanalyse, Bd. 4, II, S. 891. Wien 1933. — Wehnelt, B.: Jb. Bot. **66**, 773 (1927). — Weiss, A.: Sitzgsber. Akad. Wiss. Wien, Math.-naturwiss. Kl. **90**, 79—91 (1884). — Weissenberg, K.: Z. Physik **8**, 20 (1921). — Went, F. A. F. C.: in Kostytschew und Went Lehrbuch der Pflanzenphysiologie, Bd. 2, S. 282. Berlin 1931. — Went, F.: (1) Diss. Utrecht 1927. (2) Proc. Amsterd. **32**, 35 (1929). (3) Jb. Bot. **76**, 528 (1932). — Westermaier, M.: Jb. Bot. **14**, 43 (1884). — Wettstein, R.: Handbuch der systematischen Botanik, Bd. 2, S. 703. Leipzig u. Wien 1924. — Wetzel, K.: Planta (Berl.) **4**, 476 (1927). — Wey, H. G. van der: Proc. Amsterd. **34**, 875 (1931). — Wherry, E. T.: J. Washington Acad. Sci. **12** (1922). — Wiegner, G.: (1) J. Landw. **60**, 111, 197 (1912). (2) Kolloid.-Z. **36**, 34 (1925). — Wieland, H.: Handbuch der Biochemie, Bd. 2, S. 252. Jena 1923. — Wiener, O.: (1) Abh. sächs. Ges. Wiss., Math.-naturwiss. Kl. **33**, 507 (1912). (2) Koll. Beih. (Ambronn-Festschrift) **1926**, 189. — Wiesner, J.: (1) Sitzgsber. Akad. Wiss. Wien, Math.-naturwiss. Kl. I **93**, 17 (1886). (2) Die Rohstoffe des Pflanzenreiches, Bd. 1, S. 1. Leipzig 1928. (3) Die Rohstoffe des Pflanzenreiches, Bd. 2, S. 1705. Leipzig 1928. — Willstätter, Kraut u. Lobinger: Ber. dtsch.

chem. Ges. **58**, 2463 (1925). — WILLSTÄTTER u. STOLL: Untersuchungen über Chlorophyll. Berlin 1913. — WINTERSTEIN, E.: Z. physiol. Chem. **17**, 353 (1892). — WISSELINGH, C. VAN: Die Zellmembran. LINSBAUERS Handbuch der Pflanzenanatomie, Bd. 3, II. 1924. — WOLFF, E.: (1) Aschenanalysen, Bd. 1. Berlin 1871. (2) Aschenanalysen, Bd. 1, S. 130. Berlin 1871. (3) Aschenanalysen, Bd. 1, S. 132 u. 138. Berlin 1871.

YOSHIDA u. TAKKI: Mem. Coll. Sci. Kioto **15**, 1 (1932).

ZECHMEISTER, L.: (1) KLEINS Handbuch der Pflanzenanalysen, Bd. 3, II, S. 1249. Wien 1932. (2) Carotinoide. Berlin 1934. — ZENDER, J.: (Thèse) Bull. Soc. bot. Genève **16**, 189 (1924/25). — ZETSCHE, F.: KLEINS Handbuch der Pflanzenanalyse. Bd. 3, I, S. 205. Berlin 1932. — ZIEGENSPECK, H.: Bot. Archiv (Mez) **21**, 449 (1928). — ZIMMERMANN, A.: Kautschuk **3**, 95, 118, 147 (1927). — ZIMMERMANN, J. G.: Diss. München. Beih. Bot. Zbl. **49** I, 99 (1932). — ZOCHER, H.: Kautschuk **5**, 173 (1929). — ZSIGMONDY, R.: Kolloidchemie, Bd. 2, S. 67. Leipzig 1927.

VERLAG VON JULIUS SPRINGER / BERLIN

Wundkompensation, Transplantation und Chimären bei Pflanzen. Von Professor **N. P. Krenke,** Leiter der Abteilung für Phytomorphogenese am Timiriaseff=Institut, Moskau. Übersetzt von Dr. N. Busch, Kiel. Redigiert von Dr. O. Moritz, Privatdozent am Botanischen Institut der Universität Kiel. (Bd. 29 der „Monographien aus dem Gesamtgebiet der Physiologie der Pflanzen und der Tiere".) Mit 201 Abbildungen im Text und auf zwei farbigen Tafeln. XVI, 934 Seiten. 1933.
RM 88.—, gebunden RM 89.80

Pflanzensoziologie. Grundzüge der Vegetationskunde. Von Dozent Dr. **J. Braun-Blanquet,** Montpellier. (Bd. 7 der „Biologischen Studienbücher".) Mit 168 Abbildungen. X, 330 Seiten. 1928.
RM 18.—, gebunden RM 19.40*

Carotinoide. Ein biochemischer Bericht über pflanzliche und tierische Polyenfarbstoffe. Von Professor Dr. **L. Zechmeister,** Direktor des Chemischen Instituts der Universität Pécs/Ungarn. (Bd. 31 der „Monographien aus dem Gesamtgebiet der Physiologie der Pflanzen und der Tiere".) Mit 85 Abbildungen. XII, 338 Seiten. 1934.
RM 28.—, gebunden RM 29.40

Chemie der Enzyme. Von Professor Dr. **Hans v. Euler,** Stockholm. In drei Teilen.
I. Teil: **Allgemeine Chemie der Enzyme.** Dritte, umgearbeitete Auflage. Mit 50 Textfiguren und 1 Tafel. XI, 422 Seiten. 1925. RM 25.50*
II. Teil: **Spezielle Chemie der Enzyme.** 1. Abschnitt: Die hydrolysierenden Enzyme der Ester, Kohlenhydrate und Glukoside. Bearbeitet von H. v. Euler, K. Josephson, K. Myrbäck und K. Sjöberg. Dritte, umgearbeitete Auflage. Mit 65 Abbildungen im Text. X, 473 Seiten. 1928.
RM 39.60*
2. Abschnitt: Die hydrolysierenden Enzyme der Nucleinsäuren, Amide, Peptide und Proteine. Bearbeitet von Hans v. Euler und K. Myrbäck. Zweite und dritte umgearbeitete Auflage. Mit 47 Textfiguren und Autorenverzeichnis zum 1. u. 2. Abschnitt. IX, 313 Seiten. 1927. RM 24.—*
3. Abschnitt: Die Katalasen und die Enzyme der Oxydation und Reduktion. Bearbeitet von H. v. Euler, W. Franke, R. Nilsson und K. Zeile. Mit 134 Abbildungen. XI, 663 Seiten. 1934. RM 58.—
In Vorbereitung sind:
4. Abschnitt: Die Gärungsenzyme.
III. Teil: **Über die enzymatischen Vorgänge im Organismus.**

Physik und Chemie der Cellulose. Von Professor Dr. **H. Mark,** Ludwigshafen a. Rh. (Technologie der Textilfasern, Band I, erster Teil, herausgegeben von Professor Dr. R. O. Herzog, Berlin=Dahlem.) Mit 145 Textabbildungen. XV, 330 Seiten. 1932. Gebunden RM 45.—

Die hochmolekularen organischen Verbindungen. Kautschuk und Cellulose. Von Dr. phil. **Hermann Staudinger,** o. Professor, Direktor des Chem. Laboratoriums der Universität Freiburg i. Br. Mit 113 Abbildungen. XV, 540 Seiten. 1932. RM 49.60, gebunden RM 52.—

Auf die Preise der vor dem 1. Juli 1931 erschien. Bücher wird ein Notnachlaß von 10% gewährt.